# 本书精彩欣赏

桌椅模型

台灯模型

家庭影院模型

飞机模型

成套沙发模型

# 本书精彩欣赏

吉他模型

手机模型

自行车模型

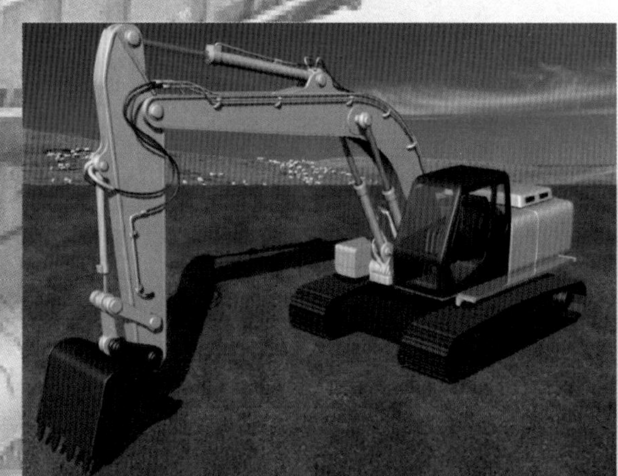

挖掘机模型

手表模型

# 3DS MAX 2012 模型制作基础与案例

## 工业篇

杨院院 编

★ 本书针对工业建模进行了系统的讲解，涵盖了工业建模的多个类型，包括家居、交通、乐器、电子产品等常用类型的建模。

★ 基础知识与实例制作相结合，由浅入深，便于读者系统地学习各个知识点。

★ 10个大型教学案例，全面提高建模和材质、灯光制作技能以及后期处理方法。

★ 37个技巧提示，全面归纳3DS MAX 2012核心功能命令的使用方法。

★ 附带光盘包含10个案例的源文件和贴图文件以及PPT教学文件，便于学习参考和教学使用。

西北工業大學出版社

【内容简介】本书是为造型设计师量身打造的一套成熟且完整的建模解决方案，通过 10 个具有针对性的建模实例详细讲解了用 3DS MAX 2012 软件制作工业模型的各种高级技术。通过学习，读者能够熟练地使用强大的3DS MAX 2012 建模工具进行快速精确的模型制作，为最终进行产品级渲染奠定良好的基础。本书在模型塑造和线面布局切割方面提供了许多有益的经验，供读者用于复杂建模。

本书结构合理，内容系统全面，实例丰富实用，可作为各大、中专院校及计算机培训班的三维设计教材，同时也可作为计算机爱好者的自学参考书。

**图书在版编目（CIP）数据**

3DS MAX 2012 模型制作基础与案例. 工业篇/杨院院编. —西安：西北工业大学出版社，2013.7

（3DS MAX 三维设计基础与案例系列）

ISBN 978-7-5612-3734-2

Ⅰ. ①3… Ⅱ. ①杨… Ⅲ. ①工业产品—模型—计算机辅助设计—三维动画软件—高等职业教育—教材 Ⅳ. ①TP391.41

中国版本图书馆 CIP 数据核字（2013）第 185005 号

**出版发行：** 西北工业大学出版社

**通信地址：** 西安市友谊西路 127 号 **邮编：** 710072

**电　　话：**（029）88493844 88491757

**网　　址：** www.nwpup.com

**电子邮箱：** computer@nwpup.com

**印 刷 者：** 兴平市博闻印务有限公司

**开　　本：** 787 mm×1 092 mm 1/16

**印　　张：** 17.5 彩插 2

**字　　数：** 464 千字

**版　　次：** 2013 年 7 月第 1 版 2013 年 7 月第 1 次印刷

**定　　价：** 45.00 元（含 1CD）

# 前　言

3DS MAX 由 Autodesk 公司出品，它提供了强大的基于 Windows 平台的实时三维建模、渲染和动画设计等功能，被广泛应用于广告、影视、建筑表现、工业设计、多媒体制作及工程可视化等领域。3DS MAX 是国内也是世界上应用最广泛的三维建模、动画制作与渲染软件之一，完全可以满足制作高质量影视动画、游戏设计等领域的需要，受到全世界设计师的青睐。

本书由基础篇和案例篇组成。书中在对 3DS MAX 2012 软件的功能和操作方法进行讲解的基础上，列举了大量富有特色的案例，读者通过学习能快速直观地了解和掌握 3DS MAX 2012 建模的基本方法、操作技巧和行业实际应用，为步入职业生涯打下良好的基础。

## 本书内容

全书共分 15 章，分两篇编写。第 1～5 章为基础篇，主要介绍 3DS MAX 2012 软件的基础知识、建模基础、工作环境、对象操作和制作案例的准备工作。第 6～15 章为案例篇，主要介绍各种工业模型的制作。其中，第 6 章主要介绍制作桌椅模型；第 7 章主要介绍制作台灯模型；第 8 章主要介绍制作家庭影院模型；第 9 章主要介绍制作飞机模型；第 10 章主要介绍制作吉他模型；第 11 章主要介绍制作成套沙发模型；第 12 章主要介绍制作手机模型；第 13 章主要介绍制作手表模型；第 14 章主要介绍制作自行车模型；第 15 章主要介绍制作挖掘机模型。读者通过理论联系实际，有助于举一反三、学以致用，进一步巩固所学的知识。

## 读者定位

本书结构合理，内容系统全面，讲解由浅入深，实例丰富实用，可作为各大、中专院校及计算机培训班的三维设计教材，同时也可作为计算机爱好者的自学参考书。

本书力求严谨细致，但由于水平有限，书中难免出现不妥之处，敬请广大读者批评指正。

编　者

# 目录

## 基础篇

## 第1章 3DS MAX 2012 简介



## 第2章 3DS MAX 建模基础



## 第3章 3DS MAX 2012 工作环境

## 第4章 对象操作



## 第5章 准备工作



# 案例篇

## 第6章 制作桌椅模型

## 第7章 制作台灯模型



## 第8章 制作家庭影院模型



## 第9章 制作飞机模型



## 第10章 制作吉他模型

## 第11章 制作成套沙发模型



## 第12章 制作手机模型



## 第13章 制作手表模型

## 第14章　制作自行车模型



## 第15章　制作挖掘机模型

# 基础篇

# 第 1 章　3DS MAX 2012 简介

3D Studio MAX，常简称为 3DS MAX 或 MAX，是 Autodesk 公司开发的基于 PC 系统的三维动画渲染和制作软件。其前身是基于 DOS 操作系统的 3D Studio 系列软件，最新版本是 2012。在 Windows NT 出现以前，工业级的计算机图形（Computer Graphics，简称 CG）制作被 SGI 图形工作站所垄断。3D Studio MAX + Windows NT 组合的出现一下子降低了 CG 制作的门槛，首先开始运用于电脑游戏中的动画制作，后来更进一步开始参与影视的特效制作，《阿凡达》《诸神之战》《2012》等热门电影都引进了先进的 3D 技术。

### 本章知识重点

- 3DS MAX 2012 的新增功能。
- 3DS MAX 2012 的安装、启动和退出。
- 3DS MAX 2012 对系统的配置要求。

## 1.1　3DS MAX 2012 的新增功能

3DS MAX 2012 提供了出色的新技术来创建模型和为模型应用纹理、设置角色动画及生成高质量图像。该软件中集成了可加快日常工作流执行速度的工具，可显著提高个人和协作团队在处理游戏、视觉效果和电视制作时的工作效率。设计人员可以专注于创新，并可以自由地不断优化作品，以最少的时间提供最高品质的最终输出。

### 1．Nitrous 加速图形核心

作为优化 3DS MAX 的 XBR（神剑计划）的一个优先考虑事项，该版本中引入了一个全新的视口系统，显著地改进了性能和视觉质量。Nitrous 利用了当今的加速图形处理器（Graphic Processing Unit，简称 GPU）和多核工作站，从而用户可加快重做工作，并能够处理大型数据集，但其对交互性的影响却很有限。由于每个视口都是与 UI 分开的，用户可以在复杂的场景中调整参数，而无须等待视口刷新，从而形成更平滑、响应更快的工作流。同时，Nitrous 还提供了一个渲染质量显示环境，该环境支持无限灯光、软阴影、屏幕空间 Ambient Occlusion、色调贴图和高质量透明度以及在用户暂停时逐步优化图像质量，从而有助于用户在最终输出环境中做出更具创造性和更具艺术性的决策。

除了高质量的真实显示以外，Nitrous 视口还可以显示样式化图像，以创建各种非照片级真实感的效果（例如，压克力、墨水、彩色铅笔、彩色墨水、Graphite、彩色蜡笔和工艺图等），如图 1.1.1 所示。

### 2．通过 Autodesk.com 访问 3DS MAX 帮助

从本版本开始，3DS MAX 帮助将以 HTML 格式发布到 Autodesk.com 网站上。默认情况下，3DS MAX 从 Web 位置调用帮助，从而为用户提供最新版本的可用文档。现在改为直接发布到网上，意味着我们对文档内容可以进行定期的更新和补充。这一变化也会显著减少在计算机上本地安装数据所

需的内存量，加快了安装和卸载 3DS MAX 的速度。对于喜欢使用本地帮助的用户，也提供了 Autodesk 3DS MAX 2012 帮助的下载版本。

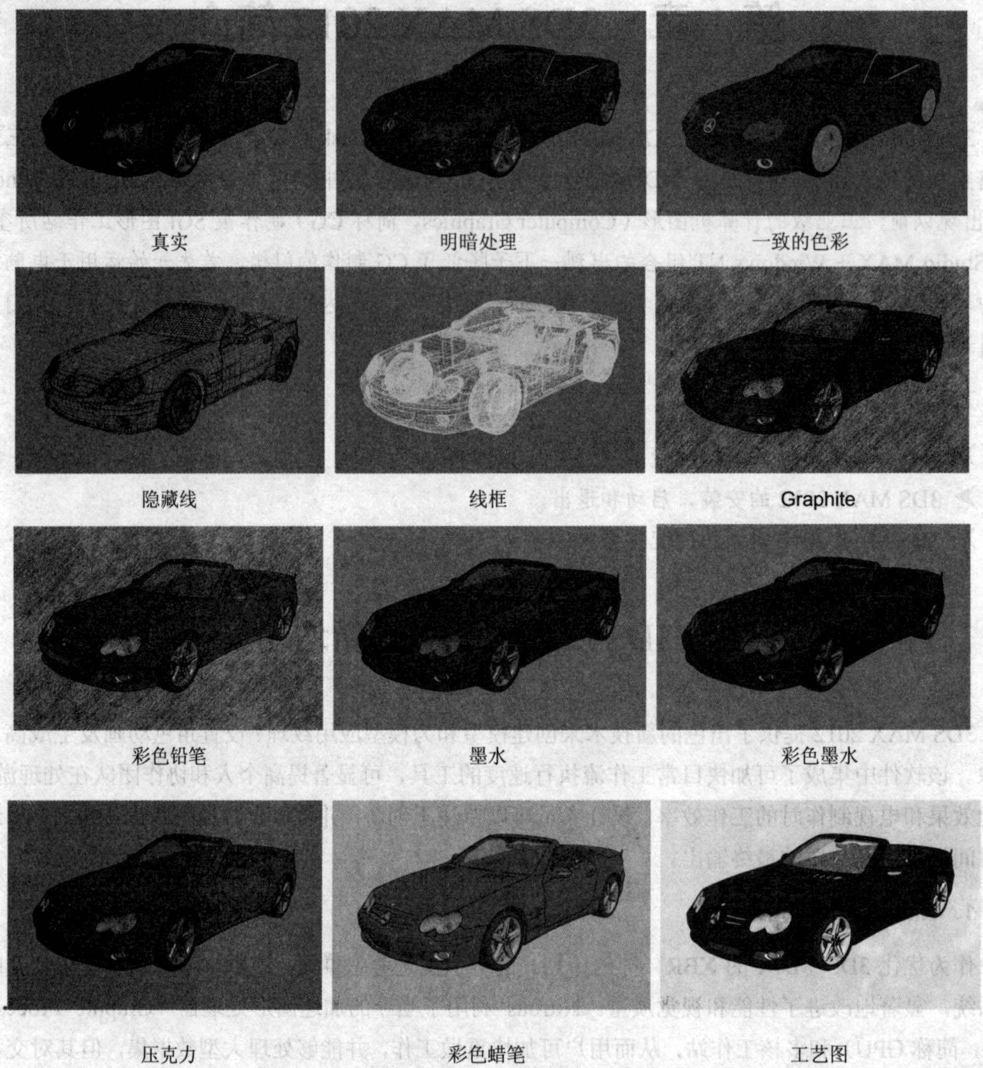

真实　　明暗处理　　一致的色彩

隐藏线　　线框　　Graphite

彩色铅笔　　墨水　　彩色墨水

压克力　　彩色蜡笔　　工艺图

图 1.1.1　各种样式化图像显示效果

**3．改进了启动时间和内存需求量**

作为 XBR（神剑计划）的一部分，3DS MAX 在性能方面进行了有针对性的改进，可以根据需要智能地加载各项工具，从而提高了启动速度，减少了内存占用量。

**4．功能区界面增强功能**

增强的建模功能区适当地调整为暗 UI 颜色方案，执行速度更快，并且提供了更为一致的上下文 UI 位置和帮助访问功能，如图 1.1.2 所示。

此外，在功能区中新实现了基于工具提示的上下文帮助。当有任何功能区工具提示处于打开状态时，按 F1 键即可将帮助打开到用于描述该工具的特定部分。

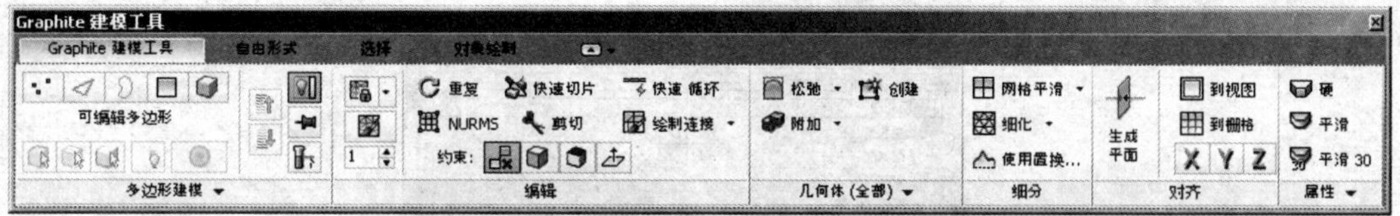


图 1.1.2 建模功能区

  Tips

Graphite 建模工具集，也称为建模功能区，提供了编辑多边形对象所需的所有工具。其界面提供专门针对建模任务的工具，并仅显示必要的设置以使屏幕更简洁。

### 5. 助手改进功能

现在，画布中的助手控件具有更好的适用性，在界面中的上下文位置更可预测，新增了键盘快捷键以加快交互速度，还具有不会妨碍用户选择的默认行为。

### 6. mental ray 升级

3DS MAX 附带的 mental ray 渲染器版本已升级到 mental ray 3.9，如图 1.1.3 所示，可以通过主菜单→帮助→附加帮助来访问 mental ray 帮助，如图 1.1.4 所示。

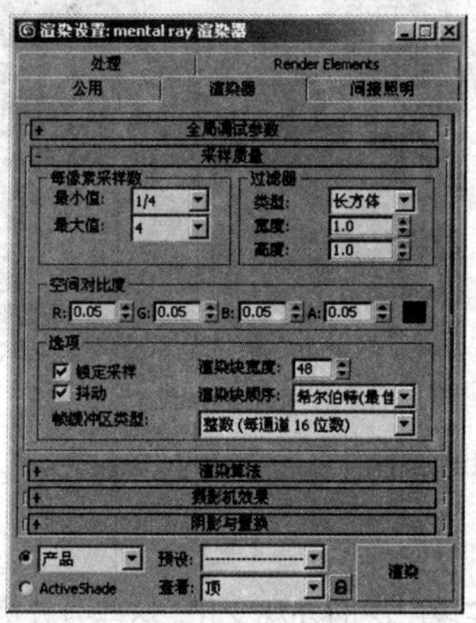


图 1.1.3 “mental ray 渲染器”对话框

图 1.1.4 “附加帮助”对话框

### 7. 更新了 Autodesk 材质

Autodesk 材质在各个方面都进行了更新，更易于使用。除了一些小更新之外，还有一些特定的增强功能。

（1）动态界面。“Autodesk Material”卷展栏现在可动态更新，以仅显示当前需要的控件，如图 1.1.5 所示。

（2）按对象指定颜色。现在，许多 Autodesk 材质的颜色控件包含此选项，此选项能够使用对象的 3DS MAX 线框颜色。

（3）作为通用复制。此选项可以用于将任何其他 Autodesk 材质类型转换为 Autodesk 通用类型，如图 1.1.6 所示。

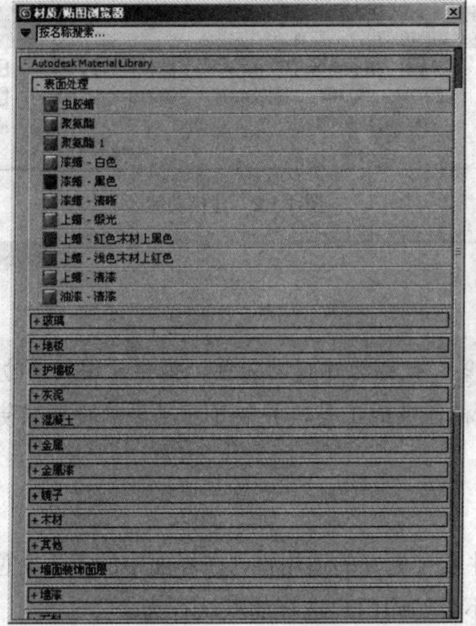


图 1.1.5　更新了的“Autodesk Material”卷展栏

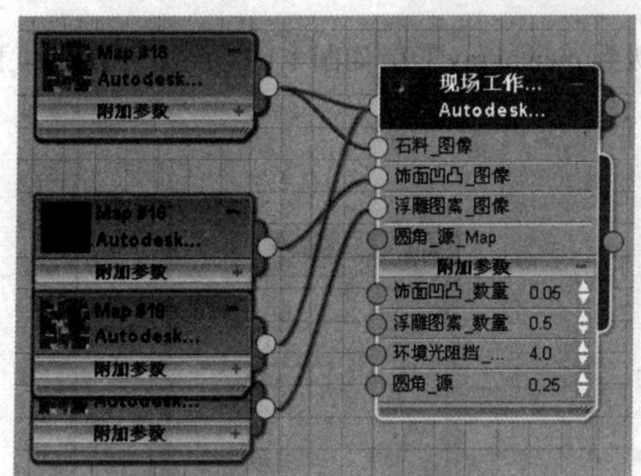


Autodesk 材质类型

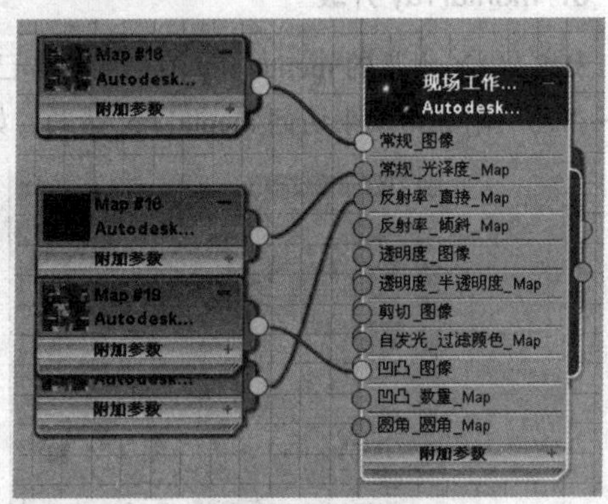


Autodesk 通用类型

图 1.1.6　作为通道复制

### 8．Substance 程序纹理

使用新的包含 80 个 Substance 程序纹理的库，可实现广泛的外观变化。这些与分辨率无关的动态纹理占用很小的内存和磁盘空间，并且可以通过 Allegorithmic Substance Air 中间软件（可单独从 Allegorithmic 获得，当前已与 Unreal® Engine3 游戏引擎、Emergent 的 Gamebryo®游戏引擎和 Unity 相集成）。或者，可以使用 GPU 加速烘焙过程将 Substance 纹理到烘焙位图，以供渲染。

一些可动态编辑和可设置动画的参数示例有砖墙的砖块分布、表面老化和砂浆厚度，秋天树叶纹理的颜色变化、密度和树叶类型，涂漆木材纹理的木板年龄和数量。此外，每种物质纹理都具有随机化的设置，用以将自然的变化添加到用户的场景中。如图 1.1.7 所示为 Substance 程序纹理贴图卷展栏。

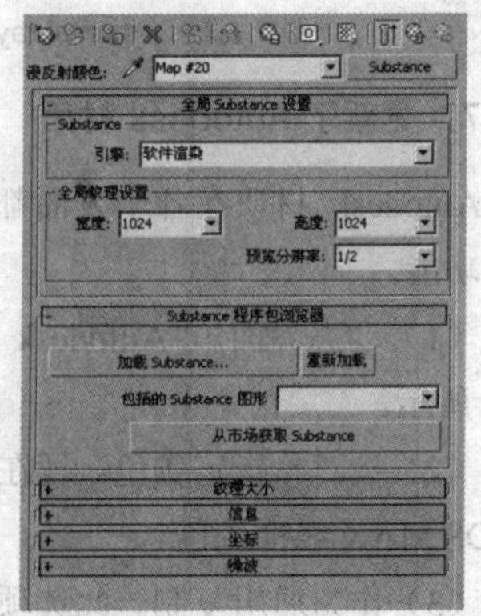


图 1.1.7　Substance 程序纹理贴图卷展栏

### 9．“Slate 材质编辑器”改进功能

“Slate 材质编辑器”界面在各个方面都进行了更新，提高了可用性，如图 1.1.8 所示。

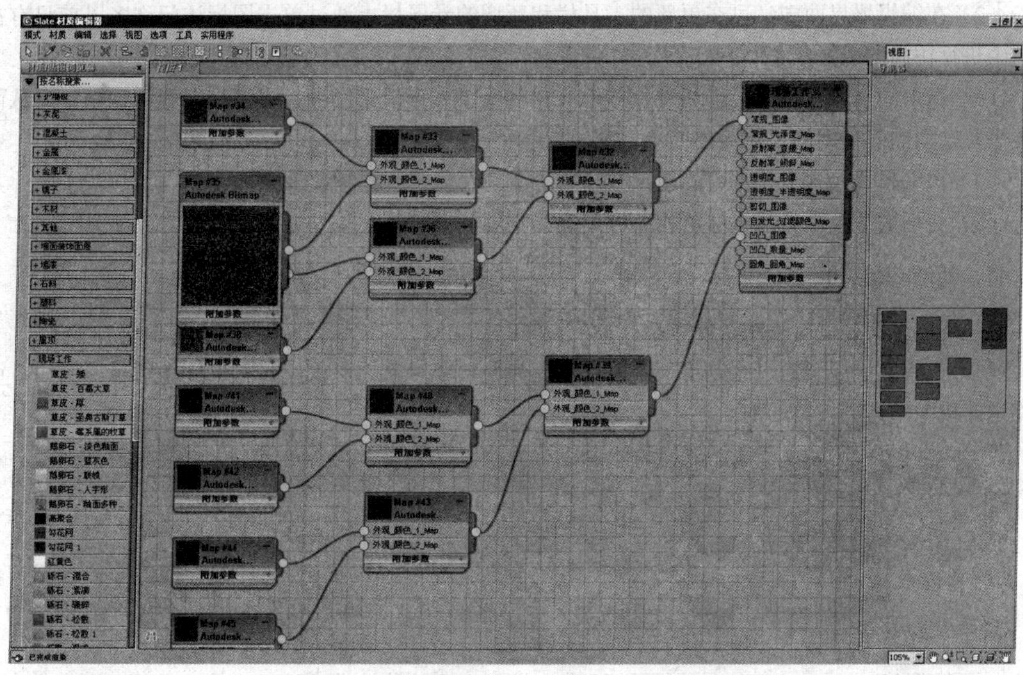


图 1.1.8　Slate 材质编辑器

（1）可以使用键盘导航材质/贴图浏览器。

（2）现在可以对“Slate 材质编辑器”操作进行撤消和重做，而不只是仅有活动视图的导航更改才可进行撤消和重做。

（3）在材质、贴图和控制器节点中，微调器和数字字段的行为方式现在与它们在 3DS MAX 界面的其他部分中的行为方式更为相似。尤其是右键单击箭头可将值设置为零或最小；按住 Ctrl 键并拖动可增加值变化的速率，而按住 Alt 键并拖动可降低值变化的速率；在数值字段中按“Ctrl+N”键可显示数值表达式求值器（右键单击数字字段不会像在界面其他部分中那样，显示“复制/粘贴”菜单）。

（4）过去仅可从“精简材质编辑器”访问的各种操作，现在也可在“Slate 材质编辑器”中进行访问，而且新增了两个用于更快访问材质管理工具的菜单选项。

### 10．“UVW 展开”修改器功能增强

“UVW 展开”修改器具有许多增强功能，如图 1.1.9 所示。

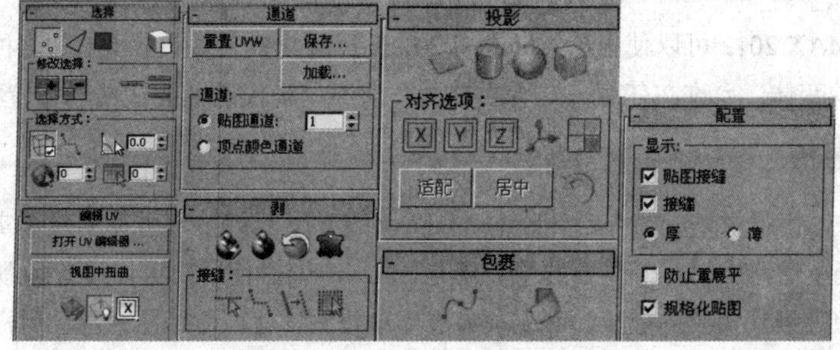


图 1.1.9　“UVW 展开”修改器卷展栏

其具体包括以下内容：

（1）简化、重新组织并图标化修改器界面。

（2）在编辑器界面中，可在更新的工具栏和新增的卷展栏上通过单击图标访问许多以前只有在菜单中进行访问的工具。

（3）新增的“剥”工具集可通过执行 LSCM（最小方形保形贴图）方法来展开纹理坐标，从而使展平复杂曲面时使用的工作流更简单直观。

（4）该编辑器包含一些有用的新工具，用于变换、展平和紧缩纹理坐标。

（5）新增的分组工具能够保留相关群集间的物理关系。

11．新增 Graphite 建模工具

建模功能区中最近新增的功能包括：

（1）一致笔刷用于通过绘制将一个对象塑造为另一个对象的形状，如图 1.1.10 所示。例如，可以将道路模型塑造到坡路的曲面上。

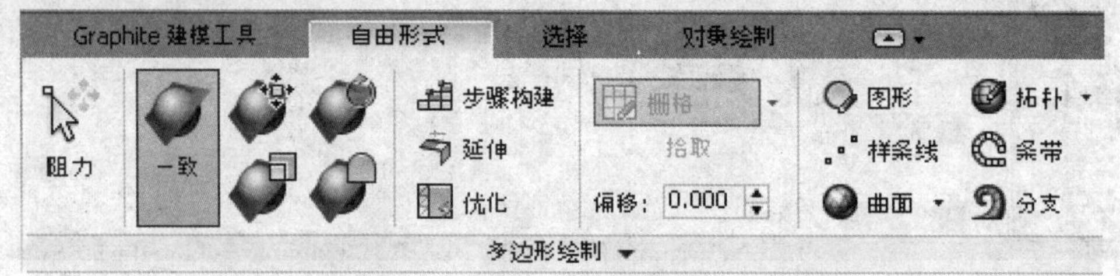


图 1.1.10　一致笔刷

（2）变形笔刷用于通过绘制使网格几何体变形，现在该功能可以实现“旋转”和“缩放”变形，如图 1.1.11 所示。

（3）新增的“约束到样条线”选项用于将任何“绘制变形”笔刷限定到由样条线定义的路径，如图 1.1.12 所示。例如，可以使用此功能在对象的曲面上呈现螺旋形或星形的浮雕效果。

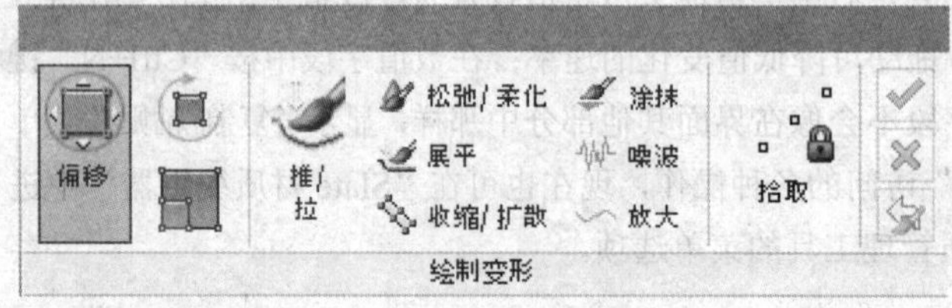


图 1.1.11　变形笔刷

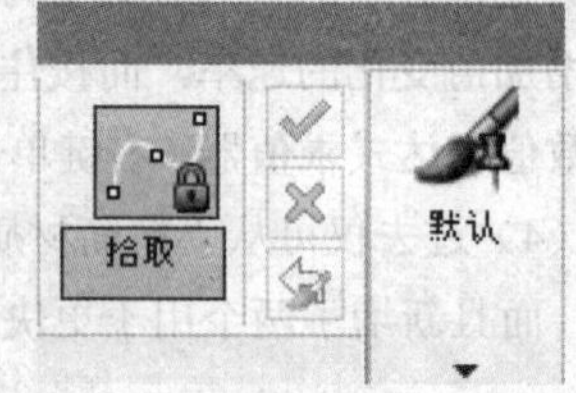


图 1.1.12　“约束到样条线”选项

12．向量置换贴图

Autodesk 3DS MAX 2012 可以使用从 Autodesk Mudbox 导出的向量置换贴图。这种类型的贴图是常规置换贴图的一种变体，允许在任意方向置换曲面，而不只是仅沿曲面法线进行置换。

13．iray 渲染器

在 3DS MAX 中，使用新集成的来自 mental images®的 iray 渲染技术可使创建真实图像变得前所未有的简单。渲染变革道路上另一个重要的里程碑是，iray 渲染器使用户可以设置场景，单击“渲染”并获得可预测的、照片级真实感的效果，而无须考虑渲染设置，就像傻瓜摄影机。用户可以专注于自己的创造性景象，通过直观地使用真实世界中的材质、照明和设置，以便更加精确地描绘物理世界。

iray 可逐步优化图像，直到达到所需的详细级别。iray 渲染器使用标准的多核 CPU，但是支持 NVIDIA™ CUDA 的 GPU 硬件将显著加快渲染过程。iray 渲染器渲染设置参数栏如图 1.1.13 所示。

### 14．Quicksilver 改进功能

Quicksilver 硬件渲染器界面已得到改进，如图 1.1.14 所示。另外，现在可以渲染样式化图像，以创建各种非照片级真实感效果（例如，压克力、墨水、彩色铅笔、彩色墨水、Graphite、彩色蜡笔和工艺图等），如图 1.1.1 所示。

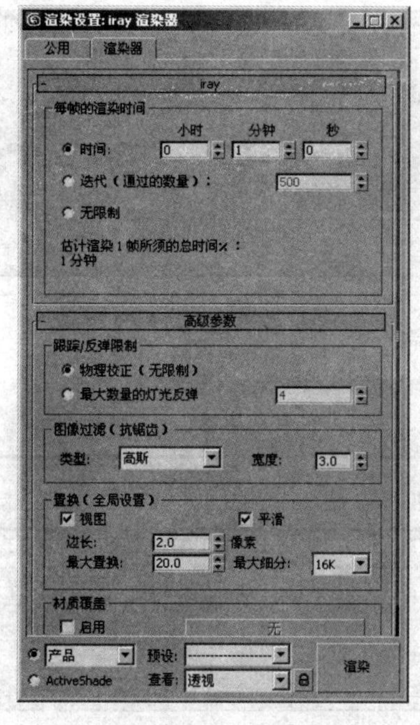

图 1.1.13　iray 渲染器

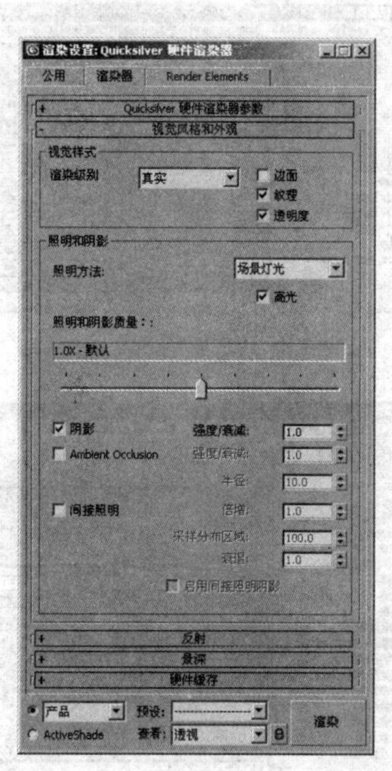

图 1.1.14　Quicksilver 硬件渲染器

### 15．单步套件互操作性

使用“发送到”功能，可以通过 3DS MAX 和 Autodesk Mudbox™ 软件、Autodesk Motion Builder® 软件和 Autodesk Softimage® Interactive Creation Environment (ICE) 之间的单步互操作性，无缝使用 Autodesk 3DS MAX Entertainment Creation Suites 中的集中工具集。将 3DS MAX 场景发送到 Mudbox 以直观方式添加有机塑形和绘制细节，然后通过一个简单的步骤更新 3DS MAX 中的场景。将 3DS MAX 场景导出到 MotionBuilder 以访问专用的动画工具集，而不必考虑文件格式细节，可以直接从 3DS MAX 场景使用 Softimage ICE 粒子系统。使用单步互操作性，用户可以更容易地访问适用于手头任务的最佳工具。

### 16．MassFX 刚体动力学

作为 XBR 计划的一部分，Autodesk 3DS MAX 2012 引进了模拟解算器的 MassFX 统一系统，并提供其第一个模块——刚体动力学。使用 MassFX，用户可以利用多线程 NVIDIA® PhysX®引擎，直接在 3DS MAX 视口中创建更形象的动力学刚体模拟。MassFX 支持静态、动力学和运动学刚体以及多种约束：刚体、滑动、转枢、扭曲、通用、球和套管以及齿轮。动画设计师可以更快速创建广泛的真实动态模拟，还可以使用工具集进行建模。例如，创建随意放置的石块场景，指定摩擦力、密度和

反弹力等物理属性与从一组初始预设真实材质中进行选择并根据需要调整参数一样简单。

### 17．公用 F-Curve 编辑器

由于新的“F-Curve 编辑器”为编辑动画曲线提供了通用的用户界面与一致的术语，动画设计人员可以轻松地在 Autodesk 3DS MAX Entertainment Creation Suite PREMIUM 中的多个产品之间切换。此外，新的曲线编辑器还提供了更好的上下文曲线控件、多点编辑以及快速切换“控制器”窗口的功能，如图 1.1.15 所示。



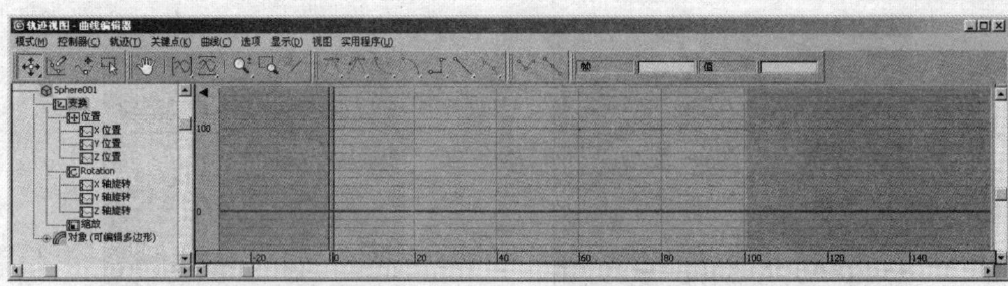


曲线编辑器

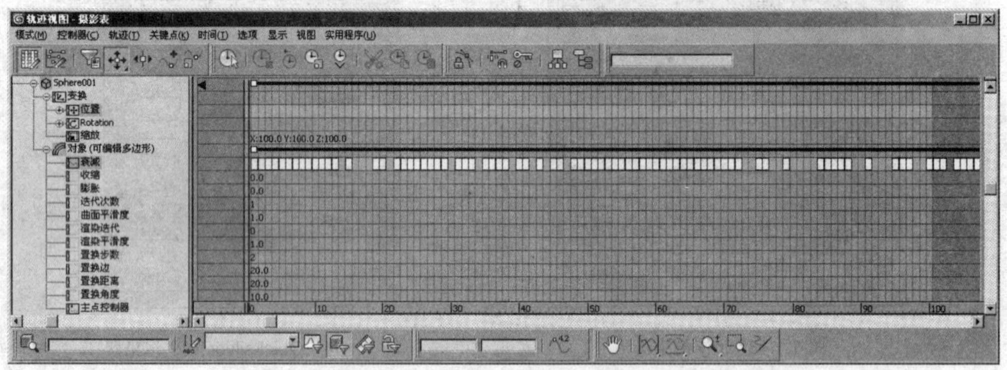


摄影表

图 1.1.15　F-Curve 编辑器

用于创建关键点的默认“自动切线”方法稍有调整，可以生成更加平滑的动画。

通过新的区域工具可以缩放和移动选定关键点，而无须切换编辑模式。

默认情况下显示的工具栏更少，“过滤器”设置略有不同，有关详细信息请参见曲线编辑器工具栏。

新的“切线动作”工具栏提供用于打断和统一关键点切线的功能（控制柄）。

曲线编辑器窗口中的右键单击菜单略有不同。

### 18．与 Autodesk Alias 产品的互操作性

本软件新增了本地导入 Wire 文件到 3DS MAX 中（作为实体对象）的功能，并且导入后将保留对象名称、层次、图层和材质名称，因此在进行工业设计时，本软件可以与 Autodesk Alias® Design 软件更加无缝地配合工作。现在，设计人员可以在 3DS MAX 中以交互方式调整细分结果以微调可视化效果，并使用 3DS MAX 中直观的 Graphite 多边形建模工具集在 Alias Design 参考数据之上添加塑形细节，编辑的网格可作为 OBJ 文件导回到 Alias Design 中。

### 19．ProOptimizer 改进功能

现在，设计人员可以使用增强的 ProOptimizer 功能更快、更有效地优化模型，并获得更好的效果，如图 1.1.16 所示。

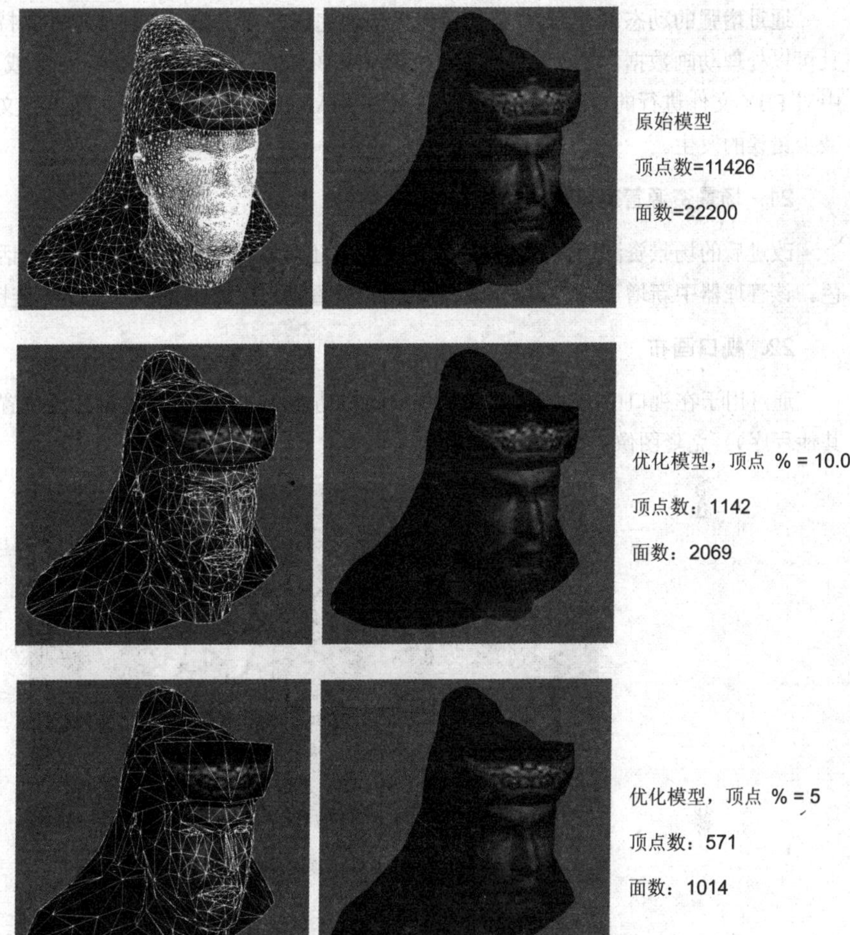


图 1.1.16　ProOptimizer 效果对比

该功能现在还提供法线和 UV 插值，以及在低分辨率结果中保持高分辨率法线的能力。具体的优点包括：

（1）优化效果更佳。现在极少发生面翻转，可以稳定地使用 ProOptimizer 来优化图形，多边形的尺寸现在更加统一。

（2）优化速度更快。ProOptimizer 现在的速度是以前版本中的 3 倍。

（3）UV 插值。UV 现在采用插值处理方式，因此如果启用“保持 UV 边界”，在优化过程中各点可以移动到最佳位置。在优化纹理网格时，这种方式会产生更好的效果。

（4）法线插值。法线现在采用插值处理方式，可以产生更平滑的效果。在启用保留法线的情况下，优化比率更高。

（5）内存需求更少。在不需要进行插值处理时，内存使用率约减少 25%。现在，可以优化更大的网格。

（6）“锁定顶点/点位置”选项。通过此新选项可以锁定顶点位置，这样有助于在优化后的网格中减少扭曲情况的发生。

**20．FBX 文件链接更强**

通过增强的动态 FBX 文件链接可以更快地完成并行工作，该功能现在支持各种来源的文件，并且可以处理动画数据。在应用程序（例如 MotionBuilder，Mudbox，Softimage 或 Autodesk Maya 软件）中对 FBX 文件进行的更改将自动更新到 3DS MAX 中，而无须耗费时间进行文件合并，并且有助于减少错误的发生。

**21．场景资源管理器改进功能**

改进后的场景资源管理器运行速度更快。它还可以像其他 3DS MAX 对话框一样显示自定义颜色。该管理器中新增了一些列，可以帮助用户查看通过“文件链接管理器”链接的对象状态。

**22．视口画布**

通过用于在视口中绘制 3D 对象的视口画布功能，现在可以从屏幕任意位置（包括照片编辑器等其他程序））克隆图像，如图 1.1.17 所示。

图 1.1.17　视图画布效果

## 1.2　3DS MAX 2012 的安装、启动和退出

对于初次使用 3DS MAX 2012 软件的用户来说，软件的安装、启动和退出也是非常重要的。本节将详细介绍 3DS MAX 2012 的安装、启动和退出。

### 1.2.1　3DS MAX 2012 的安装

3DS MAX 2012 提供了一个安装向导，用户可以根据该向导的操作提示方便地进行安装。具体安装步骤如下：

（1）将 3DS MAX 2012 安装光盘放进光盘驱动器。

（2）在桌面上双击“我的电脑”图标我的电脑，打开我的电脑窗口。

（3）双击光盘驱动器图标，打开 3DS MAX 2012 安装程序所在文件夹。

（4）光盘上的文件是一个自解压文件，双击后会出现如图 1.2.1 所示的安装界面，这里的 install 是指从自解压文件里解压的路径（也就是安装文件的存放路径）。单击 Install 按钮，会出现解压过程，如图 1.2.2 所示。

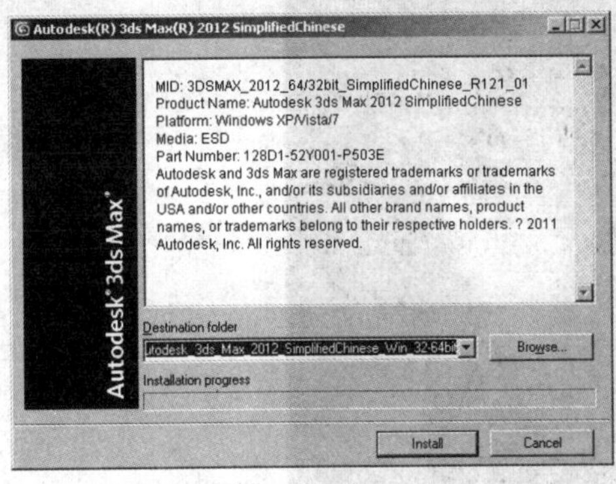


图 1.2.1　解压对话框

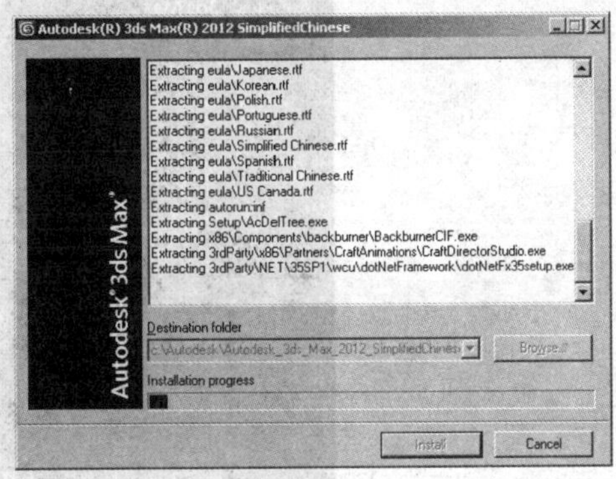


图 1.2.2　解压过程

（5）解压完成后会自动进入安装界面，如图 1.2.3 所示，单击 安装 按钮开始安装，如图 1.2.4 所示。

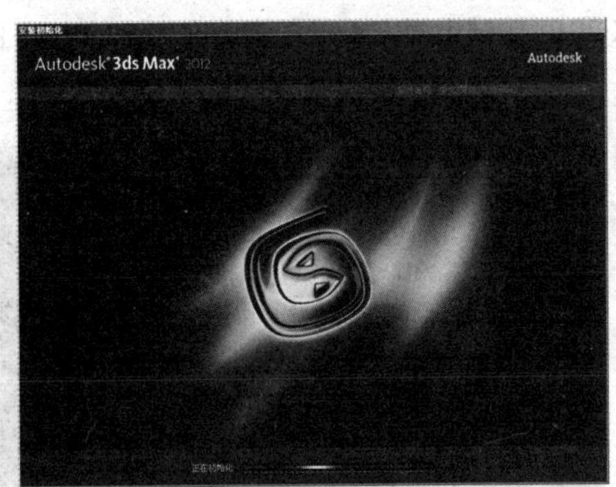


图 1.2.3　“安装初始化”界面

图 1.2.4　安装界面

（6）这时进入许可协议界面，选择“我接受”选项，然后单击“下一步”继续，如图 1.2.5 所示。

（7）进入选择产品类型界面，在许可类型中选择“单机”选项，在产品信息中选择“我想要试用该产品 30 天”，然后单击“下一步”继续，如图 1.2.6 所示。

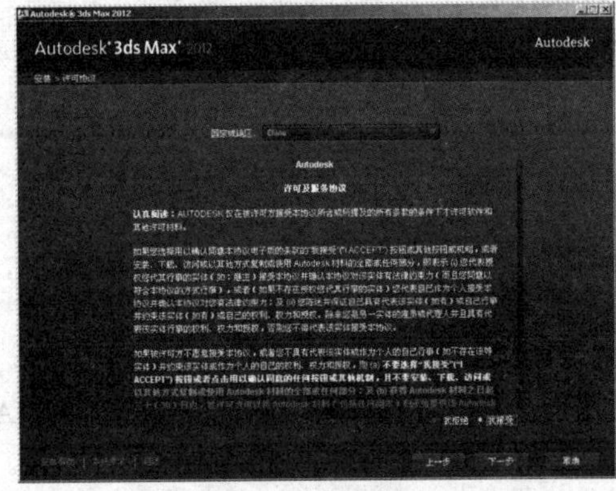


图 1.2.5　“许可协议”界面

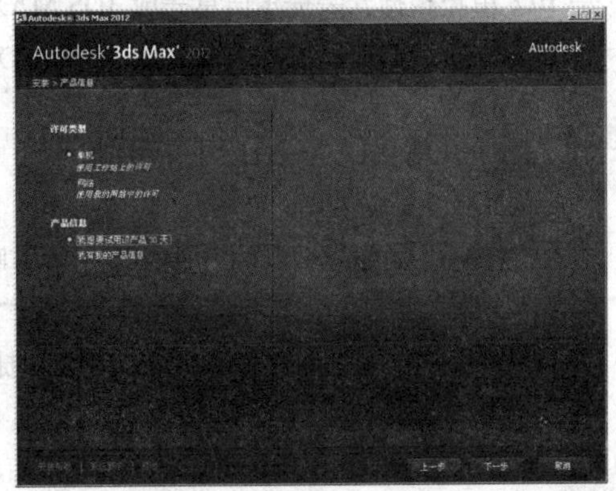


图 1.2.6　“选择产品类型”界面

（8）进入选择安装路径界面，可以选择安装在 C 盘，当然也可以选择安装在别的盘符上，选择好后单击“安装”按钮，如图 1.2.7 所示。

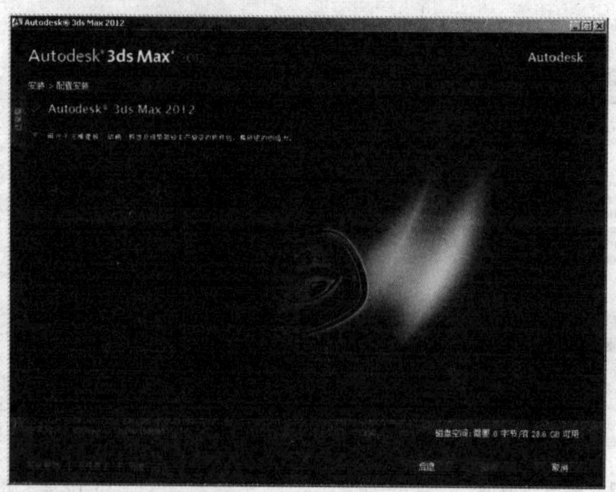


图 1.2.7　选择安装路径

（9）进入安装过程中，安装的快慢与电脑性能有关，安装过程如图 1.2.8 所示，过一段时间后安装完成，这时单击 完成 按钮，Autodesk 3DS MAX 2012 的试用版本就已经安装在用户的电脑上了，如图 1.2.9 所示。

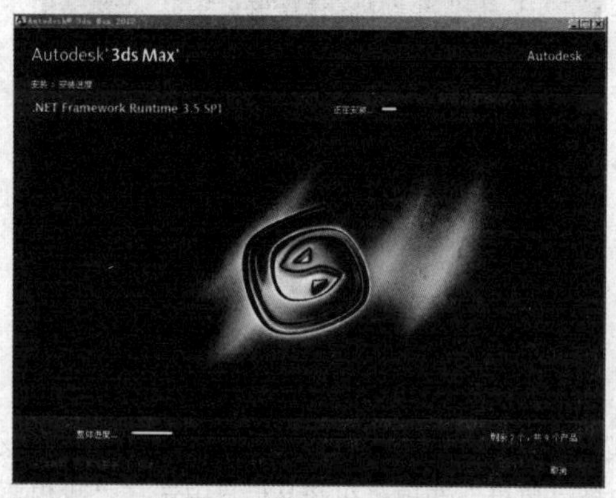


图 1.2.8　安装过程

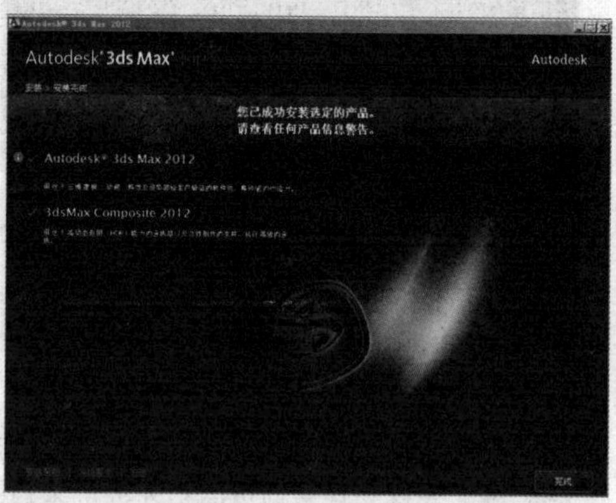

图 1.2.9　安装完成

（10）用户根据安装提示信息完成 3DS MAX 2012 的注册。

（11）重新启动计算机，即可完成 3DS MAX 2012 的安装。

## 1.2.2　3DS MAX 2012 的启动

3DS MAX 2012 的启动方法有很多种，这里向用户介绍两种常用的启动方法。

（1）直接双击桌面上的 3DS MAX 2012 快捷方式图标 Autodesk 3ds Max 2012 ...。

（2）单击 开始 按钮，选择 运行(R)... 选项，在如图 1.2.10 所示的 运行 对话框中输入 3DS MAX 2012 的启动路径，然后单击 确定 按钮即可启动，3DS MAX 2012 的启动画面如图 1.2.11 所示。

图 1.2.10　“运行”对话框

图 1.2.11　3DS MAX 2012 的启动画面

## 1.2.3　3DS MAX 2012 的退出

3DS MAX 2012 的退出方法有多种，常用的几种方法介绍如下：

（1）直接单击 3DS MAX 2012 界面标题栏右端的“关闭”按钮，弹出提示框，如图 1.2.12 所示。如果需要保存则单击按钮，否则单击按钮。

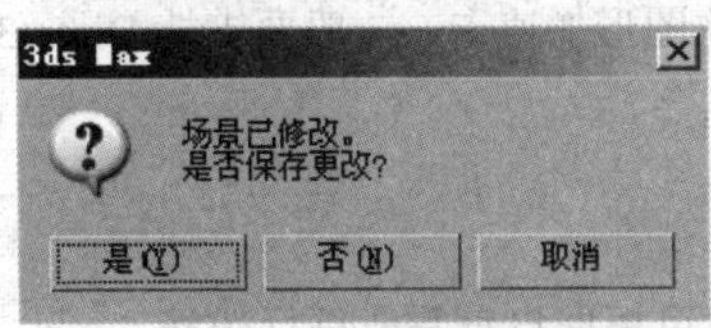

图 1.2.12　“3DS MAX”提示框

（2）选择 文件(F) → 退出 3ds Max 命令或直接按“Alt＋F4”键。

# 1.3　3DS MAX 2012 系统配置和设置

3DS MAX 2012 对系统的配置要求比较高，如果在系统配置较差的系统中运行时，常常会出现诸如运行速度缓慢、程序界面紊乱、无法正常操作等现象。另外，在 3DS MAX 2012 中还可以对操作界面进行设置，以满足不同用户的需求。

## 1.3.1　3DS MAX 2012 的系统配置

针对 3DS MAX 2012 对系统的特殊配置要求，向用户推荐的系统配置如下：

### 1．内存

内存在 3DS MAX 的设计制作过程中起着至关重要的作用，基本配置要求至少有 256 MB 的物理内存和 500 MB 的缓存空间。在不同的操作系统中，可以稳定运行 3DS MAX 2012 所需内存及缓存的大小不同。

基本内存配置可以用来学习或制作一般的小型场景，而在制作大型场景时就需要扩充内存了。有些设计人员习惯通过增加虚拟内存的方法来缓解内存不足的问题。虚拟内存是在硬盘上开辟一块临时区域，专门用来存放部分内存数据的，由于硬盘的数据传输率远不及内存，所以会大大地降低工作效

率。尤其是在对图像进行渲染时，过度频繁地读写磁盘会导致硬盘损伤，甚至出现坏道，所以应根据工作情况适当地扩充物理内存。

#### 2．CPU

使用 Pentium Ⅲ以上或同等性能的 AMD 系列即可，在 3DS MAX 中可使用多个 CPU 进行渲染。因此，配置了多个 CPU 的计算机渲染速度明显快于一般的计算机。

#### 3．操作系统



推荐使用 Windows 2000 和 Windows XP（Service Pack2）或更高版本的操作系统。由于 3DS MAX 2012 软件是专门针对该类操作系统开发的，所以在该类操作系统下运行更加稳定。另外，在 Windows XP 或 Windows 2003 操作系统中，可以同时打开多个 3DS MAX 2012 文件，而在 Windows 9x/2000 操作系统中不能同时打开多个 3DS MAX 2012 文件。浏览器一般应使用 IE 6.0 并支持 DirectX 9c。

#### 4．显卡

对于 3DS MAX 2012 来说，最为重要的就是显卡，性能优越的显卡可以减轻计算机 CPU 的工作量，也可提高设计制作的速度。基本配置是 64 MB 的显存，1 024×768 的 16 位分辨率。对于 3DS MAX 2012 的专业用户来说，应配置一款图形加速卡，一般要支持 Direct3D 和 OpenGL1.1 或更高版本的驱动程序。

#### 5．声卡和音箱

这两个部分为可选设备，用户可根据自身需要进行选择。

### 1.3.2　设置系统参数

选择菜单栏中的 自定义(U) → 首选项(P)... 命令，弹出 首选项设置 对话框，如图 1.3.1 所示。在该对话框中包含了 13 个选项卡，下面分别进行介绍。

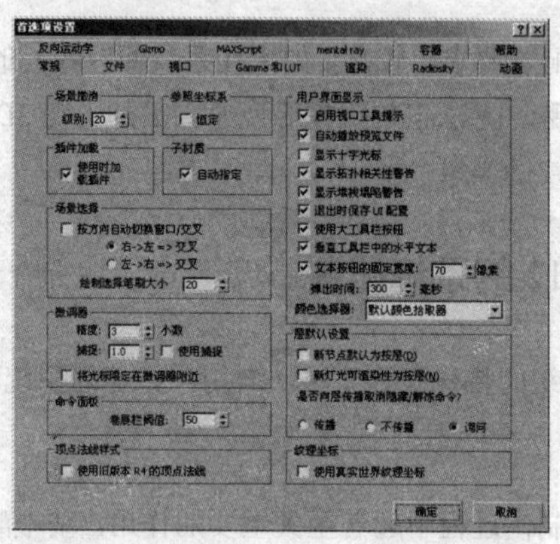

图 1.3.1　“首选项设置”对话框

#### 1．常规

在常规选项卡中可以对系统的常规选项进行设置，可以设置用于用户界面和交互操作的选项，如撤销的次数、微调等。

**2．文件**

在“首选项设置”对话框的“文件”面板上，可以设置与文件处理相关的选项。您可以选择用于归档的程序并控制日志文件维护选项。并且，自动备份功能可以在设定的时间间隔内自动保存工作。如文件处理、日志文件维护等。

**3．视口**

在“首选项设置”对话框的“视口”面板中，可以设置视口显示和行为的选项，还可以设置当前“显示驱动程序”，如灯光衰减、显示世界坐标轴、栅格轻移距离和过滤环境背景等。

**4．Gamma 和 LUT**

在“首选项设置”对话框的“Gamma 和 LUT”面板上，可以设置选项来调整用于输入和输出图像以及监视器显示的 Gamma 和查询表 (LUT) 值。查询表 (LUT) 校正提供的功能与其他“Autodesk 媒体和娱乐”产品（如 Combustion）及系统套件（如 Inferno，Flint，Smoke，等等）中所使用的功能相同。该功能允许 studios 实现显示颜色的一致方法，假设其监视器被校准为相同的参考。因此，3D 美术师可以制造接近于合成器通过取消等式中的变量所获得的结果：屏幕上显示颜色的方式。Gamma 校正补偿不同输出设备上颜色显示的差异，以便在不同的监视器上查看，或用作位图或打印时，图像看起来是一样的。

Tips

此处可用的查找表控制控件并不影响场景的曝光控制或照明。但是它们影响最终图像的颜色，这只与显示有关。通过在 studio 之间有一个参考（具有校准的监视器），使用标准化的表最大程度地减少渲染输出中的变量。

**5．渲染**

在“首选项设置”对话框的“渲染”面板上，可以设置用于渲染的选项，如渲染场景中环境光的默认颜色。有很多选择可以重新指定用于产品级渲染和草图级渲染的渲染器。该选项卡中的命令还用于设置渲染的一些参数，如输出抖动、渲染终止警报等。

**6．动画**

在“首选项设置”对话框的“动画”面板上，可以设置与动画相关的选项。这些选项包括在线框视口中显示的已设置动画的对象、声音插件的指定和控制器默认值。该选项卡中的命令还用于设置动画中的一些参数，如关键点外框显示、声音插件等。

**7．反向运动学**

该选项卡中的命令主要用于设置反向运动连接的一些参数，如阀值、迭代次数等。

**8．Gizmo（边界盒）**

该选项卡中的命令主要用于设置操作命令的显示范围，如移动、旋转、缩放等。

**9．MAXScript（MAX 脚本）**

可以设置“MAXScript”和“宏录制器”首选项，启用或禁用“自动加载脚本”设置初始堆大小，

更改 MAXScript 编辑器使用的字体样式和大小，并管理“宏录制器”的所有设置，如启用 MAX 脚本、字体、字号等，也可以通过编辑 3DSMAX.INI 文件的 MAXScript 部分来更改这些设置。

#### 10．Radiosity（光能传递）

该选项卡中的命令主要用于设置场景中材质编辑器显示比和透视比信息、显示光能传递等。

#### 11．mental ray

该选项卡中的命令主要用于设置当系统开启了 mental ray 渲染器时的一些参数。

#### 12．容器

“容器”面板设置用于使用容器功能的首选项，尤其是可以使用“状态”和“更新”设置来提高性能。

#### 13．帮助

默认情况下，选择 帮助(H) → Autodesk 3ds Max 帮助(A)... 或以其他方式访问此帮助时，将从 Autodesk 网站打开帮助。但是此面板，用户也可以从在帮助系统下下载的或提取到的帮助文件在本地或网络驱动器中打开。

要从本地驱动器打开帮助，请首先从 http://www.autodesk.com/3dsmax-helpdownload-chs 下载帮助，接着将归档文件提取到选择的文件夹或网络驱动器中，选择“局部计算机/网络”选项，最后指定帮助文件的位置。

### 1.3.3 视口配置

选择 视图(V) → 视口配置(V)... 命令，弹出 视口配置 对话框，如图 1.3.2 所示。在该对话框中包含 8 个选项卡，通过这 8 个选项卡可以设置视图区各方面的参数。下面分别进行介绍。

#### 1．视觉样式外观

对于 Nitrous 视口驱动程序，可通过“视口配置”对话框的“视觉样式外观”面板为当前视口或所有视口设置渲染方法，如图 1.3.3 所示。视觉样式可以包含非照片级真实感样式。对于 NVIDIA Quadro FX 卡（FX4800 更佳），Nitrous 需要使用 Direct3D 9.0 以及最新的视频驱动程序。

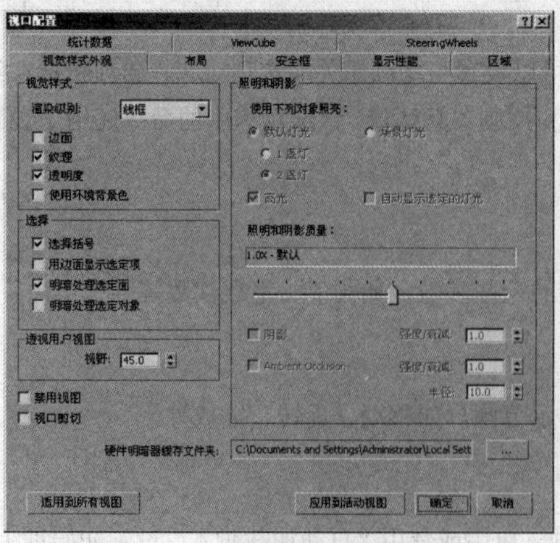

图 1.3.2 “视口配置”对话框

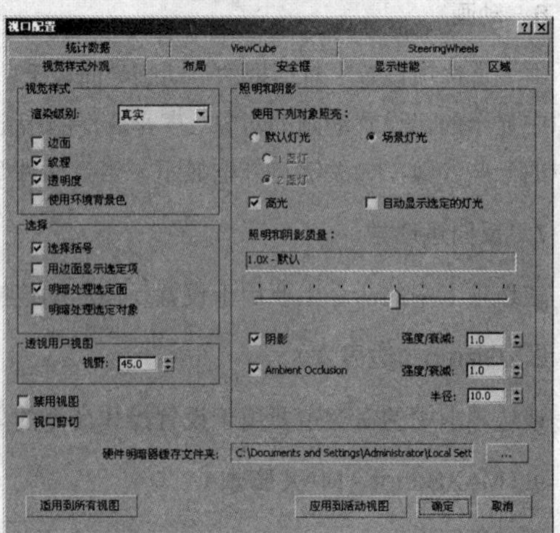

图 1.3.3 “视觉样式外观”选项卡

Tips

> 此面板相当于旧版本视口驱动程序的“渲染方法”面板，但是它包括仅适用于 Nitrous 的选项（例如视觉样式）的控件。它还将照明和阴影控件合并到一个面板中。

2．布局

布局选项卡主要用于设置操作界面中视图区的布置形式，如图 1.3.4 所示。在 布局 选项卡中有 14 种视图布局方式供用户选择，单击其中的任何一种，都可以在其下方显示所选的布局形式。当单击下方当前视图区时，会弹出如图 1.3.5 所示的当前视图菜单。在该菜单中列举了所有的视图区类型，选中某一个视图区类型时，可以将选中的视图区改为所选的视图区类型。

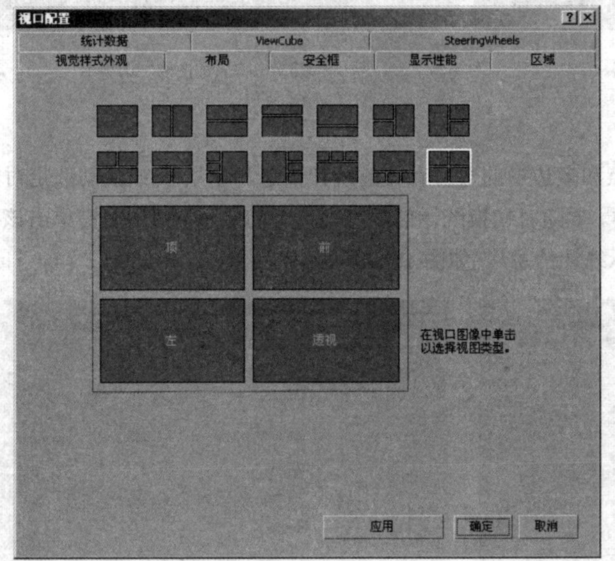


图 1.3.4 “布局”选项卡

图 1.3.5 当前视图菜单

3．安全框

安全框选项卡主要用于设置安全框的效果，如设置是否在活动视图中显示安全框以及设置安全框的百分比等，如图 1.3.6 所示。

4．显示性能

对于 Nitrous 视口，可以在“视口配置”对话框的“显示性能”面板上调整自适应视口的显示方法，如图 1.3.7 所示。对于旧的视口（Direct3D，OpenGL 等），类似的选项集显示在“自适应降级”面板上。自适应降级设置与 MAX 场景文件一起保存，要切换自适应降级，请在提示行上单击“自适应降级”按钮，或按 O 键。当用户正在着色视口调整灯光并且想实时查看效果时，此方法很方便，或在调整摄影机并且需要查看复杂几何体确切的外观时，此方法也非常实用。

5．区域

区域选项卡主要用于设置区域的大小和位置等参数，可以指定“放大区域”和“子区域”的默认选择矩形大小，并设置虚拟视口的参数，如图 1.3.8 所示。

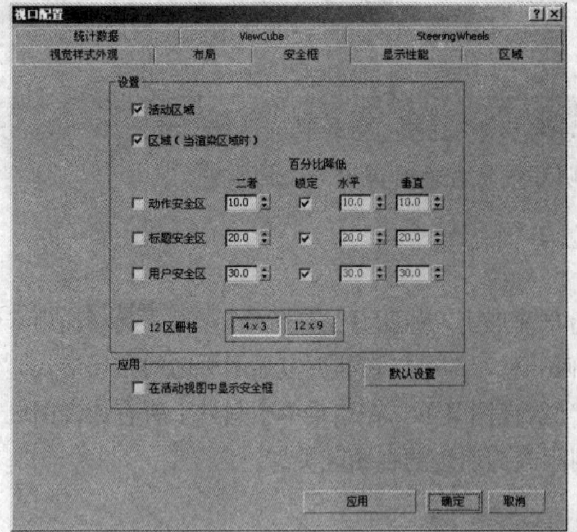


图 1.3.6 “安全框”选项卡

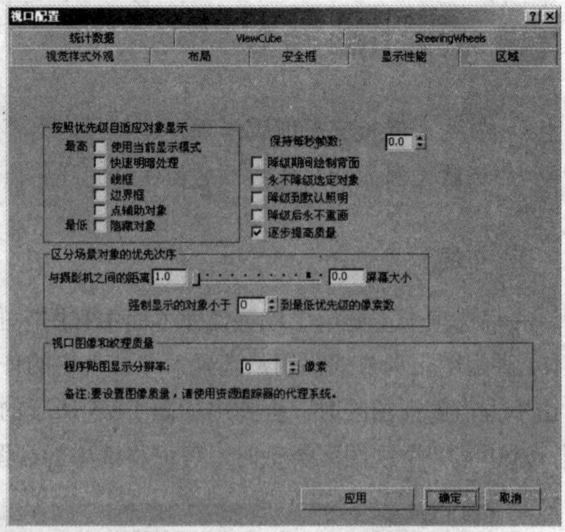

图 1.3.7 “显示性能”选项卡

## 6. 统计数据

使用这些控件显示视口中与顶点和多边形的数目有关的统计信息和场景和/或活动选定对象中的统计信息，以及每秒显示的实时帧数。要随时切换统计信息在视口中的显示，请用右键单击该视口标签（例如“透视”），然后选择“显示统计信息”，如图 1.3.9 所示。

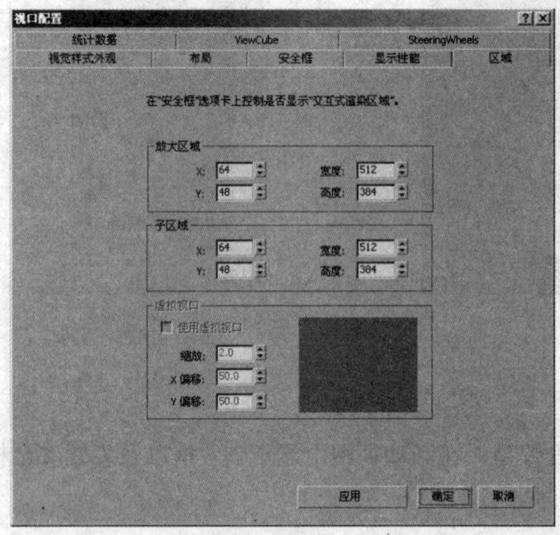


图 1.3.8 “区域”选项卡

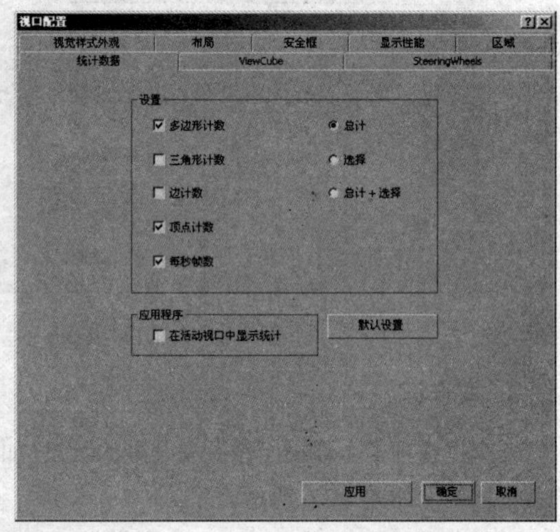


图 1.3.9 “统计数据”选项卡

## 7. ViewCube

这些控制会影响与 ViewCube 功能的交互作用。任何在设置中的更改都将保留在各个会话中，ViewCube 可以提供视口当前方向的可视反馈，从而使用户可以调整视图的方向，如图 1.3.10 所示。

## 8. SteeringWheels

这些控件会影响与SteeringWheels功能的交互操作。任何在设置中的更改都将保留在各个会话中。SteeringWheels 是追踪菜单，通过它们用户可以从单一的工具访问不同的 2D 和 3D 导航工具，如图 1.3.11 所示。

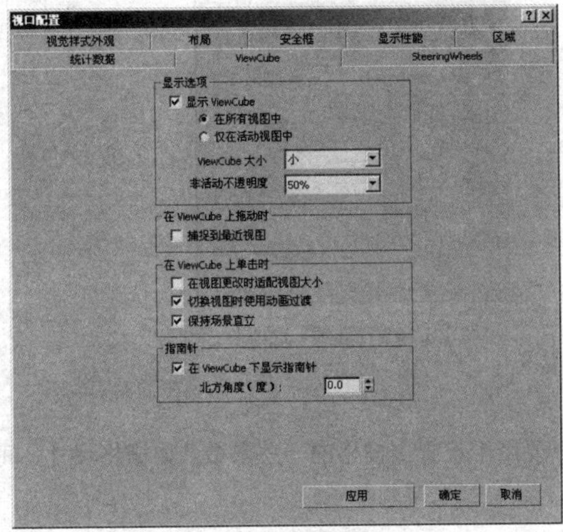


图 1.3.10　“ViewCube”选项卡

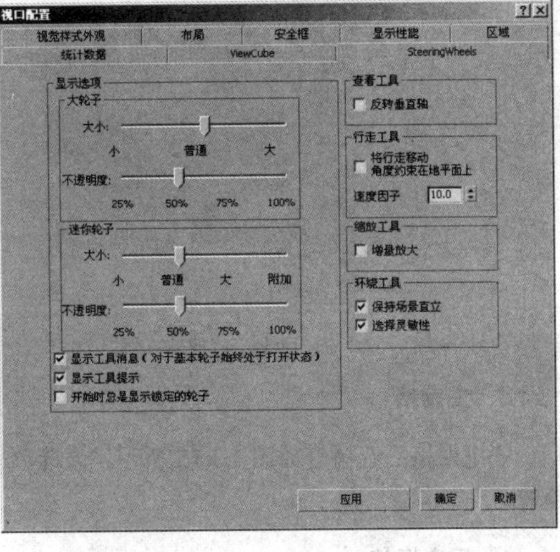


图 1.3.11　“SteeringWheels”选项卡

## 1.3.4　栅格和捕捉设置

选择 工具(T) → 栅格和捕捉 → 栅格和捕捉设置(G)... 命令，弹出 栅格和捕捉设置 对话框，如图 1.3.12 所示。

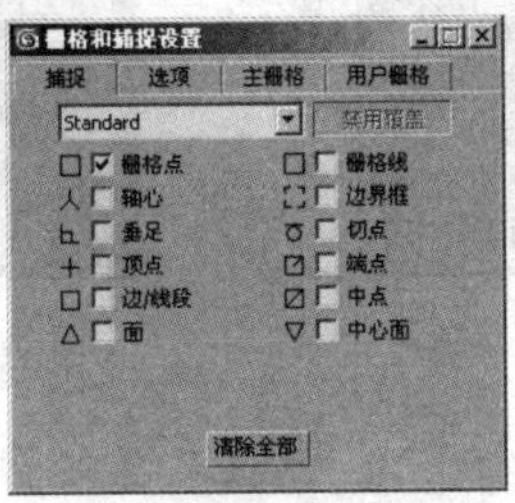


图 1.3.12　“栅格和捕捉设置”对话框

在该对话框中包含了 4 个选项卡，下面分别进行介绍。

### 1．捕捉

在“捕捉”选项卡中有两个系统默认选项：顶点和边/线段。在使用时，用户可以根据捕捉的需要进行修改。另外，当选择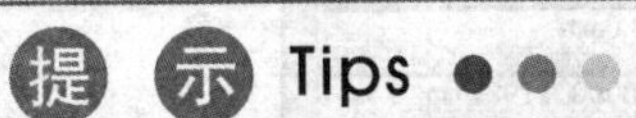下拉列表中的 NURBS 选项时，“捕捉”选项卡如图 1.3.13 所示。

### 2．选项

“选项”选项卡如图 1.3.14 所示，该选项卡主要用于设置捕捉的一些选用参数，如捕捉半径、角度等。

**提　示　Tips**

为了获得最佳效果，请保持“捕捉预览半径”值比“捕捉半径”值多 10 像素或更多。这样就可以在实际发生捕捉之前预览任何捕捉。

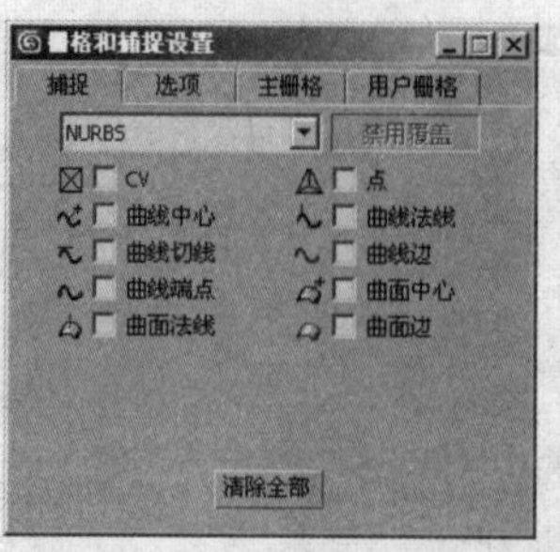
图 1.3.13 “捕捉”选项卡

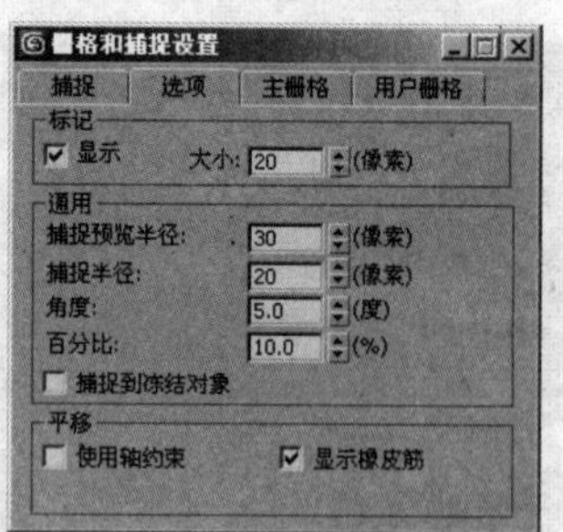
图 1.3.14 “选项”选项卡

3．主栅格

“主栅格”选项卡如图 1.3.15 所示，该选项卡主要用于设置主栅格的一些参数，如栅格尺寸、间距等。

4．用户栅格

“用户栅格”选项卡如图 1.3.16 所示，该选项卡主要用于设置栅格自动化参数、栅格对齐等。

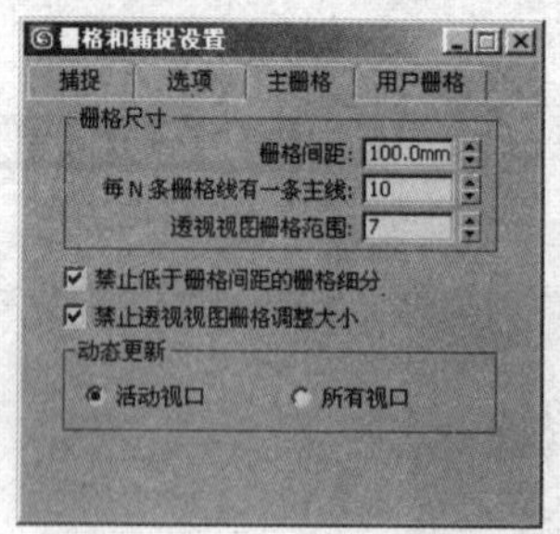
图 1.3.15 “主栅格”选项卡

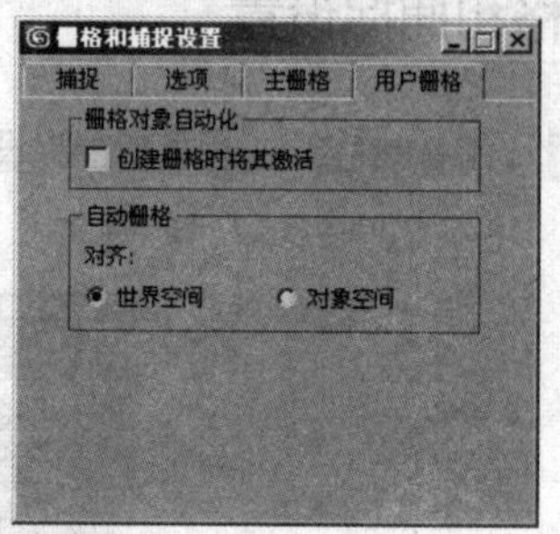
图 1.3.16 “用户栅格”选项卡

## 1.3.5 单位设置

选择 自定义(U) → 单位设置(U)... 命令，弹出 单位设置 对话框，如图 1.3.17 所示。

在该对话框中，可以将系统单位设置成公制、美国标准以及自定义 3 种类型。单击 系统单位设置 按钮，弹出如图 1.3.18 所示的 系统单位设置 对话框，在该对话框中可以设置系统单位比例、精度等参数。

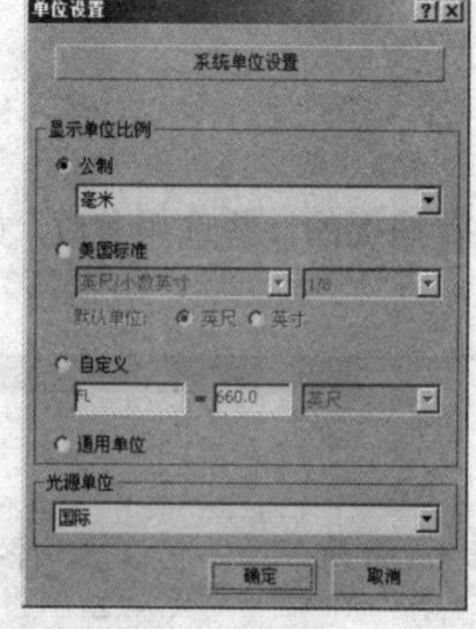
图 1.3.17 “单位设置”对话框

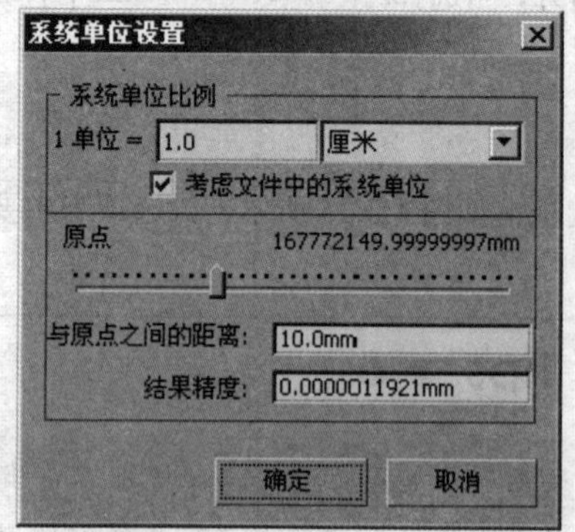
图 1.3.18 “系统单位设置”对话框

  Tips

只能在导入或创建几何体之前 更改系统单位值。不要在现有场景中更改系统单位。如果打算对包含详细信息且其尺寸远小于 1 英寸的对象建模，请将通用单位用作小于 1 英寸的任意单位：例如，1 个单位 =1/50 英寸，否则可能会在使用模型时遇到因舍入误差引起的问题。

## 本 章 小 结

本章主要讲述了 3DS MAX 2012 的发展历程、新增功能、安装、启动，以及 3DS MAX 2012 的特性、系统配置和系统设置等基础知识。通过本章的学习，用户对 3DS MAX 2012 有了一个大致的了解，为以后的学习奠定基础。

# 第 2 章　3DS MAX 建模基础

3DS MAX 中的建模方式总体分为三类，第一类是 3DS MAX 最突出的多边形建模，这是在三维动画产生初期就存在的建模方式，因此，它也是最成熟的建模方式。特别是细分建模的出现，让这一方式又焕发了新的生机，几乎所有的软件都支持这一建模方式。因此，本书着重讲解这一建模方式。第二类是 3DS MAX 的面片栅格建模方式，特别是由此而发展出来的曲面线框建模方式，这种建模方式曾经在国内非常流行，它是以线条控制曲面来制作模型的。理论上可以制作出任何模型，但是效率低下，非常费时。随着多边形细分建模的出现，现在关注这种方法的人越来越少了。第三类是 3DS MAX 中几乎没有人用到的 NURBS 曲面建模，就连国外权威的 3DS MAX 教材 inside max 中，对于 NURBS 曲面建模也是一带而过的，并不是说这种方法不好，NURBS 是相当专业的建模方式，但是 3DS MAX 对于 NURBS 支持实在不好，基本上很难用它来完成复杂模型的建模，因此不推荐大家使用。

## 本章知识重点

- 了解内置物体的制作和修改。
- 了解多边形物体的进一步加工。
- 学习从线条到三维物体的编辑方法。
- 认识自由多边形。
- 了解由多个多边形物体进行建模。

在本书中将会和大家一起来进行 3DS MAX 多边形建模的学习，首先，要先搞清楚什么是多边形。

多边形，可以说叫三角形面更为贴切一些。在空间中，只要有三个点就可以确定一个平面，在计算机中也是这样的。计算机会根据空间中三个点的坐标以及它们之间的连线，来定义出一个面。很多很多这样的面连接起来，就构成了所要的模型。在图 2.0.1 中，可以看到三维模型就是由一个又一个的三角形面构成的。

可以说，三角形面是构成多边形三维模型最基本的结构。构成三角形面的三个顶点也称为节点，这三个顶点完全决定了这个三角形面的形态。而三个顶点的连线称为边，它们是用来决定三角形面与另一个三角形面之间的相邻关系的，因为如果空间中只有一个三角形面的话，三个顶点就足够限定它的形态了。可是空间中如果有两个相邻的三角形面，那么，就至少有四个顶点。如果没有边界存在的话，就可能无法描述模型的形态了。三条边之间围成的就是三角形面了，也可以叫面，如图 2.0.2 所示。

图 2.0.1　三角形面

图 2.0.2　点线面演示

只要是面的物体，都是有正反两个面的，三角形面也是这样的。在 3DS MAX 和其他的三维软件中，三角形的正反面是由一个叫做法线的标志来决定的。法线，英文叫做 Normals，法线以一条垂直于三角形面的虚线来表示，如图 2.0.3 所示。

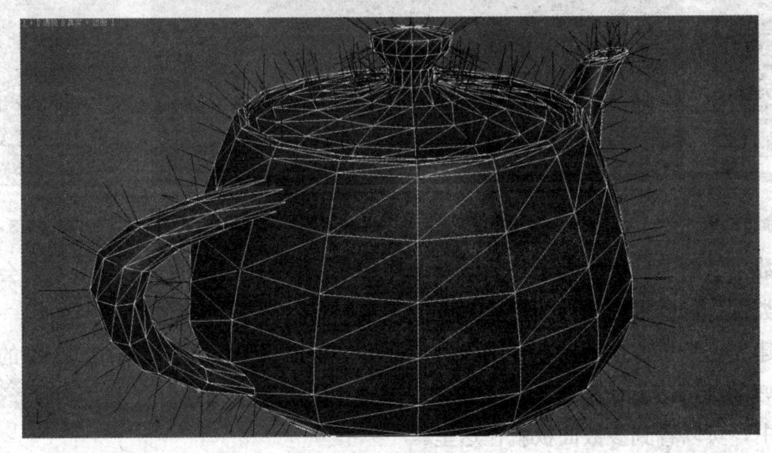

图 2.0.3　法线

法线是多边形中一个相当重要的概念，因为在 3DS MAX 和其他的三维软件中，多边形面就像魔术镜子一样，只能从一个方向上看到，另一面是完全透明的。

上面介绍了最基本的多边形理论知识，那么在 3DS MAX 中如何编辑和修改多边形物体呢？本节将帮助读者解决这些问题。

## 2.1　内置物体的制作和修改

3DS MAX 内部有很多可以直接拿来用的内置物体，这些物体默认都是多边形类型的，而且它们有一个特点就是都是参数化的，不允许你移动它们的顶点来改变它们的外形，但是你可以通过改变它们的参数来得到不同的物体，在这里看一个例子。

在 3DS MAX 界面右侧可以看到如图 2.1.1 所示的面板。

这个面板中最上方的图标，表示现在处于创建命令面板上，而它正下方的那个面板，表示现在处于几何体的创建面板上，它后面的几个按钮依次是图形、灯光、摄影机、辅助对象、空间扭曲和系统的创建，按下相应的按钮就可以看到面板的不同变化。

在下面有一个下拉式选项，当前的标准基本体表示当前处于标准基本体创建中。

再往下就是对象类型卷展栏，它下面有 10 个按钮，代表了可以制作的 10 种物体。按下其中的长方体按钮，这时把鼠标移到视图区，可以看到它变成了十字形，按下鼠标左键在视图中拖动，就画出了一个长方形。松开鼠标，接着拖动，就可以看到刚才画的长方形有了厚度，成了一个长方体。再次单击鼠标左键，长方体就固定了，如图 2.1.2 所示。

现在就制作出了一个长方体，如果创建完这个长方体后没有再点一下鼠标，在右边的面板下面会出现如图 2.1.3 所示的参数栏。

这就是刚才拖动鼠标创建的那个长方体的参数，一共有 6 个，分别是长、宽、高和在长、宽、高上的分段数，最后一个勾选项是关于材质贴图的。

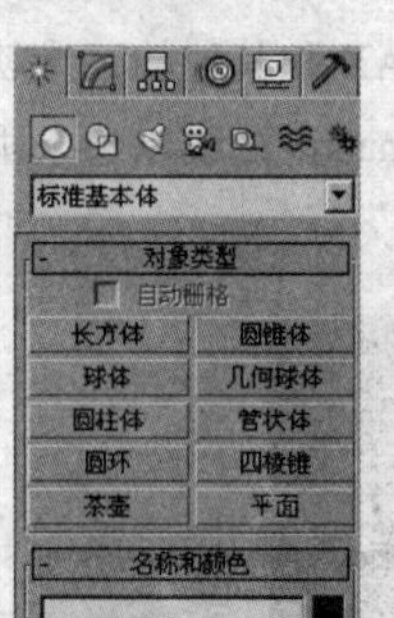


图 2.1.1 创建命令面板

图 2.1.2 创建长方体

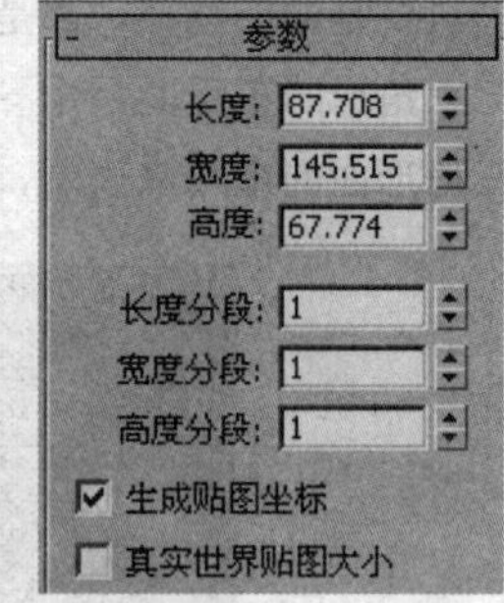


图 2.1.3 参数栏

可以按住数字后面的向上和向下箭头改变这些数字，看看视图中的长方体是不是会跟着数字一起变化，通过这类操作可以把它修改成任何想要的大小。

如果在创建完这个长方体后，在视图中的空白处多单击了一下鼠标，图 2.1.3 中的这个参数面板就会消失，需要的话可以再次在长方体上单击一下选中它，然后单击一下最上方的按钮，切换到修改命令面板中，可以看到参数面板就在这里。

3DS MAX 中内置的物体有很多，除了面板上的这 10 个按钮外，还有 13 个扩展物体，打开如图 2.1.4 所示的下拉选项，选中扩展基本体选项，就可以打开相应的创建项目了，如图 2.1.5 所示。创建的过程也是拖动鼠标，不过拖动的方式可能有所不同，可以自行试验或者查看手册中相应的部分。

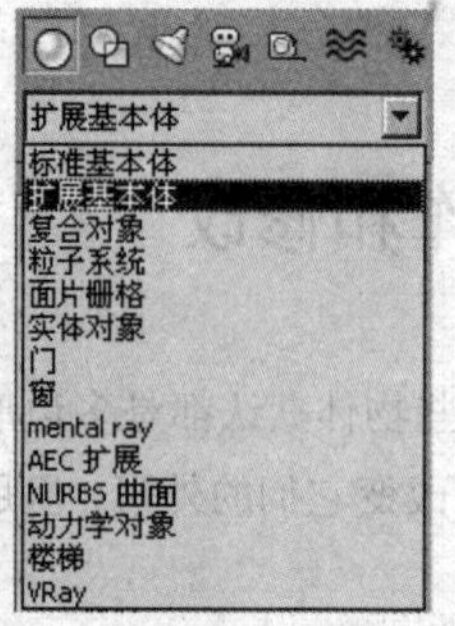


图 2.1.4 扩展基本体下拉菜单

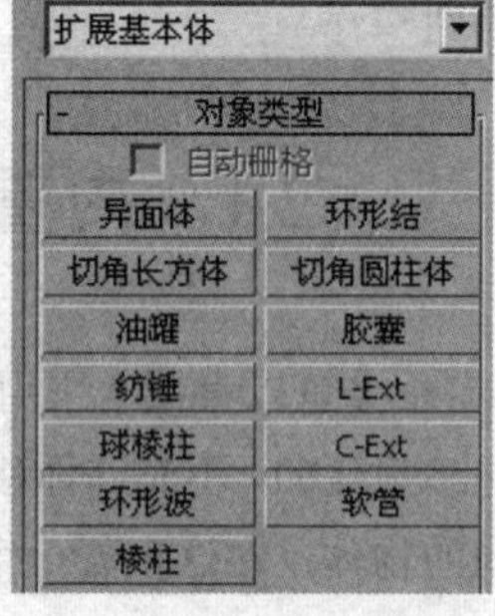


图 2.1.5 扩展基本体对象

## 2.2 多边形物体的进一步加工

在前面制作长方体的时候，可以通过改变它的参数来改变它们的外形，可是，无论如何也不可能通过参数的改变，把一个长方体修改得哪怕是有一点倾斜，只能求助于别的方法。

先用前面的方法来拖出一个管状体，创建参数如图 2.2.1 所示，如果要把它变得复杂些，可以点一下，这样就打开了修改命令面板，就是修改命令面板的标志。从图 2.2.2 中可以看到，在修改面板的顶部，是当前所选中物体的名称和颜色，可以在这里对它进行重新命名和色彩的修改。名称栏的下方，有一个下拉式的选项，上面写着修改器列表，以后进行的大部分工作都和这个修改器列表有关。再下来就是一个空白区，里面有一个Tube；再往下就是一排按钮，这排按钮的作用在后面讲；最下方是前面所创建的那个管状体的创建参数。

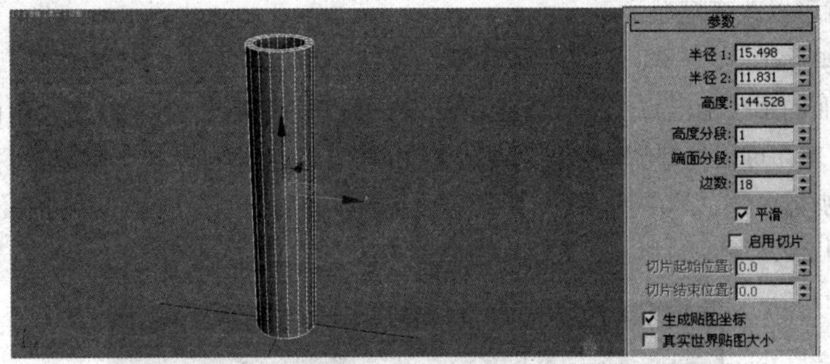


图 2.2.1　创建管状体

图 2.2.2　修改命令面板

在当前的状态下，单击修改器列表后面的那个向下的箭头，就可以打开一个很长的选项了。在此可以看到很多修改器的名称，这里列出了当前可用的所有的修改器，如图 2.2.3 所示。从中选择FFD(圆柱体)选项，给当前的圆柱体加上这个修改器。

现在可以看到以前的那个只写着 Tube 的空白部分发生了一些变化，在 Tube 的上方，多出了刚加入的FFD(圆柱体)修改器。并且原来 Tube 的创建参数也变成了当前的 FFD 参数，如图 2.2.4 所示。这个部分就是叠加修改器的地方，叫做修改器堆栈。

图 2.2.3　修改器列表

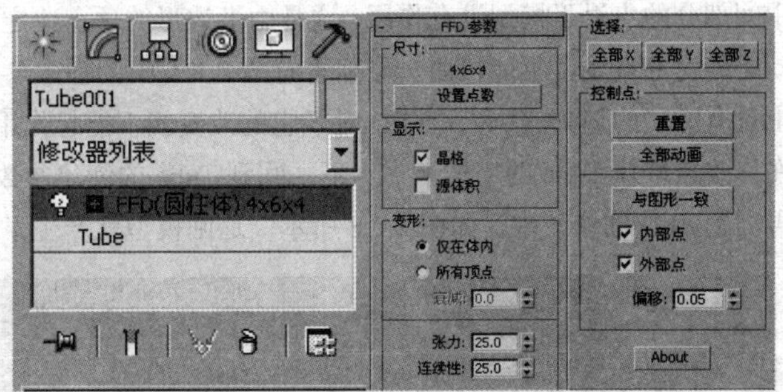


图 2.2.4　FFD 参数栏

从图 2.2.4 上可以看到，修改器堆栈中FFD(圆柱体)是有灰色背景的，这表示当前正处于 FFD 的参数设定当中，如果用鼠标在 Tube 的字上点一下，Tube 就变成灰色背景了，下方的参数也变回到原来 Tube 的创建参数了。

看看视图中的变化，可以发现在管状体的外面围上了晶格的框架，如图 2.2.5 所示。

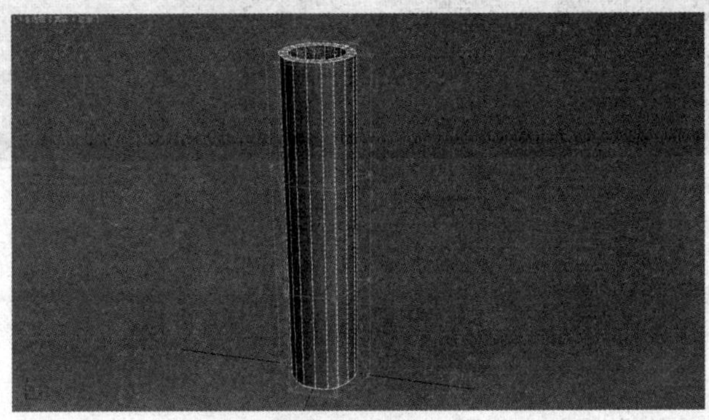

图 2.2.5　晶格框架

FFD 修改器就是通过这些晶格的框架来改变模型外形的，它给模型加上一个晶格的外框，然后

可以手工调节上面点的位置，就可以改变模型了。

修改 FFD 的晶格点的方法如下：

把 FFD(圆柱体) 4x6x4 前面的那个加号点一下，就会看到 FFD 展开成了图 2.2.6 的样子。用鼠标在展开的 控制点 上点一下，现在可以处理的物体级别就成了 FFD 下属的控制点了，控制点 是 FFD 的次一级别物体，叫做子物体。

现在，在视图中就可以如图 2.2.7 所示的那样通过移动控制点来改变模型的外形了。

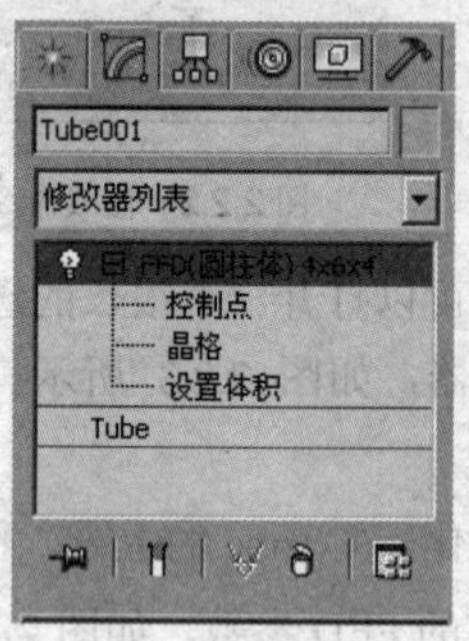


图 2.2.6　FFD 展开效果

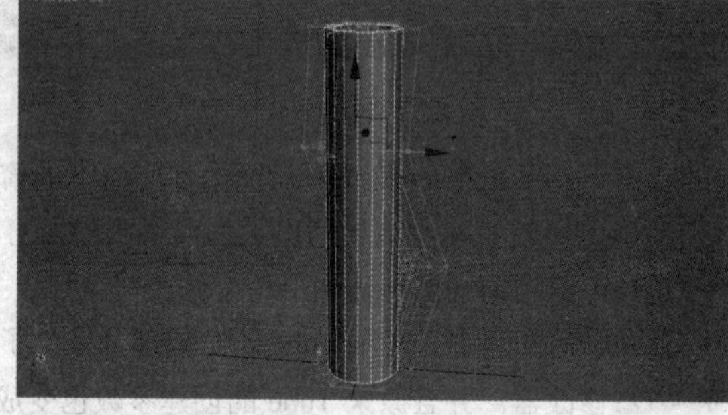

图 2.2.7　移动控制点



中间部分的点对于模型没有作用，这是由多边形的顶点决定的，多边形的点与点之间的连线也就是边，是绝对的直线，不能扭曲，仔细看看图 2.2.1 中的创建参数，其中的高度分段是 1，也就是在高度上只有一层的划分，所以，FFD 对于它的改变就不能起作用了。

在修改器堆栈 Tube 的字样上点一下，回到 Tube 的创建参数中，把其中的高度分段改成 50。

再回到 FFD 的修改中，如图 2.2.8 所示，这回模型就产生了圆滑的扭曲效果。

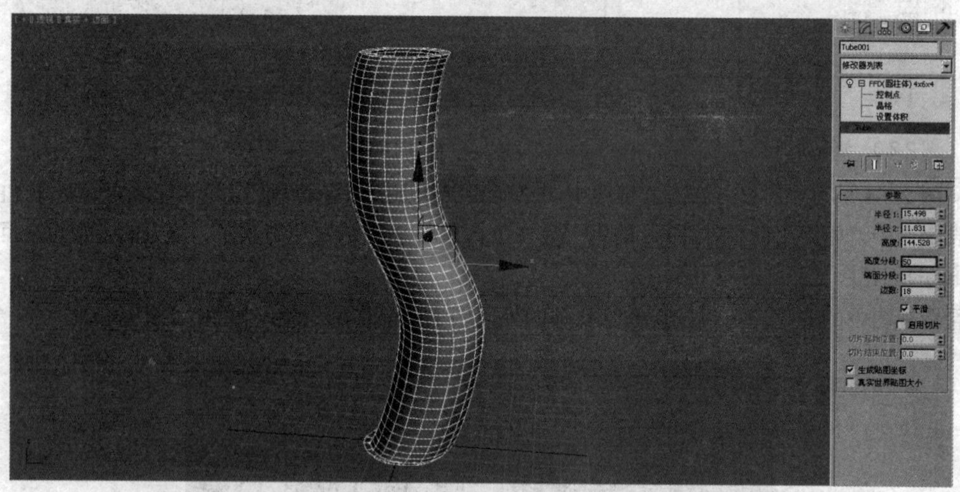


图 2.2.8　扭曲效果

## 2.3　从线条到三维物体

虽然可以对基本的物体进行进一步的加工，但是也要看到，FFD 对于基本物体的修改是极为有限的，只能用它大体上来修改模型。因此，必须要有更多的方法来得到我们所要用到的多边形，这其

中，从线条转换到三维物体是个非常好的方法。

先来讲解在 3DS MAX 中是如何制作线条的，把右边的面切换回，在创建面板中按下图标，这样就进入了如图 2.3.1 所示的图形的创建面板。

这个面板结构和创建三维物体的基本上是完全一样的，只不过它是用来创建线条的，在这里一样有很多 3DS MAX 内置的参数化线条物体可以创建，方法也是用鼠标在视图中拖动，在此就不再过多介绍了。

其中要重点讲解的是线创建工具，它产生的不是什么参数化的线条，而是完全自由的线条，可以用它画出任何想画的线条。

单击 线 按钮，然后在视图中依次单击鼠标左键，就可以画出由多个点组成的线条了。如果在确定点的时候按住左键拖动，就可以画出弧线来。它的用法很像是 CorelDRAW 软件中的贝塞尔工具。



试着画一段线条，首先在屏幕上依次单击，画出如图 2.3.2 所示的样条线，然后单击鼠标右键结束画线。

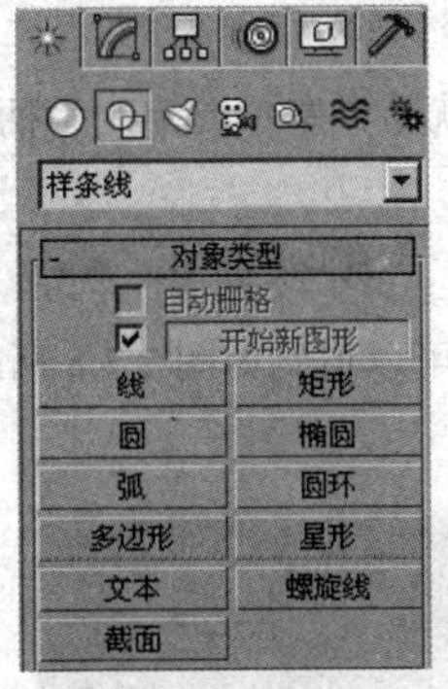


图 2.3.1　图形创建命令面板

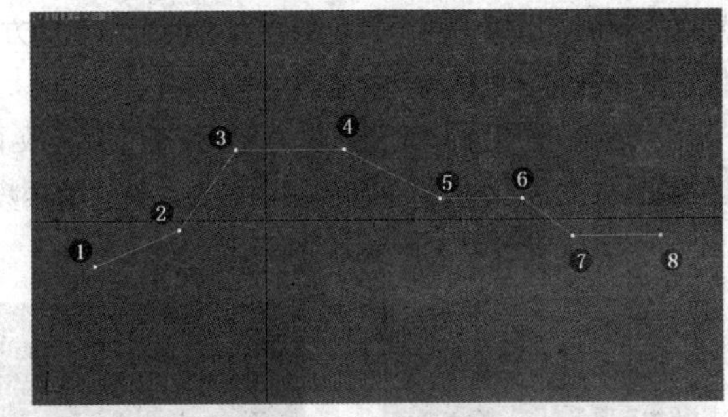


图 2.3.2　创建样条线

现在有了一条折线，很明显，更多的时候要用的是曲线，需要进一步地把它修改成曲线。

单击按钮进入修改命令面板，看到在 Line 物体的堆栈中，现在只有一个 Line 的参数，单击 Line 前面的黑色加号，展开如图 2.3.3 所示的 Line 的子物体。

可以看到 Line 有三种子物体，顶点、线段和样条线，要改变线的形态最常用的是顶点，通过对顶点的调节来改变线条。

单击顶点进入顶点子级别，如图 2.3.4 所示，刚才画的线条上的点都以十字形在视图中显示出来了，而且第一个点还多了一个黄色框。

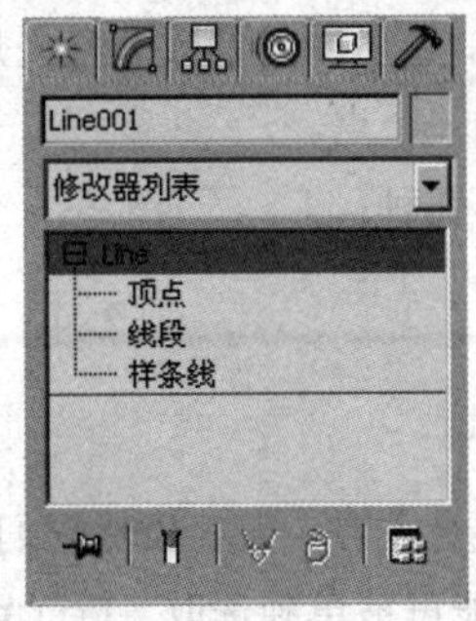


图 2.3.3　Line 堆栈展开效果

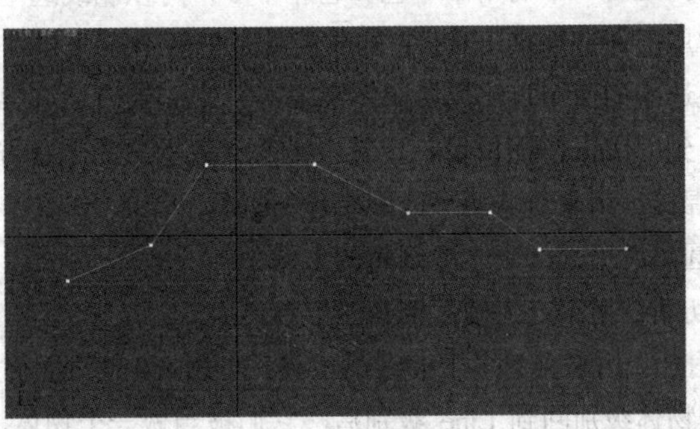

图 2.3.4　样条线

选中图 2.3.2 中标号为 2 的那个点，在上面单击鼠标右键(注意一定要让鼠标停在 2 号点的上面)，在弹出的菜单中选择图 2.3.5 中所示的 Bezier 选项，将 2 号点转换成为贝塞尔点。

从图 2.3.5 中看到点一共有四种类型，它们的含义和所有其他的矢量绘图工具完全没有任何区别，如果不明白，请大家查阅相应的资料，这里就不再一一介绍了。

此时，可以看到线条变成了如图 2.3.6 所示的样子。

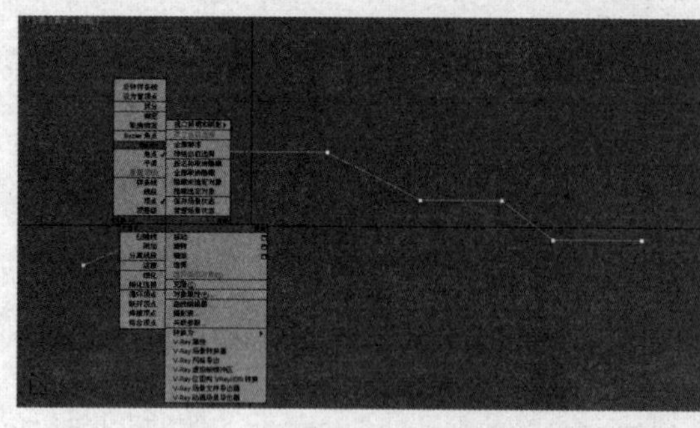

图 2.3.5　将 2 号点转换为贝塞尔点

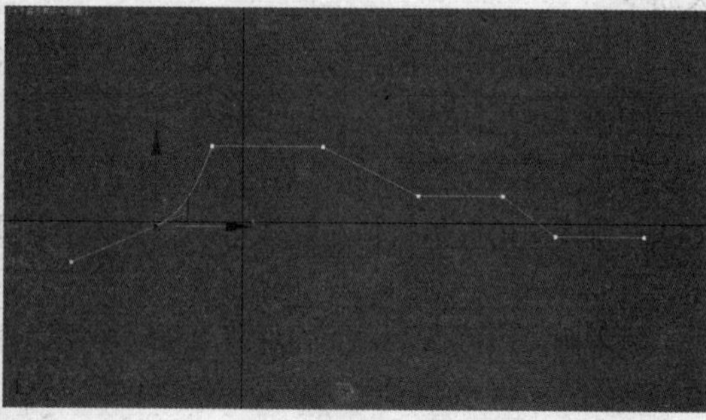

图 2.3.6　转换后的贝塞尔点



在 2 号点的两侧，出现了两个黄色的直线和两个绿色的方块，这就是贝塞尔的控制手柄了，可以用鼠标点住一个绿色的方块移动一下看看。

接下来，选中图中的 5 号点。在右侧的修改面板中，找到如图 2.3.7 所示的 - 几何体 卷展栏下面的圆角参数，把它的参数调大，可以得到如图 2.3.8 所示的圆角效果。

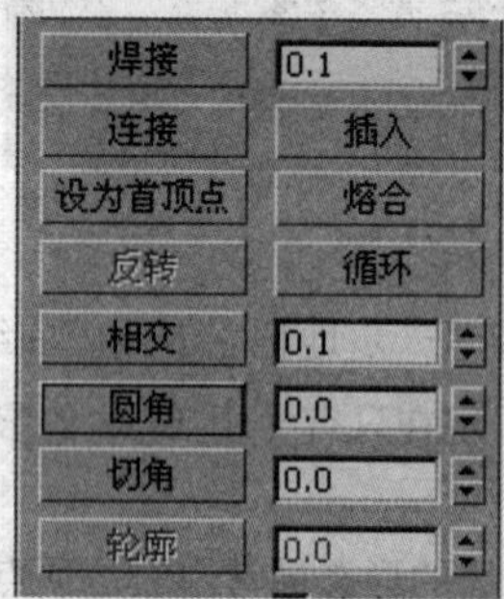


图 2.3.7　几何体卷展栏

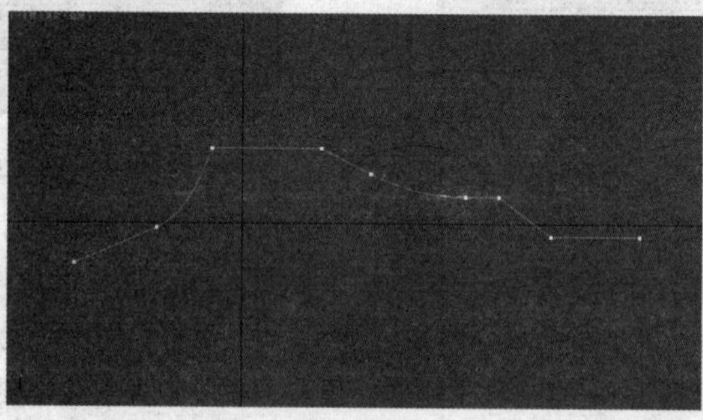

图 2.3.8　圆角效果

事实上，常用的 Line 工具中的命令基本上就是图 2.3.7 中的那几个，刚才所用的圆角命令是用来制作倒角的，还有一个切角命令也和它差不多，可以画线选中点来试试。

比较常用的还有焊接工具，它的作用就是把两个点合并成一个，它后面的参数的意义是两个点的距离。如果选中的两个点比焊接的距离要小，它们就自动合并成为一个点。

可以看到，Line 的面板很长，其中推荐优先学习的工具有以下几种：

（1）焊接：用来合并两个或多个点的工具。

（2）圆角：用来产生光滑倒角的工具。

（3）切角：用来产生硬性倒角的工具。

（4）附加：用来合并多个曲线的工具。附加可以把不同的曲线合并在一起，虽然它们并不相连，但是退出子物体级别回到 Line 级别后，它们被当做一个物体，不能再被单独选取。除了可以合并另一个 Line 外，还可以合并 3DS MAX 内置的参数化线条，如圆、弧等，不过被合并的参数化线条在

合并后，它们的参数将消失，成为自由线条。

（5）插入：用鼠标在原有的线条上加点的工具。

（6）熔合：将多个选中的点集中在一个位置上的工具，与焊接的区别是它只集中而不合并，原来的点有几个还是几个，只是重叠起来了，而焊接过的点就只是一个点了。

前面修改曲线都是在 Line 本身的修改参数中进行的，在修改器列表中，还可以发现一个编辑样条线修改器，它的面板和 line 的面板是完全一样的，可以给一个参数化的线条加上这个修改器，这样，就可以在保留原有参数的同时，对它自由地进行加工了。

打开车削修改器列表，如图 2.3.9 所示，给刚才画的线条加上一个车削修改器，可以看到，新加入的修改器已经把画的线条变成了如图 2.3.10 所示的一个三维物体了。

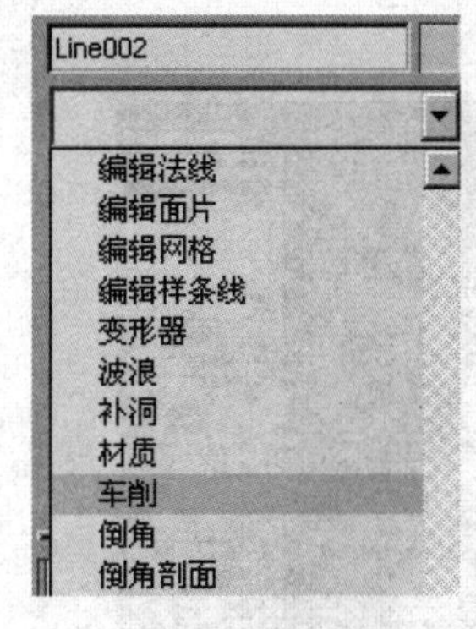


图 2.3.9　车削修改器

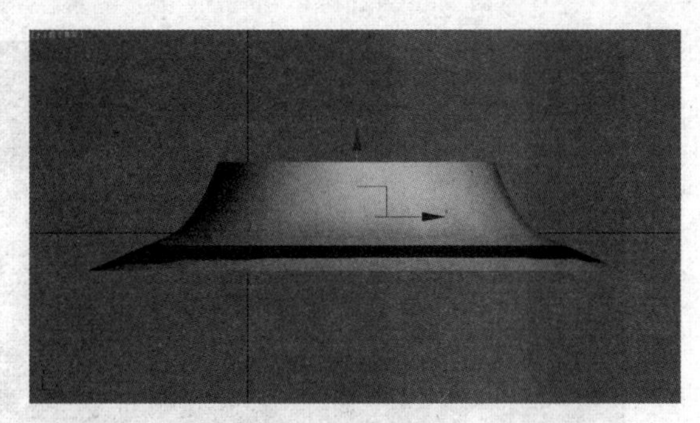

图 2.3.10　车削效果

现在的旋转是以所画线条的中心为轴心的，在车削的面板中单击对齐下面的最小按钮，在视图中可以发现视图中的模型变成了如图 2.3.11 所示的形状。

在车削的面板中单击方向下面的 X 按钮，在视图中可以发现视图中的模型变成了如图 2.3.12 所示的形状。

图 2.3.11　改变对齐效果

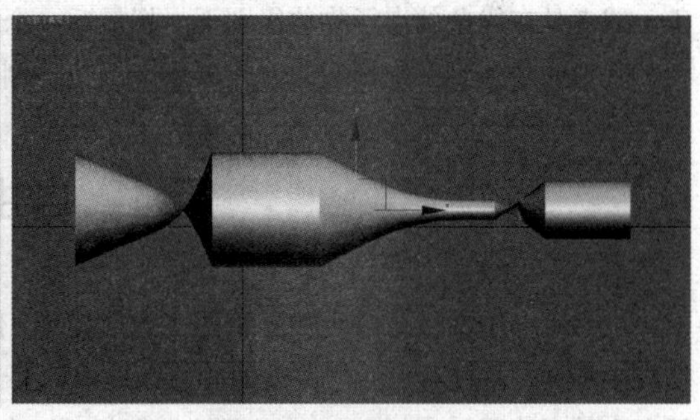

图 2.3.12　改变方向效果

在堆栈中单击 车削 前面的"+"，在弹出的子级别中选择 轴 ，调节坐标轴位置，效果如图 2.3.13 所示。

如果制作的模型看起来像是透明了，那就是法线反了，勾选车削面板中的翻转法线就可以了。

前面用的是车削中自带的一种轴心对齐方式，如果要更精确的轴心控制，可以单击堆栈中车削前面的加号，进入车削的子物体，可以发现车削的子物体就是轴，在视图中以一条黄色的直线表示，可以如图 2.3.14 所示那样在视图中移动它来控制旋转生成表面的中心轴。

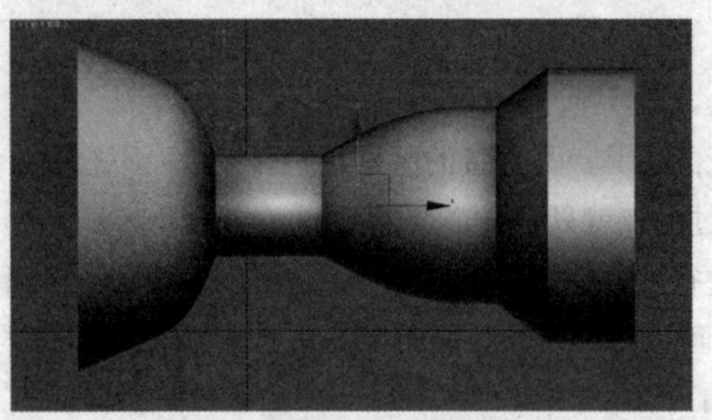
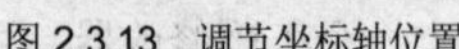

图 2.3.13 调节坐标轴位置

图 2.3.14 移动中心轴

除了用到的车削外，常用的从线条到三维物体的修改器还有挤出，与车削不同的是，它是沿直线生成模型的，通过参数数量控制挤出的长度，如图 2.3.15 所示。

图 2.3.15 挤出样条线

挤出修改器更多地用于一个封闭的线条上，生成封闭线条的方法和生成一般线条是完全一样的，唯一不同的就是在画线的时候把最后一个点落在第一个点上，就会弹出一个对话框询问是否要封闭线条，或者是在线条的点子物体级别下，把最后一个点移动到第一个点上，也会弹出这个对话框。

其他的线条到三维模型的修改器还有倒角、倒角剖面等，具体用法在后面进行讲解。

## 2.4 自由多边形

虽然可以用曲线生成更加复杂的多边形模型，但它们还是受到很多限制，如果能像在线条物体的生成中那样，通过对点的修改来随心所欲地修改多边形物体更为实用，当然可以，我们来看看如何进行自由的多边形加工。

3DS MAX 的创建面板中并没有一个像曲线一样能直接创建自由多边形的工具，所以还是要求助于 3DS MAX 内置的参数物体。首先，用前面讲过的方法来拖出一个茶壶模型，再选中茶壶，然后在它上面右键单击鼠标，如图 2.4.1 所示，在弹出的菜单中选取转换为可编辑网格。

现在系统自动打开修改命令面板，可以发现原来的茶壶参数全部被一个新的面板代替了，堆栈中显示这个面板称为可编辑网格。

打开可编辑网格前面的黑加号，打开它的子物体，如图 2.4.2 所示。

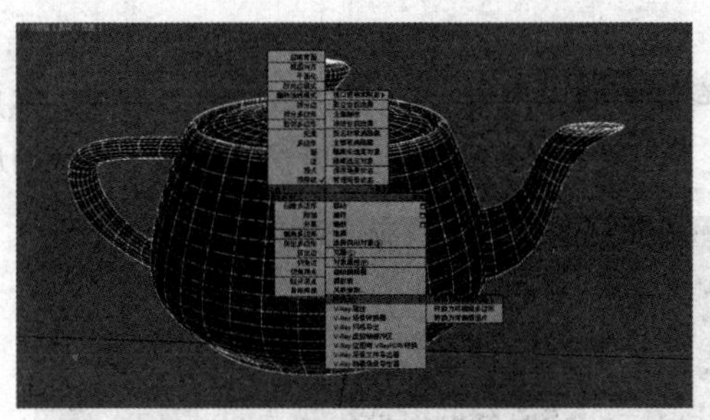

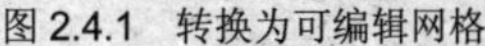

图 2.4.1　转换为可编辑网格

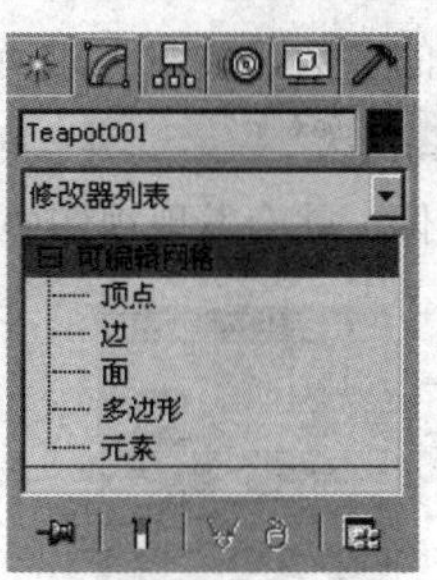


图 2.4.2　可编辑网格界面

现在可以进入相应的子物体，并在视图中随便移动它们，接下来就可以制作任意形态的多边形了。

从图 2.4.2 中可以看到，可编辑网格的子物体比较多，除了顶点外，还有边、面、多边形以及元素等子物体，其中边就不用多说了，面就是前面讲到的最基本的多边形组成单位三角形面，而多边形就是由三角形面组成的面，如果多边形正好是三角形的话，那它就可以由一个三角形面组成；如果多边形是四边形，那它有可能是由两个或者两个以上的三角形面组成的。

对于建模来说，很少用到面物体，大多是在多边形的子物体级别操作的。

在修改器中还有一个可编辑网格修改器，和前讲的可编辑样条线的用处一样，可以把它叠加在别的物体上从而保留原来物体的一些参数。

从图 2.4.1 中可以看到，可编辑网格下方还有一个可编辑多边形选项，可编辑多边形和可编辑网格差别不大，学会了其中一个，另一个也就可以很快地掌握。

可编辑网格的面板相当长，工具也比较复杂，对于这个面板，首先应学会如何用移动工具、放缩工具以及旋转工具来修改点物体，它其中的工具以后再作介绍。

## 2.5　由多个多边形物体进行建模

虽然前面的内容不多，但是已提及了多边形建模的大部分内容，还有一个很重要的部分就是称为复合建模的工具了，这个工具的位置在创建面板的三维物体创建中，如图 2.5.1 所示。

所谓的复合建模，就是由至少两个三维多边形来进行建模的方法。这其中最常用的当属布尔运算了，这是一种很强的造型方法，它的基本原理很简单，就是从一个物体上减去另一个物体，先来看一个例子。

首先创建一个圆锥体和一个球体，注意它们两个之间有一部分是重叠的，如图 2.5.2 所示。

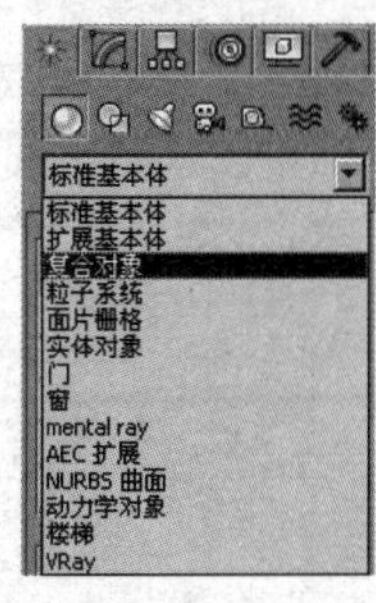


图 2.5.1　复合对象

图 2.5.2　创建圆锥体和球体

选中圆锥，然后进入复合建模的面板，单击 布尔 按钮，这时可以看到在创建面板的下方，

出现了布尔的参数，如图 2.5.3 所示。

在 拾取布尔 卷展栏中单击 拾取操作对象 B 按钮，这时鼠标变成了十字形，然后我们在视图中拾取球体，就会发现视图中的球体消失了，圆锥体变成如图 2.5.4 所示的缺了一块的形状。

图 2.5.3　布尔参数栏

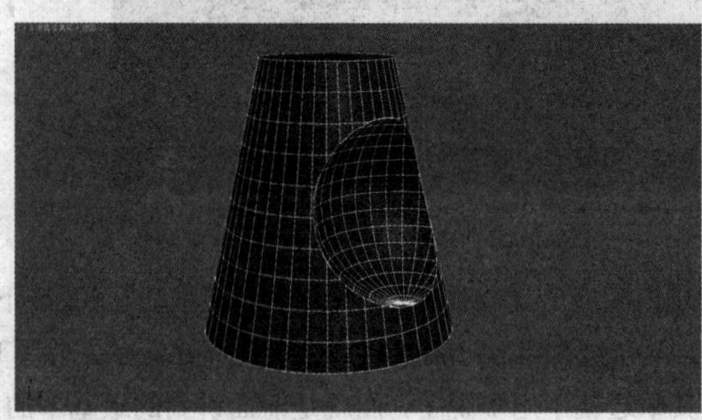

图 2.5.4　布尔效果

这个方法后面会有专门的章节来讲解，就不在这里多说了。

## 本 章 小 结

在这一章中，主要讲解了很多关于 3DS MAX 建模的基础知识，通过学习应了解 3DS MAX 的建模过程。对于多边形建模来讲，一般的流程是在创建面板中制作出基本物体或是线条物体，然后进入修改面板进行参数调节或者是加入修改器，从而得到所需要的多边形模型。

在修改面板中，一个很重要的概念就是堆栈，堆栈其实就是显示修改器层级的地方，有些修改器是有子一级的物体的。

# 第 3 章　3DS MAX 2012 工作环境

3DS MAX 2012 是一个极其庞大的动画设计软件，菜单和工具按钮也非常多，利用这些菜单和工具按钮可以创建和修改物体。因此，掌握它们的使用方法是学习 3DS MAX 2012 的基础。本章将详细介绍 3DS MAX 2012 的操作界面以及各功能面板和控制按钮的使用方法。

## 本章知识重点

- 3DS MAX 2012 操作界面。
- 菜单栏。
- 工具栏、视图控制区。
- 命令面板。

## 3.1　3DS MAX 2012 操作界面

3DS MAX 2012 是一个功能强大、面向对象的三维建模、渲染和动画制作软件。其操作界面非常容易学习和使用，而且还能按照自己的操作习惯设置人性化的用户界面。单击桌面上的 3DS MAX 2012 快捷方式图标，即可进入 3DS MAX 2012 的操作界面，如图 3.1.1 所示。

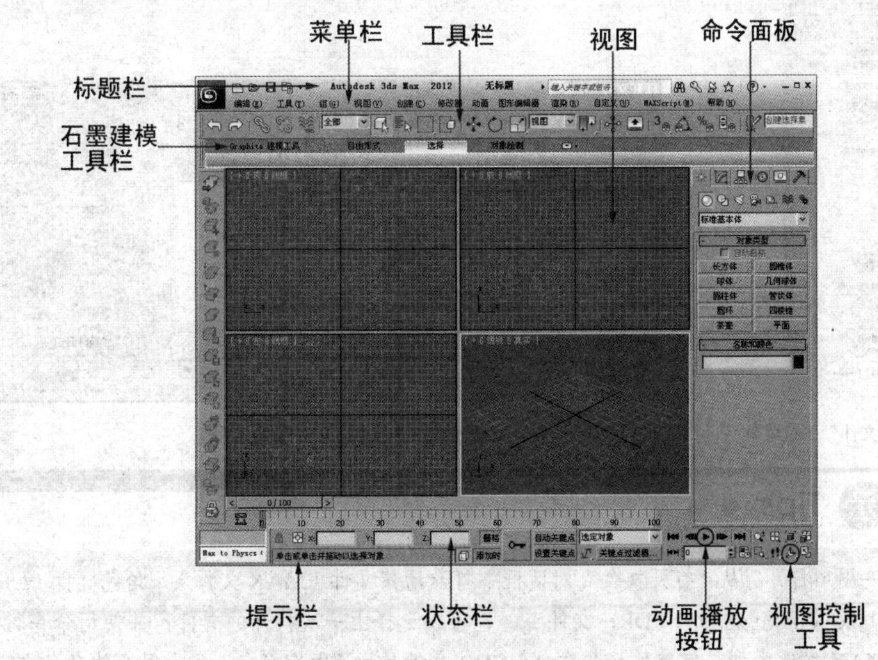


图 3.1.1　3DS MAX 2012 操作界面

3DS MAX 2012 操作界面的外框尺寸和视图区可以调整，但功能区的尺寸不能调整，主要由标题栏、菜单栏、工具栏、视图、命令面板、视图控制工具、动画播放控制按钮和状态栏等组成。

# 3.2 菜单的使用

菜单栏位于界面的上方，包含了 3DS MAX 所有的命令，共有 13 个菜单项，如图 3.2.1 所示。单击各菜单选项会弹出相应的下拉菜单，有的菜单包含了多个二级甚至三级子菜单。对于初次接触 3DS MAX 2012 的用户来讲，正确地选择菜单命令是很不容易的，本节将详细介绍常用菜单的使用方法。

文件(F) 编辑(E) 工具(T) 组(G) 视图(V) 创建(C) 修改器 动画 图形编辑器 渲染(R) 自定义(U) MAXScript(M) 帮助(H)

图 3.2.1 菜单栏

## 3.2.1 文件菜单

单击文件(F)菜单项，弹出“文件”下拉菜单，如图 3.2.2 所示。在文件菜单中，主要包括 3DS MAX 2012 的文件操作命令，下面对其中常用的命令进行讲解。

（1）新建：清除当前场景，系统会提示是否保存当前场景，但执行“新建”命令后会保留当前系统的设置。

（2）重置：清除所有数据并重新设置系统，执行“重置”命令后系统也会提示是否保存当前场景，执行它的结果与退出 3DS MAX 后重新进入是一样的。

（3）打开：可以打开一个包含场景全部信息的 3DS MAX 文件，执行“打开”命令后会弹出如图 3.2.3 所示的打开文件对话框。

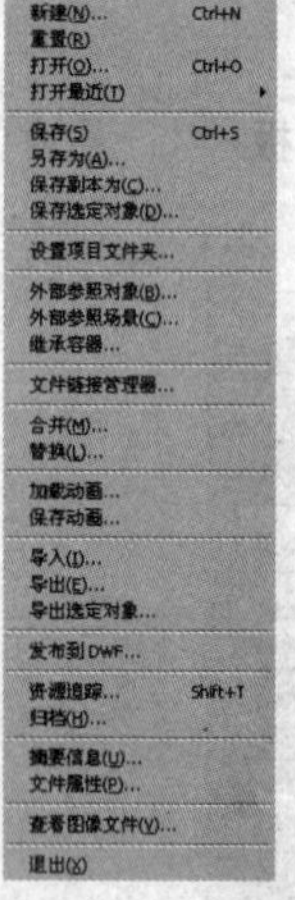


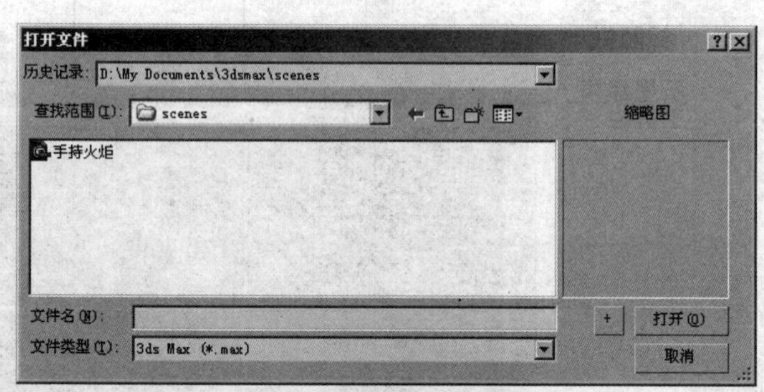


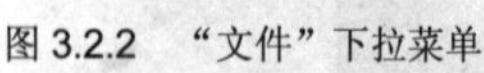
图 3.2.2 “文件”下拉菜单

图 3.2.3 “打开文件”对话框

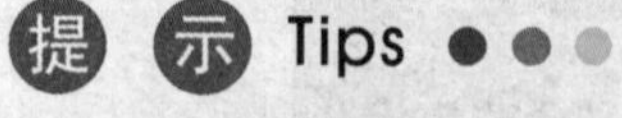
提示 Tips

使用“打开”从“打开文件”对话框中打开场景文件（MAX 文件）、角色文件（CHR 文件）或 VIZ 渲染文件（DRF 文件）。也可以选择上一次打开的文件，并使用命令行选项。MAX 文件类型是完整的场景文件；CHR 文件是用“保存角色”命令保存的角色文件；DRF 文件是 VIZ Render 中的场景文件，VIZ Render 是包含在 AutoCAD 软件中的一款渲染工具。DRF 文件类型类似于使用 Autodesk VIZ 保存的 MAX 文件。

（4）打开最近：将显示最近打开和保存文件的列表。列表按年代顺序进行排列，最近操作过的文件列在首位。

（5）保存：保存当前场景的所有信息，包含系统参数设置的信息。

（6）另存为：将当前场景以另一名称复制保存。

（7）合并：可以将几个不同的场景合并成一个场景，也可以将不同场景中的特定对象在合并对话框中有选择性地合并到一起，如图 3.2.4 所示。

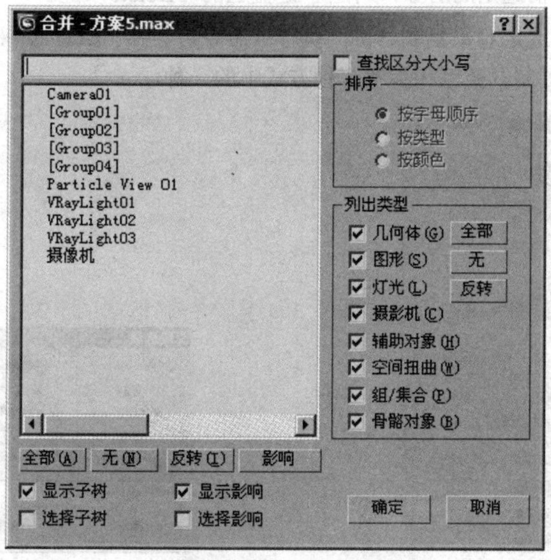


图 3.2.4 “合并”对话框

（8）导入：导入命令是将其他不是 3DS MAX 格式的文件导入到 3DS MAX 中，导入的其他文件格式包括.DXF，.PRJ，.3DS，.SHP，.DWG，.HTR，.OBJ 等。

（9）导出：导出命令是将 3DS MAX 场景文件以其他的文件格式输出。

（10）参考：参考是指将外部参照插入 3DS MAX 中，类型包括继承容器、外部参照对象、外部参照场景以及文件链接管理器。其中，继承容器是指将一参照外部定义文件的容器插入当前场景；外部参照对象指将到对象的参照从 3DS MAX 外部文件插入当前场景；外部参照场景指将到 3DS MAX 外部文件的参照插入当前场景；文件链接管理器指将到 DWG、DXF 或 FBX 的文件的链接插入当前场景。

（11）管理：管理包括设置项目文件夹和资源跟踪。项目文件夹将便于用户有组织地为特定项目放置所有文件。用“资源追踪”对话框可以检入和检出文件、将文件添加至资源追踪系统（ATS）以及获取文件的不同版本等等。这些操作都可以在 3DS MAX 中实现，而无须使用单独的客户端软件。

**注 意 Tips**

随 3DS MAX 安装的文件中，有一些材质库及这些材质库所使用的贴图。在默认情况下，这些文件分别放在程序文件夹、\materiallibraries 和\maps 子路径中。如果希望在项目中使用其中任何一个材质库，建议用户将库文件复制到项目的\materiallibraries 文件夹中。此外，如有必要，可使用外部路径配置功能添加\maps 路径及其子路径（添加\maps 路径时启用“添加子路径”）。

### 3.2.2 编辑菜单

单击编辑(E)菜单项，弹出“编辑”下拉菜单，如图 3.2.5 所示。在“编辑”下拉菜单中主要包括对场景中的对象的编辑命令，下面对其中常用的命令进行讲解。

（1）撤销：“撤销”命令可取消上一次操作，包括“选择”操作和在选定对象上执行的操作。

（2）删除：删除当前选定的对象，对应于键盘上的“Delete”键。

（3）克隆：将当前选定对象复制一份，执行该命令后会弹出克隆选项对话框，如图 3.2.6 所示，用户可以根据需要选择复制、实例和参考 3 种方式中的一种。

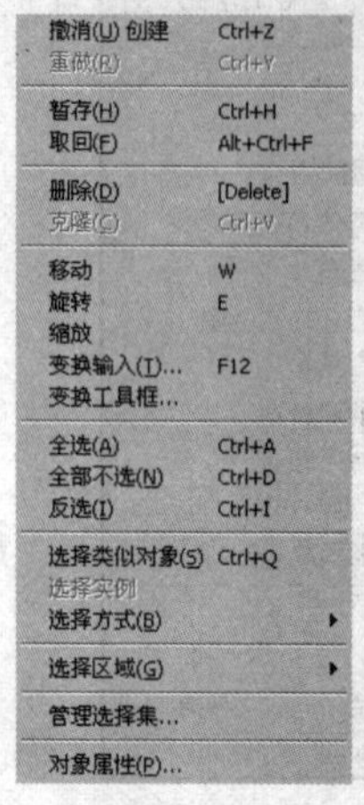


图 3.2.5 “编辑”下拉菜单

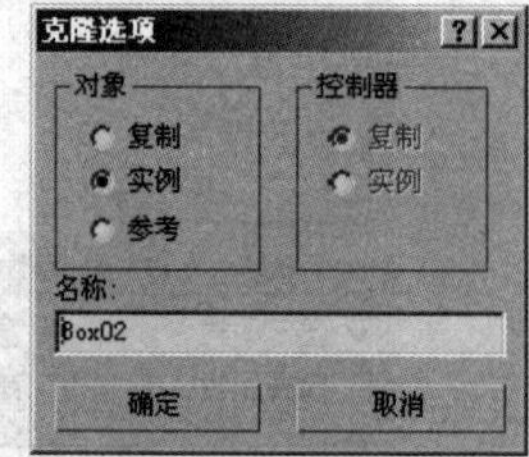


图 3.2.6 “克隆选项”对话框

（4）变换输入：“变换输入”是可以输入移动、旋转和缩放变换的精确值的对话框。对于可以显示三轴架或变换 Gizmo 的所有对象，都可以使用“变换输入”，如图 3.2.7 所示。

（5）变换工具框：变换工具框具有便于对象旋转、缩放和定位以及移动对象轴的功能，如图 3.2.8 所示。

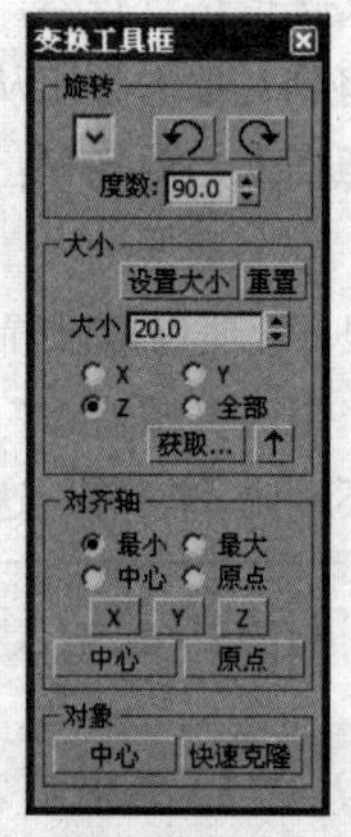


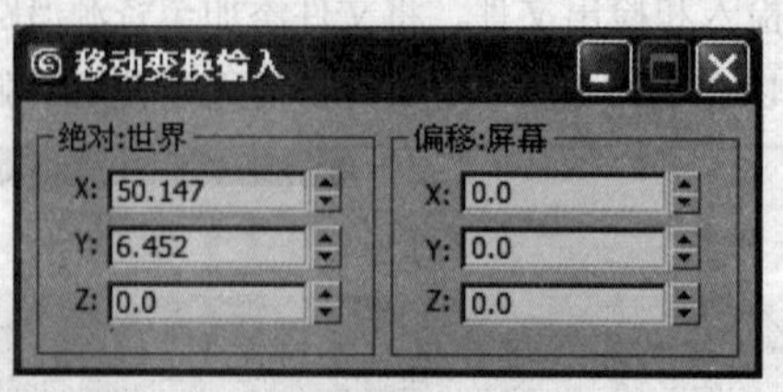


图 3.2.7 “移动变换输入”对话框

图 3.2.8 “变换工具框”对话框

（6）全选：选中当前场景中的所有对象。

（7）全部不选：取消当前场景中被选中的所有对象。

（8）反选：取消当前场景中被选中对象的同时，选中所有没有被选中的对象。

(9) 选择类似对象："选择类似对象"自动选择与当前选择"类似对象"的所有项。通常，这意味着这些对象必须位于同一层中，并且应用了相同的材质（或不应用材质）。

(10) 选择方式："编辑"菜单上的"选择方式"子菜单为按颜色、名称和层选择场景中的对象提供了相应的命令。

(11) 选择区域：通过"编辑"菜单上"选择区域"的子菜单能够快速访问各种"区域"选择选项，包括"矩形选择区域""圆形选择区域""围栏选择区域""套索选择区域""绘制选择区域""窗口"和"交叉"。

(12) 管理选择集：管理选择集命令弹出"命名对话框"，"命名选择集"对话框位于"编辑"菜单中，是无模式对话框，通过该对话框可以直接从视口创建命名选择集或选择对象添加到选择集（或从中移除）。使用该对话框还可以组织当前的命名选择集、浏览它们的成员、删除或创建新集，或者确定特定对象所属的命名选择集。

(13) 对象属性：使用"对象属性"对话框可以查看和编辑参数以确定选定对象在视口和渲染过程中的行为，该对话框可通过"编辑"菜单或者单击鼠标右键来访问。请注意，并不是所有的属性都可以编辑；应用于可渲染几何体的参数不适用于非可渲染对象。但是，应用于任意对象的参数（例如"隐藏"/"取消隐藏"、"冻结"/"解冻"、"轨迹"等），仍可用于这些不可渲染的对象。

### 3.2.3　工具菜单

单击工具(T)菜单项，弹出"工具"下拉菜单，如图 3.2.9 所示。"工具"下拉菜单中主要包括常用的工具操作命令，下面对其中的常用命令进行讲解。

(1) 孤立当前选择：可用于在暂时隐藏场景其余对象的基础上来编辑单一对象或一组对象。这样可防止在处理选定对象时选择其他对象。专注于需要看到的对象，无须为周围的环境分散注意力。同时，也可以降低由于在视口中显示其他对象而造成的性能应用。快捷键是"Alt+Q"。

 Tips

"孤立当前选择"只对对象层级起作用。当处于子对象层级时，无法选择该功能。如果在处理孤立的对象时进入子对象层级，可以单击"退出孤立"，但不能孤立子对象。

(2) 显示浮动框：用于显示、隐藏和冻结浮动框。它可以浮动在屏幕上，便于快捷操作。

(3) 灯光列表："灯光列表"是一个"无模式"对话框，在该对话框中可以控制每个灯光的很多功能，也可以进行全局设置，该设置影响场景中的每个灯光。

 Tips

该"灯光列表"不能一次控制多于 150 个唯一灯光对象（灯光的实例不算在内）。如果场景中的唯一灯光超过 150 个，则灯光列表显示其找到的前 150 个灯光的控制，并显示警告提示用户应该选择较少灯光。选择较少灯光，然后使用"选定灯光"配置。

(4) 镜像：对当前选定的对象进行镜像操作，对应于工具栏中的"镜像"按钮，执行该命令后会弹出如图 3.2.10 所示的镜像：世界 坐标对话框。

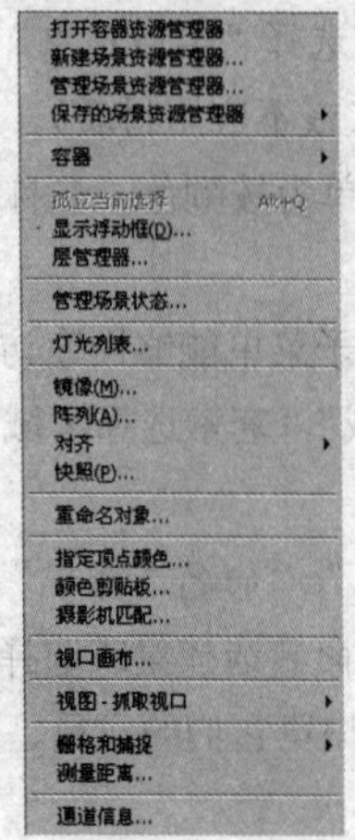


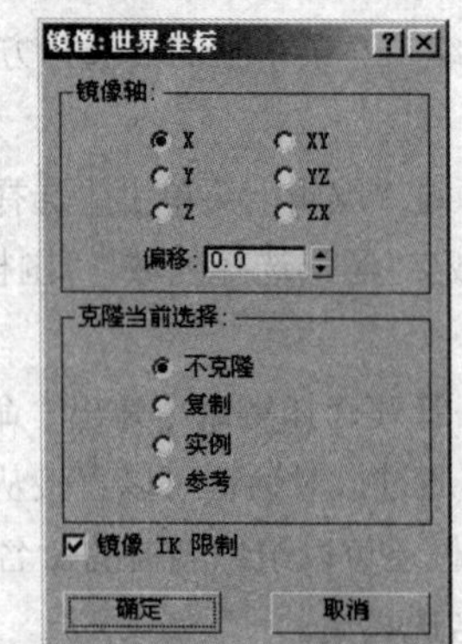


图 3.2.9 “工具”下拉菜单　图 3.2.10 “镜像：世界坐标”对话框

（5）阵列：将选定对象进行阵列复制操作。

（6）对齐：“对齐”子菜单包含在场景中对齐对象以及创建对齐对象的功能，包括对齐、快速对齐、间隔工具、克隆并对齐、对齐到视图、法线对齐、对齐摄影机和放置高光。

（7）快照：“快照”按时间均匀地为克隆设置间隔。“轨迹视图”中的“调整”可用于沿路径均匀地为克隆设置间隔。

（8）指定顶点颜色：“指定顶点颜色”工具用于给对象材质和场景中的照明指定顶点颜色。单击“指定给选定对象”时，该工具在对象上应用“顶点绘制”修改器。一旦在对象上应用了“顶点绘制”修改器，就会转到“修改”面板，或者也可以单击“编辑”以访问“顶点绘制”工具。

要渲染顶点颜色，必须在其漫反射组件中应用含有“顶点颜色”贴图的材质。要查看视口中的顶点颜色，右键单击对象，从方形菜单中选择对象属性，然后启用“显示属性”组中的“顶点通道显示”，并确保下拉选项设置为“顶点颜色”。

（9）视口画布：“视口画布”提供将颜色和图案绘制到视口中对象的材质中任何贴图上的工具。它可以在多层中直接绘制 3D 对象，也可以在视口上叠加的 2D 画布上进行绘制。“视口画布”可以以 PSD 格式导出绘制，以便用户在 Adobe Photoshop 或兼容程序中进行修改，然后保存文件并在 3DS MAX 中更新纹理。

（10）栅格和捕捉：“栅格和捕捉”子菜单包含使用栅格和捕捉工具帮助精确布置场景的命令。该子菜单包含下列命令：栅格和捕捉设置、显示主栅格、激活主栅格、激活栅格对象、对齐栅格到视图、捕捉开关、角度捕捉切换、百分比捕捉切换和捕捉使用轴约束。

## 3.2.4 组菜单

单击 组(G) 菜单项，弹出“组”下拉菜单，如图 3.2.11 所示。“组”下拉菜单中主要包括在创建复杂场景时对对象进行群组和分离的命令，下面对其中的常用命令进行讲解。

（1）成组：将当前被选中的对象设置成一个组，在弹出的 组 对话框中用户可以根据需要命名，如图 3.2.12 所示。

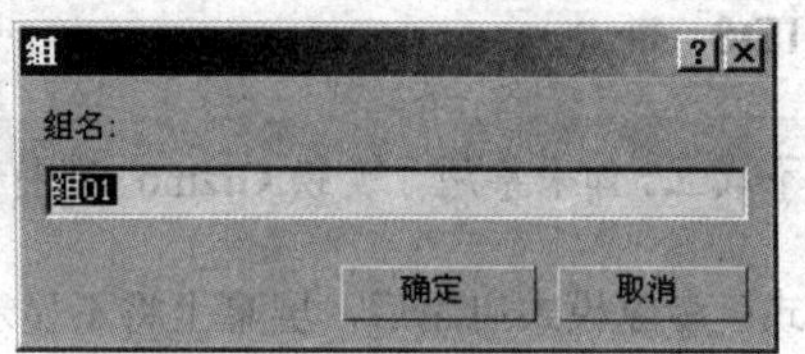


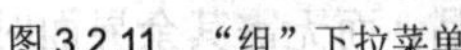
图 3.2.11　“组”下拉菜单　　图 3.2.12　“组”对话框

（2）解组：解开群组，使组中的对象成为单独的个体，可以进行单独的编辑操作。

（3）打开：使组内的对象暂时处于独立状态，以便于对它们进行单独的编辑操作。

（4）关闭：将执行“打开”命令暂时打开的组关闭。

（5）炸开：取消组的设置，并打开所有级别的组。

（6）集合：“集合”命令将对象选择集、集合和/或组合并至单个集合，并将光源辅助对象添加为头对象。集合对象后，可以将其视为场景中的单个对象，可以单击组中任一对象来选择整个集合，可将集合作为单个对象进行变换，也可如同对待单个对象那样为其应用修改器。

### 3.2.5　视图菜单

单击视图(V)菜单项，弹出“视图”下拉菜单，如图 3.2.13 所示。“视图”下拉菜单中主要包括视图的设置与切换命令，下面对其中的常用命令进行讲解。

（1）撤销视图更改：将对当前视图的操作（如缩放、平移等）恢复到操作前的状态，它的快捷键是“Shift＋Z”。

（2）重做视图更改：将当前视图恢复到执行“撤销视图更改”命令前的状态，可以连续使用，它的快捷键是“Shift＋Y”。

（3）保存活动视图：将当前视图的显示状态存入缓存区中，存储的内容只包括显示信息。

（4）视口背景：选择视图(V)→视口背景→视口背景(B)...命令，弹出视口背景对话框，如图 3.2.14 所示，在该对话框中可以设置视口的背景以及背景的匹配、显示、隐藏等。

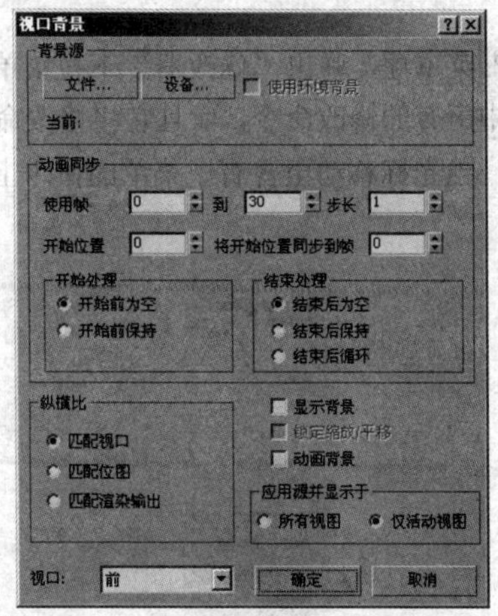


图 3.2.13　“视图”下拉菜单　　图 3.2.14　“视口背景”对话框

（5）显示变换 Gizmo：选择了对象并且变换处于活动状态时，“显示变换 Gizmo”为所有视口切

换变换 Gizmo 三轴架的显示。

  Tips

反之则不成立。如果禁用了变换 Gizmo，则打开三轴架的可见性并不显示变换 Gizmo。

（6）专家模式：专家模式启用后，屏幕上将不显示标题栏、工具栏、命令面板、状态栏以及所有的视口导航按钮，仅显示菜单栏、时间滑块和视口。当仅需要查看作品，而无需其余界面时，可使用“专家”模式。

### 3.2.6 创建菜单

单击 创建(C) 菜单项，弹出“创建”下拉菜单，如图 3.2.15 所示。“创建”下拉菜单中主要包括创建基本形体、灯光以及粒子系统命令，利用这些命令可以创建各种物体。“创建”下拉菜单中包含了许多子菜单，当光标移动至有子菜单的命令上时，它会自动弹出。如图 3.2.16 所示，即为“标准基本体”子菜单。

图 3.2.15 “创建”下拉菜单

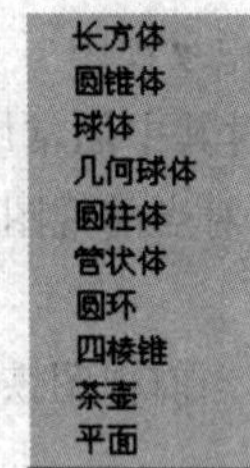


图 3.2.16 “标准基本体”子菜单

### 3.2.7 修改器菜单

单击 修改器(O) 菜单项，弹出“修改器”下拉菜单，如图 3.2.17 所示。“修改器”下拉菜单中包含了修改命令面板中所有的修改命令，而且它将修改命令进行了分类。和“创建”下拉菜单一样，它包含了许多子菜单，当光标移动至含有子菜单的命令上时会自动弹出。如图 3.2.18 所示，即为“动画”子菜单。

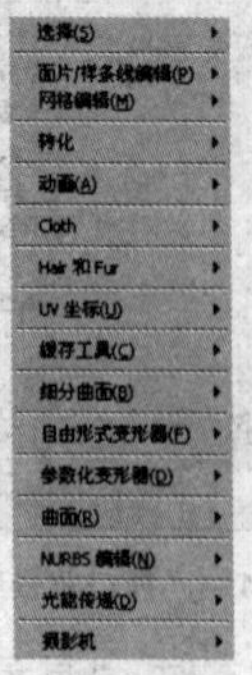


图 3.2.17 “修改器”下拉菜单

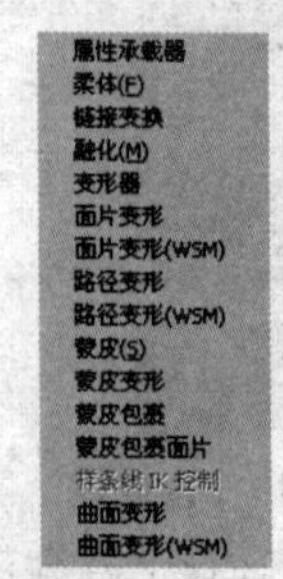


图 3.2.18 “动画”子菜单

### 3.2.8 动画菜单

单击动画菜单项，弹出“动画”下拉菜单，如图 3.2.19 所示。“动画”菜单提供一组有关动画、约束和控制器以及反向运动学解算器的命令。此处还提供自定义属性和参数关联控件，以及用于创建、查看和重命名动画预览的控件；通过菜单栏上“动画”菜单的“MassFX”子菜单，可以访问大多数 MassFX 工具和界面元素，它针对 MassFX 功能的四个子集的每一子集包含一个子菜单，其中的大多数命令，也可以在 MassFX 界面的其他区域找到，其子菜单如图 3.2.20 所示。

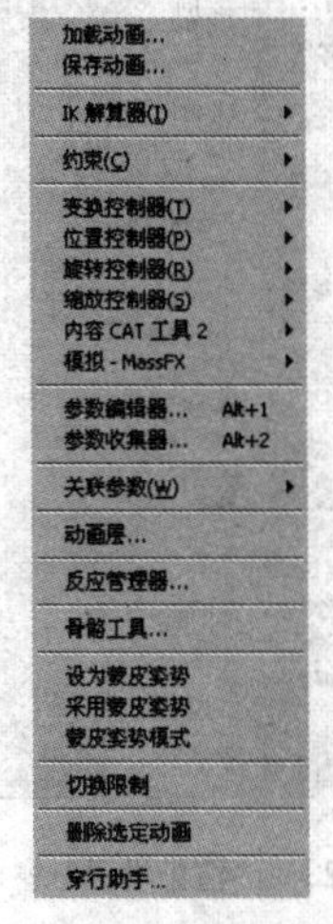


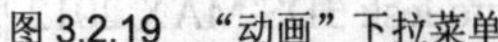
图 3.2.19 “动画”下拉菜单

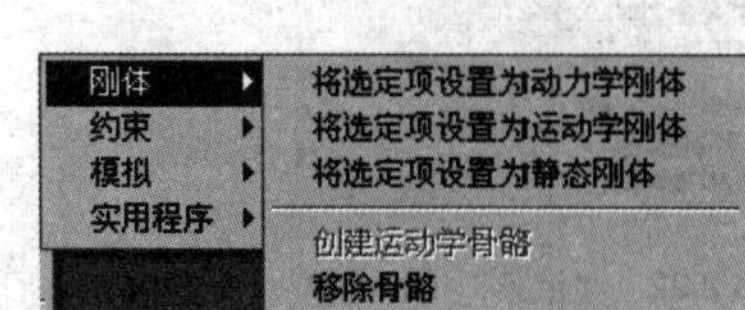


图 3.2.20 子菜单

### 3.2.9 图形编辑器菜单

单击图形编辑器菜单项，弹出“图形编辑器”下拉菜单，如图 3.2.21 所示。在“图形编辑器”下拉菜单中主要包括轨迹视图控制命令，在其中可以对创建的动画进行曲线编辑等操作。

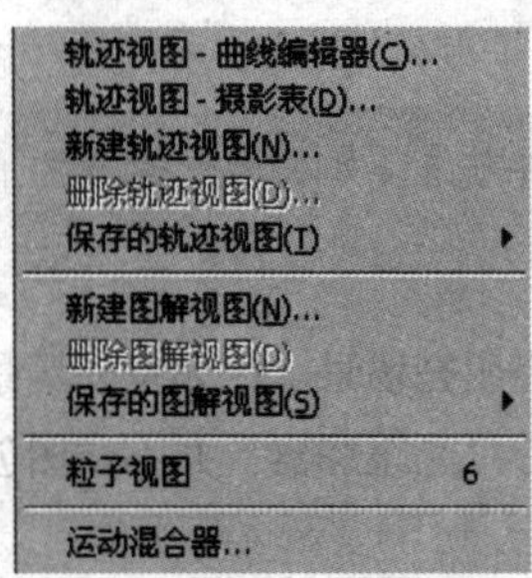


图 3.2.21 “图表编辑器”下拉菜单

### 3.2.10 渲染菜单

单击渲染(R)菜单项，弹出“渲染”下拉菜单，如图 3.2.22 所示。在“渲染”下拉菜单中主要包括场景的渲染、环境参数的设定和灯光效果以及后期合成等命令，下面，对其中的常用命令进行讲解。

（1）渲染：用于打开渲染控制器进行渲染设置。

（2）渲染设置：打开渲染设置对话框，如图 3.2.23 所示，从中可以设置渲染参数，渲染创建一个静止图像或动画，从而可以使用所设置的灯光、所应用的材质及环境设置（如背景和大气）为场景的几何体着色。

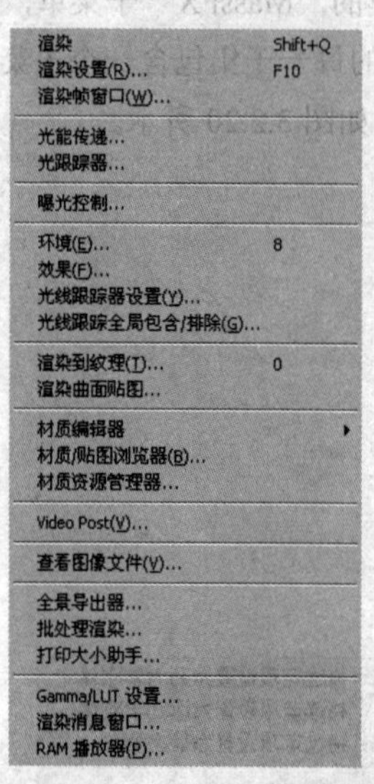


图 3.2.22 “渲染”下拉菜单

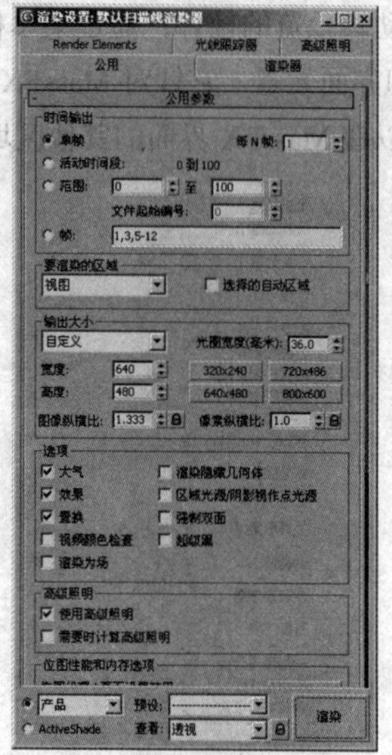


图 3.2.23 “渲染设置”窗口

（3）渲染帧窗口：渲染时打开的“渲染帧窗口”会提供 Autodesk 3DS MAX 2012 中设置的高度扩展功能。这些设置中有大多数已经存在于该程序的其他位置，但在此对话框中添加这些设置意味着用户无需使用其他对话框即可更改参数和重新渲染场景，这样就可以大大加快工作流程。

（4）光能传递：光能传递是用于计算间接光的技术。具体而言，光能传递会计算在场景中所有表面间漫反射光的来回反射。要进行该计算，光能传递将考虑场景中的照明、材质以及环境设置。

  Tips

光能传递是全局照明的一种方法。如果场景的维度不逼真，则光能传递也不会显示逼真的灯光。

（5）光跟踪器：“光跟踪器”为明亮场景（比如室外场景）提供柔和边缘的阴影和映色。它通常与天光结合使用，与光能传递不同，“光跟踪器”并不试图创建物理上精确的模型，可以方便地对其进行设置。

（6）曝光控制：“曝光控制”是用于调整渲染的输出级别和颜色范围的插件组件，就像调整胶片曝光一样，此过程就是所谓的色调贴图。如果渲染使用光能传递并且处理高动态范围（HDR）图像，这些控制尤其有用。

（7）环境：用于开启环境编辑器，进行环境设定和编辑。

（8）效果：用于为场景添加特殊的渲染效果，例如：镜头效果、模糊、景深、色彩平衡等。

（9）材质编辑器：用于弹出“材质编辑器”对话框，进行材质设置。

（10）Video Post：用于弹出如图 3.2.24 所示的“Video Post”对话框，进行视频的后期合成。

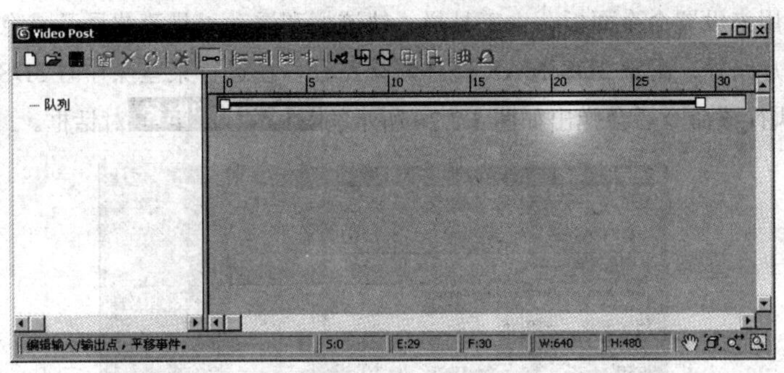


图 3.2.24　“Video Post”对话框

（11）批处理渲染：“批处理渲染”工具提供了一种有效、可视化效果好的方法来设置不同任务或场景状态的序列以自动进行渲染。

  Tips

“批处理渲染”对话框用于渲染相同场景的各个方面，如不同摄影机的视图。要批处理渲染多个不同的场景，请使用 Backburner 或命令行渲染。

### 3.2.11　自定义菜单

单击 自定义(U) 菜单项，弹出“自定义”下拉菜单，如图 3.2.25 所示。“自定义”菜单包含用于自定义 3DS MAX 用户界面（UI）的命令。用户可以创建自定义用户界面布局，包括自定义键盘快捷键、颜色、菜单和四元菜单，可以在“自定义用户界面”对话框中单独加载或保存所有设置，或在使用方案的同时加载或保存所有设置。使用方案可以一次加载 UI 的所有自定义功能，可以在自己的设计当中隐藏、浮动与停靠、调整、重新排列一些 UI 元素。如果经过设置，也可以锁定 UI。使用在“自定义”菜单中提供的工具可加载和保存这些自定义 UI 文件，或者还原到启动用户界面。“自定义”菜单中还包含系统首选项，如键盘快捷键、视口配置、单位设置、栅格和捕捉设置，以及许多重要的默认设置。

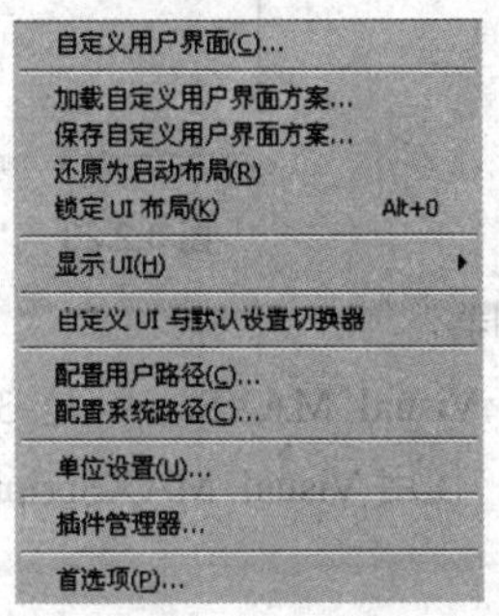


图 3.2.25　“自定义”下拉菜单

（1）自定义用户界面：使用“自定义用户界面”对话框可以创建一个完全自定义的用户界面，包括快捷键、四元菜单、菜单、工具栏和颜色。也可以通过选择代表此工具栏上的命令或脚本的文本或图标按钮来添加命令和宏脚本。

（2）显示：用来设置命令面板、主工具栏、轨迹栏和浮动工具等的显示或隐藏。

（3）配置用户路径：配置 3DS MAX 整体默认路径，在进行某些操作时 3DS MAX 自动打开默认路径的文件。执行该命令后会弹出如图 3.2.26 所示的配置用户路径对话框。

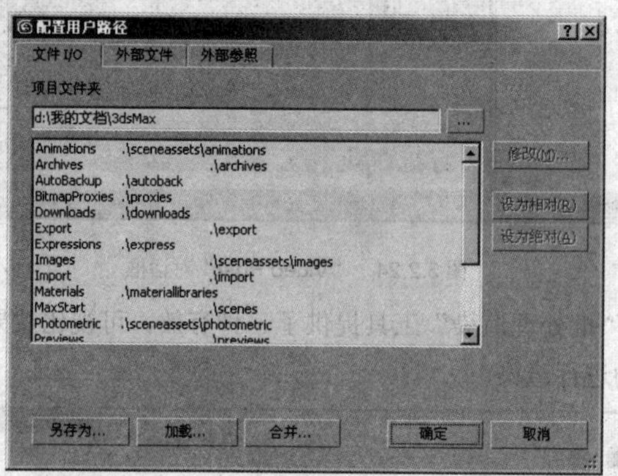


图 3.2.26 “配置用户路径”对话框

## 3.2.12 MAXScript 菜单

单击MAXScript(M)菜单项，弹出“MAXScript”下拉菜单，如图 3.2.27 所示。在“MAXScript”下拉菜单中主要包括脚本操作命令，下面对其中的常用命令进行讲解。

（1）新建脚本：用于打开一个新的脚本输入框，输入新的脚本程序。

（2）打开脚本：用于打开.ms，.txt，.dat 等格式的文件，打开后的文件在脚本程序输入框中可以进行修改编辑。

（3）运行脚本：用于运行.ms，.txt，.dat，.mse 等格式的文件。

（4）MAXScript 侦听器：用于弹出MAXScript 侦听器对话框，如图 3.2.28 所示。

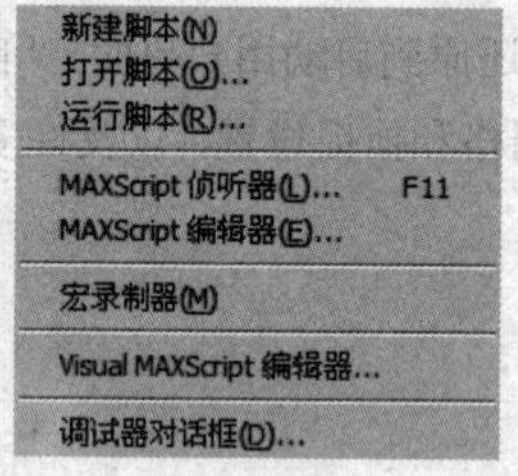


图 3.2.27 “MAXScript”下拉菜单

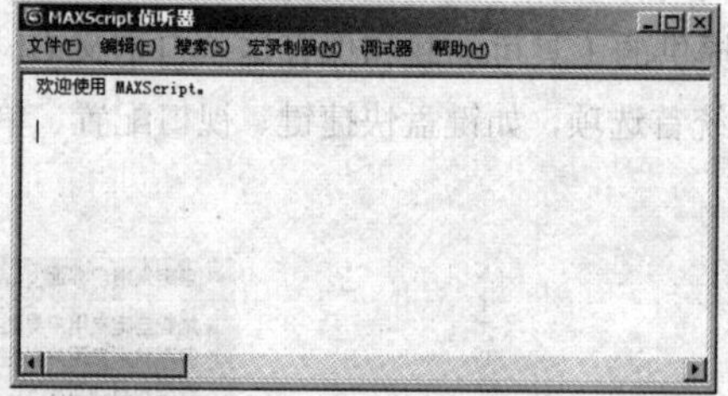


图 3.2.28 “MAXScript 侦听器”对话框

（5）宏录制器：用于打开宏录制器。

（6）Visual MAXScript 编辑器：Visual MAXScript 是 3DS MAX 脚本语言的强大接口，它使 MAXScript 的功能更容易学习和使用。使用 Visual MAXScript，用户可以迅速创建脚本的 UI 元素和布局。

## 3.2.13 帮助菜单

单击帮助(H)菜单项，弹出“帮助”下拉菜单，如图 3.2.29 所示。在“帮助”下拉菜单中主要为

用户提供了相关帮助功能，下面对其中的常用命令进行讲解。

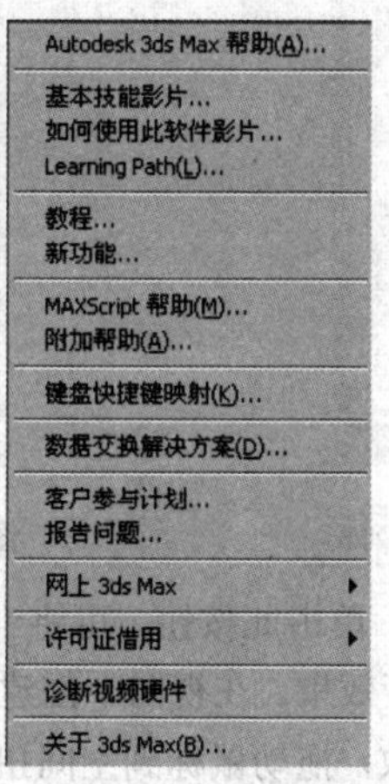


图 3.2.29 “帮助”下拉菜单

（1）新功能：可以帮助用户了解 3DS MAX 2012 的新增功能。

（2）MAXScript 帮助：执行该命令可以显示 3DS MAX 的联机帮助。

（3）附加帮助：打开一个对话框，可从中选择显示所安装的第三方插件的帮助，以及 Autodesk 提供的附加产品的帮助。默认情况下，此命令在\help 子目录中查找附加帮助文件。如果用户已编辑插件路径设置，则该位置可能会更改。

## 3.3　工具和命令面板

3DS MAX 中工具的使用非常重要，只有熟练掌握了常用工具的使用方法，才能提高学习和工作效率，本节将介绍一些常用工具的功能和使用方法。

### 3.3.1　工具栏

工具栏位于菜单栏的下方，如图 3.3.1 所示，工具栏中包括在 3DS MAX 操作中常用的工具按钮，单击工具按钮即可进行相应操作。当光标指向工具栏中的某个工具按钮时，其下方将显示该工具按钮的名称，这有利于用户对各个工具进行理解。

图 3.3.1　工具栏

工具栏中常用工具按钮含义如下：

（1）“撤销”按钮：单击此按钮，可撤销上一步的操作命令。在此按钮上单击鼠标右键将弹出一个撤销命令下拉列表，如图 3.3.2 所示。

（2）“重做”按钮：单击此按钮，可重做上一步撤销的操作命令。在此按钮上单击鼠标右键将弹出一个重做命令下拉列表，如图 3.3.3 所示。

（3）“选择并链接”按钮：单击此按钮，可将选择的对象进行链接。

（4）“断开当前选择链接”按钮：单击此按钮，可将当前选择对象的链接断开。

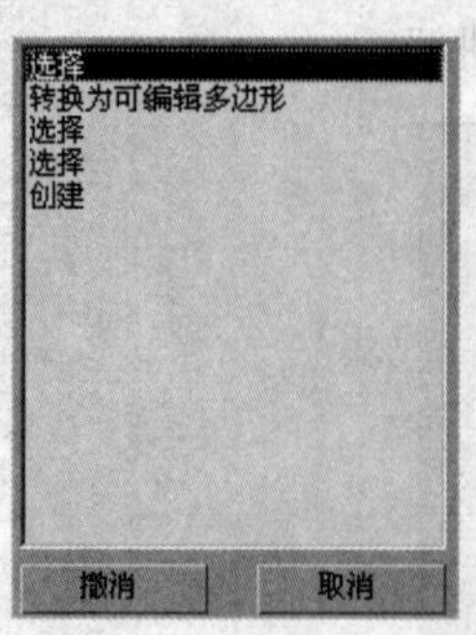


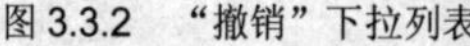
图 3.3.2 “撤销”下拉列表

图 3.3.3 “重做”下拉列表

（5）“绑定到空间扭曲”按钮：单击此按钮，可将当前选择的对象与空间扭曲物体进行绑定，使前者受后者的影响，产生设置的形变效果。在视图中创建一个空间物体后，单击该按钮，然后用鼠标左键单击需要绑定的物体并按住不放，拖动鼠标到空间扭曲物体上，会引出一条线。放开鼠标，绑定物体外框会闪烁一下，表示绑定成功。也可以先单击空间扭曲物体然后将其拖动到需要绑定的物体。

（6）“选择过滤器”下拉列表 全部 ：对对象的选择范围进行限定，在当前视图中只显示选择范围内的对象。

（7）“选择对象”按钮：单击此按钮可对对象进行选择。

（8）“按名称选择”按钮：单击此按钮，弹出 从场景选择 对话框，可按名称选择对象。

（9）“矩形选择区域”按钮：单击此按钮，在视图中拖动鼠标创建矩形选择区域。

（10）“窗口/交叉”按钮：单击此按钮，则可与“窗口选择”按钮进行切换，决定是否只有完全包含在虚线选择框之内的对象才会被选中。

（11）“选择并移动”按钮：单击此按钮可将选中的对象在当前场景中沿不同的坐标轴方向进行移动。

（12）“选择并旋转”按钮：单击此按钮可将选中的对象在当前场景中沿不同的坐标轴方向进行旋转。

（13）“选择并均匀缩放”按钮：单击此按钮可将选中的对象在当前场景中沿不同的坐标轴方向进行缩放，也可在两个或三个坐标轴方向上同时进行等比例缩放。

（14）“使用轴点中心”按钮：单击此按钮则缩放对象的中心是其自身的轴心点。

（15）“捕捉开关”按钮：单击此按钮可在视图中对三维物体进行三维捕捉。在按钮上，单击鼠标右键可弹出 栅格和捕捉设置 对话框，在其中可以设置捕捉类型。

（16）“编辑命名选择集”按钮：单击此按钮，弹出 命名选择集 对话框，可将在当前场景中选择的对象进行编辑命名而组成一个选择集。

（17）“镜像”按钮：单击此按钮可将当前选择的对象沿坐标轴进行镜像。

（18）“对齐”按钮：单击此按钮可将当前选择的对象与坐标参考对象对齐。

（19）“曲线编辑器”按钮：单击此按钮，弹出 轨迹视图 - 曲线编辑器 对话框，可对动画轨迹曲线进行编辑。

（20）“材质编辑器”按钮：单击此按钮，弹出 材质编辑器 对话框，可对材质进行编辑。

（21）“渲染设置”按钮：单击此按钮，弹出 渲染设置：默认扫描线渲染器 对话框，可对动画进行渲染后输出。

（22）“渲染产品”按钮：单击此按钮，可快速渲染当前视图中的场景。

## 3.3.2 视图和视图控制区

在创建物体时，通过视图可以从不同角度观察所创建的物体，另外通过视图控制区中的工具可以对视图进行调整。

### 1. 视图

视图区是 3DS MAX 中的主要工作区，标准的 3DS MAX 工作界面可以显示几个不同的视图。3DS MAX 2012 默认的是顶视图、前视图、左视图和透视图 4 个视图，如图 3.3.4 所示。用户也可以通过执行相应的操作来显示不同的视图。在每个视图的左上角单击第一项，会弹出如图 3.3.5 所示的快捷菜单，在快捷菜单中用户可以根据需要选择不同的视图，单击第二项会弹出如图 3.3.6 所示的快捷菜单，在快捷菜单中用户可以根据需要选择不同的表现方式。

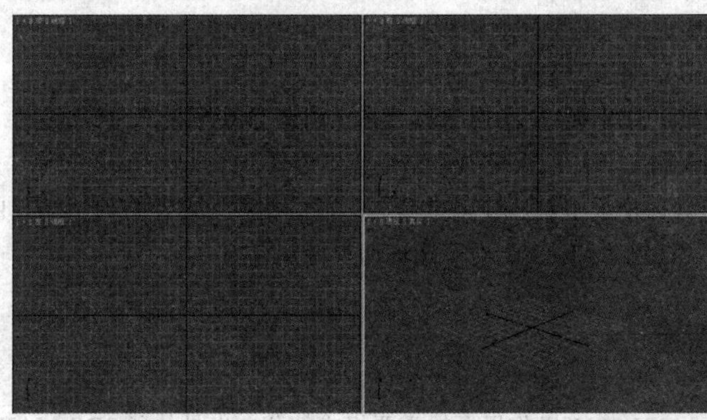

图 3.3.4 视图

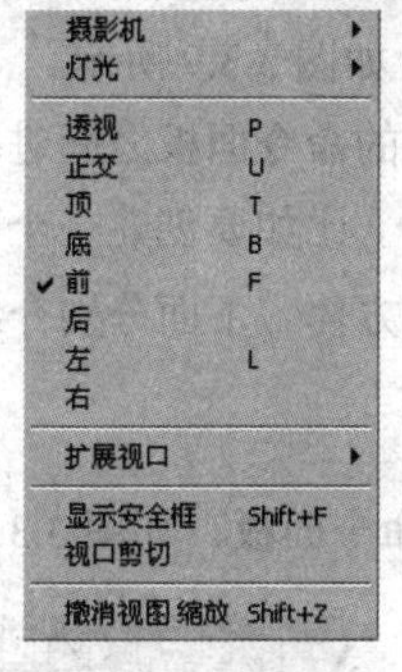


图 3.3.5 视图控制快捷菜单

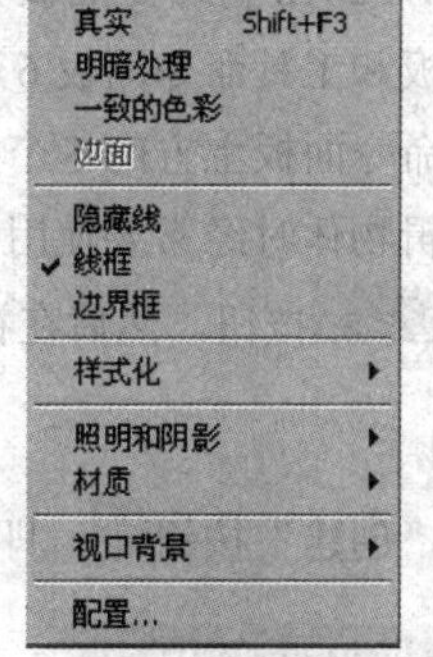


图 3.3.6 表现方式快捷菜单

### 2. 视图控制区

视图控制区位于 3DS MAX 2012 操作界面的右下角，它在不同的视源模式下会发生改变，如图 3.3.7 和图 3.3.8 所示即为在普通视图和摄影机视图两种不同的模式下的视图控制工具，熟练掌握视图控制工具的使用可以缩短制作的时间。

图 3.3.7 普通视图控制工具

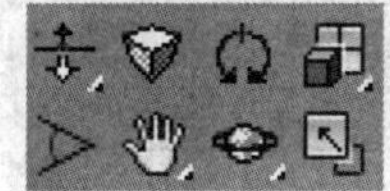

图 3.3.8 摄影机视图控制工具

视图控制区中各视图控制工具的含义如下：

（1）缩放工具：用来缩小或放大当前视图。

（2）缩放所有视图工具：用来同时缩小或放大所有视图。

（3）最大化显示选定对象工具：用来最大化显示当前视图的场景。

（4）所有视图最大化显示选定对象工具：用来最大化显示所有视图的场景。

（5）缩放区域工具：用来对视图的局部放大。

（6）平移视图工具：用来沿各方向平移视图。

（7）环绕子对象工具：用来控制用户视图角度。

（8）最大化视口切换工具：用来最小或最大化单个视图。

（9）推拉摄影机工具：用来移动摄影机的位置。

（10）透视工具：用来改变摄影机与焦点的位置。

（11）侧滚摄影机工具：用来旋转摄影机。

（12）视野工具：用来改变摄影机视野。

（13）穿行工具：3DS MAX 2012 新提供的一种场景观察模式。

（14）环游摄影机工具：用来使摄影机绕焦点旋转。

（15）最大化视口切换工具：使用“最大化视口切换”可在任何活动视口的正常大小和全屏大小之间切换。键盘快捷键“Alt+W”对于快速切换特别有用。

### 3.3.3 命令面板

命令面板是 3DS MAX 2012 操作界面的重要组成部分，也是体现 3DS MAX 2012 人性化设计的重要组成部分。3DS MAX 2012 将命令面板分为创建命令面板、修改命令面板、层次命令面板、运动命令面板、显示命令面板和工具命令面板 6 个分项面板，如图 3.3.9 所示。

用户可以通过单击命令面板上方的 6 个按钮，在不同的命令面板之间进行切换。在命令面板中包含许多在场景建模和编辑物体时经常要使用的工具和命令，比如要创建一个长方体，用户可以在创建命令面板中单击 长方体 按钮，然后在视图中创建长方体。下面分别介绍 6 个分项面板。

**1. 创建命令面板**

单击命令面板中的“创建”按钮，即可进入创建命令面板，如图 3.3.10 所示。

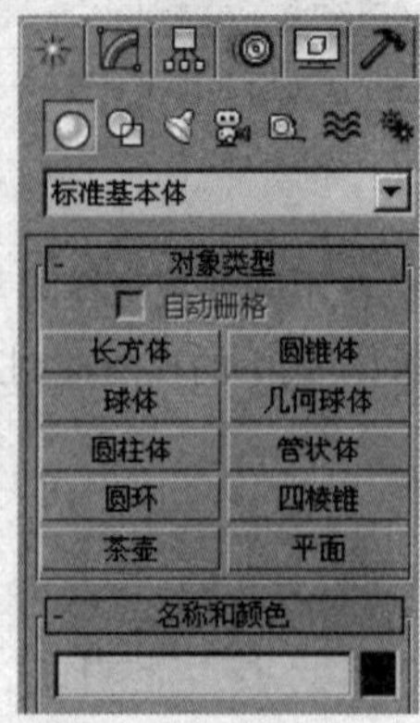


图 3.3.9　命令面板

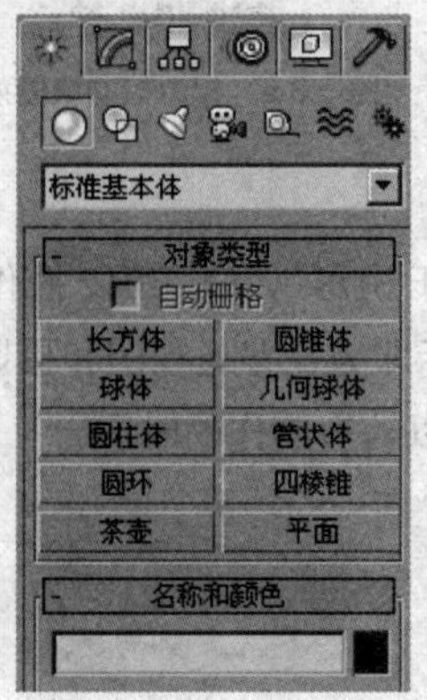


图 3.3.10　创建命令面板

在创建命令面板中包括几何体创建命令面板、图形创建命令面板、灯光创建命令面板、摄影机创建命令面板、辅助对象创建命令面板、空间扭曲创建命令面板和系统创建命令面板 7 个面板，同时在每一个创建命令面板中都包含了许多创建按钮和命令，用户可以通过使用这些创建按钮和命令创建出不同的模型。

**2．修改命令面板**

单击命令面板中的“修改”按钮，即可进入修改命令面板，如图 3.3.11 所示，在修改命令面板中可以对创建的物体进行编辑，包括重命名、改变颜色和添加修改命令等。

在“修改堆栈”中用户可以看到已经添加了多个修改命令，修改堆栈可以对这些修改命令进行管理，在修改堆栈中用户可以根据需要进行删除、添加或者对修改命令重新排序等操作。

**3．层次命令面板**

单击命令面板中的“层次”按钮，即可进入层次命令面板，如图 3.3.12 所示。

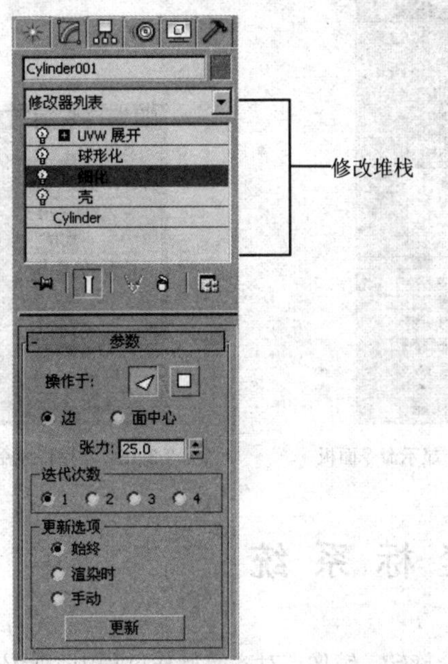

图 3.3.11 修改命令面板

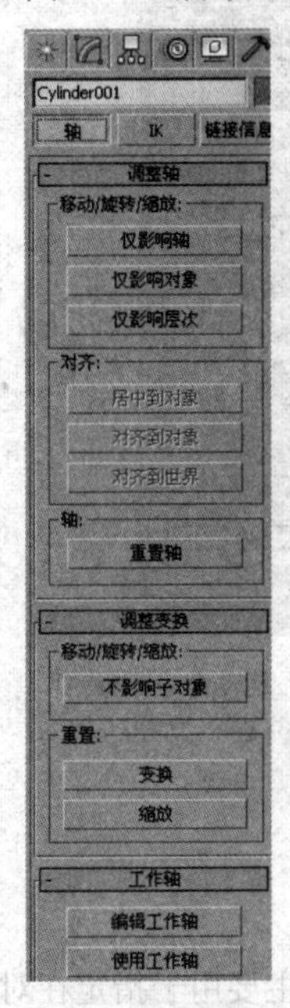


图 3.3.12 层次命令面板

在层次命令面板中包含了 轴 、 IK 和 链接信息 3 个按钮，其中 轴 按钮可以在调整变形时移动并调整对象的轴； IK 按钮和 链接信息 按钮可以在创建动画效果时生成多个对象相关联的复杂运动。

**4．运动命令面板**

单击命令面板中的“运动”按钮，即可进入运动命令面板，如图 3.3.13 所示。

单击运动命令面板中的 参数 按钮，可以为物体指定控制器以及进行创建、删除、移动关键帧等操作。在 + 指定控制器 卷展栏中包含了许多控制物体位置、旋转方向和缩放变形的动画控制器。

单击运动命令面板中的 轨迹 按钮，可以将样条曲线转换为对象的运动轨迹，并且还可以通过卷展栏中的命令来控制参数。

**5．显示命令面板**

单击命令面板中的“显示”按钮，即可进入显示命令面板，如图 3.3.14 所示。

显示命令面板主要用来控制对象在视图中的显示或隐藏。它可以为单个对象设置显示的参数，通过显示命令面板还可以控制对象的隐藏或冻结以及所有的显示参数。

**6．实用程序面板**

单击命令面板中的“工具”按钮，即可进入实用程序命令面板，如图 3.3.15 所示。

在工具命令面板中包含了许多功能强大的工具，比如资源浏览器、摄影机匹配、塌陷、颜色剪贴板和 reactor 等。使用时只需单击相应按钮或从附加的程序列表中选择即可。

图 3.3.13　运动命令面板

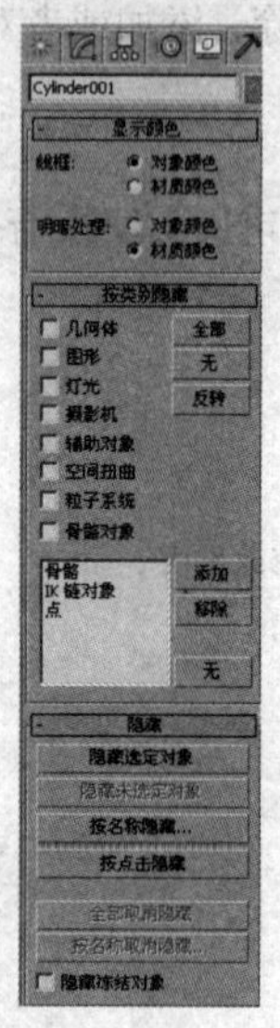


图 3.3.14　显示命令面板

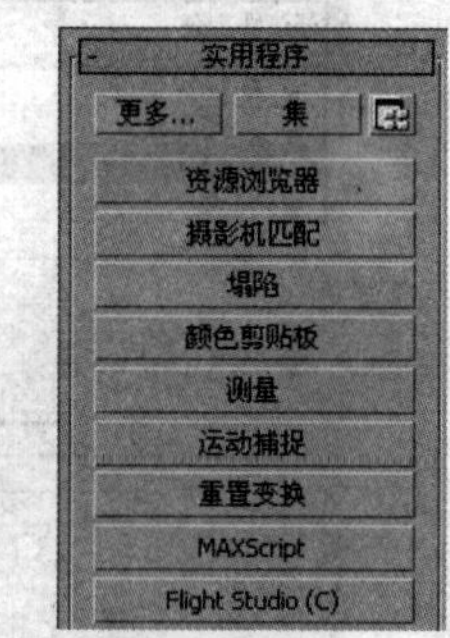


图 3.3.15　实用程序命令面板

# 3.4　坐 标 系 统

坐标系统主要用于指定在对象移动、缩放、旋转、镜像、对齐等操作过程中，所依据的三维坐标系统。不同的坐标系统具有不同的表现方式，在不同的空间坐标系统中进行相同的操作时得到的结果可能是不一样的，本节将对各种坐标系统进行介绍。

## 3.4.1　基本概念

在学习坐标系统前需要了解几个基本概念。

**1．轴**

轴向是指坐标系统的方向指向，在 3DS MAX 2012 中有三个轴向，分别是 X 轴向、Y 轴向和 Z 轴向，轴向主要应用在对物体进行移动、旋转和缩放操作时，决定移动、旋转和缩放的方向。

**2．坐标中心**

坐标中心是指 X，Y，Z 三个轴在空间的交点，即坐标的原点。

### 3.4.2　坐标系统

在 3DS MAX 2012 中可根据需要设置坐标系统，单击工具栏中的视图下拉列表框右侧的向下按钮，其下拉列表如图 3.4.1 所示。

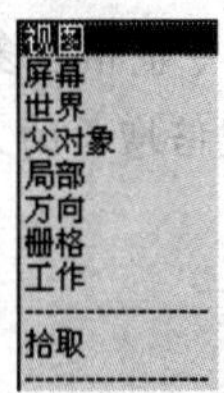


图 3.4.1　“坐标系统”下拉列表

（1）视图：该选项为默认坐标系统，是一种相对的坐标系统，4 个视图中所有的 X，Y，Z 轴方向完全相同，X 轴的方向向右，Y 轴的方向向上，Z 轴方向垂直向外。

（2）屏幕：设置屏幕坐标系统，X 轴的方向向右，Y 轴的方向向上，Z 轴方向垂直向外。

（3）世界：设置世界坐标系统，X 轴的方向向右，Y 轴的方向向上，Z 轴方向垂直向里。它在任何视图中都固定不变，与视图区也无关。

（4）父对象：设置父级坐标系统，若场景中的对象间有链接关系，则子对象的坐标系统与父对象的相同。

（5）局部：设置局部坐标系统，以对象的轴心为坐标原点，当物体的方位与世界坐标系统不同时，将用到局部坐标系统。

（6）万向：设置万向坐标系统，与局部坐标系统类似，但 X，Y，Z 轴不要求互相垂直。

（7）栅格：设置栅格坐标系统，对对象进行操作时以网格为基准。

（8）工作：作为备选的对象自有轴，您可以使用工作轴来为场景中的任意对象应用变换。例如，可以在场景中旋转有关层次、持久点的对象，而不会干扰对象的自有轴。

（9）拾取：设置拾取坐标系统，对象的坐标以拾取对象本身的坐标为基准。

## 本 章 小 结

本章主要介绍了菜单栏中的一些常用命令的使用以及常用工具的功能。另外对 6 个命令面板和空间坐标系统也做了详细的讲解。通过本章的学习，使用户熟练掌握 3DS MAX 2012 中的这些基本操作。

# 第4章 对象操作

3DS MAX 2012 的功能非常强大，操作命令也相当多，而操作命令是针对选定对象进行的。因此，对象的选择也显得十分重要。复制是使物体成倍增长的方法，利用它可以节省建模的时间，达到事半功倍的效果。

### 本章知识重点

- 对象的选择。
- 对象的变换。
- 镜像、快照。
- 阵列、间隔工具。

## 4.1 对象的选择

在 3DS MAX 2012 中，对象的选择方法有多种，如直接点取选择、区域框选选择、按名称选择、按颜色选择、利用选择集选择等，下面分别进行介绍。

### 4.1.1 直接点取选择

直接点取选择是指利用工具栏中的点取按钮进行选择，在工具栏中可以进行点取选择的按钮有 7 个，下面分别进行介绍。

（1）选择对象：只具有选择功能，不能对选择的对象进行操作。

（2）选择并移动：具有选择功能，同时还可以对选择的对象进行移动。

（3）选择并旋转：具有选择功能，同时还可以对选择的对象进行旋转。

（4）选择并均匀缩放：具有选择功能，同时还可以对选择的对象进行均匀缩放，在它的下拉列表中还包括了“选择并非均匀缩放”按钮和“选择并挤压”按钮，它们也可以对选择的对象进行相应的操作。

（5）选择并链接：具有选择功能，并将选择的对象链接。

（6）断开当前选择链接：具有选择功能，并断开选择对象的链接。

（7）选择并操纵：用来对操作器进行选择。

利用点取选择工具选择对象时，被选中的对象将以白线框显示，在透视图中被选中的对象将被白色线框包围。当选择一个对象后再点取其他对象时，原来选择的对象将被取消选择。但是，按住“Ctrl”键时，可以对对象进行追加选择和减除；按住“Alt”键时，可以对已选择的对象进行减选。

### 4.1.2 区域框选

在 3DS MAX 2012 中，选择区域的方法有多种，包括矩形选择区域、圆形选择区域、围栏选择

区域、套索选择区域和绘制选择区域。单击工具栏中的“矩形选择区域”按钮，弹出5个按钮，分别对应前面的矩形选择区域、圆形选择区域等，下面分别进行介绍。

（1）矩形选择区域：当选择此工具时，在视图中按住鼠标左键拖动，会出现一个矩形虚线框。凡是在虚线框内的对象都会被选中（不必整个对象都在虚线框内），按住“Ctrl”键时，可以对对象进行追加选择和减除；按住“Alt”键时，可以对已选择的对象进行减选。

（2）圆形选择区域：当选择此工具时，在视图中按住鼠标左键拖动，会出现一个圆形虚线框，同样，凡是在虚线框内的对象都会被选中（不必整个对象都在虚线框内）。按住“Ctrl”键时，可以对对象进行追加选择和减除；按住“Alt”键时，可以对已选择的对象进行减选。

（3）围栏选择区域：当选择此工具时，在视图中用户可以自定义绘制一个封闭的多边形区域，凡是在虚线框内的对象都会被选中（不必整个对象都在虚线框内）。同样，按住“Ctrl”键时，可以对对象进行追加选择和减除；按住“Alt”键时，可以对已选择的对象进行减选。

（4）套索选择区域：当选择此工具时，在视图中将以鼠标的运动轨迹绘制封闭区域，凡是在虚线框内的对象都会被选中（不必整个对象都在虚线框内）。同样，按住“Ctrl”键时，可以对对象进行追加选择和减除；按住“Alt”键时，可以对已选择的对象进行减选。

（5）绘制选择区域：当选择此工具时，在视图中按住鼠标左键，会出现一个圆形虚线框，在视图中移动鼠标，当圆形虚线框接触到某个对象时，该对象即被选中，移动鼠标可以连续选择多个对象。

## 4.1.3　按名称选择

按名称选取可以快速、准确地选择需要的对象，单击工具栏中的“按名称选择”按钮，弹出**从场景选择**对话框，如图4.1.1所示。

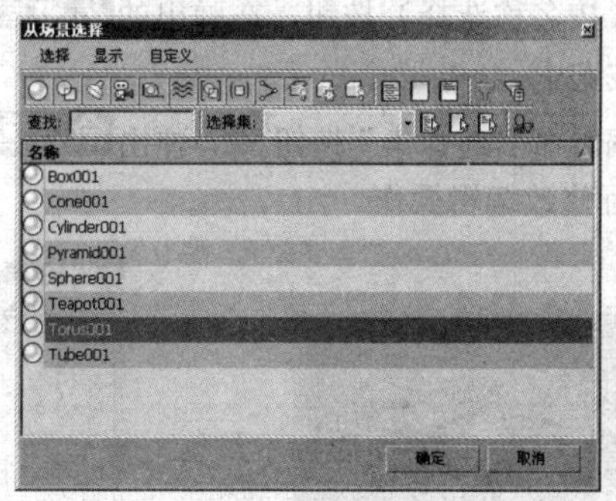


图4.1.1　“从场景选择”对话框

在该对话框中用户可以结合“Shift”键和“Ctrl”键选择多个对象。另外，在该对话框中可以对对象进行排序以及列出对象的类型等。

 注 意 Tips

“从场景选择”对话框的名称和功能是上下文相关的。当其中一种变换（例如“选择并移动”）处于活动状态时，该对话框允许用户从场景中的所有对象中进行选择。但当某些模式处于活动状态时，该对话框中的选项会受到更多的限制。

## 4.1.4 按颜色选择

按颜色选择可以将同一颜色的对象一次性全部选定，选择 编辑(E) → 选择方式(B) 命令，弹出“选择方式”子菜单，如图 4.1.2 所示。

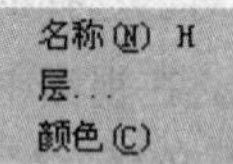


图 4.1.2 “选择方式”子菜单

选择 颜色(C) 命令，然后在视图中选择一个对象，则与该对象颜色相同的对象将全被选中。使用“按颜色选择”可以选择与选定对象具有相同颜色的所有对象。将按线框颜色进行选择，而不是按与对象相关联的任何材质进行选择。选择此命令后，单击场景中的任何对象来确定选择集的颜色。

## 4.1.5 利用选择集选择

利用选择集选择可以方便快速地选择需要进行重复选择的对象，下面以一个例子进行说明。

（1）在视图中创建如图 4.1.3 所示的对象。

（2）在视图中选择茶壶和长方体，在工具栏中单击（编辑命名选择集）按钮，在弹出的**命名选择集**对话框中单击（创建新集）按钮，在命名中输入 1。

（3）在视图中选择圆锥和四棱锥，在工具栏中单击（编辑命名选择集）按钮，在弹出的**命名选择集**对话框中单击（创建新集）按钮，在命名中输入 2。

（4）在视图中选择其余模型，在工具栏中单击（编辑命名选择集）按钮，在弹出的**命名选择集**对话框中单击（创建新集）按钮，在命名中输入 3。

（5）在工具栏中单击（按名称选择）按钮，在弹出的**从场景选择**对话框的“选择集”复选框中选择 1，则茶壶和长方体被选中。

另外，单击工具栏中的“编辑命名选择集”按钮，弹出**命名选择集**对话框，如图 4.1.4 所示，在该对话框中可以对选择集进行修改编辑操作。

图 4.1.3 创建对象

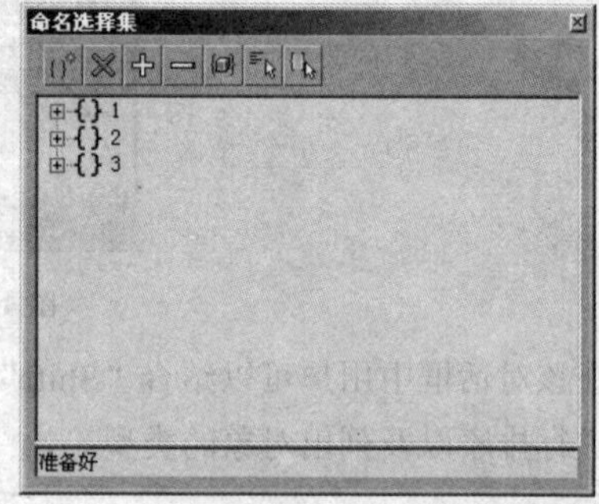


图 4.1.4 “命名选择集”对话框

  Tips

在选择对象后，可以单击操作面板下方的“选择锁定切换”按钮，将选择的对象锁定，或者可以通过直接按空格键锁定。

## 4.2 对象的变换

对象变换是指对已创建好的对象进行移动、旋转和缩放等操作，使对象将其最完美的一面展示给用户。在建模的过程中，它们的使用频率相当高。下面，对常用的几种对象的变换方法进行讲解。

### 4.2.1 选择并移动

单击工具栏中的“选择并移动”按钮，在视图中选择需要平移的对象，然后即可沿 3 个轴移动对象到一个绝对坐标位置，具体操作步骤如下：

（1）单击“文件”按钮，在弹出的下拉菜单中选择“打开”，在场景中打开一个制作好的椅子模型，如图 4.2.1 所示。

（2）单击工具栏中的“选择并移动”按钮，在顶视图中选中椅子模型。

（3）这时，用户可以看到在视图中出现一个三维坐标系，如果要将椅子沿 X 轴移动，可以将鼠标移动到 X 轴上，这时会看到 X 轴变成黄色，然后移动鼠标即可移动椅子模型，如图 4.2.2 所示。同样，如果想将其沿 Y 轴移动，就可以将鼠标锁定在 Y 轴上，Y 轴就会变成黄色；想将其沿 X 轴和 Y 轴组成的平面移动，就可以将鼠标锁定在 X 轴和 Y 轴上，这时，X 轴和 Y 轴都会变成黄色。

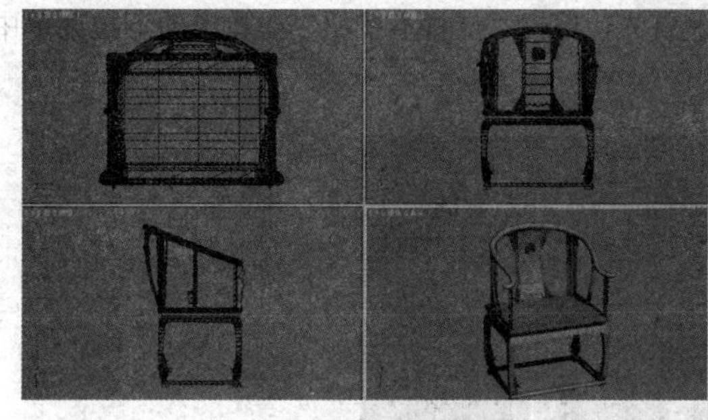

图 4.2.1　打开椅子模型

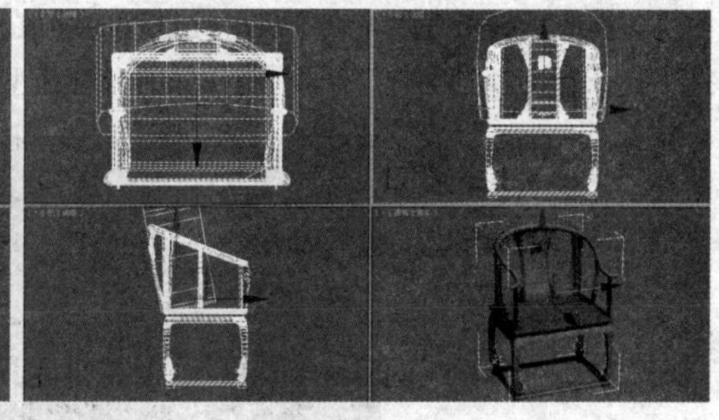

图 4.2.2　移动椅子的位置

（4）如果需要精确移动，则可以在工具栏中的“选择并移动”按钮上单击鼠标右键，在弹出的 移动变换输入 对话框中输入移动的值即可，如图 4.2.3 所示。

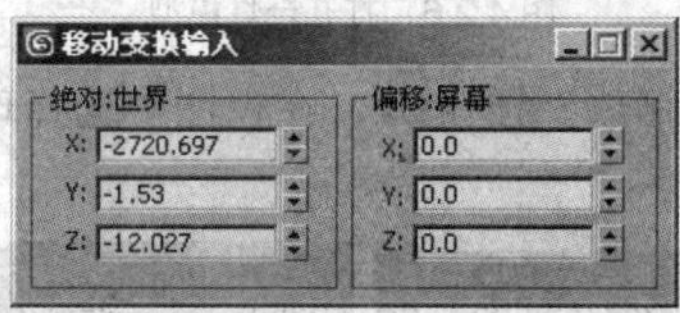


图 4.2.3　“移动变换输入”对话框

### 4.2.2 选择并旋转

旋转是指沿着自身的某个变换中心点转动。单击工具栏中的“选择并旋转”按钮，然后选择需要旋转的对象，即可将其绕它的某个轴进行旋转，具体操作步骤如下：

（1）单击工具栏中的“选择并旋转”按钮，在视图中选中椅子模型。

（2）这时，在椅子的周围出现许多由圆圈组成的平面，用鼠标选中一个平面，被选中的平面变成黄色，说明椅子模型可以在这个平面中旋转，如图 4.2.4 所示。

（3）同样，如果需要精确旋转，则可以在工具栏中的“选择并旋转”按钮上单击鼠标右键，在弹出的“旋转变换输入”对话框中输入旋转的值即可，如图 4.2.5 所示。

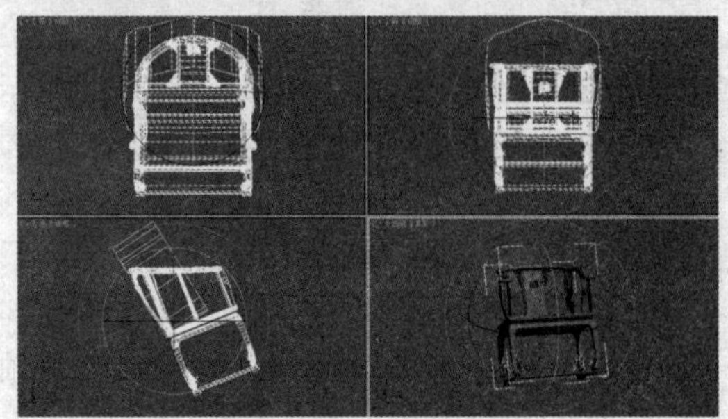

图 4.2.4　旋转椅子模型

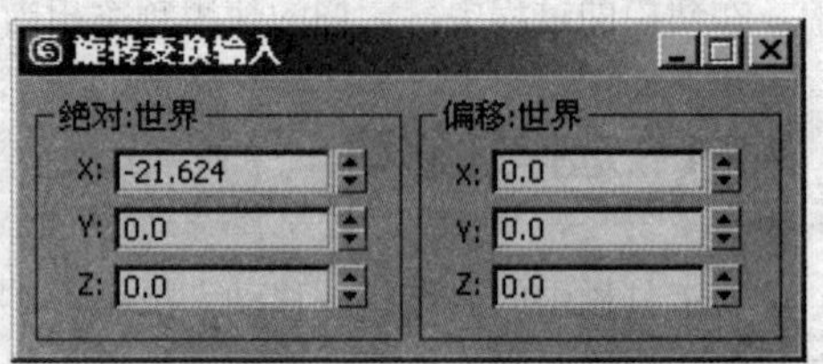


图 4.2.5　“旋转变换输入”对话框

## 4.2.3　选择并缩放

在 3DS MAX 2012 中包含了 3 种缩放工具，它们分别是选择并均匀缩放、选择并非均匀缩放和选择并挤压。下面分别对其进行讲解。

### 1．选择并均匀缩放

均匀缩放是指所有的方向都成等比进行的缩放。首先，单击“文件”按钮，在弹出的下拉菜单中选择“打开”，在场景中打开一个制作好的台灯模型，如图 4.2.6 所示。

图 4.2.6　打开台灯模型

单击工具栏中的“选择并均匀缩放”按钮，在视图中选择球体，然后就可以对其进行均匀缩放，效果如图 4.2.7 所示。

缩放前

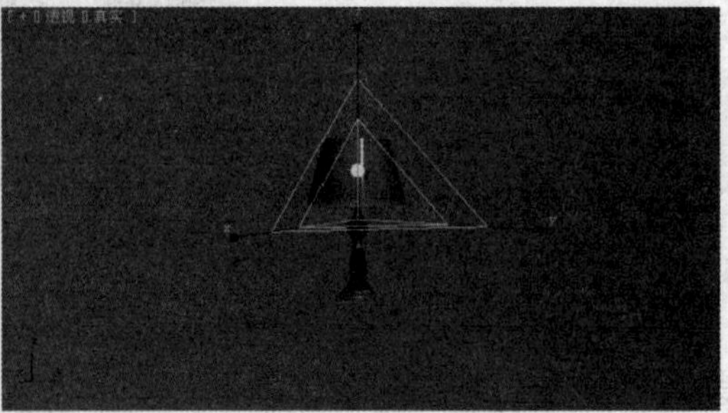

缩放后

图 4.2.7　选择并均匀缩放对象

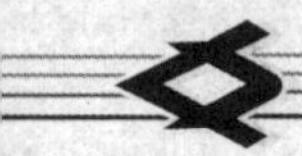

**2．选择并非均匀缩放**

在上一步操作的基础上单击工具栏中的“选择并非均匀缩放”按钮，在视图中选择台灯，然后对其进行非均匀缩放，效果如图 4.2.8 所示。

**3．选择并挤压**

在上一步操作的基础上，单击工具栏中的“选择并挤压”按钮，在视图中选择台灯，然后对其进行挤压，效果如图 4.2.9 所示。

图 4.2.8　选择并非均匀缩放对象

图 4.2.9　选择并挤压对象

## 4.2.4　对齐

单击工具栏中的“对齐”按钮并按住鼠标左键不放，可以弹出一个按钮组，该按钮组中共有 6 个按钮，分别代表 6 种不同的对齐命令，但是它们的用法基本相同。下面就以最常用的一种对齐命令进行讲解。

（1）单击“创建”按钮进入创建命令面板，单击“几何体”按钮进入几何体创建命令面板。单击 茶壶 按钮，在视图中创建一个茶壶，如图 4.2.10 所示。

（2）单击 圆柱体 按钮，在视图中创建一个圆柱体，如图 4.2.11 所示。

图 4.2.10　创建茶壶

图 4.2.11　创建圆柱体

（3）单击工具栏中的“选择并移动”按钮，移动圆柱体和茶壶的位置，如图 4.2.12 所示。

图 4.2.12　移动圆柱体和茶壶的位置

（4）在视图中确保圆柱体被选中，单击工具栏中的“对齐”按钮，然后在视图中拾取茶壶，弹出对齐当前选择（Teapot001）对话框，如图 4.2.13 所示。

（5）在对齐当前选择（Teapot001）对话框中选中 X 位置、Y 位置和 Z 位置复选框，然后单击应用按钮，效果如图 4.2.14 所示。

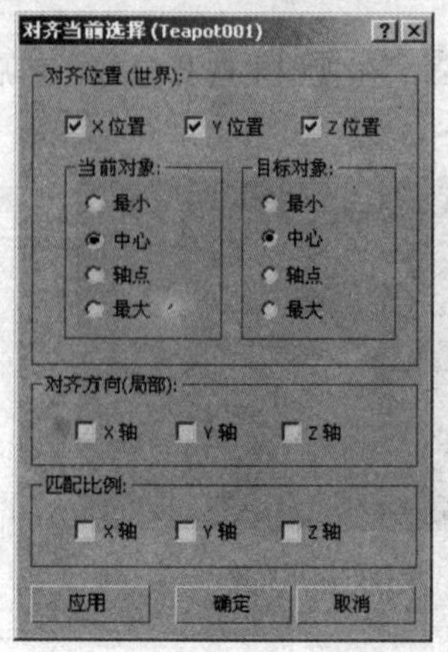


图 4.2.13 “对齐当前选择”对话框

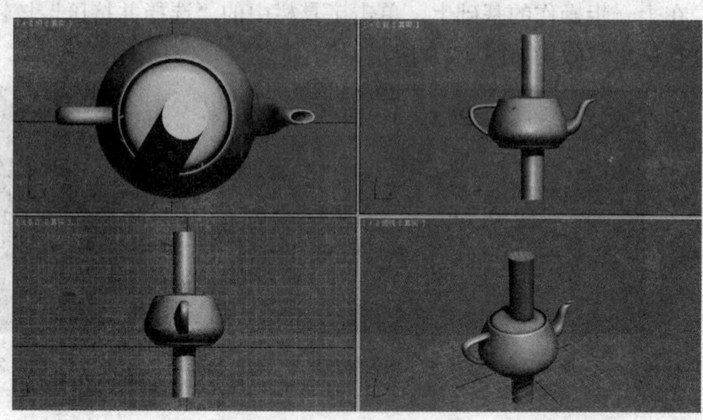

图 4.2.14 对齐效果

（6）设置对齐参数如图 4.2.15 所示，则圆柱体被放置在茶壶侧边，而且它们的接触面刚好相切，效果如图 4.2.16 所示。

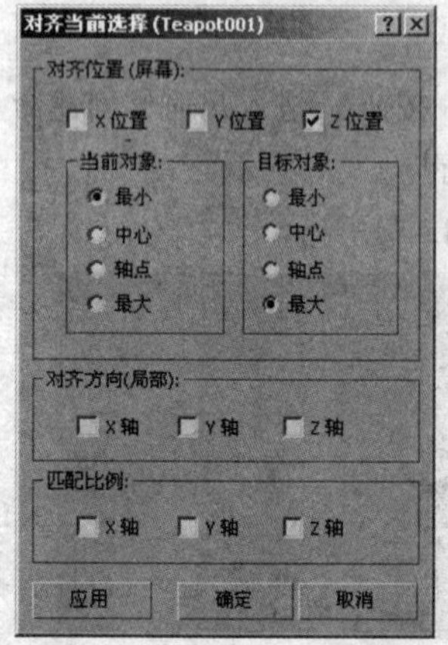


图 4.2.15 设置“对齐”参数

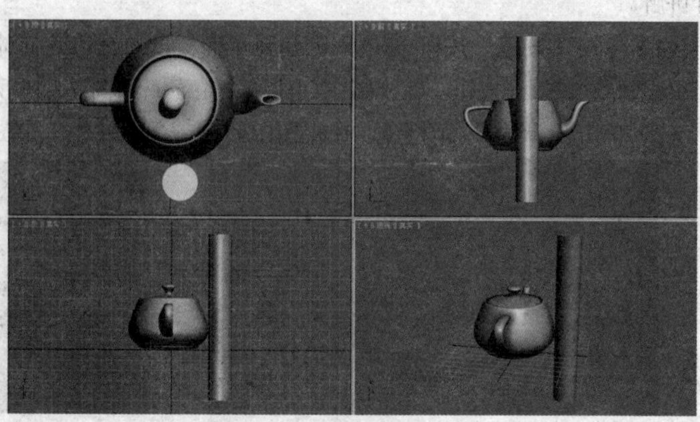

图 4.2.16 重设参数后的对齐效果

## 4.2.5 轴心

在进行某些特殊的操作时，常常需要先调整对象的轴心，然后再进行操作，以达到预期的效果。下面，以调整茶壶的轴心为例进行讲解。

（1）单击“创建”按钮，进入创建命令面板，单击“几何体”按钮，进入几何体创建命令面板，单击圆环按钮，在视图中创建一个圆环，如图 4.2.17 所示。

（2）单击“层次”按钮，进入层次命令面板，如图 4.2.18 所示。在层次命令面板的上方有 3 个按钮，它们分别代表 3 种不同的模式。

图 4.2.17　创建圆环

图 4.2.18　层次命令面板

（3）单击 仅影响轴 按钮，即可对圆环的轴进行移动，如图 4.2.19 所示。

图 4.2.19　移动圆环轴心

## 4.3　对象的复制

在创建场景时，经常需要制作许多形态相同的物体，可通过复制快速获得，并且复制出的物体与原始对象具有相同的属性和参数。在 3DS MAX 2012 中，复制的方法有许多种，包括菜单复制、快速复制、阵列复制、镜像复制、间隔工具复制等。下面分别对其进行介绍。

### 4.3.1　菜单复制

菜单复制是指利用 编辑(E) → 克隆(C) 命令对对象进行复制。具体操作步骤如下：

（1）选择 文件(F) → 重置(R) 命令，重新设置系统。

（2）单击“文件”按钮，在弹出的下拉菜单中选择“打开”，在场景中打开一个制作好的茶杯模型，如图 4.3.1 所示。

（3）选择 编辑(E) → 克隆(C) 命令，弹出如图 4.3.2 所示的 克隆选项 对话框。

图 4.3.1 打开茶杯模型

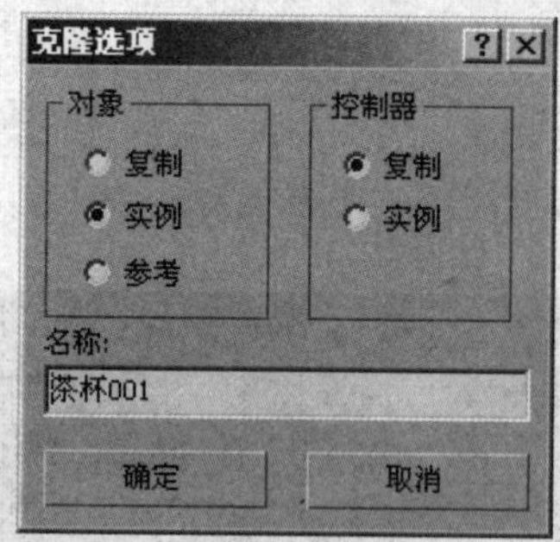


图 4.3.2 “克隆选项”对话框

 Tips

在克隆选项对话框中的对象参数设置区中有 3 个单选按钮，其功能说明如下：

复制：将原有物体复制一份，复制完成后与原有物体脱离关系。

实例：将原有物体复制一份，并且当修改原有物体或者复制出的物体时，两个物体都发生关联改变。

参考：与关联复制类似，只是当改变原始对象时所有参考物体都发生改变。

（4）在对象参数设置区中选中实例单选按钮，单击确定按钮，即可复制一个茶杯。为了便于观察，可以单击工具栏中的“选择并移动”按钮将它们分开，如图 4.3.3 所示。

图 4.3.3 菜单复制效果

### 4.3.2 快速复制

快速复制是指按住键盘上的“Shift”键的同时，利用工具栏中的选择并移动工具、选择并旋转工具和选择并均匀缩放工具复制对象。其中利用选择并移动工具复制对象的频率最高。快速复制的步骤如下：

（1）单击“文件”按钮，在弹出的下拉菜单中选择“打开”，在场景中打开一个制作好的茶壶模型，如图 4.3.4 所示。

（2）单击工具栏中的“选择并移动”按钮，在顶视图中选中茶壶。

（3）按住“Shift”键的同时移动鼠标到适当位置松开，弹出如图 4.3.5 所示的克隆选项对话框。

（4）在该克隆选项对话框中比菜单复制中的只多了一个副本数参数，它控制的是复制对象的数

量，在副本数: 6 后的微调框中输入6，然后单击 确定 按钮，效果如图4.3.6所示。

图4.3.4　打开茶壶模型

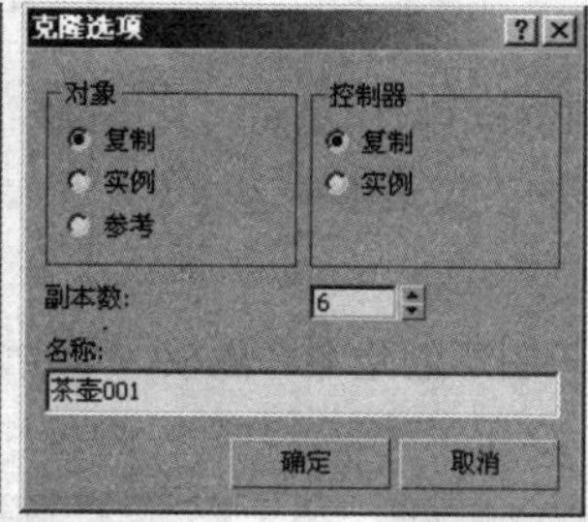


图4.3.5　“克隆选项”对话框

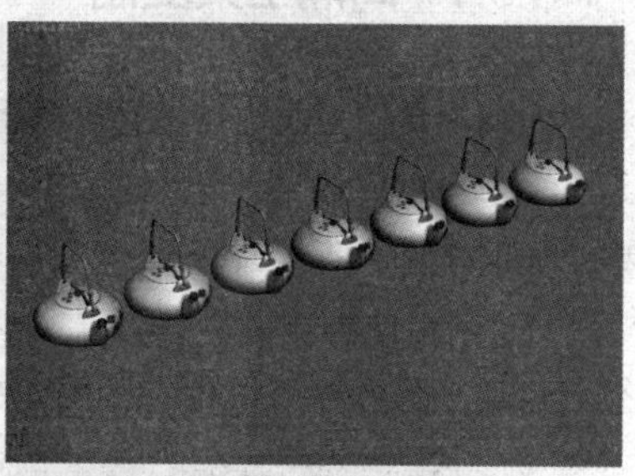

图4.3.6　快速复制效果

同样，用上面的方法利用“选择并旋转”按钮和“选择并均匀缩放”按钮也可以快速复制，效果如图4.3.7和图4.3.8所示。

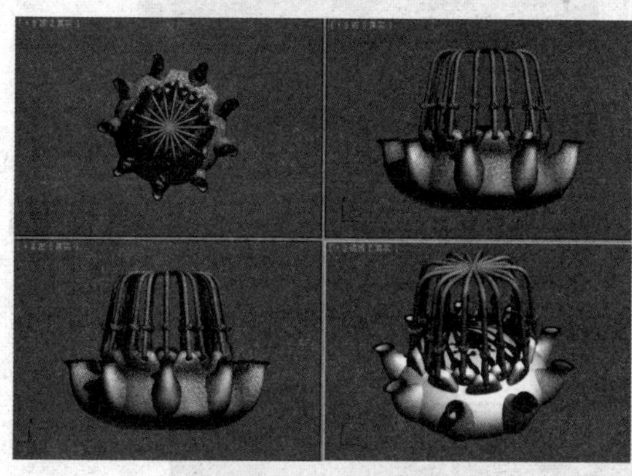

图4.3.7　旋转快速复制

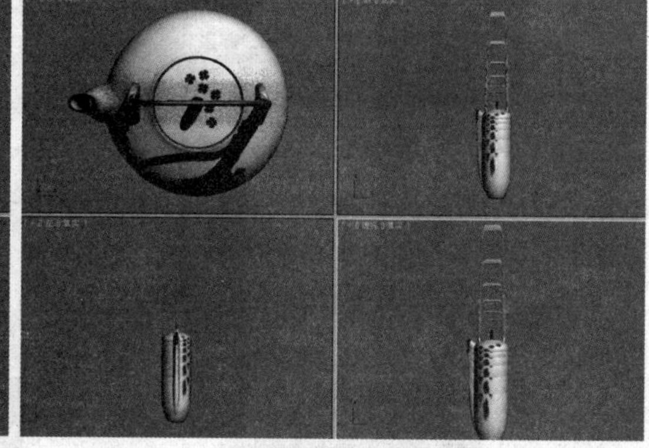

图4.3.8　缩放快速复制

## 4.3.3　镜像复制

镜像复制是指将选定的物体以镜像的方式复制出来，使其看上去与在平面镜中看到的物体一样，具体操作步骤如下：

（1）单击“文件”按钮，在弹出的下拉菜单中选择“打开”，在场景中打开一个制作好的茶壶模型，如图4.3.9所示。

（2）单击工具栏中的“镜像”按钮，弹出 镜像: 世界 坐标 对话框，设置镜像参数如图4.3.10所示，然后单击 确定 按钮，效果如图4.3.11所示。

图4.3.9　打开茶壶模型

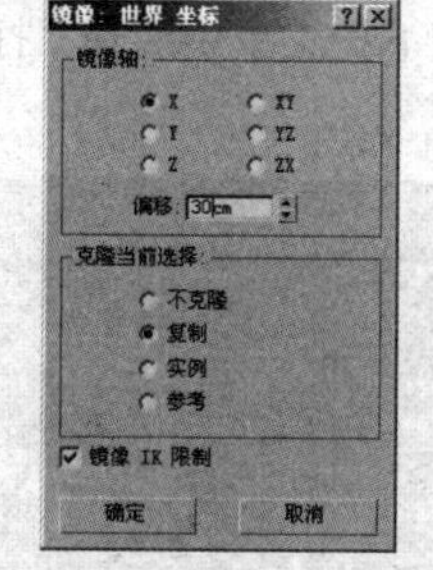


图4.3.10　“镜像：世界坐标”对话框

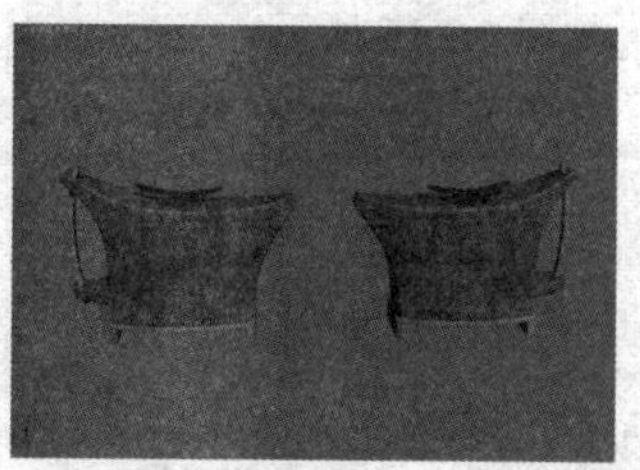

图4.3.11　镜像复制效果

## 4.3.4　间隔工具复制

间隔工具最大的优点是它可以将物体沿路径复制，具体操作步骤如下：

（1）单击“文件”按钮，在弹出的下拉菜单中选择“打开”，在场景中打开一个制作好的蜡烛模型，如图 4.3.12 所示。

（2）单击“图形”按钮，进入图形创建命令面板，单击 星形 按钮，在视图中创建一个五角星，命名为 Star001，如图 4.3.13 所示。

图 4.3.12　打开蜡烛模型

图 4.3.13　创建五角星 Star001

（3）在视图中选中蜡烛，接着选择 工具(T) → 对齐 → 间隔工具(I)... 命令，弹出 间隔工具 对话框，设置参数如图 4.3.14 所示。

（4）单击 拾取路径 按钮，在视图中拾取五角星 Star001，然后单击 应用 按钮，效果如图 4.3.15 所示。

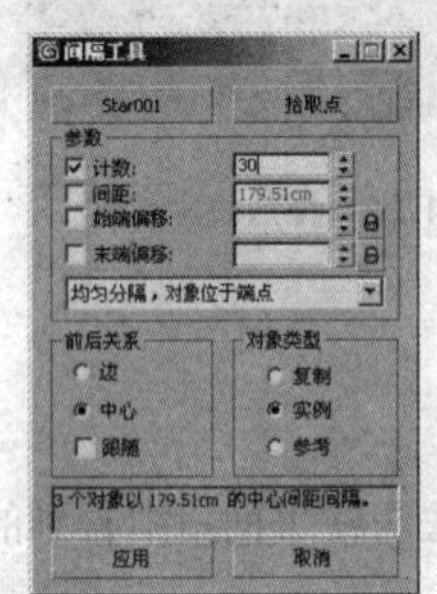


图 4.3.14　“间隔工具”对话框

图 4.3.15　间隔工具复制效果

## 4.3.5　快照复制

快照复制即像照相机拍摄对象一样可以对其进行叠加复制，具体操作步骤如下：

（1）单击“文件”按钮，在弹出的下拉菜单中选择“打开”，在场景中打开一个制作好的蛋糕模型，如图 4.3.16 所示。

图 4.3.16　打开蛋糕模型

（2）选择 工具(T) → 快照(P)... 命令，弹出快照对话框，如图 4.3.17 所示。

（3）选中 单一 单选按钮则只复制一次，选中 范围 单选按钮可以复制多次并可设置范围。例如，设置范围从 0 到 100，副本:为 5，单击 确定 按钮后依次拖动复制后的对象，可得到如图 4.3.18 所示的效果。

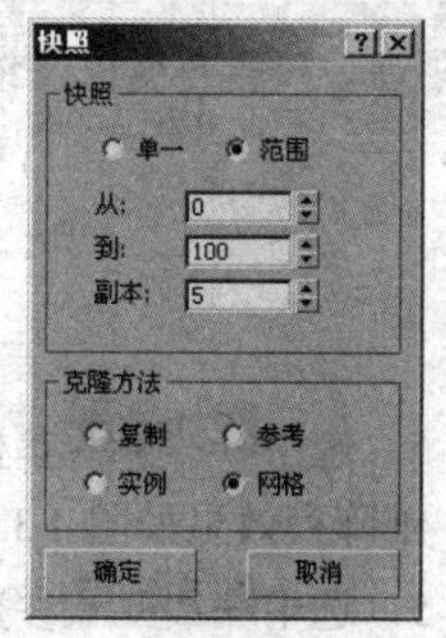


图 4.3.17　“快照”对话框

图 4.3.18　快照复制效果

## 4.3.6　阵列复制

阵列复制可以将物体进行大规模的复制，它分为一维、二维和三维阵列，具体操作步骤如下：

（1）单击“文件”按钮，在弹出的下拉菜单中选择“打开”，在场景中打开一个制作好的色子模型，如图 4.3.19 所示。

图 4.3.19　打开色子模型

（2）选择 工具(T) → 阵列(A)... 命令，弹出阵列对话框，如图 4.3.20 所示。

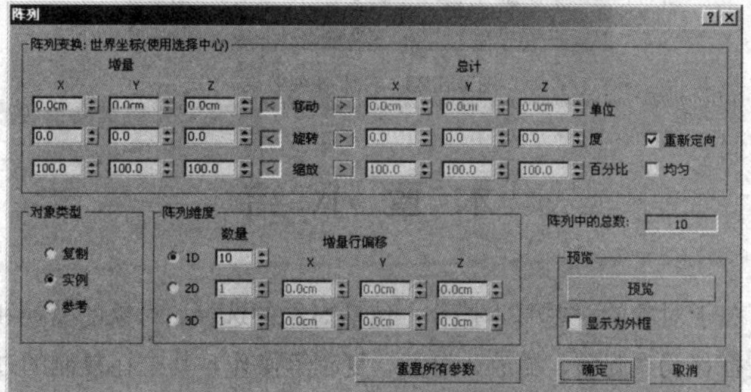


图 4.3.20　“阵列”对话框

 Tips

（1）增量：用来设置阵列物体之间在各个坐标轴上的移动距离、旋转角度以及缩放程度。

（2）总计：用来设置阵列物体在各个坐标轴上的移动距离、旋转角度以及缩放程度的总量。

（3）对象类型：用来设置阵列复制物体的属性。

（4）阵列维度：用来设置阵列复制的维数。

（3）在阵列变换参数设置区中将 X 轴方向上的增量设置为 5，选中阵列维度参数设置区中的 1D 单选按钮，设置阵列的数量为 10，然后单击 确定 按钮，一维阵列效果如图 4.3.21 所示。

（4）在阵列变换参数设置区中将 X 轴方向上的增量设置为 5，选中阵列维度参数设置区中的 2D 单选按钮，设置阵列的数量为 10，设置它在 Y 轴上的增量行偏移值为 5，然后单击 确定 按钮，二维阵列效果如图 4.3.22 所示。

图 4.3.21　一维阵列效果

图 4.3.22　二维阵列效果

用同样的方法，用户还可以设置它的三维阵列效果，如图 4.3.23 所示。

图 4.3.23　三维阵列效果

## 本 章 小 结

本章主要讲述了关于对象的一些基本操作，包括对象的选择、对象的变换和对象的复制。通过这些操作可以对对象进行移动、旋转、缩放、对齐、复制等操作，其中在复制的过程中，可以根据不同情况采用不同的复制方法，以达到事半功倍的效果。

# 第 5 章　准 备 工 作

本章主要讲解在制作模型之前的一些准备工作，包括参考图的设置以及对象属性参数的设置，只有设置好了合适的参考图，建模工作才能顺利地开展，进而制作出更加精致的模型。

**本章知识重点**

➤ 设置参考图片大小。

➤ 设置对象属性参数。

在本章中，主要讲解如何在建模之前做好准备工作，包括参考图的选择、参考资源、建立参考图、图像管理以及在建模过程中的辅助应用。同时，也来谈谈创建一个工作/目录模板，这个模板的建立能够使工作效率有所提高，加速建模的步伐，也有可能吸引更多的人使用你的建模效果。

## 5.1　制作参考图

下面，以刚才提到的工作/目录模板为开始，不管是在工作室中，还是远程控制，或者是在自己的工作项目中，创建一个有组织分级的文件夹是准备工作的必要条件。培养一种好的工作习惯可以使工作更加顺畅，同时也是专业精神的一种体现。一般情况下，常常为要制作的模型新建一个文件夹，并为其进行命名，这个文件夹包含有子目录，包括贴图、场景、参考文件或资源以及最终渲染图和压缩文件等。3DS MAX 本身具有创建项目文件夹的实用工具，这个工具对于实现上述目的很有用。这个工具存在于 File 文件中，它可以自动收集所需要的文件，并创建相应的文件夹和子目录。

每当制作一个模型时，首先要做的是在网上搜索一些相关的图片或者信息，以便能够给用户一些提示，进而知道如何去制作这个模型，并且熟悉此模型各个方向的视觉感受。根据所要制作模型的复杂性，网上搜索可能是一个较短的过程，或者在某些情况下，要花费较长的时间。在过去几年里，笔者曾经三次制作飞机引擎模型，可是直到第三次，才发现制作喷气式飞机模型很简单，因为已具备了完善的图片库，同时懂得了飞机引擎的工作原理。记住，98%的人不知道模型是否精确。在这里，笔者想说明的是准备的越多，则会拥有更多的参考，那么制作一个具有高细节、高质量的模型就会很容易。在图片搜索和网络搜索中，你将会找到所有你需要的信息。

在你选择并创建了参考图后，接下来干什么呢？将所有需要的图片导入 Photoshop 或者类似的软件中进行编辑、裁剪、缩放以及颜色校正，这些都是必须进行的。例如，汽车的众多参考图常常位于同一张图片上，所以就必须对其进行剪切，将各个部分分离出来，以便在后面的步骤中进行应用，如图 5.1.1 和 5.1.2 所示。

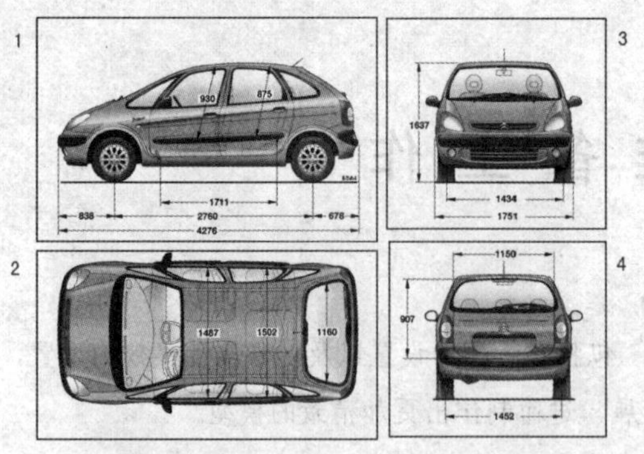


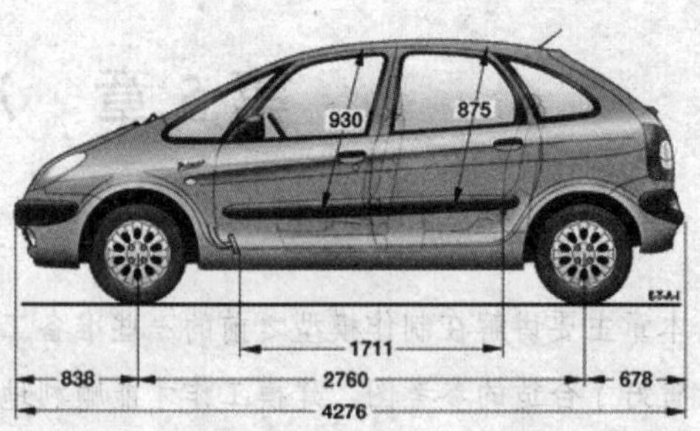


图 5.1.1　四张参考图位于同一张图片上

图 5.1.2　经过裁剪后的侧视图

## 5.2　导入参考图

在 3DS MAX 的视图中可以看到参考图，所以颜色和对比度的调节是很有用的。如果图片比较暗或者分辨率很低，可以在 Photoshop 或者 Illustrator 中使用钢笔工具对图片进行调节，使图片的形状和轮廓更加明显。在最后，给图片添加 60%～100%的自发光，以便更容易看见。在软件中，应该选择最佳的驱动和驱动配置，以便产生最佳的效果。可以使用 Direct 3D 作为驱动，并且关闭三角面的显示。在外观预置上启用抗锯齿线线框进行检查。在背景贴图的设置上，使用最高的设置，所以可以设置数值为 1024，以便尽可能地与位图相匹配。在下载贴图的尺寸上，设置数值为 512，以便尽可能地与位图相匹配。如图 5.2.1 所示的是驱动配置以及参数的设置。

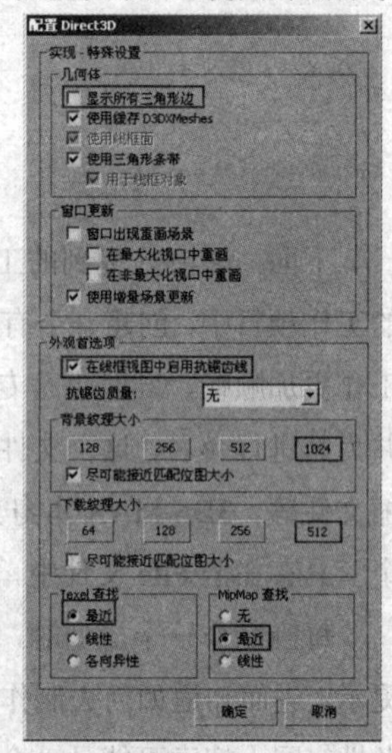


图 5.2.1　配置驱动程序对话框

现在，已经选择好了参考图，并在编辑软件中对其进行了裁剪、缩放等调节，以满足建模的需要。接下来，就在 3DS MAX 的场景中简略地创建所需要的参考图。

5

（1）在 3DS MAX 中，激活左视图，创建一个长方形面片模型，将参数保持默认，使长和宽方向的分段数均为 4。如果愿意的话，也可以将段数降低为 1，因为这个面片模型是用来显示参考图的。在本例中，将分段数保持默认，如图 5.2.2 所示。

（2）选择移动工具，然后转到位于屏幕下方的变换集合（时间栏下方的带有参数的三个方框），如图 5.2.3 所示的是变换集合。

图 5.2.2　在左视图中创建面片模型

图 5.2.3　变换集合方框

（3）用鼠标右键单击三个微调，使其恢复为零。这样做可以使面片模型位于坐标的原点位置，如图 5.2.4 所示。原点是主网格相互交叉的位置，坐标为（0，0，0）。

（4）继续在左视图上单击键盘上的 P 键，将视图转换到透视图，同时稍微对模型进行放大（可以滚动鼠标的中键），效果如图 5.2.5 所示。

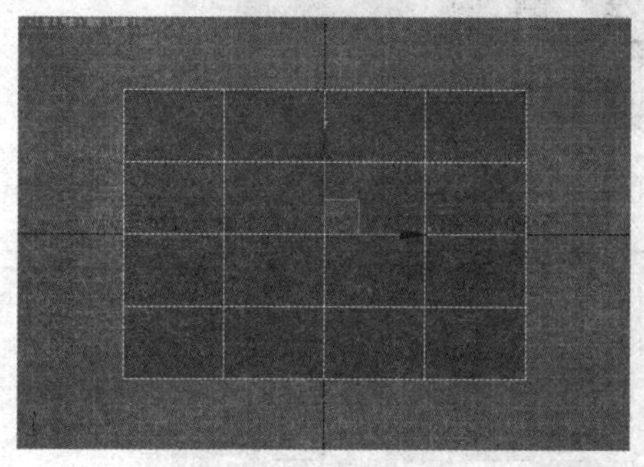

图 5.2.4　将面片移动到原点

图 5.2.5　在透视图中显示面片模型

（5）在键盘上单击 M 键打开材质编辑器，选择一个空白的材质球，设置材质样式为标准材质（根据所使用的渲染器而定），如图 5.2.6 所示。

（6）单击漫反射颜色后面的立方体小按钮，在弹出的 材质/贴图浏览器 对话框中双击 位图 选项，这时将会弹出一个图片选择对话框。在查找范围的下拉框中找到你所需要的参考图，并对其进行选择。在单击“打开”按钮之前，先看看对话框左下角的统计信息，在这里可以看到参考图片的尺寸。在本例中，图片尺寸是 440 像素×258 像素。记住这个尺寸，因为这对于下一步的操作很有用，如图 5.2.7 所示的是本步骤所讨论的项目。

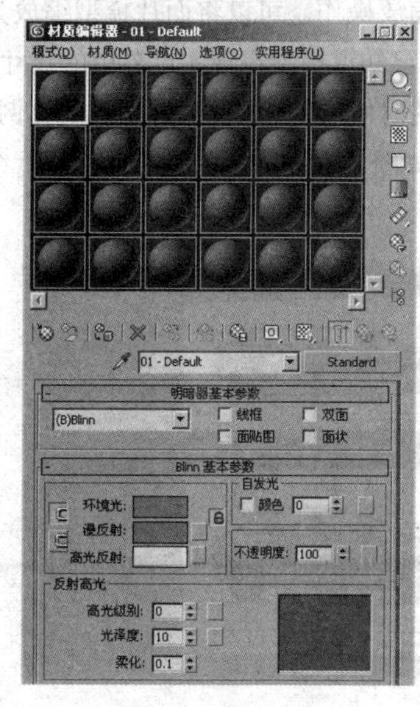


图 5.2.6　材质编辑器

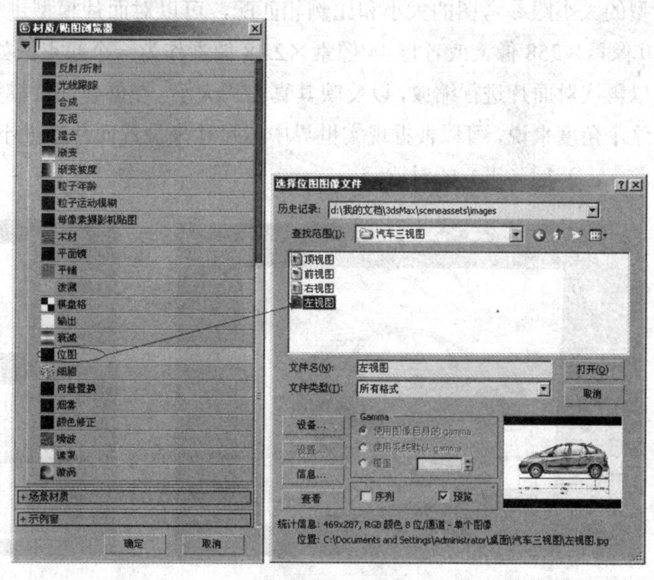


图 5.2.7　选择参考图及图片尺寸的显示

（7）单击“打开”按钮，将选择的参考图导入漫反射通道中。这时，在材质球的表面上将显示出选择的参考图片。单击按钮返回最上层，将自发光参数设置为 100，单击按钮，将所设置的贴图赋予场景中的面片模型。如图 5.2.8 所示的是在材质编辑器的材质球上显示出的参考图片，同时将自发光设置为 100。

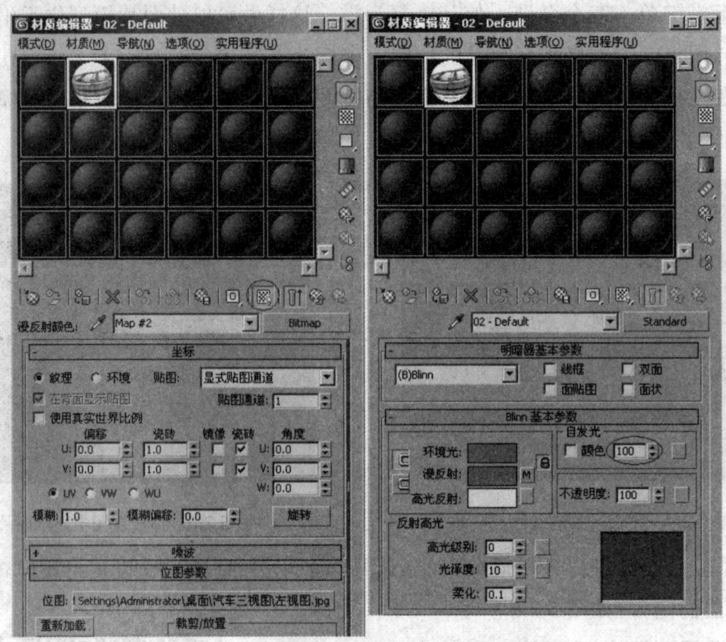

图 5.2.8 在材质编辑器中添加贴图，同时设置自发光数值为 100

（8）这时，面片模型的颜色发生了改变，但是没有显示出参考图片。在材质编辑器中单击按钮，现在面片上就显示出了参考图片。如图 5.2.9 所示的是在表面显示了参考图的面片模型。

（9）在此应该注意图片的尺寸，在示例文件中图片的尺寸是 440 像素×258 像素。为了使面片模型的大小跟参考图的大小和比例相匹配，可以对面片模型进行缩放操作。可以将面片模型缩放为 440 像素×258 像素或者将 44 像素×25.8 像素作为一个起点。如果已知道模型在现实世界中的尺寸，可以再次对面片进行缩放，以反映其真实的大小。在创建面片模型的时候，就应该设置好适当的比例。从这个角度来说，可以根据现实世界中的尺寸来设置面片的大小。如图 5.2.10 所示的是对面片进行缩放前（上）后（下）的对比。



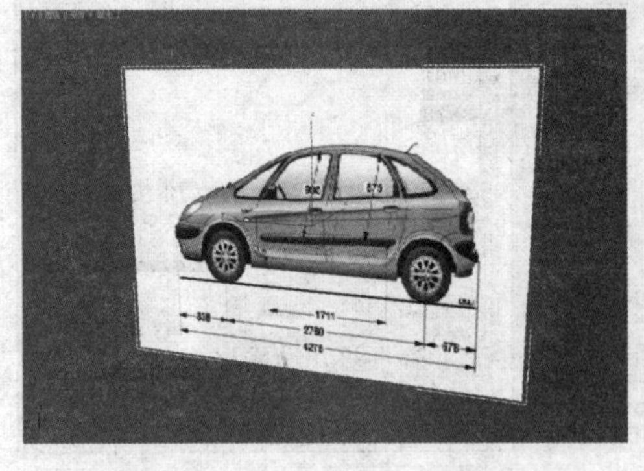

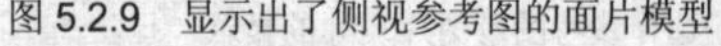

图 5.2.9 显示出了侧视参考图的面片模型

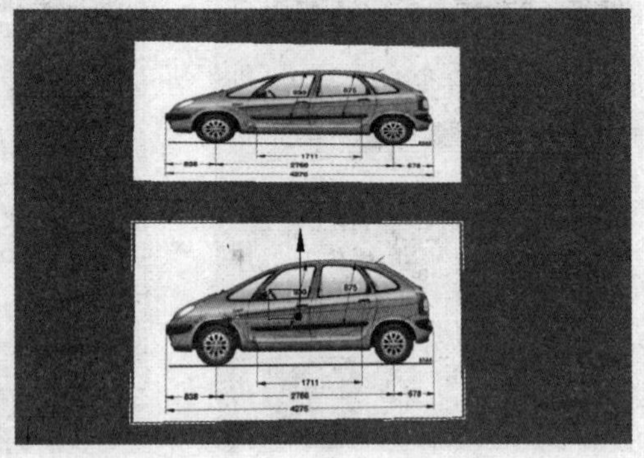

图 5.2.10 上面的模型是缩放前的，下面是缩放后的

下面，对各个方向的参考图进行类似的创建，以便创建一个更加有效的建模环境。应为每个参考图都创建一个面片模型，在 Diffuse（漫反射）通道中为每一个参考图都设置对应的贴图，设置自发光，最后缩放面片模型以适应参考图的大小。

 Tips ●●●

可以复制侧视图面片并对其进行旋转，以创建顶视图的面片模型。同样，可以使用这种方法创建出其他方向的面片模型。

当在视图中创建好了所有的面片模型后，就可以设置其位置，并将它们进行对齐，确保它们符合相应的位置，以便产生最佳的效果。建议将每个面片的变换集合归零，然后从该位置进行对齐。这里有两种基本配置来布局参考图：H 型配置和 T 型配置。如图 5.2.11 所示的是 H 型的参考图配置，如图 5.2.12 所示的是 T 型的参考图配置。

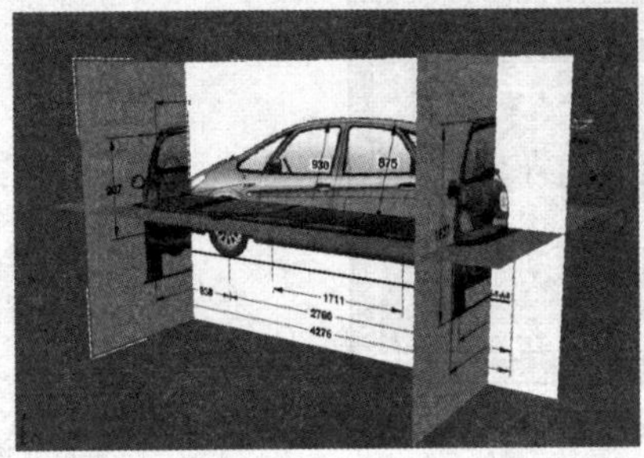

图 5.2.11　H 型配置

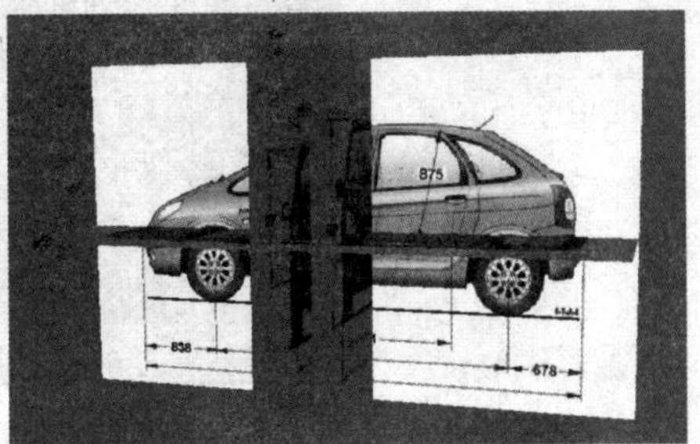

图 5.2.12　T 型配置

## 5.3　设置参考图

对于参考图的操作，这里有几个额外的技巧可以使用，以确保在对参考图进行选择或者测试渲染时不产生干扰。

（1）选择场景中的四个面片模型，单击鼠标右键，弹出一个菜单。在菜单中单击**对象属性(P)...**选项，弹出一个**对象属性**对话框，取消**以灰色显示冻结对象**和**可渲染**选项。如图 5.3.1 所示的是**对象属性**对话框以及合适的参数设置。

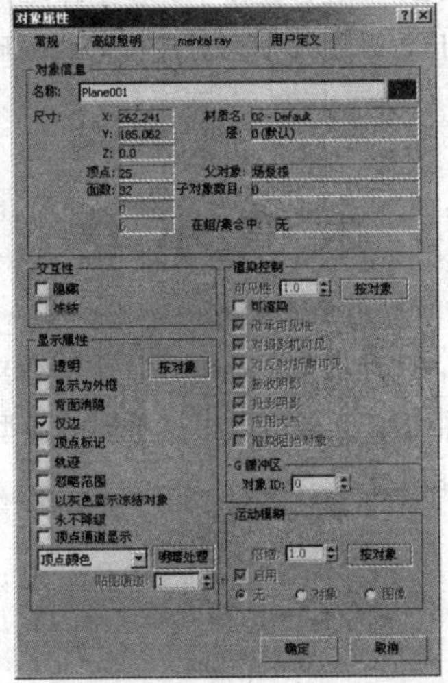


图 5.3.1　取消两项选择的“对象属性”对话框

（2）仍然选择场景中的四个面片模型，在菜单栏中选择工具(T)→层管理器...选项，在弹出的层: 0 (默认)对话框中单击按钮创建一个新层（包含选择的模型），命名新层为“参考图”。在层名的右侧，将会看到隐藏、冻结等命令选项。单击“冻结”横杠选项来冻结“参考图”层（这时横杠将会变为雪花）。关闭层管理器，现在视图中的参考图就被冻结了，不能被选择，也不能渲染。层管理器很有用，因为它可以将参考图模型的可见度置于其他模型之上。因为参考图模型是冻结的（不能被选择），所以在选择场景中的模型时，不会产生混淆。建模的最后一步就是对模型进行测试渲染，这时有可能忘记隐藏参考图模型，但是如果取消了可渲染选项，就不必担心会渲染出参考图了。如图5.3.2 所示的是层管理器及其设置。

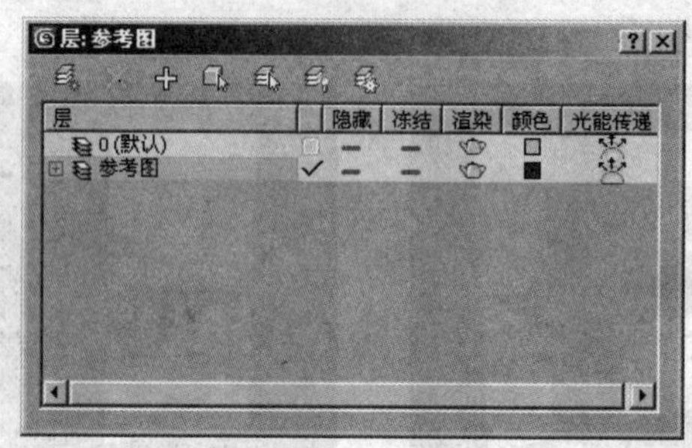


图 5.3.2　层管理器及其设置

现在，已经对场景进行了最佳的设置，可以进行建模操作，在建模过程中还需要一些参考图之外的图片来进行参考。在建模中要养成看着其他参考图来进行建模的好习惯。参考图给出了一个精确的物体形状，然而，它们毕竟是平面图片，所以使用参考图不能完全地观察到物体的全部特征，也就不能作为建模的唯一参考。在本章的开始提到了选择图片，在本章中有一个关于汽车图片的完整目录，以便于随时进行参考。在建模时不要在各个程序之间进行切换来查看参考图，使用 ACDSee 就不用对程序窗口进行管理，可以同时看到参考资料和模型。没必要对这个软件的所有命令进行掌握，只要知道如何在工作中使用它来达到较好的效果就足够了。跟图形编辑软件例如 Photoshop 不同，ACDSee 只是一个图形查看软件，它允许你通过浏览目录来快速且简单地查看图片，其最大的优点就是能够始终将图片置于 3DS MAX 软件的上面。它的作用在于当运行程序时，可以始终位于其他程序窗口的上面，这时就可以很方便地在 3DS MAX 中进行建模了。在工作时，这个软件窗口不会被移动到其他程序窗口的后面，可以自由定位此窗口，以便其不会对建模形成障碍，并且能够作为建模的参考图，对于建模有很大的帮助。

## 本 章 小 结

参考图是制作模型的首要条件，只有具备了准确并且比例适当的参考图，才能够制作出精确的模型效果。参考图的制作和设置方法很多，读者可以根据不同的模型来设计不同类型的参考图样式，这样才能够因地制宜，更方便地制作模型。

# 案例篇

# 第 6 章　制作桌椅模型

在本章中制作一套桌椅模型，这是室内效果图制作的必备模型。桌椅的种类很多，本章介绍的是一套圆桌椅模型。在制作的时候，只要制作一个圆桌模型和一个椅子模型就可以了，然后对椅子模型进行复制，加快建模的速度。在制作的方法上，以多边形建模为主，是基础知识的初步运用。

**本章重点：**

- 掌握细分曲面设置的方法。
- 学习二维曲线建模的方法。
- 学习室内灯光的设置方法。

在本章中制作桌椅模型，包括一个圆桌模型和四个椅子模型，渲染效果如图 6.0.1 所示。

图 6.0.1　圆桌椅渲染效果

## 6.1　制作桌子模型

在本节中制作一个圆桌模型，在制作过程中用到了圆桌体建模和管状体建模，同时使用复制命令加快了建模的速度。

### 6.1.1　制作桌面模型

在这一小节中制作桌面模型。

（1）在创建命令面板的区域，选择标准基本体类型，单击圆柱体按钮，在顶视图中创建一个圆柱体，如图 6.1.1 所示。单击鼠标右键，将模型转换为可编辑多边形。

（2）为了使桌面模型比较光滑，在模型上添加细分曲线。选择如图 6.1.2 所示的边，单击连接后面的小按钮，在弹出的连接边对话框中设置参数如图 6.1.3 所示，连接边效果如图 6.1.4 所示。

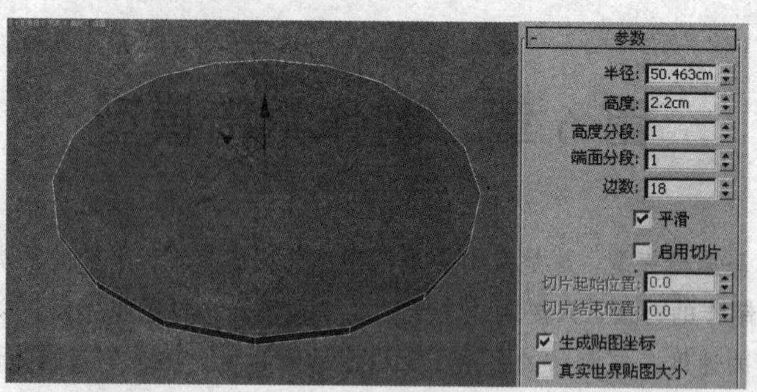


图 6.1.1　创建圆柱体

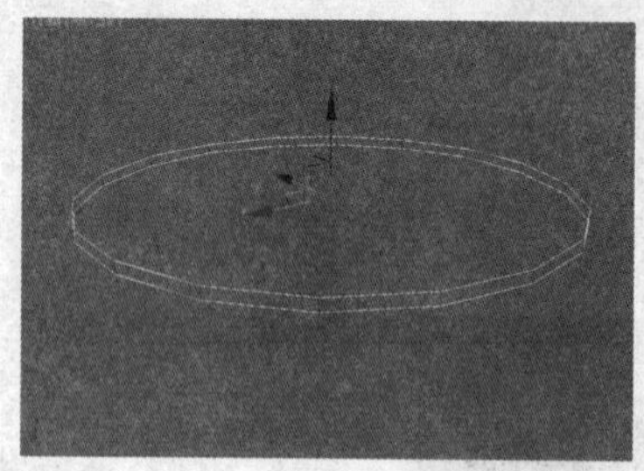

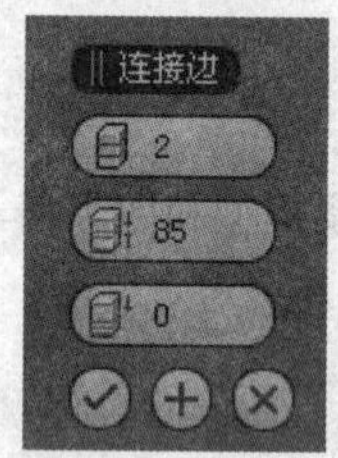


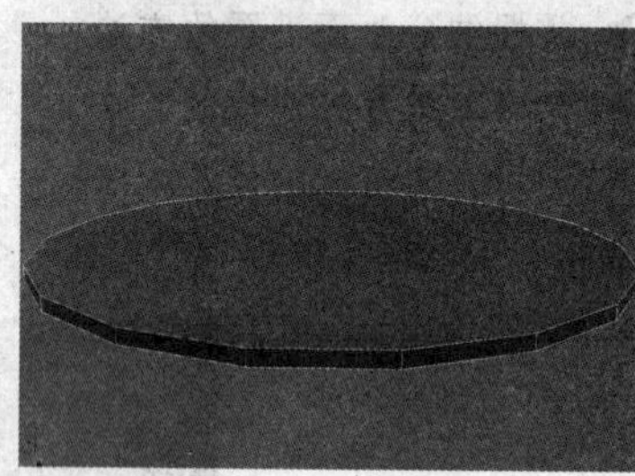

图 6.1.2　选择边　　图 6.1.3　设置连接边参数　　图 6.1.4　连接边效果

（3）选择如图 6.1.5 所示的面，单击 插入 后面的小按钮，在弹出的 插入 对话框中设置参数如图 6.1.6 所示，插入效果如图 6.1.7 所示。

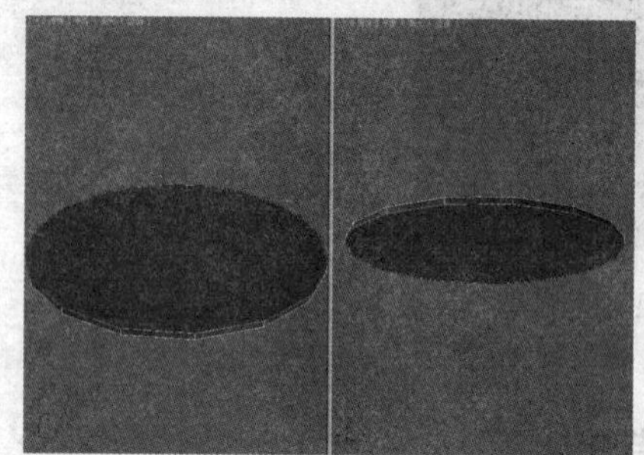

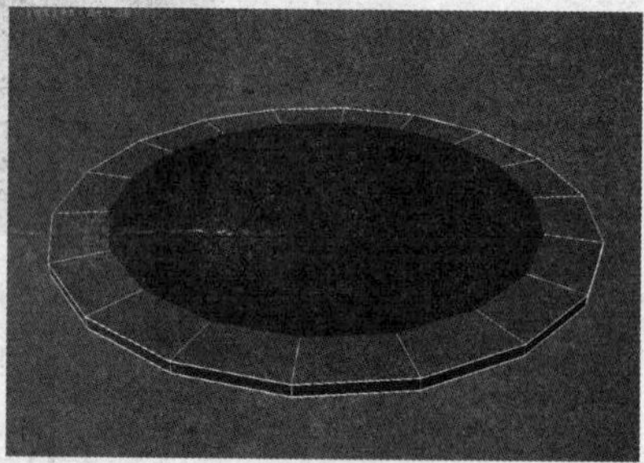

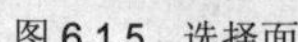

图 6.1.5　选择面　　图 6.1.6　设置插入参数　　图 6.1.7　插入效果

（4）选择如图 6.1.8 所示的边，单击 连接 后面的小按钮，在弹出的 连接边 对话框中设置参数如图 6.1.9 所示，连接边效果如图 6.1.10 所示。

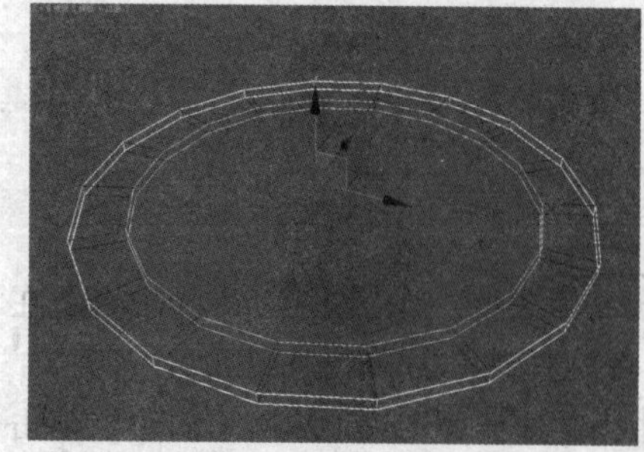

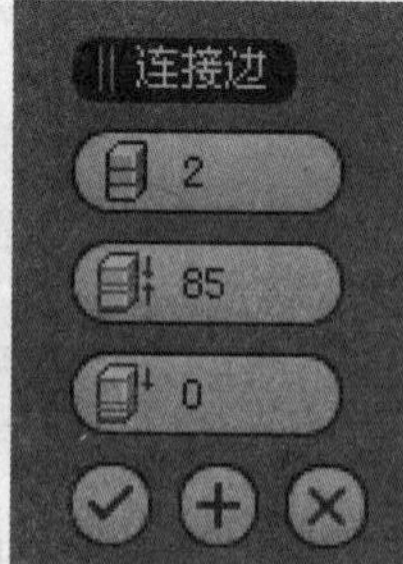


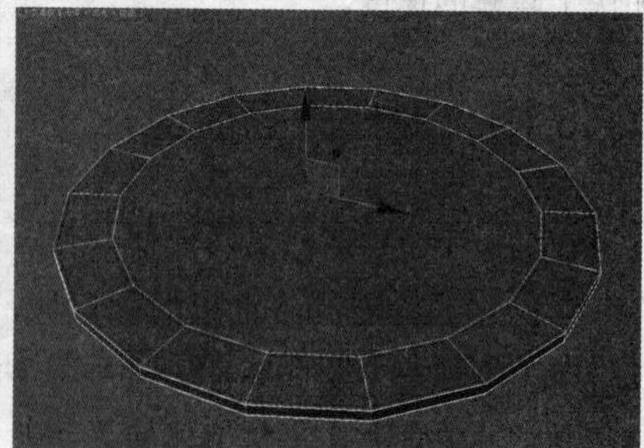

图 6.1.8　选择边　　图 6.1.9　设置连接边参数　　图 6.1.10　连接边效果

（5）在修改命令面板的 细分曲面 卷展栏中激活 使用 NURMS 细分 复选框，设置

迭代次数为 2，如图 6.1.11 所示，细分曲面效果如图 6.1.12 所示，这样桌面看上去就比较光滑了。

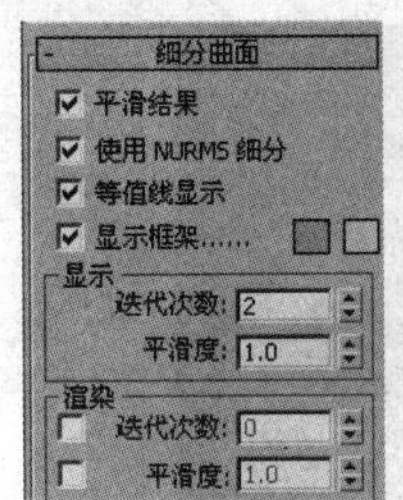


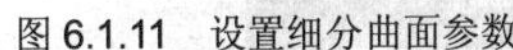

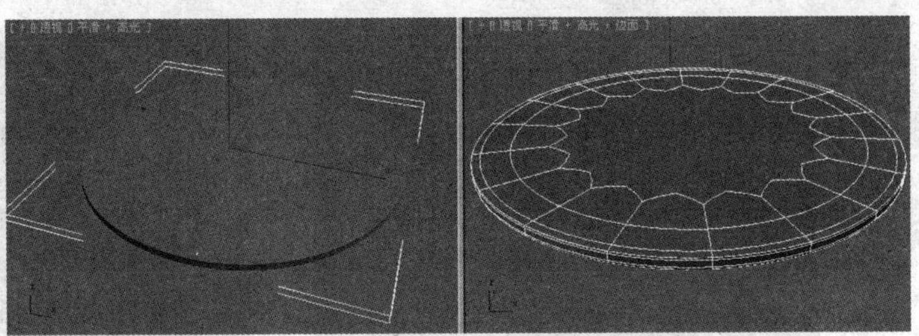

图 6.1.11　设置细分曲面参数　　图 6.1.12　细分曲面效果

注 意 Tips

只有启用“使用 NURMS 细分”时，该卷展栏中的其余控件才生效。对“可编辑多边形”对象应用修改器时，将会取消“等值线显示”选项的效果；线框显示会转为显示对象中的所有多边形。但是，使用“网格平滑”修改器并非总会出现上述情况。大多数变形和贴图修改器可以保持等值线显示，但是其他修改器，如选择修改器（“体积选择”除外）和“转换为...”修改器，可以使内边显示。

（6）制作桌面四周的附件模型。单击 管状体 按钮，在顶视图中创建一个管状体，如图 6.1.13 所示。单击鼠标右键，将管状体转换为可编辑多边形。

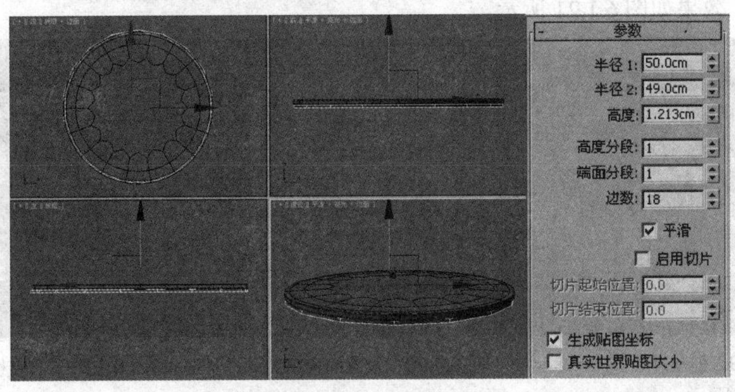


图 6.1.13　创建管状体

（7）选择如图 6.1.14 所示的边，单击 连接 后面的小按钮，在弹出的 连接边 对话框中设置参数如图 6.1.15 所示，连接边效果如图 6.1.16 所示。

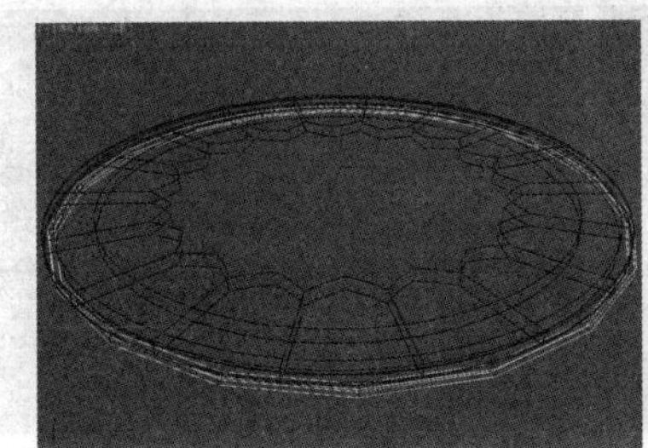

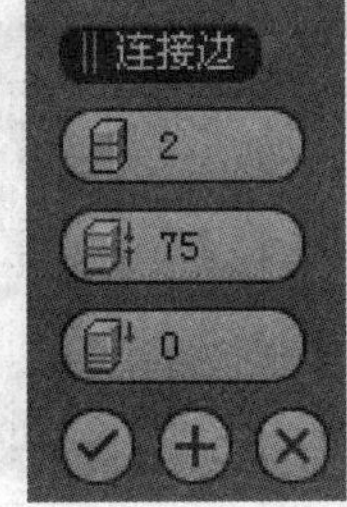


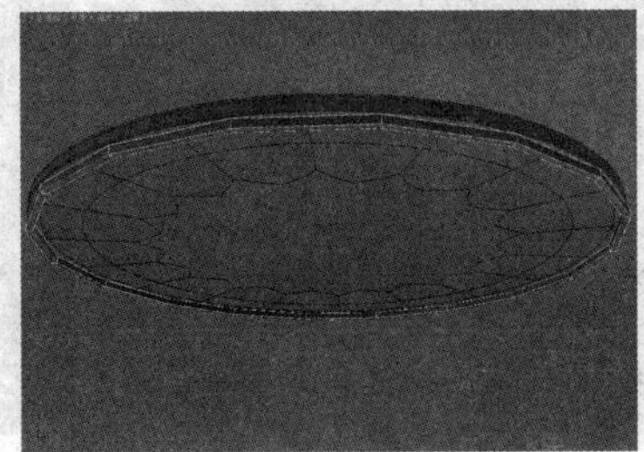

图 6.1.14　选择边　　图 6.1.15　设置连接边参数　　图 6.1.16　连接边效果

（8）对圆环模型进行细分曲面操作，设置迭代次数为 2，效果如图 6.1.17 所示。对光滑后的圆

环进行复制，复制效果如图 6.1.18 所示。

图 6.1.17　细分曲面效果

图 6.1.18　复制效果

至此，桌面模型制作完成。

## 6.1.2　制作桌腿模型

在这一小节中制作桌子的腿部模型，使用到的建模方法主要是二维曲线转换到三维模型的制作方法。

（1）在创建命令面板的区域，选择样条线类型，单击线按钮，在前视图中创建一条样条线，如图 6.1.19 所示。在修改命令面板的渲染卷展栏中激活在渲染中启用和在视口中启用复选框，设置渲染参数如图 6.1.20 所示。此时，二维曲线就转换成了三维模型，效果如图 6.1.21 所示。

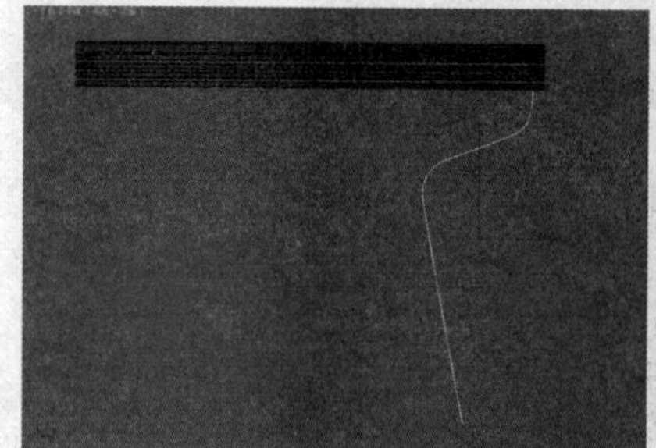

图 6.1.19　创建样条线

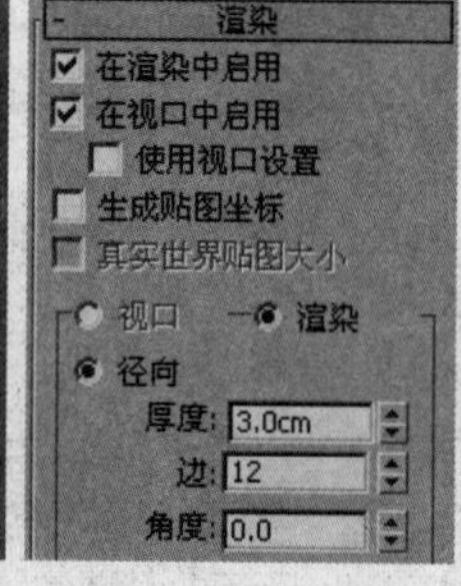


图 6.1.20　设置渲染参数

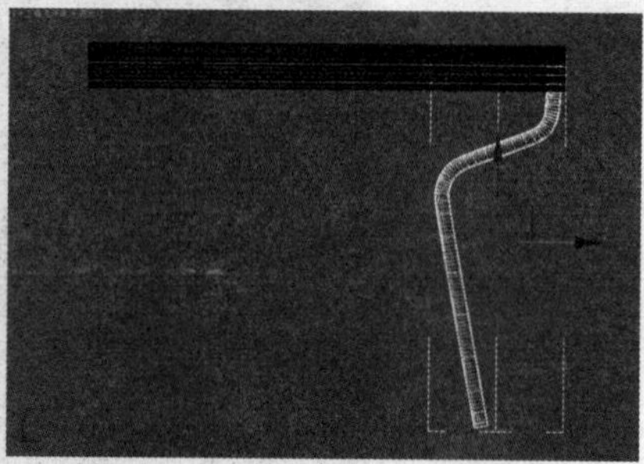

图 6.1.21　三维模型效果

（2）对生成的三维模型进行旋转复制，旋转复制效果如图 6.1.22 所示。单击圆环按钮，在顶视图中创建一个圆环模型，如图 6.1.23 所示；对创建的圆环进行复制，复制圆环效果如图 6.1.24 所示。

图 6.1.22　旋转复制效果

图 6.1.23　创建圆环

图 6.1.24　复制圆环效果

至此，圆桌模型制作完成。

# 6.2　制作椅子模型

在本节中制作椅子模型。椅子模型由两大部分组成，主体框架和坐垫，其中主体框架包括椅背和腿部模型。

## 6.2.1　制作椅背和腿部模型

首先来制作椅背和腿部模型，主要方法是将二维曲线转换为三维模型。

（1）单击 线 按钮，在前视图中创建一条样条线，如图 6.2.1 所示。切换到点级别，调节曲线上的节点到如图 6.2.2 所示的位置。

图 6.2.1　创建样条线

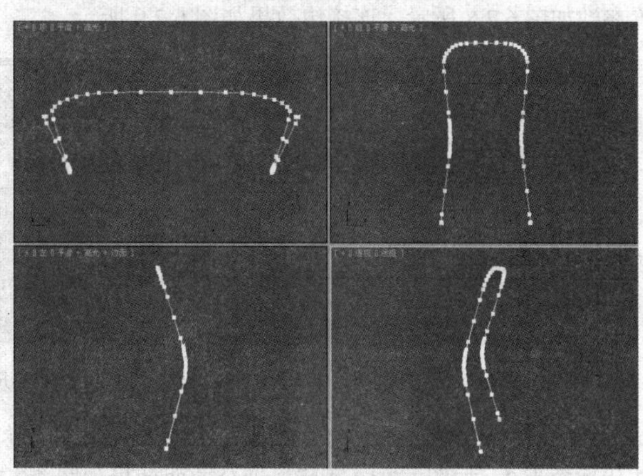

图 6.2.2.　调节节点

（2）在修改命令面板的 渲染 卷展栏中激活 ☑ 在渲染中启用 和 ☑ 在视口中启用 复选框，设置参数如图 6.2.3 所示，此时，二维曲线就转换成了三维模型，效果如图 6.2.4 所示。

（3）使用类似的方法，制作出椅背和腿部的剩余模型，效果如图 6.2.5 所示。

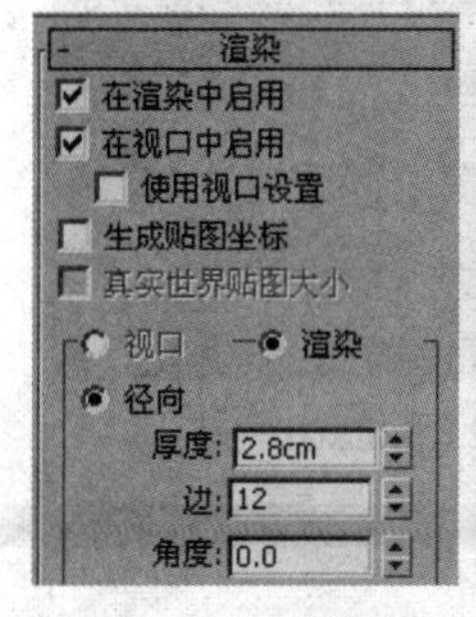



图 6.2.3　设置渲染参数

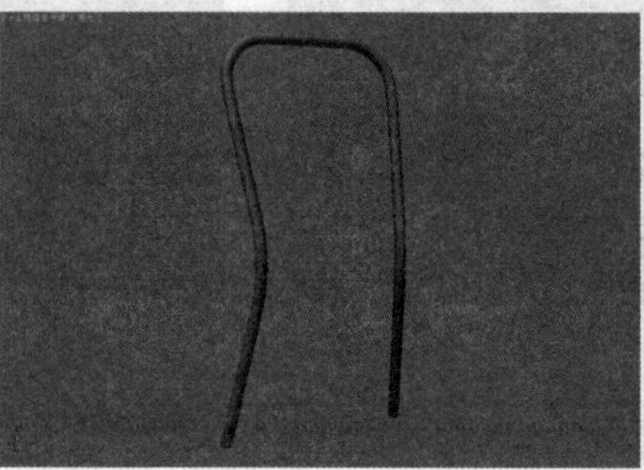

图 6.2.4　三维模型效果

图 6.2.5　制作椅背和腿部剩余模型效果

## 6.2.2　制作坐垫模型

在这一小节中制作椅子的坐垫模型。

（1）单击 管状体 按钮，在顶视图中创建一个管状体，如图 6.2.6 所示。单击鼠标右键，将管状体转换为可编辑多边形。

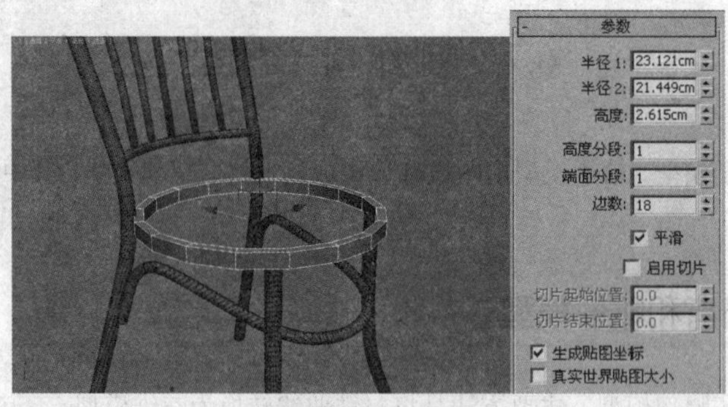


图 6.2.6　创建管状体

（2）选择如图 6.2.7 所示的边，单击 连接 □ 后面的小按钮，在弹出的 ‖连接边 对话框中设置参数如图 6.2.8 所示，连接边效果如图 6.2.9 所示。

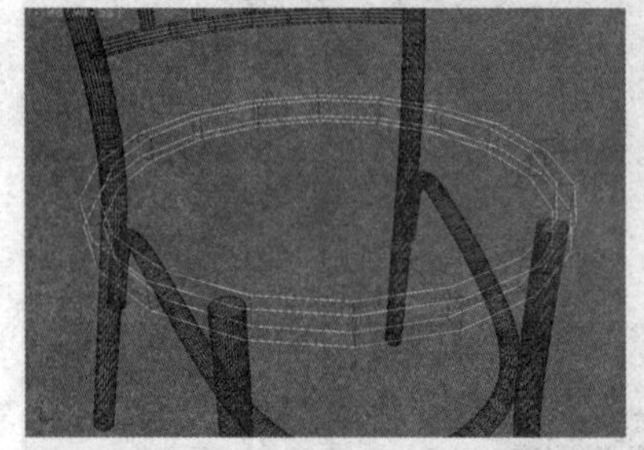

图 6.2.7　选择边

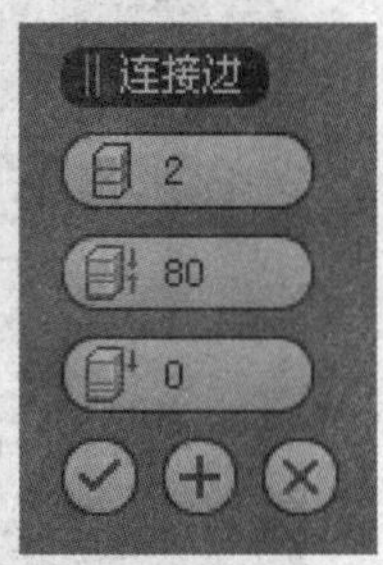


图 6.2.8　设置连接边参数

图 6.2.9　连接边效果

（3）在修改命令面板的 细分曲面 卷展栏中激活 ☑ 使用 NURMS 细分 复选框，设置迭代次数为 2，如图 6.2.10 所示，细分曲面效果如图 6.2.11 所示。给光滑后的模型指定一个默认的材质，如图 6.2.12 所示。

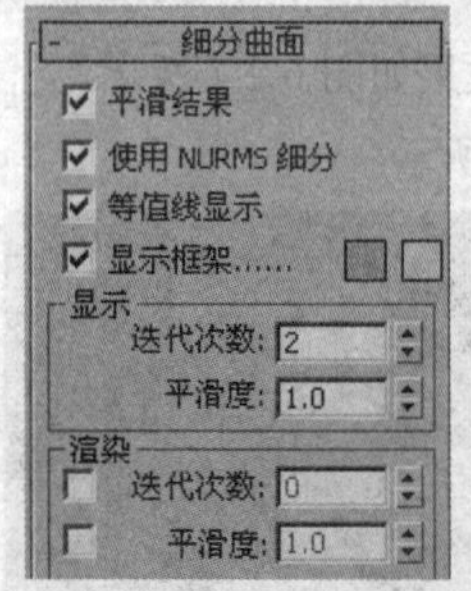


图 6.2.10　设置细分曲面参数

图 6.2.11　细分曲面效果

图 6.2.12　指定默认材质

 Tips

增加迭代次数时要格外谨慎。对每个迭代次数而言，对象中的顶点和多边形数（和计算时间）可以增加为原来的 4 倍。对平均适度的复杂对象应用 4 次迭代会花费很长时间来进行计算。若要停止计算并恢复为上一次的迭代次数设置，请按 Esc 键。

（4）单击 球体 按钮，在顶视图中创建一个球体模型，如图 6.2.13 所示。使用缩放工具，对球体模型进行缩放操作，效果如图 6.2.14 所示。

图 6.2.13　创建球体

图 6.2.14　缩放球体效果

（5）单击鼠标右键，将球体模型转换为可编辑多边形。选择如图 6.2.15 所示的面，按 Delete 键删除，效果如图 6.2.16 所示。

图 6.2.15　选择面

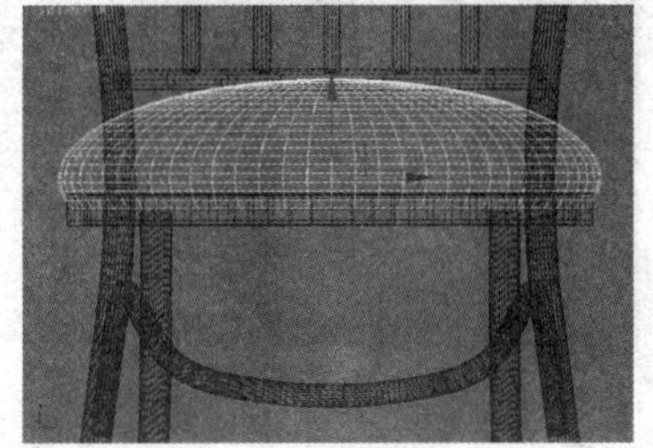

图 6.2.16　删除面

至此，椅子模型制作完成，椅子模型如图 6.2.17 所示。

在菜单栏中选择 文件(F) → 导入 → 合并 将 3ds Max 外部文件的对象插入到当前场景。 选项，将制作好的圆桌模型合并进来，效果如图 6.2.18 所示。对椅子模型进行复制，效果如图 6.2.19 所示。

图 6.2.17　椅子模型

图 6.2.18　合并模型效果

图 6.2.19　复制椅子模型

单击 长方体 按钮，在视图中创建一个长方体，将桌椅模型放置于一个房间内，如图 6.2.20 所示。

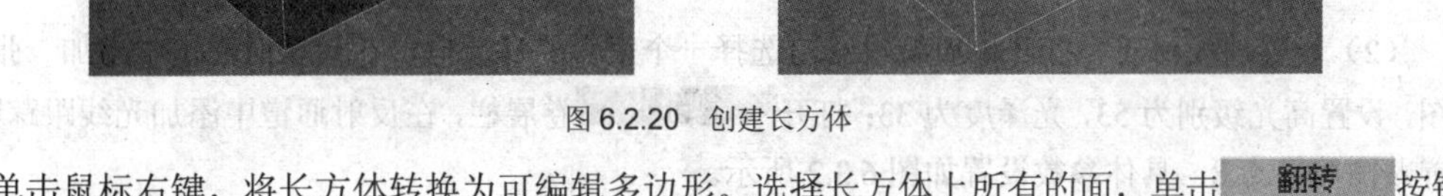

图 6.2.20　创建长方体

单击鼠标右键，将长方体转换为可编辑多边形。选择长方体上所有的面，单击 翻转 按钮，进行翻转法线操作，单击鼠标右键，在弹出的快捷菜单中选择对象属性(P)...选项，再在弹出的对象属性对话框中激活背面消隐复选框，如图 6.2.21 所示，此时的模型显示效果如图 6.2.22 所示。

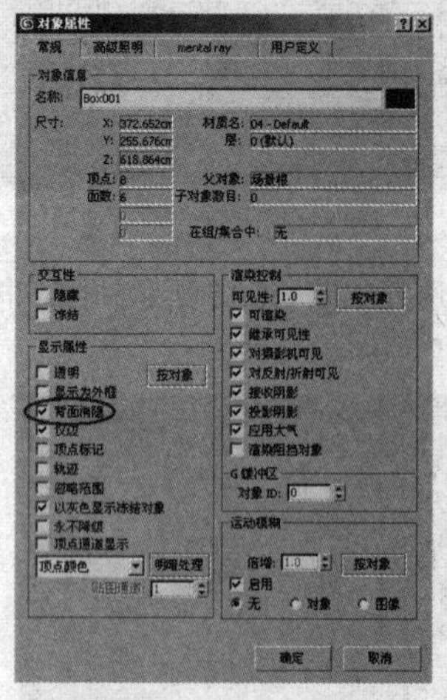


图 6.2.21 “对象属性”对话框

图 6.2.22 模型显示效果

# 6.3 设置材质、灯光效果

在本节中设置桌椅场景的材质、灯光效果。

## 6.3.1 设置材质效果

在这一小节中，设置桌椅的材质效果以及墙体和地面的材质效果。

（1）设置墙面材质，在这里给墙面设置壁纸材质。按 M 键打开材质编辑器，选择一个空白的材质球，在漫反射通道中添加一张壁纸贴图，设置高光级别为 20，光泽度为 15，墙面材质参数设置如图 6.3.1 所示。

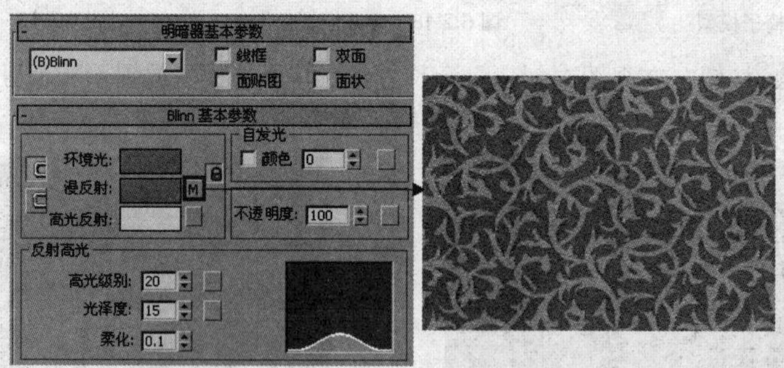


图 6.3.1 墙面材质参数设置

（2）设置地板材质。打开材质编辑器，选择一个空白的材质球，在漫反射通道中添加一张地板贴图，设置高光级别为 53，光泽度为 33；打开贴图卷展栏，在反射通道中添加光线跟踪贴图，设置贴图数量为 8，具体参数设置如图 6.3.2 所示。

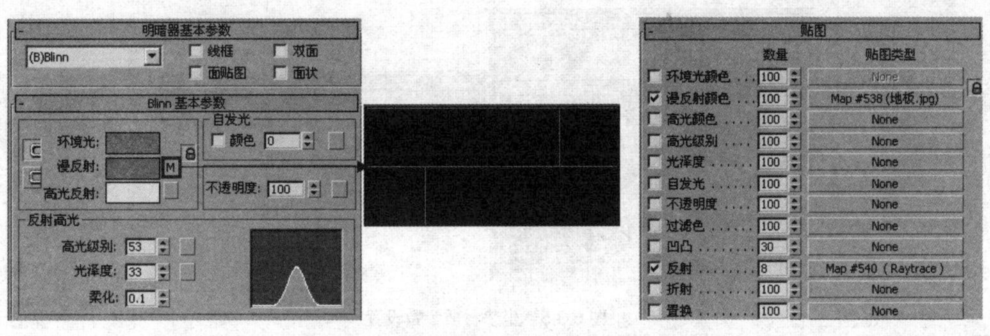

图 6.3.2　地板材质参数设置

（3）设置桌椅的不锈钢材质。打开材质编辑器，选择一个空白的材质球，设置明暗器类型为(M)金属方式；设置漫反射颜色为灰色，设置高光级别为 70，光泽度为 76。打开贴图卷展栏，在反射通道中添加光线跟踪贴图，在背景选项的通道中添加一张金属贴图，单击按钮返回上一层级，设置光线跟踪数量为 100，具体参数设置如图 6.3.3 所示。

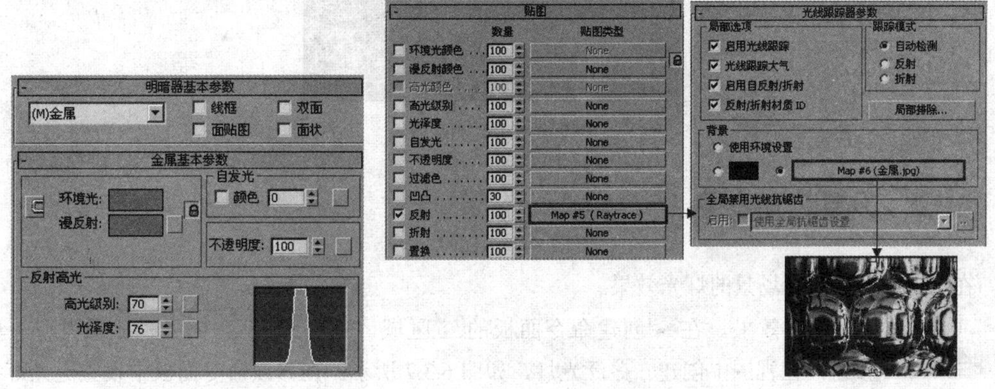

图 6.3.3　不锈钢材质参数设置

（4）设置红色塑料材质。打开材质编辑器，选择一个空白的材质球，在漫反射通道中添加一个衰减贴图，设置高光级别为 86，光泽度为 41，具体参数设置如图 6.3.4 所示。

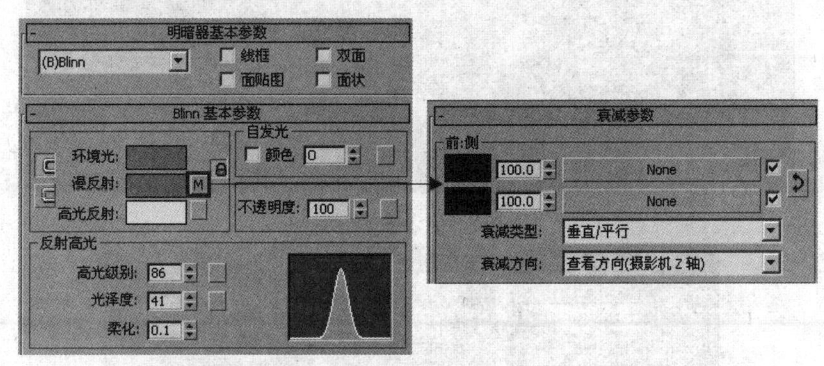

图 6.3.4　红色塑料材质参数设置

（5）设置椅子坐垫的材质。打开材质编辑器，选择一个空白的材质球，在漫反射通道中添加一个衰减贴图，设置高光级别为 101，光泽度为 55，具体参数设置如图 6.3.5 所示。

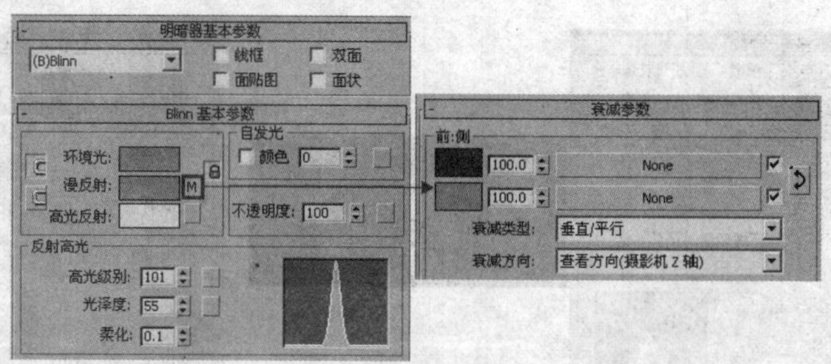


图 6.3.5　坐垫材质参数设置

（6）将设置好的材质对应地指定给场景中的模型，效果如图 6.3.6 所示。

图 6.3.6　指定材质效果

## 6.3.2　设置灯光效果

在这一小节中设置场景的灯光效果。

（1）设置主光照效果。在创建命令面板的区域，选择 标准 类型，单击 泛光灯 按钮，在视图中创建一盏泛光灯，如图 6.3.7 所示。在修改命令面板中设置泛光灯参数如图 6.3.8 所示。

图 6.3.7　创建泛光灯

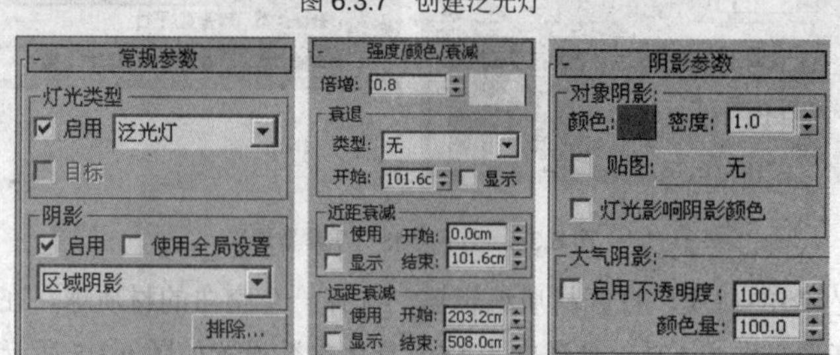


图 6.3.8　设置泛光灯参数

Tips

泛光灯最多可以生成六个四元树，因此它们生成光线跟踪阴影的速度比聚光灯要慢。避免将光线跟踪阴影与泛光灯一起使用，除非场景中有这样的要求。

（2）设置场景的补光效果。对创建的泛光灯进行复制，将复制的泛光灯调节到如图 6.3.9 所示的位置，设置泛光灯参数如图 6.3.10 所示。

图 6.3.9　复制并调节泛光灯位置

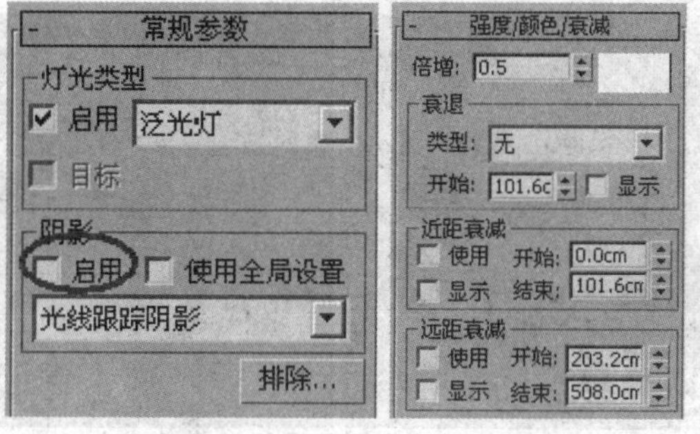


图 6.3.10　设置泛光灯参数

（3）设置射灯效果。在创建命令面板的区域，选择光度学类型，单击目标灯光按钮，在视图中创建一盏目标灯光，如图 6.3.11 所示。在修改命令面板中设置泛光灯参数如图 6.3.12 所示。

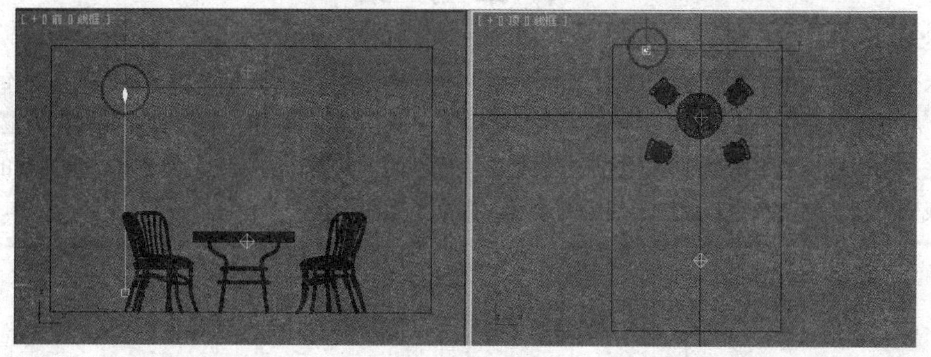

图 6.3.11　创建目标灯光

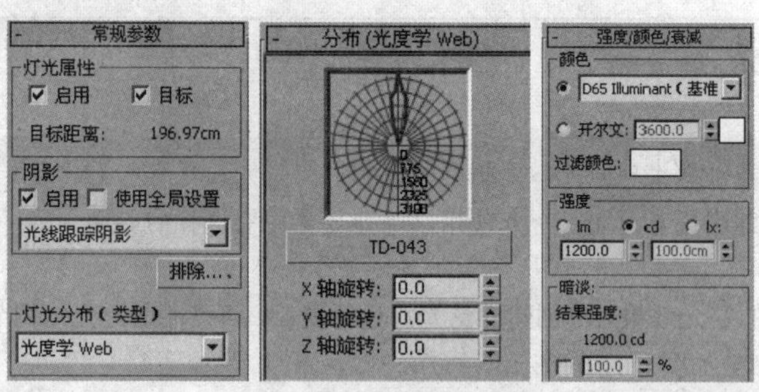


图 6.3.12　设置目标灯光参数

  Tips

当添加目标灯光时，3DS MAX 会自动为其指定注视控制器，且灯光目标对象指定为“注视”目标，可以使用“运动”面板上的控制器设置将场景中的任何其他对象指定为“注视”目标。

（4）对创建好的目标灯光进行复制，效果如图 6.3.13 所示。

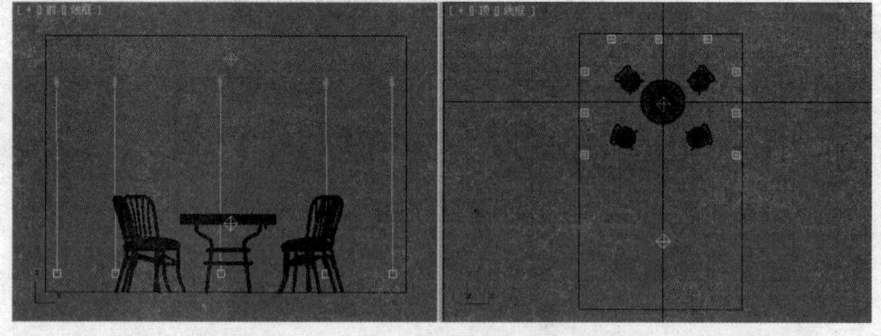

图 6.3.13　复制目标灯光

（5）按 F9 键对场景进行快速渲染，效果如图 6.0.1 所示。

## 本 章 小 结

本章中我们制作了一套桌椅模型。在制作中，使用到了多边形建模的基础知识，这是制作模型的基础，所以说掌握好了基础知识，建模工作就完成了一半。同时，使用了将二维曲线转换为三维模型的方法来制作桌椅的不锈钢部分，这部分模型是流线型的，其制作的关键是创建好二维曲线的形状。最后我们用到了复制命令，加快了建模的速度，提高了效率。

# 第 7 章　制作台灯模型

台灯是人们生活中用来照明的一种家用电器。它一般分为两种，一种是立柱式的，另一种是有夹子的。在本章中，制作一个立柱式的台灯模型，制作中要结合实用性与装饰性的原理，在制作的每一个步骤上把握整体比例，这样才能制作出高水准的台灯模型。

### 本章知识重点

- 掌握连接、插入、挤出、切角、焊接以及桥接工具的使用方法。
- 掌握挤出修改器、FFD4×4×4 修改器、倒角修改器、车削修改器以及网格平滑修改器的使用方法。
- 学习创建图形以及二维图形布尔运算命令的使用方法。
- 学习间隔工具的使用方法。

在本章中制作一个欧式风格的豪华台灯模型，其整体造型由灯罩、灯泡、灯体和底座组成，渲染效果如图 7.0.1 所示。

图 7.0.1　台灯效果

## 7.1　制作底座模型

在本节中制作台灯的底座模型，其中主要用到了 FFD 形变操作。

（1）在创建命令面板的区域，选择标准基本体类型，单击圆柱体按钮，在顶视图中创建一个圆柱体，如图 7.1.1 所示。单击鼠标右键，将圆柱体转换为可编辑多边形。

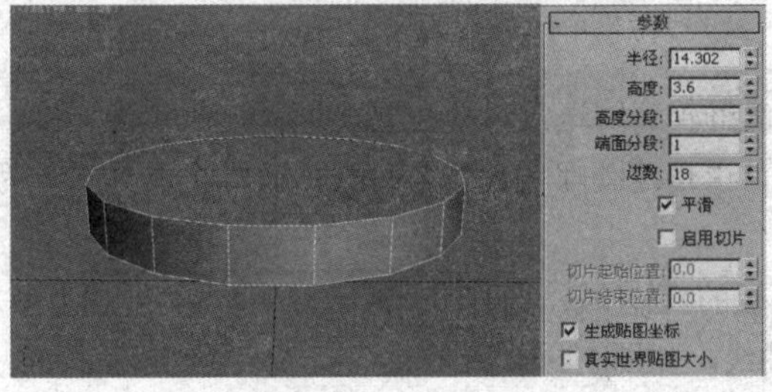


图 7.1.1　创建圆柱体

（2）在模型上添加细分曲线，效果如图 7.1.2 所示。选择如图 7.1.3 所示的面，单击 插入 后面的小按钮，在弹出的 插入 对话框中设置参数如图 7.1.4 所示，插入效果如图 7.1.5 所示。继续在模型上添加细分曲线，效果如图 7.1.6 所示。

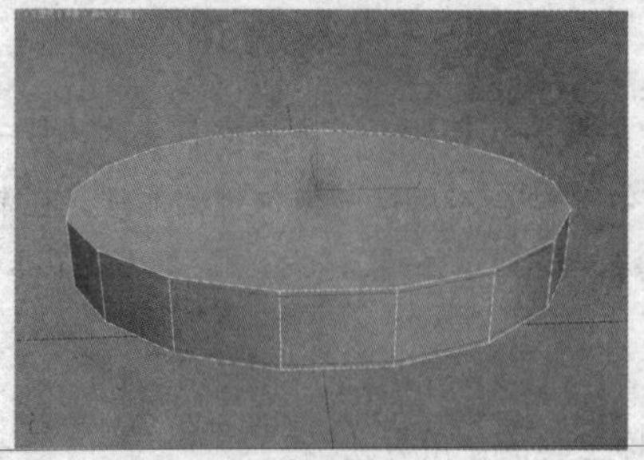

图 7.1.2　添加细分曲线　　图 7.1.3　选择面

图 7.1.4　设置插入参数

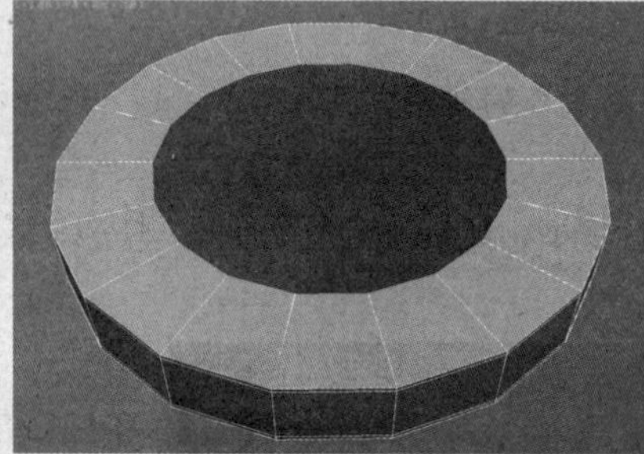

图 7.1.5　插入效果

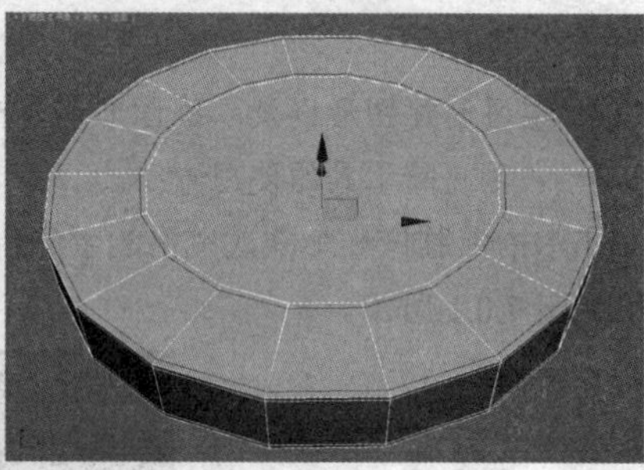

图 7.1.6　添加细分曲线

（3）在修改命令面板的 细分曲面 卷展栏中激活 使用 NURMS 细分 复选框，设置迭代次数为 2，如图 7.1.7 所示，细分曲面效果如图 7.1.8 所示。

（4）对光滑后的模型进行复制，并对复制的模型进行缩放操作，效果如图 7.1.9 所示。

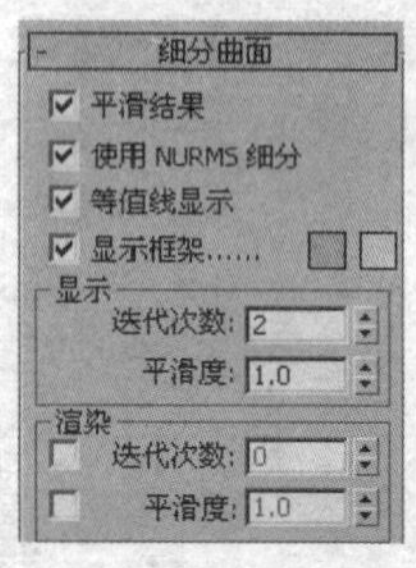


图 7.1.7　设置细分曲面参数

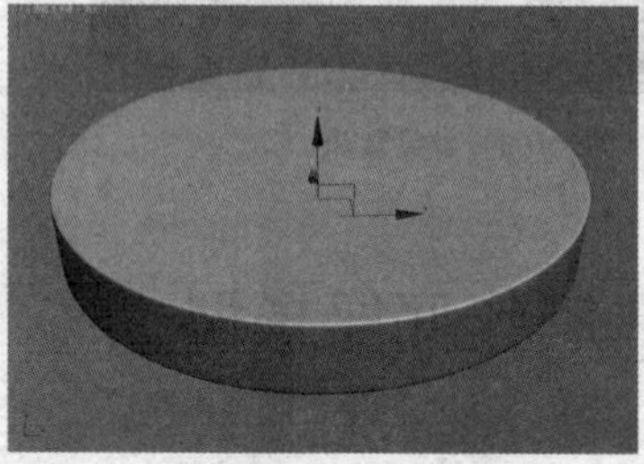

图 7.1.8　细分曲面效果

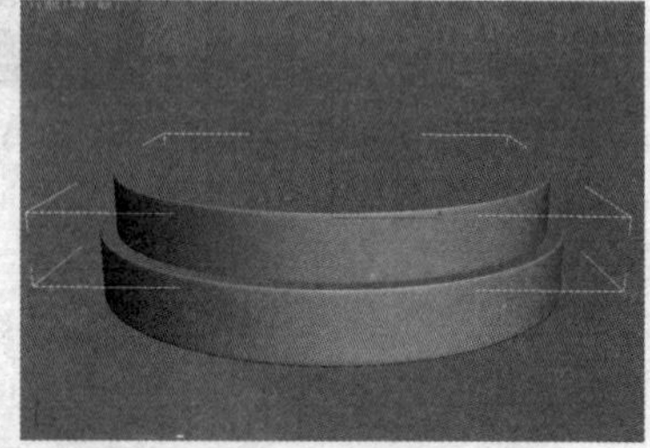

图 7.1.9　复制并缩放模型

提示 Tips

建立模型时，请使用较少的迭代次数和/或较低的“平滑度”值；渲染时，请使用较高的值。这样，可在视口中迅速处理低分辨率对象，同时生成更平滑的对象以供渲染。

（5）在创建命令面板的区域，选择 样条线 类型，单击 星形 按钮，在顶视图中创建一条星形曲线，如图 7.1.10 所示。

图 7.1.10　创建星形样条线

（6）在修改命令面板的修改器列表下拉菜单中选择挤出选项，给曲线添加一个挤出修改器，设置修改器参数如图 7.1.11 所示，挤出效果如图 7.1.12 所示。

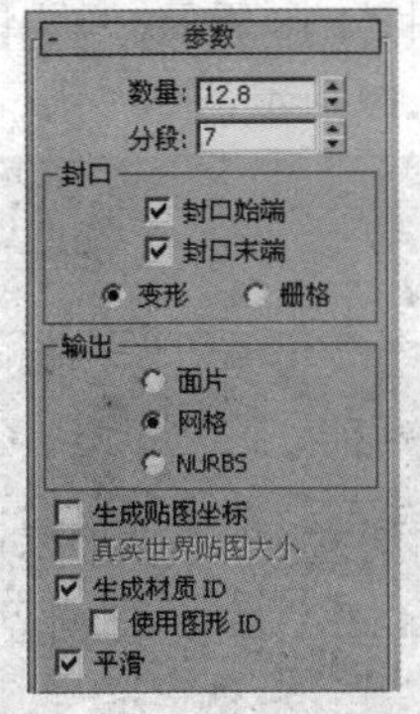


图 7.1.11　设置挤出参数

图 7.1.12　挤出效果

（7）单击鼠标右键，将挤出的模型转换为可编辑多边形，给制作好的模型指定一个默认的材质。选择如图 7.1.13 所示的面，按 Delete 键删除。选择如图 7.1.14 所示的边，单击切角后面的小按钮，在弹出的切角对话框中设置参数如图 7.1.15 所示，切角效果如图 7.1.16 所示。

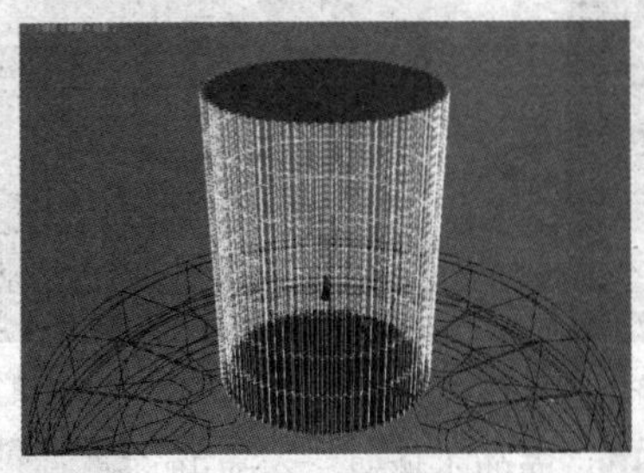

图 7.1.13　选择面

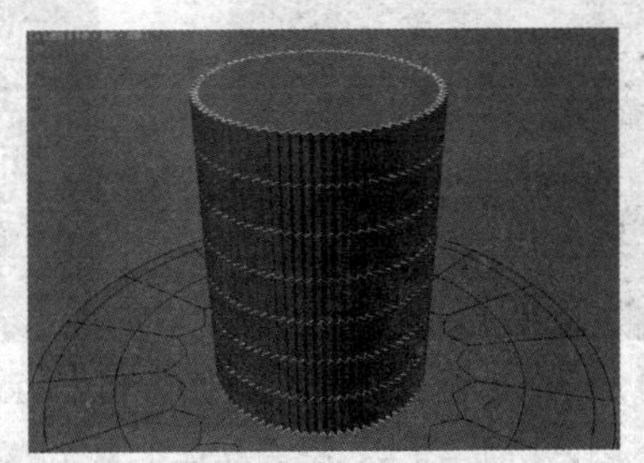

图 7.1.14　选择边

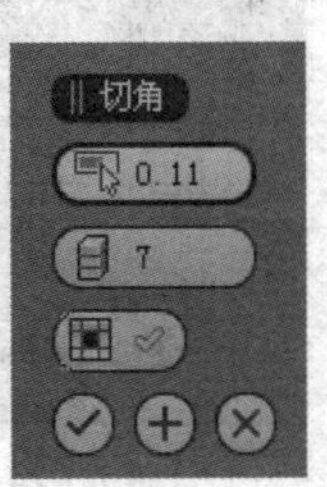


图 7.1.15　设置切角参数

图 7.1.16　切角效果

（8）在修改命令面板的 修改器列表 下拉菜单中选择 FFD 4x4x4 选项，给曲线添加一个形变修改器，通过调节模型上的控制点来调节模型的形状，效果如图 7.1.17 所示。

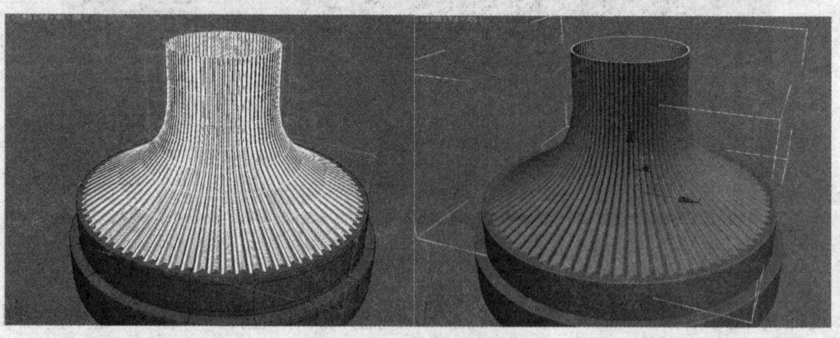

图 7.1.17 形变效果

（9）单击 管状体 按钮，在顶视图中创建一个管状体，如图 7.1.18 所示。单击鼠标右键，将管状体转换为可编辑多边形。在模型上添加细分曲线，效果如图 7.1.19 所示。

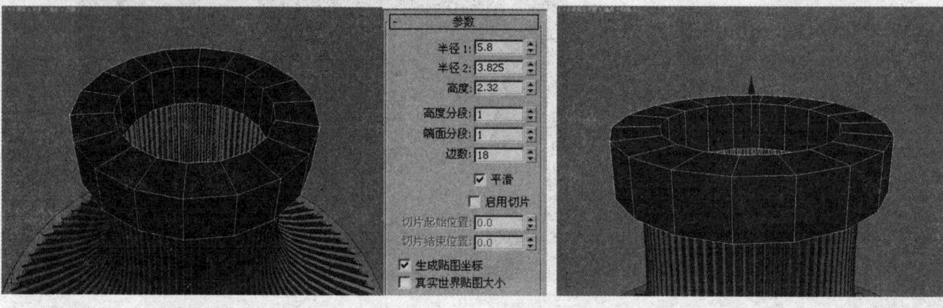


图 7.1.18 创建管状体

（10）选择如图 7.1.19 所示的面，单击 挤出 后面的小按钮，在弹出的 挤出多边形 对话框中设置参数如图 7.1.20 所示，挤出效果如图 7.1.21 所示。

图 7.1.19 添加细分曲线

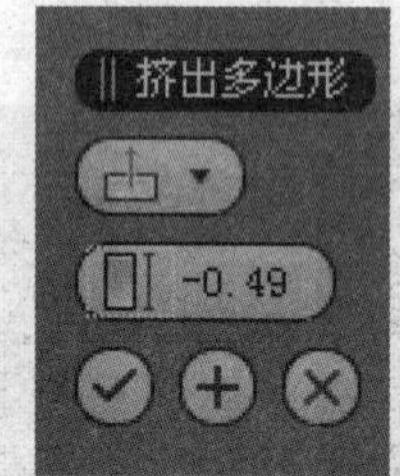


图 7.1.20 设置挤出参数

图 7.1.21 挤出效果

（11）选择如图 7.1.22 所示的边，单击 切角 后面的小按钮，在弹出的 切角 对话框中设置参数如图 7.1.23 所示，切角效果如图 7.1.24 所示。

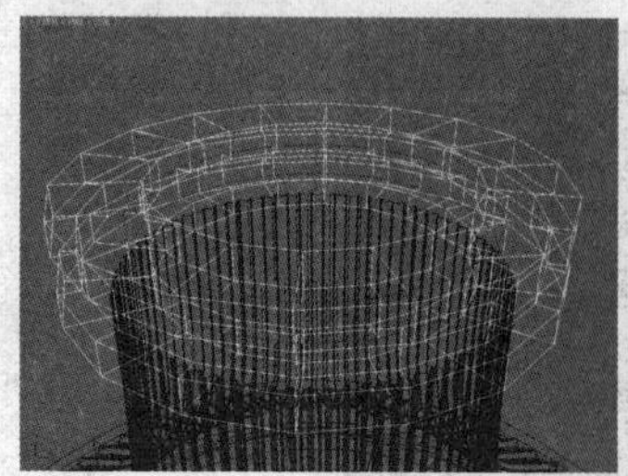

图 7.1.22 选择边

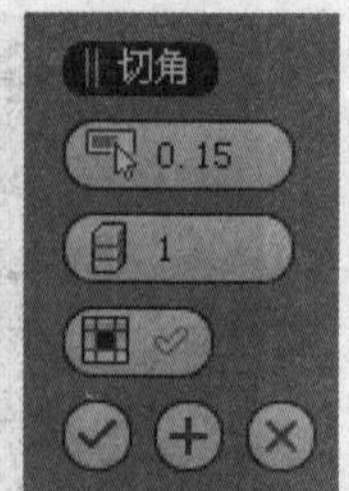


图 7.1.23 设置切角参数

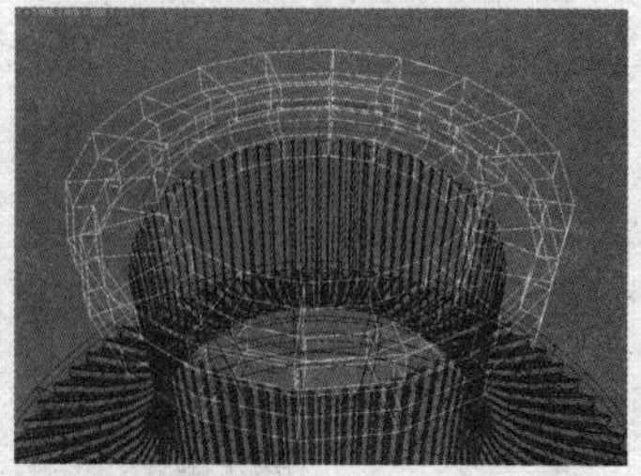

图 7.1.24 切角效果

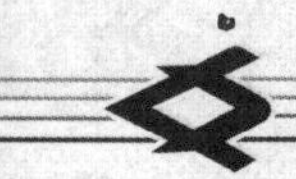

（12）在模型上添加细分曲线，效果如图 7.1.25 所示，细分曲面效果如图 7.1.26 所示。

至此，台灯的底座模型制作完成，效果如图 7.1.27 所示。

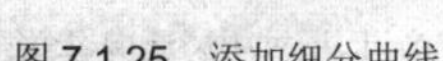
图 7.1.25　添加细分曲线

图 7.1.26　细分曲面效果

图 7.1.27　底座模型效果



## 7.2　制作灯体模型

在本节中制作台灯的灯体模型，在制作过程中主要用到了路径复制命令来制作灯体上的球体造型。

（1）单击 球体 按钮，在顶视图中创建一个球体模型，命名为“Sphere01”，如图 7.2.1 所示。单击鼠标右键，将球体模型转换为可编辑多边形。选择如图 7.2.2 所示的面，按 Delete 键删除，效果如图 7.2.3 所示。

（2）对球体模型进行缩放操作，效果如图 7.2.4 所示。

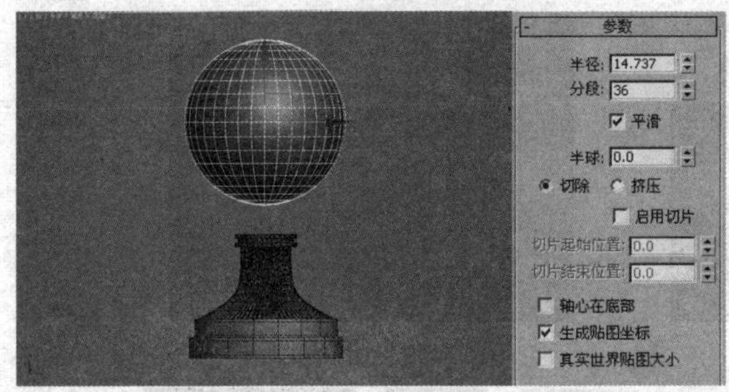

图 7.2.1　创建球体

图 7.2.2　选择面

图 7.2.3　删除面效果

图 7.2.4　缩放效果

（3）单击 球体 按钮，在顶视图中创建一个球体模型，命名为“装饰珠”，如图 7.2.5 所示。

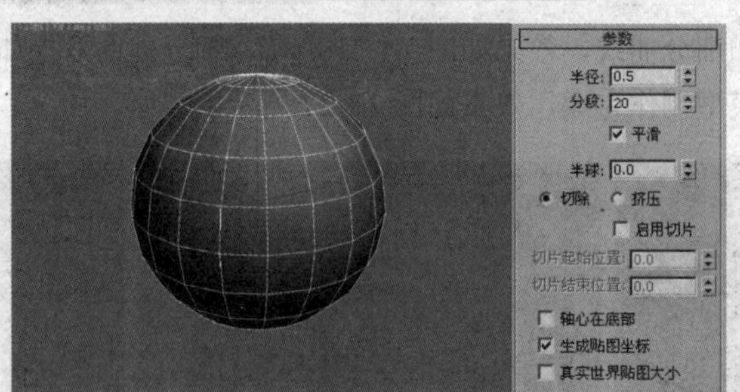


图 7.2.5　创建球体

（4）切换到点级别，单击 切割 按钮，在球体模型上切割细分曲线，如图 7.2.6 所示。选择如图 7.2.7 所示的边，在修改命令面板的 编辑边 卷展栏中单击 利用所选内容创建图形 按钮，在弹出的 创建图形 对话框中选择“线性”，命名如图 7.2.8 所示，创建的图形如图 7.2.9 所示。

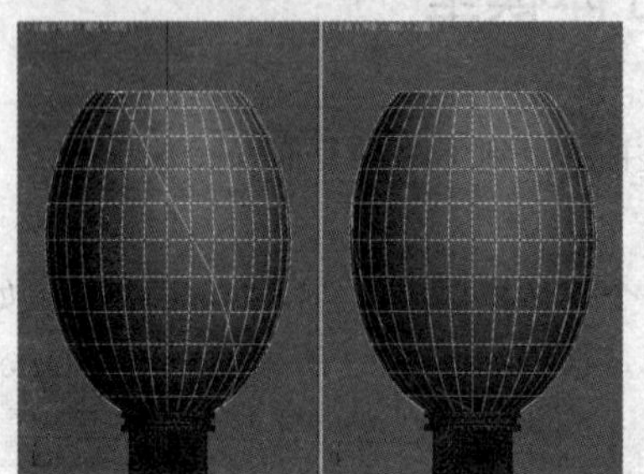

图 7.2.6　切割细分曲线

图 7.2.7　选择边

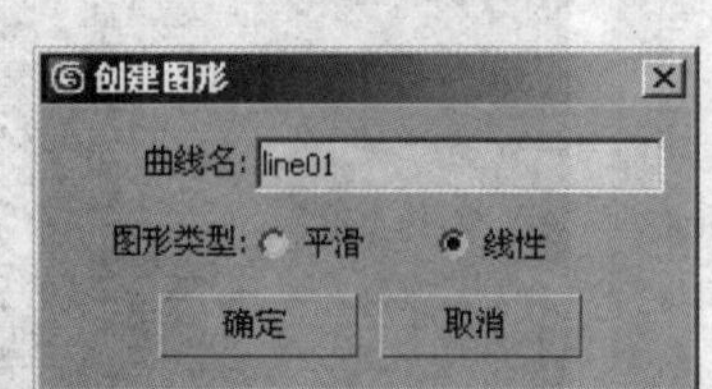


图 7.2.8　对曲线命名

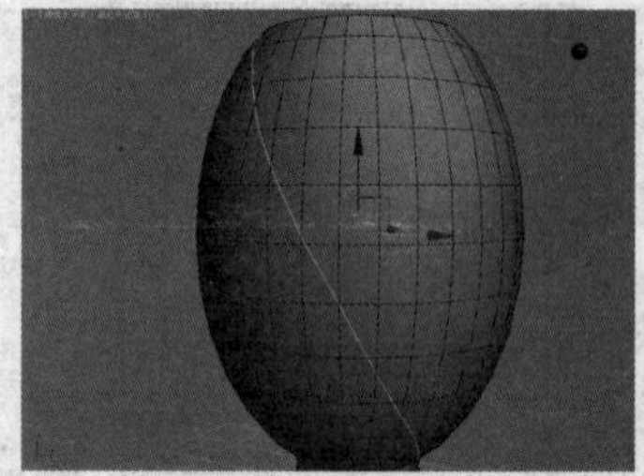

图 7.2.9　创建的图形

（5）选择“装饰球”模型，在菜单栏中选择 工具(T) → 对齐 → 间隔工具(I)... 命令，在弹出的 间隔工具 对话框中单击 拾取路径 按钮，在视图中拾取“line01”样条线，设置参数如图 7.2.10 所示，路径复制效果如图 7.2.11 所示。

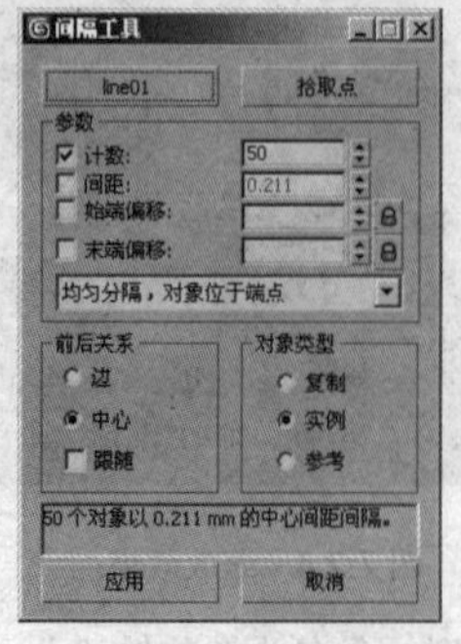


图 7.2.10　设置“间隔工具”参数

图 7.2.11　路径复制效果

Tips

在使用间隔工具时，可以使用包含多个样条线的复合图形作为分布对象的样条线路径。在创建图形之前，请先禁用“创建”面板上的“开始新图形”，然后再创建图形。3DS MAX 可将每个样条线添加到当前图形中，直至用户重新启用“开始新图形”。如果选择复合图形以便间隔工具可以将它用做路径，则对象会沿复合图形的所有样条线进行分布。例如，沿着单独样条线定义的路径为灯光标准设置间隔时，可能会发现此技术非常有用。

（6）选择如图 7.2.12 所示的球体模型，对其进行以球体“Sphere01”为轴心的旋转复制，效果如图 7.2.13 所示。选择如图 7.2.14 所示的球体模型，在工具栏上单击按钮，在弹出的镜像: 屏幕 坐标对话框中设置参数如图 7.2.15 所示，镜像复制效果如图 7.2.16 所示。

图 7.2.12　选择球体模型

图 7.2.13　旋转复制效果

图 7.2.14　选择模型

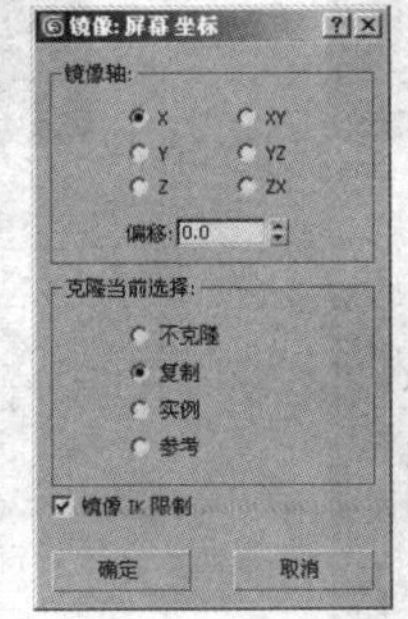


图 7.2.15　设置镜像参数

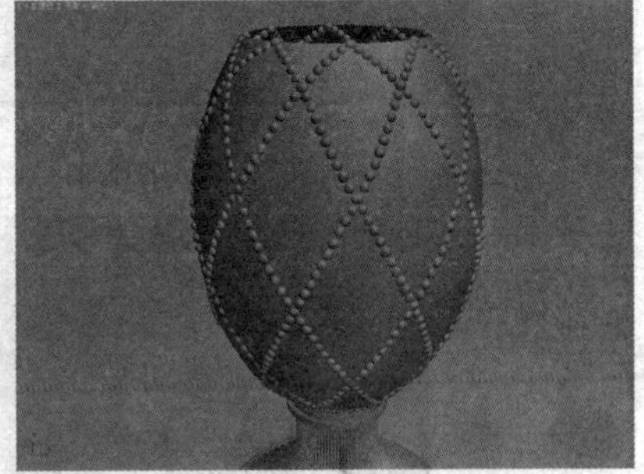

图 7.2.16　镜像复制效果

（7）选择如图 7.2.17 所示的模型，进行复制操作，如图 7.2.18 所示，对复制得到的模型进行缩放操作，效果如图 7.2.19 所示。

（8）制作灯体两旁的手提模型。单击 线 按钮，在前视图中创建一条闭合样条线，如图 7.2.20 所示。在修改命令面板的 修改器列表 下拉列表中选择 倒角 选项，给闭合曲线添加一个倒角修改器，设置修改器参数如图 7.2.21 所示，倒角效果如图 7.2.22 所示。

图 7.2.17　选择模型

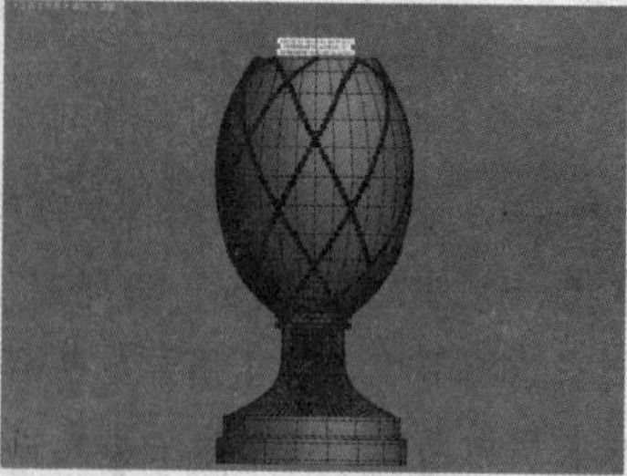

图 7.2.18　复制模型

图 7.2.19　缩放模型

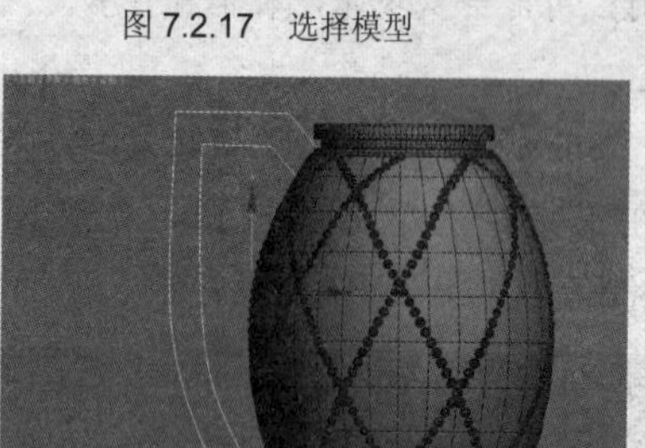

图 7.2.20　创建闭合样条线

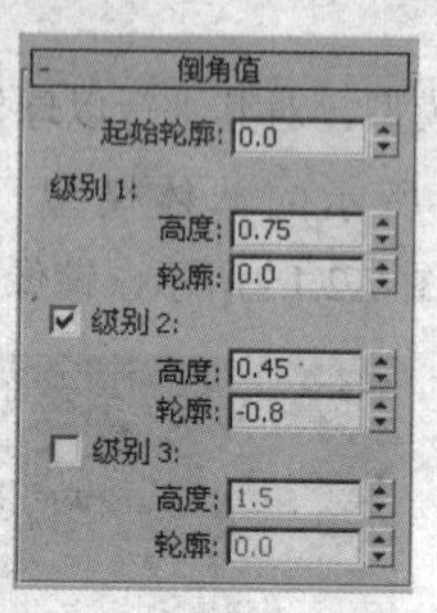


图 7.2.21　设置倒角参数

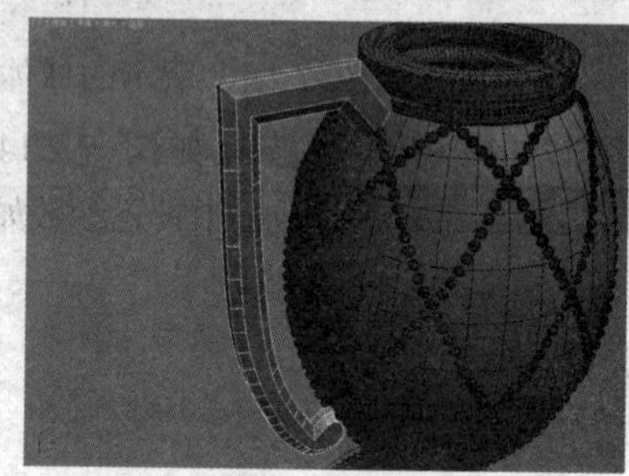

图 7.2.22　倒角效果

（9）单击鼠标右键，将倒角模型转换为可编辑多边形。选择如图 7.2.23 所示的面，按 Delete 键删除。对倒角后的模型进行镜像复制，如图 7.2.24 所示。单击 附加 按钮，将手提模型进行附加。选择如图 7.2.25 所示的节点，单击 焊接 后面的小按钮，在弹出的 焊接顶点 对话框中设置参数如图 7.2.26 所示，这样，相邻的节点就被焊接到一起了。

图 7.2.23　选择面

图 7.2.24　镜像复制模型

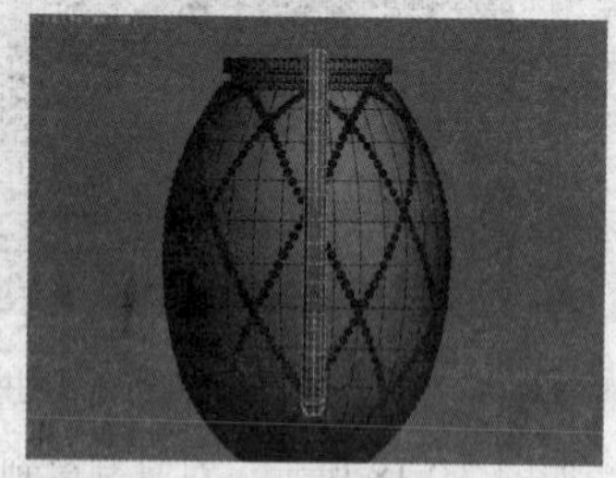

图 7.2.25　选择节点

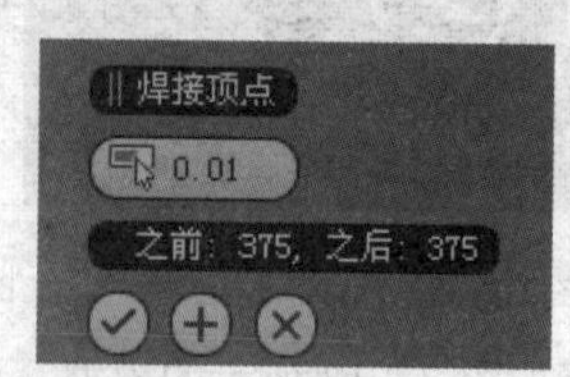


图 7.2.26　设置焊接顶点参数

（10）对制作的手提模型进行镜像复制操作，效果如图 7.2.27 所示。

（11）按照制作底座的方法，制作出灯体的附件，效果如图 7.2.28 所示。

图 7.2.27　镜像复制效果

图 7.2.28　制作灯体附件



至此，灯体模型制作完成。

## 7.3　制作灯泡模型

在这一小节中制作灯泡和灯座模型，用到的建模方法主要是车削操作。

（1）在创建命令面板的区域，选择样条线类型，单击线按钮，在前视图中创建一条样条线，如图 7.3.1 所示。

（2）在修改命令面板的修改器列表下拉列表中选择车削选项，给曲线添加一个车削修改器，效果如图 7.3.2 所示。在修改命令面板的修改器列表下拉列表中选择网格平滑选项，给车削模型添加一个网格平滑修改器，效果如图 7.3.3 所示。

图 7.3.1　创建样条线

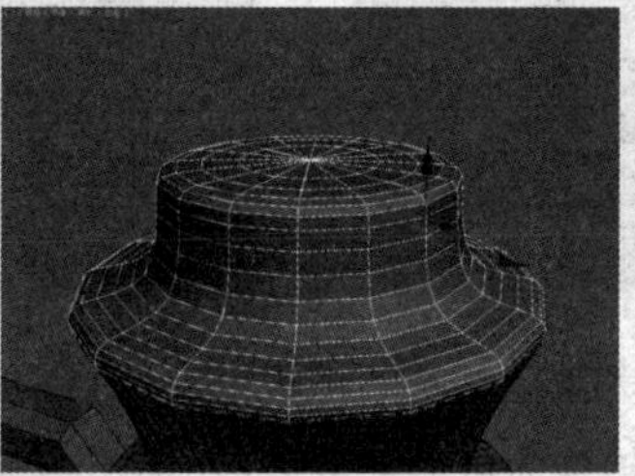

图 7.3.2　车削效果

图 7.3.3　网格平滑效果

（3）制作灯泡模型。单击线按钮，在前视图中创建一条样条线，如图 7.3.4 所示。

（4）在修改命令面板的修改器列表下拉列表中选择车削选项，给曲线添加一个车削修改器，效果如图 7.3.5 所示。

图 7.3.4　创建样条线

图 7.3.5　车削效果

## 7.4 制作灯罩模型

在本节中制作灯罩模型。

（1）在创建命令面板的区域，选择样条线类型，单击圆按钮，在顶视图中创建一个圆，如图 7.4.1 所示。对创建的圆进行缩放操作，效果如图 7.4.2 所示。

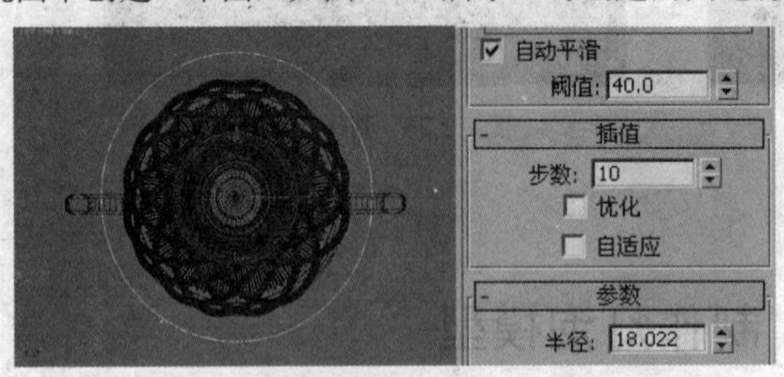

图 7.4.1 创建圆

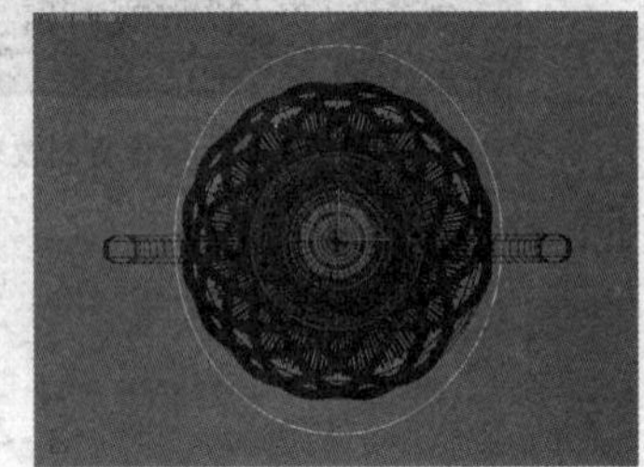
图 7.4.2 缩放圆

（2）单击矩形按钮，在顶视图中创建一个矩形，如图 7.4.3 所示。对创建的矩形进行复制操作，如图 7.4.4 所示。

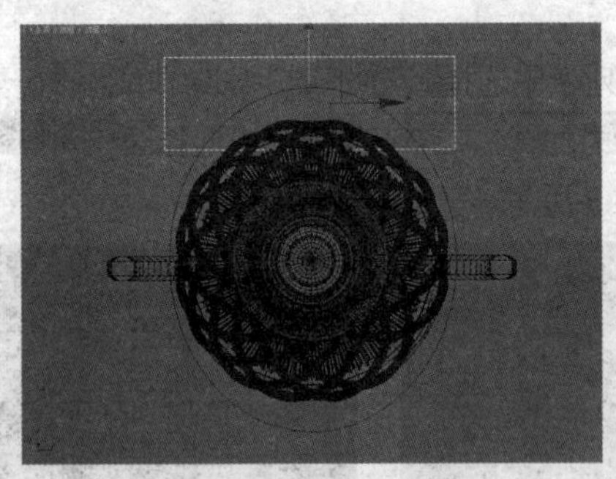
图 7.4.3 创建矩形

图 7.4.4 复制矩形

（3）单击鼠标右键，将矩形转换为可编辑多边形，单击附加按钮，将三条样条线附加在一起，如图 7.4.5 所示。选择样条线，切换到样条线级别，单击布尔后面的按钮，使布尔运算处于差集状态，选择圆形样条线，单击布尔按钮，在视图中以此拾取两个矩形样条线，进行二维曲线的布尔运算，效果如图 7.4.6 所示。

图 7.4.5 附加样条线

图 7.4.6 布尔效果

（4）选择如图 7.4.7 所示的节点，单击圆角按钮，对节点进行圆角操作，效果如图 7.4.8 所示。

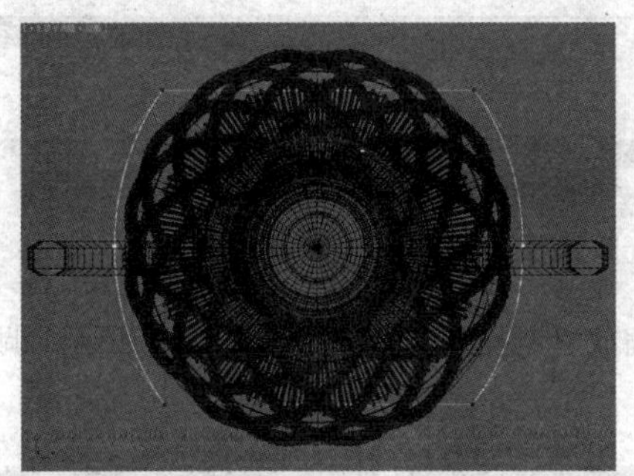
图 7.4.7　选择节点

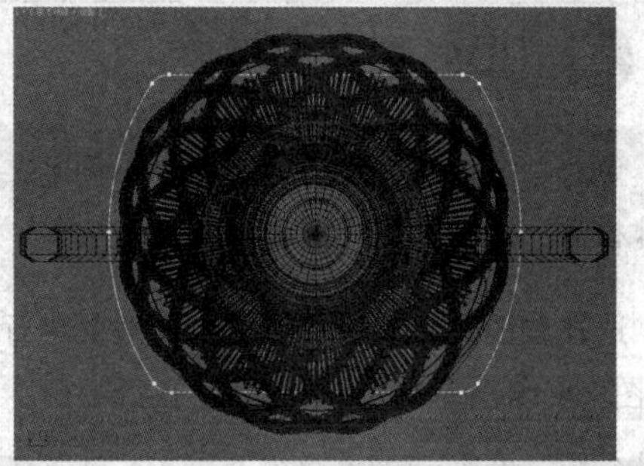
图 7.4.8　圆角效果

（5）对样条线进行复制，并对复制的曲线进行缩放操作，效果如图 7.4.9 所示。单击「附加」按钮，将复制的样条线进行附加操作，效果如图 7.4.10 所示。

图 7.4.9　复制并调节样条线

图 7.4.10　附加样条线

（6）切换到样条线级别，单击「横截面」按钮，进行创建面的操作，效果如图 7.4.11 所示，单击鼠标右键，将模型转换为可编辑多边形，效果如图 7.4.12 所示。

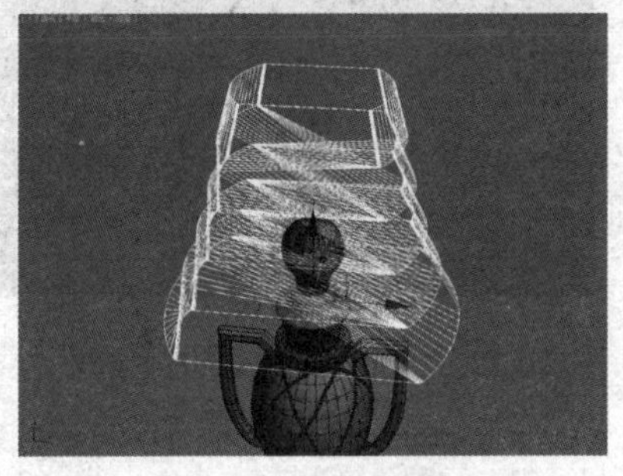
图 7.4.11　横截面效果

图 7.4.12　转换为可编辑多边形

（7）切换到点级别，单击「连接」按钮，连接对应的节点，效果如图 7.4.13 所示。选择如图 7.4.14 所示的边界，单击「桥」按钮，进行桥接操作，效果如图 7.4.15 所示。

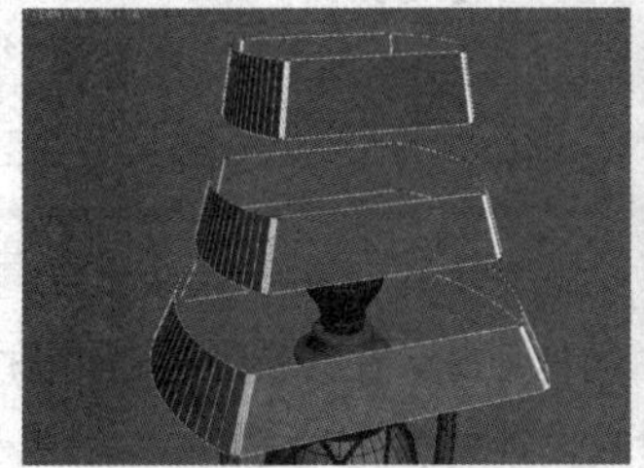
图 7.4.13　连接节点

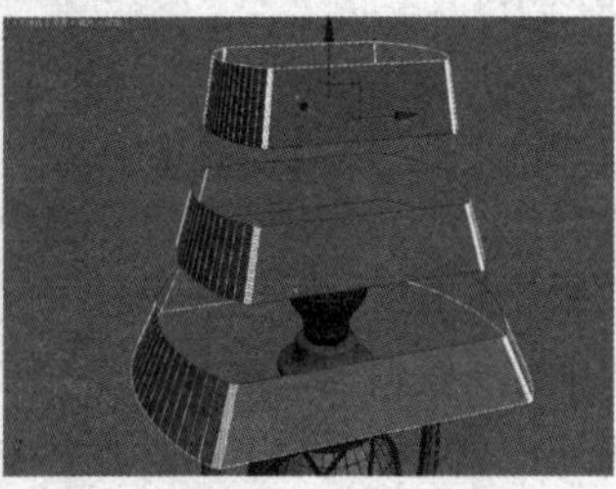
图 7.4.14　选择边界

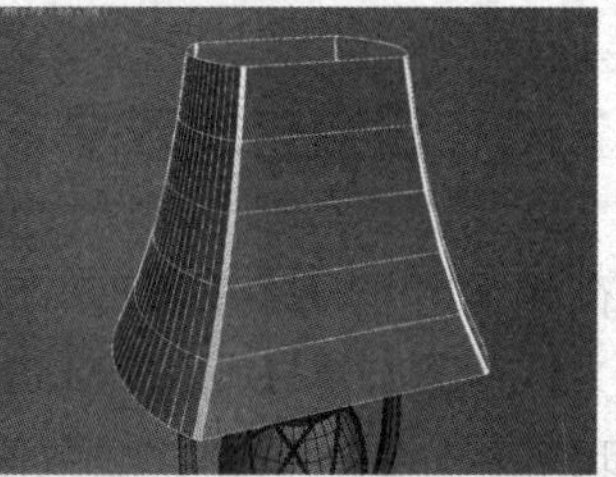
图 7.4.15　桥接效果

 Tips

使用“桥”时，始终可以在边之间建立直线连接。要沿着某种轮廓建立桥连接，请在创建桥后，根据需要应用建模工具。例如，桥接两个边，然后使用混合。

（8）选择如图 7.4.16 所示的边界，对其进行缩放复制操作，效果如图 7.4.17 所示。调节模型上的边到如图 7.4.18 所示的位置。

图 7.4.16　选择边界

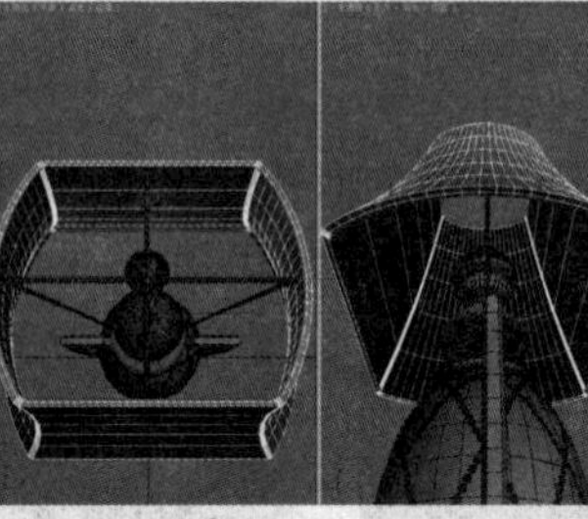

图 7.4.17　复制效果

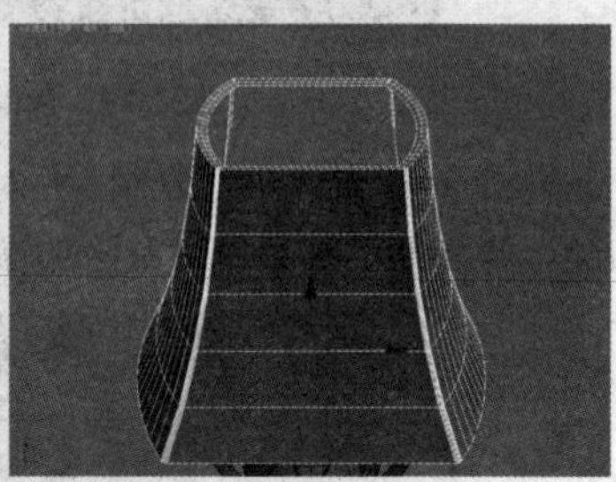

图 7.4.18　调节边

（9）继续使用多边形建模的方法，制作出灯罩的其余模型，效果如图 7.4.19 所示。

至此，台灯模型制作完成，效果如图 7.4.20 所示。

图 7.4.19　制作灯罩剩余模型

图 7.4.20　台灯模型效果

## 7.5　设置材质、灯光效果

在本节中设置台灯的材质和灯光效果。

### 7.5.1　设置材质效果

在这一小节中设置台灯的材质效果。

（1）设置灯罩材质。按 M 键打开材质编辑器，选择一个空白的材质球，在漫反射通道中添加一张纹理贴图，设置自发光颜色数值为 40，不透明度为 85，具体参数设置如图 7.5.1 所示。

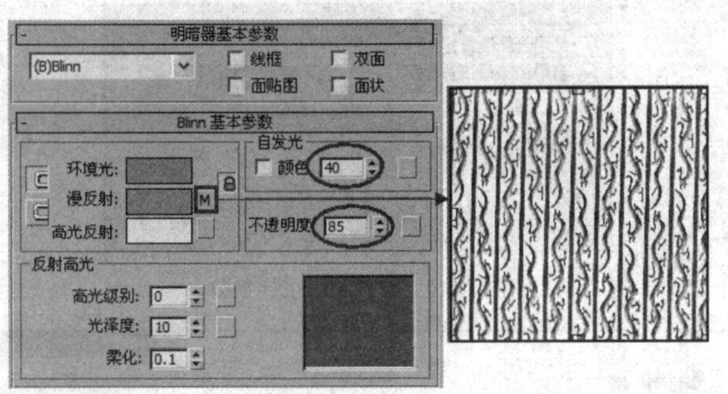

图 7.5.1　设置灯罩材质参数

（2）设置灯泡材质。打开材质编辑器，选择一个空白的材质球，设置漫反射颜色为橘黄色，自发光颜色数值为 100，如图 7.5.2 所示。

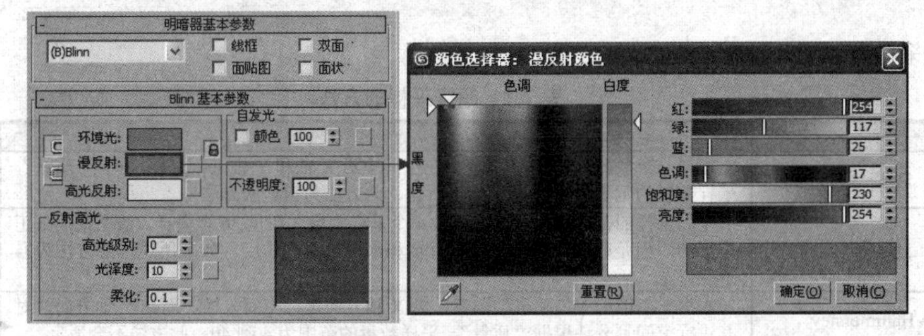

图 7.5.2　设置灯泡材质参数

（3）设置蓝色金属材质。按 M 键打开材质编辑器，选择一个空白的材质球，设置明暗器类型为 (ML)多层 方式；激活 双面 复选框。在漫反射通道中添加一个衰减贴图，在颜色 1 通道中添加一个噪波贴图；单击按钮返回上一层级，设置第一高光反射层颜色为浅黄色，设置第二高光反射层颜色为浅蓝色，具体参数设置如图 7.5.3 所示。

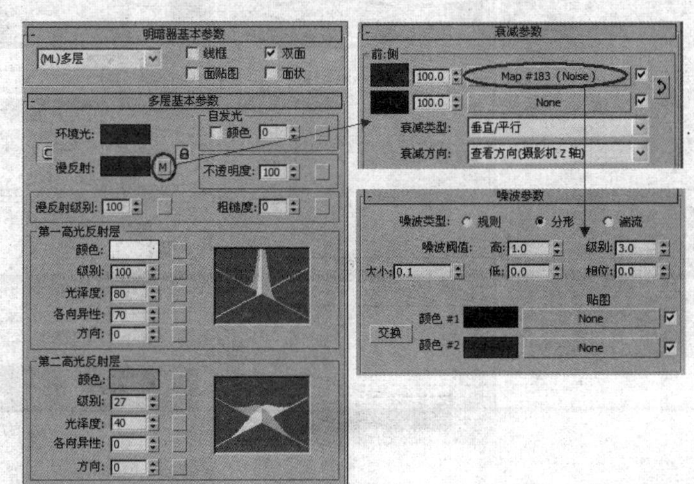

图 7.5.3　设置漫反射参数

（4）继续设置蓝色金属材质。打开 超级采样 卷展栏，取消 使用全局设置 复选框，设置参数如图 7.5.4 所示。

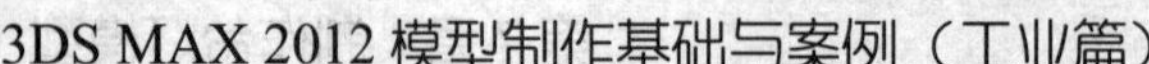


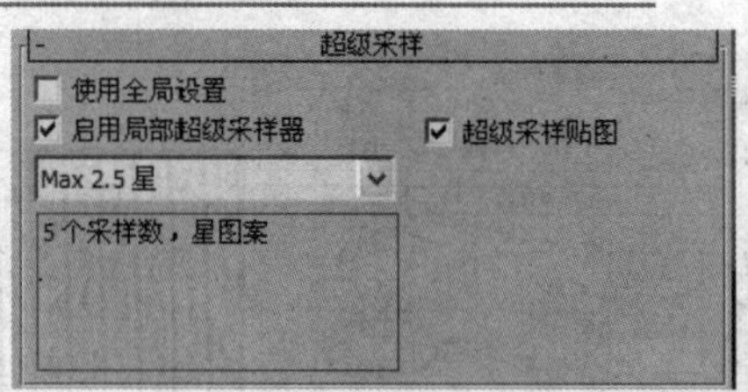


图 7.5.4　设置超级采样参数

mental ray 渲染器忽略“超级采样”设置，它有自己的采样方法。此外，如果在“默认扫描线渲染器”卷展栏上关闭“抗锯齿”，超级采样将无法进行。此卷展栏也可以用于对所有材质全局禁用超级采样，从而可以提高测试渲染的速度。

超级采样有以下几种方法，如表 7.1 所示。

**表 7.1　超级采样的方法**

| 名　称 | 说　明 |
| --- | --- |
| 自适应 Halton | 根据一个散射“拟随机”图案，在空间中沿 X 轴和 Y 轴进行采样。根据“质量”，采样数量的范围为 4 到 40。如下所述，此方法为自适应方法 |
| 自适应均匀 | 空间采样的范围通常从最小质量 4 个采样到最大质量 36 个采样。该图案不是正方形的，而是略微倾斜以提高垂直轴和水平轴上的精度。如下所述，此方法为自适应方法 |
| Hammersley | 根据一个散射“拟随机”图案，沿 X 轴方向进行空间采样，而在 Y 轴方向，对其进行空间划分。根据“质量”，采样数量的范围为 4 到 40。此方法不合适 |
| MAX 2.5 星 | 像素中心的采样是对它周围的四个采样取平均值。此图案就像一个有五个采样点的小方块。在 3DS MAX 2.5 中常使用此超级采样方法 |

（5）打开 贴图 卷展栏，在反射通道中添加一个衰减贴图，在颜色 1 通道中添加一个衰减贴图，在颜色 2 通道中添加一个渐变坡度贴图，具体参数设置如图 7.5.5 所示。

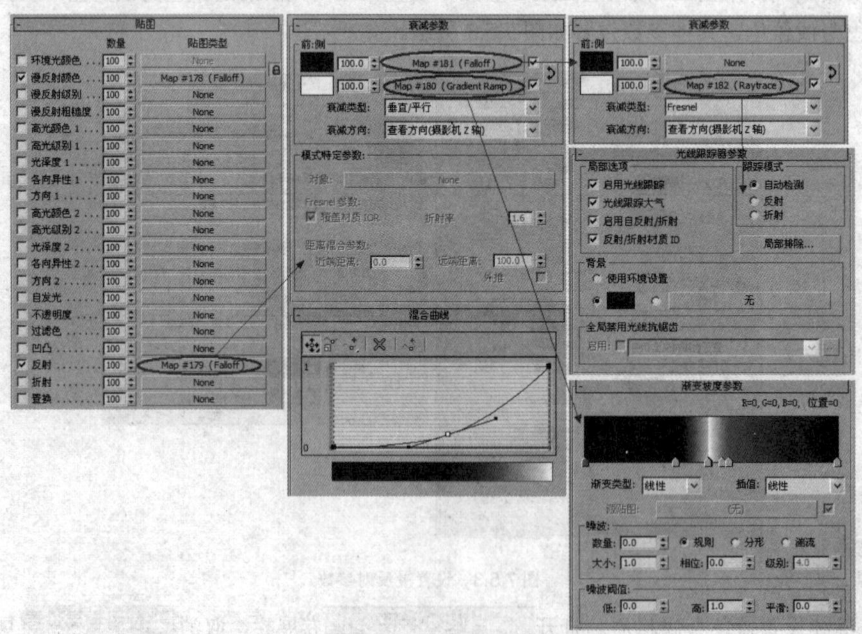


图 7.5.5　设置反射参数

### 7.5.3　设置灯光效果

在这一小节中设置台灯的灯光效果。

（1）设置台灯的自身灯光效果。在创建命令面板的区域，选择标准类型，单击泛光灯按钮，在顶视图中创建一盏泛光灯，如图 7.5.6 所示。

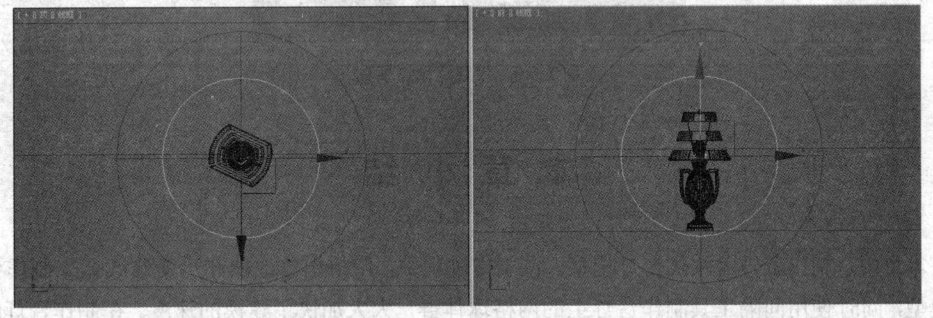

图 7.5.6　创建泛光灯

（2）在修改命令面板中设置泛光灯参数如图 7.5.7 所示。

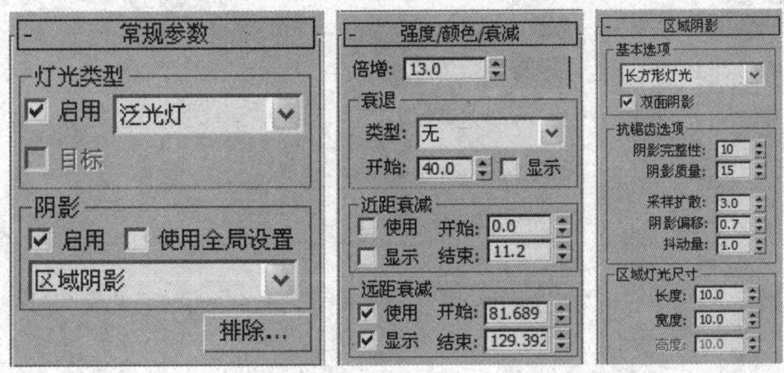


图 7.5.7　设置泛光灯参数

（3）设置环境灯光效果。单击泛光灯按钮，继续在顶视图中创建一盏泛光灯，如图 7.5.8 所示。

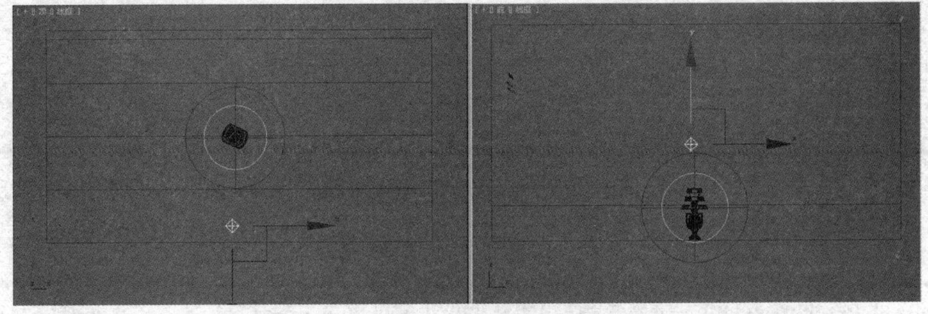

图 7.5.8　创建泛光灯

（4）在修改命令面板中设置泛光灯参数如图 7.5.9 所示。

（5）将设置好的材质指定给台灯模型。按 F9 键对台灯进行渲染，效果如图 7.0.1 所示。

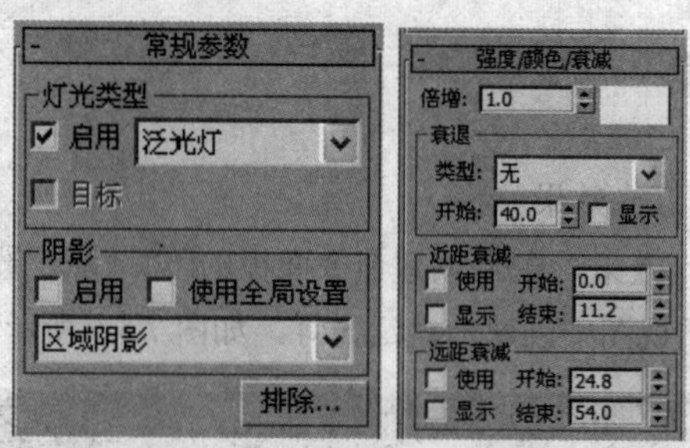


图 7.5.9　设置泛光灯参数

# 本 章 小 结

在本章中，制作了一盏欧式台灯模型。在制作过程中，用挤出修改器和形变修改器来制作台灯的底座模型，同时使用间隔工具制作台灯上的网格球体群，大大加快了建模的速度。在制作台灯时，多边形建模方法也起到了关键性的作用，在以后的建模中，多边形建模是一切建模工作的基础，所以应该认真彻底地掌握。

# 第 8 章　制作家庭影院模型

家庭影院概括来说可以从两个概念去了解，这两个概念分别为“家庭影院标准”和“家庭环境中播放电影片中的播放系统”。人们常说的播放系统主要包括三大部分，分别为音视频播放机、AV 放大器和音箱系统，三者缺一不可。本章中，主要讲解制作家庭影院模型的方法。

## 本章知识重点

- 掌握扩展几何体建模方法。
- 掌握倒角、挤出工具的使用方法。
- 学习布尔运算的方法。
- 学习倒角修改器、车削修改器以及挤出修改器的使用方法。

在本章中，制作一个家庭影院模型，包括电视、电视柜、播放机和音箱系统模型，渲染效果如图 8.0.1 所示。

图 8.0.1　家庭影院模型渲染效果

## 8.1　制作电视柜模型

在本节中，制作一个电视柜模型。

（1）在创建命令面板的区域，选择扩展基本体类型，单击切角长方体按钮，在顶视图中创建一个切角长方体，如图 8.1.1 所示。

（2）对创建的切角长方体进行复制，同时调节切角长方体的参数如图 8.1.2 所示，此时模型效果如图 8.1.3 所示。

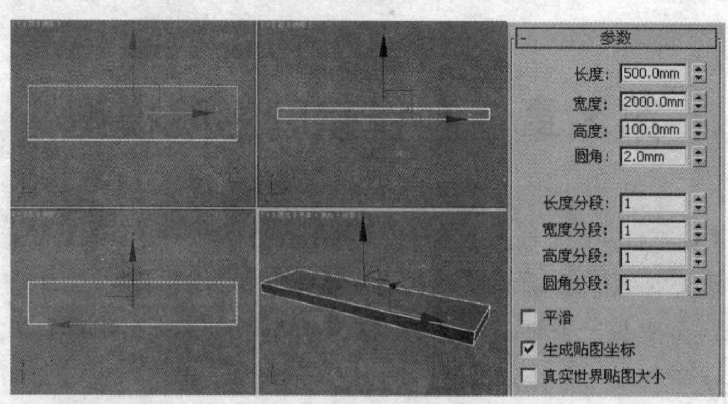


图 8.1.1　创建切角长方体

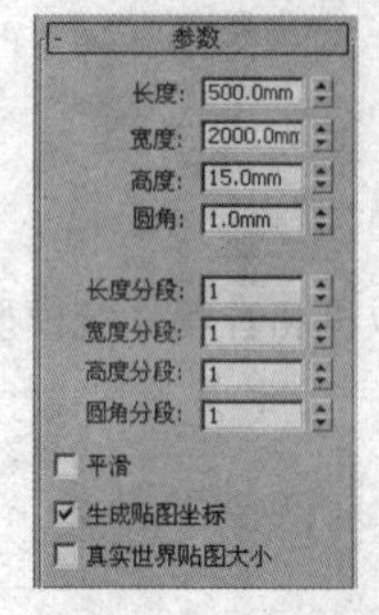


图 8.1.2　设置模型参数

图 8.1.3　模型效果

（3）在创建命令面板的区域，选择标准基本体类型，单击圆柱体按钮，在顶视图中创建一个圆柱体，如图 8.1.4 所示。对圆柱体进行复制，效果如图 8.1.5 所示。

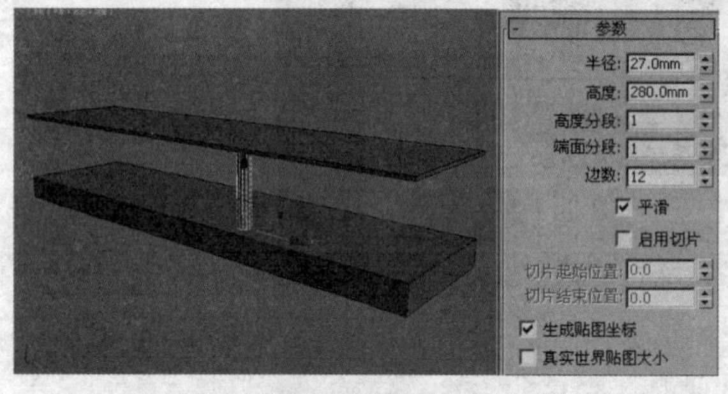


图 8.1.4　创建圆柱体

图 8.1.5　复制圆柱体

（4）对创建的圆柱体继续进行复制，同时对复制的圆柱体进行缩放操作，效果如图 8.1.6 所示。

（5）单击长方体按钮，在视图中创建一个长方体，如图 8.1.7 所示。

图 8.1.6　复制并缩放圆柱体

图 8.1.7　创建长方体

（6）对创建的切角圆柱体进行复制，并对复制的模型进行缩放操作，效果如图 8.1.8 所示。至此，电视柜模型制作完成，效果如图 8.1.9 所示。

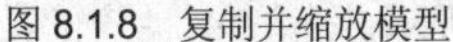

图 8.1.8　复制并缩放模型　　　图 8.1.9　电视柜模型

# 8.2　制作播放机模型

在本节中制作播放机模型，在制作过程中主要用到了倒角修改器命令。

（1）单击 切角长方体 按钮，在顶视图中创建一个切角长方体，如图 8.2.1 所示。

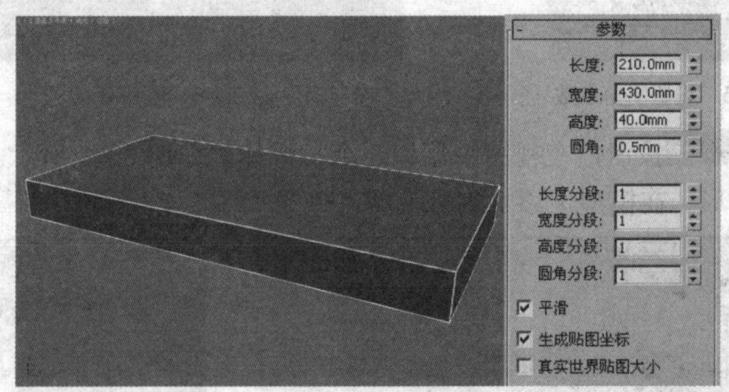


图 8.2.1　创建切角长方体

（2）在创建命令面板的区域，选择 样条线 类型，单击 矩形 按钮，在顶视图中创建一个矩形，如图 8.2.2 所示。

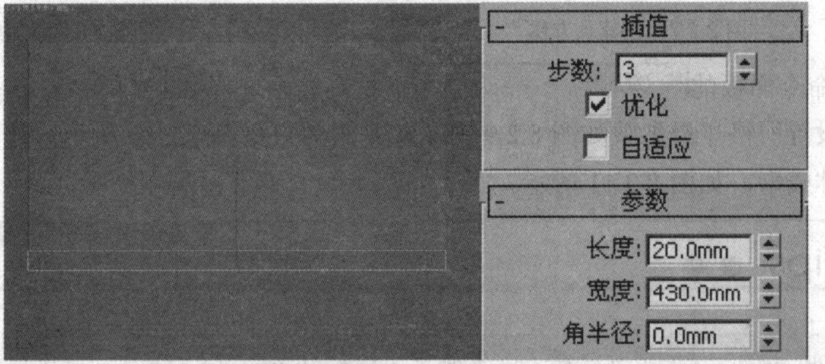


图 8.2.2　创建矩形

（3）单击鼠标右键，将矩形转换为可编辑样条线。选择如图 8.2.3 所示的节点，单击 圆角 按钮，对选择的节点进行圆角操作，效果如图 8.2.4 所示。

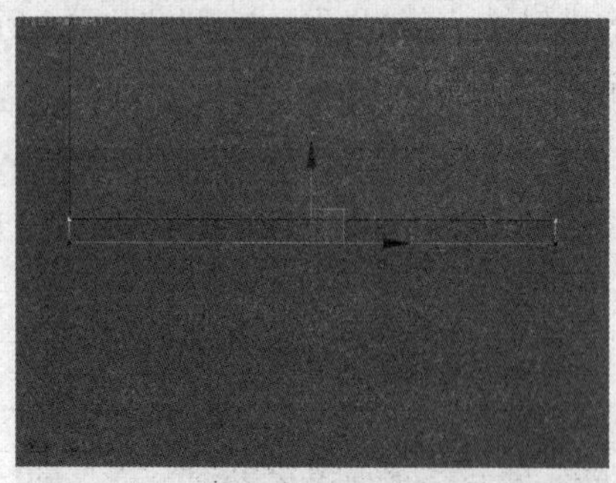

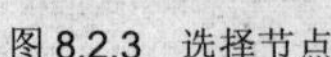

图 8.2.3　选择节点

图 8.2.4　圆角效果

（4）在修改命令面板的 修改器列表 下拉列表中选择 倒角 ，给样条线添加一个倒角修改器，设置倒角参数如图 8.2.5 所示，倒角效果如图 8.2.6 所示。

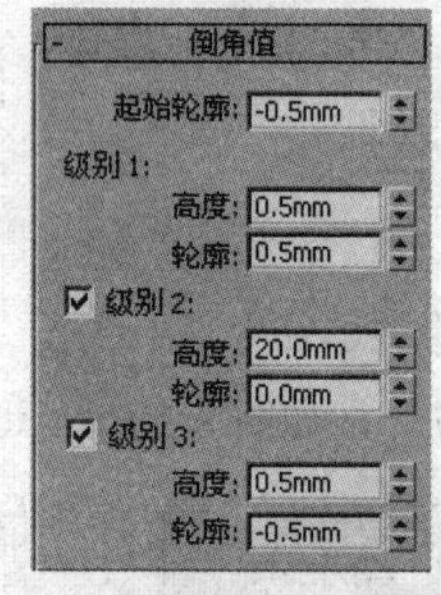


图 8.2.5　设置倒角参数

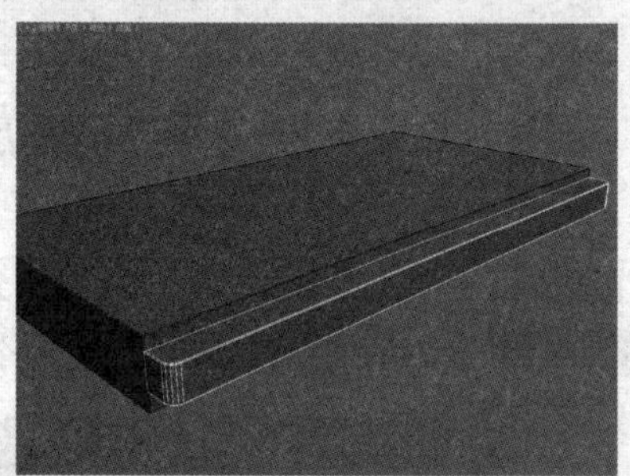

图 8.2.6　倒角效果

（5）单击 长方体 按钮，在视图中创建一个长方体，如图 8.2.7 所示。单击鼠标右键，将长方体转换为可编辑多边形。在模型上添加细分曲线，效果如图 8.2.8 所示。

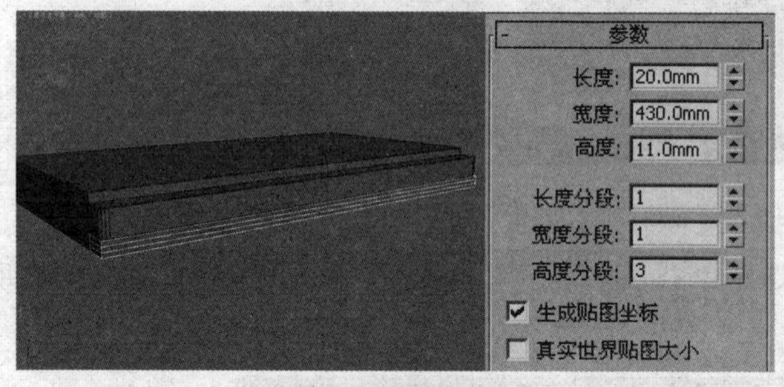


图 8.2.7　创建长方体

图 8.2.8　添加细分曲线

（6）在修改命令面板的 修改器列表 下拉列表中选择 网格平滑 ，给长方体添加一个网格平滑修改器，设置网格平滑参数如图 8.2.9 所示，平滑效果如图 8.2.10 所示。使用相同的方法，制作出上侧的长方体模型，如图 8.2.11 所示。

  Tips

为更好地了解“网格平滑”命令，请创建一个球体和一个立方体，然后对二者应用“网格平滑”命令。从而可以发现，立方体的锐角变得圆滑，而球体的几何体变得更复杂而不是明显改变图形。

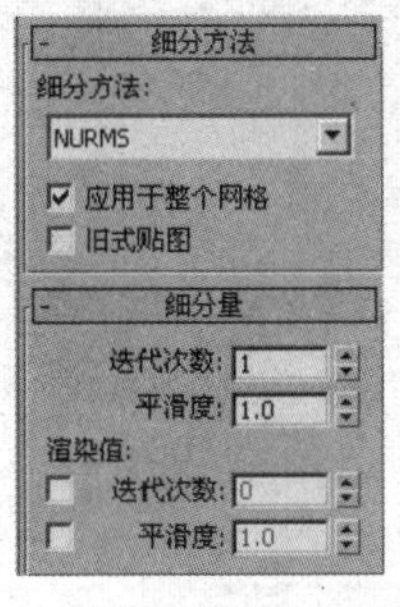


图 8.2.9　设置网格平滑参数

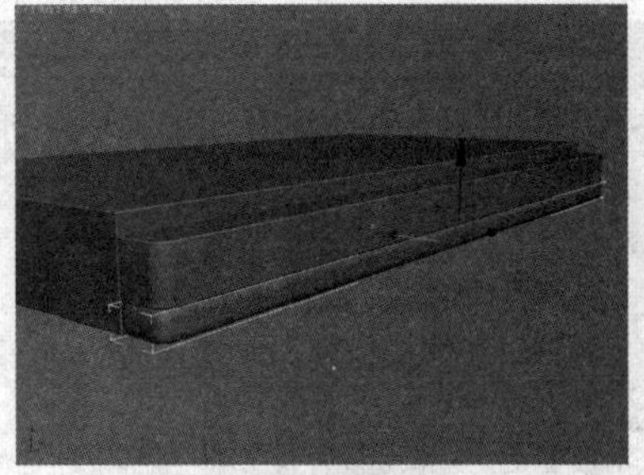

图 8.2.10　网格平滑效果

图 8.2.11　制作上侧平滑模型

（7）单击 切角圆柱体 按钮，在顶视图中创建一个切角圆柱体，如图 8.2.12 所示。对创建的切角圆柱体进行复制，效果如图 8.2.13 所示。

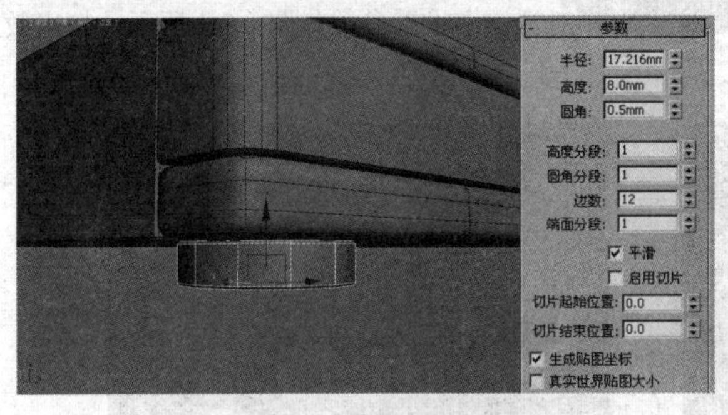

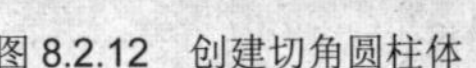

图 8.2.12　创建切角圆柱体

图 8.2.13　复制切角圆柱体

（8）使用类似的方法，制作出其他的播放机模型和功放模型，效果如图 8.2.14 所示。

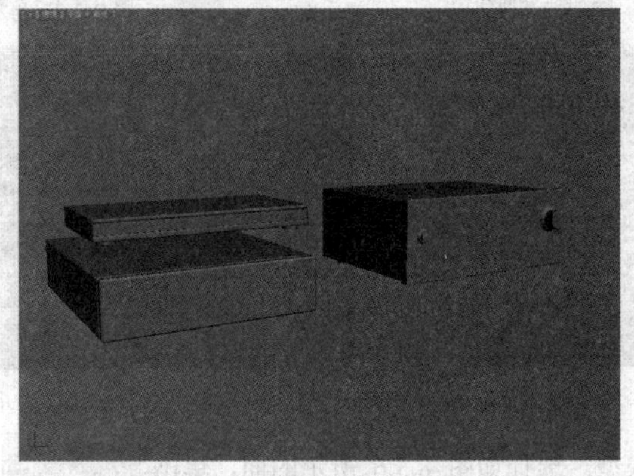

图 8.2.14　播放机和功放模型

## 8.3　制作电视模型

在本节中制作电视模型，在制作过程中用到了倒角修改器和挤出修改器。

（1）制作电视的边框模型。单击 切角长方体 按钮，在顶视图中创建一个切角长方体，如图 8.3.1 所示。单击鼠标右键，将模型转换为可编辑多边形。

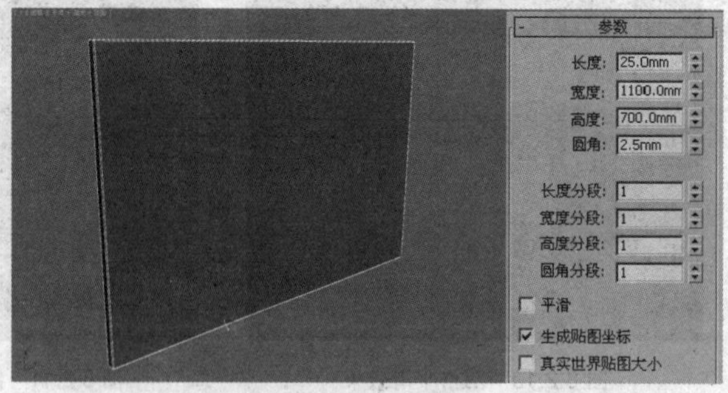


图 8.3.1　创建切角长方体

（2）制作屏幕模型。在模型上添加细分曲线，效果如图 8.3.2 所示。选择如图 8.3.3 所示的面，单击 挤出 后面的小按钮，在弹出的 挤出多边形 对话框中设置参数如图 8.3.4 所示，挤出效果如图 8.3.5 所示。

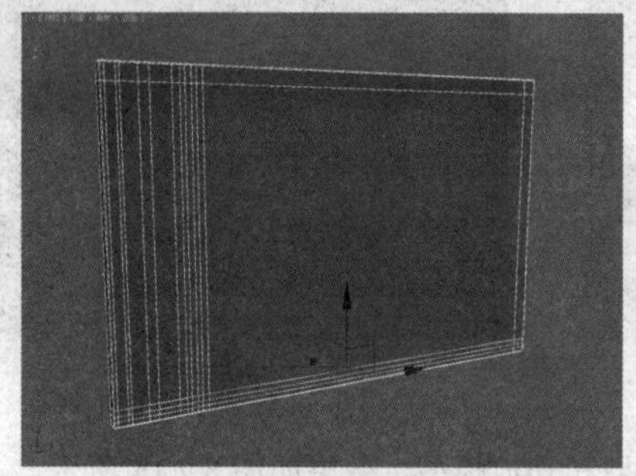

图 8.3.2　添加细分曲线

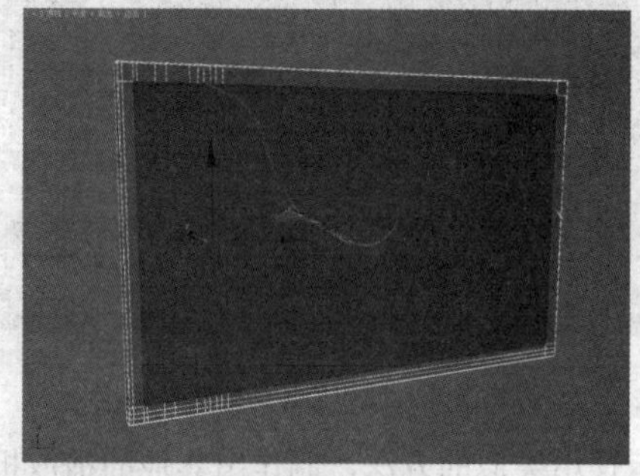

图 8.3.3　选择面

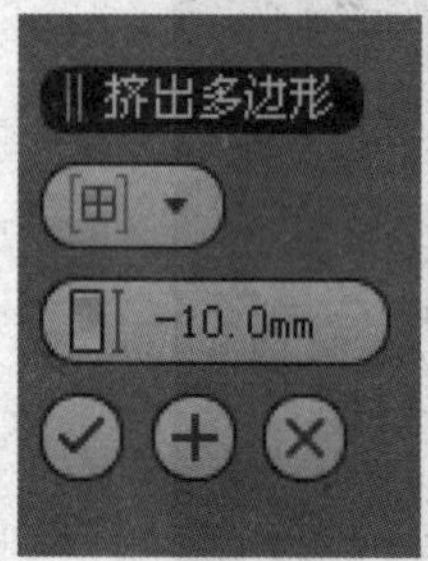


图 8.3.4　设置挤出参数

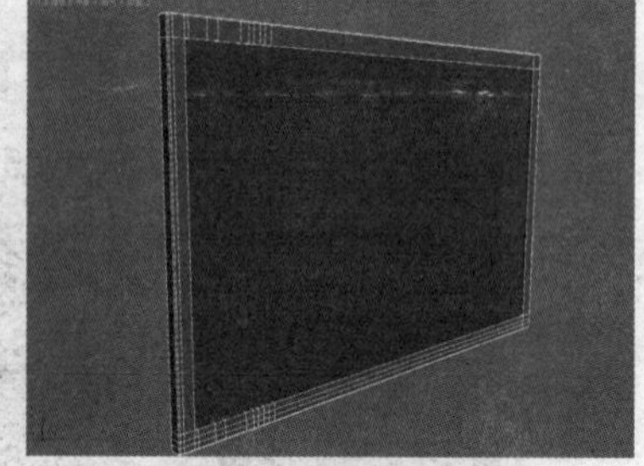

图 8.3.5　挤出效果

（3）制作电视按钮模型。选择如图 8.3.6 所示的面，单击 挤出 后面的小按钮，在弹出的 挤出多边形 对话框中设置参数如图 8.3.7 所示，挤出效果如图 8.3.8 所示。

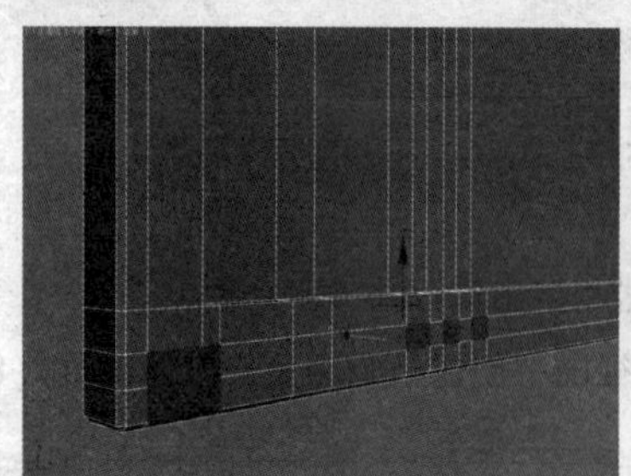

图 8.3.6　选择面

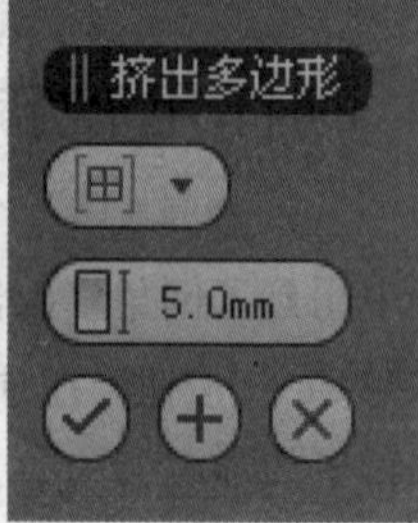


图 8.3.7　设置挤出参数

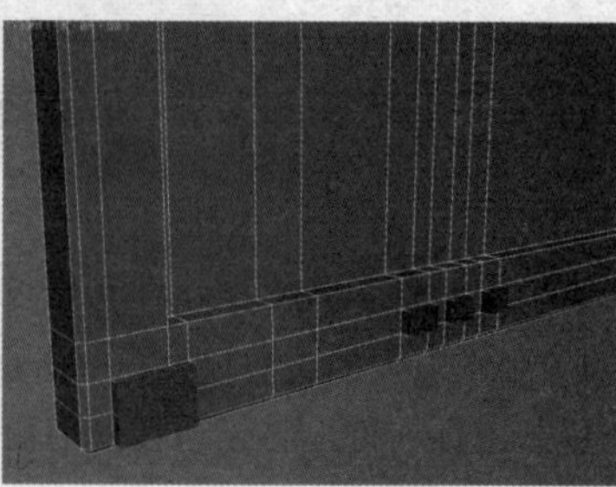

图 8.3.8　挤出效果

（4）制作电视的底座模型。在创建命令面板的区域，选择样条线类型，单击矩形按钮，在顶视图中创建一个矩形，如图 8.3.9 所示。单击鼠标右键，将样条线转换为可编辑样条线，调节节点到如图 8.3.10 所示的位置。

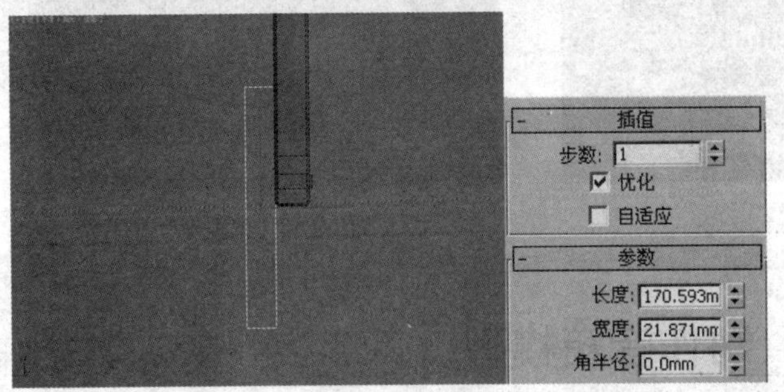


图 8.3.9　创建矩形

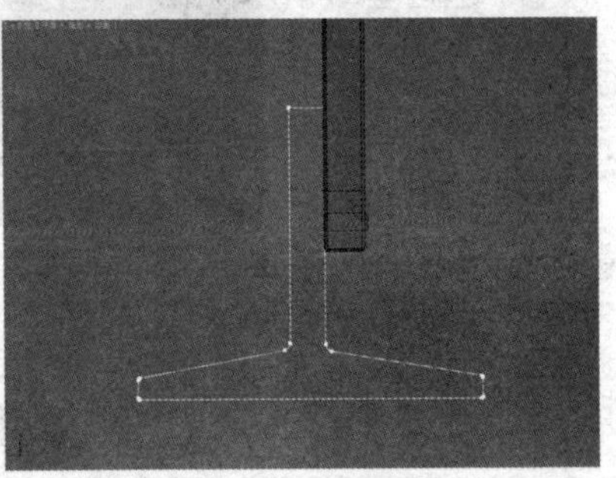

图 8.3.10　调节节点



（5）在修改命令面板的修改器列表下拉列表中选择倒角，给样条线添加一个倒角修改器，设置倒角参数如图 8.3.11 所示，倒角效果如图 8.3.12 所示。

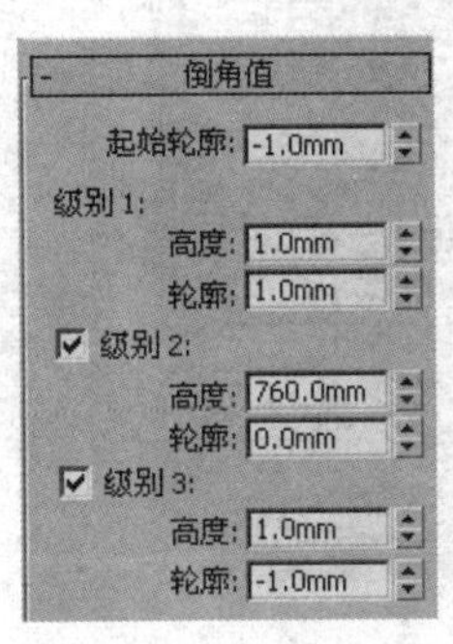

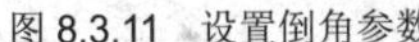

图 8.3.11　设置倒角参数

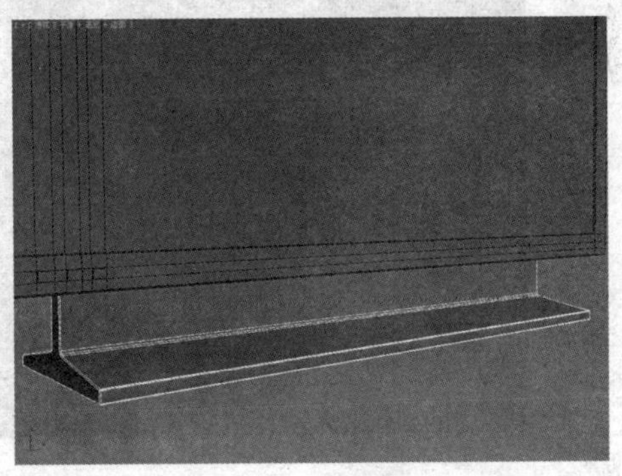

图 8.3.12　倒角效果

（6）制作电视标志模型。在创建命令面板的区域，选择样条线类型，单击文本按钮，在前视图中创建文字，如图 8.3.13 所示。

图 8.3.13　创建文字

（7）在修改命令面板的修改器列表下拉列表中选择挤出，给文本添加一个挤出修改器，设置挤出参数如图 8.3.14 所示，挤出效果如图 8.3.15 所示。

至此，电视模型制作完成，效果如图 8.3.16 所示。

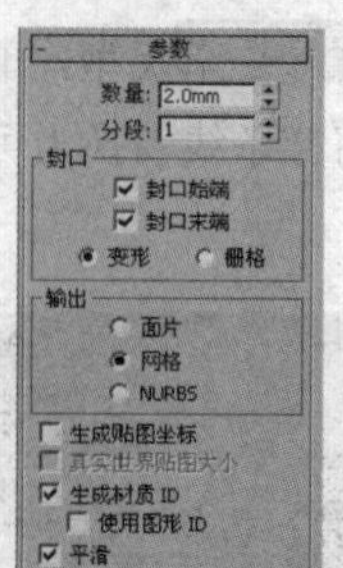


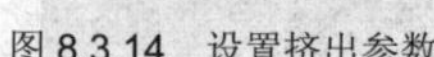
图 8.3.14　设置挤出参数

图 8.3.15　挤出效果

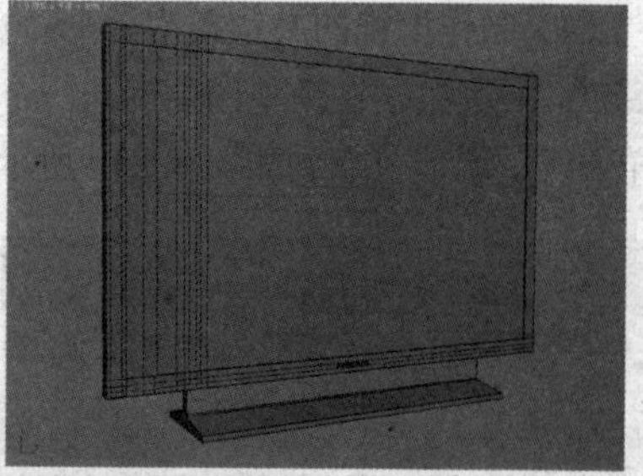

图 8.3.16　电视模型

# 8.4　制作音箱模型

在本节中制作音箱模型，在制作过程中主要用到了布尔运算。

（1）单击 切角长方体 按钮，在顶视图中创建一个切角长方体，如图 8.4.1 所示。

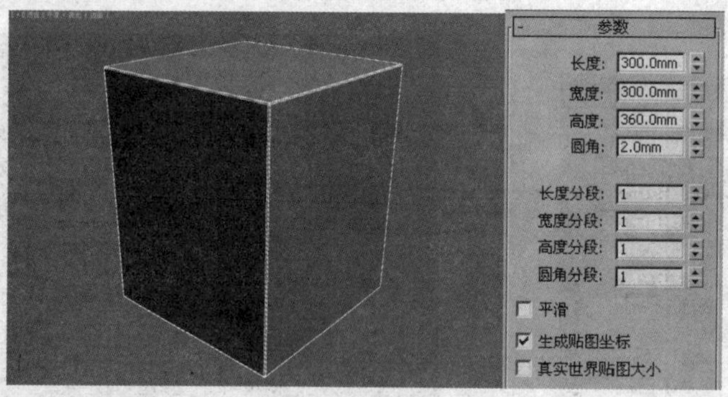


图 8.4.1　创建切角长方体

（2）单击 圆柱体 按钮，在前视图中创建一个圆柱体模型，如图 8.4.2 所示。

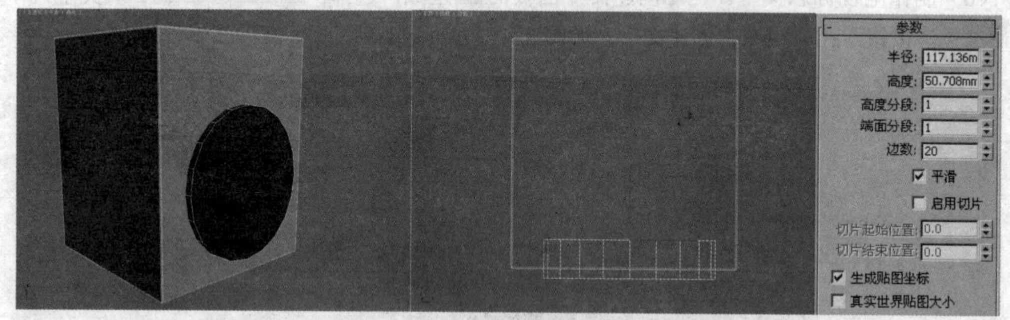


图 8.4.2　创建圆柱体

（3）在创建命令面板的区域，选择 样条线 类型，单击 椭圆 按钮，在前视图中创建一条椭圆样条线，如图 8.4.3 所示。在修改命令面板的 修改器列表 下拉列表中选择 挤出 选项，给椭圆添加一个挤出修改器，设置挤出参数如图 8.4.4 所示，挤出效果如图 8.4.5 所示。

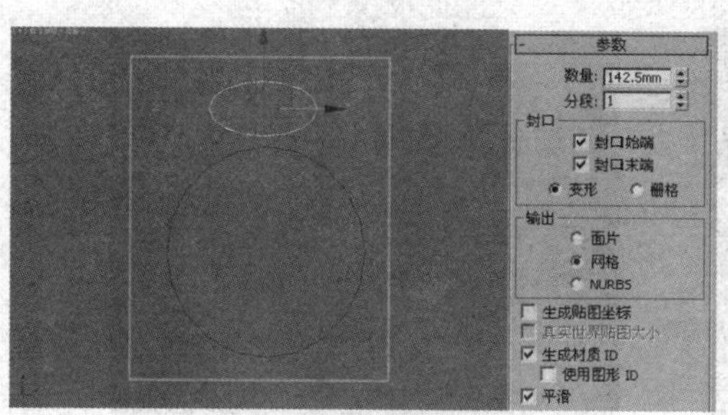
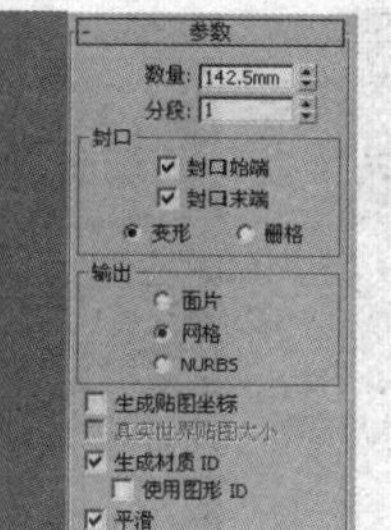


图 8.4.3　创建椭圆

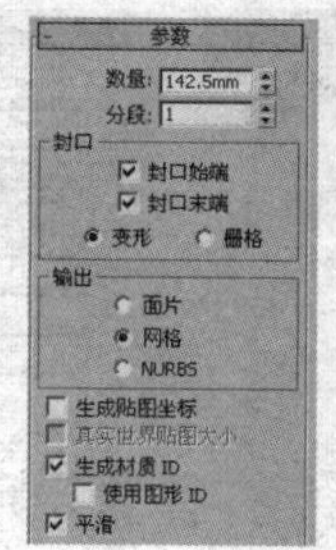


图 8.4.4　设置挤出参数

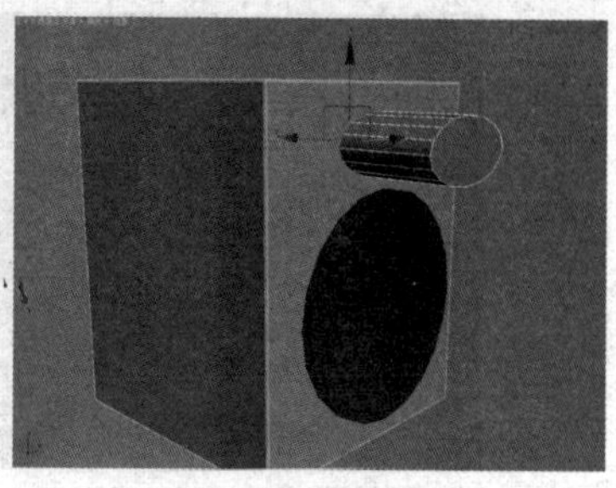

图 8.4.5　挤出效果

（4）选择圆柱体模型，单击鼠标右键，将其转换为可编辑多边形。单击 附加 按钮，将圆柱体和挤出的椭圆体模型附加在一起，如图 8.4.6 所示。选择切角长方体，在创建命令面板的区域，选择 复合对象 类型，单击 布尔 按钮，在 拾取布尔 卷展栏中单击 拾取操作对象 B 按钮，在视图中拾取附加的模型，效果如图 8.4.7 所示。

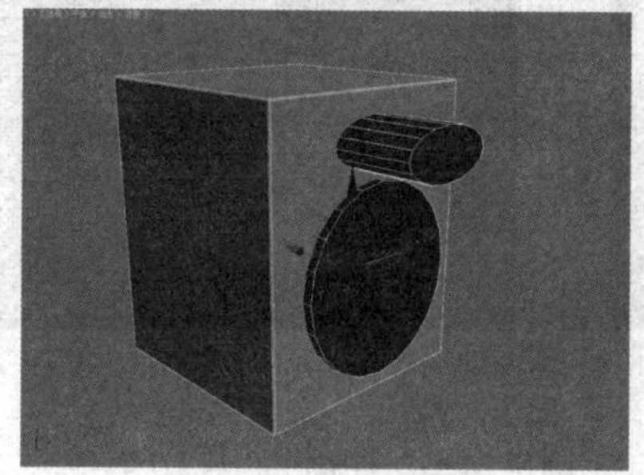

图 8.4.6　附加效果

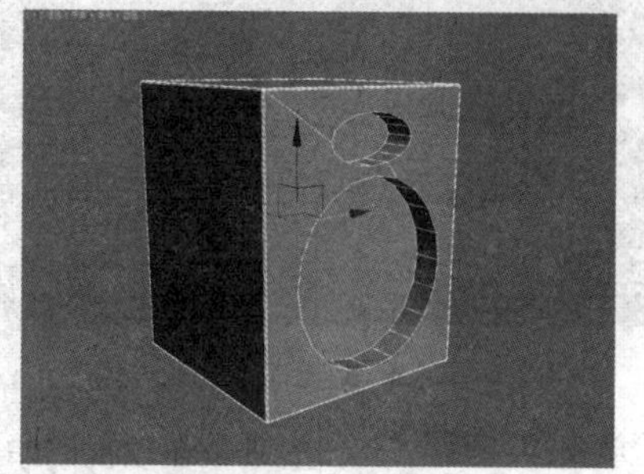

图 8.4.7　布尔运算效果

  Tips

在执行布尔操作之前，应该先保存场景或使用“编辑”→“暂存”命令。这样一来，如果对象不按预期显示，也可以快速恢复。

（5）制作音箱喇叭模型。单击 线 按钮，在左视图中创建一条样条线，如图 8.4.8 所示。在修改命令面板的 修改器列表 下拉列表中选择 车削 选项，给样条线添加一个车削修改器，效果如图 8.4.9 所示。

（6）使用类似的方法制作出其他的喇叭模型，如图 8.4.10 所示。

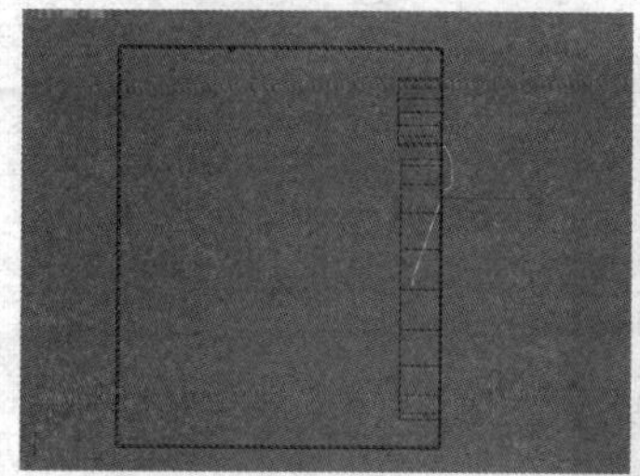

图 8.4.8　创建样条线

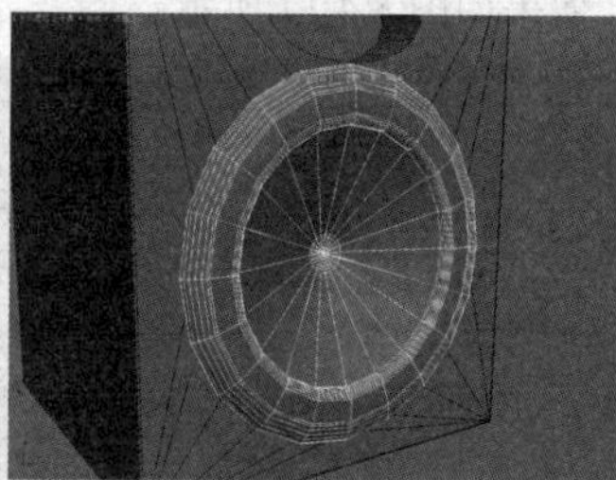

图 8.4.9　车削效果

图 8.4.10　喇叭模型

（7）制作底座模型。单击 切角长方体 按钮，在前视图中创建一个切角长方体，如图 8.4.11 所示。对创建的切角长方体进行复制，效果如图 8.4.12 所示。

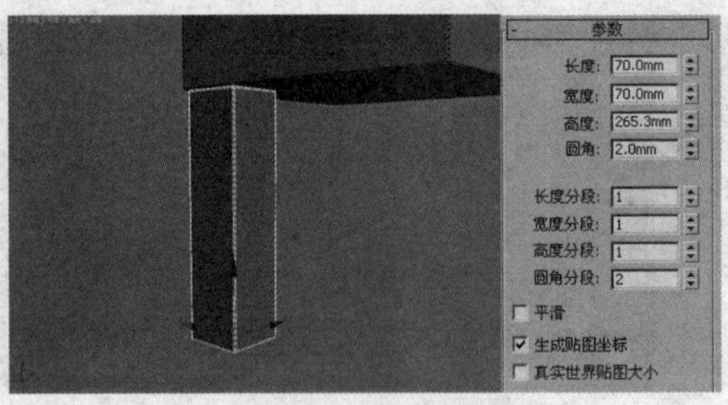


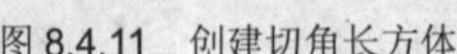

图 8.4.11　创建切角长方体

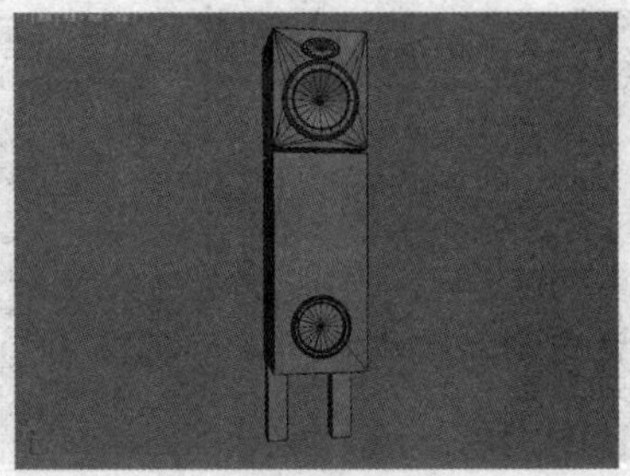

图 8.4.12　复制效果

（8）单击 切角长方体 按钮，在顶视图中创建一个切角长方体，如图 8.4.13 所示。单击鼠标右键，将模型转换为可编辑多边形，调节节点到如图 8.4.14 所示的位置。



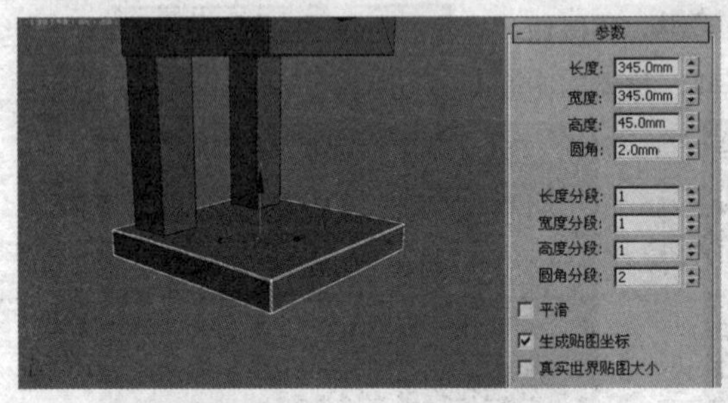


图 8.4.13　创建切角长方体

图 8.4.14　调节节点

（9）单击 圆锥体 按钮，在顶视图中创建一个圆锥模型，如图 8.4.15 所示。

音箱模型制作完成，对制作的音箱模型进行复制操作，效果如图 8.4.16 所示。

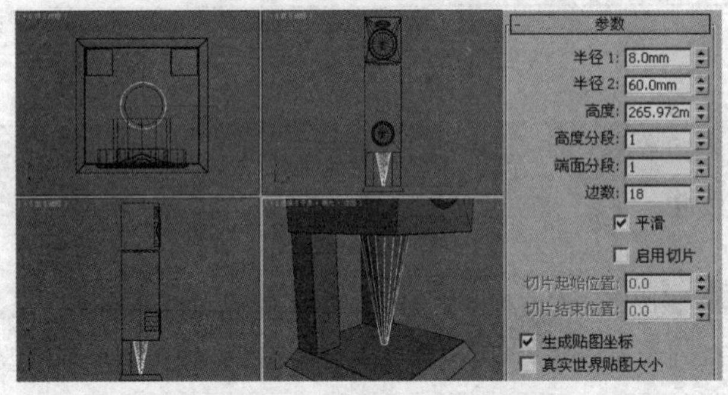


图 8.4.15　创建圆锥模型

图 8.4.16　复制音箱模型

至此，家庭影院模型制作完成，效果如图 8.4.17 所示。

图 8.4.17　家庭影院模型

# 8.5　设置材质、灯光效果

在本节中，设置家庭影院的材质灯光效果。

## 8.5.1　设置材质效果

在这一小节中设置家庭影院的材质效果。

（1）设置音箱外壳材质。按 M 键打开材质编辑器，选择一个空白的材质球，设置漫反射颜色为黑色，设置高光级别为 76，光泽度为 36。打开 贴图 卷展栏，在反射通道中添加一个光线跟踪贴图，设置贴图数值为 10，具体参数设置如图 8.5.1 所示。

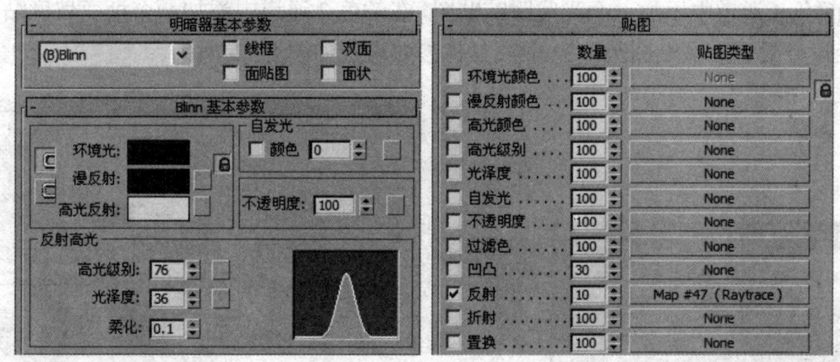


图 8.5.1　设置音箱外壳材质

（2）设置音箱布材质。打开材质编辑器，选择一个空白的材质球，在漫反射通道中添加一张音箱布贴图，如图 8.5.2 所示。

（3）设置电视屏幕材质。打开材质编辑器，选择一个空白的材质球，在漫反射通道中添加一张风景图片，设置自发光颜色数值为 70，如图 8.5.3 所示。

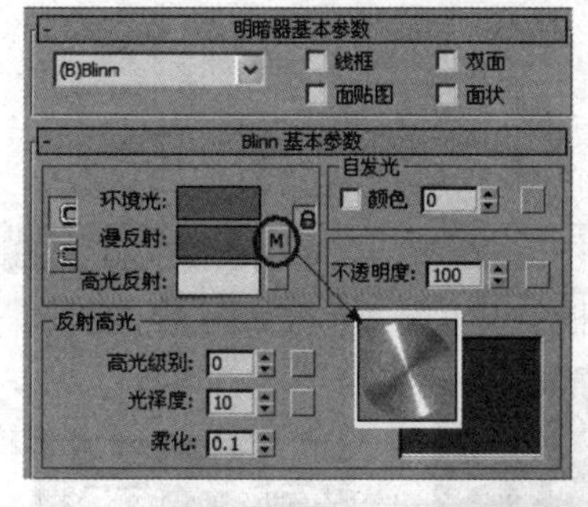

图 8.5.2　设置音箱布材质

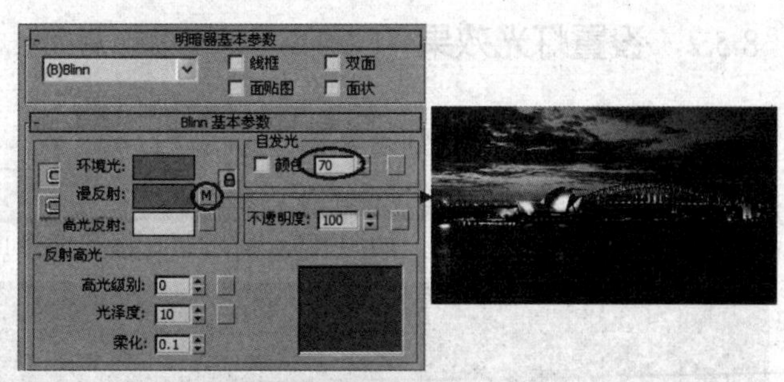

图 8.5.3　设置电视屏幕材质

（4）设置玻璃材质。打开材质编辑器，选择一个空白的材质球，设置漫反射颜色为浅绿色，设置不透明度为 80，设置高光级别为 82，光泽度为 36。打开 贴图 卷展栏，在反射通道中添加一个光线跟踪贴图，设置贴图数值为 10，具体参数设置如图 8.5.4 所示。

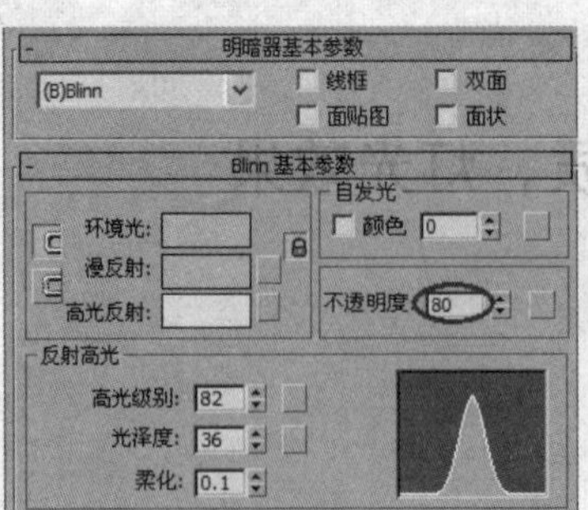


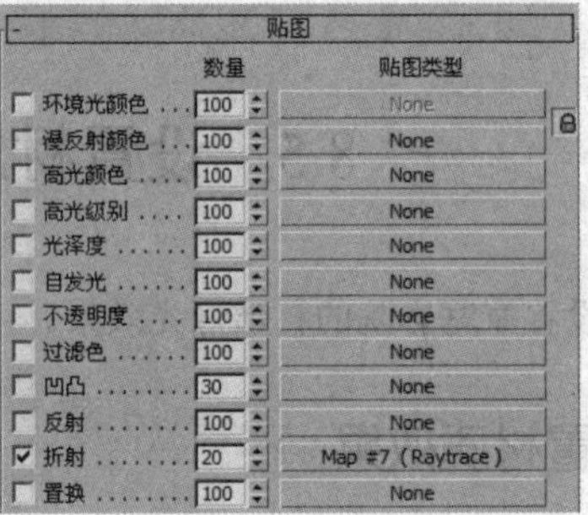


图 8.5.4　设置玻璃材质

（5）设置亚光金属材质。打开材质编辑器，选择一个空白的材质球，设置明暗器类型为(M)金属方式；设置漫反射颜色为浅灰色，设置高光级别为 112，光泽度为 41；打开贴图卷展栏，在凹凸通道中添加一个噪波贴图，设置贴图数值为 12；在反射通道中添加一个衰减贴图，在颜色 1 通道中添加一个光线跟踪贴图，在颜色 2 通道中添加一个渐变坡度贴图，单击按钮返回最上层，设置衰减贴图数值为 62，具体参数设置如图 8.5.5 所示。



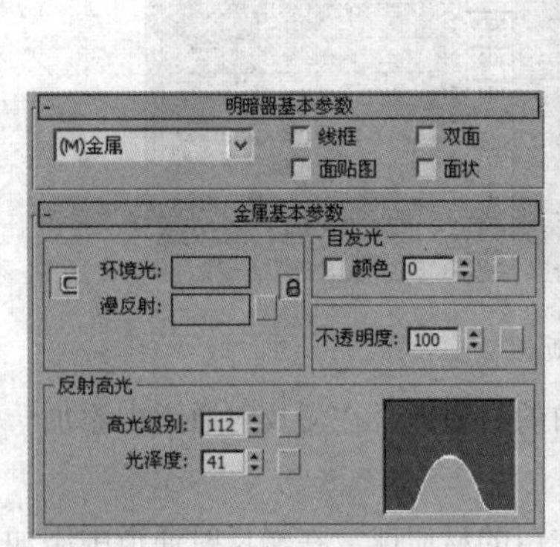


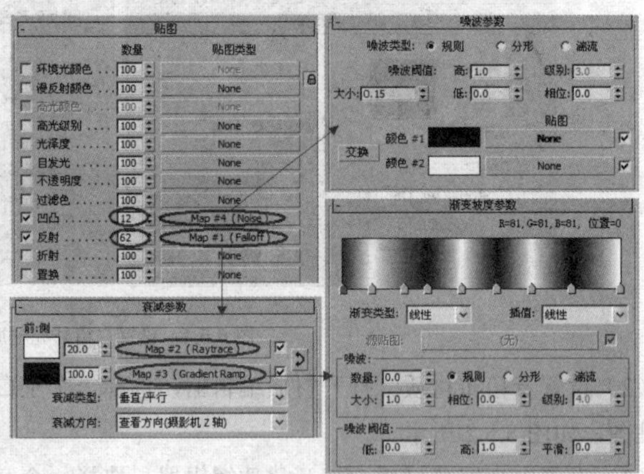


图 8.5.5　设置亚光金属材质

## 8.5.2　设置灯光效果

在这一小节中设置场景的灯光效果。

（1）在创建命令面板的区域，选择标准类型，单击天光按钮，在顶视图中创建一盏天光，如图 8.5.6 所示，在修改命令面板中设置天光参数如图 8.5.7 所示。

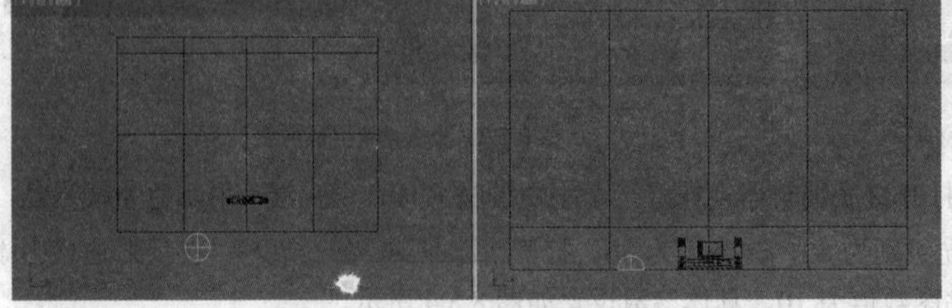

图 8.5.6　创建天光

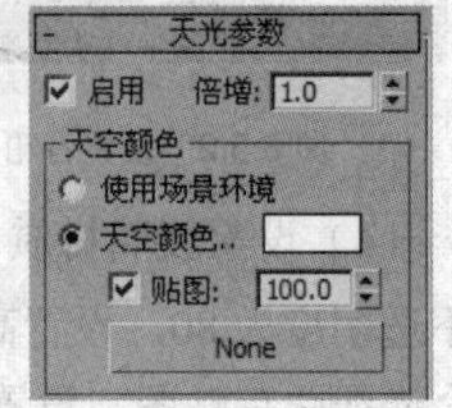


图 8.5.7　设置天光参数

 Tips ●●●

在 3DS MAX 中有几种方法建立日光的模型，但如果使用“光跟踪器”，通常天光提供最佳效果。当使用天光渲染凹凸贴图的材质时，如果遇到视觉异常，则将材质转换为高级照明覆盖材质，然后减小“间接灯光凹凸比”值。

（2）单击 泛光灯 按钮，在视图中创建 5 盏泛光灯，如图 8.5.8 所示，在修改命令面板中设置泛光灯参数如图 8.5.9 所示。

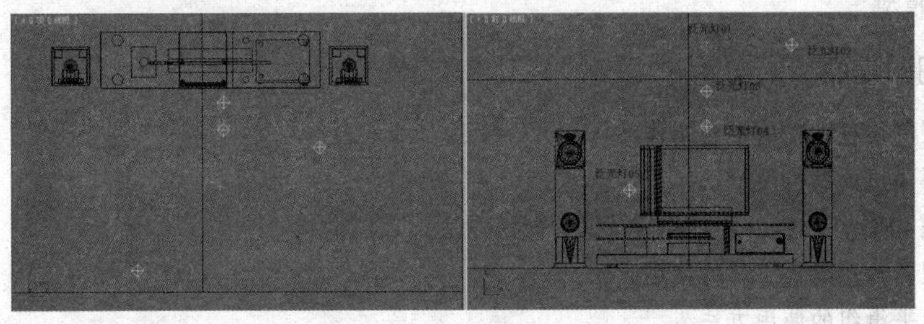

图 8.5.8　创建 5 盏泛光灯

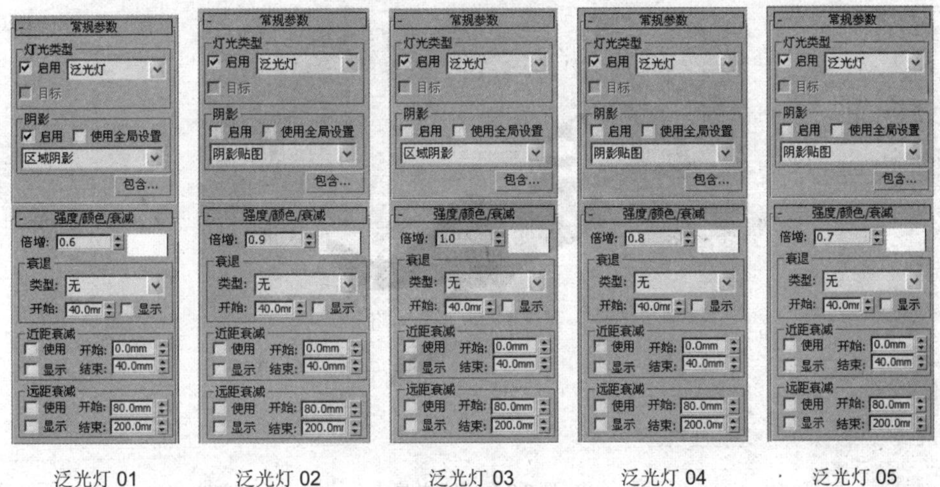

泛光灯 01　泛光灯 02　泛光灯 03　泛光灯 04　泛光灯 05

图 8.5.9　设置泛光灯参数

至此，材质、灯光参数设置完成。按 F9 键对家庭影院场景进行渲染，效果如图 8.0.1 所示。

## 本 章 小 结

在本章中，制作了整套家庭影院的模型。在制作中，多边形建模的方法起到了主导性的作用，主要是通过对基本几何体进行编辑来制作模型的形状。同时，使用布尔运算制作了音箱的凹陷结构，该命令是多边形建模中不可或缺的编辑命令，在制作镂空模型和凹陷结构时可以起到事半功倍的作用。

# 第 9 章　制作飞机模型

飞机指具有机翼和一台或多台发动机，靠自身动力能在大气中飞行的重于空气的航空器。严格来说，飞机指具有固定机翼的航空器。自从被发明以后，飞机日益成为现代文明不可缺少的运载工具，它深刻地改变和影响着人们的生活。飞机的类型和形状很多，本章中我们来制作一架二战时期的军用小型侦察机模型。

### 本章知识重点

- 掌握制作模型前的准备工作。
- 了解飞机的结构及形状。
- 掌握 FFD 修改器以及对称修改器的使用方法。
- 掌握多边形建模工具的使用方法。
- 学习平滑组的使用方法。

在本章中我们来制作一架飞机模型，渲染效果如图 9.0.1 所示。

图 9.0.1　飞机效果

## 9.1　准备工作

在制作模型之前，必须设置好飞机的三视图效果，这样才能够精确地制作飞机模型。

（1）在创建命令面板的区域，选择标准基本体类型，单击平面按钮，在场景中创建三个同样大的平面模型，如图 9.1.1 所示。

（2）按 M 键打开材质编辑器，选择一个空白的材质球，在漫反射通道中添加一张准备好的三视图，设置自发光数值为 100，效果如图 9.1.2 所示。

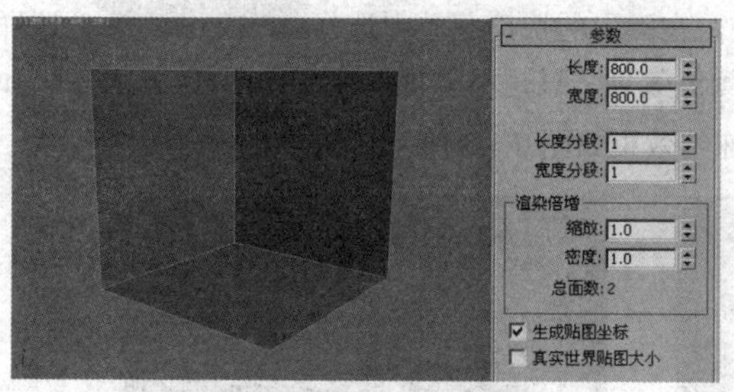

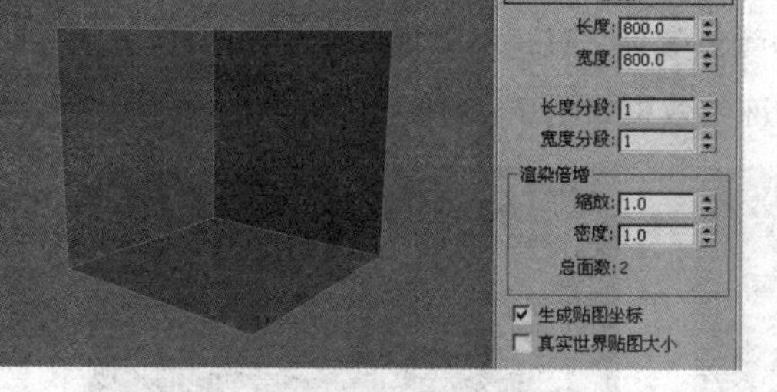


图 9.1.1　创建平面模型

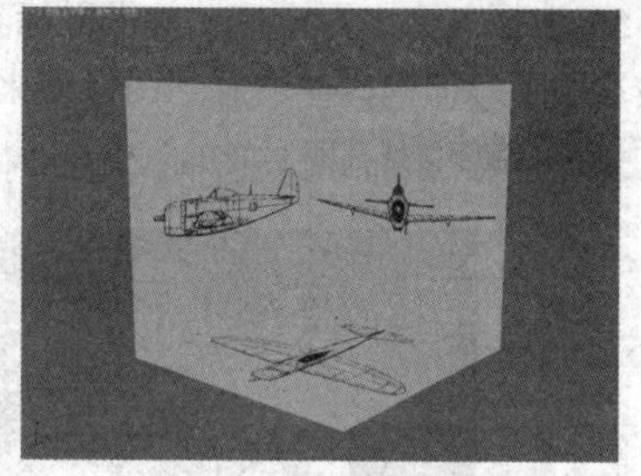

图 9.1.2　设置三视图效果

（3）选择场景中的三个平面模型，单击鼠标右键，在弹出的快捷菜单中选择 对象属性(P)... 选项，在弹出的 对象属性 对话框中激活 ☑ 背面消隐 复选框，如图 9.1.3 所示。这样，当用户通过某个平面查看模型时不会妨碍图像，消隐效果如图 9.1.4 所示。

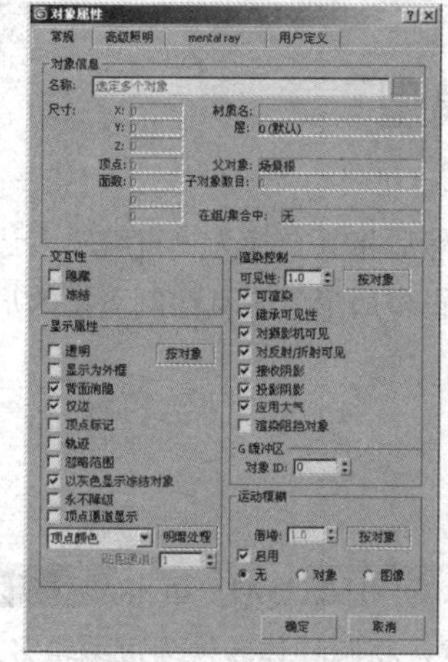

图 9.1.3　激活“背面消隐”复选框

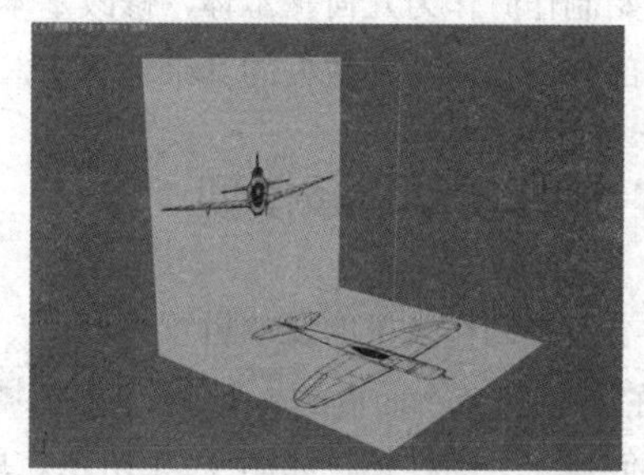

图 9.1.4　背面消隐效果

（4）继续在 对象属性 对话框中禁用 □ 以灰色显示冻结对象 复选框，如图 9.1.5 所示，这样的话，当冻结平面时，可以在模型上工作而不必担心不小心选择了平面。默认情况下，冻结对象显示为灰色，禁用此选项使用户可以冻结平面，但仍可以看到其设计图图像。

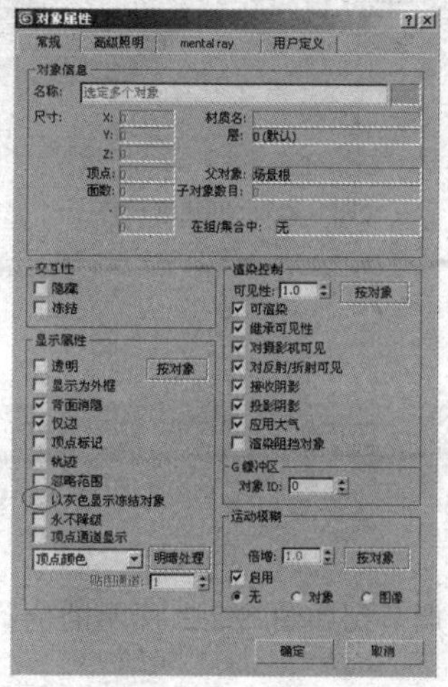

图 9.1.5　禁用“以灰色显示冻结对象”复选框

（5）选择三个平面模型，单击鼠标右键，在弹出的快捷菜单中选择冻结当前选择，这样三个平面就被冻结了，但同样能够看到图像原来的颜色效果，只是不能被选取，如图 9.1.6 所示。如果没有禁用以灰色显示冻结对象复选框，则此时的冻结效果如图 9.1.7 所示。

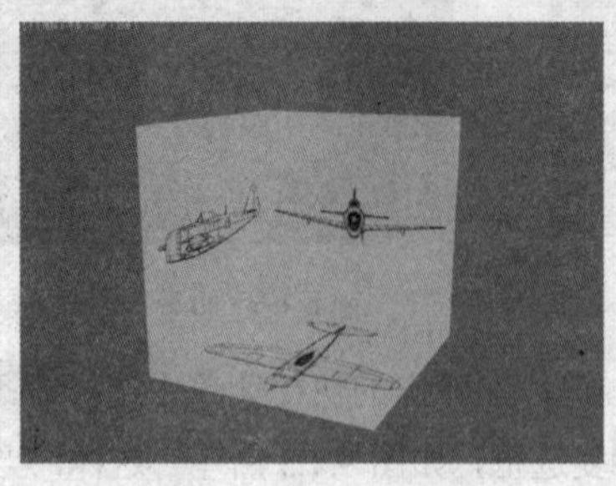
图 9.1.6 冻结效果（一）

图 9.1.7 冻结效果（二）

# 9.2 制作机身模型

机身开始制作时作为几何基本体，修改基本体的图形，然后将其转换为“可编辑多边形”对象。在本节的大部分内容以及本教程的其余部分中，将使用“编辑多边形”工具绘制飞机的形状。

9

## 9.2.1 制作发动机罩模型

在这一小节中制作飞机的发动机罩模型。

（1）在创建命令面板的区域，选择标准基本体类型，单击圆柱体按钮，在左视图中创建一个圆柱体，如图 9.2.1 所示。单击鼠标右键，将圆柱体转换为可编辑多边形。

图 9.2.1 创建圆柱体

 Tips

由于具有 10 个边，因此顶部分段和底部分段是平面。当用户添加某些细节（如尾部）时，这将发挥一定的作用。

（2）使用移动工具，将圆柱体调节到如图 9.2.2 所示的位置，以便其后边缘与发动机罩的后翼重合。

图 9.2.2 移动圆柱体位置

注意 Tips

创建模型时，圆柱体有助于缩放和平移特定视口，以便更清楚地看到几何体和设计图图像。通常，当视图更改特别重要或有用时，会提及视图更改，但用户可能希望比所指定的频率更频繁地更改视图，这完全正确。

（3）在修改命令面板的修改器列表下拉列表中选择 FFD 3x3x3 选项，给圆柱体添加一个形变修改器，在修改器堆栈上，单击 ＋（加号图标）打开“FFD 3x3x3”修改器层次。单击“控制点”以高亮显示子对象层级，如图 9.2.3 所示。在左视图中，拖动以选择 FFD 控制点的底部行（这实际上将选择晶格底部的所有九个控制点），然后向下移动它们以便与机身的底部重合。沿 X 轴缩放控制点以便它们更靠近，效果如图 9.2.4 所示。

9

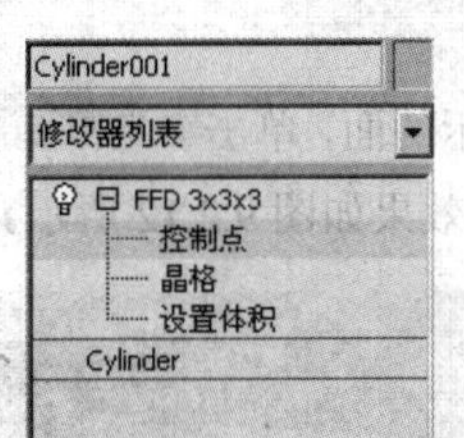


图 9.2.3 激活“控制点”子级别

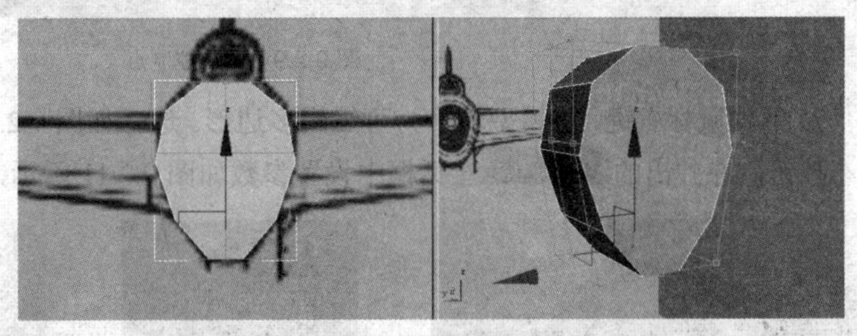

图 9.2.4 形变效果

（4）选择上行控制点，对其进行缩放操作，效果如图 9.2.5 所示。

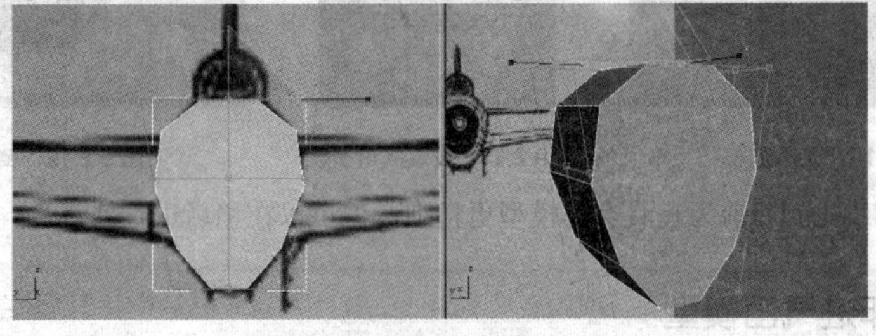

图 9.2.5 调节控制点

现在，在机身前面的罩将具有一个合适的横截面。在下面的过程中，将沿飞机长度优化圆柱体图形。

（5）在修改命令面板的修改器列表下拉列表中选择 FFD 2x2x2 选项，给圆柱体添加一个 FFD 2×2×2 形变修改器，使用此附加自由形式变形修改器对飞机的前端进行一些锥化处理。在修改器堆栈上，单击 (加号图标）打开“FFD 2×2×2”修改器层次。单击“控制点”以高亮显示子对象层级，如图 9.2.6 所示。在前视口中，拖动选择框以选择罩的下部机翼前缘上的控制点行，然后移动这些控制点以跟随图像的锥度。对罩的下部机翼后缘执行相同操作，形变效果如图 9.2.7 所示。对罩的上部剖面进行类似调整，效果如图 9.2.8 所示。

图 9.2.6　激活“控制点”子级别

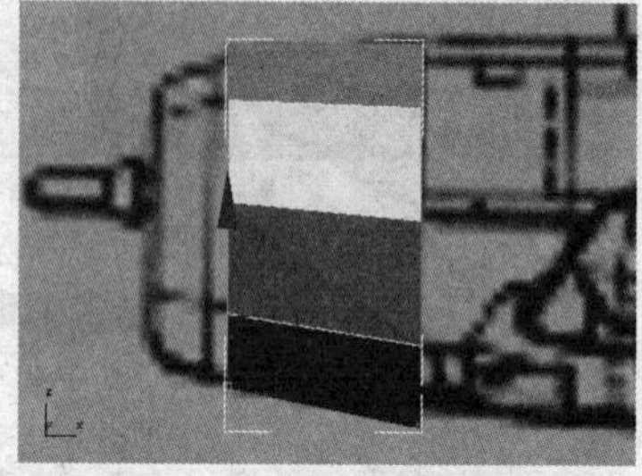

图 9.2.7　调节下行控制点

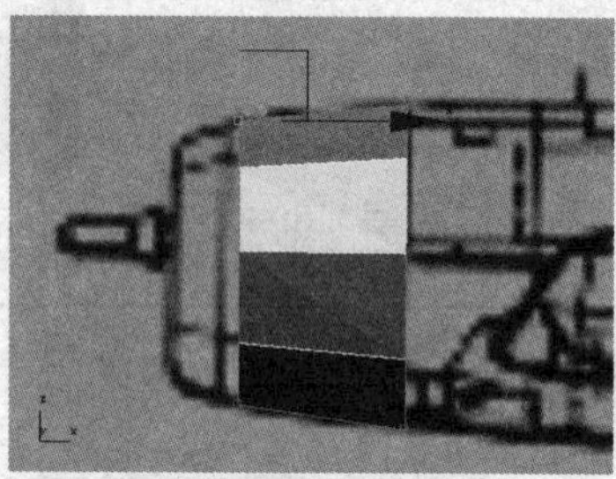

图 9.2.8　调节上行控制点

（6）切换到左视图，调节控制点到如图 9.2.9 所示的位置。

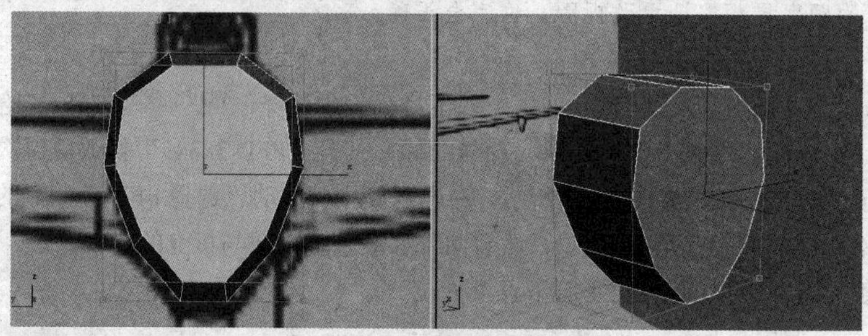

图 9.2.9　调节控制点

（7）单击鼠标右键，将模型转换为可编辑多边形。选择如图 9.2.10 所示的面，单击 倒角 后面的小按钮，在弹出的 倒角 对话框中设置参数如图 9.2.11 所示，倒角效果如图 9.2.12 所示。

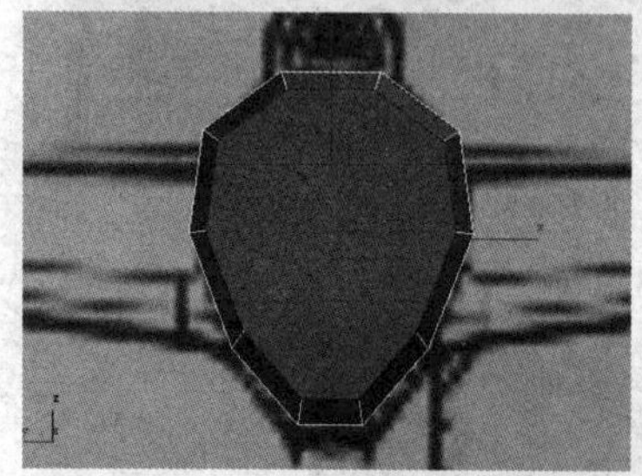

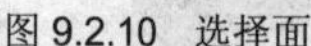

图 9.2.10　选择面

图 9.2.11　设置倒角参数

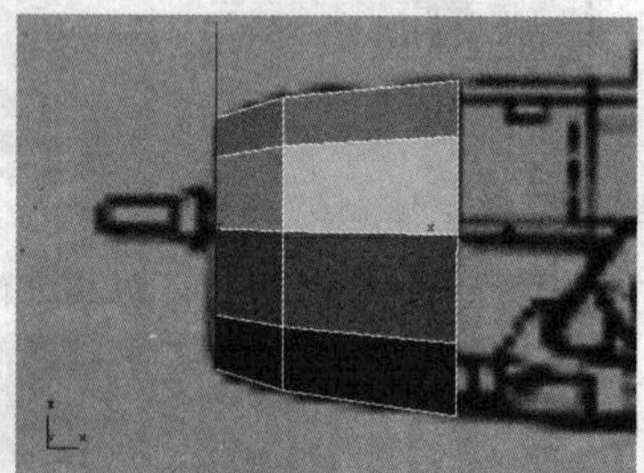

图 9.2.12　倒角效果

此时，罩的曲线比到目前为止具有的模型更精细，但可以在稍后进行修正。

## 9.2.2　制作进气口模型

在罩的正面，进气口的盖凹进，并且为圆形。不必使模型与实际飞机一样详细，但这些步骤给出了飞机前面的常规外观。在这一小节中，主要完成进气口模型的制作。

（1）选择如图 9.2.13 所示的面，单击 插入 后面的小按钮，在弹出的 插入 对话框中设

置参数如图 9.2.14 所示，插入效果如图 9.2.15 所示。

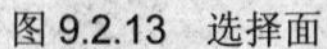

图 9.2.13　选择面

图 9.2.14　设置插入参数

图 9.2.15　插入效果

（2）继续选择如图 9.2.15 所示的面，单击 倒角 后面的小按钮，在弹出的 倒角 对话框中设置参数如图 9.2.16 所示，倒角效果如图 9.2.17 所示。

图 9.2.16　设置倒角参数

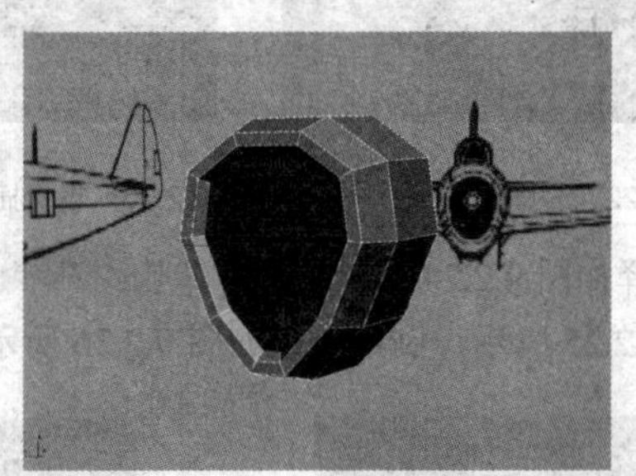

图 9.2.17　倒角效果

（3）切换到左视图，调节节点到如图 9.2.18 所示的位置。选择如图 9.2.19 所示的节点，单击 连接 按钮，连接两个节点，效果如图 9.2.20 所示。

图 9.2.18　调节节点

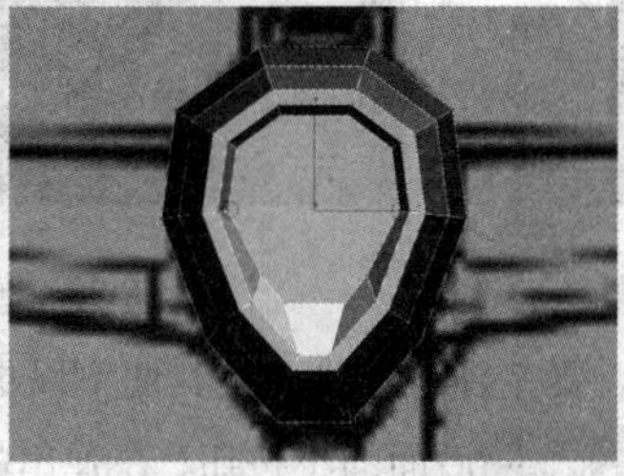

图 9.2.19　选择节点

图 9.2.20　连接节点

（4）使用上述方法继续连接节点，如图 9.2.21 所示。现在，原始具有 10 条边的多边形已被拆分为 4 个多边形，且每个新多边形都具有 4 条边。

图 9.2.21　连接节点

### 9.2.3 细化发动机罩模型

在这一小节中，将向罩的后部添加一些细节，然后调整其图形以更好地适配设计图。

（1）选择如图 9.2.22 所示的面，单击 插入 □ 后面的小按钮，在弹出的 插入 对话框中设置参数如图 9.2.23 所示，插入效果如图 9.2.24 所示。

图 9.2.22 选择面

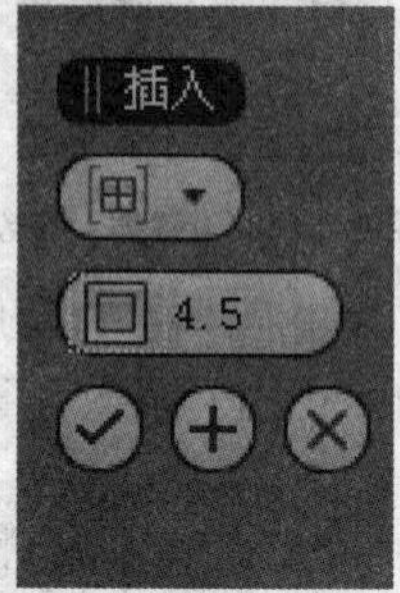


图 9.2.23 设置插入参数

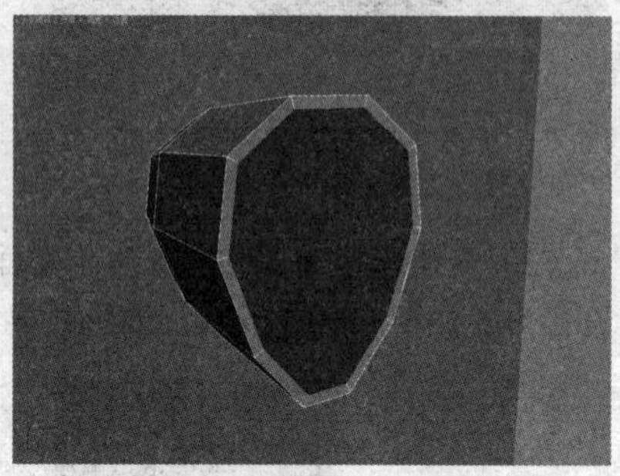

图 9.2.24 插入效果

（2）继续选择如图 9.2.24 所示的面，单击 倒角 □ 后面的小按钮，在弹出的 倒角 对话框中设置参数如图 9.2.25 所示，倒角效果如图 9.2.26 所示。

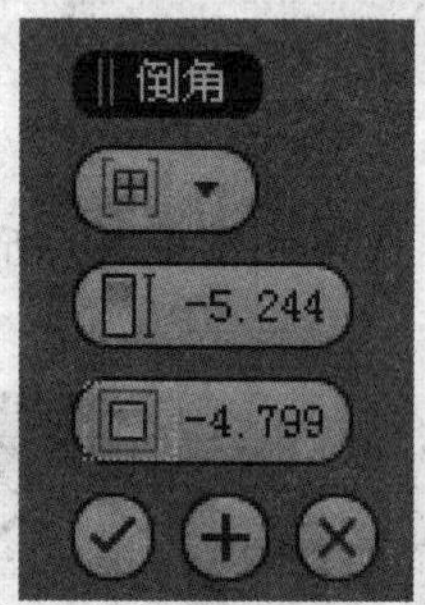


图 9.2.25 设置倒角参数

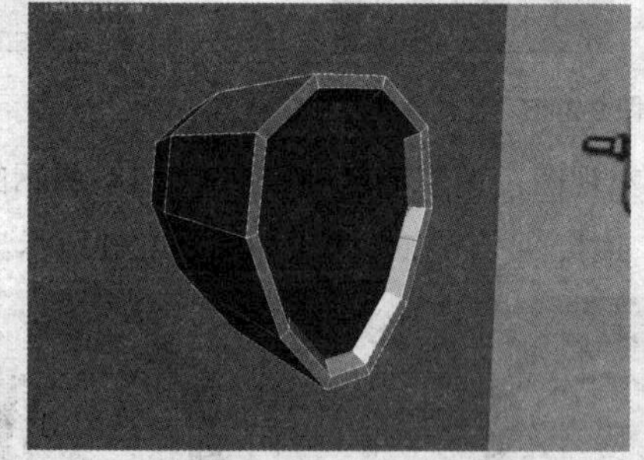

图 9.2.26 倒角效果

（3）此时，发动机罩基本完成，要完善它需要调整其曲率以更好地匹配设计图。切换到前视图，选择如图 9.2.27 所示的边，单击 连接 □ 后面的小按钮，在弹出的 连接边 对话框中设置参数如图 9.2.28 所示，连接效果如图 9.2.29 所示。

图 9.2.27 选择边

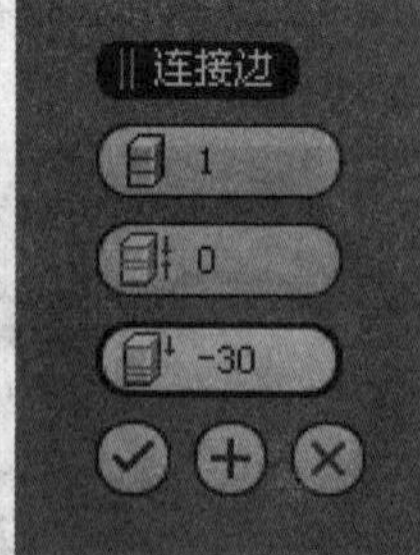


图 9.2.28 设置连接边参数

图 9.2.29 连接效果

（4）使用缩放工具，沿 Y 轴对选择的边进行缩放操作，使罩的凸出部分更好地匹配设计图，效果如图 9.2.30 所示。

图 9.2.30　缩放边

## 9.2.4　制作机身模型

在这一小节中制作机身模型，主机身是发动机罩几何体的扩展。

（1）选择如图 9.2.31 所示的面，单击 插入 后面的小按钮，在弹出的 插入 对话框中设置参数如图 9.2.32 所示，插入效果如图 9.2.33 所示。

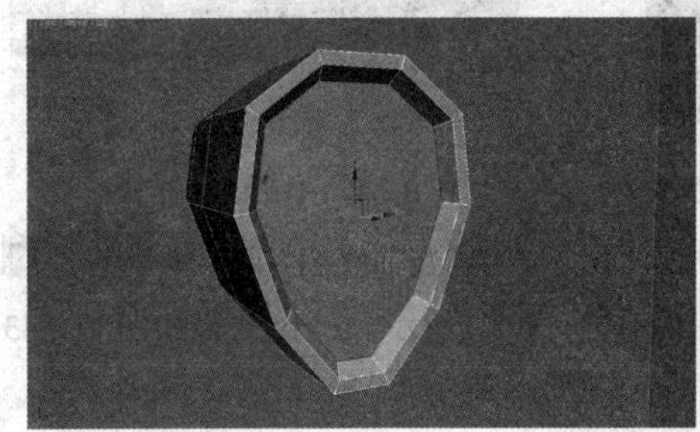

图 9.2.31　选择面

插入

1.0

图 9.2.32　设置插入参数

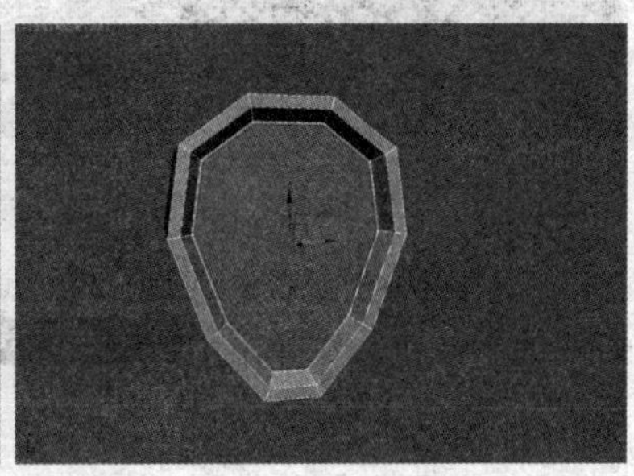

图 9.2.33　插入效果

（2）继续选择如图 9.2.33 所示的面，单击 倒角 后面的小按钮，在弹出的 倒角 对话框中设置参数如图 9.2.34 所示，单击按钮，继续设置倒角参数如图 9.2.35 所示，倒角效果如图 9.2.36 所示。

图 9.2.34　设置倒角参数

图 9.2.35　设置倒角参数

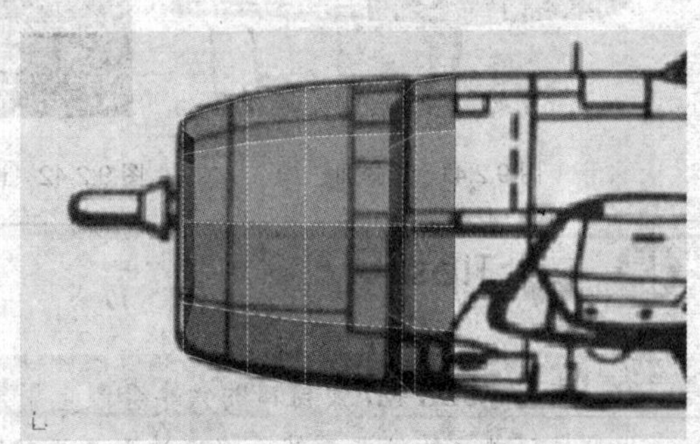

图 9.2.36　倒角效果

（3）调节模型上的节点到如图 9.2.37 所示的位置。从现在起，“挤出”是创建机身所用的主要工具。随着时间的推移，将使用“缩放”和顶点调整来优化其图形。

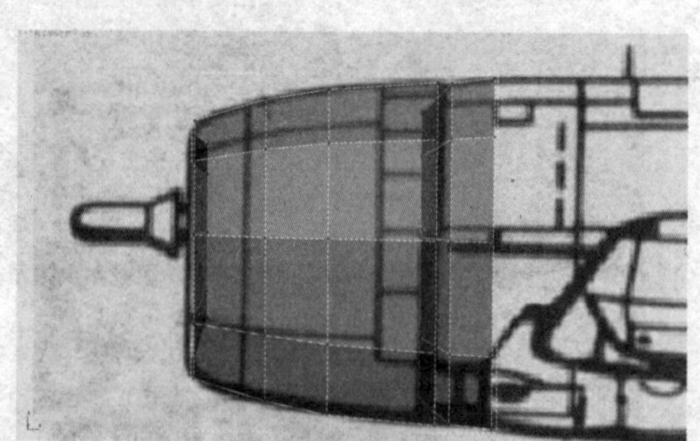

图 9.2.37　调节节点

（4）选择如图 9.2.38 所示的面，单击 挤出 后面的小按钮，在弹出的 挤出多边形 对话框中设置参数如图 9.2.39 所示，挤出效果如图 9.2.40 所示。

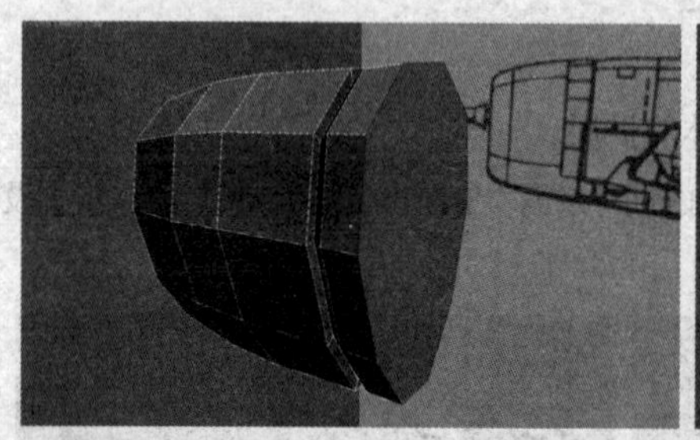

图 9.2.38　选择面

图 9.2.39　设置挤出参数

图 9.2.40　挤出效果

（5）切换到顶视图，对选择的面进行缩放操作，如图 9.2.41 所示。切换到前视图，单击 挤出 后面的小按钮，在弹出的 挤出多边形 对话框中设置参数如图 9.2.42 所示，挤出效果如图 9.2.43 所示。

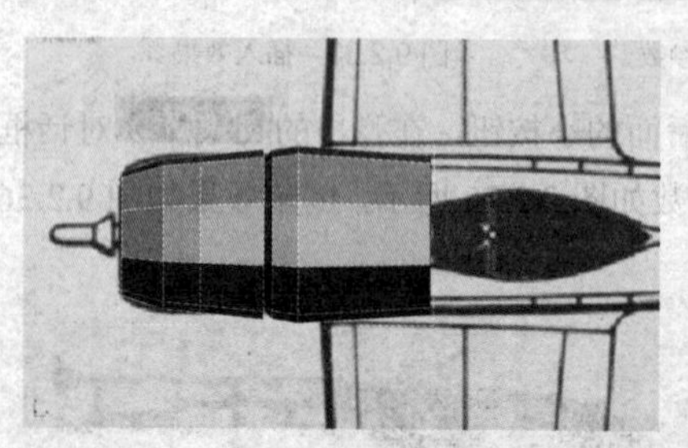

图 9.2.41　选择面

图 9.2.42　设置挤出参数

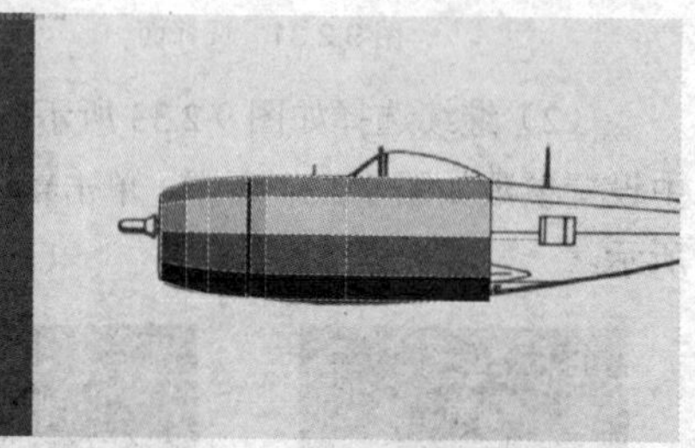

图 9.2.43　挤出效果

  Tips

有时，3DS MAX 窗口的大小会阻止用户挤出到所需的位置。如果发生此情况，则挤出到尽可能远的位置，然后将多边形水平移动到所需位置。

（6）在前视图中对选择的面进行缩放操作，效果如图 9.2.44 所示。切换到顶视图，进行同样的缩放操作，效果如图 9.2.45 所示。

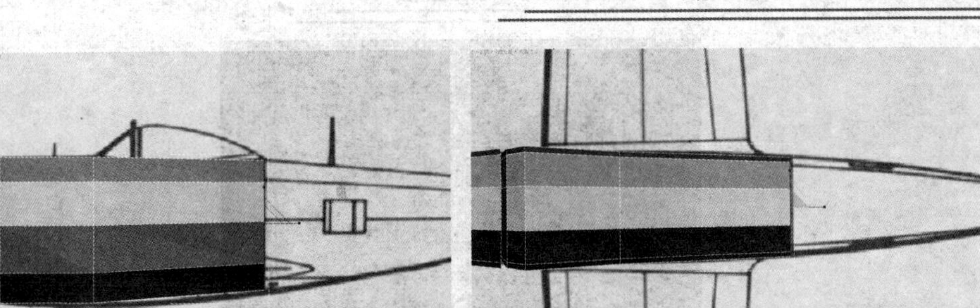

图 9.2.44　缩放效果（一）　　　图 9.2.45　缩放效果（二）

  Tips

此时，与飞机轮廓的匹配只是近似匹配。此外，沿机身长度的多边形太长，在后面的过程中，将添加边分段以优化网格，并移动顶点以改进机身的轮廓。

（7）继续对选择的面进行挤出操作和缩放操作，效果如图 9.2.46 和 9.2.47 所示。

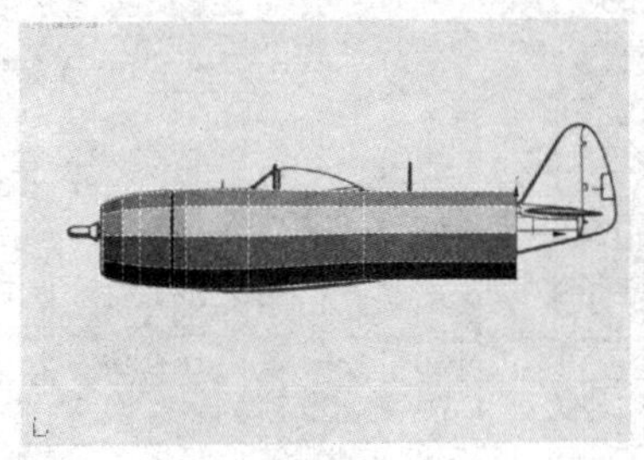

图 9.2.46　挤出效果

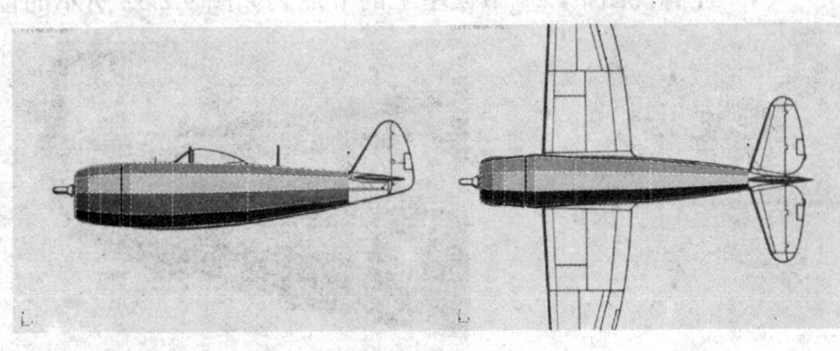

图 9.2.47　缩放效果

## 9.2.5　制作尾部的下部模型

尾部的下部是机身的扩展，在这一小节中制作这部分模型。

（1）对选择的面进行挤出和缩放操作，效果如图 9.2.48 所示。

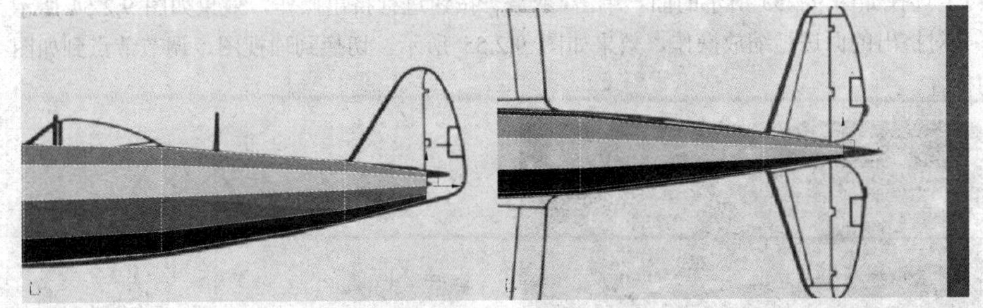

图 9.2.48　挤出并缩放选择面

（2）使用连接工具连接挤出面上的对应节点，效果如图 9.2.49 所示。

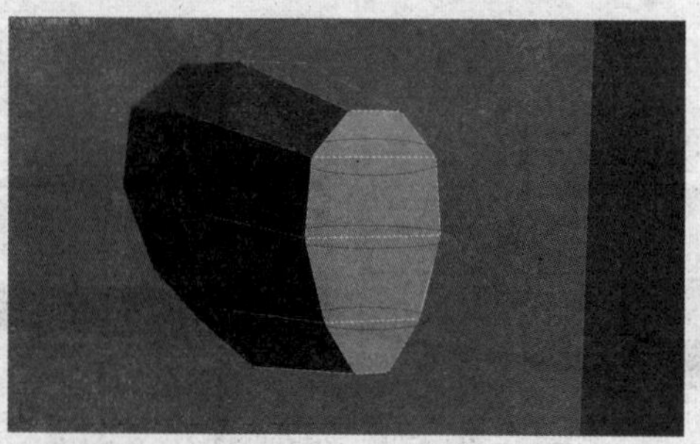

图 9.2.49　连接节点

（3）选择如图 9.2.50 所示的面，对其进行挤出和缩放操作，效果如图 9.2.51 所示。

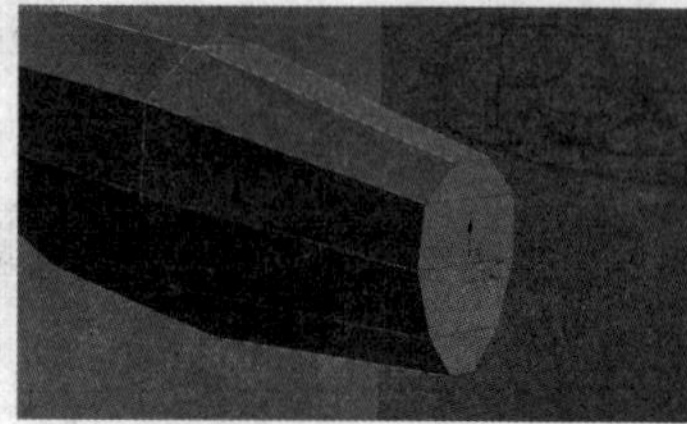

图 9.2.50　选择面

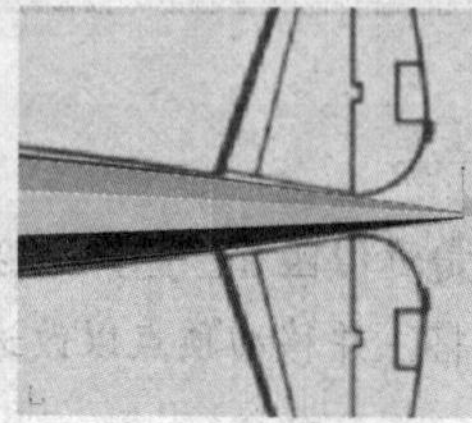
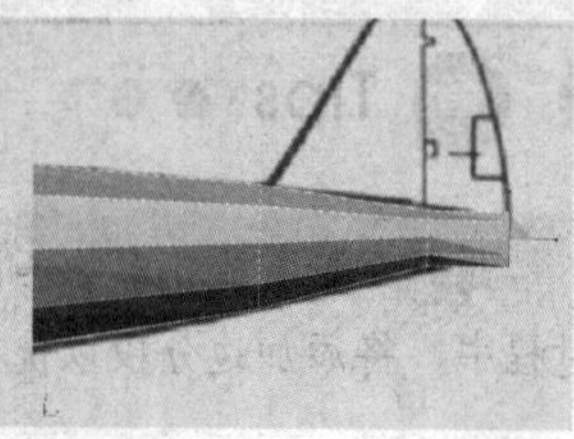

图 9.2.51　挤出并缩放选择面



（4）在前视图中，调节模型上的节点到如图 9.2.52 所示的位置。

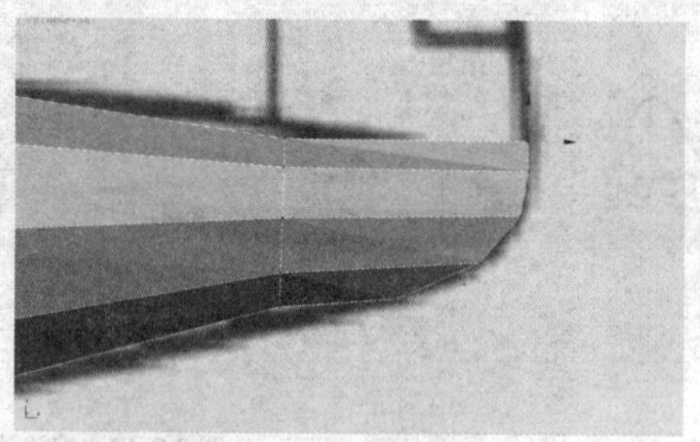

图 9.2.52　调节节点

## 9.2.6　制作垂直稳定翼

位于机身上方的尾部在技术上称为“垂直稳定翼”。在这一小节中制作这部分模型。

（1）选择如图 9.2.53 所示的面，单击 挤出 按钮进行挤出操作，效果如图 9.2.54 所示。使用缩放工具对挤出的面进行缩放操作，效果如图 9.2.55 所示。切换到顶视图，调节节点到如图 9.2.56 所示的位置。

图 9.2.53　选择面

图 9.2.54　挤出效果

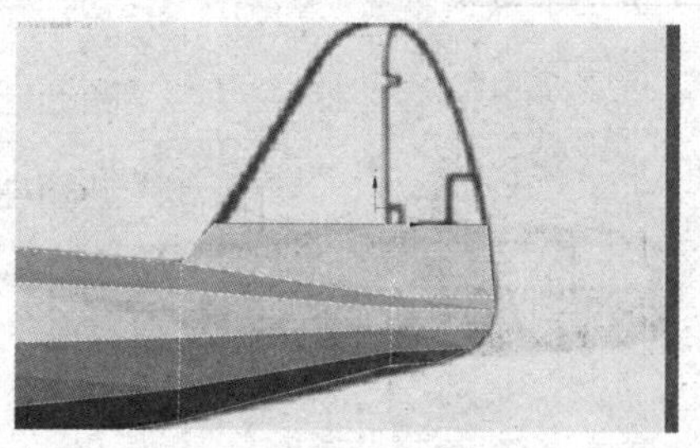

图 9.2.55　缩放面

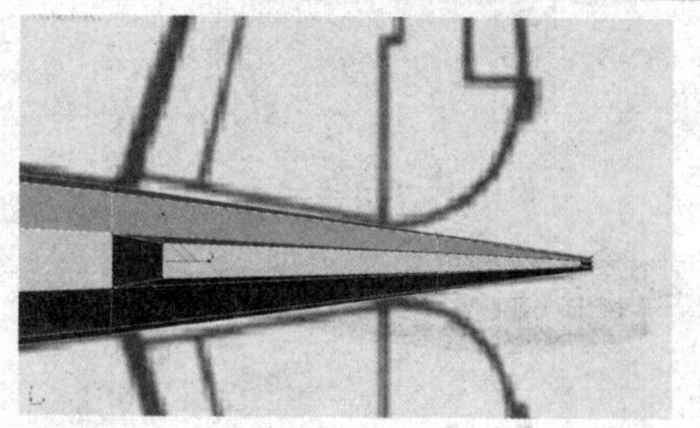

图 9.2.56　调节节点

（2）继续对选择的面进行挤出和缩放操作，效果如图 9.2.57 所示。选择如图 9.2.58 所示的边，单击 连接 后面的小按钮，在弹出的 连接边 对话框中设置参数如图 9.2.59 所示，连接效果如图 9.2.60 所示。调节模型上的节点到如图 9.2.61 所示的位置。

图 9.2.57　挤出并缩放面

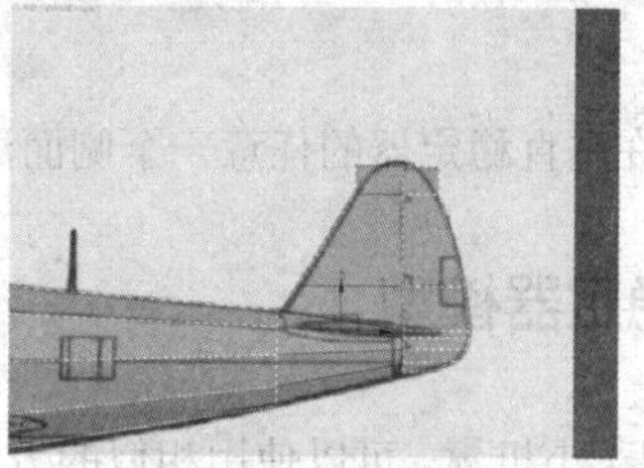

图 9.2.58　选择边

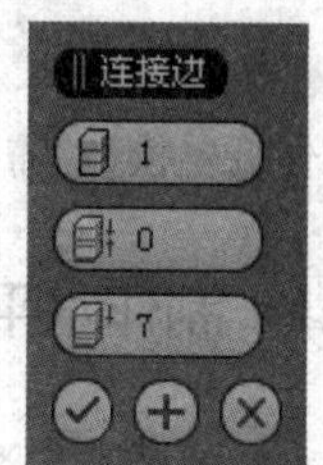


图 9.2.59　设置连接边参数

图 9.2.60　连接边效果

图 9.2.61　调节节点

## 9.2.7　优化机身

在这一小节中添加更多边，以提高机身的规则性并优化机身的轮廓。

（1）选择如图 9.2.62 所示的边，单击 连接 后面的小按钮，在弹出的 连接边 对话框中设置参数如图 9.2.63 所示，连接效果如图 9.2.64 所示。

图 9.2.62　选择边

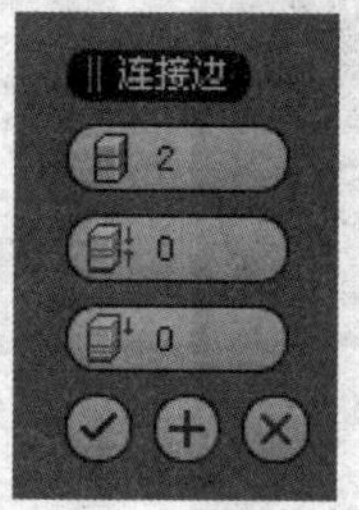


图 9.2.63　设置连接边参数

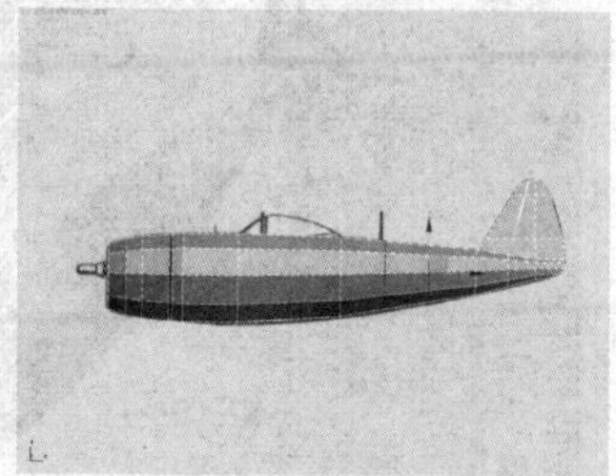

图 9.2.64　连接边效果

（2）继续在模型上添加细分曲线，效果如图 9.2.65 所示。调节模型上的节点到如图 9.2.66 所示的位置。

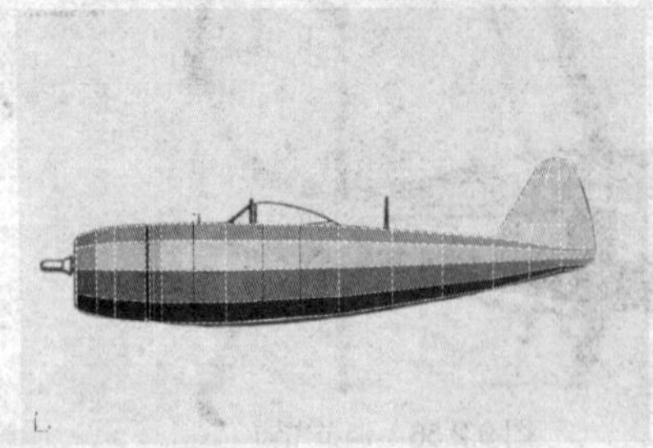
图 9.2.65 添加细分曲线

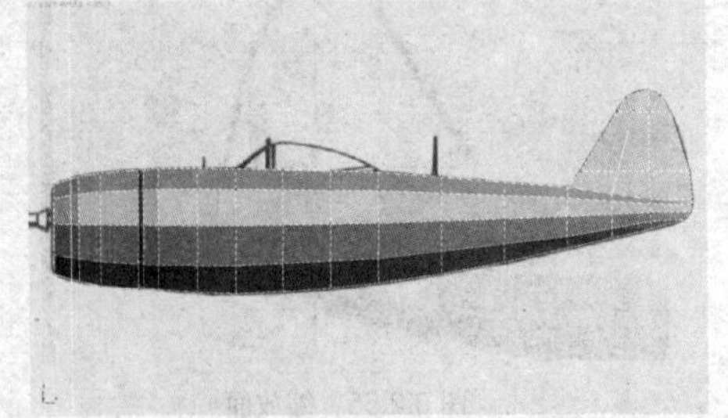
图 9.2.66 调节节点

## 9.3 制作机尾模型

要制作机尾模型，需要在垂直稳定器的任意一个侧面添加水平稳定器。在本节中制作这部分模型。

### 9.3.1 制作水平稳定器模型

水平稳定器的形状类似于小机翼，可以使用相似的方法对这两个飞机部件进行建模。由于水平稳定器和机翼都是对称的，因此这有助于将模型一分为二，并使用“对称”修改器还原网格。通过此方式，只需对一个稳定器和一个机翼进行建模，修改器会处理飞机的另一侧面。

（1）按 M 键打开材质编辑器，给制作好的模型指定默认材质，并将线框颜色设置为黑色。选择如图 9.3.1 所示的边，单击连接按钮，连接效果如图 9.3.2 所示。

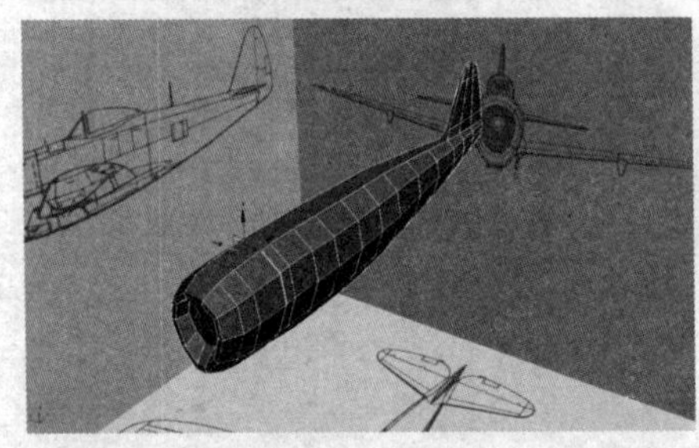
图 9.3.1 选择边

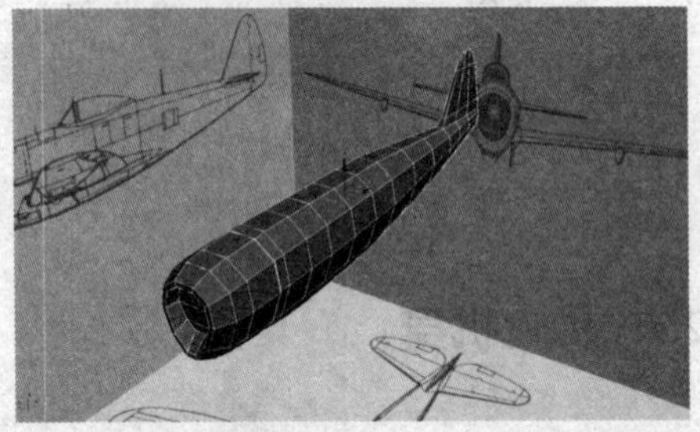
图 9.3.2 连接边效果

（2）选择如图 9.3.3 所示的面，按 Delete 键删除，如图 9.3.4 所示。

图 9.3.3 选择面

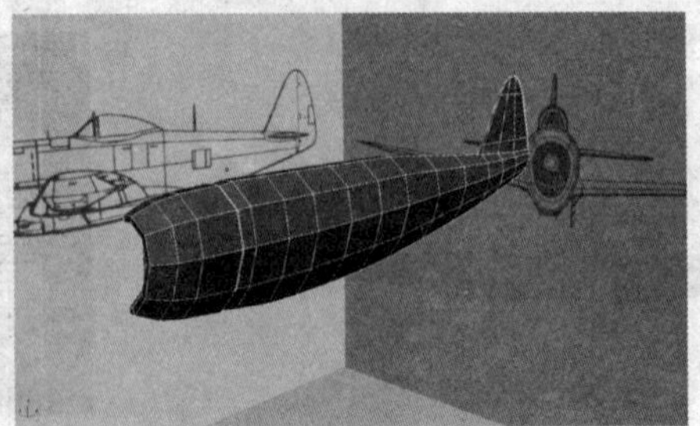
图 9.3.4 删除面

（3）在修改命令面板的修改器列表下拉列表中选择对称选项，给模型添加一个对称

修改器，此时模型将再次完整地显示出来，如图 9.3.5 所示。但右侧是由“对称”修改器生成的，因而对左侧所进行的更改将反映在右侧中。

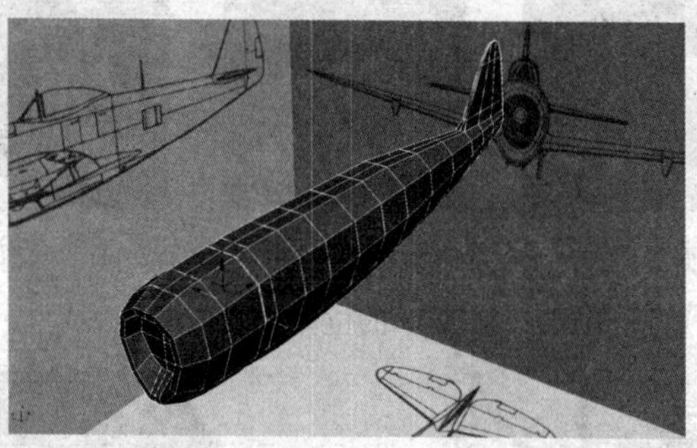

图 9.3.5　对称效果

  Tips

对称必须以 X 轴为中心，这是“对称”修改器的默认设置。

（4）切换到点级别，单击 切割 按钮，在模型上切割细分曲线，效果如图 9.3.6 所示。使用连接工具连接模型上的节点，如图 9.3.7 所示。

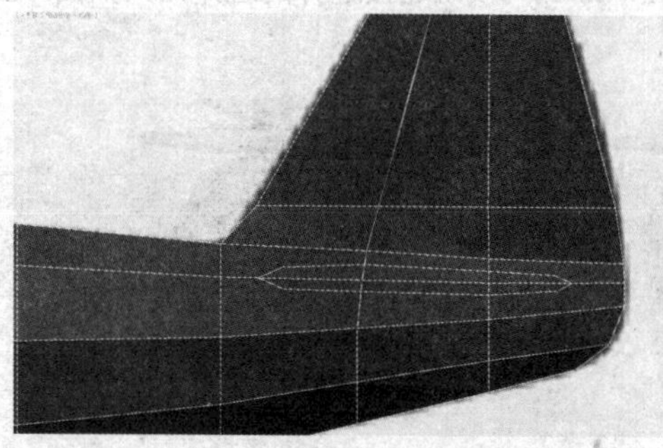

图 9.3.6　切割细分曲线

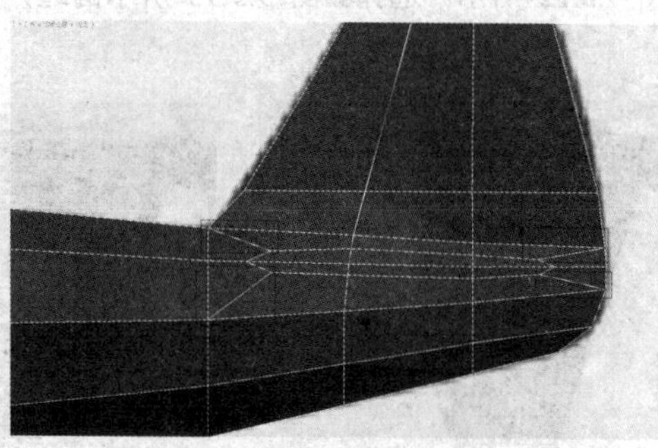

图 9.3.7　连接节点

  Tips

“切割”工具的剪刀有以下三种不同形式：

（1）：剪刀在顶点处时。

（2）：剪刀在边线上时。

（3）：剪刀在某个面上时。

在此步骤中，用户将创建三个自立顶点以包围稳定器的前缘和后缘。一般来说，模型不应有自立顶点，因此添加了一些边，以将这些顶点与其他顶点连接在一起。

（5）选择如图 9.3.8 所示的面，单击 挤出 后面的小按钮，在弹出的 挤出多边形 对话框中设置参数如图 9.3.9 所示，挤出效果如图 9.3.10 所示。

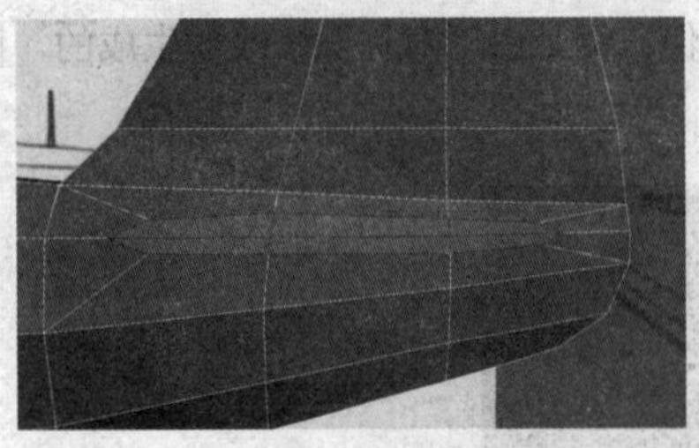
图 9.3.8　选择面

图 9.3.9　设置挤出参数

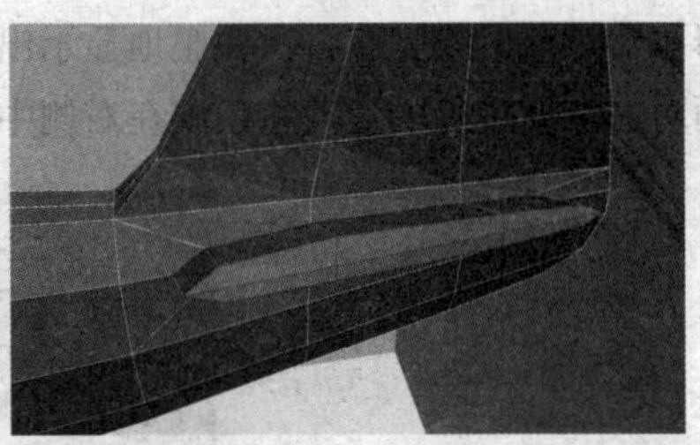
图 9.3.10　挤出效果

（6）调节模型上的节点到如图 9.3.11 所示的位置。

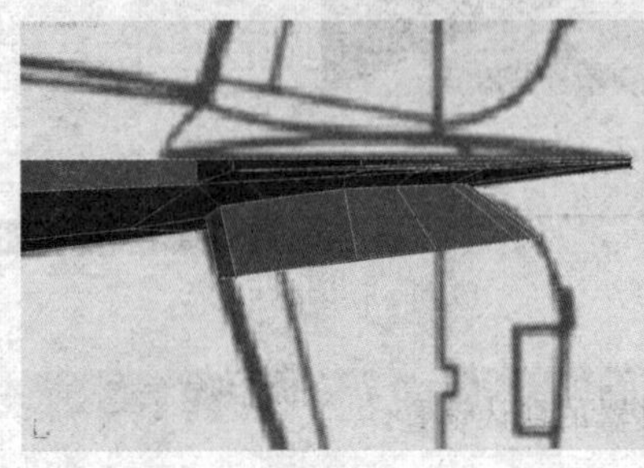

图 9.3.11　调节节点

（7）继续对图 9.3.11 所示的面进行挤出操作，同时调节节点的位置，以改变稳定器的形状，效果如图 9.3.12 所示。选择如图 9.3.13 所示的边，单击 连接 按钮连接选择的边，效果如图 9.3.14 所示。

图 9.3.12　挤出面并调节节点

图 9.3.13　选择边

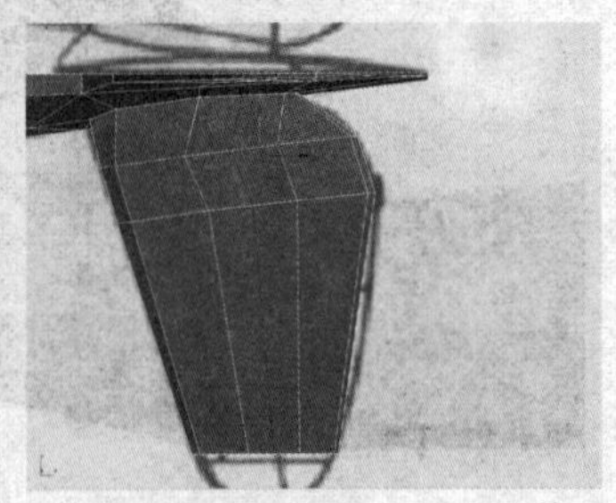
图 9.3.14　连接边

（8）继续对选择的面进行挤出操作，效果如图 9.3.15 所示。调节模型上的节点到如图 9.3.16 所示的位置。

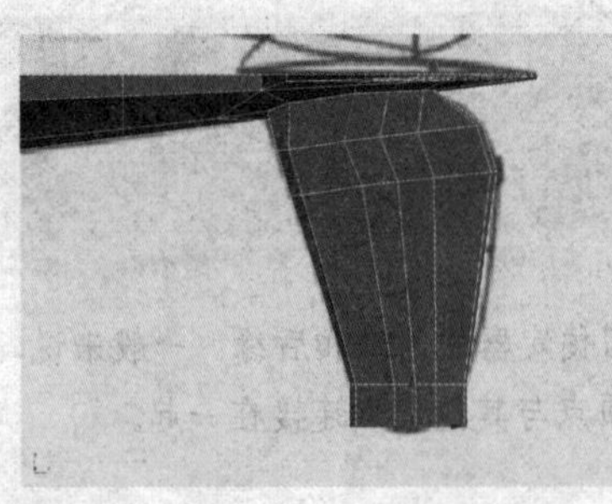
图 9.3.15　挤出面

图 9.3.16　调节节点

## 9.3.2 检查飞机几何体

在本小节中，将进行一次调整，以更正创建水平稳定器时出现的人工痕迹，然后使用细分曲面来检查总体模型。

（1）单击按钮，显示最终结果，如图 9.3.17 所示。可以看到，水平稳定器的外观良好，但它们与机身的连接处有两个难看的窄面，可通过移动单个顶点来修复此问题。

图 9.3.17 显示最终结果

（2）在修改命令面板的 编辑几何体 卷展栏中激活 边 复选框，选择如图 9.3.18 所示的节点，调节到如图 9.3.19 所示的位置。激活 无 复选框，取消边的约束。

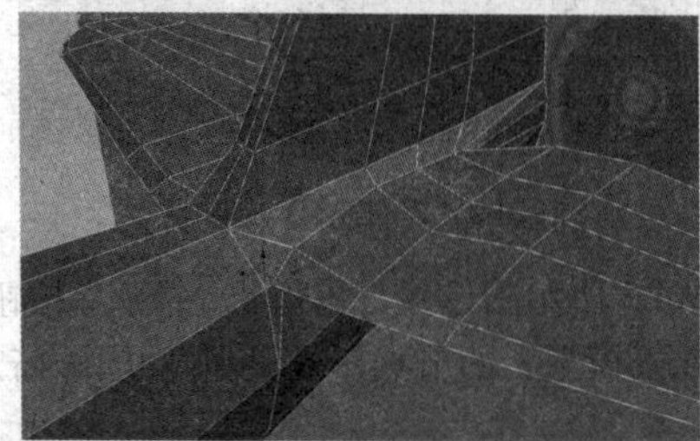

图 9.3.18 选择节点

图 9.3.19 调节节点

 Tips

如果忘记约束仍处于启用状态，则在变转子对象时可能会出现异常情况。因此，最好使用完约束就将其禁用。此外，此设置中按钮的功能类似于单选按钮。不能通过再次单击约束的按钮来禁用约束，必须激活“约束到无”才能禁用当前活动的约束。

（3）在修改命令面板的 细分曲面 卷展栏中激活 使用 NURMS 细分 复选框，设置迭代次数为 2，如图 9.3.20 所示，细分曲面效果如图 9.3.21 所示。

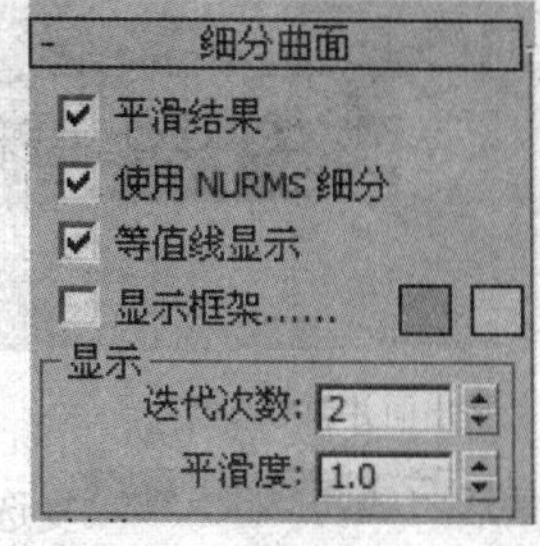


图 9.3.20 设置细分曲面参数

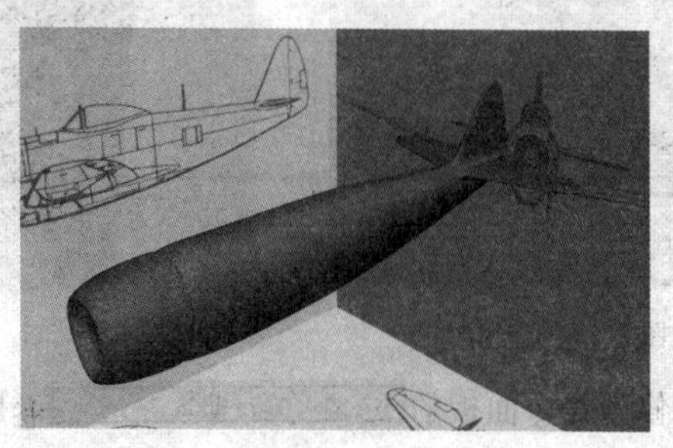

图 9.3.21 细分曲面效果

此时，飞机模型及其稳定器的外观良好。但有些面（尤其是进气口处的面）超出了应有的平滑程度，本章将在后面的讲解中修复此问题。

## 9.4 制作机翼模型

机翼与水平稳定器一样是定形的挤出。同样，右侧的机翼也由“对称”修改器提供。在本节中，主要讲解如何制作机翼模型。

（1）要创建机翼，首先需要对机身的轮廓进行一些调整。选择如图 9.4.1 所示的边，单击 连接 按钮添加细分曲线，效果如图 9.4.2 所示。

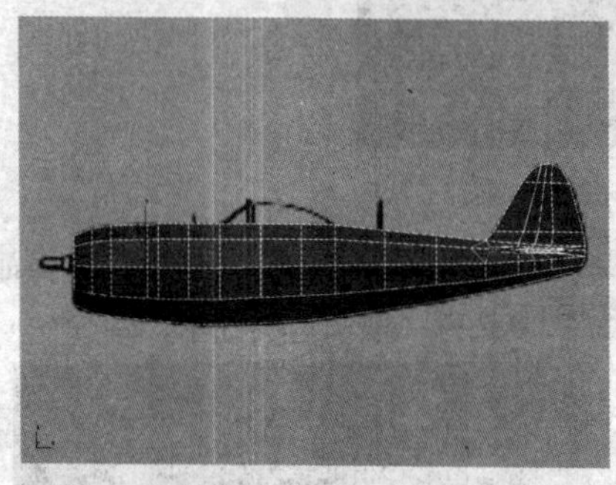

图 9.4.1 选择边　　图 9.4.2 连接边效果

（2）切换到前视图，调节模型上的节点到如图 9.4.3 所示的位置。单击 切割 按钮在模型上切割细分曲线，效果如图 9.4.4 所示。使用连接工具连接模型上的节点，效果如图 9.4.5 所示。

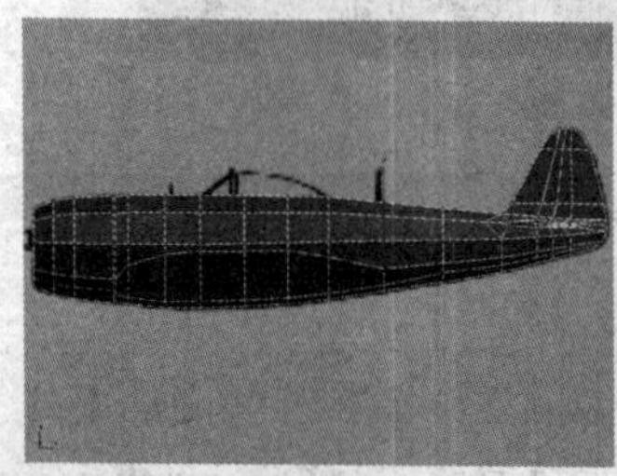

图 9.4.3 调节节点

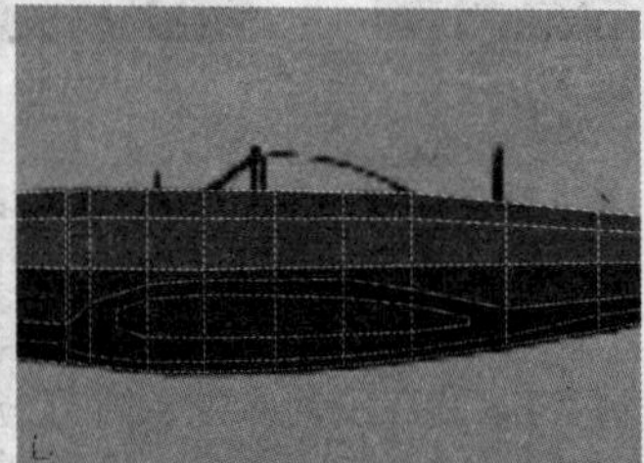

图 9.4.4 切割细分曲线

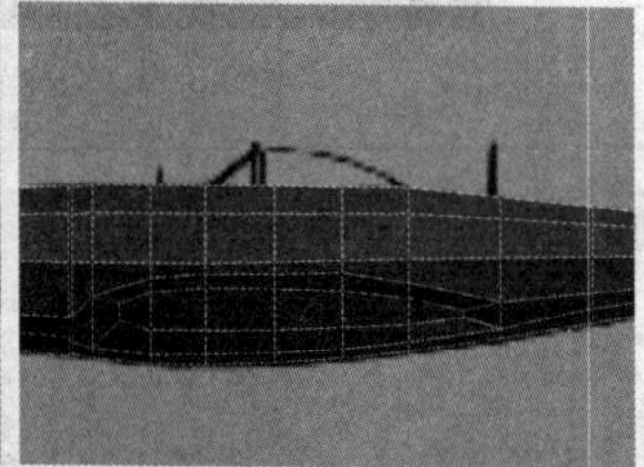

图 9.4.5 连接节点

（3）选择如图 9.4.6 所示的面，单击 挤出 按钮对其进行挤出操作，同时调节挤出模型上的节点，效果如图 9.4.7 所示。其制作方法与制作平衡稳定器的方法相同。

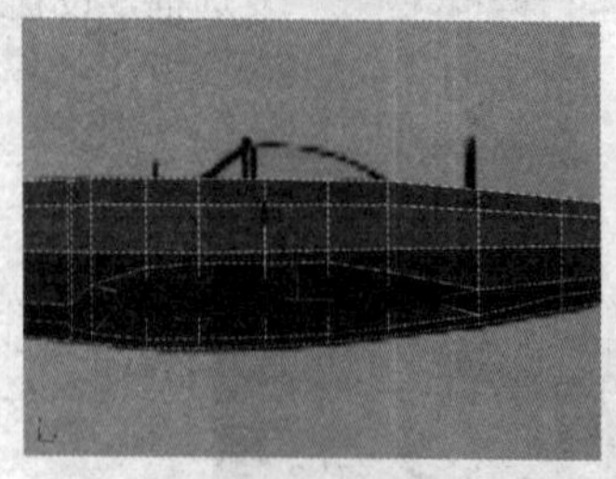

图 9.4.6 选择面

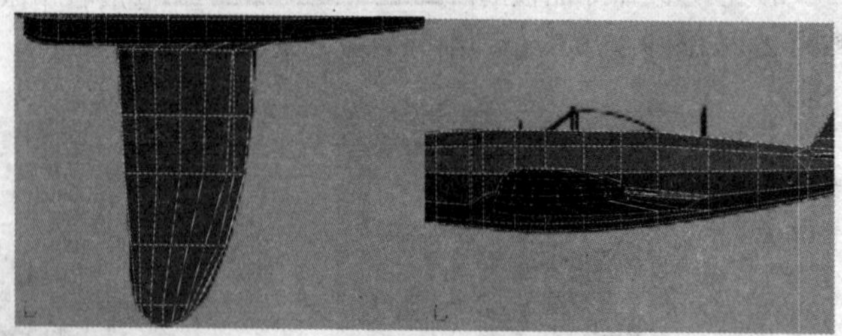

图 9.4.7 挤出面并调节节点

（4）在修改命令面板的 细分曲面 卷展栏中激活 ☑使用 NURMS 细分 复选框，设置迭代次数为 2，如图 9.4.8 所示，细分曲面效果如图 9.4.9 所示。可以看到，位于进气口下边的两个边超过

了应有的尖锐程度，这些边来自于在准备挤出机翼时使用快速循环创建的附加轮廓，我们将在下一过程中更正这些问题。

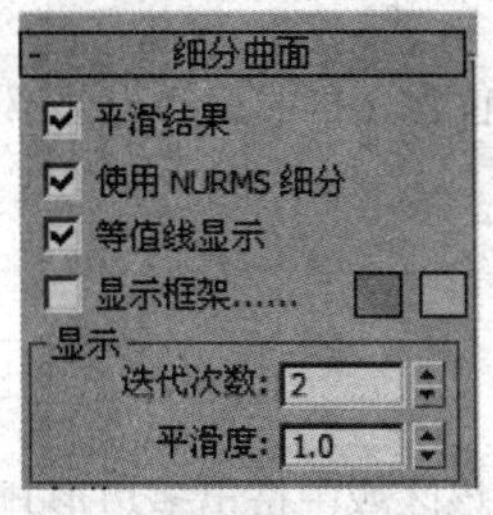


图 9.4.8 设置细分曲面参数

图 9.4.9 细分曲面效果

（5）关闭细分曲面选项。选择如图 9.4.10 所示的边，调节到如图 9.4.11 所示的位置。选择如图 9.4.12 所示的边，调节到如图 9.4.13 所示的位置。选择如图 9.4.14 所示的边，调节到如图 9.4.15 所示的位置。

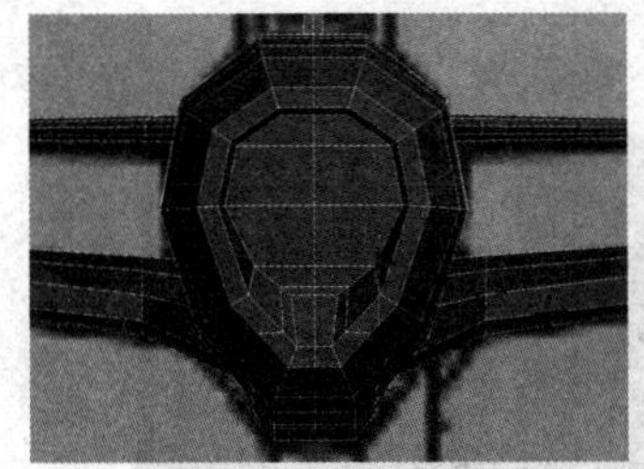

图 9.4.10 选择边（一）

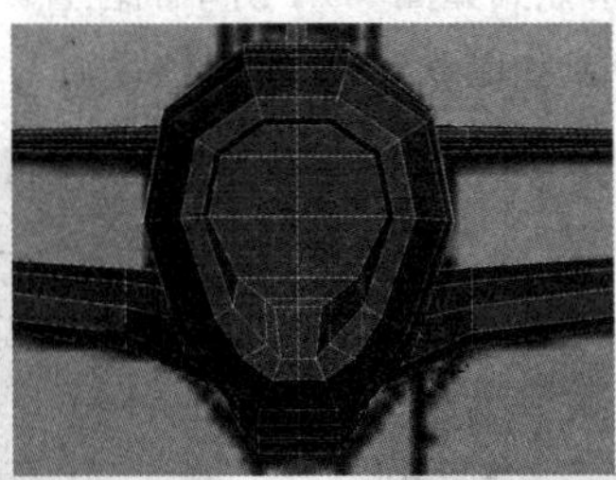

图 9.4.11 调节边（一）

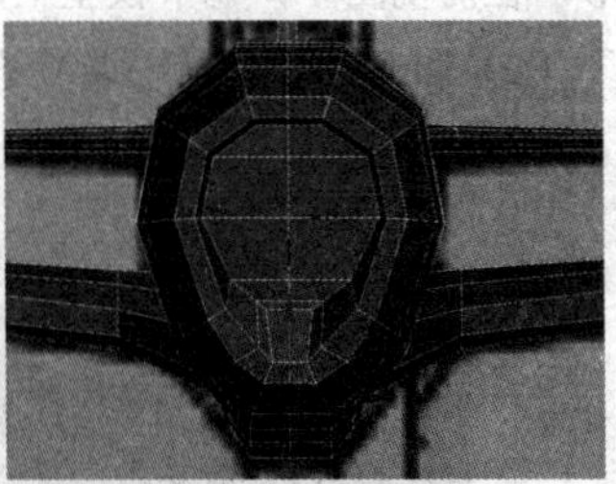

图 9.4.12 选择边（二）

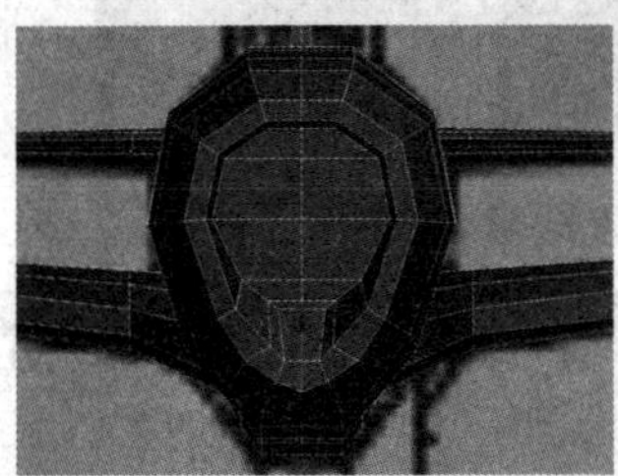

图 9.4.13 调节边（二）

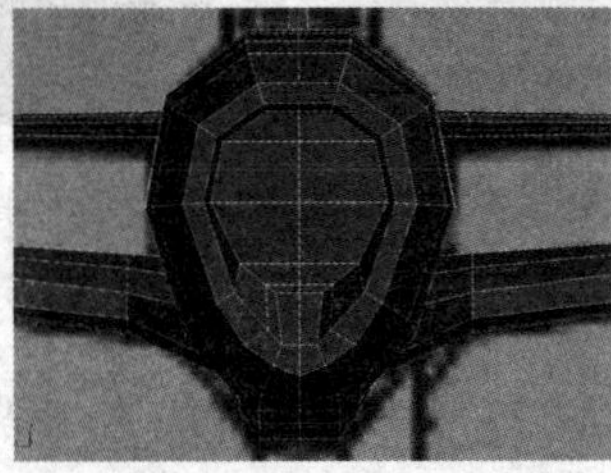

图 9.4.14 选择边（三）

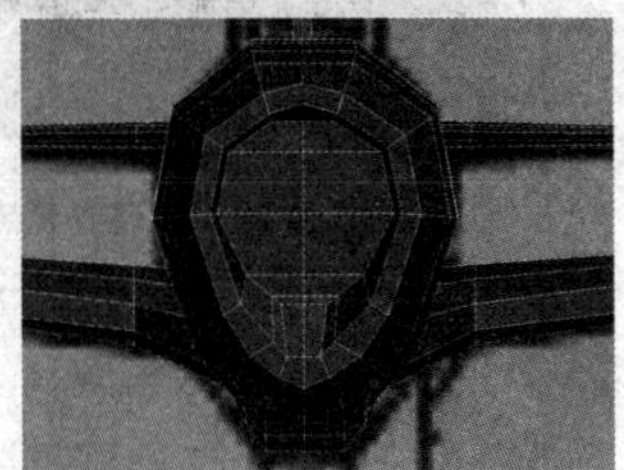

图 9.4.15 调节边（三）

（6）激活 ☑ 使用 NURMS 细分 复选框，细分曲面效果如图 9.4.16 所示。此时，引擎罩入口部分的外观会更好看一些。

图 9.4.16 细分曲面效果

# 9.5 制作驾驶舱模型

驾驶舱包含驾驶舱盖，驾驶舱盖将成为一个单独的对象。驾驶舱还包含飞机的空心内部部分，在本节中主要制作驾驶舱模型。

## 9.5.1 制作驾驶舱盖模型

若要对驾驶舱进行建模，将从驾驶舱区域对机身进行定形，然后在该区域中挤出多边形开始。这是驾驶舱盖建模的基础，驾驶舱盖将成为一个单独的对象。制作驾驶舱盖模型步骤如下：

（1）既然已经创建了水平稳定器和机翼，那么“对称”修改器就完成了它的工作。因此，可以再次将飞机模型重新塌陷到同一对象中。关闭细分曲面选项，单击鼠标右键，将模型转换为可编辑多边形。在前视图中，调节模型上的节点到如图 9.5.1 所示的位置。

（2）切换到顶视图，调节节点到如图 9.5.2 所示的位置。

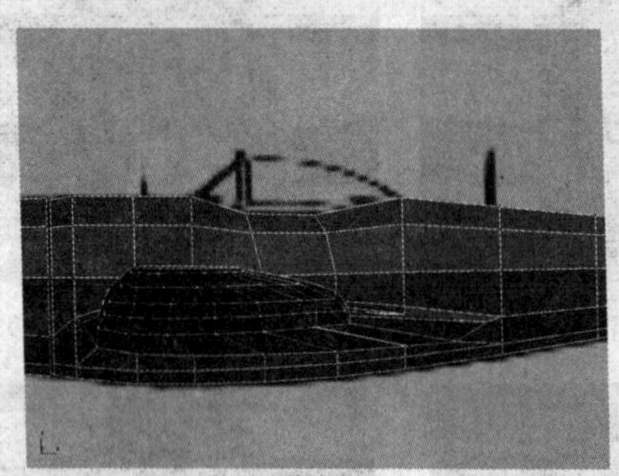

图 9.5.1 调节节点（一）

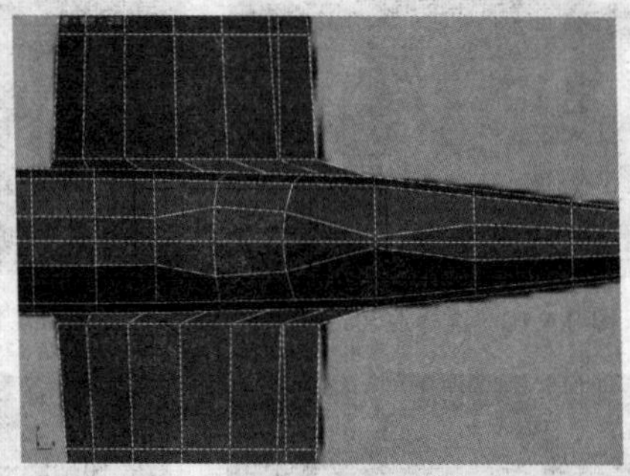

图 9.5.2 调节节点（二）

  Tips

现在模型处于塌陷状态，在使用区域选择选定顶部行时，将选定三行顶点，即机身的两侧和中间。

（3）选择如图 9.5.3 所示的面，单击 挤出 后面的小按钮，在弹出的 挤出多边形 对话框中设置参数如图 9.5.4 所示，挤出效果如图 9.5.5 所示。

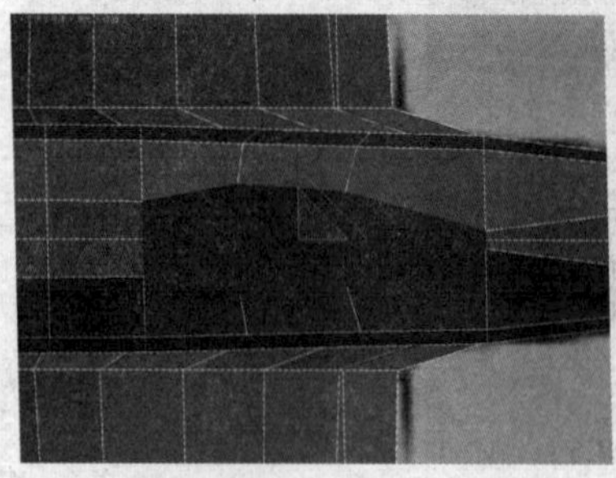

图 9.5.3 选择面

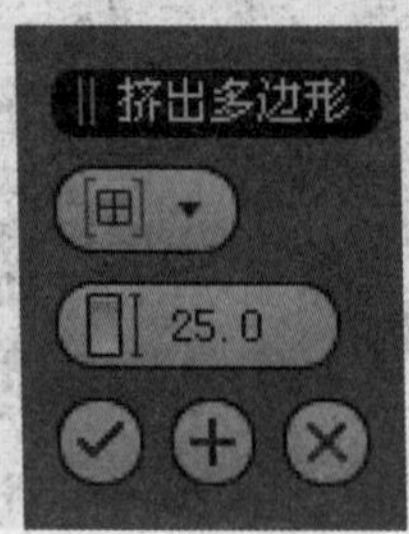


图 9.5.4 设置挤出参数

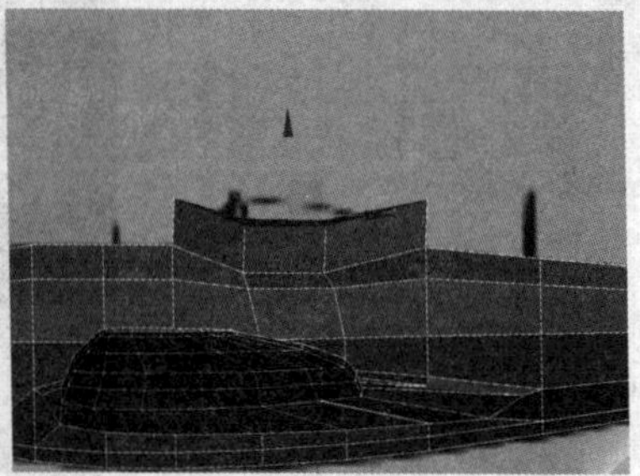

图 9.5.5 挤出效果

（4）单击 平面化 后面的 Y 按钮，使选择的面位于 Y 轴平面上，效果如图 9.5.6 所示。调节模型上的节点到如图 9.5.7 所示的位置。

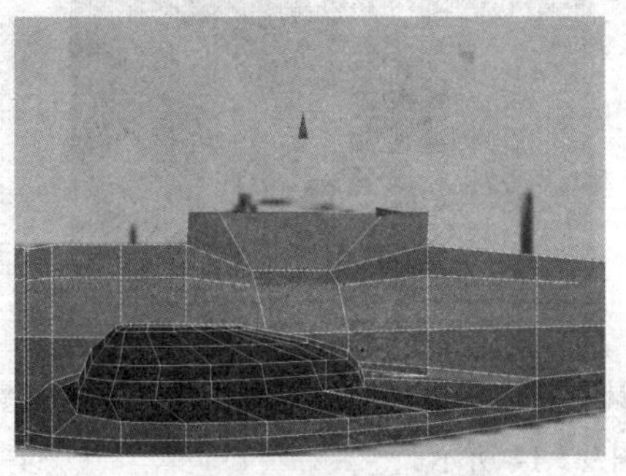

图 9.5.6　平面化效果

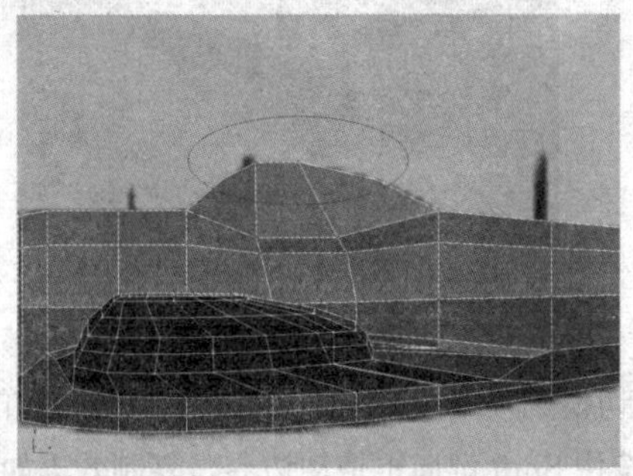

图 9.5.7　调节节点

（5）切换到顶视图，调节节点到如图 9.5.8 所示的位置。

图 9.5.8　调节节点

（6）驾驶舱盖将成为一个与机身分开的单独对象。在此过程中，首先将驾驶舱盖与机身分离，然后隐藏它。再选择如图 9.5.9 所示的面，单击 分离 按钮分离驾驶舱盖，效果如图 9.5.10 所示。

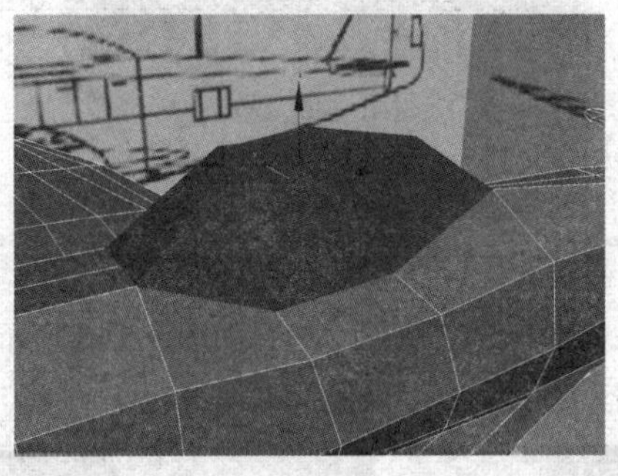

图 9.5.9　选择面

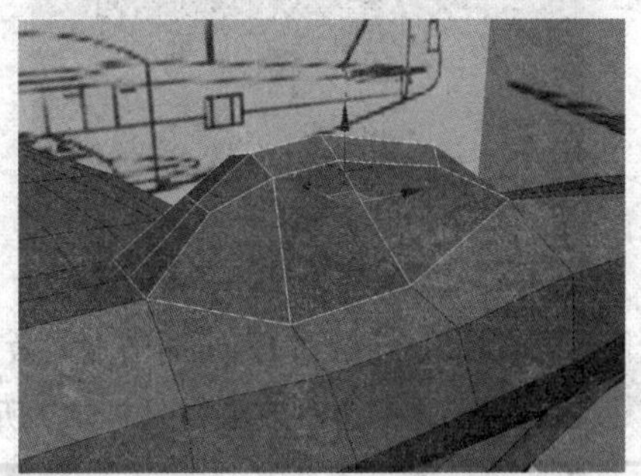

图 9.5.10　分离效果

## 9.5.2　制作驾驶舱内部模型

驾驶舱内部不需要大量细节，但添加它会将机身模型还原为一个连续的曲面。

（1）选择分离出来的驾驶舱盖模型，单击鼠标右键，在弹出的快捷菜单中选择 隐藏选定对象 选项，隐藏选择的模型。选择如图 9.5.11 所示的边界，按住 Shift 键向下移动边界以进行复制，并创建驾驶舱的边缘，效果如图 9.5.12 所示。

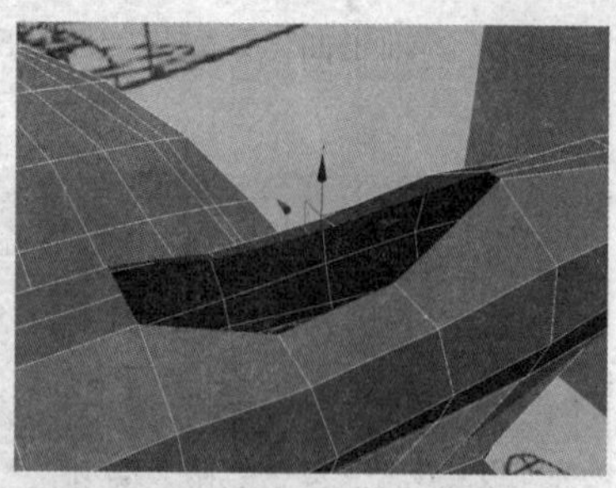

图 9.5.11　选择边界

图 9.5.12　复制边界

（2）切换到顶视图，按住 Shift 键使用缩放工具对新边界进行缩放复制操作，效果如图 9.5.13 所示。继续按住 Shift 键向下拖动边界，复制效果如图 9.5.14 所示。

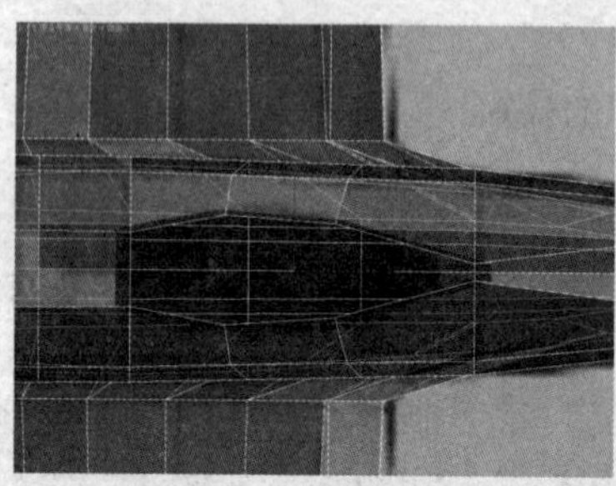

图 9.5.13　缩放复制效果

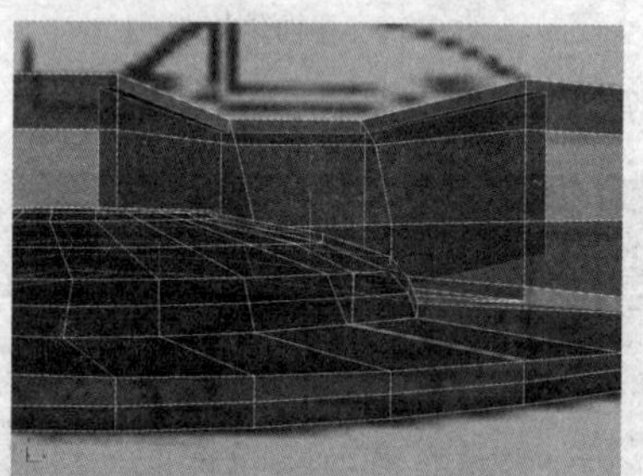

图 9.5.14　拖动复制效果

9

（3）单击 平面化 后面的 Y 按钮，使选择的面位于 Y 轴平面上，效果如图 9.5.15 所示。单击 封口 按钮，对边界进行封口操作，效果如图 9.5.16 所示。

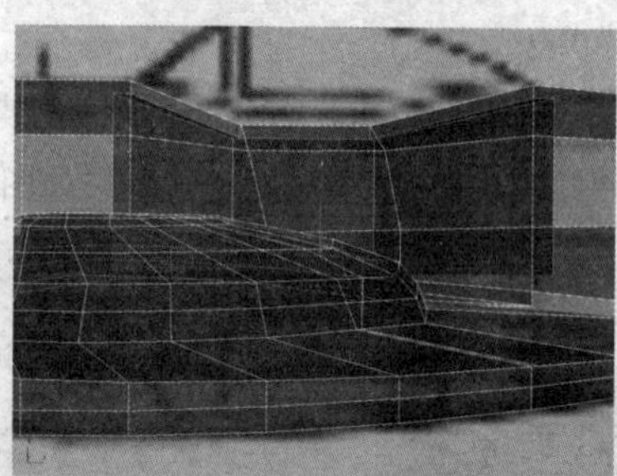

图 9.5.15　平面化效果

图 9.5.16　封口效果

（4）使用连接工具连接封口面上的节点，效果如图 9.5.17 所示。选择如图 9.5.18 所示的边，单击 连接 按钮连接选择的边，效果如图 9.5.19 所示。

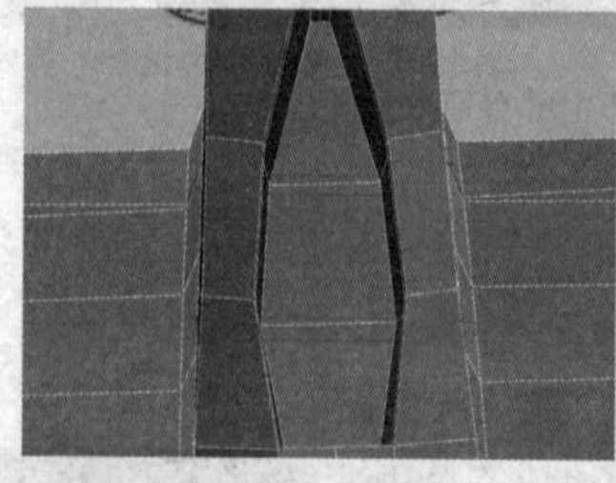

图 9.5.17　连接节点

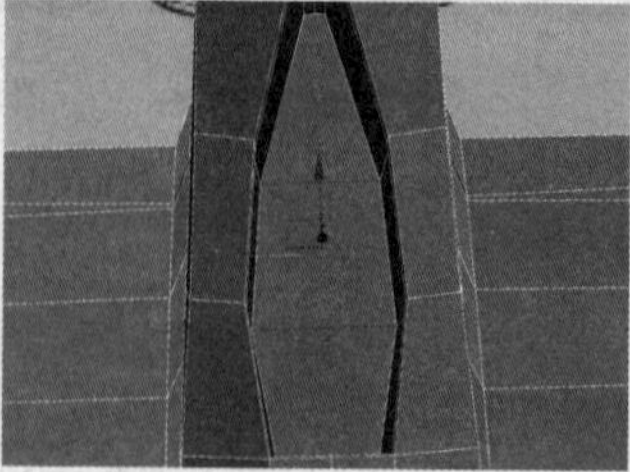

图 9.5.18　选择边

图 9.5.19　连接边

（5）使用连接工具连接封口面上的节点，效果如图 9.5.20 所示。此时，构成驾驶舱内部的多边

形全部是四边形，并遵循构成机身内部的多边形的总体模式。选择如图 9.5.21 所示的边，单击 连接 后面的小按钮，在弹出的 || 连接边 对话框中设置参数如图 9.5.22 所示，连接边效果如图 9.5.23 所示。

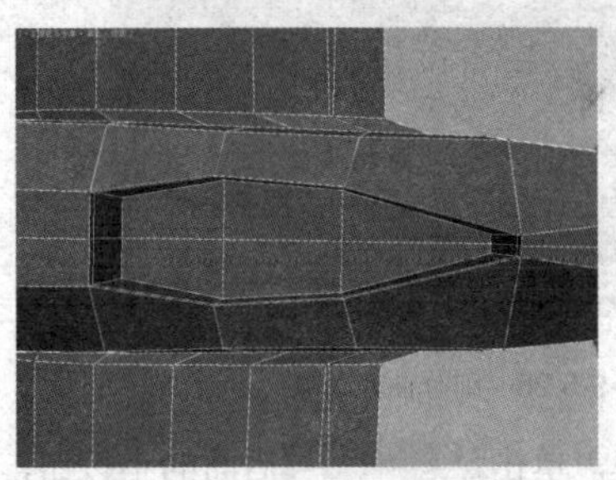

图 9.5.20　连接节点

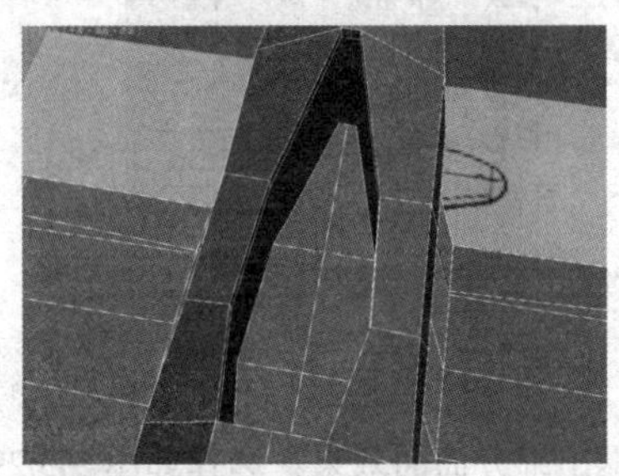

图 9.5.21　选择边

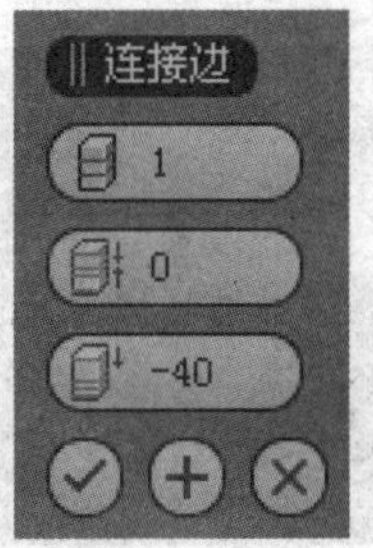


图 9.5.22　设置连接边参数

图 9.5.23　连接边效果

（6）选择如图 9.5.24 所示的面，单击 挤出 后面的小按钮，在弹出的 || 挤出多边形 对话框中设置参数如图 9.5.25 所示，挤出效果如图 9.5.26 所示。

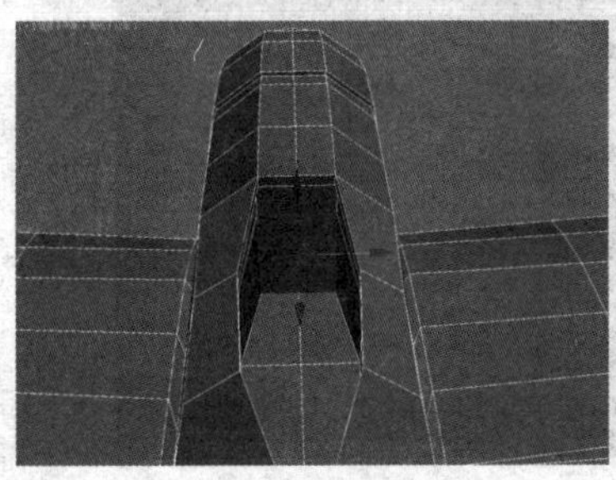

图 9.5.24　选择面

图 9.5.25　设置挤出参数

图 9.5.26　挤出效果

### 9.5.3　优化驾驶舱

虽然驾驶舱建模基本上完成了，但还需要添加一些边并调整其位置，以便在平滑模型后驾驶舱的外观仍十分好看。

（1）在修改命令面板的 - 细分曲面 卷展栏中激活 ☑ 使用 NURMS 细分 复选框，设置迭代次数为 2，如图 9.5.27 所示，细分曲面效果如图 9.5.28 所示。可以看到，模型具有良好的平滑性，而驾驶舱一直是十分平滑的。但是，参考图显示驾驶舱的前边应是直边，可以通过添加一些边来修复此问题。

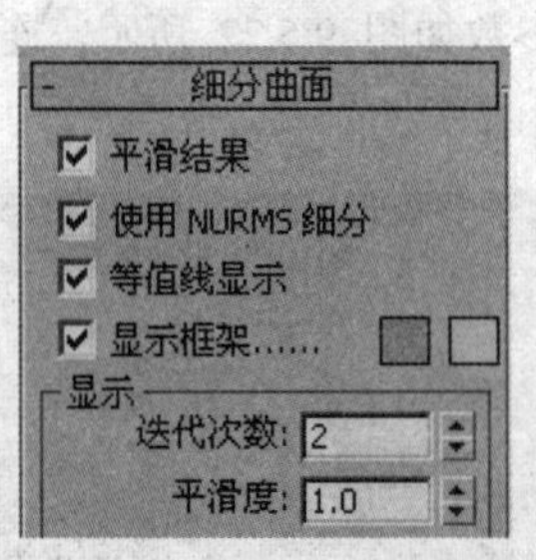

图 9.5.27　设置细分曲面参数

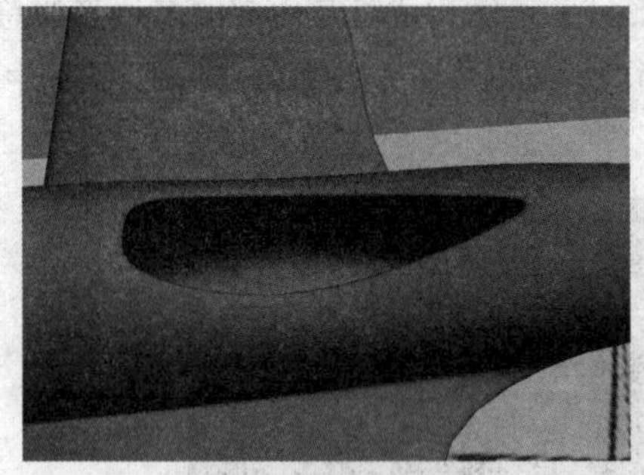
图 9.5.28　细分曲面效果

（2）退出细分曲面效果。选择如图 9.5.29 所示的边，单击 连接 后面的小按钮，在弹出的 || 连接边 对话框中设置参数如图 9.5.30 所示，连接边效果如图 9.5.31 所示。

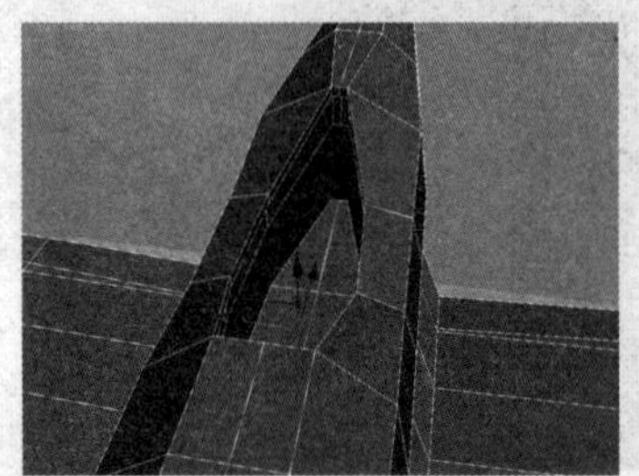
图 9.5.29　选择边

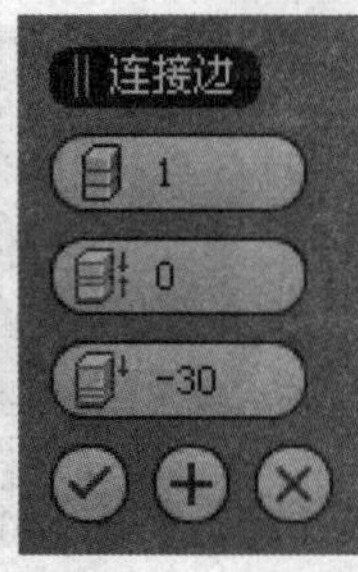

图 9.5.30　设置连接边参数

图 9.5.31　连接边效果

（3）选择如图 9.5.32 所示的边，调节到如图 9.5.33 所示的位置。

图 9.5.32　选择边

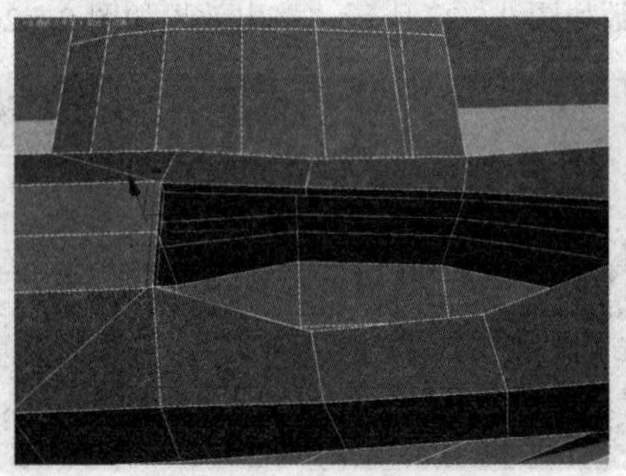
图 9.5.33　调节边

（4）继续在模型上添加细分曲线，效果如图 9.5.34 所示。调节节点到如图 9.5.35 所示的位置，打开细分曲面效果，如图 9.5.36 所示。

图 9.5.34　添加细分曲线

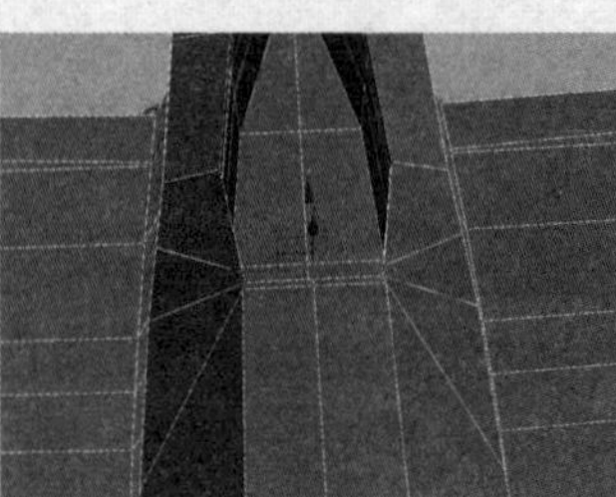
图 9.5.35　调节节点

图 9.5.36　细分曲面效果

# 9.6　优化飞机

要完成飞机建模，需要对机身和驾驶舱盖进行各种调整。

## 9.6.1　优化机头的曲率

机身头部上方是平坦的，使其更圆滑些可改进飞机的外观。

（1）选择如图 9.6.1 所示的边，调节到如图 9.6.2 所示的位置。

图 9.6.1　选择边

图 9.6.2　调节边

（2）选择如图 9.6.3 所示的节点，调节到如图 9.6.4 所示的位置。

图 9.6.3　选择节点

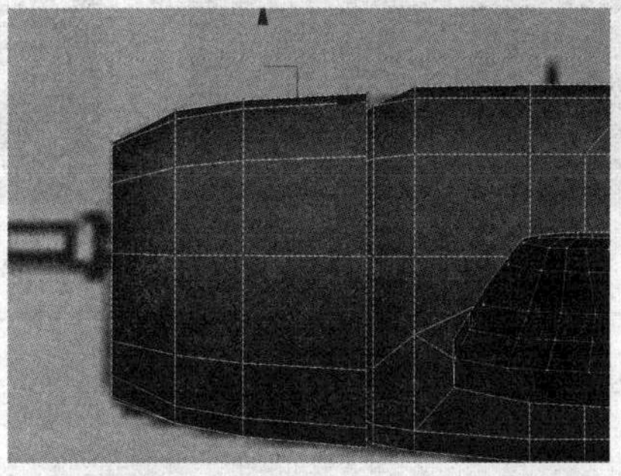

图 9.6.4　调节节点

（3）打开细分曲面效果，如图 9.6.5 所示。

图 9.6.5　细分曲面效果

## 9.6.2　向座舱罩添加细节

在这一小节中给座舱罩添加细节，使座舱罩看起来更加平滑。

（1）关闭细分曲面效果。单击鼠标右键，在弹出的快捷菜单中选择全部取消隐藏选项，使座舱罩模型显示出来，如图 9.6.6 所示。调节模型上的节点到如图 9.6.7 所示的位置。

图 9.6.6　显示座舱罩模型

图 9.6.7　调节节点

（2）选择如图 9.6.8 所示的边，单击连接后面的小按钮，在弹出的连接边对话框中设置参数如图 9.6.9 所示，连接边效果如图 9.6.10 所示。

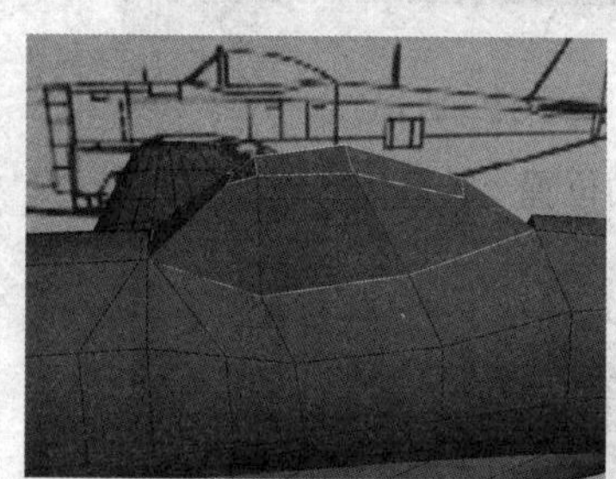
图 9.6.8　选择边

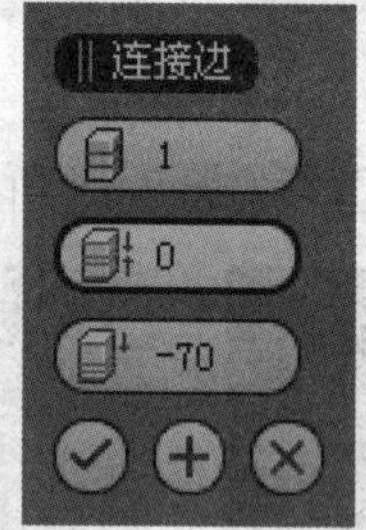

图 9.6.9　设置连接边参数

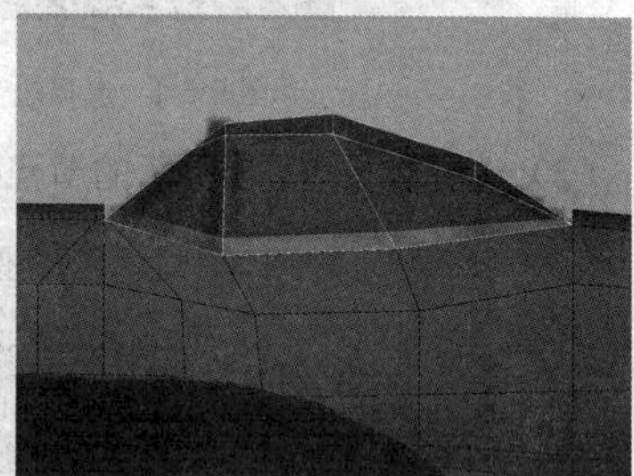
图 9.6.10　连接边效果

  Tips

使用前视口完成此操作，以便可以将边圈与蓝图匹配。

（3）继续在模型上添加细分曲线，效果如图 9.6.11 所示。调节模型上的边到如图 9.6.12 所示的位置。

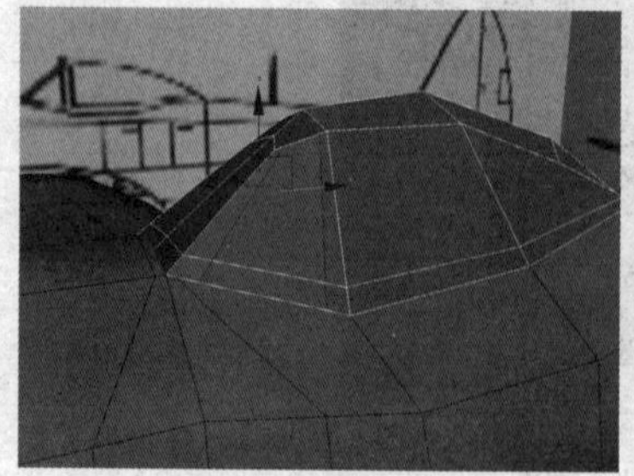
图 9.6.11　添加细分曲线

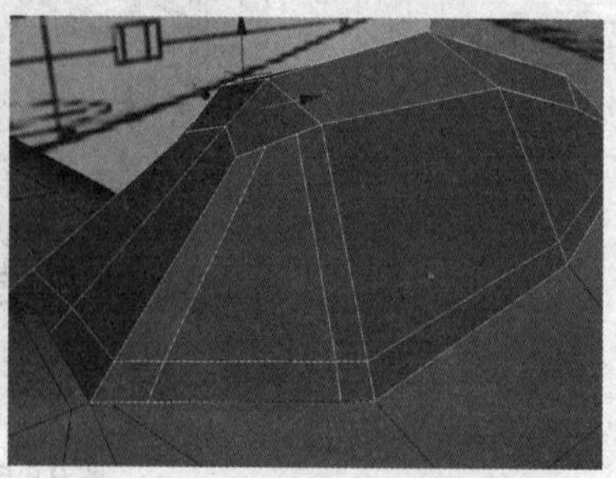
图 9.6.12　调节边

（4）选择如图 9.6.13 所示的面，单击 挤出 □ 后面的小按钮，在弹出的 ‖ 挤出多边形 对话框中设置参数如图 9.6.14 所示，挤出效果如图 9.6.15 所示。

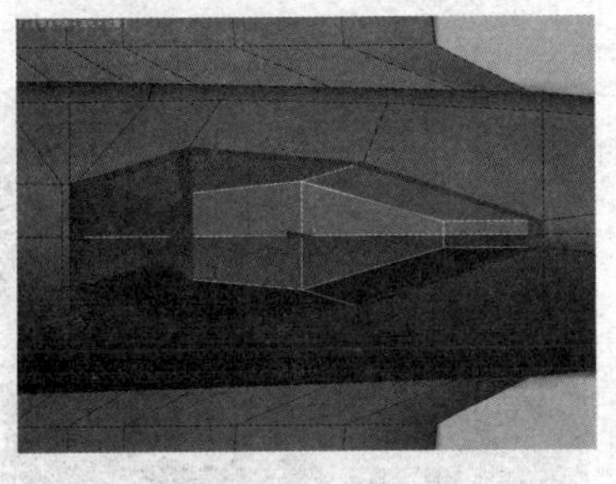

图 9.6.13 选择面

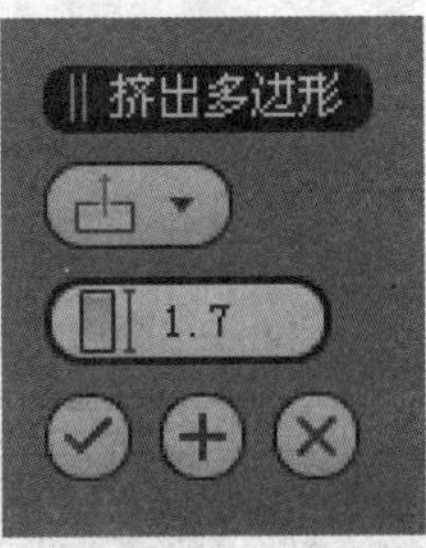


图 9.6.14 设置挤出参数

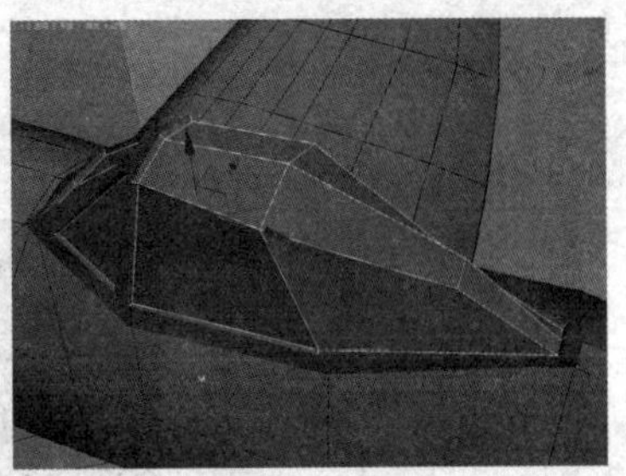

图 9.6.15 挤出效果

## 9.6.3 使用平滑组区分玻璃和金属罩部件

在这一小节中，使用平滑组区分罩中的不同材质。

（1）选择如图 9.6.16 所示的面，在 - 多边形: 平滑组 卷展栏中单击 32 按钮，如图 9.6.17 所示，为座舱罩的金属部分模型指定平滑值，效果如图 9.6.18 所示。

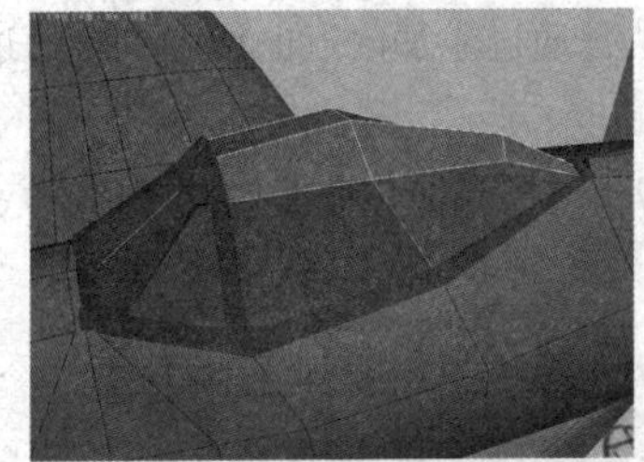

图 9.6.16 选择面

图 9.6.17 设置平滑组

图 9.6.18 平滑效果

 Tips

也可以将此值用于引擎罩，但是请记住飞机机身和罩是两个不同的对象，因此平滑组值不重叠。

（2）按“Ctrl+I”组合键反选面，如图 9.6.19 所示，在 - 多边形: 平滑组 卷展栏中单击 32 按钮，如图 9.6.20 所示，为座舱罩的玻璃部分模型指定平滑值，效果如图 9.6.21 所示。

图 9.6.19 选择面

图 9.6.20 设置平滑组

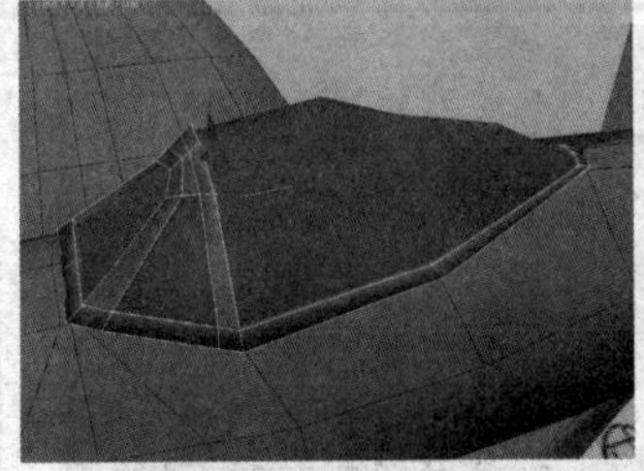

图 9.6.21 平滑效果

（3）在修改命令面板的 - 细分曲面 卷展栏中激活 ☑ 使用 NURMS 细分 复选框，设置迭代次数为 2，如图 9.6.22 所示，细分曲面效果如图 9.6.23 所示。可以看到，此时的罩子模型有点过于平滑。在 分隔方式 选项中激活 ☑ 平滑组 复选框，现在罩子的金属和玻璃部分看上去有明显区分了，效果如图 9.6.24 所示。

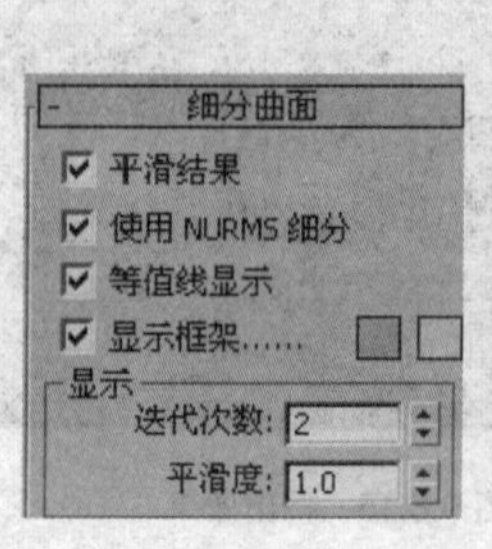


图 9.6.22　设置细分曲面参数

图 9.6.23　细分曲面效果

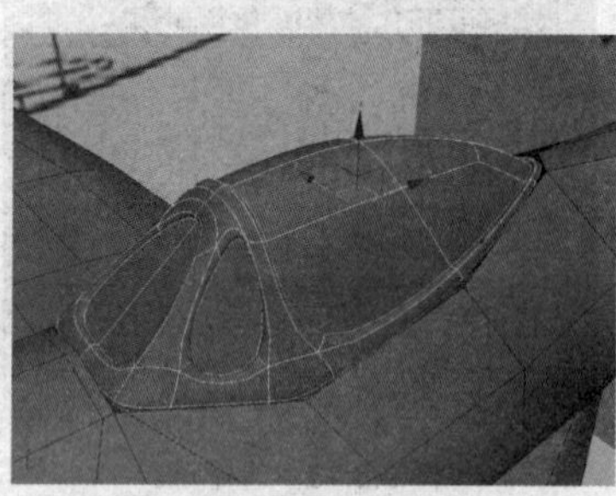

图 9.6.24　细分曲面效果

将平滑组考虑在内后，罩的玻璃和金属部分之间的边定义得很好，但是风挡的形状太圆了，在接下来的过程中将对此进行修正。

## 9.6.4　优化座舱罩模型

9 对于进气口或座舱内部的前边缘，降低 NURMS 平滑量的方法是通过添加附近的边圈来对边进行加固。在这一小节中，将对座舱罩的前风挡执行此操作。

（1）使用连接工具在模型上添加细分曲线，效果如图 9.6.25 所示。打开细分曲面效果，如图 9.6.26 所示。

图 9.6.25　添加细分曲线

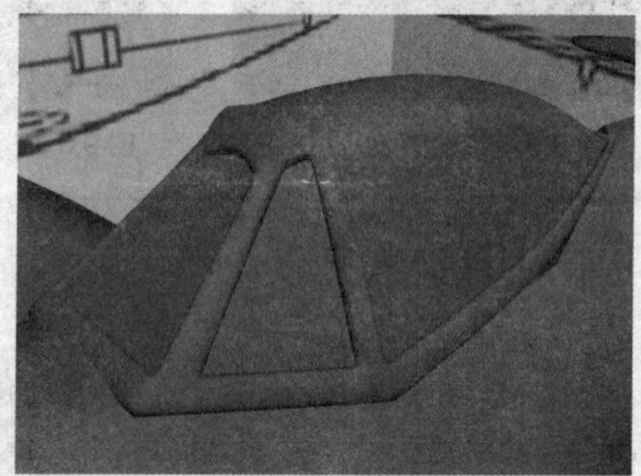

图 9.6.26　细分曲面效果

（2）继续在模型上添加细分曲线，效果如图 9.6.27 所示。选择如图 9.6.28 所示的边，调节到如图 9.6.29 所示的位置。

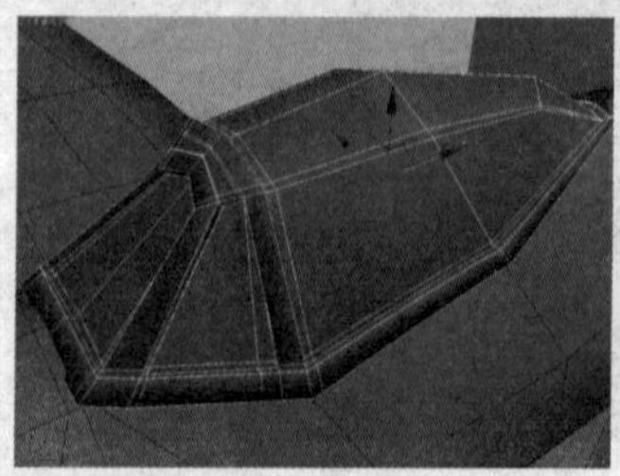

图 9.6.27　添加细分曲线

图 9.6.28　选择边

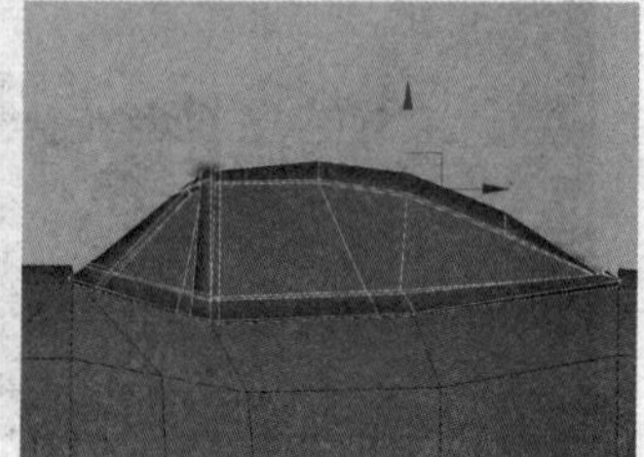

图 9.6.29　调节边

（3）选择如图 9.6.30 所示的边，调节到如图 9.6.31 所示的位置。

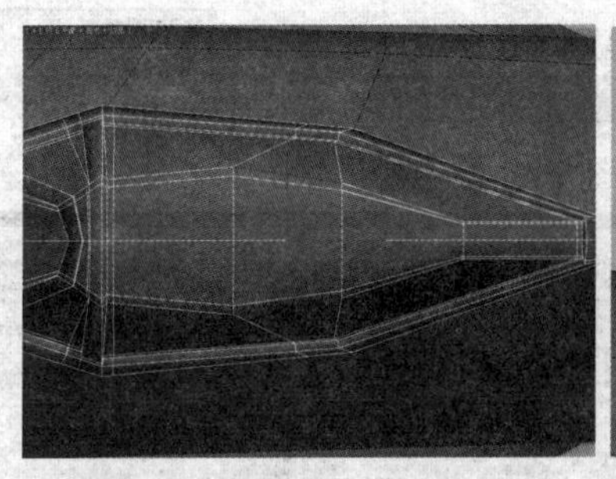

图 9.6.30 选择边

图 9.6.31 调节边

（4）切换到顶视图，选择如图 9.6.32 所示的节点，调节到如图 9.6.33 所示的位置。同时，对节点进行缩放操作，效果如图 9.6.34 所示。

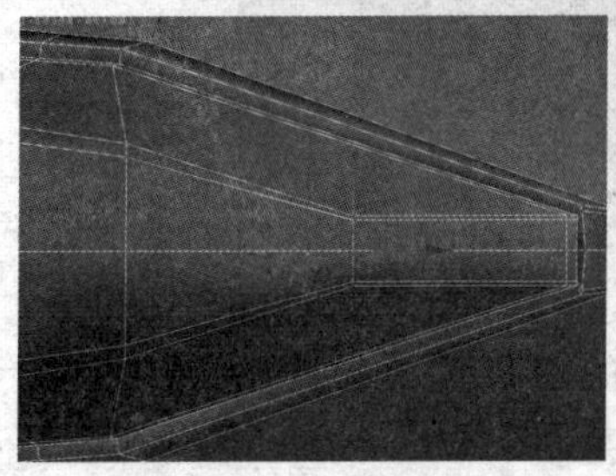

图 9.6.32 选择节点

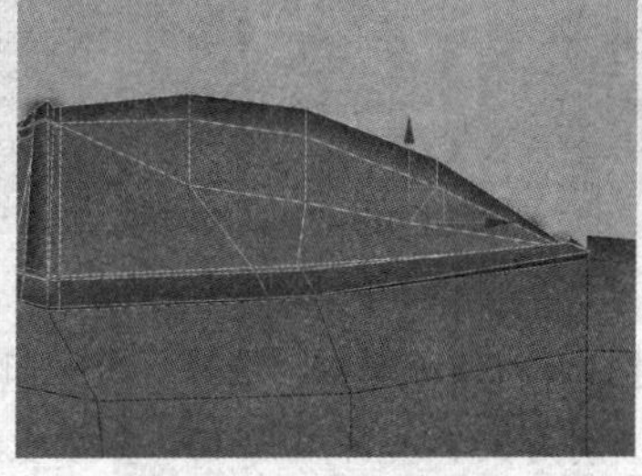

图 9.6.33 调节节点

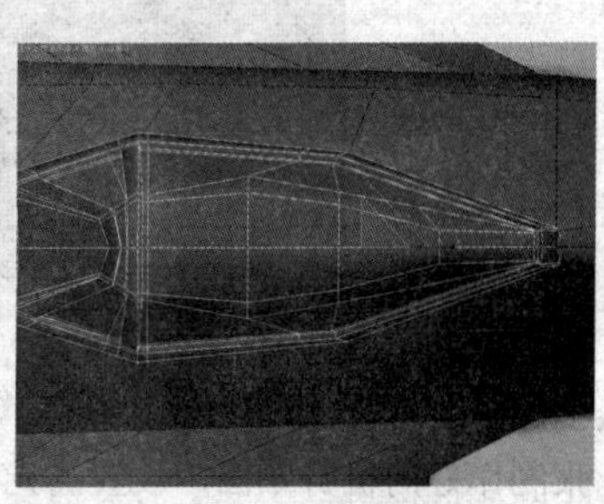

图 9.6.34 缩放节点



（5）打开机身和座舱罩模型的细分曲面效果，如图 9.6.35 所示。继续使用多边形建模的方法，制作出飞机前面的螺旋桨模型，效果如图 9.6.36 所示，因为我们使用透明贴图来表现螺旋桨的效果，所以在建模时使用平面表现就可以了。

图 9.6.35 细分曲面效果

图 9.6.36 螺旋桨模型

至此，飞机模型制作完成。

## 9.7 设置材质、灯光效果

在本节中设置场景的材质、灯光效果。

### 9.7.1 设置材质效果

在这一小节中设置飞机的材质效果，具体操作步骤如下：

（1）展开飞机身体的 UV。选择飞机身体模型，在修改命令面板的 修改器列表 下拉列表中选择 UVW 展开 修改器，在修改命令面板的 编辑 UV 卷展栏中单击 打开 UV 编辑器... 按钮，在弹出的 编辑 UVW 对话框中将 UV 展开到如图 9.7.1 所示的形状。

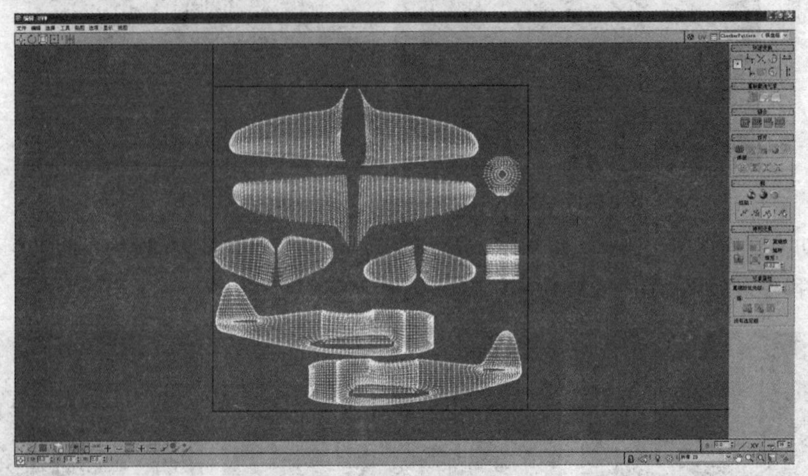

图 9.7.1　展开机身 UV

（2）设置机身材质。按 M 键打开材质编辑器，选择一个空白的材质球，在漫反射通道中添加一张制作好的机身贴图，设置高光级别为 35，光泽度为 10，参数设置如图 9.7.2 所示。

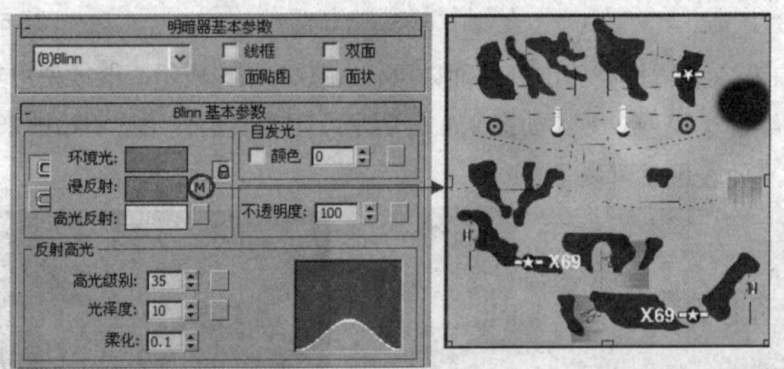


图 9.7.2　设置机身材质

（3）设置螺旋桨材质。打开材质编辑器，选择一个空白的材质球，在漫反射通道中添加一张纹理贴图，设置自发光颜色数值为 50；在不透明通道中添加一张和漫反射同样的贴图，在 位图参数 卷展栏的 单通道输出: 选项下激活 Alpha 复选项，参数设置如图 9.7.3 所示。

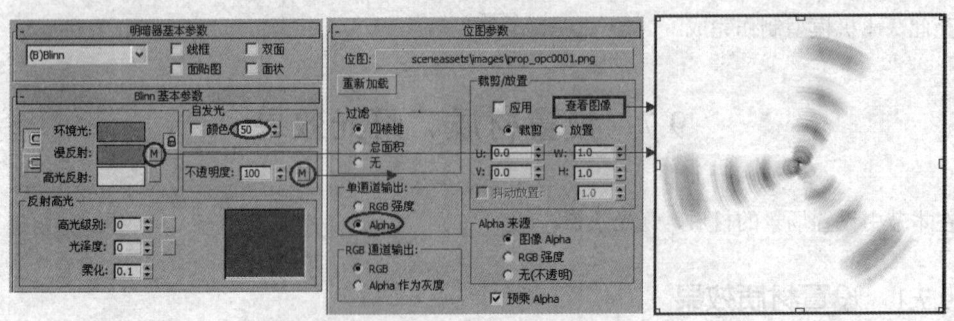


图 9.7.3　设置螺旋桨材质

（4）设置座舱金属框架材质。打开材质编辑器，选择一个空白的材质球，设置明暗器类型为

(M)金属 方式，设置漫反射颜色为暗红色，设置高光级别为 122，光泽度为 54，参数设置如图 9.7.4 所示。

（5）设置座舱玻璃材质。打开材质编辑器，选择一个空白的材质球，设置漫反射颜色为暗红色，设置不透明度为 70；设置高光级别为 31，光泽度为 21，参数设置如图 9.7.5 所示。

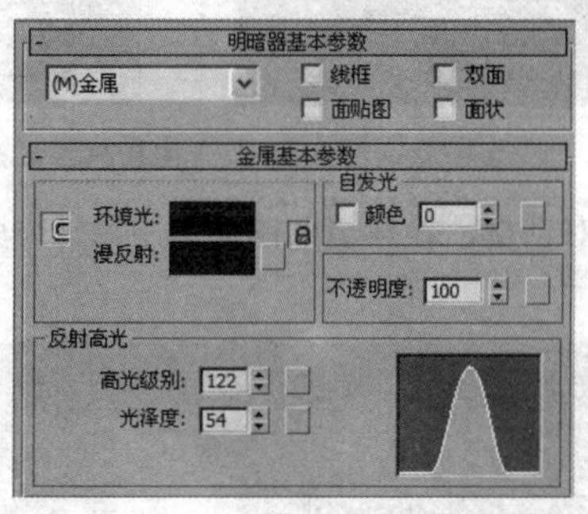


图 9.7.4 设置座舱金属框架材质

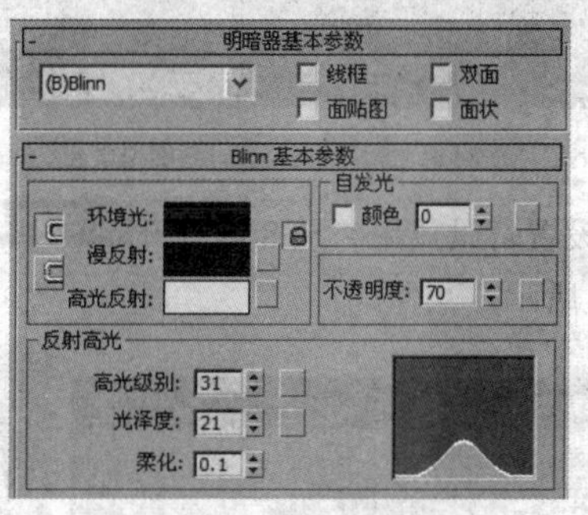


图 9.7.5 设置座舱玻璃材质

## 9.7.2 设置灯光效果

在这一小节中设置飞机场景的灯光效果。

（1）在创建命令面板的区域，选择标准类型，单击目标平行光按钮，在视图中创建一盏目标平行光，如图 9.7.6 所示。在修改命令面板中设置灯光参数如图 9.7.7 所示。

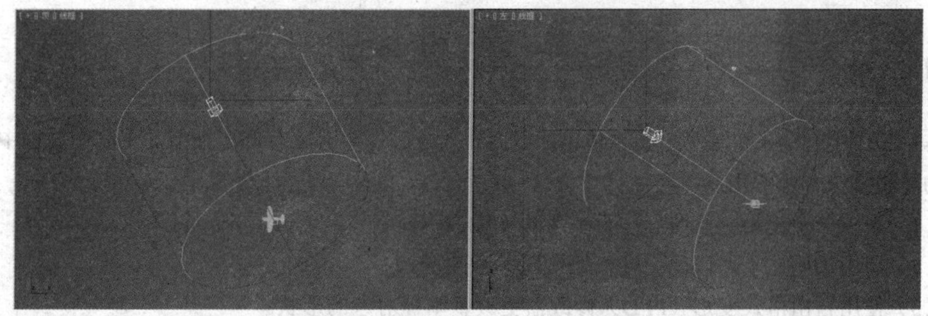

图 9.7.6 创建目标平行光

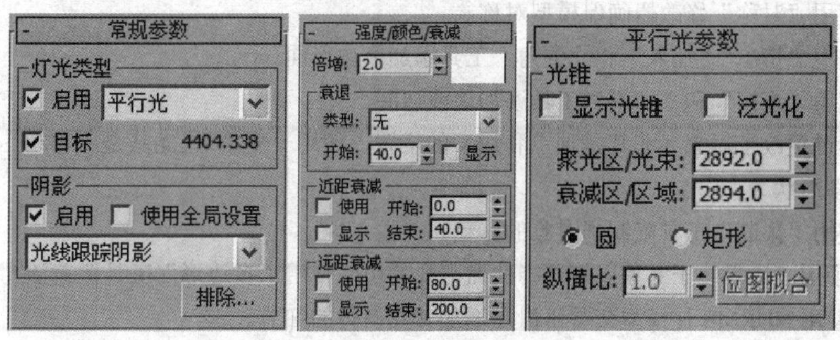


图 9.7.7 设置目标平行光参数

（2）单击 天光 按钮，在视图中创建一盏天光，如图 9.7.8 所示。在修改命令面板中设置天光参数如图 9.7.9 所示。

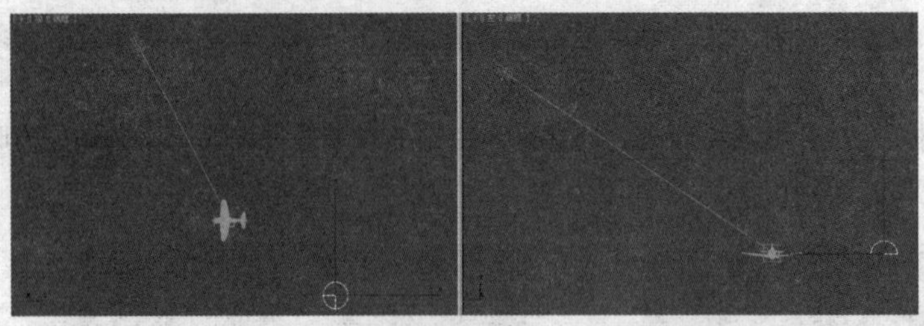

图 9.7.8　创建天光

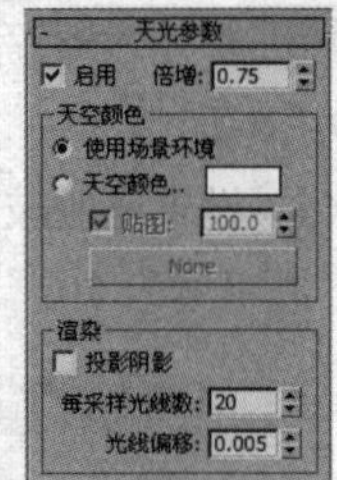


图 9.7.9　设置天光参数

（3）设置背景效果。按 8 键打开“环境和效果”对话框，在环境贴图通道中添加一张天空贴图，如图 9.7.10 所示。

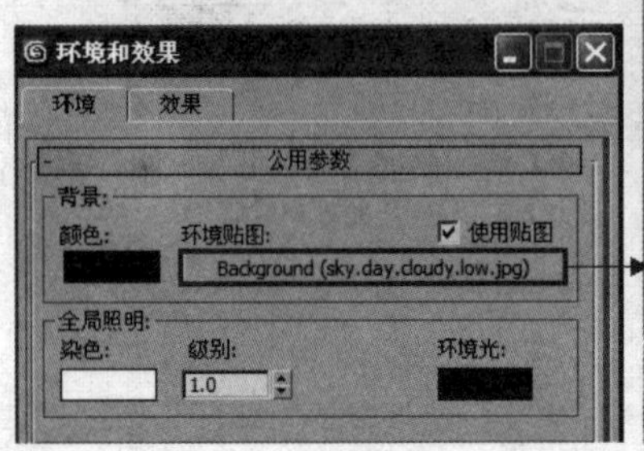

图 9.7.10　设置背景效果



至此，飞机场景的材质灯光效果设置完成，按 F9 键进行渲染，效果如图 9.0.1 所示。

## 本 章 小 结

本章制作了一个飞机模型，其总体包括了两个对象，每个对象有许多细节。在制作过程中，所包含的功能和方法有以下几点：

（1）设置一个使用“蓝图”作为参考的“虚拟研究室”。

（2）启用透明显示，以便更轻松地使用参考图像。

（3）使用自由格式变形（FFD）修改器更改基本体对象的形状。

（4）将几何基本体转换为可编辑多边形曲面，以便可以将其更改为流线型或组织形状。

（5）使用“对称”修改器确保模型对称。

（6）使用“挤出”“插入”和“倒角”工具添加多边形面。

（7）使用“连接”和“切割”工具添加边或边圈。

（8）通过更改子对象（尤其是顶点和边）的位置，使用“变换”（尤其是“移动”和“缩放”）命令调整模型形状。

（9）使用“限制”工具限制子对象的移动。

（10）使用“边界”子对象层级选择曲面中孔的边，使用“多边形”工具覆盖该孔。

（11）使用 NURMS 使模型变得平滑和增加其几何体的细节。

（12）添加边圈以“加固”边，降低平滑量。

（13）将平滑组指定给模型的不同组件，并且即使在模型的多边形数量很少时也提供相当好的平滑。

# 第 10 章　制作吉他模型

吉他又译为结他或六弦琴，属于弹拨乐器，通常有六条弦，形状与提琴相似。吉他在流行音乐、摇滚音乐、蓝调、民歌中，常被视为主要乐器。而在古典音乐的领域里，吉他常以独奏或二重奏的形式演出，在室内乐和管弦乐中，吉他亦扮演着相当重要的陪衬角色。在本章中，主要讲述制作一把具有现代摇滚风格的电吉他模型的方法。

### 本章知识重点

- 学习将二维曲线转换为三维模型的方法。
- 学习使用扩展几何体制作模型。
- 掌握挤出和倒角的使用方法。

在本章中制作一把吉他模型，渲染效果如图 10.0.1 所示。

图 10.0.1　吉他模型效果

## 10.1　制作琴体模型

本节中制作吉他的琴体模型，其中包括面板、护板、拾音器、旋钮、琴桥、固弦钉、连接线插孔以及背带钉模型。

### 10.1.1　制作面板和护板模型

在这一小节中制作吉他的面板和护板模型，制作过程中用到了挤出和对称修改器。

（1）制作面板模型。在创建命令面板的区域，选择 样条线 类型，单击 线 按钮，在顶视图中创建一条闭合样条线，如图 10.1.1 所示。单击鼠标右键，将样条线转换为可编辑样条线，调节节点到如图 10.1.2 所示的位置。

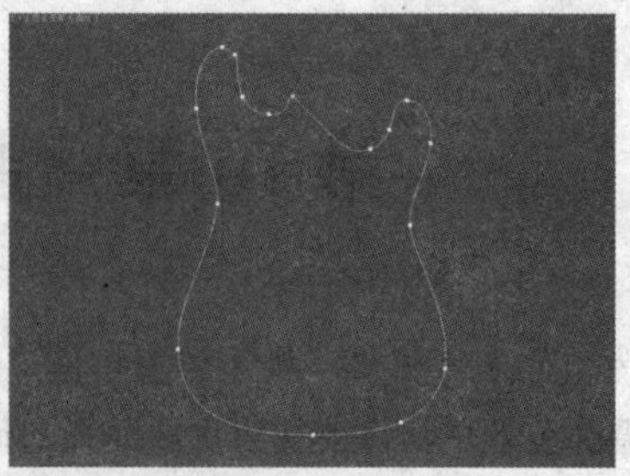

图 10.1.1 创建闭合样条线　　　　图 10.1.2 调节节点

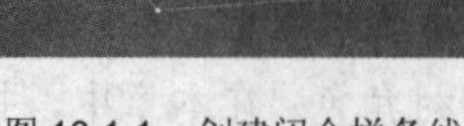

（2）在修改命令面板的修改器列表下拉列表中选择挤出选项，给曲线添加一个挤出修改器，设置挤出修改器参数如图 10.1.3 所示，挤出效果如图 10.1.4 所示。

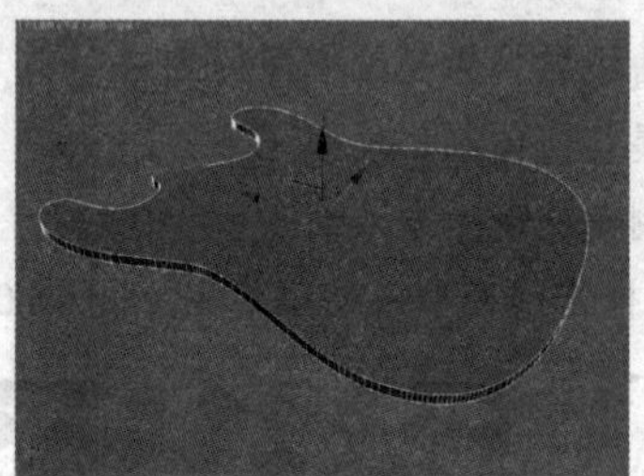

图 10.1.3 设置挤出参数　　　　图 10.1.4 挤出效果

（3）在修改命令面板的修改器列表下拉列表中选择编辑多边形选项，给模型添加一个编辑多边形修改器。选择如图 10.1.5 所示的面，单击倒角按钮，对选择的面进行多次倒角操作，效果如图 10.1.6 所示。

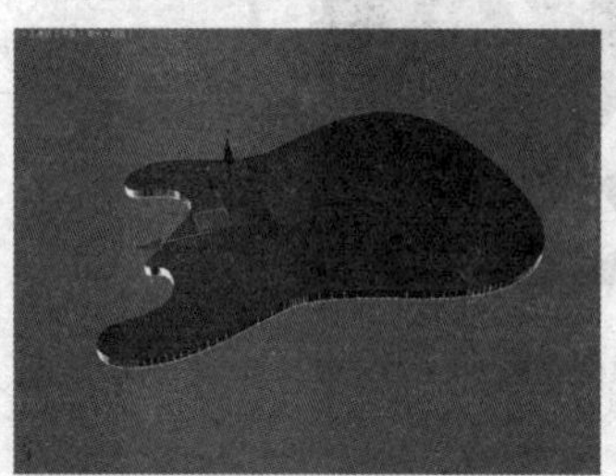

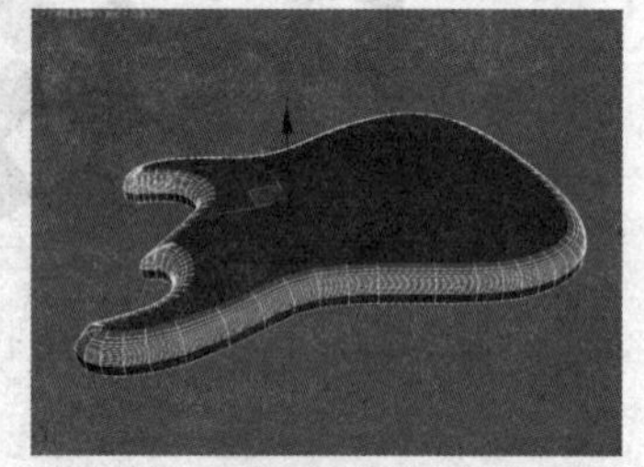

图 10.1.5 选择面　　　　图 10.1.6 倒角效果

（4）在修改命令面板的修改器列表下拉列表中选择对称选项，给模型添加一个对称修改器。在参数栏中设置参数如图 10.1.7 所示，对称效果如图 10.1.8 所示。

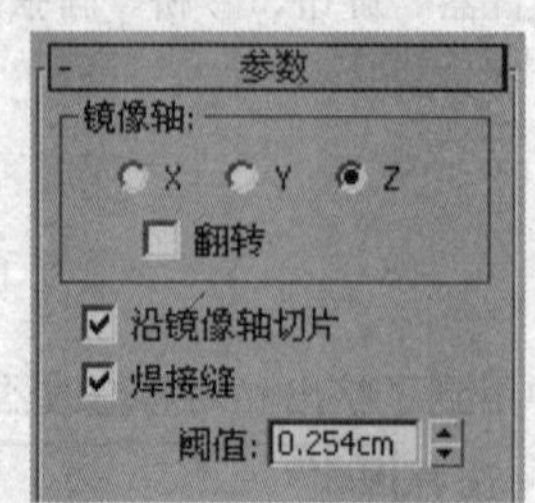


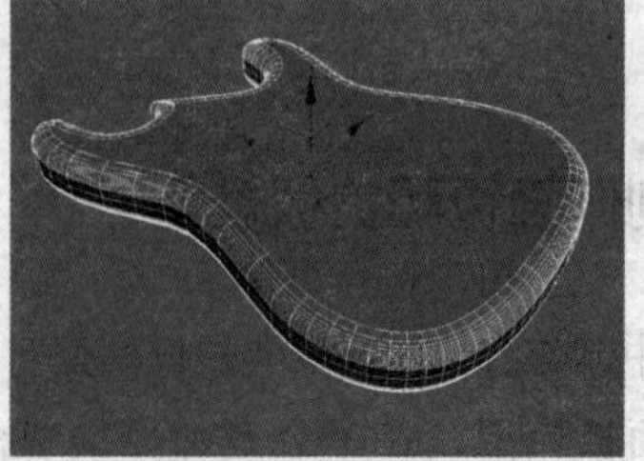

图 10.1.7 设置对称参数　　　　图 10.1.8 对称效果

（5）制作护板模型。单击线按钮，在顶视图中创建一条闭合样条线，如图 10.1.9 所示。单击鼠标右键，将样条线转换为可编辑样条线，调节节点到如图 10.1.10 所示的位置。

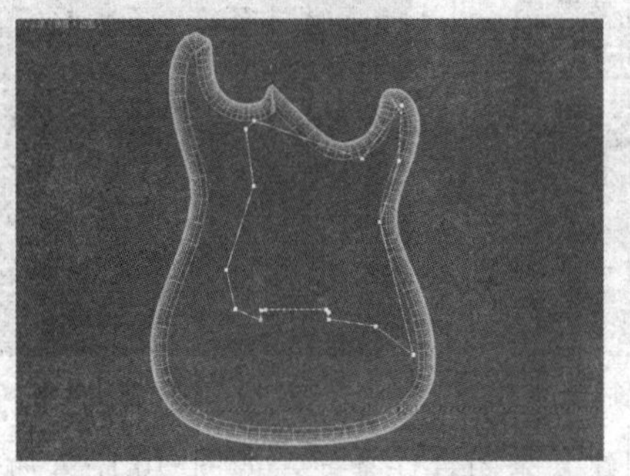

图 10.1.9　创建闭合样条线

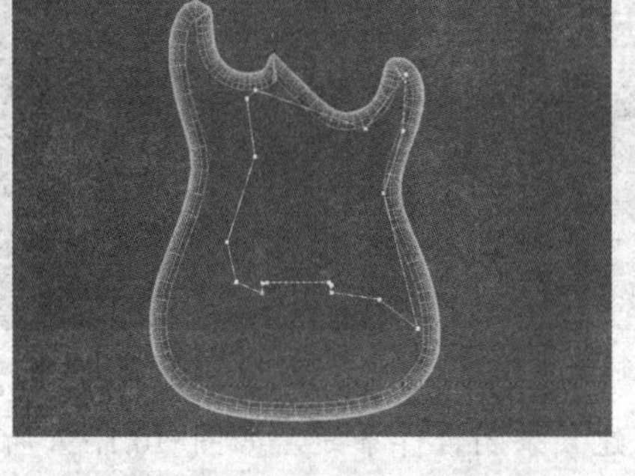

图 10.1.10　调节节点

（6）在修改命令面板的修改器列表下拉列表中选择挤出选项，给曲线添加一个挤出修改器，设置挤出修改器参数如图 10.1.11 所示，挤出效果如图 10.1.12 所示。

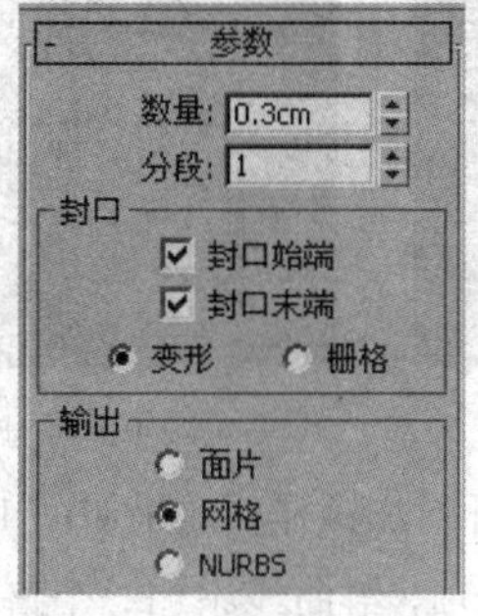


图 10.1.11　设置挤出参数

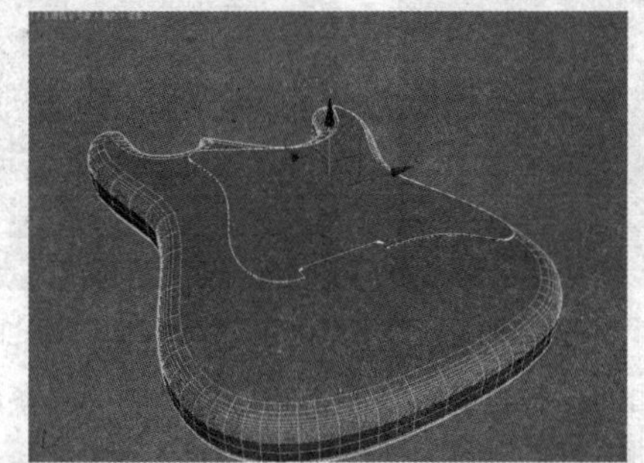

图 10.1.12　挤出效果

## 10.1.2　制作琴桥、固弦钉和背带钉模型

在这一小节中制作琴桥、固弦钉和背带钉模型。

（1）制作琴桥模型。单击线按钮，在顶视图中创建一条闭合样条线，如图 10.1.13 所示。单击圆按钮，在顶视图中创建一条圆形曲线，如图 10.1.14 所示。对创建的圆进行复制，效果如图 10.1.15 所示。

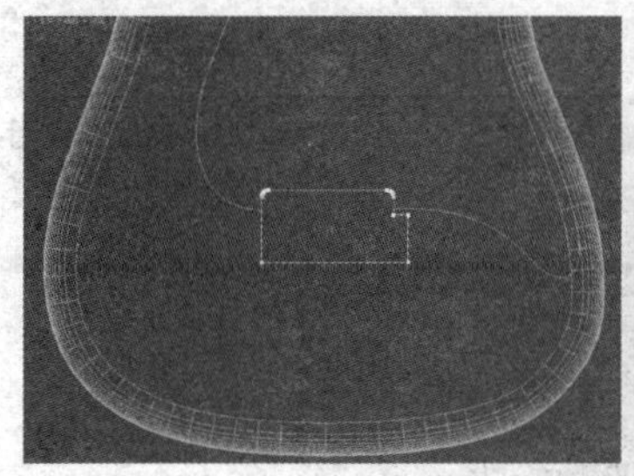

图 10.1.13　创建闭合样条线

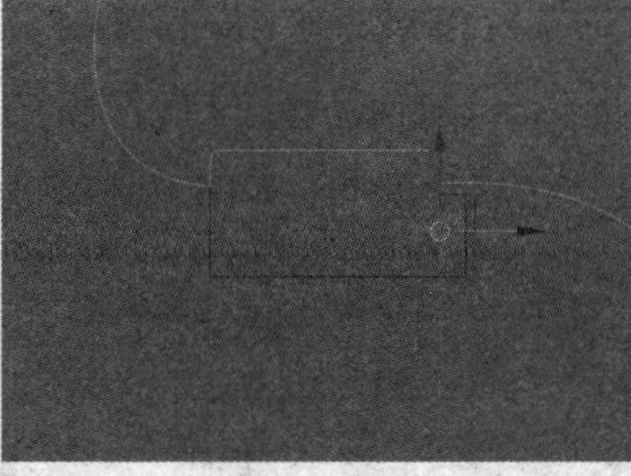

图 10.1.14　创建圆

图 10.1.15　复制圆

（2）选择闭合样条线，单击鼠标右键，将样条线转换为可编辑样条线。单击附加按钮，将样条线和圆进行附加，如图 10.1.16 所示。在修改命令面板的修改器列表下拉列表中选择挤出选项，给曲线添加一个挤出修改器，设置挤出修改器参数如图 10.1.17 所示，挤出效果如图 10.1.18 所示。

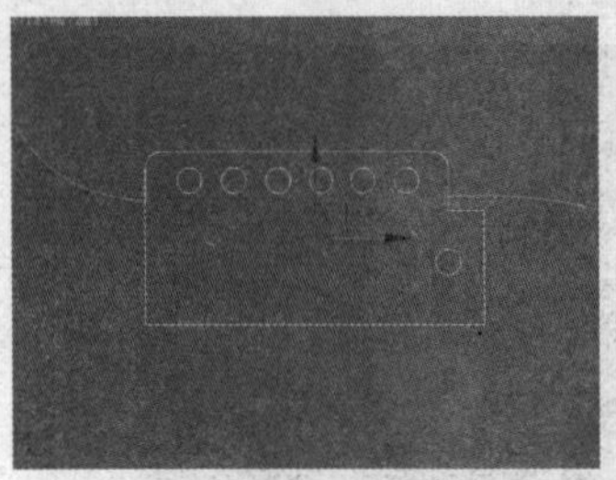

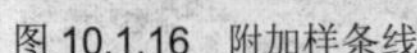

图 10.1.16　附加样条线

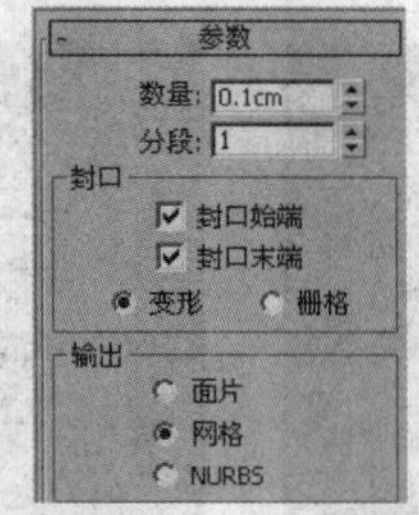


图 10.1.17　设置挤出参数

图 10.1.18　挤出效果

（3）单击 线 按钮，在顶视图中创建一条闭合样条线，如图 10.1.19 所示。单击 圆 按钮，在顶视图中创建两条圆形曲线，如图 10.1.20 所示。单击 附加 按钮，将样条线和圆进行附加，如图 10.1.21 所示。

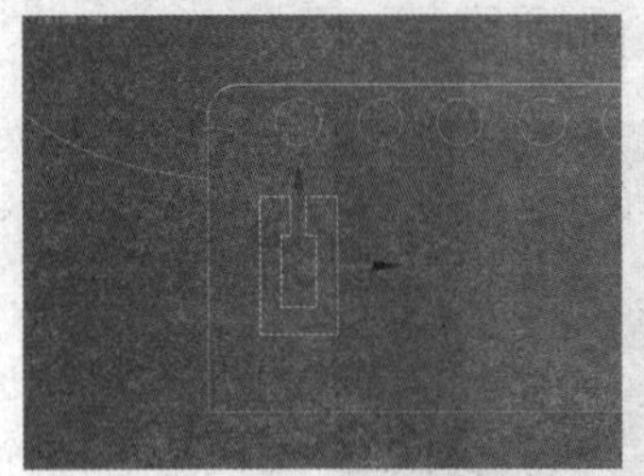

图 10.1.19　创建样条线

图 10.1.20　创建圆

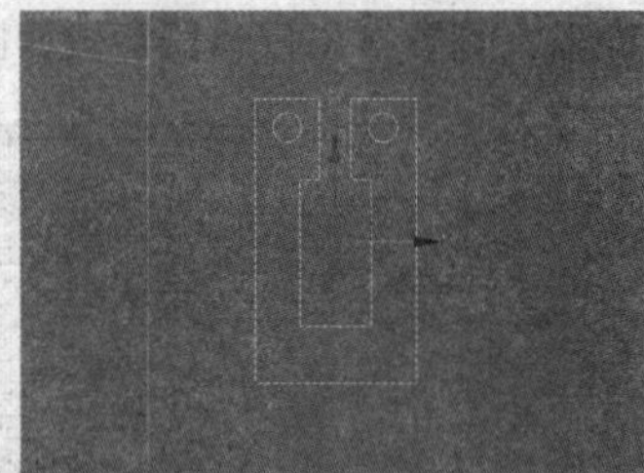

图 10.1.21　附加样条线

（4）对附加的样条线进行复制，然后将复制的样条线进行附加操作，效果如图 10.1.22 所示。在修改命令面板的 修改器列表 下拉列表中选择 挤出 选项，给曲线添加一个挤出修改器，设置挤出修改器参数如图 10.1.23 所示，挤出效果如图 10.1.24 所示。

图 10.1.22　复制并附加样条线

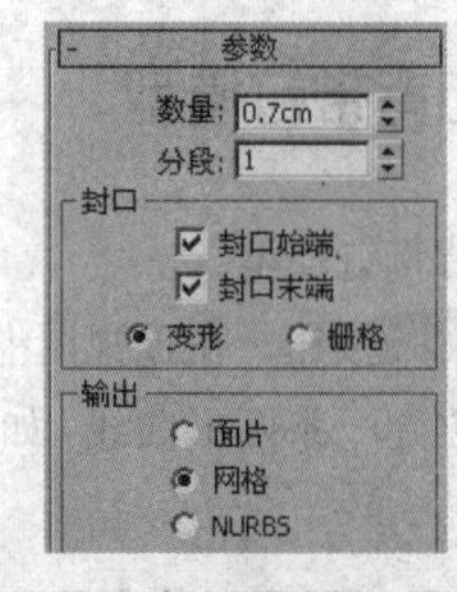


图 10.1.23　设置挤出参数

图 10.1.24　挤出效果

（5）制作固弦钉模型。在创建命令面板的区域，选择 扩展基本体 类型，单击 软管 按钮，在前视图中创建一个软管模型，如图 10.1.25 所示。

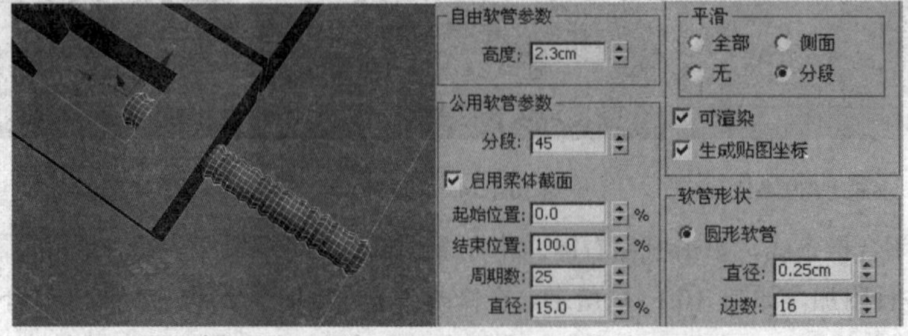


图 10.1.25　创建软管模型

（6）单击 圆柱体 按钮，在前视图中创建一个圆柱体模型，如图 10.1.26 所示。单击鼠标右键，将圆柱体转换为可编辑多边形。在模型上连接节点，效果如图 10.1.27 所示。

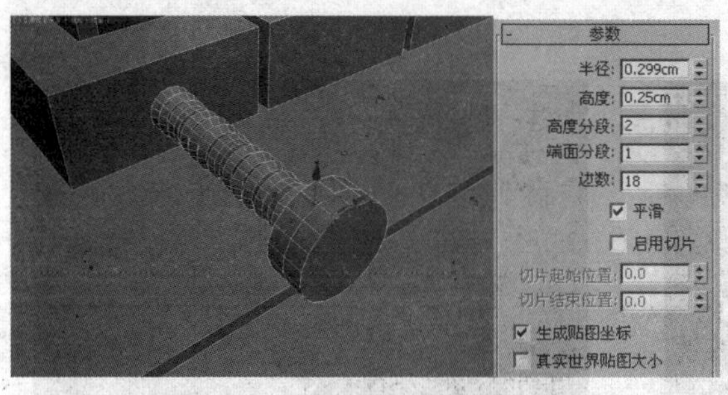


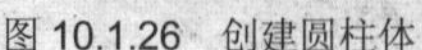
图 10.1.26　创建圆柱体

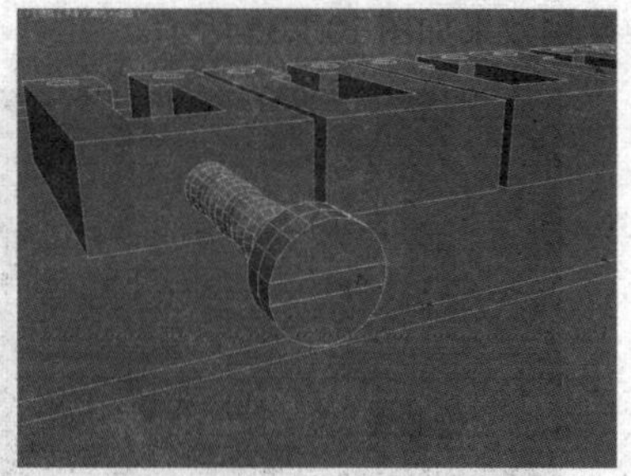
图 10.1.27　连接节点

（7）选择如图 10.1.28 所示的面，按 Delete 键删除，如图 10.1.29 所示。对删除面后产生的边进行桥接操作，效果如图 10.1.30 所示。

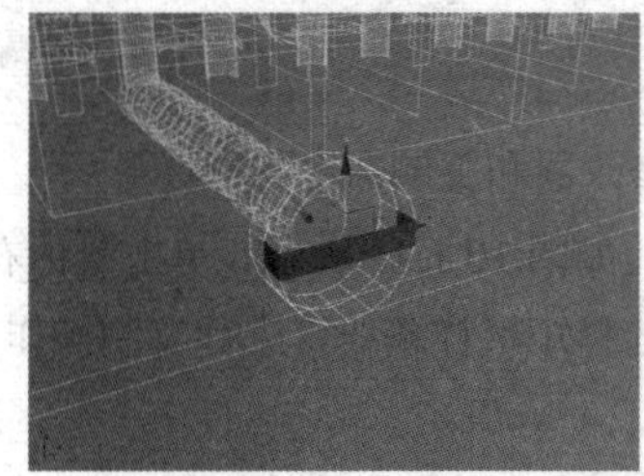
图 10.1.28　选择面

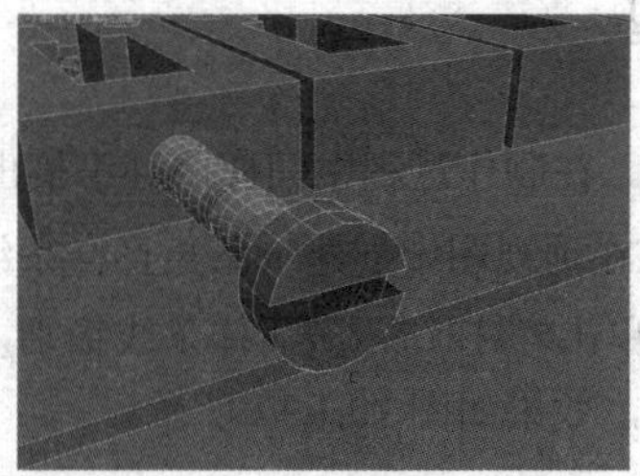
图 10.1.29　删除面

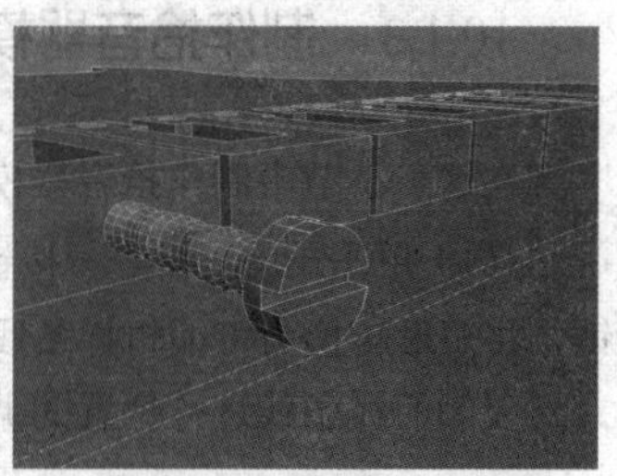
图 10.1.30　桥接效果

（8）对制作好的固弦钉进行复制，效果如图 10.1.31 所示。继续对固弦钉进行复制，并调节复制模型的大小，同时调节复制模型到如图 10.1.32 所示的位置。

图 10.1.31　复制固弦钉

图 10.1.32　复制并缩放固弦钉

（9）单击 圆柱体 按钮，在前视图中创建 6 个圆柱体模型，如图 10.1.33 所示。

图 10.1.33　创建圆柱体

（10）制作背带钉模型。单击 线 按钮，在顶视图中创建一条闭合曲线，如图 10.1.34 所示。在修改命令面板的 修改器列表 下拉列表中选择 车削 选项，给曲线添加一个车削修改器，车削效果如图 10.1.35 所示。

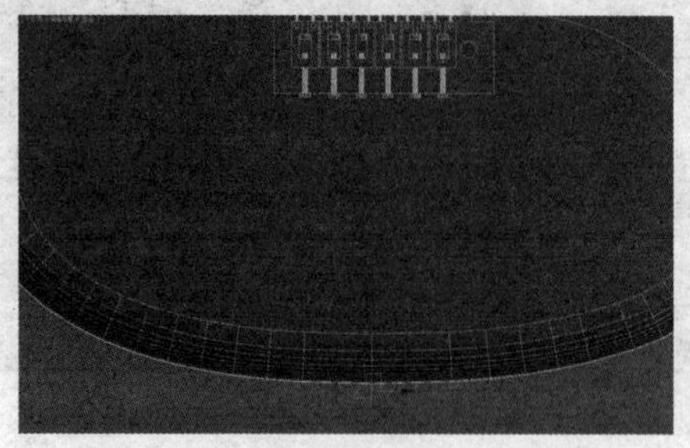

图 10.1.34 创建闭合曲线

图 10.1.35 车削效果

## 10.1.3 制作拾音器模型

在这一小节中制作拾音器模型。在制作过程中同样用到了挤出修改器和复制命令。

（1）单击 矩形 按钮，在顶视图中创建一条矩形样条线，如图 10.1.36 所示。单击鼠标右键，将矩形转换为可编辑样条线，单击 按钮，激活样条线级别，选择矩形样条线，进行复制操作，并对复制的样条线进行位置的调节，效果如图 10.1.37 所示。

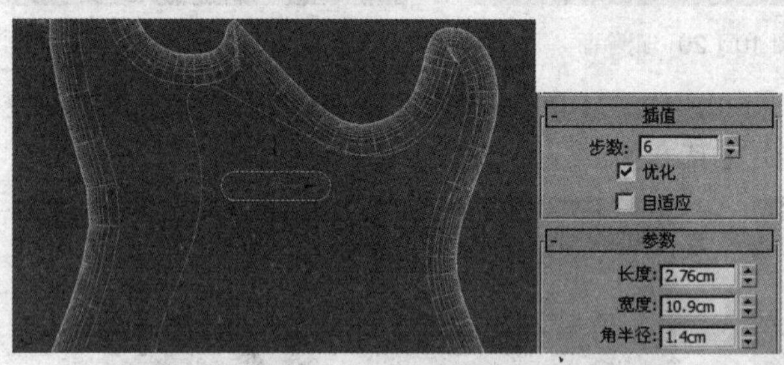


图 10.1.36 创建矩形

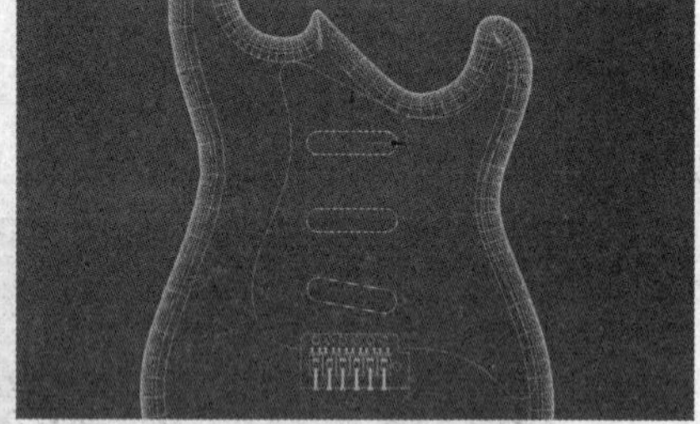

图 10.1.37 复制样条线

（2）在修改命令面板的 修改器列表 下拉列表中选择 挤出 选项，给曲线添加一个挤出修改器，设置挤出修改器参数如图 10.1.38 所示，挤出效果如图 10.1.39 所示。

图 10.1.38 设置挤出参数

图 10.1.39 挤出效果

（3）在挤出模型上创建圆柱体，并对创建的圆柱体进行复制操作，效果如图 10.1.40 所示。

图 10.1.40　创建并复制圆柱体

## 10.1.4　制作旋钮模型

在这一小节中制作面板上的旋钮模型，该旋钮是用来控制音量和音色的。在制作过程中用到了挤出修改器、挤出命令和倒角命令。

（1）单击 圆 按钮，在顶视图中创建一个圆，如图 10.1.41 所示。在修改命令面板的 修改器列表 下拉列表中选择 挤出 选项，给曲线添加一个挤出修改器，设置挤出修改器参数如图 10.1.42 所示，挤出效果如图 10.1.43 所示。

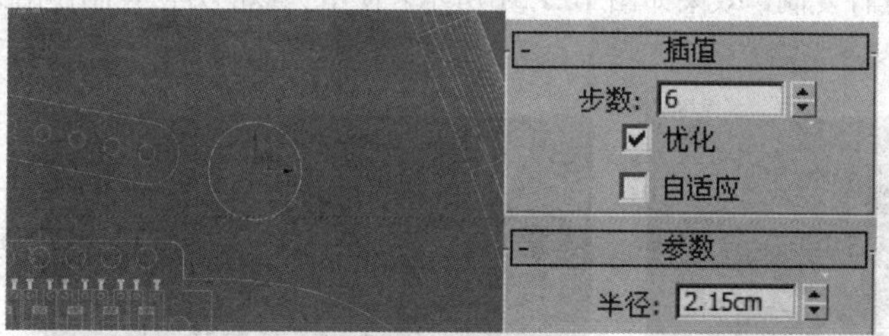


图 10.1.41　创建圆

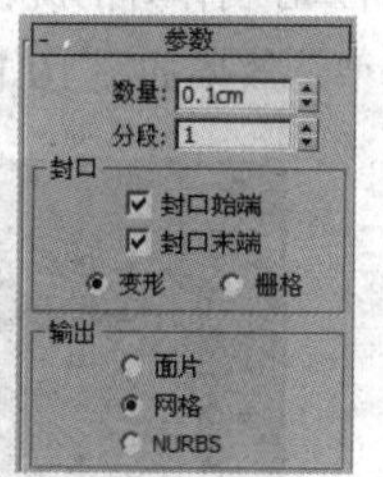


图 10.1.42　设置挤出参数



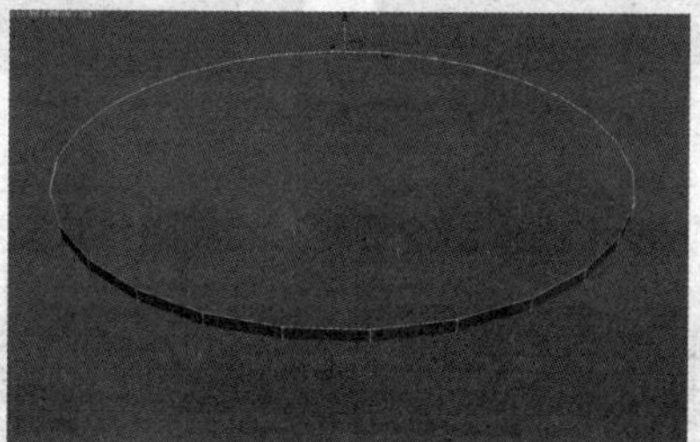

图 10.1.43　挤出效果

（2）单击鼠标右键，将挤出模型转换为可编辑多边形。选择如图 10.1.44 所示的面，单击 倒角 后面的小按钮，在弹出的 倒角 对话框中设置参数如图 10.1.45 所示，单击⊕按钮，设置倒角参数如图 10.1.46 所示，倒角效果如图 10.1.47 所示。

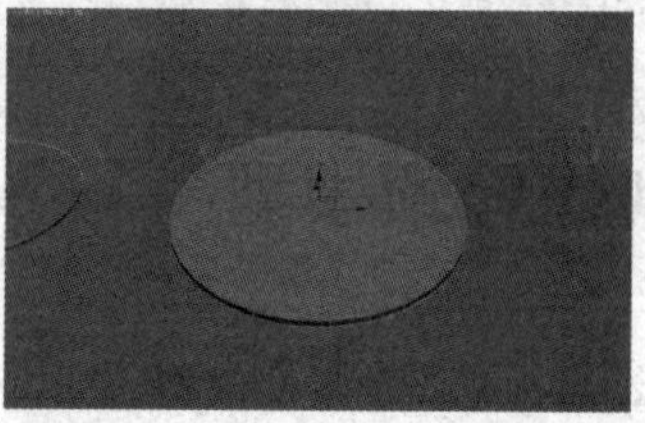

图 10.1.44　选择面

图 10.1.45　设置倒角参数

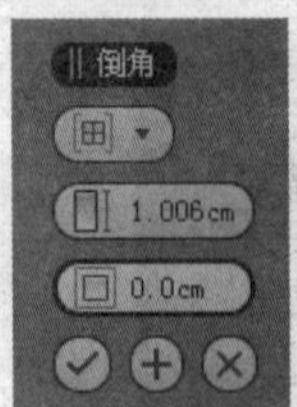

图 10.1.46　设置倒角参数

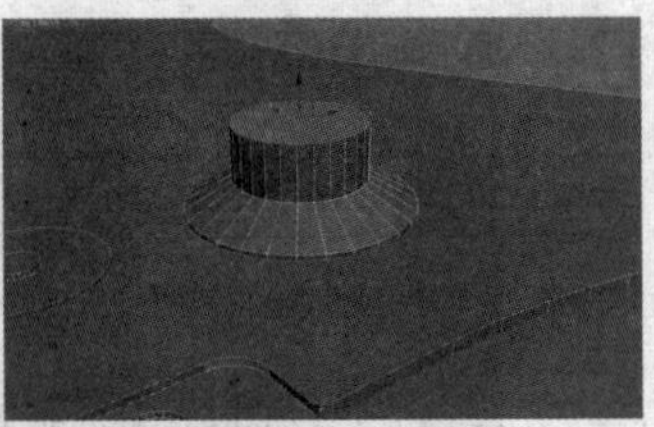
图 10.1.47　倒角效果

（3）选择如图 10.1.48 所示的面，单击 挤出 后面的小按钮，在弹出的 挤出多边形 对话框中设置参数如图 10.1.49 所示，挤出效果如图 10.1.50 所示。

图 10.1.48　选择面

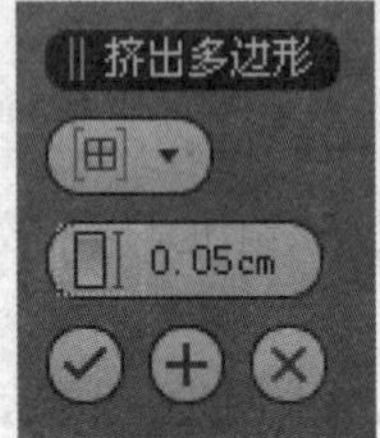

图 10.1.49　设置挤出参数

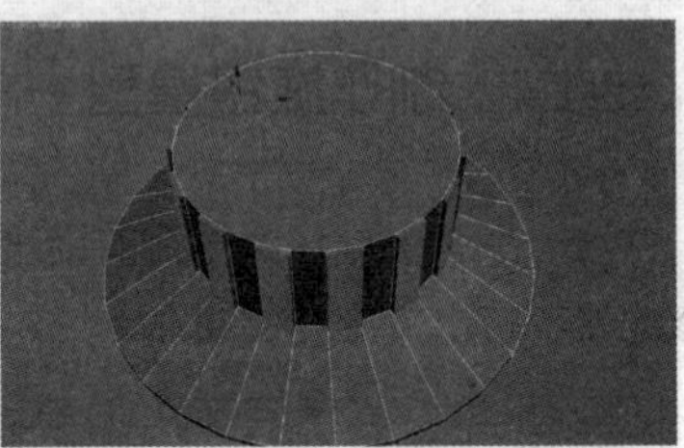
图 10.1.50　挤出效果

（4）对制作好的旋钮模型进行复制，效果如图 10.1.51 所示。使用类似的方法，制作出另外一个旋钮模型，效果如图 10.1.52 所示。

图 10.1.51　复制旋钮

图 10.1.52　制作旋钮模型



（5）继续使用多边形建模方法，制作出连接线插孔和螺钉模型，效果如图 10.1.53 所示。

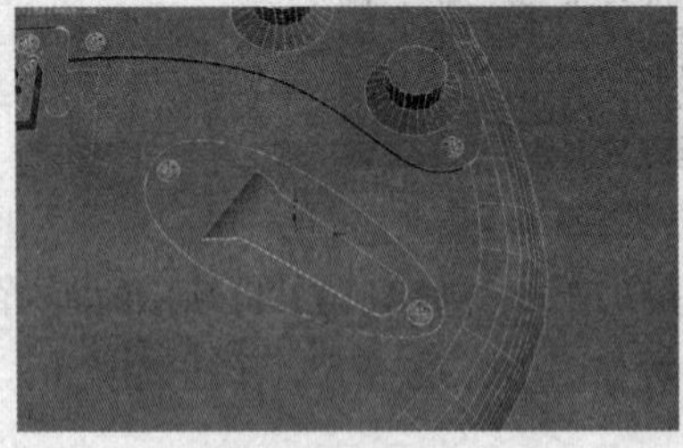
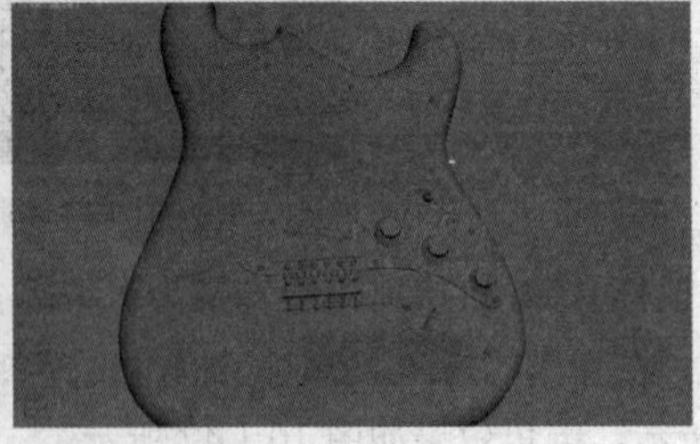
图 10.1.53　制作连接线插孔和螺钉模型

## 10.2　制作琴颈模型

在本节中制作琴颈模型，包括琴弦、品丝、品标记以及琴枕模型。

（1）制作琴颈主体模型，该部分模型包括了一部分的琴头模型。单击 线 按钮，在顶视图中创建一条闭合样条线，如图 10.2.1 所示。单击鼠标右键，将样条线转换为可编辑样条线，调节节点到如图 10.2.2 所示的位置。

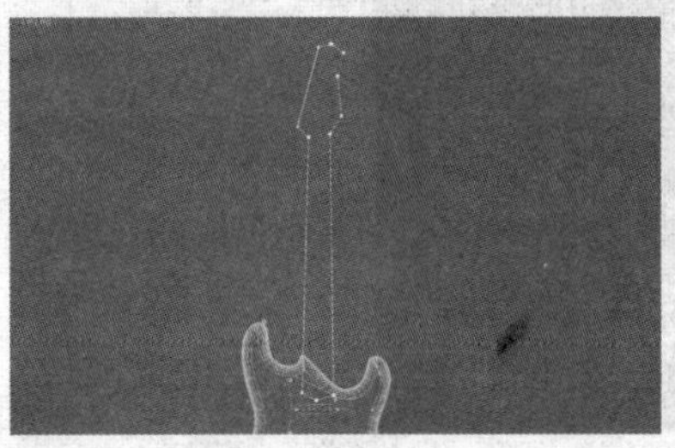
图 10.2.1 创建闭合样条线

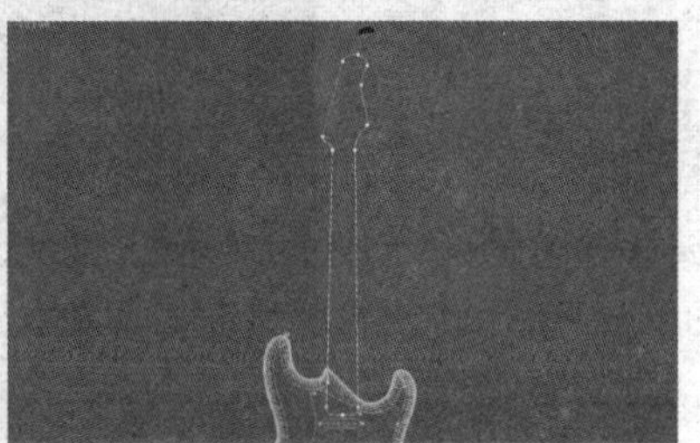
图 10.2.2 调节节点

（2）在修改命令面板的 修改器列表 下拉列表中选择 挤出 选项，给曲线添加一个挤出修改器，设置挤出修改器参数如图 10.2.3 所示，挤出效果如图 10.2.4 所示。

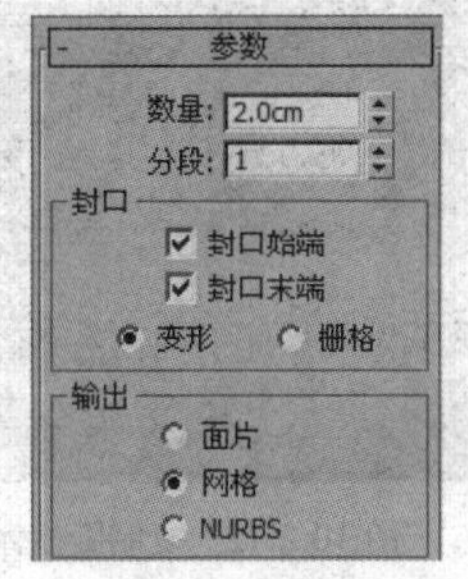

图 10.2.3 设置挤出参数

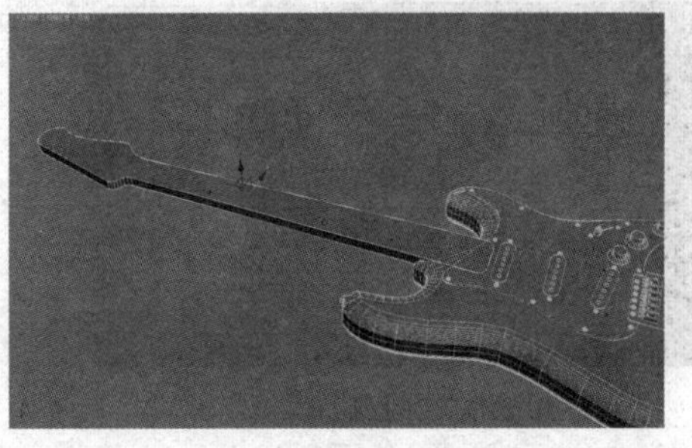
图 10.2.4 挤出效果

（3）按“Alt+Q”组合键将琴颈模型单独显示。单击鼠标右键，将模型转换为可编辑多边形。选择如图 10.2.5 所示的节点，单击 连接 按钮连接节点，效果如图 10.2.6 所示。

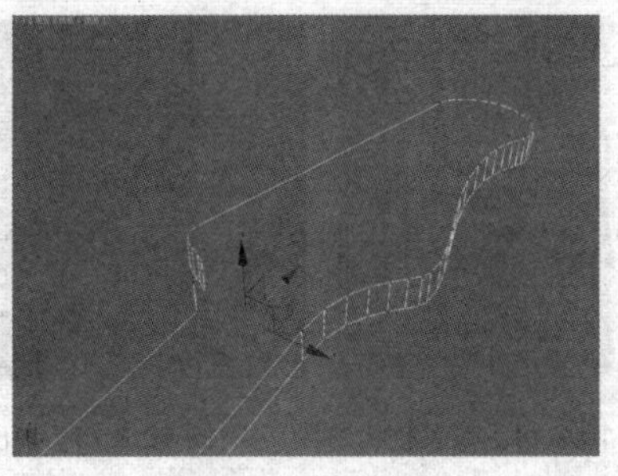
图 10.2.5 选择节点

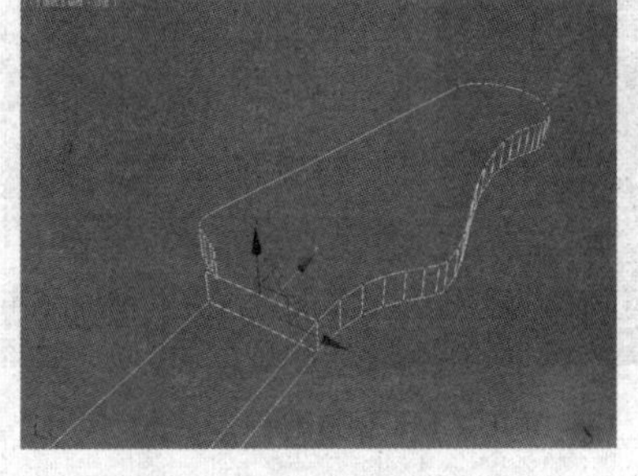
图 10.2.6 连接节点

（4）选择如图 10.2.7 所示的面，单击 倒角 按钮，对选择的面进行多次倒角操作，效果如图 10.2.8 所示。调节模型上的节点到如图 10.2.9 所示的位置。

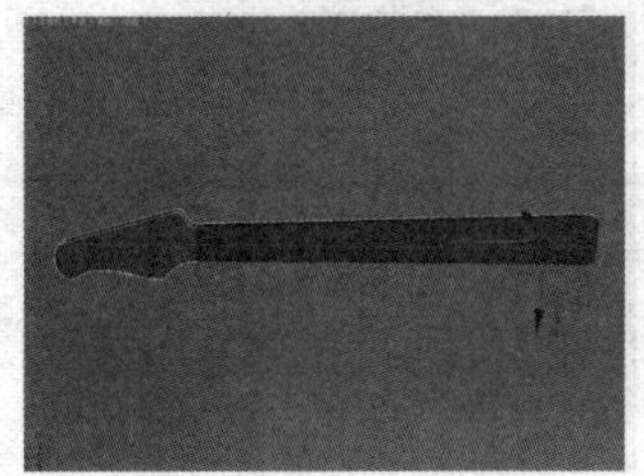
图 10.2.7 选择面

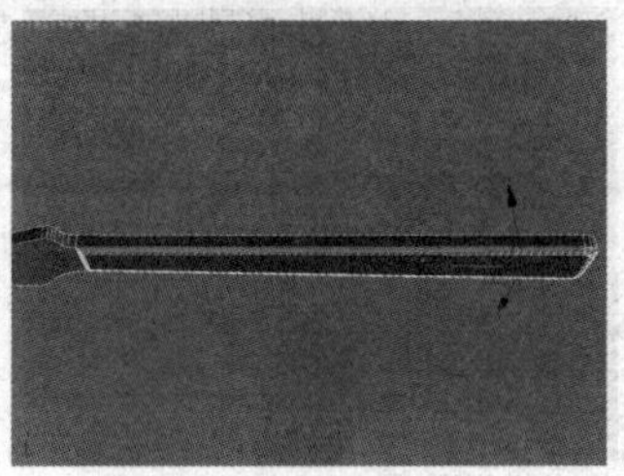
图 10.2.8 倒角效果

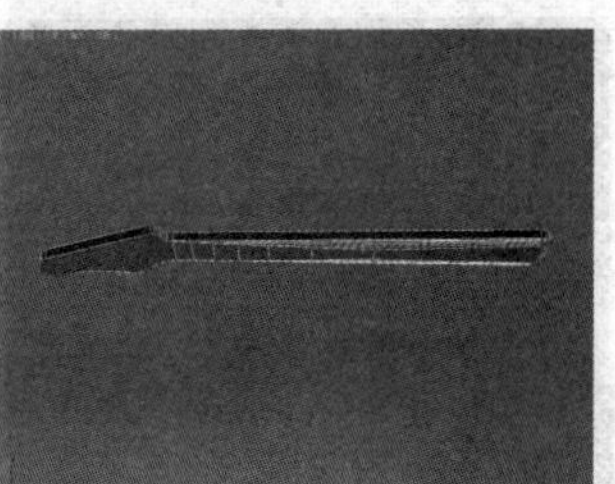
图 10.2.9 调节节点

（5）单击 退出孤立模式 按钮，退出孤立模式，如图 10.2.10 所示。

图 10.2.10 退出孤立模式

（6）制作品标记模型。单击 圆柱体 按钮，在顶视图中创建一个圆柱体，如图 10.2.11 所示。对创建的圆柱体进行复制，效果如图 10.2.12 所示。

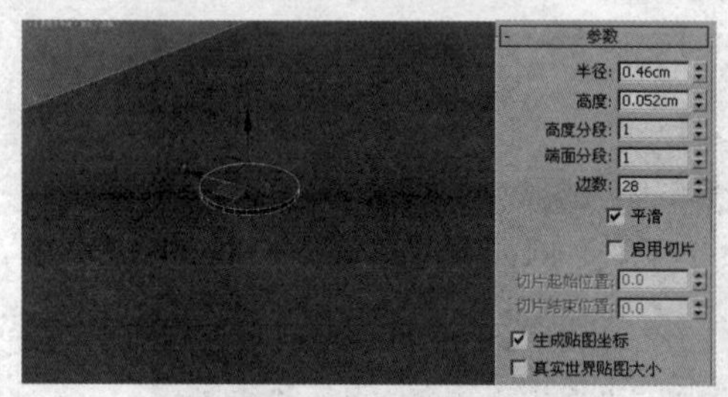


图 10.2.11 创建圆柱体

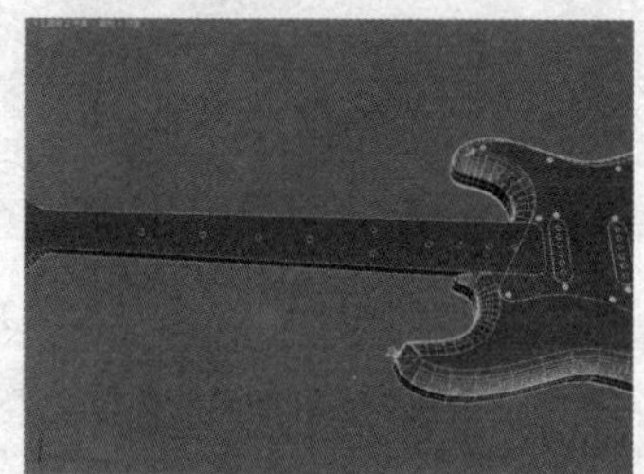

图 10.2.12 复制圆柱体

（7）制作琴丝模型。单击 矩形 按钮，在顶视图中创建一个矩形，如图 10.2.13 所示，在修改命令面板的 修改器列表 下拉列表中选择 挤出 选项，给曲线添加一个挤出修改器，设置挤出修改器参数如图 10.2.14 所示，挤出效果如图 10.2.15 所示。

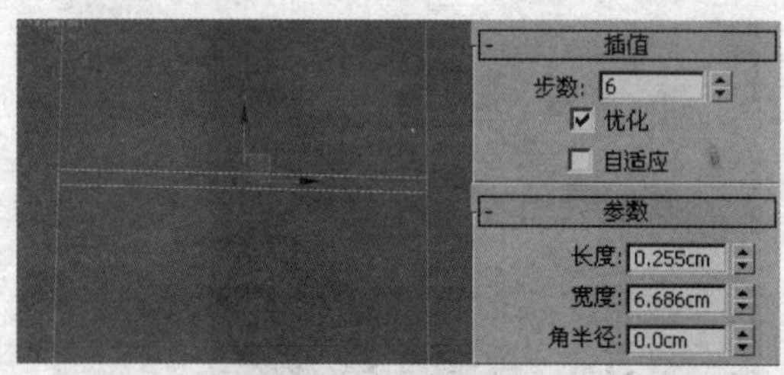


图 10.2.13 创建矩形

图 10.2.14 设置挤出参数

图 10.2.15 挤出效果

（8）单击鼠标右键，将模型转换为可编辑多边形。选择如图 10.2.16 所示的面，单击 倒角 按钮，对选择的面进行多次倒角操作，效果如图 10.2.17 所示。对制作的琴丝模型进行复制，效果如图 10.2.18 所示。

图 10.2.16 选择面

图 10.2.17 倒角效果

图 10.2.18 复制琴丝模型

（9）使用类似的方法，制作出琴枕模型，效果如图 10.2.19 所示。

图 10.2.19　制作琴枕模型

（10）制作琴弦模型。单击 线 按钮，在顶视图中创建一条样条线，如图 10.2.20 所示。在修改命令面板的 - 渲染 卷展栏中激活 ☑ 在渲染中启用 和 ☑ 在视口中启用 复选框，设置参数如图 10.2.21 所示，此时二维曲线就转换成了三维模型，效果如图 10.2.22 所示。使用同样的方法，制作出其他的琴弦模型，效果如图 10.2.23 所示。

图 10.2.20　创建样条线

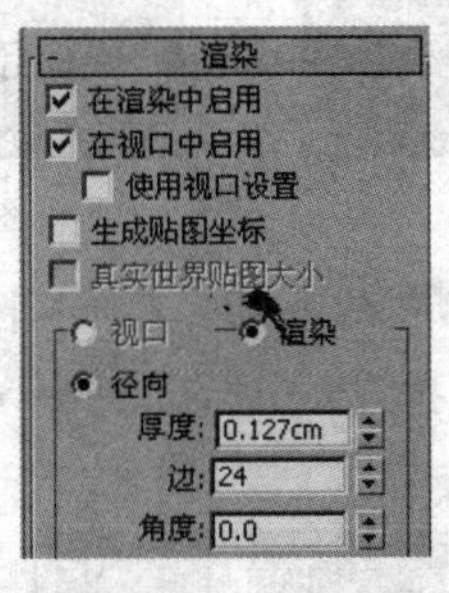



图 10.2.21　设置渲染参数

图 10.2.22　三维模型效果

图 10.2.23　其他琴弦模型

## 10.3　制作琴头模型

在本节中制作琴头模型，包括琴钮、卷弦器以及 LOGO 模型。

（1）首先来制作琴钮模型。单击 线 按钮，在顶视图中创建一条闭合样条线，如图 10.3.1 所示。在修改命令面板的 修改器列表 下拉列表中选择 车削 选项，给样条线添加一个车削修改器，效果如图 10.3.2 所示。

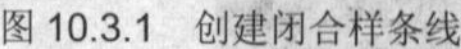
图 10.3.1　创建闭合样条线

图 10.3.2　车削效果

（2）单击鼠标右键，将车削模型转换为可编辑多边形。调节模型上的节点到如图 10.3.3 所示的位置。对调节好的模型进行复制，制作出其他的琴钮模型，效果如图 10.3.4 所示。

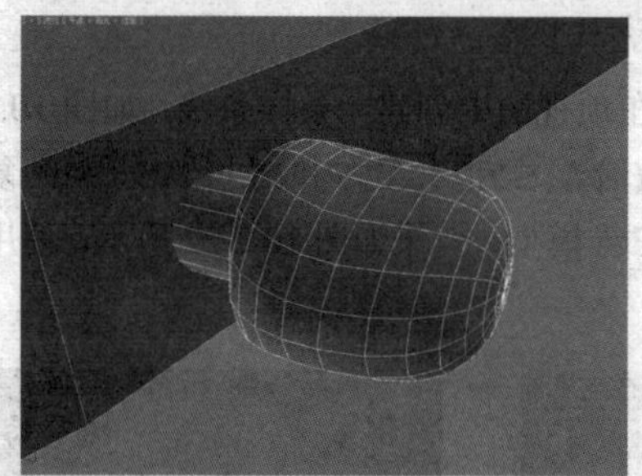

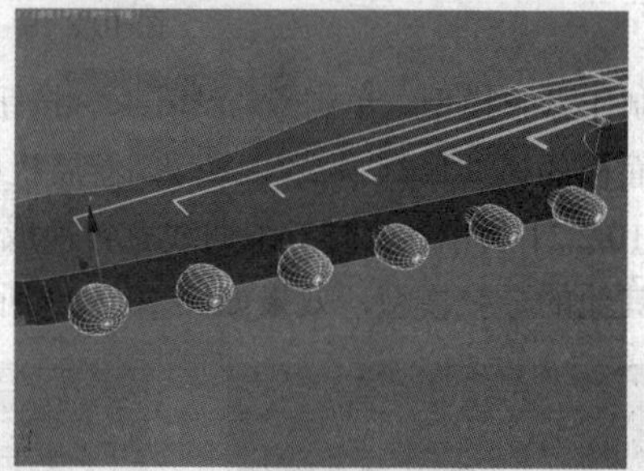

图 10.3.3　调节节点

图 10.3.4　复制琴钮模型

（3）制作卷弦器模型。单击 圆 按钮，在顶视图中创建一个圆形，如图 10.3.5 所示。在修改命令面板的 修改器列表 下拉列表中选择 挤出 选项，给曲线添加一个挤出修改器，挤出效果如图 10.3.6 所示。



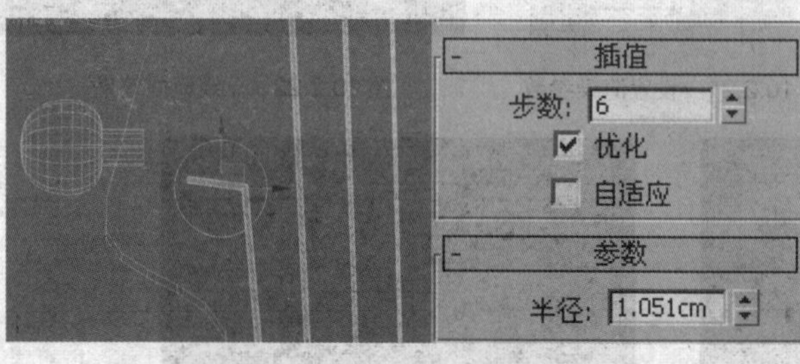


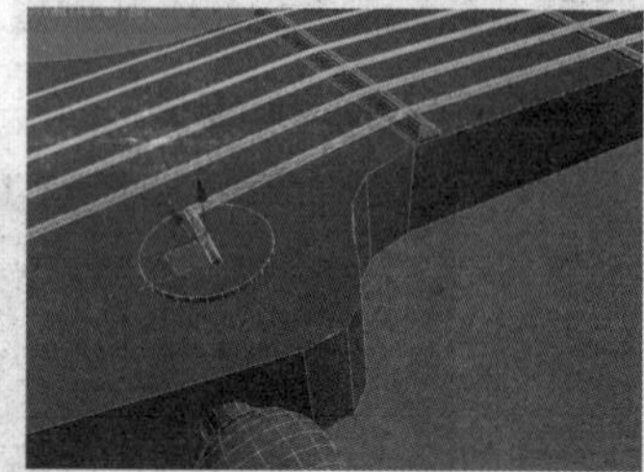

图 10.3.5　创建圆

图 10.3.6　挤出效果

（4）根据上述制作旋钮模型的方法，制作出卷弦器模型，效果如图 10.3.7 所示。同时使用多边形建模的方法，制作出其他附件，如图 10.3.8 所示。

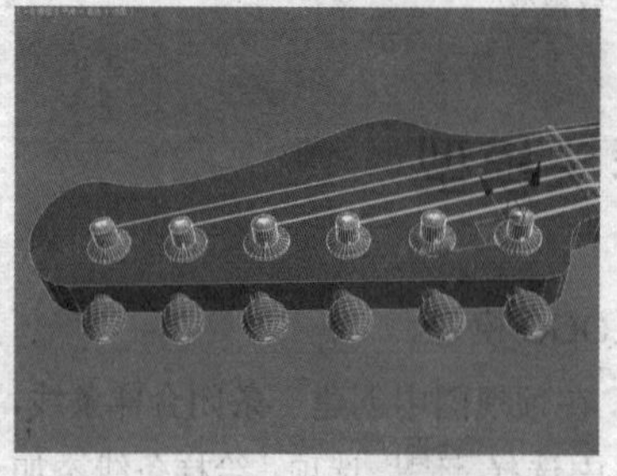

图 10.3.7　制作卷弦器模型

图 10.3.8　制作其他附件模型

（5）制作 LOGO 模型，也就是吉他的品牌标志模型。单击 线 按钮，在顶视图中创建六条闭合样条线，如图 10.3.9 所示，同时将样条线调节到如图 10.3.10 所示的位置。选择其中一条样条线，单击 附加 按钮，在视图中拾取其他样条线，附加效果如图 10.3.11 所示。

图 10.3.9　创建样条线

图 10.3.10　调节样条线

图 10.3.11　附加样条线

（6）调节样条线到如图 10.3.12 所示的位置。在修改命令面板的 修改器列表 下拉列表中选择 挤出 选项，给曲线添加一个挤出修改器，设置挤出参数如图 10.3.13 所示，挤出效果如图 10.3.14 所示。

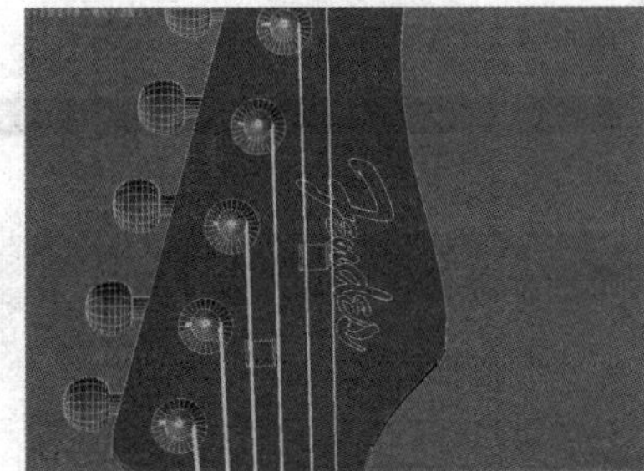

图 10.3.12　调节样条线

图 10.3.13　设置挤出参数

图 10.3.14　挤出效果

至此，吉他模型制作完成，效果如图 10.3.15 所示。

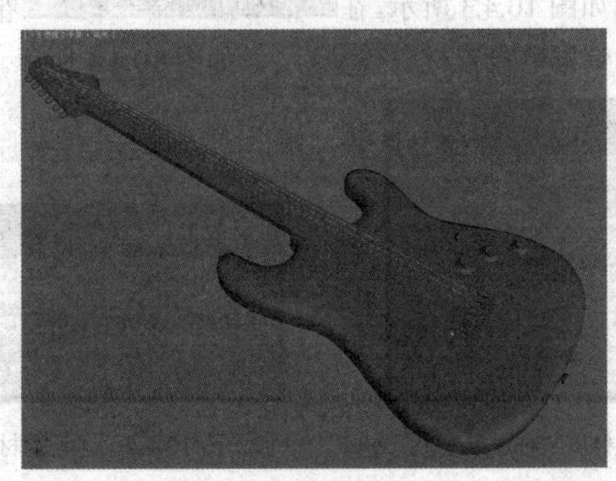

图 10.3.15　最终模型

## 10.4　设置材质、灯光效果

在本节中设置吉他的材质和场景的灯光效果。

### 10.4.1 设置材质效果

在这一小节中设置吉他的材质效果。

（1）设置面板材质。选择面板模型，切换到面级别，选择如图 10.4.1 所示的面，在修改命令面板的 - 多边形：材质 ID 卷展栏中设置材质 ID 为 1，选择如图 10.4.2 所示的面，在修改命令面板的 - 多边形：材质 ID 卷展栏中设置材质 ID 为 2。

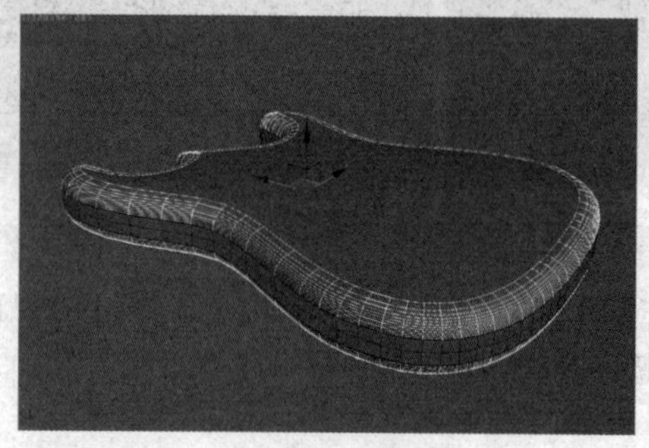

图 10.4.1 选择面

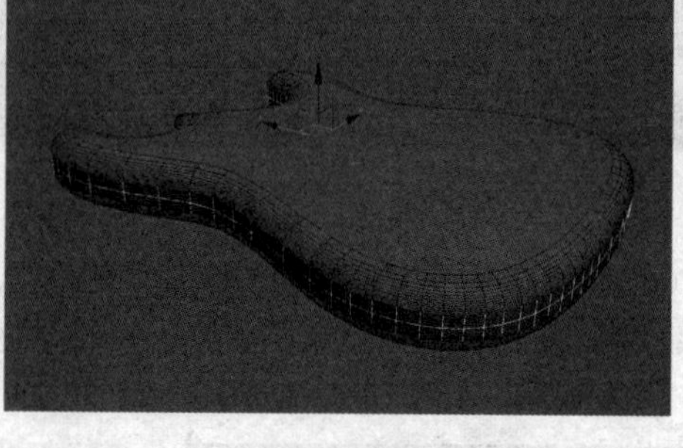

图 10.4.2 选择面

提 示 Tips

一些基本几何体不使用 1 作为默认材质 ID，而另一些，例如异面体或长方体，默认设置中包含多个材质 ID。

（2）按 M 键打开材质编辑器，选择一个空白的材质球，单击 Standard 按钮，在弹出的 材质/贴图浏览器 对话框的 - 材质 选项中选择 多维/子对象 材质，在弹出的 替换材质 对话框中激活 将旧材质保存为子材质? 选项，如图 10.4.3 所示。在 多维/子对象基本参数 卷展栏中单击 设置数量 按钮，在弹出的 设置材质数量 对话框中设置材质数量为 2，如图 10.4.4 所示。

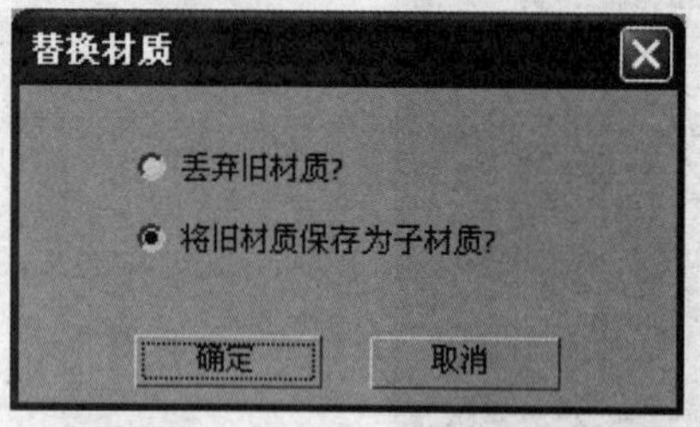


图 10.4.3 “替换材质”对话框

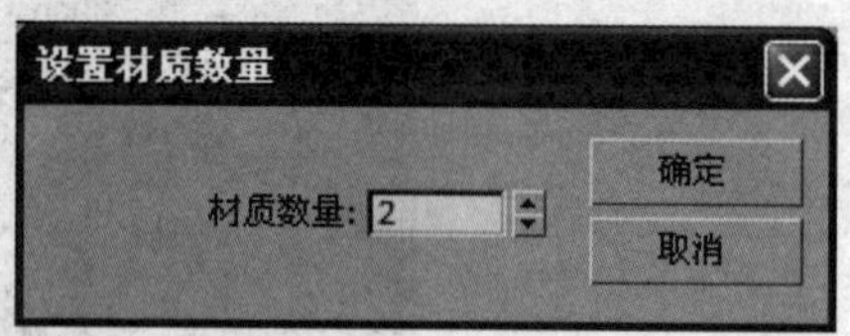


图 10.4.4 “设置材质数量”对话框

（3）设置面板的 ID1 材质，该材质为黄色金属材质。设置材质为标准材质，设置明暗器类型为 (M)金属 方式，设置漫反射颜色为黄色，将高光级别和光泽度分别设置为 74 和 78。在 超级采样 卷展栏中取消 使用全局设置 复选框，设置局部超级采样器类型为 自适应 Halton 方式。打开 贴图 卷展栏，在反射通道中添加一个衰减贴图，在颜色 1 通道中添加一个混合贴图，在颜色 2 通道中添加一个 VR 贴图，具体参数设置如图 10.4.5 所示。

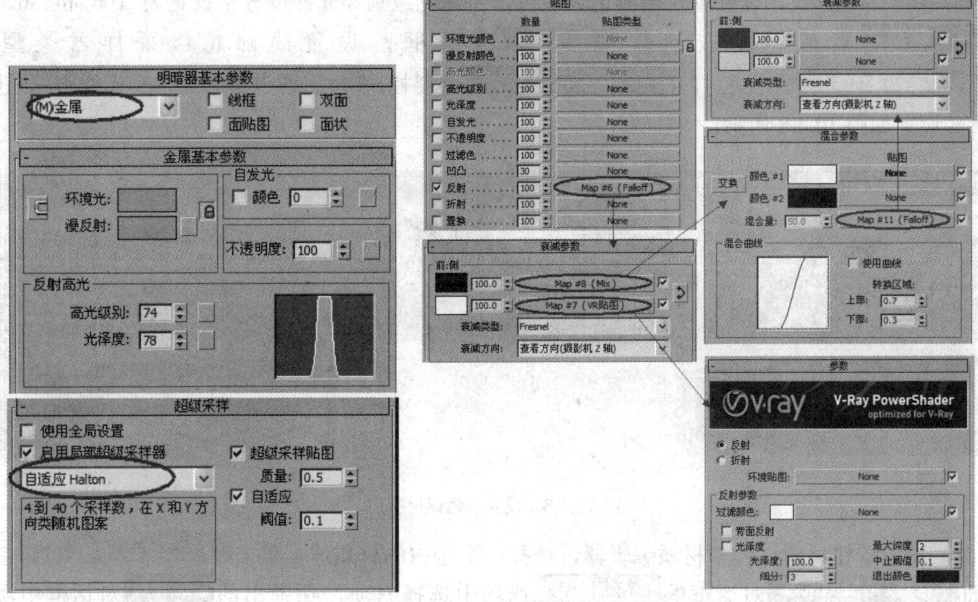

图 10.4.5 设置 ID1 材质

（4）接下来设置 ID2 材质。设置材质为标准材质，设置漫反射颜色为红色，将高光级别和光泽度分别设置为 100 和 41，参数设置如图 10.4.6 所示。

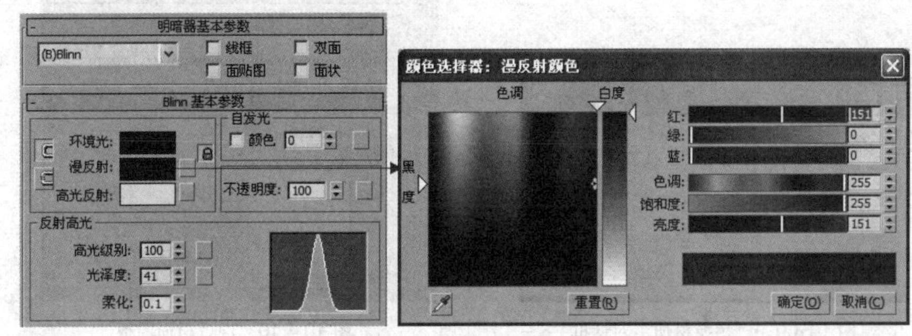

图 10.4.6 设置 ID2 材质

（5）设置护板材质。打开材质编辑器，选择一个空白的材质球，设置漫反射颜色为红色，将高光级别和光泽度分别设置为 100 和 41，参数设置如图 10.4.7 示。

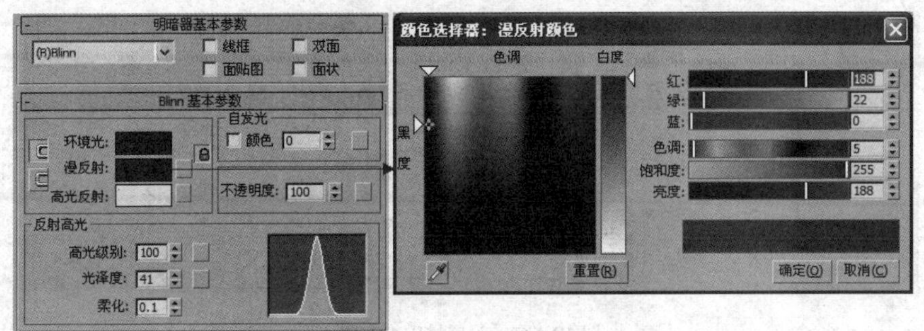

图 10.4.7 设置护板材质

（6）设置不锈钢金属材质。打开材质编辑器，选择一个空白的材质球，设置明暗器类型为

(M)金属方式，设置漫反射颜色为灰色，将高光级别和光泽度分别设置为 106 和 86。在超级采样卷展栏中取消使用全局设置复选框，设置局部超级采样器类型为Max 2.5 星方式。打开贴图卷展栏，在反射通道中添加一个光线跟踪贴图，具体参数设置如图 10.4.8 所示。

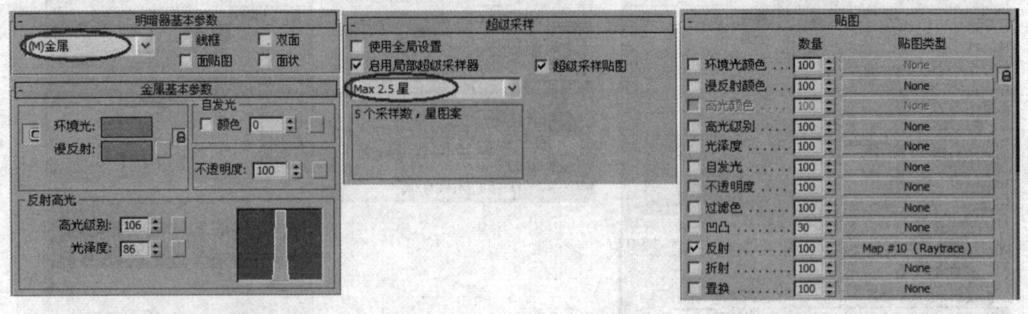


图 10.4.8　设置不锈钢材质

（7）设置旋钮材质。打开材质编辑器，选择一个空白的材质球，单击Standard按钮，在弹出的材质/贴图浏览器对话框的-材质选项中选择材质，在弹出的替换材质对话框中激活将旧材质保存为子材质?选项，如图 10.4.9 所示。此时的材质球面板效果如图 10.4.10 所示。

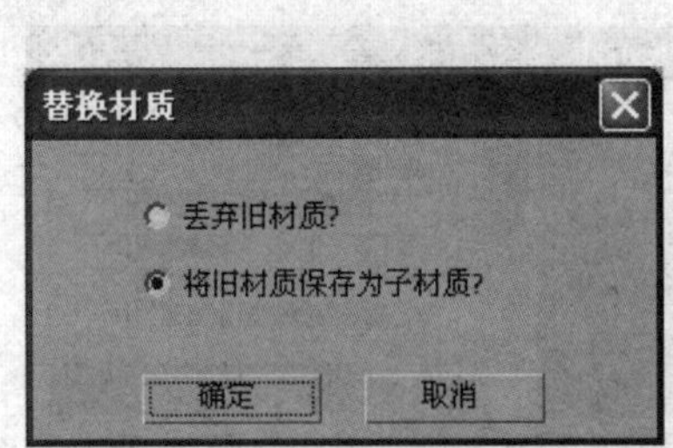


图 10.4.9　“替换材质”对话框

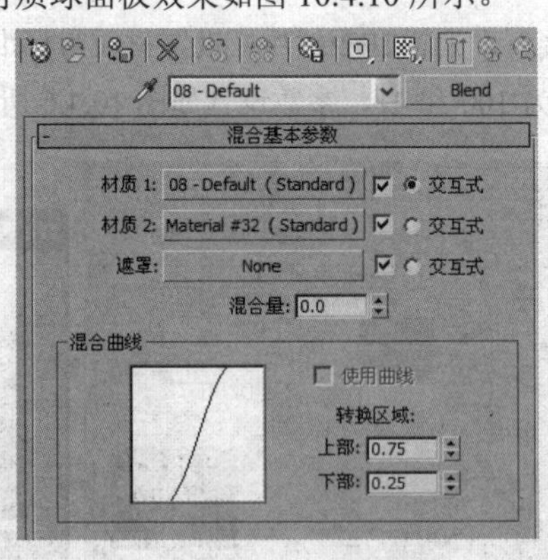


图 10.4.10　混合材质面板

（8）设置材质 1 参数。设置材质为标准材质，设置漫反射颜色为黑色，设置高光级别为 80，光泽度为 30。在超级采样卷展栏中取消使用全局设置复选框，设置局部超级采样器类型为自适应 Halton方式，参数设置如图 10.4.11 所示。

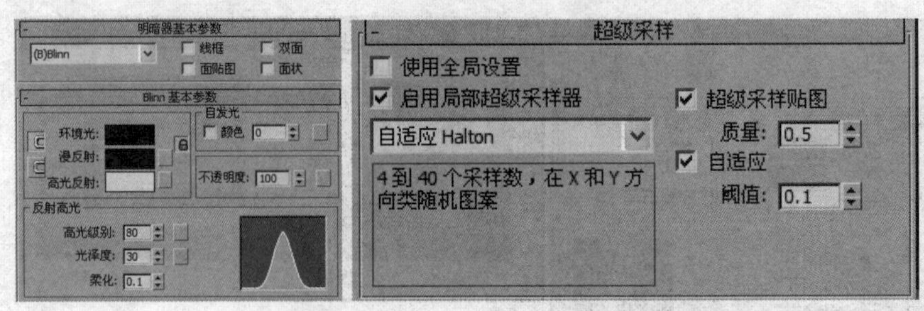


图 10.4.11　设置材质 1 参数

（9）设置材质 2 参数。设置材质为标准材质，设置明暗器类型为(M)金属方式，设置

漫反射颜色为黄色，将高光级别和光泽度分别设置为 74 和 78。在 超级采样 卷展栏中取消 使用全局设置 复选框，设置局部超级采样器类型为 自适应 Halton 方式。在反射通道中添加一个衰减贴图，在颜色 1 通道中添加一个混合贴图，在颜色 2 通道中添加一个 VR 贴图，单击按钮，返回到材质 2 对象层。在凹凸通道中添加一张黑白贴图，设置贴图数值为-50，具体参数设置如图 10.4.12 所示。

图 10.4.12　设置材质 2 参数

（10）设置遮罩贴图。单击按钮返回最上层，在遮罩通道中添加一张黑白贴图，如图 10.4.13 所示。其他旋钮的材质设置与此相似，不再赘述。

（11）设置琴颈模型。打开材质编辑器，选择一个空白的材质球，设置漫反射颜色为黑色，将高光级别和光泽度分别设置为 62 和 32，参数设置如图 10.4.14 示。

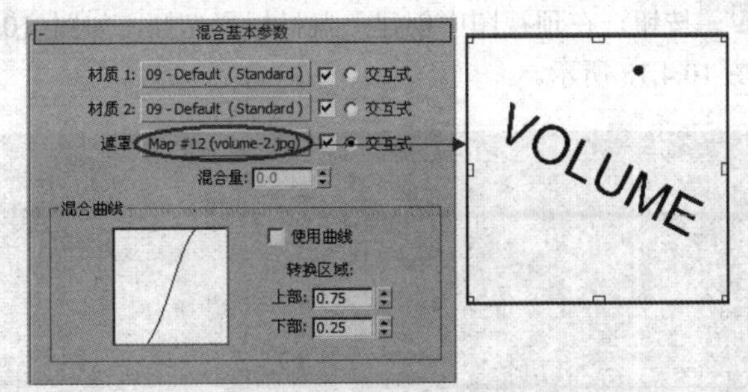


图 10.4.13　设置遮罩贴图

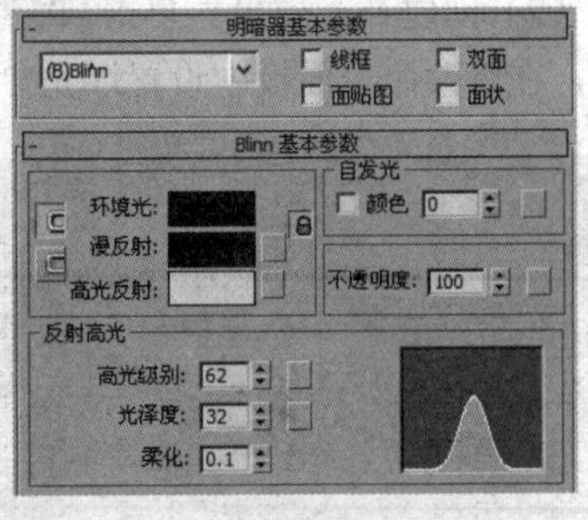


图 10.4.14　设置琴颈材质

## 10.4.2　设置灯光效果

在这一小节中设置场景的灯光效果。

（1）创建主光照效果。在创建命令面板的区域，选择标准类型，单击目标聚光灯按钮，在顶视图中创建一盏目标聚光灯，如图 10.4.15 所示，在修改命令面板中设置灯光参数如图 10.4.16 所示。

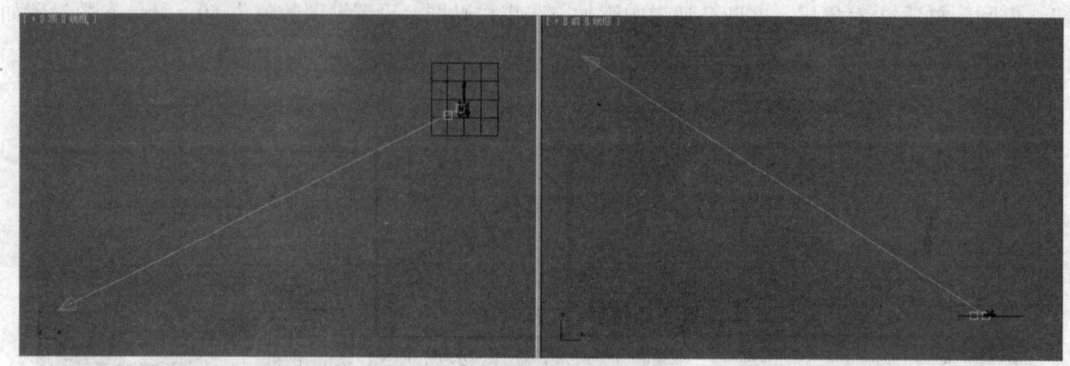

图 10.4.15　创建目标聚光灯

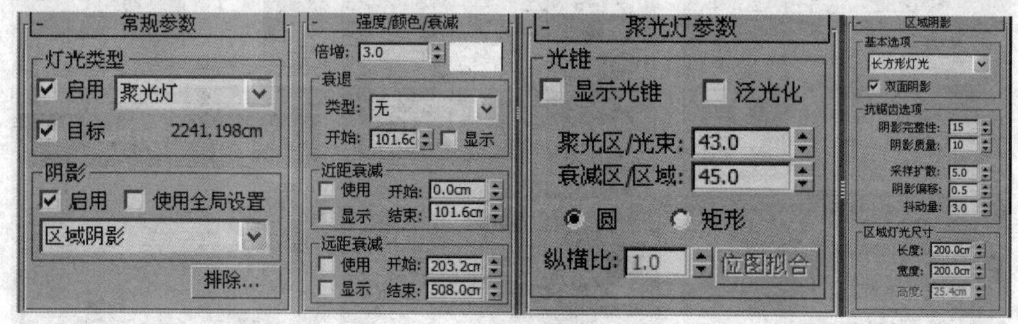


图 10.4.16　设置目标聚光灯参数

10

  Tips

灯光的目标距离不会影响灯光的衰减或亮度。

（2）创建补光效果。单击目标聚光灯按钮，在顶视图中创建一盏目标聚光灯，如图 10.4.17 所示，在修改命令面板中设置灯光参数如图 10.4.18 所示。

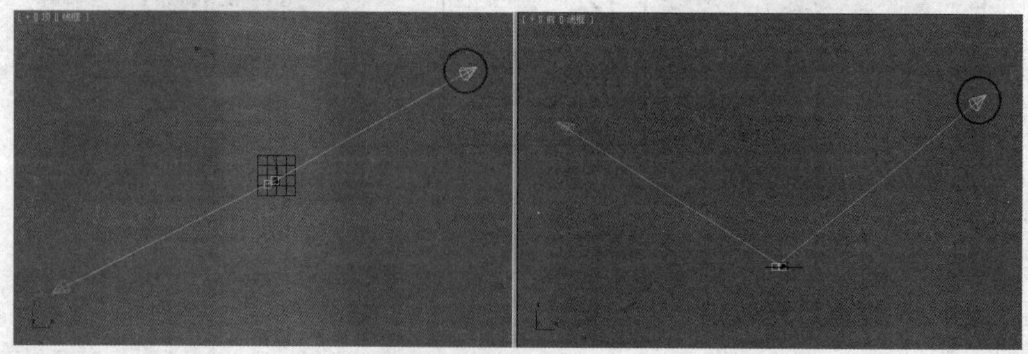

图 10.4.17　创建目标聚光灯

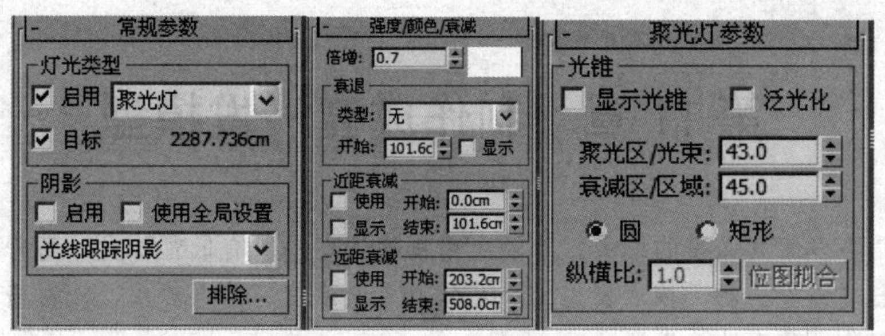


图 10.4.18　设置目标聚光灯参数

（3）将设置的材质指定给场景中的吉他模型，按 F9 键进行渲染，效果如图 10.0.1 所示。

## 本 章 小 结

在本章中我们制作了一把吉他模型，制作中使用对二维曲线进行挤出的方法制作了面板、护板以及琴颈模型，并使用对称修改器命令加快了建模的制作速度。同时，在对模型进行编辑时，连接及倒角命令也起到了重要作用。在以后的学习和工作中，我们应该掌握二维曲线转换为三维模型的众多方法，这将大大提高建模的精确性和速度。

# 第 11 章　制作成套沙发模型

沙发已是许多家庭必需的家具。市场上销售的沙发一般有低背沙发、高背沙发和介于前两者之间的普通沙发三种。按沙发的大小可分为多人沙发、单人沙发、沙发椅以及沙发凳，在本章中来制作一整套沙发模型。

## 本章知识重点

- 了解各种沙发的结构及材质效果。
- 使用多边形建模工具塑造沙发的整体轮廓。
- 使用对称修改器加快建模的速度。
- 对模型进行平滑操作。

在本章中，制作一整套的沙发模型，包括三人沙发、单人沙发、沙发椅、沙发凳、茶几、角几、台灯桌以及地毯模型。渲染效果如图 11.0.1 所示。

图 11.0.1　成套沙发效果

11

## 11.1　制作三人沙发模型

在本节中先来制作三人沙发模型，包括沙发主体模型、坐垫模型、靠垫模型以及腿部模型。

### 11.1.1　制作沙发主体模型

在制作过程中用到了对称修改器，加快了建模的速度。

（1）在创建命令面板的区域，选择标准基本体类型，单击长方体按钮，在顶视图中创建一个长方体，如图 11.1.1 所示。单击鼠标右键，将模型转换为可编辑多边形，在模型上添加细分曲线，效果如图 11.1.2 所示。

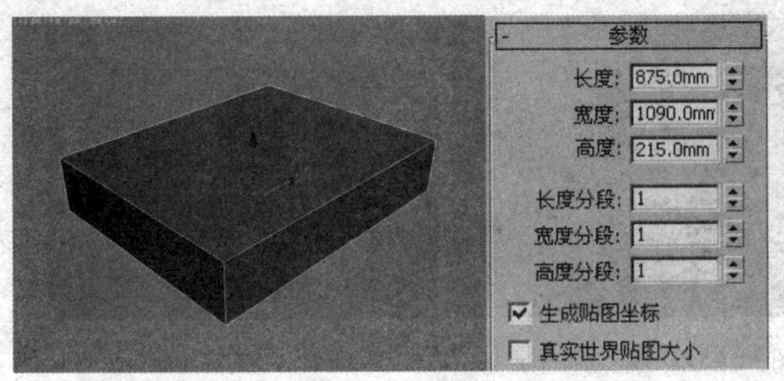


图 11.1.1　创建长方体

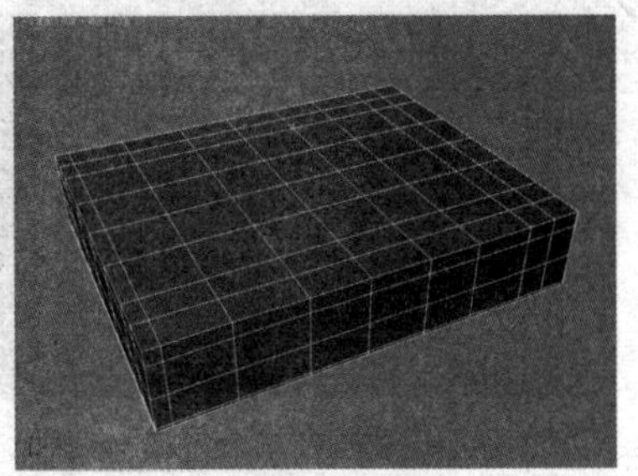

图 11.1.2　添加细分曲线

（2）选择如图 11.1.3 所示的面，单击 挤出 后面的小按钮，在弹出的 挤出多边形 对话框中设置参数如图 11.1.4 所示，挤出效果如图 11.1.5 所示。

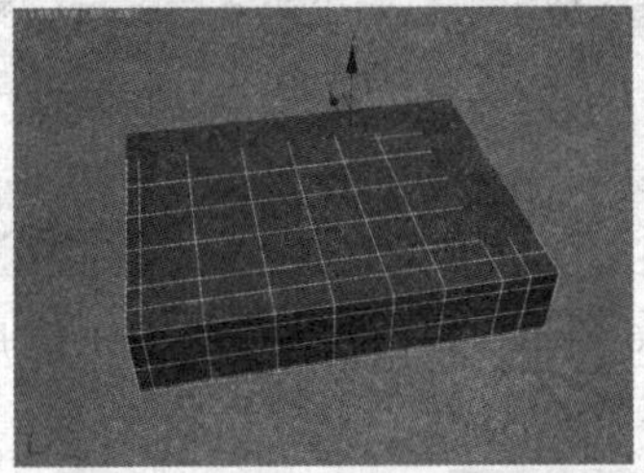

图 11.1.3　选择面

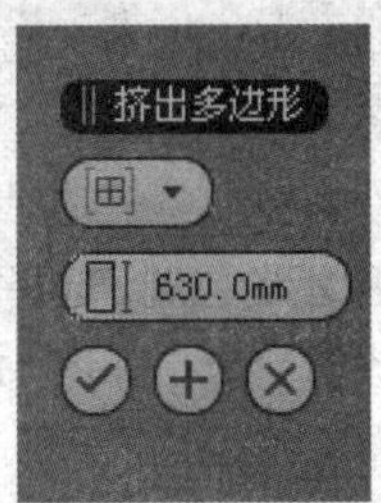


图 11.1.4　设置挤出参数

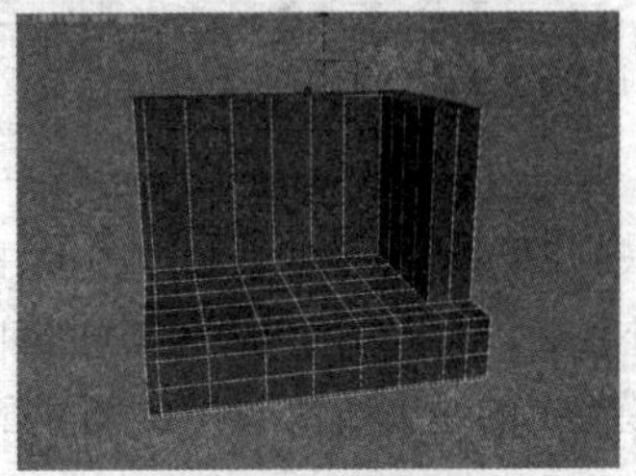

图 11.1.5　挤出效果

（3）选择如图 11.1.6 所示的边，单击 连接 后面的小按钮，在弹出的 连接边 对话框中设置参数如图 11.1.7 所示，同时调节添加的细分曲线到如图 11.1.8 所示的位置。

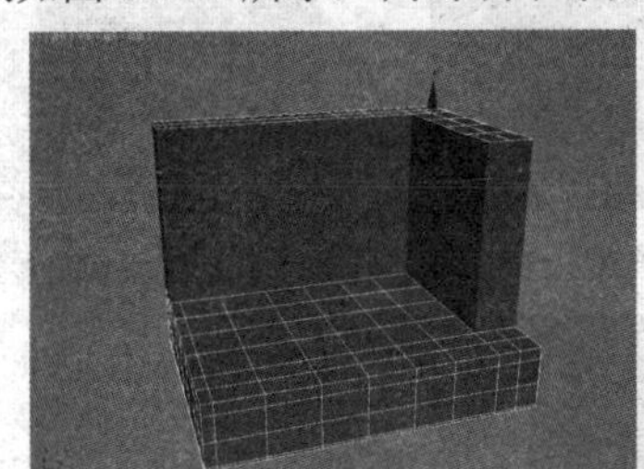

图 11.1.6　选择边

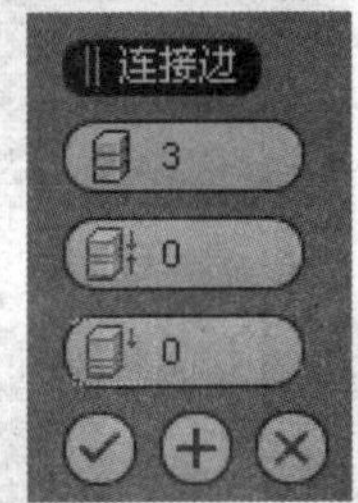


图 11.1.7　设置连接边参数

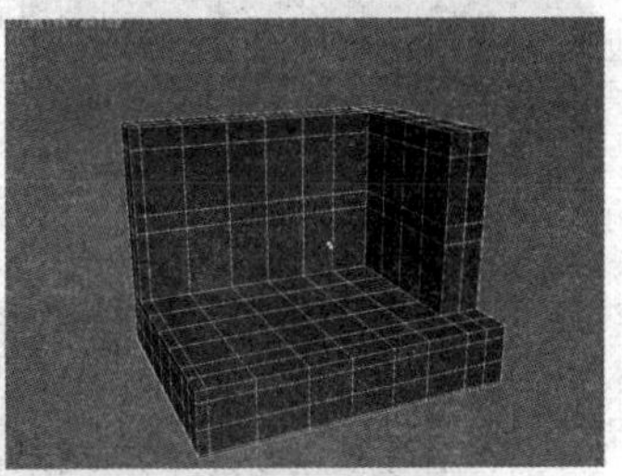

图 11.1.8　调节细分曲线

（4）继续在模型上添加细分曲线，效果如图 11.1.9 所示，调节模型上的节点到如图 11.1.10 所示的位置。

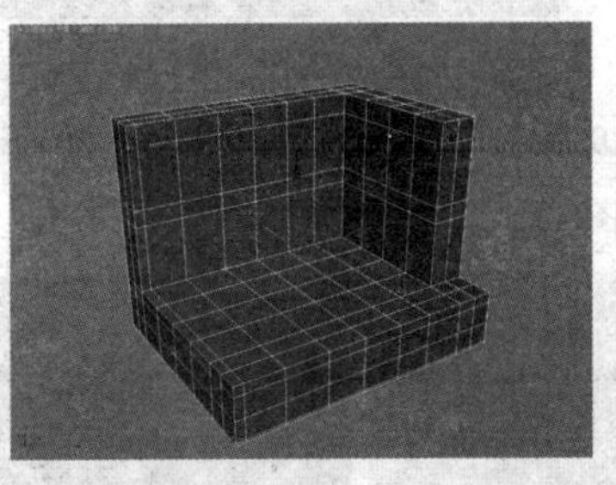

图 11.1.9　添加细分曲线

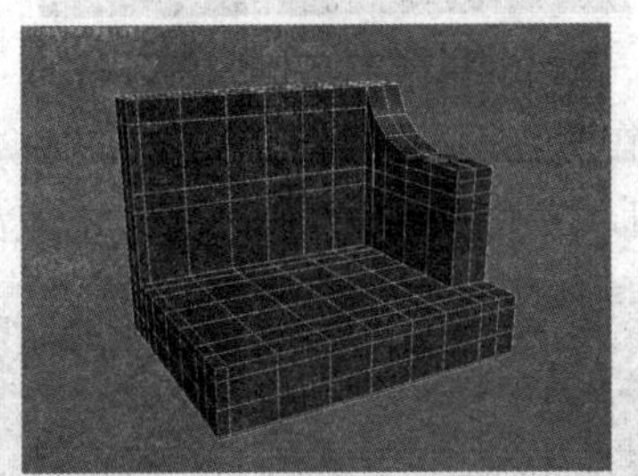

图 11.1.10　调节节点

（5）选择如图 11.1.11 所示的边，单击 移除 按钮移除选择的边，同时移除多余的节点，如图 11.1.12 所示。单击 切割 按钮，在模型上切割细分曲线，效果如图 11.1.13 所示。

图 11.1.11 选择边

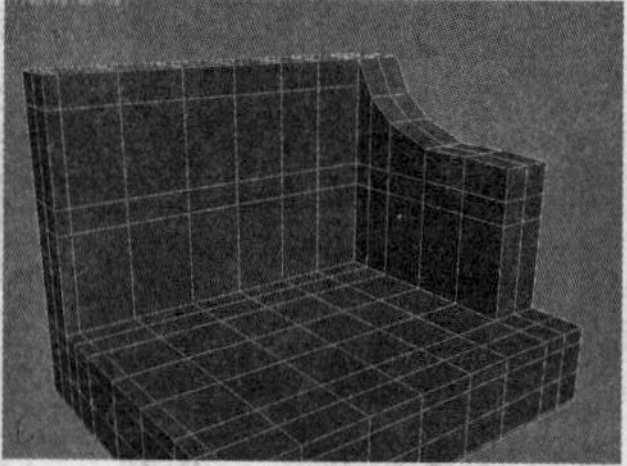
图 11.1.12 移除边和节点

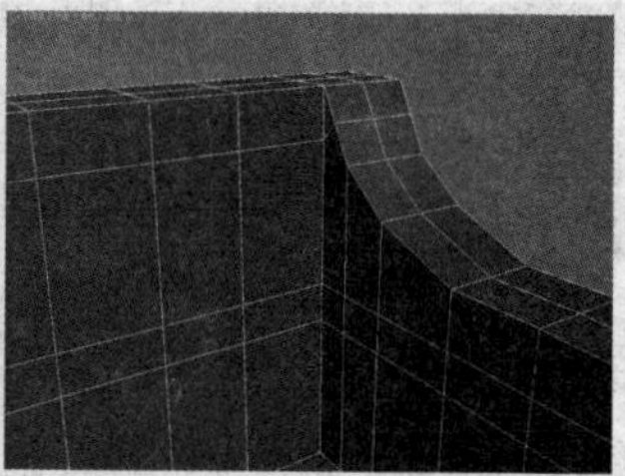
图 11.1.13 切割细分曲线

 Tips

要删除边，请选中它们，然后按下 Delete 键，这会在网格中创建一个或多个孔洞。要删除边而不创建孔洞，请使用“移除”命令。

（6）调节模型上的边到如图 11.1.14 所示的位置。选择如图 11.1.15 所示的边，单击切角后面的小按钮，在弹出的切角对话框中设置参数，如图 11.1.16 所示，切角效果如图 11.1.17 所示。调节模型上的边到如图 11.1.18 所示的位置。

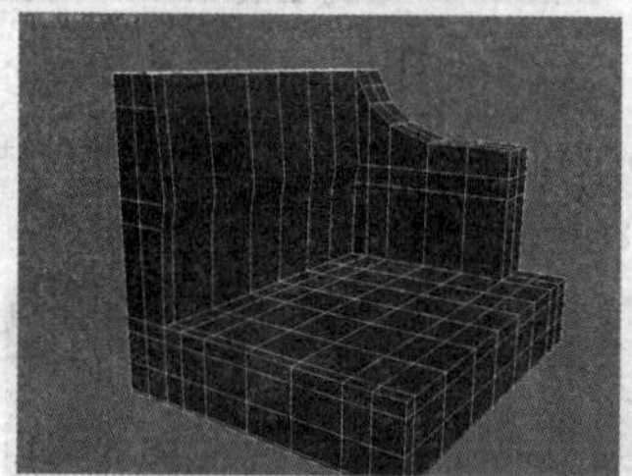
图 11.1.14 调节边

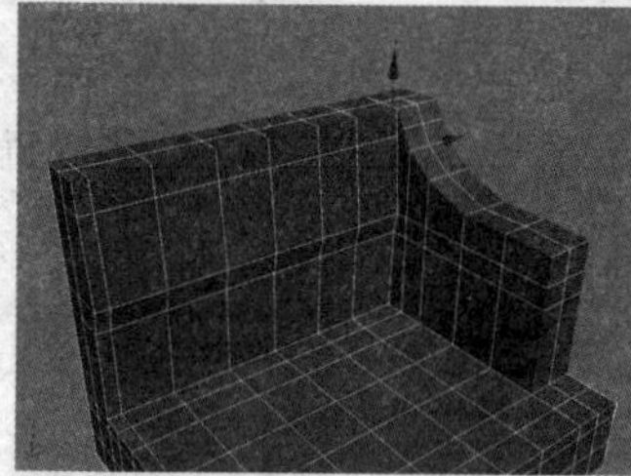
图 11.1.15 选择边

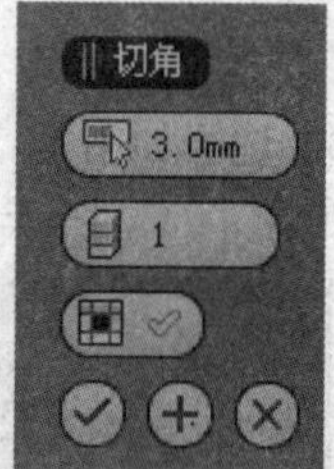

图 11.1.16 设置切角参数

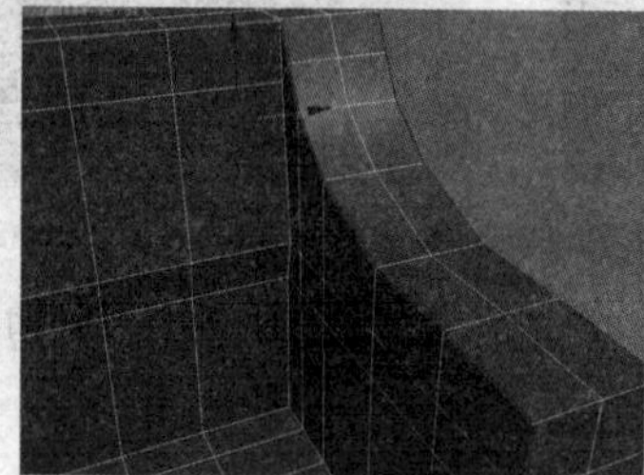
图 11.1.17 切角效果

图 11.1.18 调节边

（7）继续在模型上添加细分曲线，如图 11.1.19 所示，调节边到如图 11.1.20 所示的位置。单击切割按钮，在模型上切割细分曲线，效果如图 11.1.21 所示。

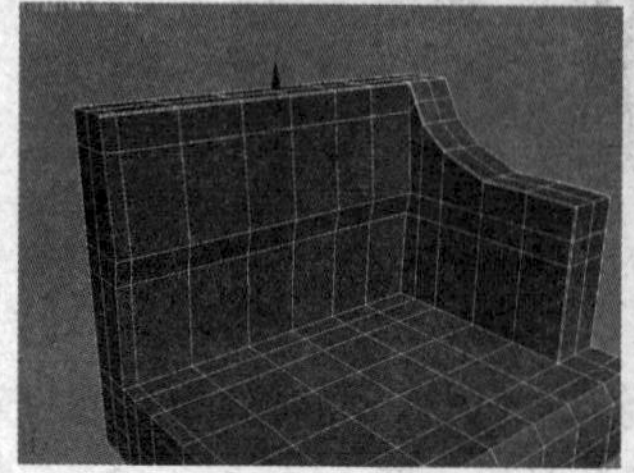
图 11.1.19 添加细分曲线

图 11.1.20 调节边

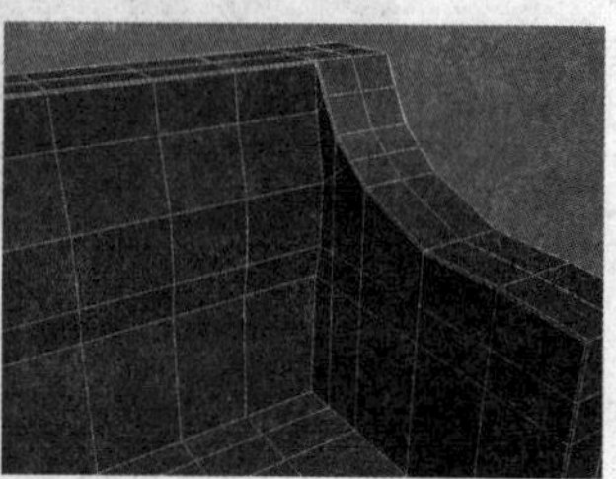
图 11.1.21 切割细分曲线

（8）选择如图 11.1.22 所示的面，按 Delete 键删除，效果如图 11.1.23 所示。

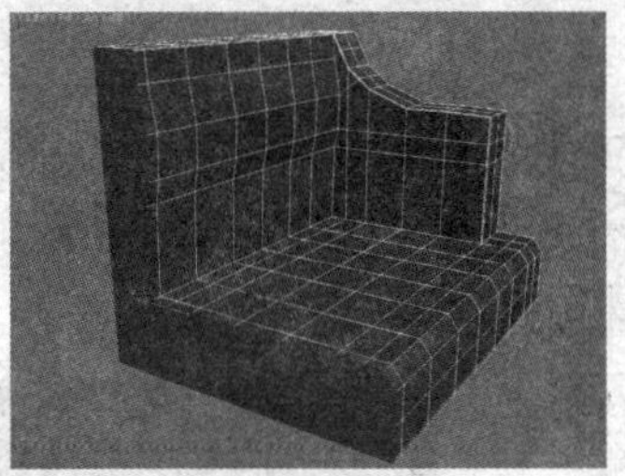

图 11.1.22　选择面

图 11.1.23　删除面

（9）在修改命令面板的 修改器列表 下拉列表中选择 对称 选项，给模型添加一个对称修改器，效果如图 11.1.24 所示。激活对称修改器的 镜像 子级别，通过移动坐标轴，将模型调节到如图 11.1.25 所示的形状。

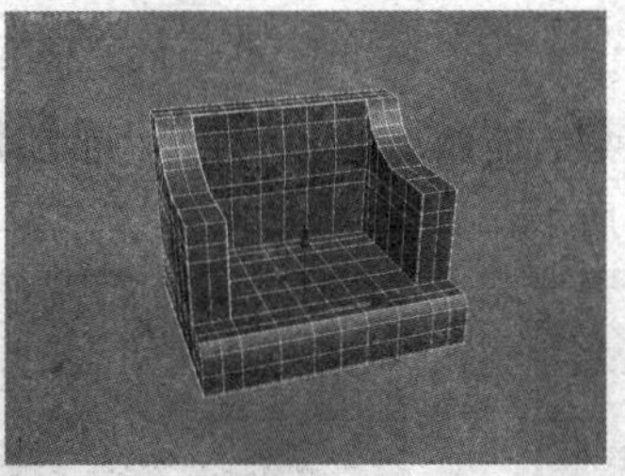

图 11.1.24　对称效果

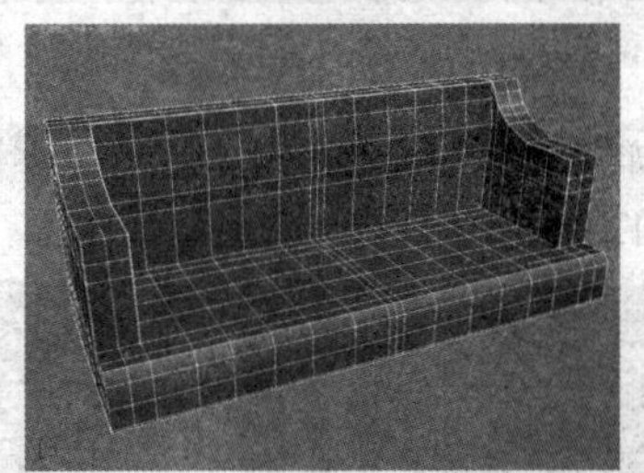

图 11.1.25　调节对称轴

（10）单击鼠标右键，将模型转换为可编辑多边形。选择如图 11.1.26 所示的边，单击 连接 按钮添加细分曲线；单击 挤出 后面的小按钮，在弹出的 挤出边 对话框中设置参数如图 11.1.27 所示，挤出效果如图 11.1.28 所示。

图 11.1.26　选择边

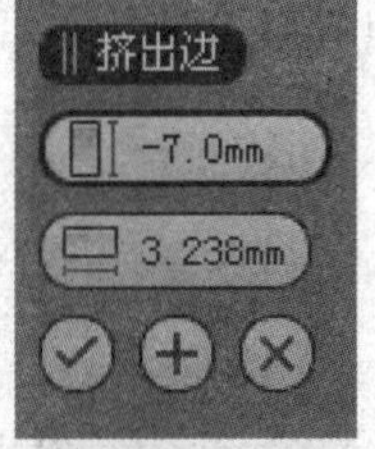


图 11.1.27　设置挤出边参数

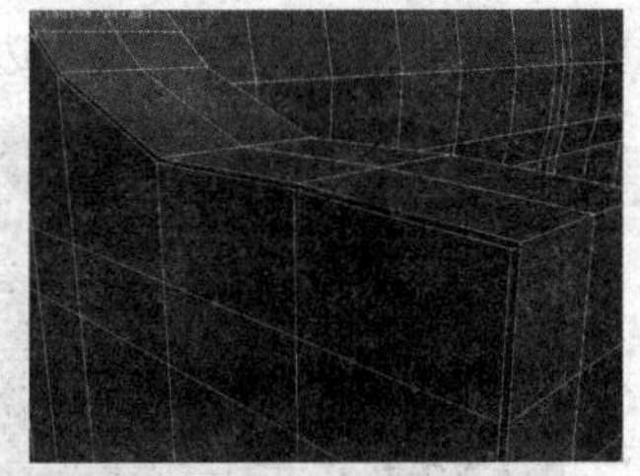

图 11.1.28　挤出效果

（11）按 M 键打开材质编辑器，给制作好的模型指定一个默认的材质，如图 11.1.29 所示。在修改命令面板的 细分曲面 卷展栏中激活 使用 NURMS 细分 选项，设置迭代次数为 2，如图 11.1.30 所示，细分曲面效果如图 11.1.31 所示。

图 11.1.29　指定默认材质

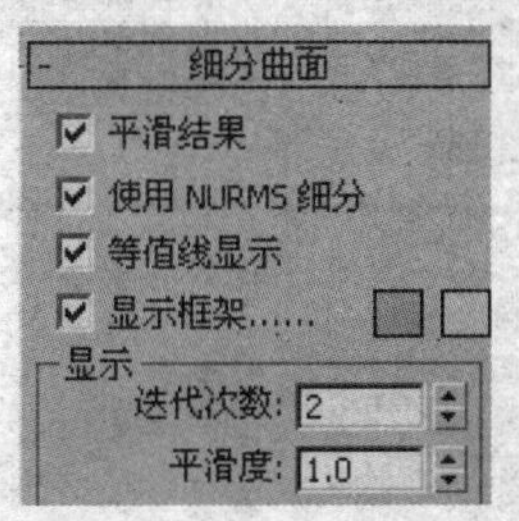


图 11.1.30　设置细分曲面参数

图 11.1.31　细分曲面效果

### 11.1.2 制作坐垫模型

在这一小节中来制作三人沙发的坐垫模型，具体操作步骤如下：

（1）单击 长方体 按钮，在顶视图中创建一个长方体，如图 11.1.32 所示。单击鼠标右键，将模型转换为可编辑多边形，调节边到如图 11.1.33 所示的位置。

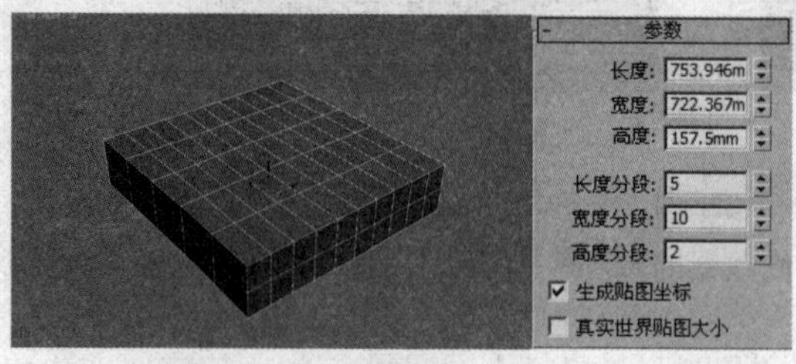


图 11.1.32　创建长方体　　图 11.1.33　调节边

（2）选择如图 11.1.34 所示的边，单击 挤出 后面的小按钮，在弹出的 挤出边 对话框中设置参数如图 11.1.35 所示，挤出边效果如图 11.1.36 所示。

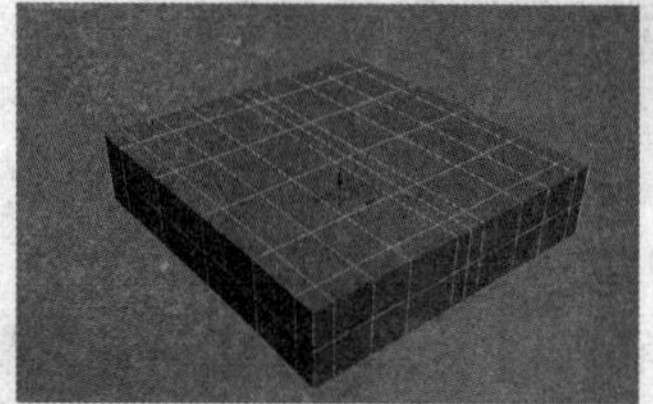

图 11.1.34　选择边

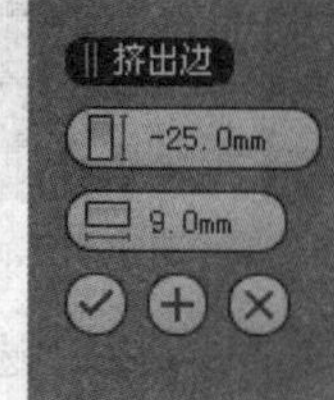


图 11.1.35　设置挤出边参数

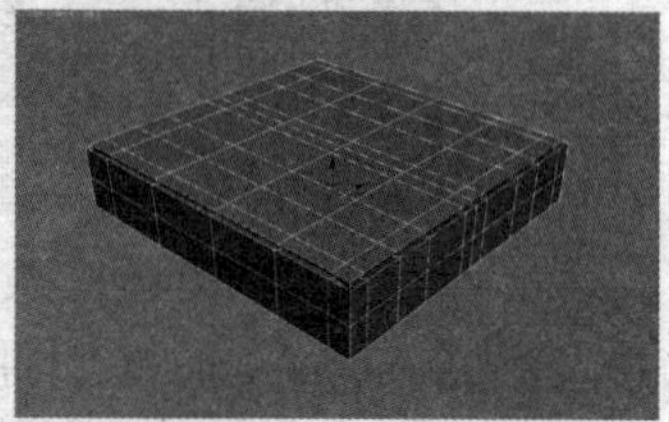

图 11.1.36　挤出边效果

（3）选择如图 11.1.37 所示的边，单击 挤出 后面的小按钮，在弹出的 挤出边 对话框中设置参数如图 11.1.38 所示，挤出边效果如图 11.1.39 所示。

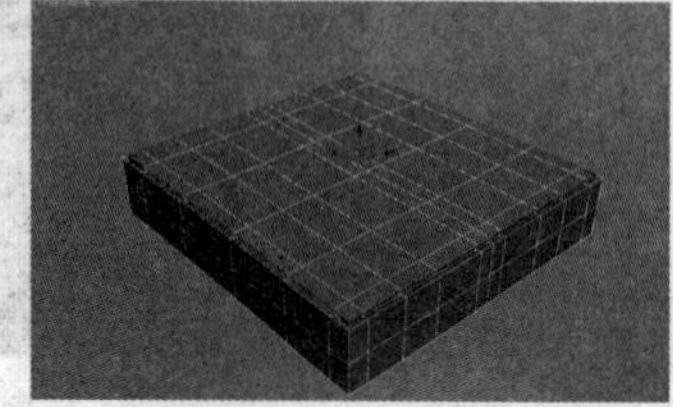

图 11.1.37　选择边

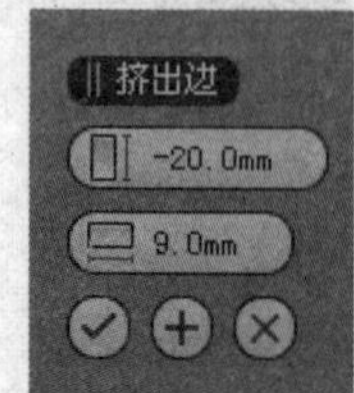


图 11.1.38　设置挤出边参数

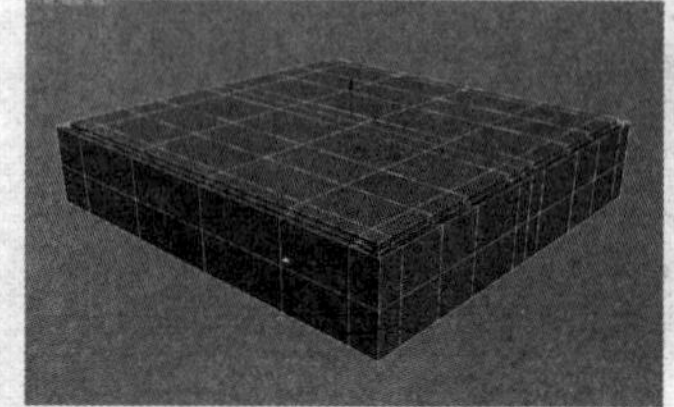

图 11.1.39　挤出边效果

（4）调节模型上的节点到如图 11.3.40 所示的位置。

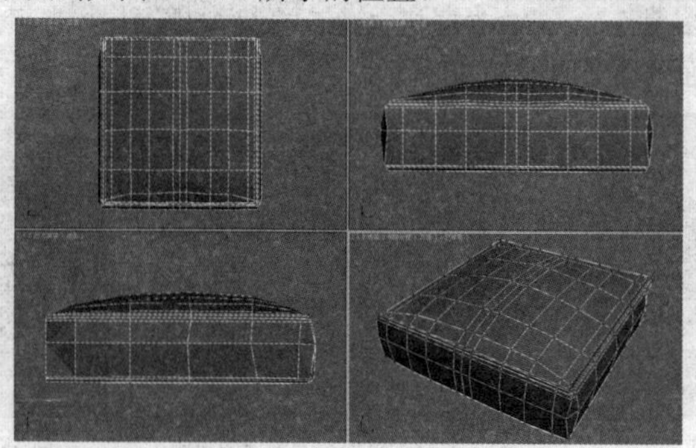

图 11.3.40　调节节点

（5）在修改命令面板的“细分曲面”卷展栏中激活“使用 NURMS 细分”选项，设置迭代次数为 2，如图 11.1.41 所示，细分曲面效果如图 11.1.42 所示。对制作的坐垫模型进行复制，效果如图 11.1.43 所示。至此，坐垫模型制作完成。

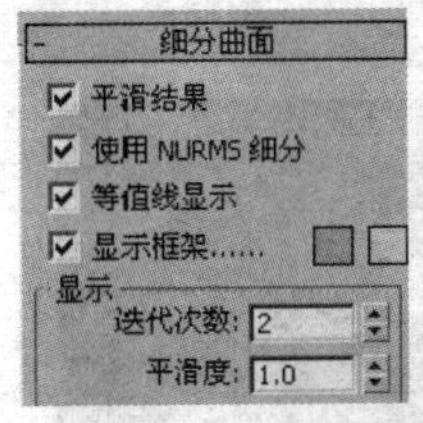

图 11.1.41　设置细分曲面参数

图 11.1.42　细分曲面效果

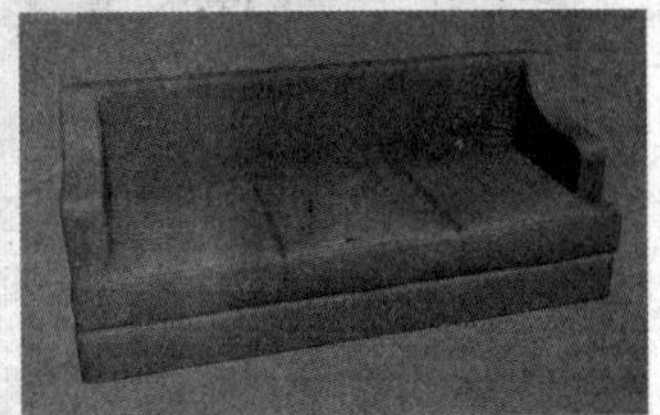
图 11.1.43　复制效果

## 11.1.3　制作靠垫模型

在这一小节中来制作沙发的靠垫模型。

（1）单击“长方体”按钮，在前视图中创建一个长方体，如图 11.1.44 所示。单击鼠标右键，将模型转换为可编辑多边形。

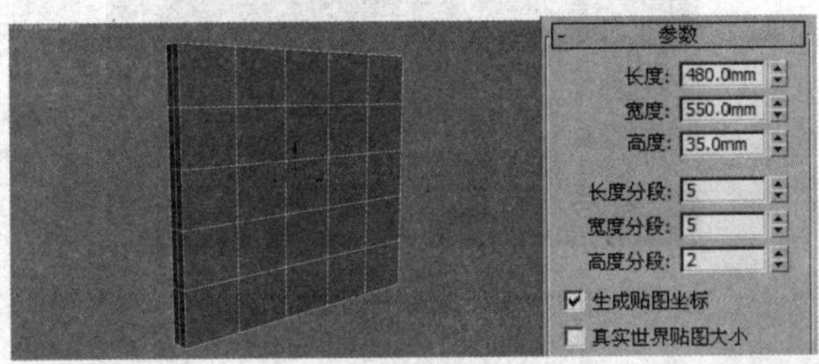


图 11.1.44　创建长方体

（2）选择如图 11.1.45 所示的边，单击“挤出”后面的小按钮，在弹出的“挤出边”对话框中设置参数如图 11.1.46 所示，单击“+”按钮，继续设置挤出边参数如图 11.1.47 所示，最终挤出边效果如图 11.1.48 所示。

图 11.1.45　选择边

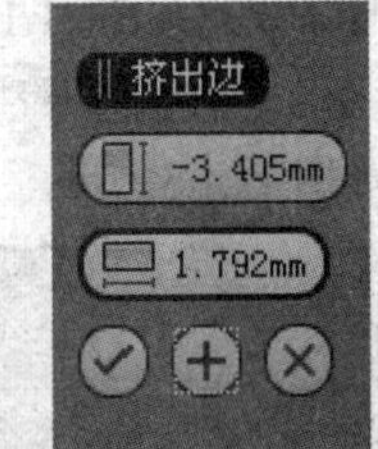

图 11.1.46　设置挤出边参数

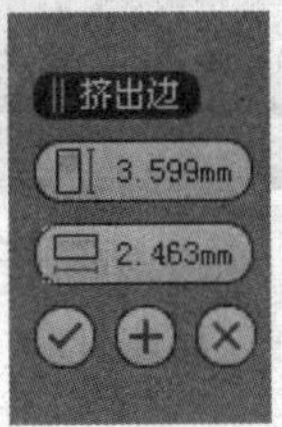

图 11.1.47　设置挤出边参数

图 11.1.48　挤出边效果

（3）调节模型上的节点到如图 11.1.49 所示的位置，在修改命令面板的 细分曲面 卷展栏中激活 使用 NURMS 细分 选项，设置迭代次数为 2，细分曲面效果如图 11.1.50 所示。

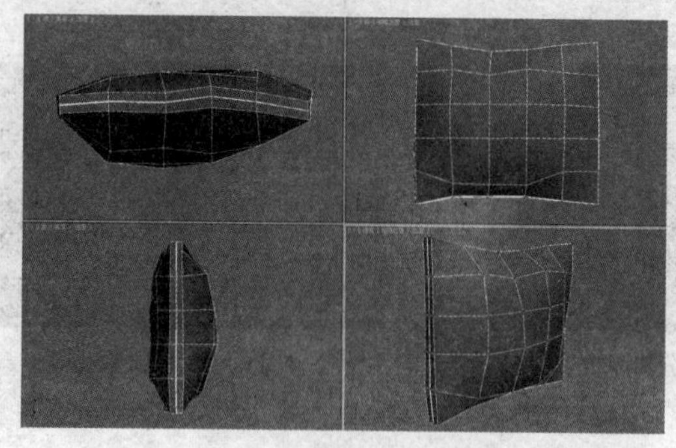
图 11.1.49　调节节点

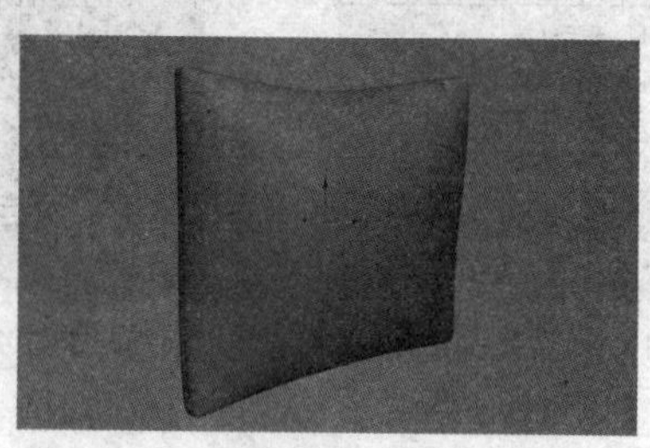
图 11.1.50　细分曲面效果

（4）对制作好的靠垫模型进行复制操作，并调节复制模型的大小，效果如图 11.1.51 所示。

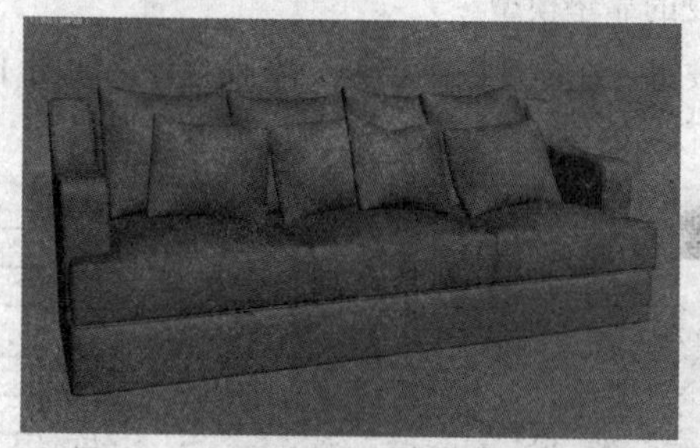
图 11.1.51　复制并调节模型大小

### 11.1.4　制作腿部模型

在这一小节中来制作沙发的腿部模型，在制作过程中用到了车削修改器命令。

（1）在创建命令面板的区域，选择 样条线 类型，单击 线 按钮，在前视图中创建一条样条线，如图 11.1.52 所示。

（2）在修改命令面板的 修改器列表 下拉列表中选择 车削 选项，给曲线添加一个车削修改器，车削效果如图 11.1.53 所示。

图 11.1.52　创建样条线

图 11.1.53　车削效果

（3）单击 球体 按钮，在前视图中创建一个球体模型，如图 11.1.54 所示，对制作的球体模型进行以车削模型为轴心的旋转复制，效果如图 11.1.55 所示。

图 11.1.54　创建球体模型

图 11.1.55　复制球体模型

（4）对制作好的腿部模型进行复制，效果如图 11.1.56 所示。

图 11.1.56　复制腿部模型

至此，三人沙发模型制作完成。

## 11.2　制作单人沙发模型

在本节中来制作单人沙发模型，其制作方法跟三人沙发的制作方法类似，在这里我们进行简单的讲解。

（1）单击 长方体 按钮，在前视图中创建一个长方体，如图 11.2.1 所示。单击鼠标右键，将模型转换为可编辑多边形。

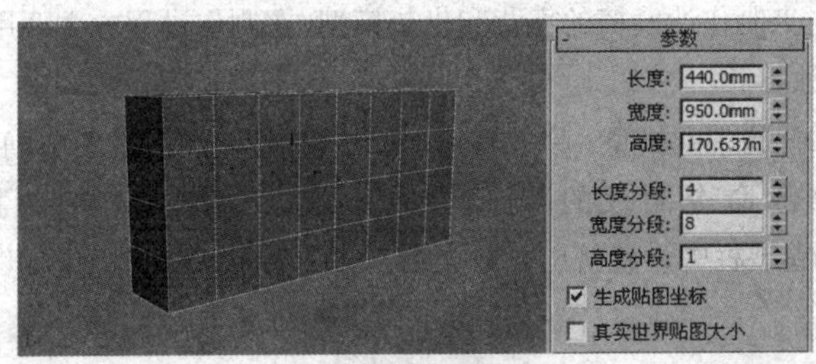

图 11.2.1　创建长方体

（2）调节模型上的边到如图 11.2.2 所示的位置。选择如图 11.2.3 所示的面，单击 挤出 按钮，对选择的面进行挤出操作，效果如图 11.2.4 所示。

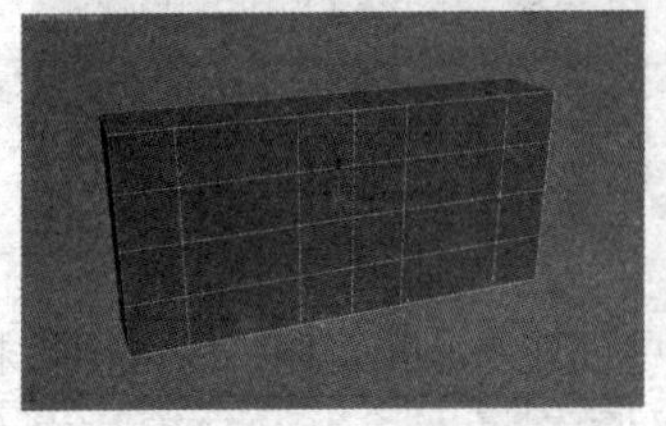
图 11.2.2　调节边

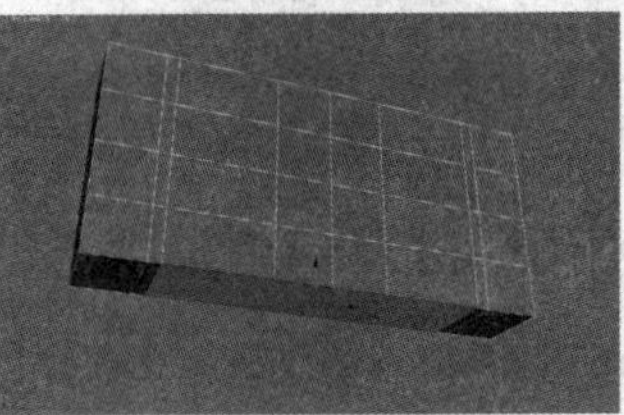
图 11.2.3　选择面

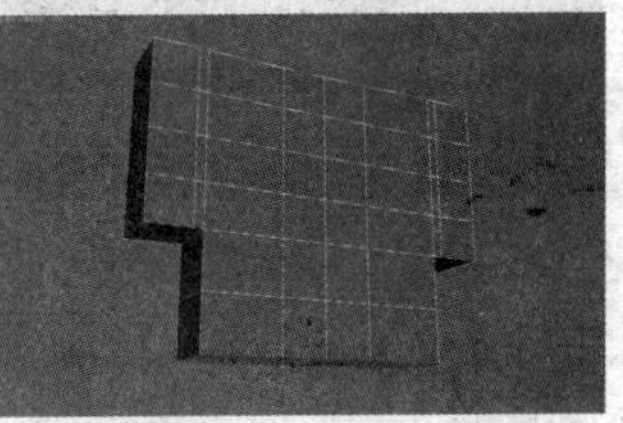
图 11.2.4　挤出面

（3）调节模型上的节点到如图 11.2.5 所示的位置，细分曲面效果如图 11.2.6 所示。

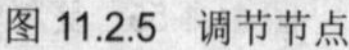
图 11.2.5　调节节点

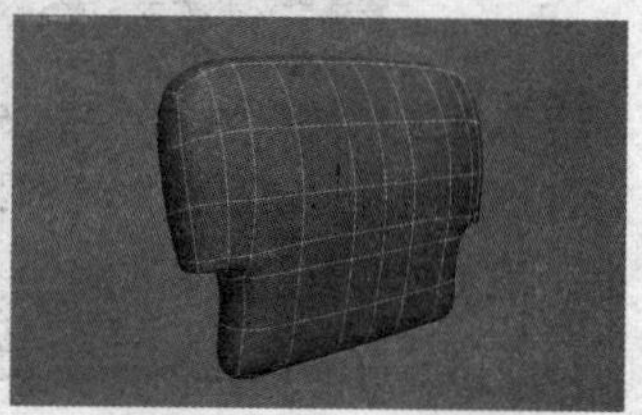

图 11.2.6　细分曲面效果

（4）按照制作三人沙发模型的方法，制作出单人沙发的扶手、坐垫、靠垫以及腿部模型，效果如图 11.2.7 所示。

图 11.2.7　单人沙发模型

## 11.3　制作沙发椅模型

在本节中制作沙发椅模型，包括靠背模型、扶手模型、坐垫模型、靠垫模型以及腿部模型等。

### 11.3.1　制作靠背和坐垫模型

在这一小节中，首先来制作沙发椅的靠背和坐垫模型，在制作过程中主要用到了倒角剖面修改器、挤出修改器以及晶格修改器。

（1）首先，制作靠背的中间模型。单击 线 按钮，在前视图中创建一条闭合样条线，如图 11.3.1 所示。在修改命令面板的 修改器列表 下拉列表中选择 挤出 修改器，在 参数 卷展栏中设置挤出参数如图 11.3.2 所示，挤出效果如图 11.3.3 所示。

图 11.3.1　创建样条线

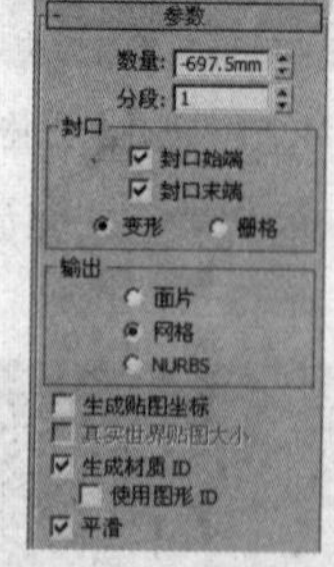


图 11.3.2　设置挤出参数

图 11.3.3　挤出效果

（2）制作靠背的两侧模型。单击 线 按钮，在前视图中创建一条闭合样条线和一条未闭合样条线，如图 11.3.4 所示。选择闭合样条线，在修改命令面板的 修改器列表 下拉列表中选

择 倒角剖面 修改器，在 - 参数 卷展栏中单击 拾取剖面 按钮，在视图中拾取未闭合样条线，设置倒角剖面参数如图 11.3.5 所示，倒角剖面效果如图 11.3.6 所示。

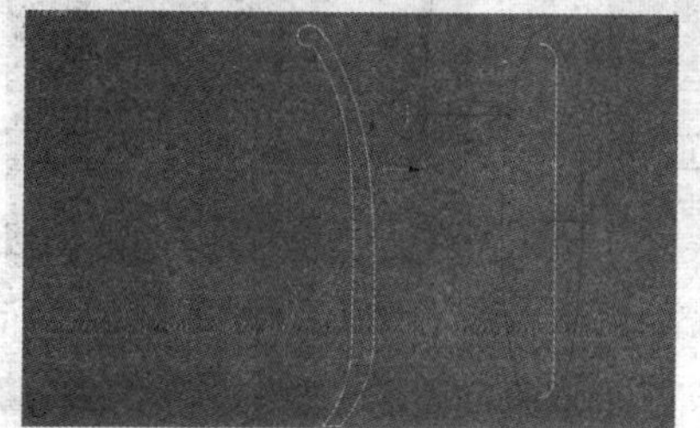

图 11.3.4　创建样条线

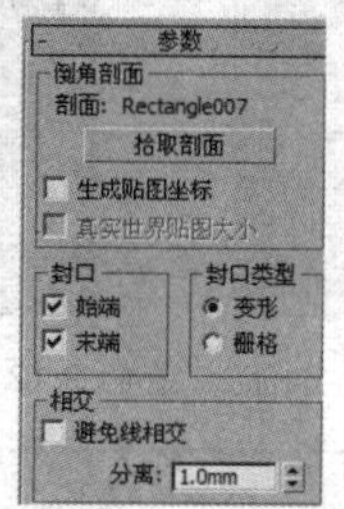


图 11.3.5　设置倒角剖面参数

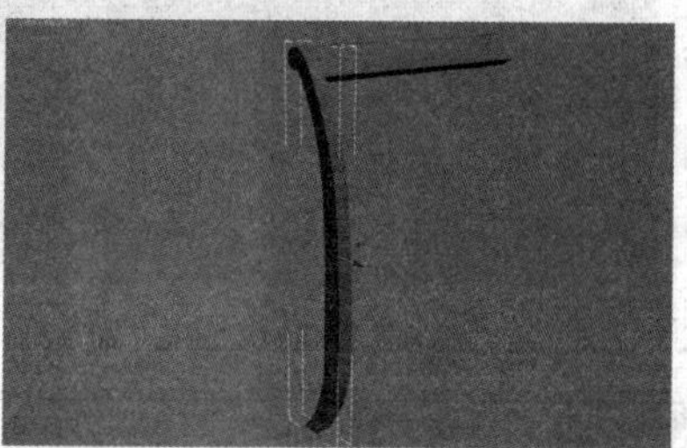

图 11.3.6　倒角剖面效果

 Tips

如果删除原始倒角剖面，则倒角剖面失效。与提供图形的放样对象不同，倒角剖面只是一个简单的修改器。尽管此修改器与包含改变缩放设置的放样对象相似，但实际上两者有区别，因为其使用不同的轮廓值而不是缩放值来作为线段之间的距离。这种调整图形大小的方法更复杂，从而会导致一些层级比其他的层级包含或多或少的顶点，因此，它更适合于处理文本。

（3）对倒角剖面后生成的模型进行复制，效果如图 11.3.7 所示。单击 矩形 按钮，在前视图中创建一个矩形，如图 11.3.8 所示，在修改命令面板的 修改器列表 下拉列表中选择 挤出 修改器，在 - 参数 卷展栏中设置挤出参数如图 11.3.9 所示，挤出效果如图 11.3.10 所示。

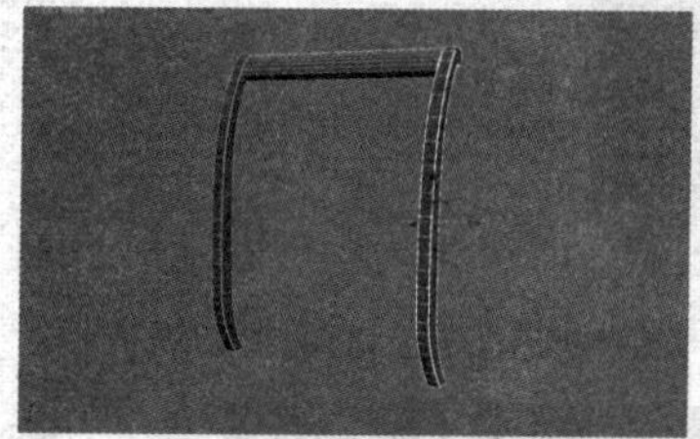

图 11.3.7　复制效果

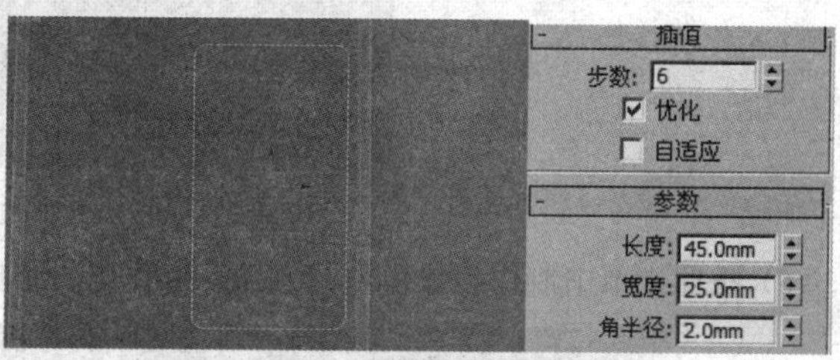


图 11.3.8　创建矩形

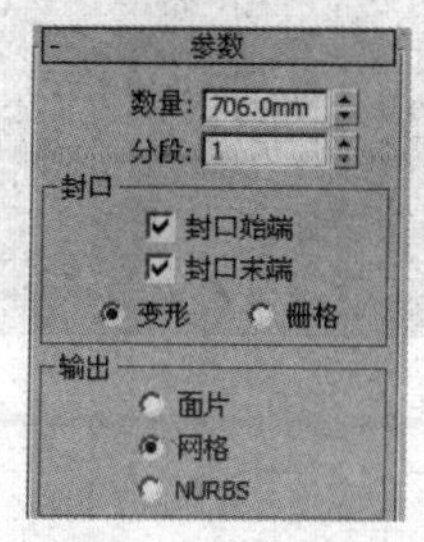


图 11.3.9　设置挤出参数

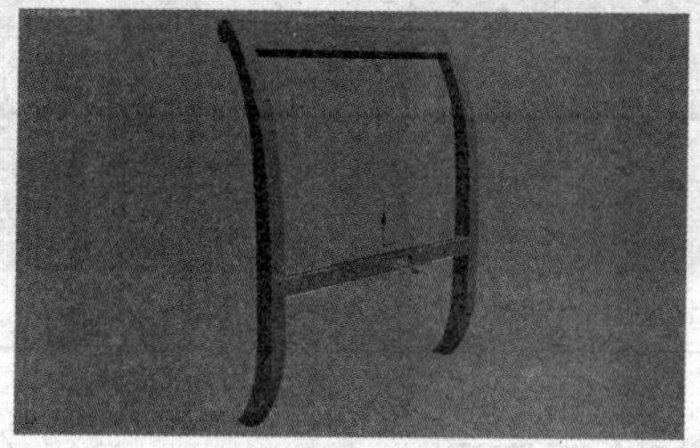

图 11.3.10　挤出效果

（4）制作靠背的镂空结构。单击 平面 按钮，在右视图中创建一个面片模型，如图 11.3.11 所示。在修改命令面板的 修改器列表 下拉列表中选择 晶格 修改器，在 - 参数 卷展栏中设置晶格参数如图 11.3.12 所示，晶格效果如图 11.3.13 所示。

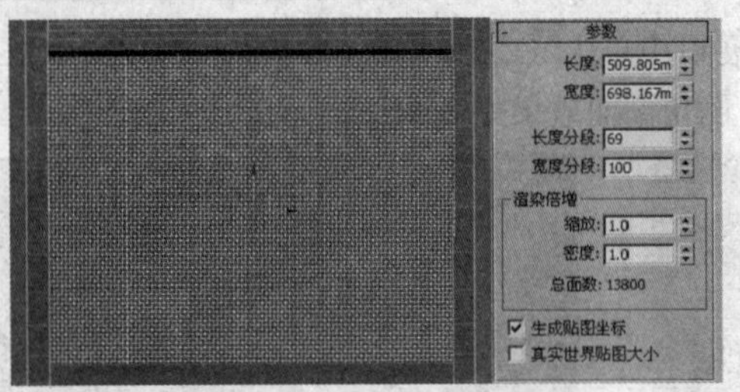


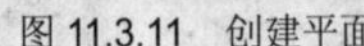
图 11.3.11　创建平面

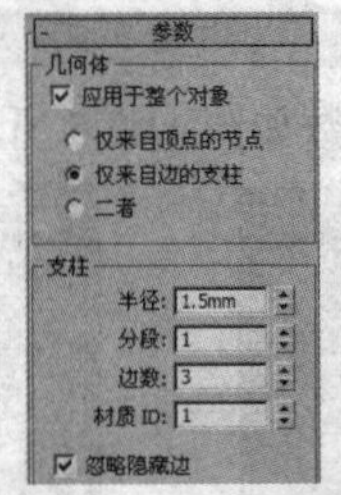


图 11.3.12　设置晶格参数

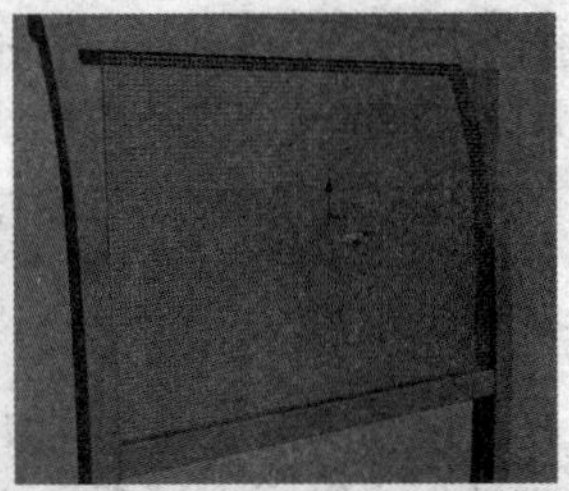

图 11.3.13　晶格效果

  Tips

可以使用“晶格”修改器合并散布复合对象，并摆放要作为关节的任意对象，而不是提供一个多面体。要完成此操作，请创建网格分布对象和源对象（例如，长方体）。使用“散布”将长方体散布到分布对象的顶点上。（确保使用的是“复制”选项而不是“实例”选项。）在“分布显示”参数中，隐藏分布对象。选择要用作分布对象的原始对象，对其应用“晶格”并禁用关节。将会有两个重合的对象：一个提供晶格支柱，另一个定位长方体。

（5）在修改命令面板的 修改器列表 下拉列表中选择 FFD 4x4x4 修改器，在修改器堆栈中激活 控制点 子级别，通过调节控制点对模型进行自由形变调节，效果如图 11.3.14 所示。

图 11.3.14　自由形变效果

11

（6）按照上节中制作坐垫模型的方法，制作出坐垫模型，效果如图 11.3.15 所示。

图 11.3.15　制作坐垫模型

## 11.3.2　制作扶手模型

在这一小节中来制作扶手模型。

（1）单击 线 按钮，在前视图中创建一条闭合样条线和一条未闭合样条线，如图 11.3.16

所示。选择闭合样条线，在修改命令面板的 修改器列表 下拉列表中选择 倒角剖面 修改器，在 参数 卷展栏中单击 拾取剖面 按钮，在视图中拾取未闭合样条线，设置倒角剖面参数如图 11.3.17 所示，倒角剖面效果如图 11.3.18 所示。

图 11.3.16　创建样条线

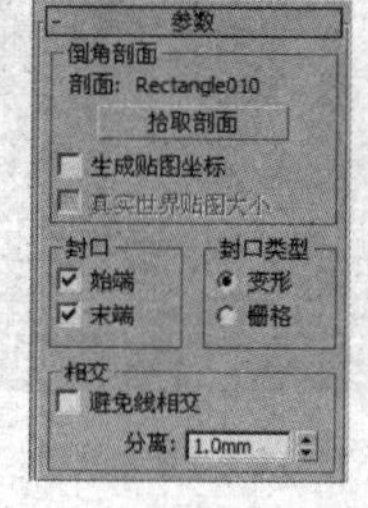


图 11.3.17　设置倒角剖面参数

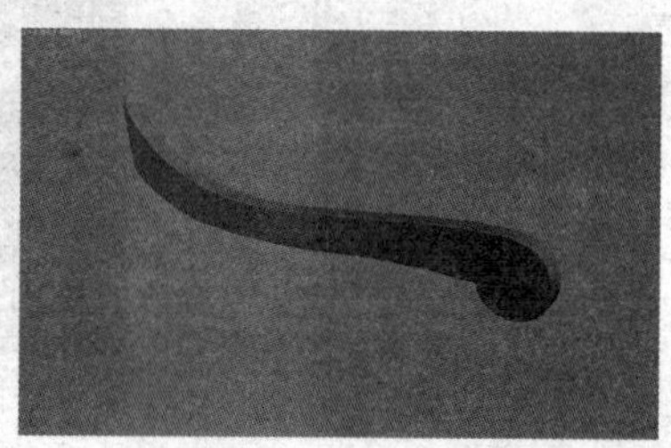

图 11.3.18　倒角剖面效果

（2）单击 线 按钮，在前视图中创建一条闭合样条线，如图 11.3.19 所示，在修改命令面板的 修改器列表 下拉列表中选择 挤出 修改器，在 参数 卷展栏中设置挤出参数如图 11.3.20 所示，挤出效果如图 11.3.21 所示。

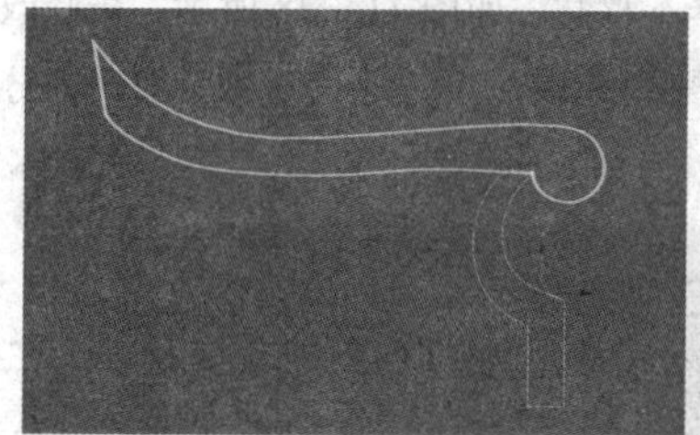

图 11.3.19　创建样条线

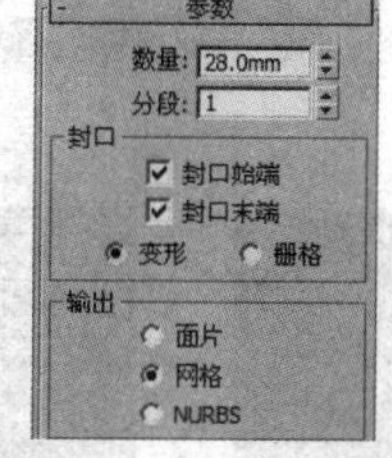


图 11.3.20　设置挤出参数

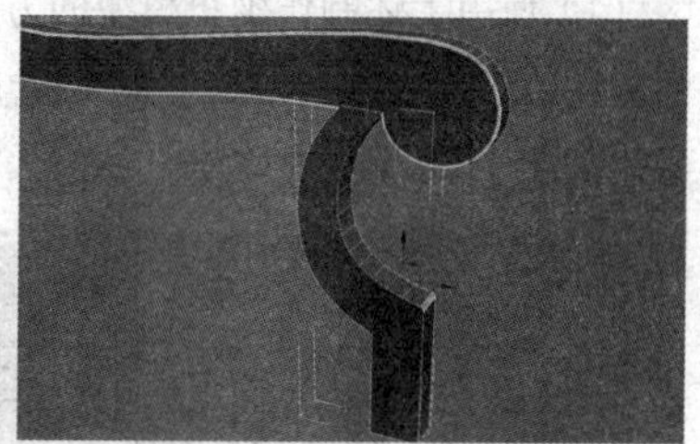

图 11.3.21　挤出效果

（3）单击 平面 按钮，在右视图中创建一个面片模型，如图 11.3.22 所示。单击鼠标右键，将模型转换为可编辑多边形，选择如图 11.3.23 所示的面，按 Delete 键删除，如图 11.3.24 所示。在修改命令面板的 修改器列表 下拉列表中选择 晶格 修改器，在 参数 卷展栏中设置晶格参数如图 11.3.25 所示，晶格效果如图 11.3.26 所示。

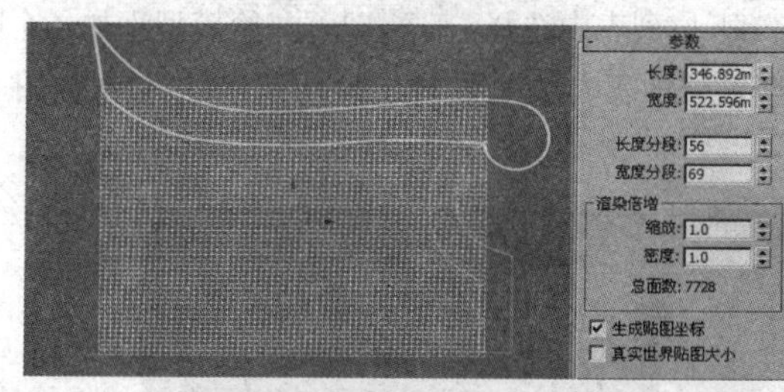


图 11.3.22　创建面片

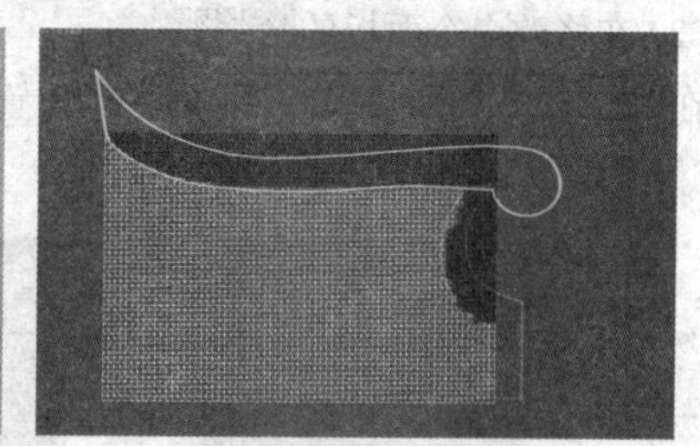

图 11.3.23　选择面

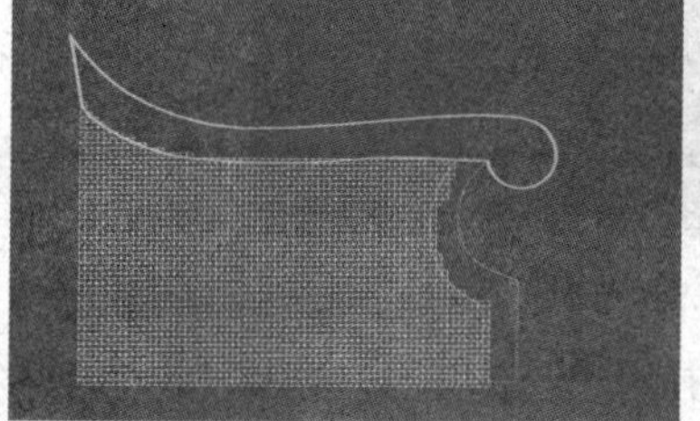

图 11.3.24　删除面

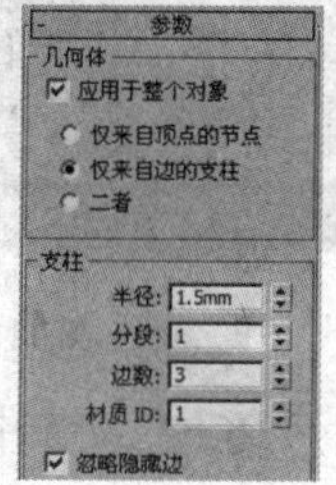


图 11.3.25　设置晶格参数

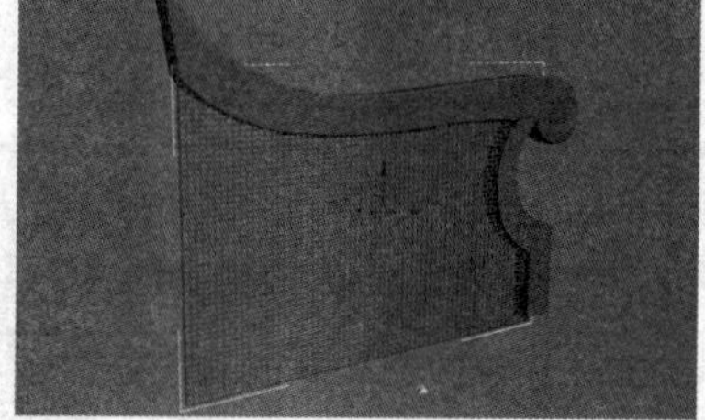

图 11.3.26　晶格效果

（4）对制作的扶手模型进行复制，效果如图 11.3.27 所示。

图 11.3.27　复制扶手模型

## 11.3.3　制作靠垫模型

在制作靠垫模型的过程中，用到了对称修改器和噪波修改器。

（1）使用上述制作坐垫模型的方法，制作出靠垫模型的基本形状，如图 11.3.28 所示。在修改命令面板的 - 细分曲面 卷展栏中激活 ☑ 使用 NURMS 细分 选项，设置迭代次数为 2，细分曲面效果如图 11.3.29 所示。

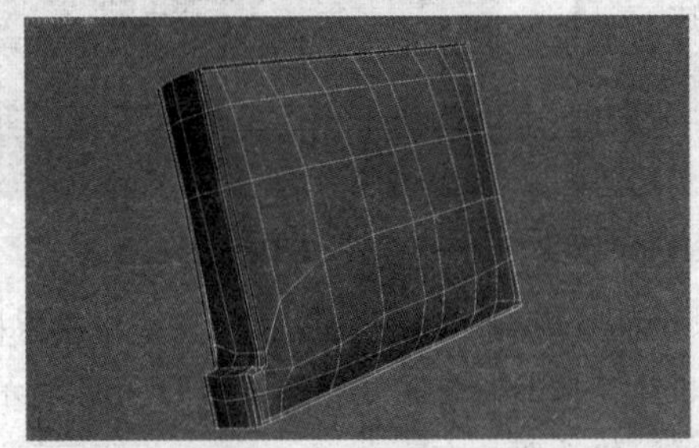

图 11.3.28　制作靠垫基本形状

图 11.3.29　细分曲面效果

（2）在修改命令面板的 修改器列表 下拉列表中选择 噪波 选项，给模型添加一个噪波修改器，在 - 参数 卷展栏中设置噪波修改器参数如图 11.3.30 所示，噪波效果如图 11.3.31 所示。



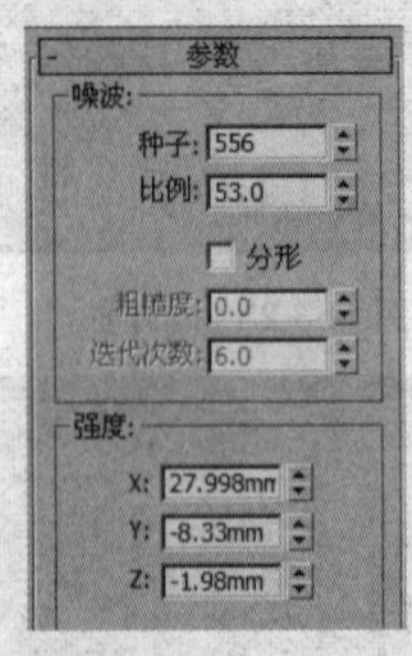


图 11.3.30　设置噪波参数

图 11.3.31　噪波效果

（3）在修改命令面板的 修改器列表 下拉列表中选择 对称 选项，给模型添加一个对称修改器，设置对称参数如图 11.3.32 所示，对称效果如图 11.3.33 所示。

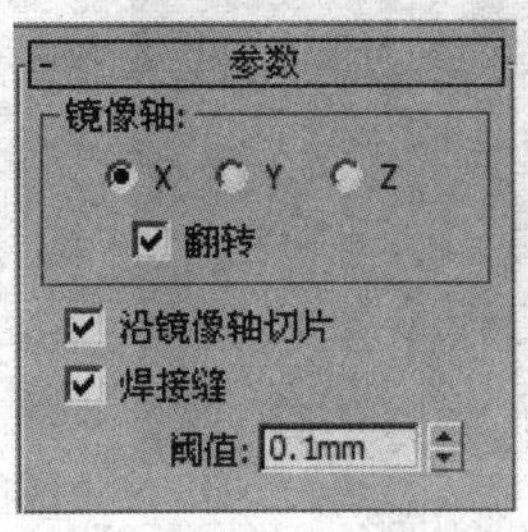

图 11.3.32　设置对称参数　　　　图 11.3.33　对称效果

（4）在修改命令面板的 修改器列表 下拉列表中选择 FFD 3x3x3 修改器，在修改器堆栈中激活 控制点 子级别，通过调节控制点对模型进行自由形变调节，效果如图 11.3.34 所示。

图 11.3.34　自由形变效果

## 11.3.4　制作腿部模型

在这一小节中，使用车削修改器来制作腿部模型。

（1）在创建命令面板的区域，选择 样条线 类型，单击 线 按钮，在右视图中创建一条样条线，如图 11.3.35 所示。

（2）在修改命令面板的 修改器列表 下拉列表中选择 车削 选项，给曲线添加一个车削修改器，设置车削参数如图 11.3.36 所示，车削效果如图 11.3.37 所示。

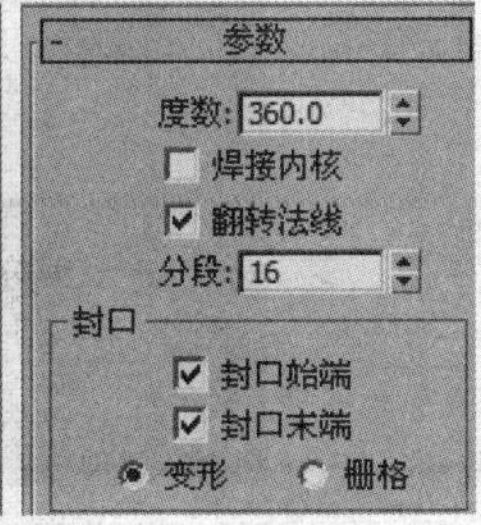

图 11.3.35　创建样条线　　　　图 11.3.36　设置车削参数　　　　图 11.3.37　车削效果

（3）对车削后的模型进行复制，效果如图 11.3.38 所示。至此，沙发椅模型制作完成。

（4）沙发凳模型的制作方法跟沙发模型相同，这里不再赘述，效果如图 11.3.39 所示。

图 11.3.38　复制腿部模型

图 11.3.39　沙发凳模型

# 11.4　制作茶几模型

在本节中来制作茶几模型，其包括茶几面模型、侧面模型和腿部模型。

## 11.4.1　制作茶几面模型

在制作茶几面模型的过程中用到了放样操作和倒角剖面修改器。

（1）单击 矩形 按钮，在顶视图中创建一个矩形，如图 11.4.1 所示。单击 线 按钮，在前视图中创建一条样条线，如图 11.4.2 所示。选择矩形，在修改命令面板的 修改器列表 下拉列表中选择 倒角剖面 修改器，在 参数 卷展栏中单击 拾取剖面 按钮，在视图中拾取未闭合样条线，设置倒角剖面参数如图 11.4.3 所示，倒角剖面效果如图 11.4.4 所示。

图 11.4.1　创建矩形

图 11.4.2　创建样条线

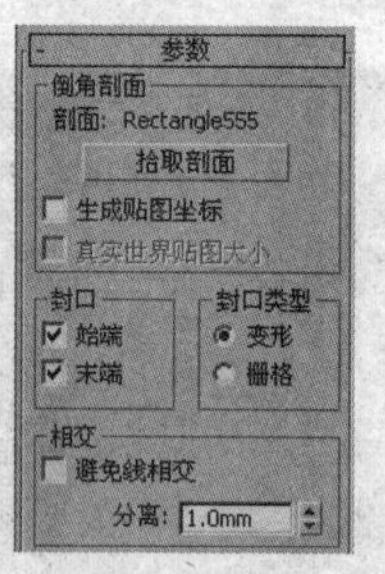

图 11.4.3　设置倒角剖面参数

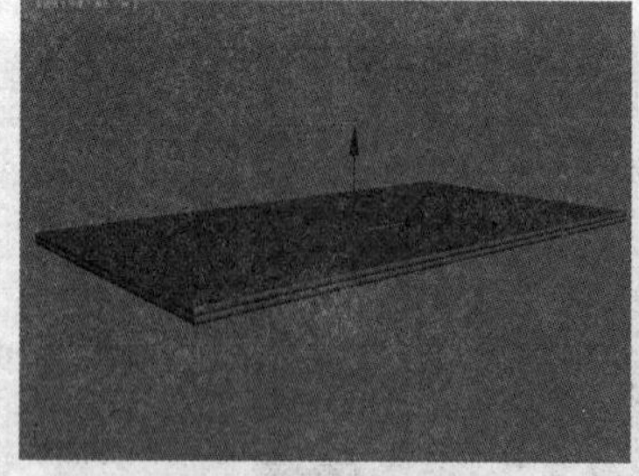
图 11.4.4　倒角剖面效果

（2）下面来制作茶几面的上沿模型。单击 矩形 按钮，在顶视图中创建两个矩形，对其中的小矩形进行节点的调节，如图 11.4.5 所示。选择大矩形，在创建命令面板的区域，选择 复合对象 类型，单击 放样 按钮，在弹出的 创建方法 卷展栏中单

击 获取图形 按钮，在视图中拾取小矩形，放样效果如图 11.4.6 所示。

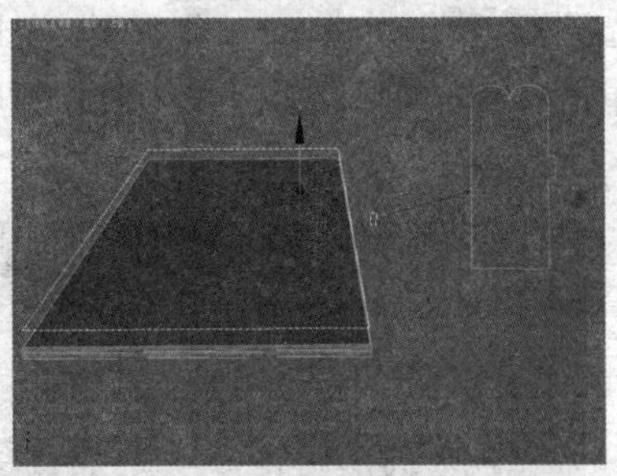

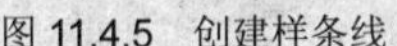

图 11.4.5　创建样条线

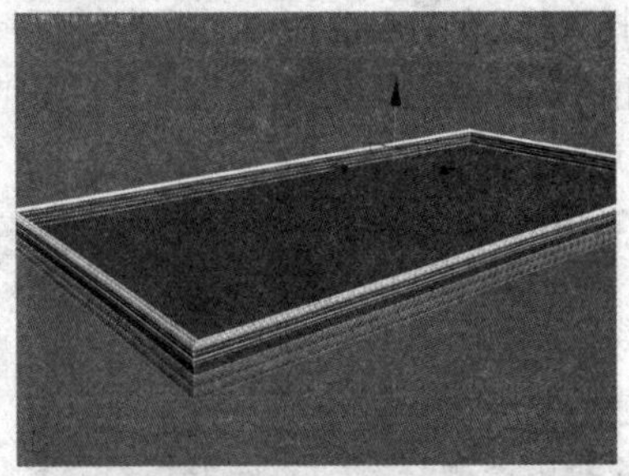

图 11.4.6　放样效果

  Tips

3DS MAX 会在用户选择的第一个对象所在的位置构建放样。如果选择一条路径并使用“获取图形”，则放样会显示在该路径所在的位置；如果选择一个图形并使用“获取路径”，则放样会显示在该图形所在的位置。

## 11.4.2　制作腿部模型

在这一小节中来制作茶几的腿部模型。

（1）首先，制作腿的上侧结构，这部分结构使用多横截面的放样方法来表现。单击 矩形 按钮，在顶视图中创建一个矩形，如图 11.4.7 所示。

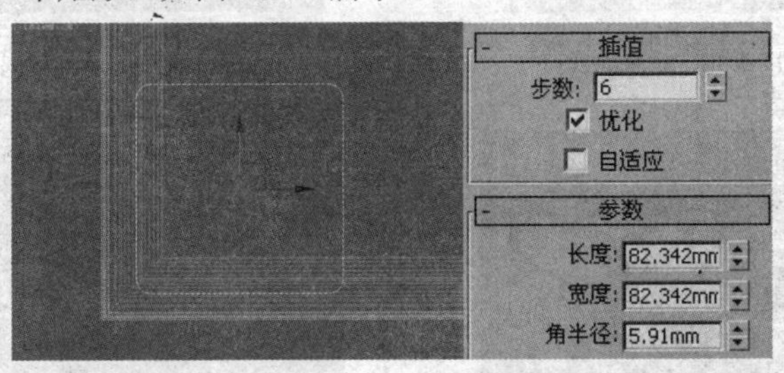


图 11.4.7　创建矩形

（2）单击 圆 按钮，在顶视图中创建一个圆形，如图 11.4.8 所示。

（3）选择矩形样条线，在工具栏上单击 按钮，在视图中单击圆形，在弹出的**对齐当前选择**对话框中设置参数如图 11.4.9 所示，使矩形和圆形的中心进行对齐。

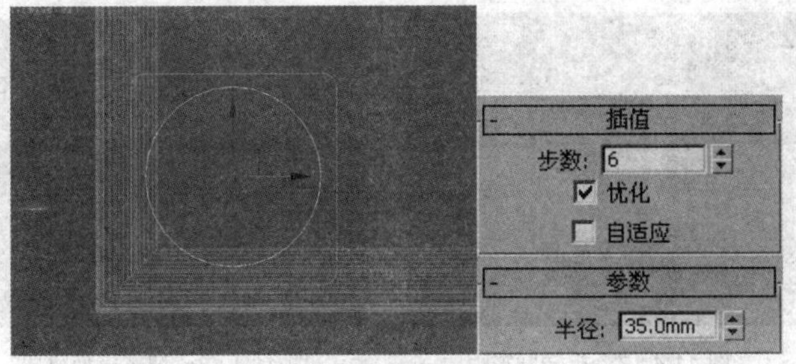


图 11.4.8　创建圆形

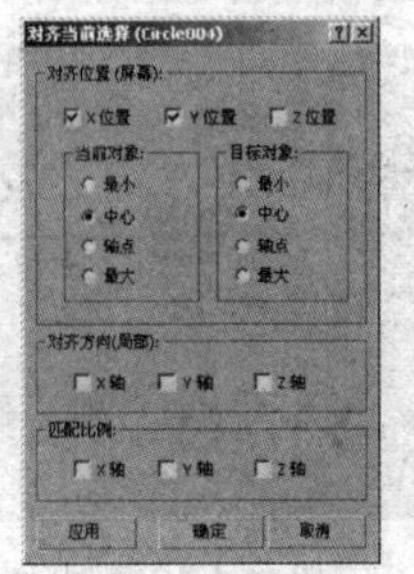

图 11.4.9　设置对齐参数

（4）单击 线 按钮，在前视图中创建一条直线，如图 11.4.10 所示。

（5）选择直线，在创建命令面板的区域，选择 复合对象 类型，单击 放样 按钮，在弹出的 - 创建方法 卷展栏中单击 获取图形 按钮，在视图中拾取矩形，效果如图 11.4.11 所示。

图 11.4.10　创建直线

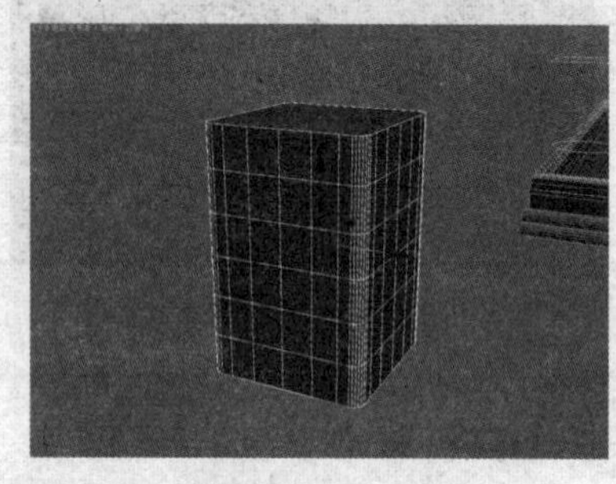

图 11.4.11　放样效果

（6）在修改命令面板的 - 路径参数 卷展栏中设置路径值为 90，如图 11.4.12 所示；继续单击 获取图形 按钮，在视图中拾取圆形，放样效果如图 11.4.13 所示。在放样堆栈中激活图形子级别，在放样模型上选择矩形，如图 11.4.14 所示，将其调节到如图 11.4.15 所示的位置。

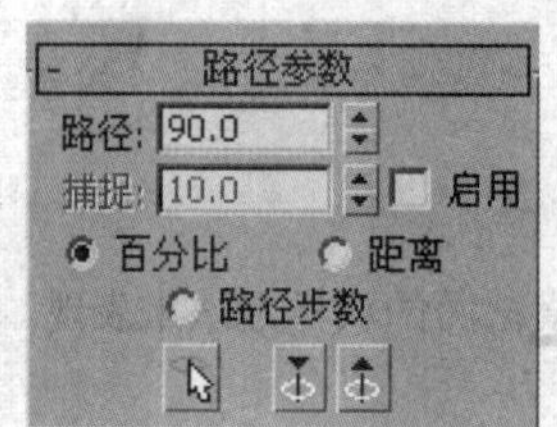


图 11.4.12　设置路径值

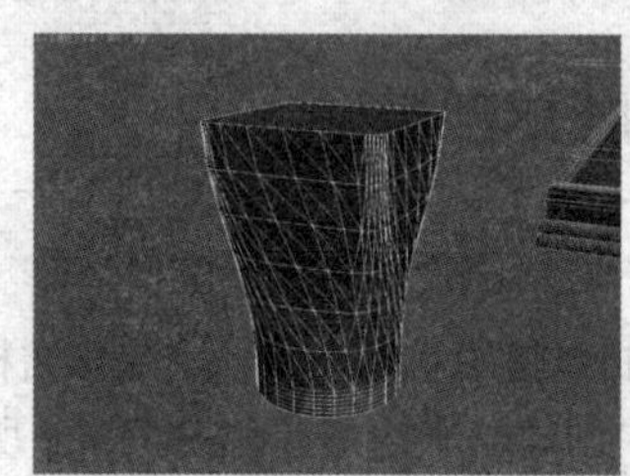

图 11.4.13　放样效果

图 11.4.14　选择图形

图 11.4.15　调节图形

（7）选择如图 11.4.16 所示的圆形，使用旋转工具进行旋转操作，效果如图 11.4.17 所示。将放样后的模型调节到如图 11.4.18 所示的位置。至此，腿部上侧模型制作完成。

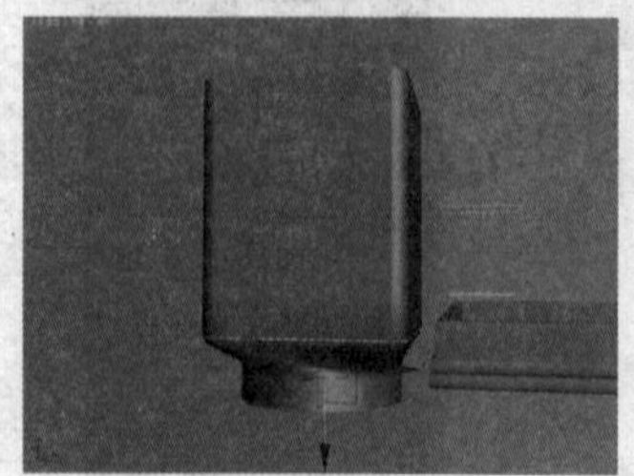

图 11.4.16　选择圆形

图 11.4.17　旋转圆形

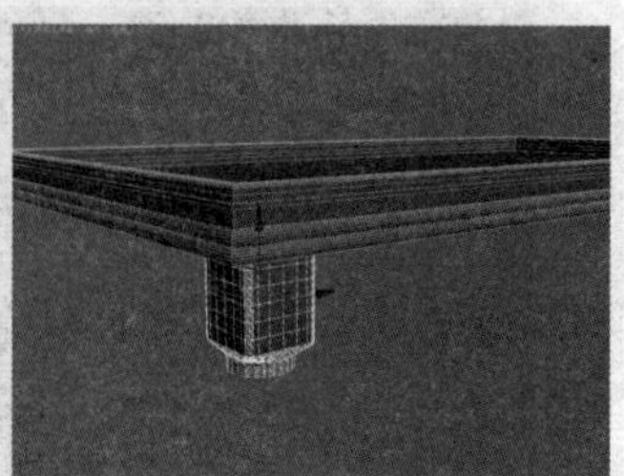

图 11.4.18　调节模型位置

（8）使用制作沙发模型腿部的方法，制作出茶几腿部模型的下侧模型，效果如图 11.4.19 所示。对制作好的腿部模型进行复制，效果如图 11.4.20 所示。

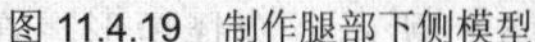
图 11.4.19 制作腿部下侧模型

图 11.4.20 复制腿部模型

（9）使用放样方法以及多边形建模的方法，制作出茶几的侧面模型，效果如图 11.4.21 所示。

图 11.4.21 制作侧面模型

至此，茶几模型制作完成。

## 11.5 制作角几模型

在制作角几模型的过程中，使用倒角剖面修改器制作角几面模型，使用车削修改器制作支撑柱和腿部模型。

（1）首先，制作角几的上部面模型。单击 矩形 按钮，在顶视图中创建一个矩形，如图 11.5.1 所示；单击 线 按钮，在前视图中创建一条样条线，如图 11.5.2 所示。选择矩形，在修改命令面板的 修改器列表 下拉列表中选择 倒角剖面 修改器，在 参数 卷展栏中单击 拾取剖面 按钮，在视图中拾取未闭合样条线，设置倒角剖面参数如图 11.5.3 所示，倒角剖面效果如图 11.5.4 所示。

图 11.5.1 创建矩形

图 11.5.2 创建样条线

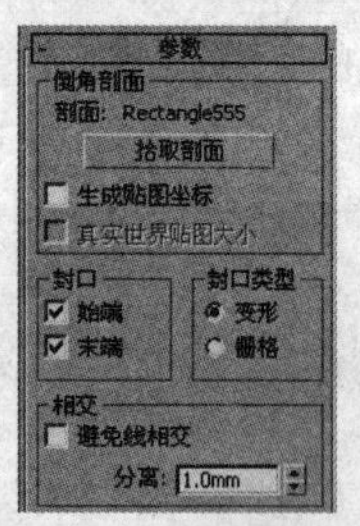


图 11.5.3　设置倒角剖面参数

图 11.5.4　倒角剖面效果

（2）制作角几的中间面模型。单击 矩形 按钮，在顶视图中创建一个矩形，单击 线 按钮，在前视图中创建一条样条线，如图 11.5.5 所示。选择矩形，在修改命令面板的 修改器列表 下拉列表中选择 倒角剖面 修改器，在 参数 卷展栏中单击 拾取剖面 按钮，在视图中拾取未闭合样条线，设置倒角剖面参数如图 11.5.6 所示，倒角剖面效果如图 11.5.7 所示。

图 11.5.5　创建矩形和样条线

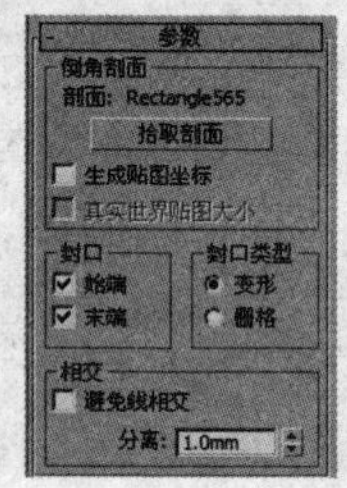


图 11.5.6　设置倒角剖面参数

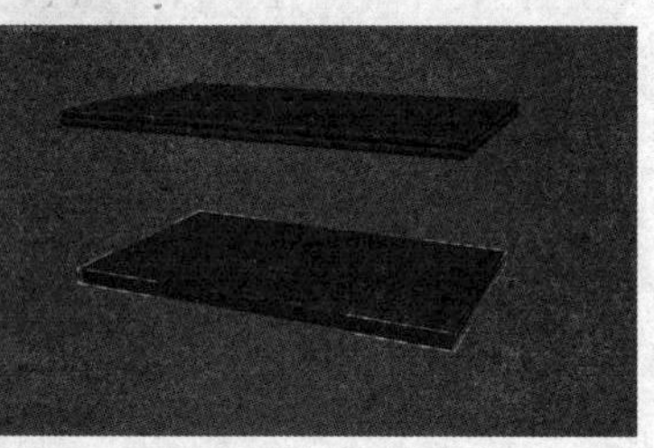

图 11.5.7　倒角剖面效果

（3）对制作的中间面模型进行复制，效果如图 11.5.8 所示。

图 11.5.8　复制中间面模型

（4）制作支撑柱模型。在创建命令面板的区域，选择 样条线 类型，单击 线 按钮，在左视图中创建一条样条线，如图 11.5.9 所示。

（5）在修改命令面板的 修改器列表 下拉列表中选择 车削 选项，给曲线添加一个车削修改器，设置车削参数如图 11.5.10 所示，车削效果如图 11.5.11 所示。

图 11.5.9　创建样条线

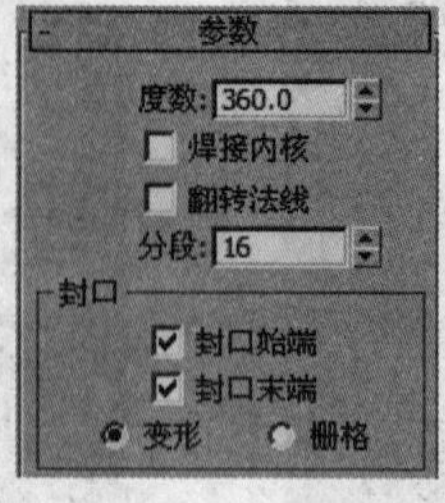


图 11.5.10　设置车削参数

图 11.5.11　车削效果

（6）对制作的支撑柱模型进行复制操作，效果如图 11.5.12 所示。

图 11.5.12　复制支撑柱模型

（7）制作腿部模型。在创建命令面板的区域，选择样条线类型，单击线按钮，在左视图中创建一条样条线，如图 11.5.13 所示。在修改命令面板的修改器列表下拉列表中选择车削选项，给曲线添加一个车削修改器，设置车削参数如图 11.5.14 所示，车削效果如图 11.5.15 所示。对制作的腿部模型进行复制，效果如图 11.5.16 所示。

图 11.5.13　创建样条线

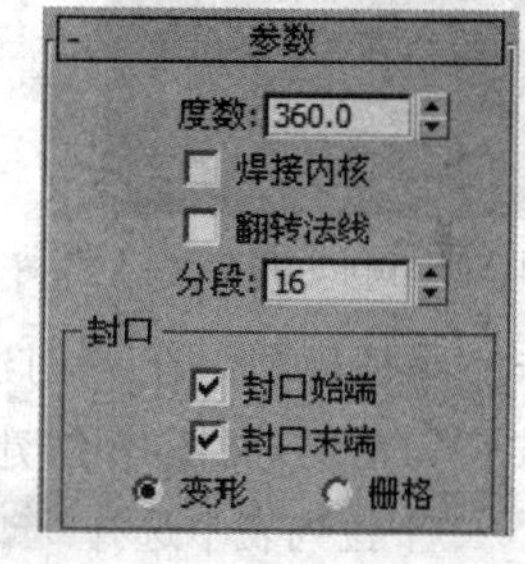



图 11.5.14　设置车削参数

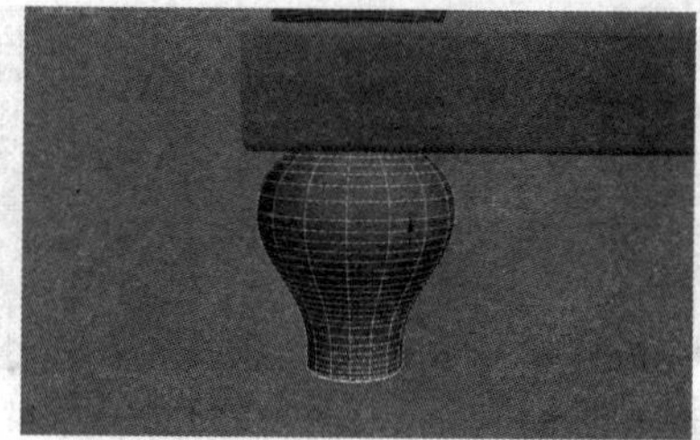

图 11.5.15　车削效果

图 11.5.16　复制腿部模型

至此，角几模型制作完成。

## 11.6　制作台灯桌模型

在本节中，使用倒角剖面修改器和车削修改器来制作台灯桌模型。

（1）首先，制作桌面模型。单击圆按钮，在顶视图中创建一个圆，单击线按钮，在前视图中创建一条样条线，如图 11.6.1 所示。选择圆，在修改命令面板的修改器列表下拉列表中选择倒角剖面修改器，在参数卷展栏中单击拾取剖面按钮，在视图中拾取未闭合样条线，设置倒角剖面参数如图 11.6.2 所示，倒角剖面效果如图 11.6.3 所示。

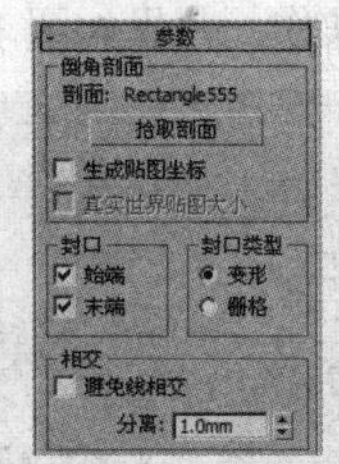

图 11.6.1　创建圆形和样条线　　图 11.6.2　设置倒角剖面参数　　图 11.6.3　倒角剖面效果

（2）单击 圆 按钮，在顶视图中创建一个圆，单击 线 按钮，在前视图中创建一条样条线，如图 11.6.4 所示。选择圆，在修改命令面板的 修改器列表 下拉列表中选择 倒角剖面 修改器，在 参数 卷展栏中单击 拾取剖面 按钮，在视图中拾取未闭合样条线，设置倒角剖面参数如图 11.6.5 所示，倒角剖面效果如图 11.6.6 所示。

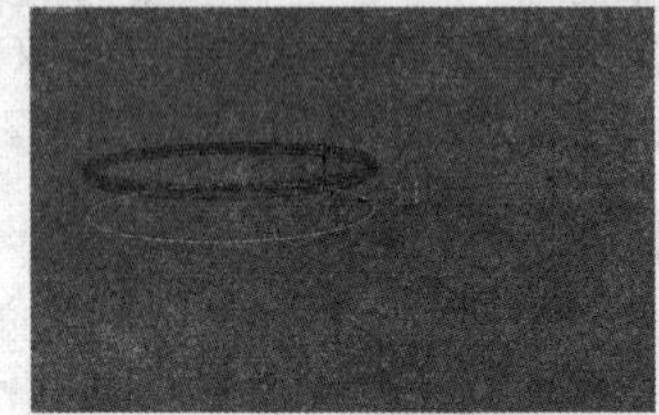
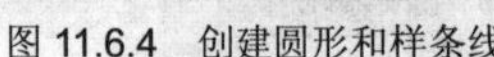

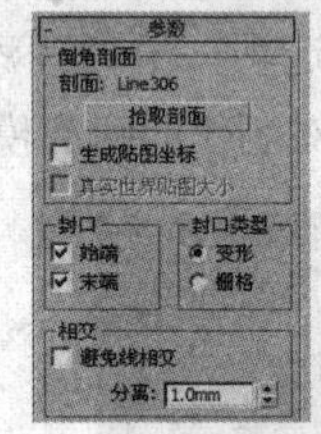

图 11.6.4　创建圆形和样条线　　图 11.6.5　设置倒角剖面参数　　图 11.6.6　倒角剖面效果

（3）制作支撑柱模型。在创建命令面板的区域，选择 样条线 类型，单击 线 按钮，在左视图中创建一条样条线，如图 11.6.7 所示。在修改命令面板的 修改器列表 下拉列表中选择 车削 选项，给曲线添加一个车削修改器，设置车削参数如图 11.6.8 所示，车削效果如图 11.6.9 所示。

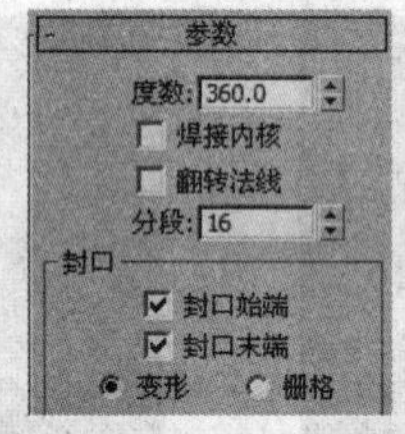

图 11.6.7　创建样条线　　图 11.6.8　设置车削参数　　图 11.6.9　车削效果

（4）制作底座模型。单击 圆 按钮，在顶视图中创建一个圆，单击 线 按钮，在前视图中创建一条样条线，如图 11.6.10 所示。选择圆，在修改命令面板的 修改器列表 下拉列表中选择 倒角剖面 修改器，在 参数 卷展栏中单击 拾取剖面 按钮，在视图中拾取未闭合样条线，设置倒角剖面参数如图 11.6.11 所示，倒角剖面效果如图 11.6.12 所示。

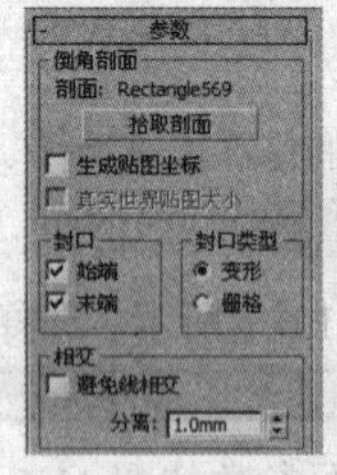

图 11.6.10　创建圆形和样条线　　图 11.6.11　设置倒角剖面参数　　图 11.6.12　倒角剖面效果

至此，台灯桌模型制作完成，效果如图 11.6.13 所示。

图 11.6.13　台灯桌模型

## 11.7　制作地毯模型

在本节中制作地毯模型，在制作过程中主要使用毛发修改器等命令。

（1）单击长方体按钮，在顶视图中创建一个长方体模型，如图 11.7.1 所示。

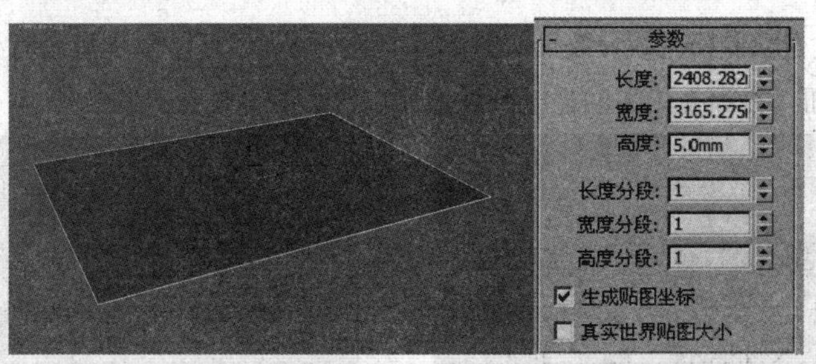


图 11.7.1　创建长方体

（2）在修改命令面板的修改器列表下拉列表中选择Hair 和 Fur (WSM)选项，给长方体模型添加一个毛发修改器，效果如图 11.7.2 所示。在修改命令面板的选择卷展栏中激活■子级别，选择如图 11.7.3 所示的面，单击更新选择按钮，毛发效果如图 11.7.4 所示。

图 11.7.2　毛发效果

图 11.7.3　选择面

图 11.7.4　毛发效果

  Tips

“Hair 和 Fur”仅在“透视”和“摄影机”视图中渲染。如果尝试渲染正交视图，则 3DS MAX 会显示一条警告信息，说明不会出现毛发。

（3）在修改命令面板中设置毛发参数如图 11.7.5 所示，毛发效果如图 11.7.6 所示。

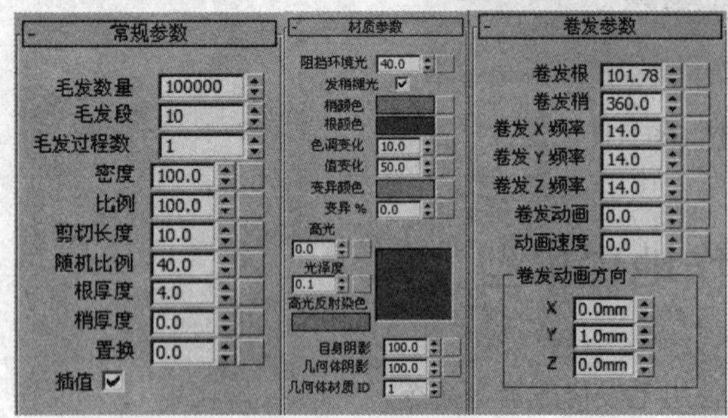


图 11.7.5　设置毛发参数

图 11.7.6　毛发效果

至此，成套沙发模型制作完成，效果如图 11.7.7 所示。为了使沙发模型具有处于室内的效果，单击 长方体 按钮，在顶视图中创建一个长方体，如图 11.7.8 所示。

图 11.7.7　成套沙发模型

图 11.7.8　创建长方体

## 11.8　设置材质、灯光效果

在本节中设置沙发场景的材质效果。

### 11.8.1　设置材质效果

在这一小节中设置成套沙发场景的材质效果。

（1）设置墙纸材质。按 M 键打开材质编辑器，选择一个空白的材质球，在漫反射通道中添加一张墙纸贴图，如图 11.8.1 所示。

（2）设置地板材质。打开材质编辑器，选择一个空白的材质球，在漫反射通道中添加一张地板贴图，设置高光级别为 73，光泽度为 39。打开 贴图 卷展栏，在反射通道中添加一个光线跟踪贴图，设置贴图数量为 20，参数设置如图 11.8.2 所示。

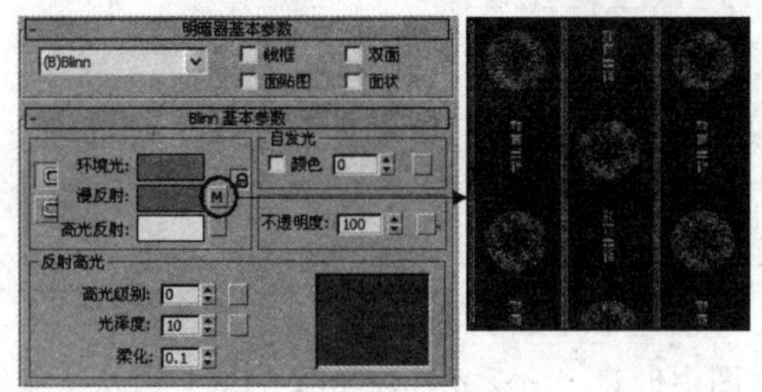


图 11.8.1　设置墙纸材质

图 11.8.2　设置地板材质

（3）设置木纹材质。打开材质编辑器，选择一个空白的材质球，在漫反射通道中添加一张木纹贴图，设置高光级别为 67，光泽度为 41，参数设置如图 11.8.3 所示。

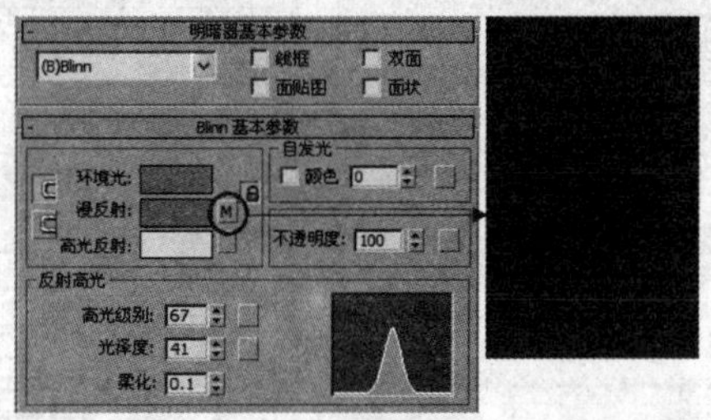


图 11.8.3　设置木纹材质

（4）设置布纹材质。在场景中有三种布纹材质，分别为沙发主体和沙发椅布纹、靠垫布纹以及地毯布纹，其参数设置如图 11.8.4 所示。

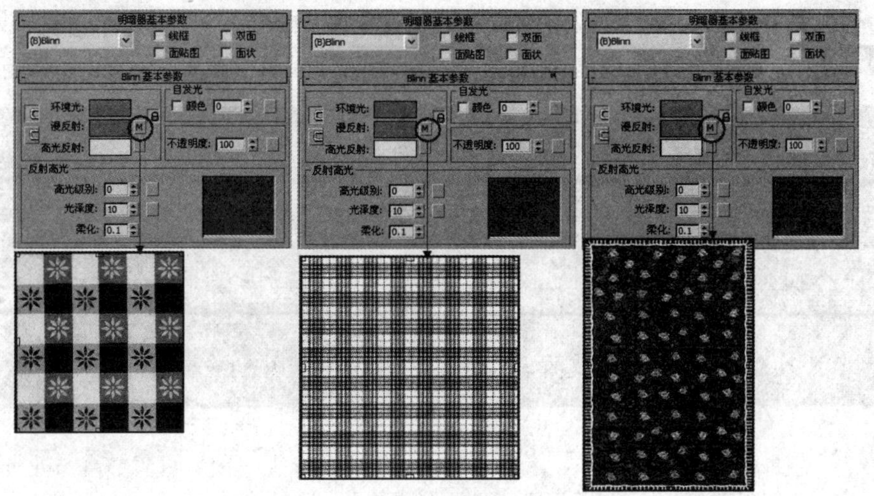


图 11.8.4　三种布纹材质

## 11.8.2　设置灯光效果

在这一小节中设置场景的灯光效果。

（1）设置主光源。在创建命令面板的区域，选择标准类型，单击泛光灯按钮，在顶视图中创建一盏泛光灯，如图 11.8.5 所示。在修改命令面板中设置泛光灯参数如图 11.8.6 所示。

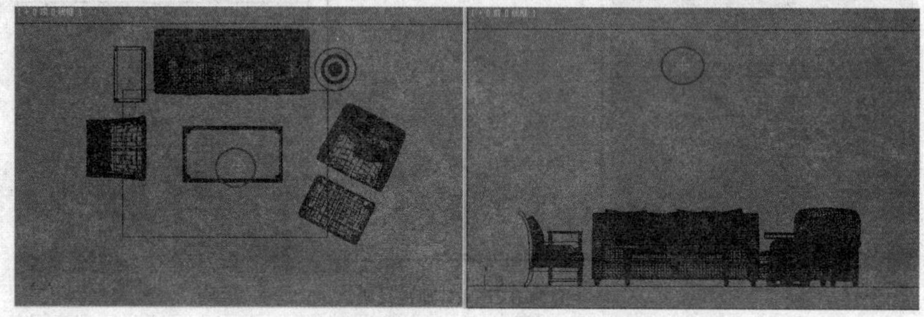

图 11.8.5　创建泛光灯

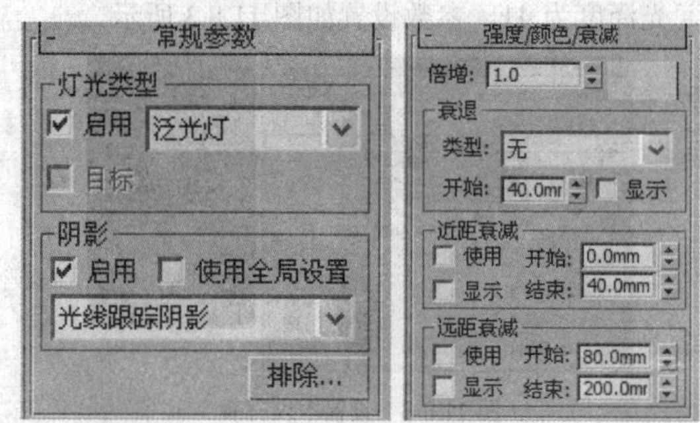


图 11.8.6　设置泛光灯参数



（2）设置场景的补光效果。单击泛光灯按钮，在顶视图中创建一盏泛光灯，如图 11.8.7 所示。在修改命令面板的常规参数卷展栏中单击排除...按钮，在弹出的排除/包含对话框中将地板和地毯模型排除在外，同时设置泛光灯参数如图 11.8.8 所示。

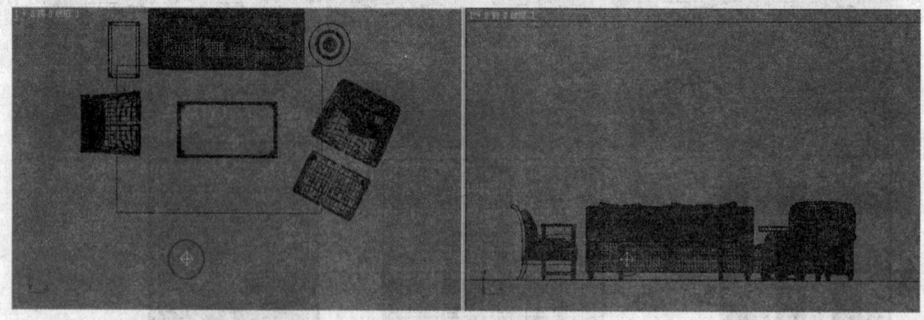

图 11.8.7　创建泛光灯

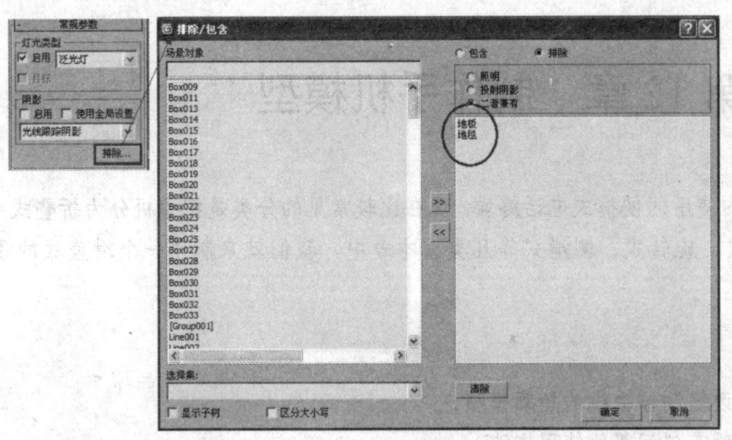


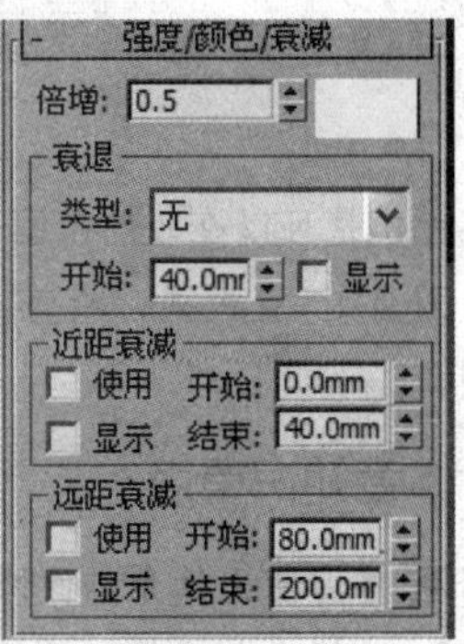


图 11.8.8　设置泛光灯参数

（3）设置环境光照效果。单击 天光 按钮，在顶视图中创建一盏天光，如图 11.8.9 所示。在修改命令面板中设置天光参数如图 11.8.10 所示。

图 11.8.9　创建天光

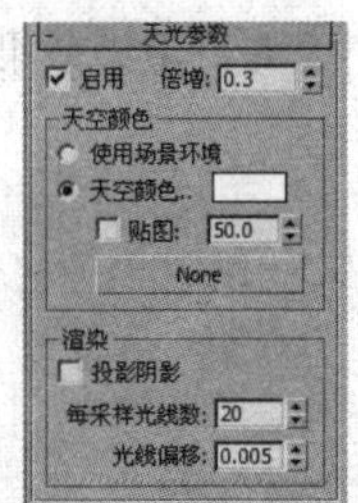


图 11.8.10　设置天光参数

（4）将设置好的材质指定给场景中的模型，按 F9 键对场景进行渲染，效果如图 11.0.1 所示。

## 本 章 小 结

在本章中，制作了一套整体沙发模型。在制作中，主要使用对称修改器命令，加快了建模的速度。同时使用车削修改器、形变修改器、倒角剖面修改器以及噪波修改器制作了沙发的各种造型。在以后的建模中，应该多利用修改器命令进行模型的编辑，这样才能通过较短的时间制作出最精美的模型。

# 第 12 章　制作手机模型

手机是可以在较广范围内使用的便携式电话终端。现在比较常见的分类是把手机分为折叠式（单屏、双屏）、直板式、滑盖式、旋转式、侧滑式等几类。本章中，我们就来制作一个滑盖式的手机模型。

## 本章知识重点

- 学习使用倒角剖面修改器制作手机的轮廓模型。
- 掌握布尔运算以及超级布尔运算的使用方法。
- 学习文本命令的使用效果。
- 掌握壳修改器的使用方法。

在本章中，制作一款上滑型的手机模型，其组成部分包括上、下两大部分，每部分又包括一些小组件。最终渲染效果如图 12.0.1 所示。

图 12.0.1　手机效果

## 12.1　制作上滑部分模型

在本节中，制作手机的上滑部分模型，其组成部分包括主板轮廓、按键以及其他组件。

### 12.1.1　制作主板轮廓模型

首先，制作手机上滑部分的主板轮廓模型，在制作中用到了倒角剖面修改器来制作主板的轮廓模型。

（1）在创建命令面板的区域，选择样条线类型，单击矩形按键，在顶视图中创建一个矩形，如图 12.1.1 所示；单击线按键，在左视图中创建一条样条线，如图 12.1.2 所示。

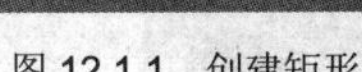

图 12.1.1　创建矩形

图 12.1.2　创建样条线

（2）选择矩形，单击鼠标右键，将矩形转换为可编辑样条线。选择如图 12.1.3 所示的线段，设置 拆分 按键后的数值为 1，单击 拆分 按键，效果如图 12.1.4 所示。通过调节节点，将矩形调节到如图 12.1.5 所示的形状。

图 12.1.3　选择线段

图 12.1.4　拆分效果

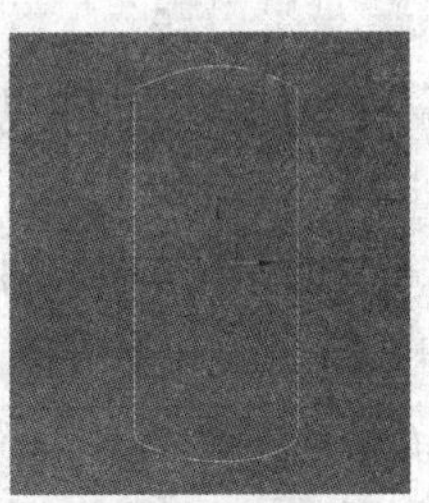

图 12.1.5　调节矩形形状

（3）选择矩形，在修改命令面板的 修改器列表 下拉列表中选择 倒角剖面 修改器，在 参数 卷展栏中单击 拾取剖面 按键，在视图中拾取样条线，倒角剖面效果如图 12.1.6 所示。

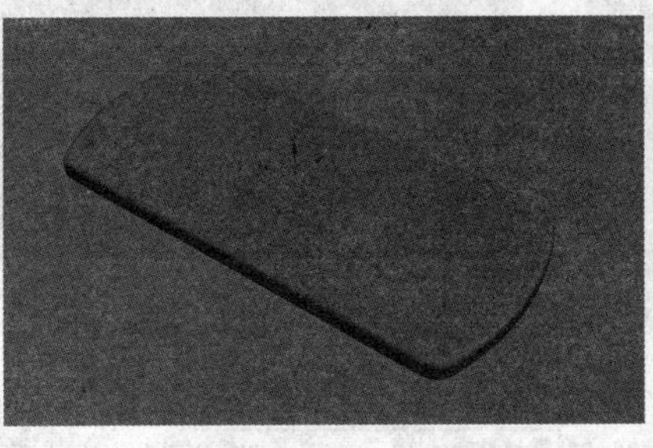

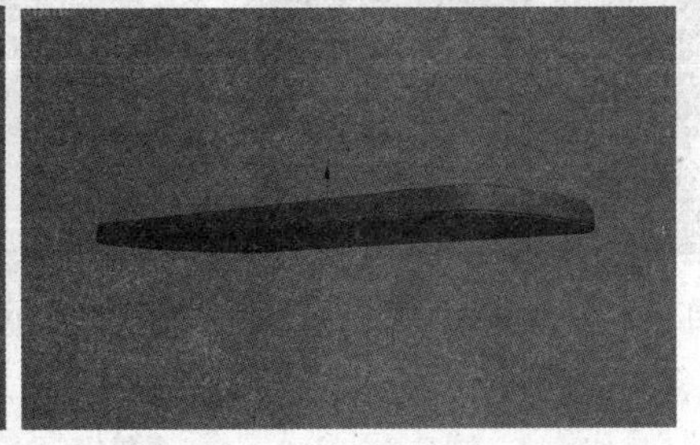

图 12.1.6　倒角剖面效果

（4）单击鼠标右键，将模型转换为可编辑多边形。选择如图 12.1.7 所示的边，单击 连接 按键，添加细分曲线，并调节到如图 12.1.8 所示的位置。切换到点级别，在左视图中调节节点到如图 12.1.9 所示的位置。

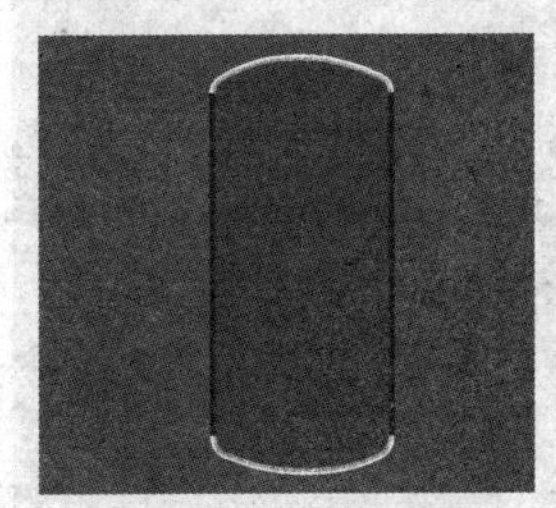

图 12.1.7　选择边

图 12.1.8　添加并调节细分曲线

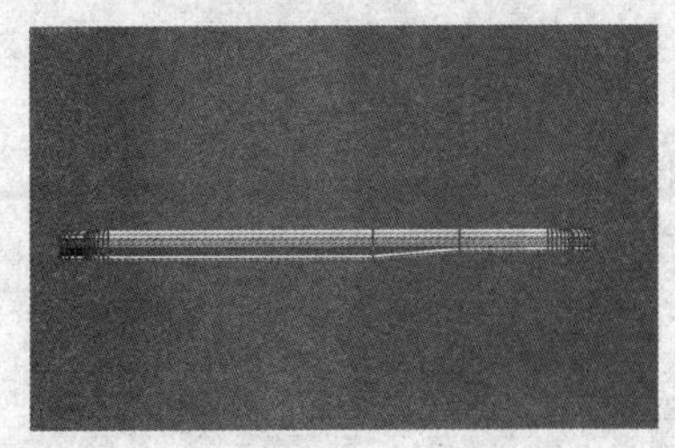

图 12.1.9　调节节点

（5）此时，上滑部分的主板轮廓制作完成，效果如图 12.1.10 所示。

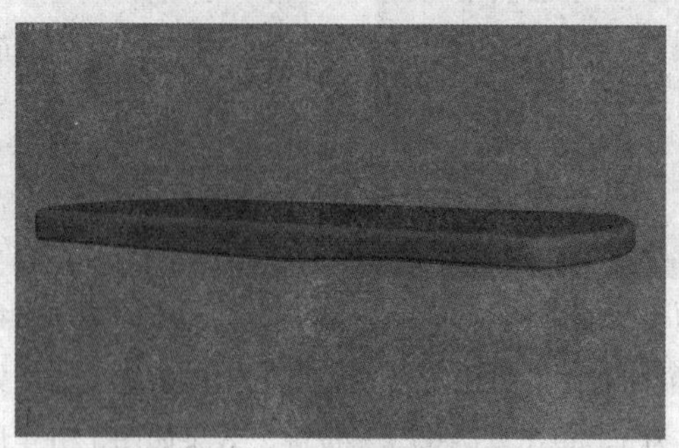

图 12.1.10　上滑部分主板轮廓

## 12.1.2　制作按键模型

在这一小节中，制作按键模型及按键部分的凹槽模型，在制作中主要用到了布尔运算。

（1）单击 线 按键，在顶视图中创建一条闭合曲线，效果如图 12.1.11 所示。在修改命令面板的 修改器列表 下拉列表中选择 挤出 选项，给曲线添加一个挤出修改器，设置挤出参数如图 12.1.12 所示，挤出效果如图 12.1.13 所示。

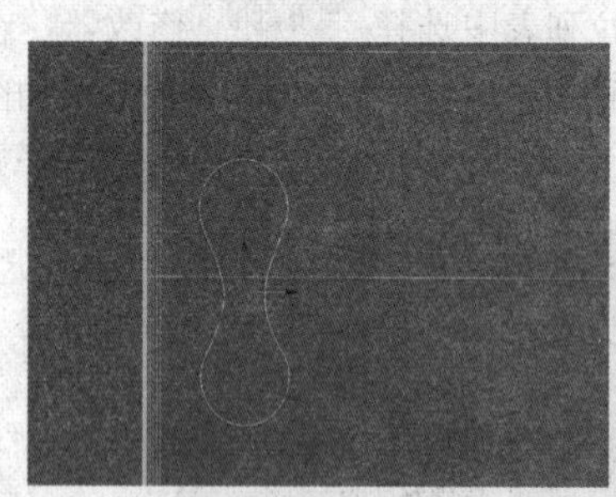

图 12.1.11　创建闭合曲线

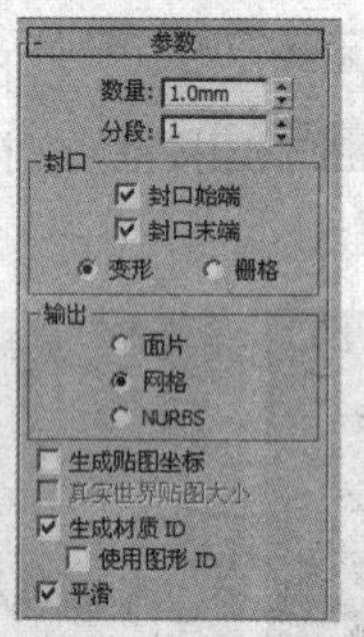


图 12.1.12　设置挤出参数

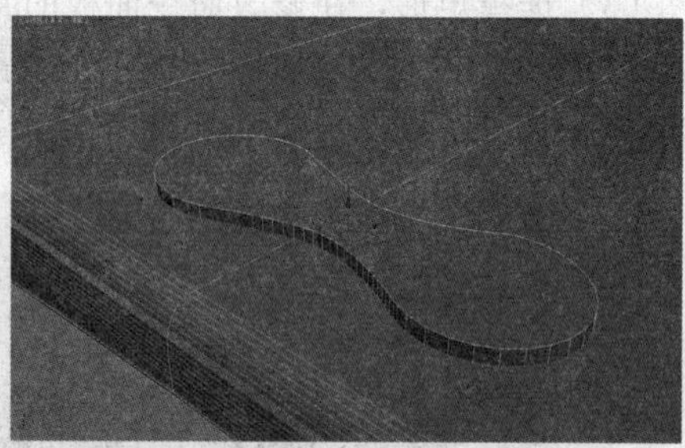

图 12.1.13　挤出效果

（2）对挤出模型进行复制，效果如图 12.1.14 所示。单击 附加 按键，附加两个挤出的模型。选择主板轮廓模型，在创建命令面板的区域，选择 复合对象 类型，单击 ProBoolean 按键，在 拾取布尔对象 卷展栏中单击 开始拾取 按键，在视图中拾取附加的挤出模型，效果如图 12.1.15 所示。

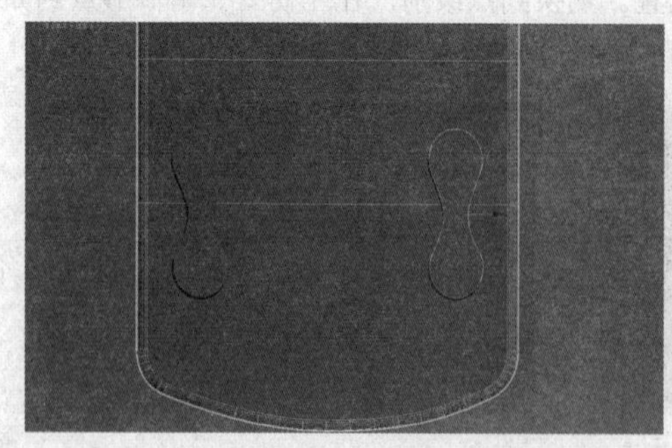

图 12.1.14　复制效果

图 12.1.15　超级布尔效果

 Tips

ProBoolean 提供了两个用于应用材质的选项，这两个选项在“参数”卷展栏的“应用材质”组中提供。默认方法是“应用运算对象材质”，该方法可将操作对象材质应用于所得到的面。另一种方法“保留原始材质”会使所得到的面使用在布尔运算中第一个选定对象的材质。

（3）单击圆柱体按键，在顶视图中创建一个圆柱体，如图 12.1.16 所示，单击鼠标右键，将模型转换为可编辑多边形。选择如图 12.1.17 所示的边，单击切角后面的小按键，在弹出的切角对话框中设置参数如图 12.1.18 所示，切角效果如图 12.1.19 所示。对切角后的模型进行复制，效果如图 12.1.20 所示。

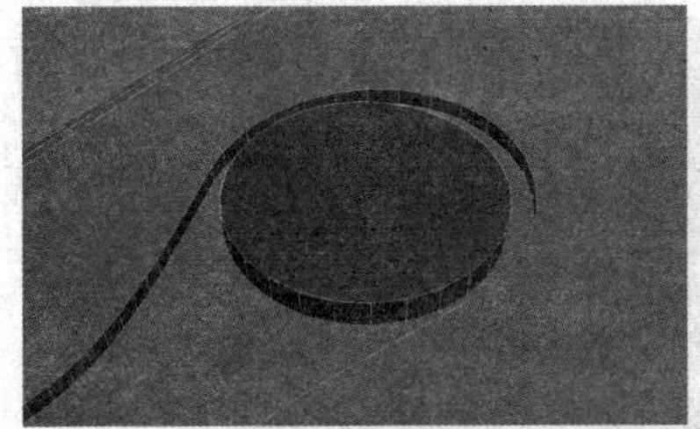

图 12.1.16 创建圆柱体

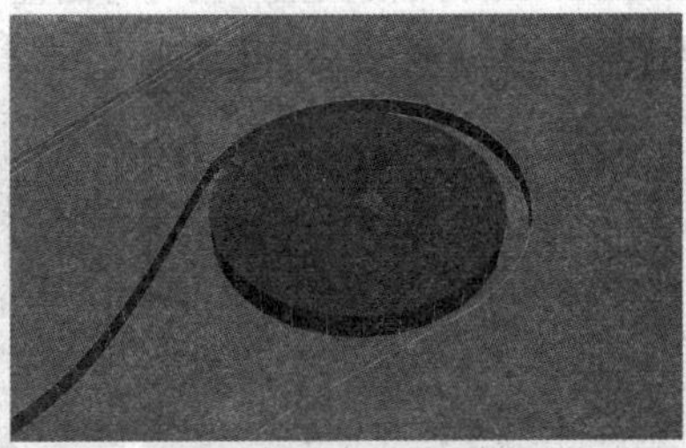

图 12.1.17 选择边

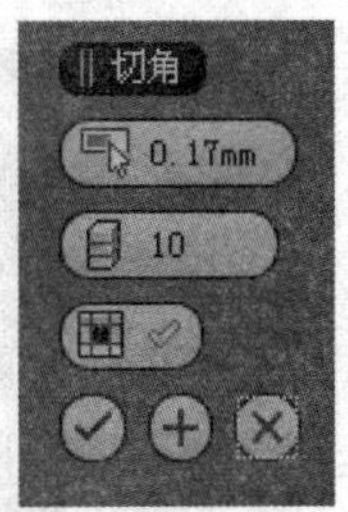


图 12.1.18 设置切角参数

图 12.1.19 切角效果

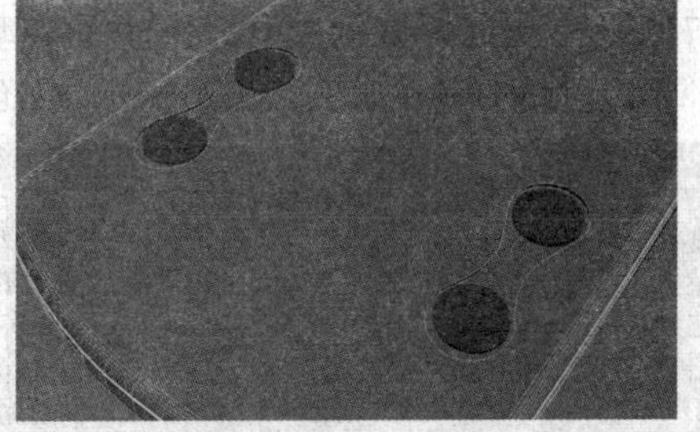

图 12.1.20 复制效果

（4）单击附加按键，附加四个切角后的模型。选择主板轮廓模型，在创建命令面板的区域，选择复合对象类型，单击ProBoolean按键，在拾取布尔对象卷展栏中激活复制复选框，单击开始拾取按键，在视图中拾取附加的圆柱体模型，同时调节附加圆柱体的位置，效果如图 12.1.21 所示。

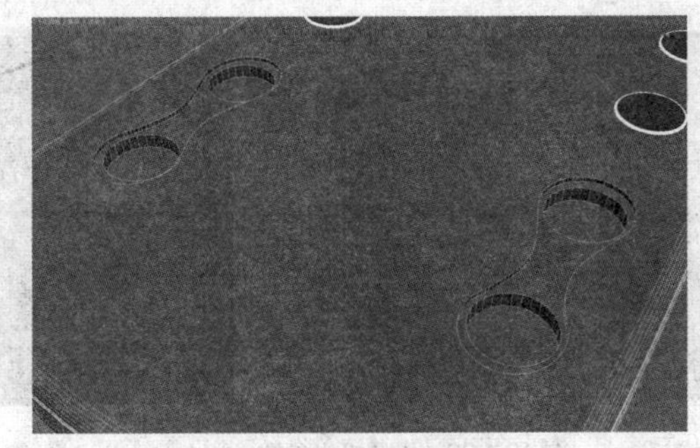

图 12.1.21 超级布尔效果

（5）单击鼠标右键，将主板轮廓模型转换为可编辑多边形。选择如图 12.1.22 所示的边，单击 切角 后面的小按键，在弹出的 切角 对话框中设置参数如图 12.1.23 所示，切角效果如图 12.1.24 所示。

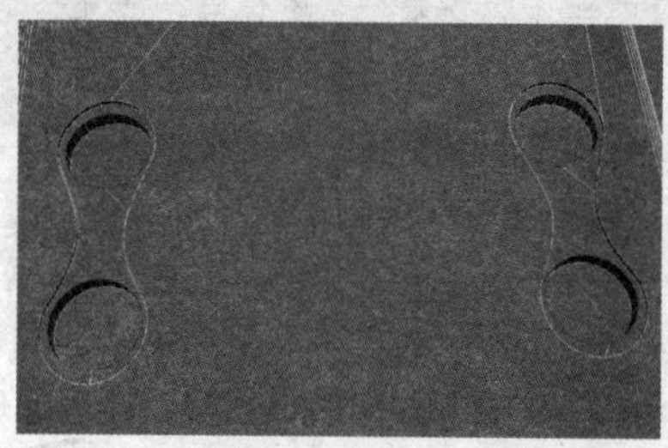

图 12.1.22　选择边

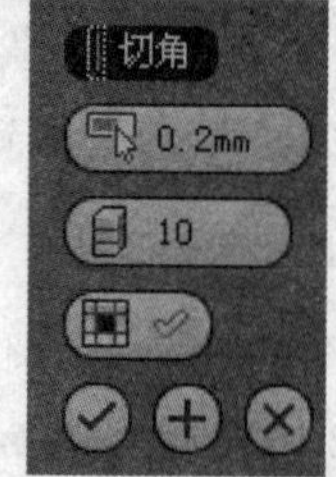

图 12.1.23　设置切角参数

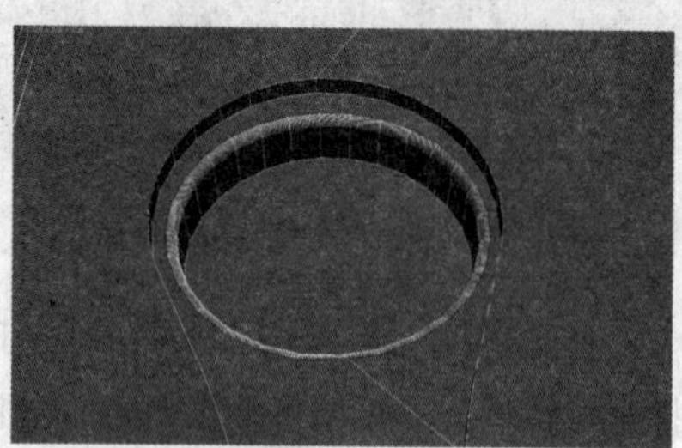
图 12.1.24　切角效果

（6）将四个圆柱体调节到原来的位置，同时对圆柱体进行缩放，效果如图 12.1.25 所示。

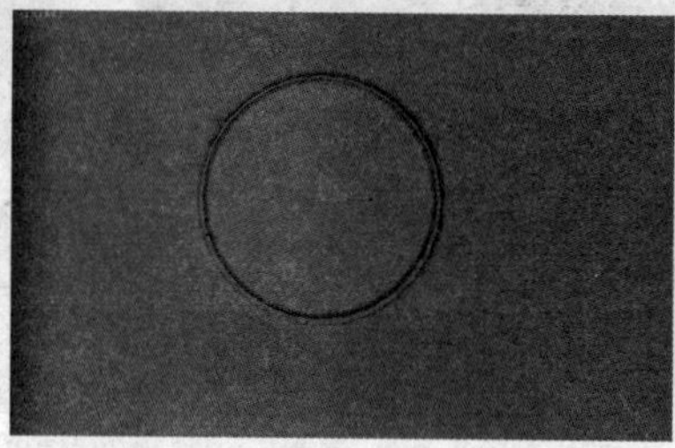

图 12.1.25　缩放圆柱体

（7）按 M 键打开材质编辑器，给按键模型指定一个默认的材质。单击 长方体 按键，在顶视图中创建一个长方体，如图 12.1.26 所示，对创建的长方体进行复制，效果如图 12.1.27 所示。

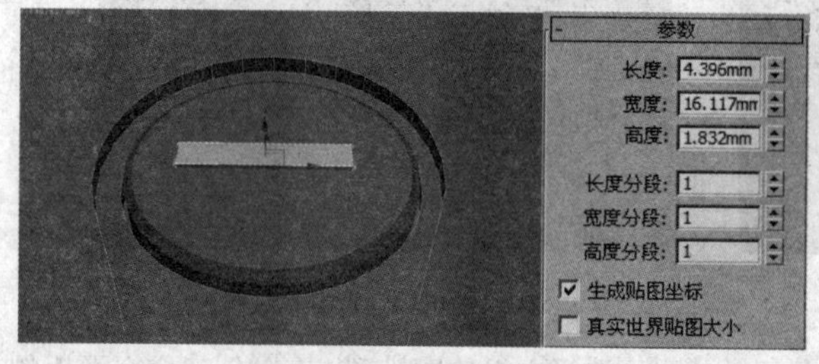

图 12.1.26　创建长方体

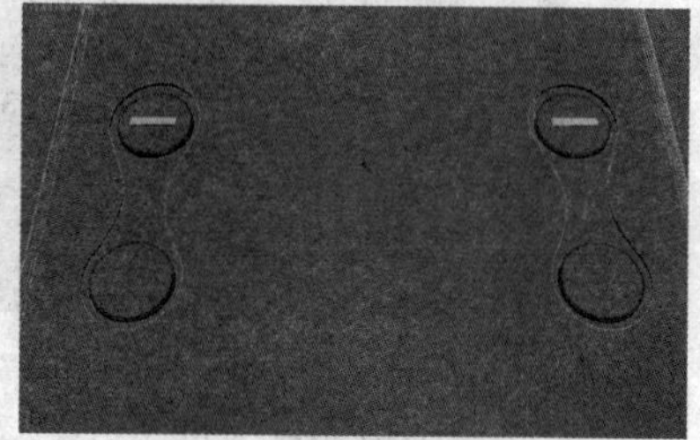
图 12.1.27　复制长方体

（8）单击 线 按键，在顶视图中创建一条闭合曲线，效果如图 12.1.28 所示。在修改命令面板的 修改器列表 下拉列表中选择 挤出 选项，给曲线添加一个挤出修改器，设置挤出参数如图 12.1.29 所示，挤出效果如图 12.1.30 所示。

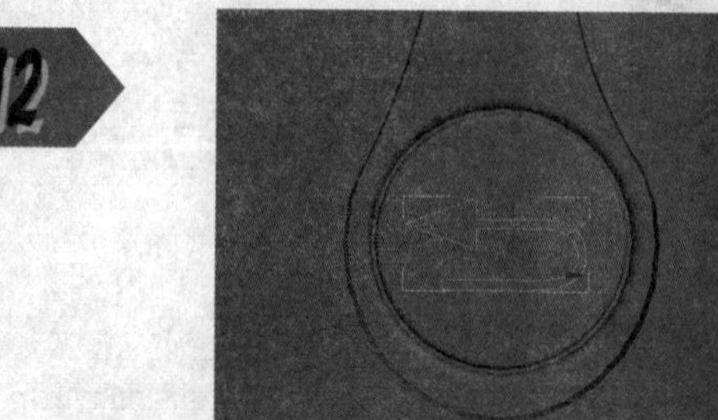
图 12.1.28　创建闭合曲线

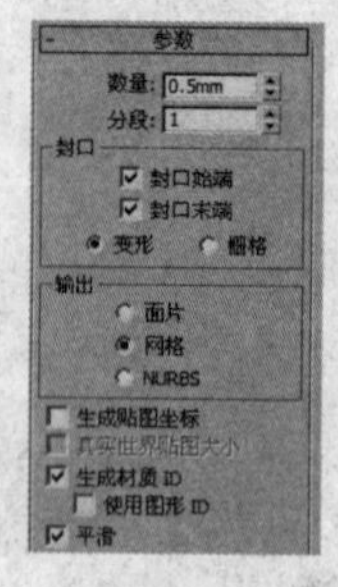

图 12.1.29　设置挤出参数

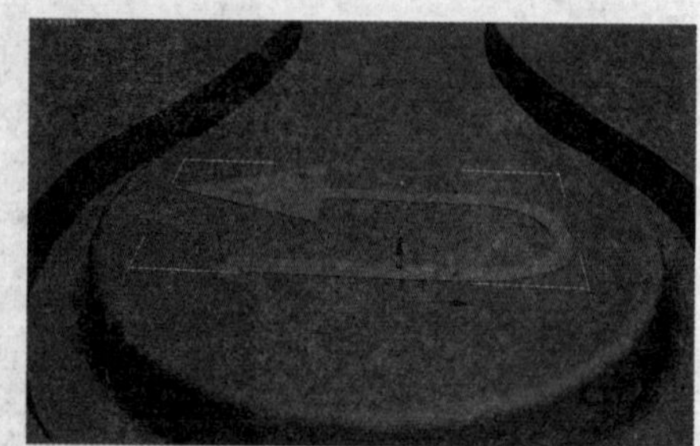
图 12.1.30　挤出效果

（9）单击 文本 按键，在 - 参数 卷展栏中设置参数如图 12.1.31 所示，在顶视图中单击鼠标，如图 12.1.32 所示。在修改命令面板的 修改器列表 下拉列表中选择 挤出 选项，给文本添加一个挤出修改器，设置挤出参数如图 12.1.33 所示，挤出效果如图 12.1.34 所示。

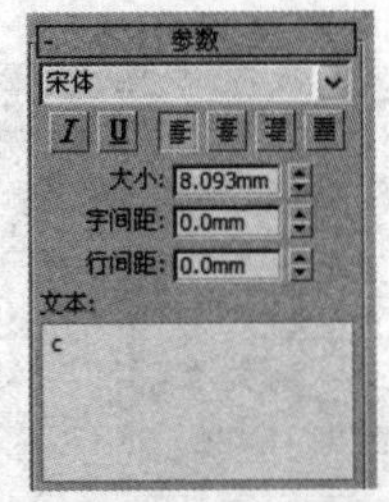


图 12.1.31　设置文本参数

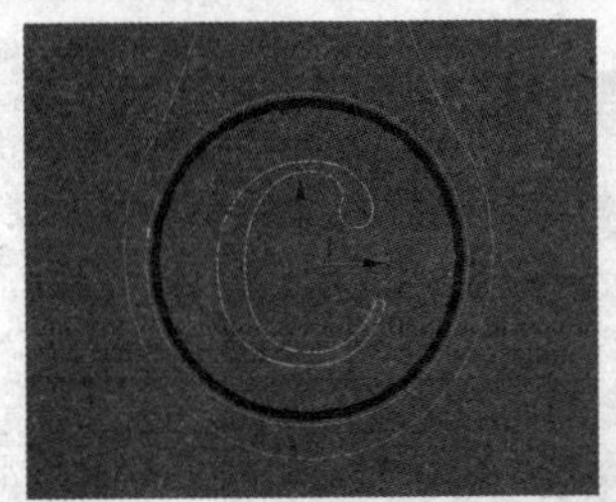

图 12.1.32　文本效果

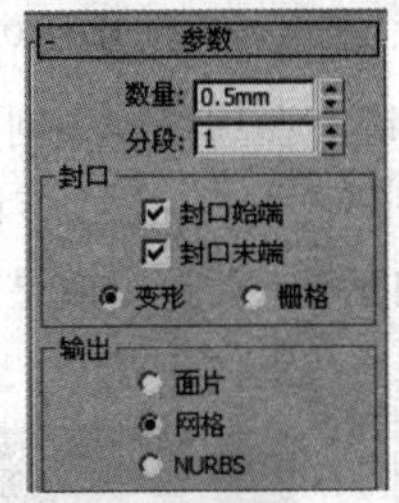


图 12.1.33　设置挤出参数

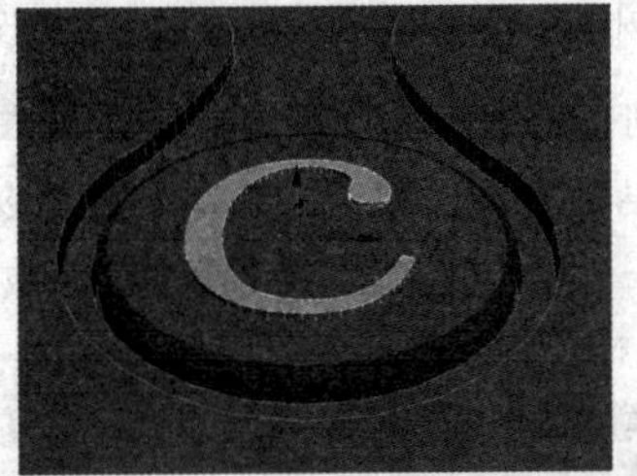

图 12.1.34　挤出效果

（10）继续对二维曲线使用挤出的方法，制作出下侧的按键模型，效果如图 12.1.35 所示。

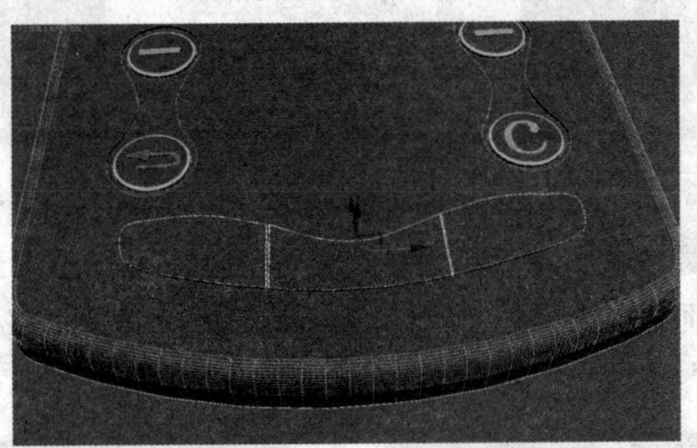

图 12.1.35　下侧按键模型

（11）制作下侧按键上的功能标识模型。首先，制作左侧按钮上的标识模型，单击 圆环 按钮，在顶视图中创建一个圆环模型，如图 12.1.36 所示，对制作的圆环进行缩放，并调节到如图 12.1.37 所示的位置。

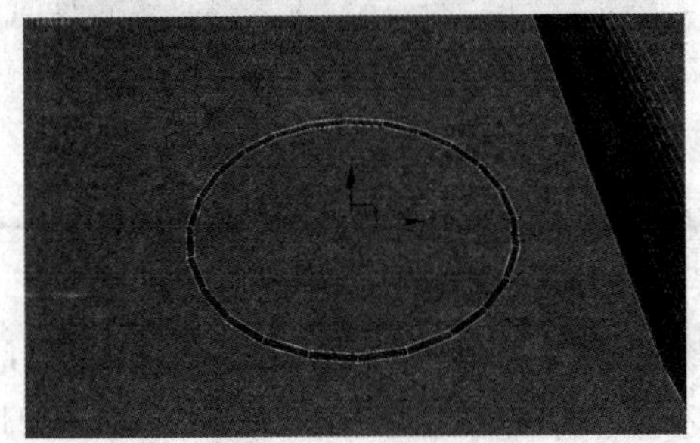

图 12.1.36　创建圆环

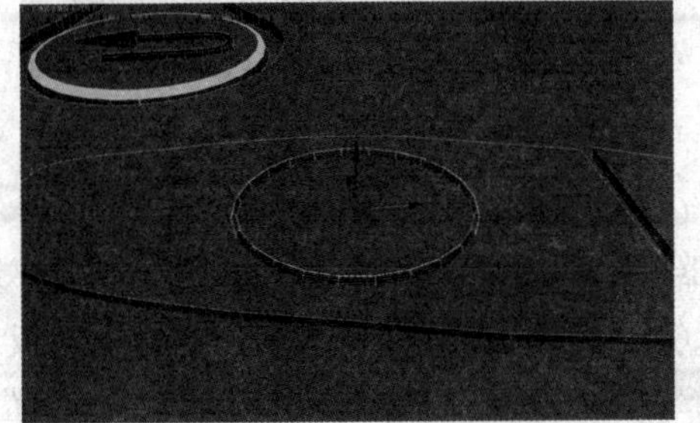

图 12.1.37　缩放并调节圆环位置

（12）单击 线 按键，在顶视图中创建 4 条闭合曲线，效果如图 12.1.38 所示。在修改命令面板的 修改器列表 下拉列表中选择 挤出 选项，给曲线添加一个挤出修改器，设置挤出参数如图 12.1.39 所示，挤出效果如图 12.1.40 所示。

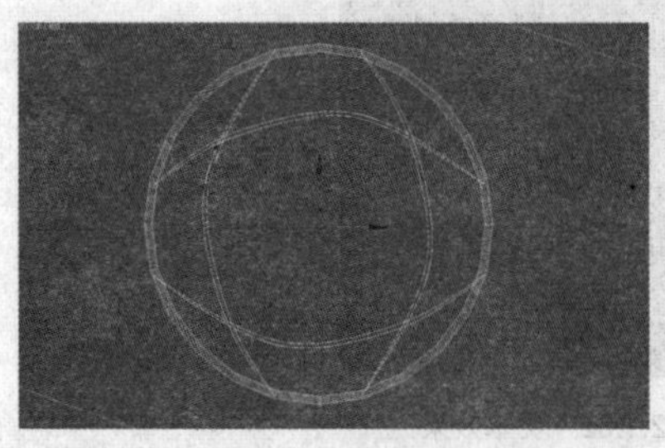
图 12.1.38 创建闭合样条线

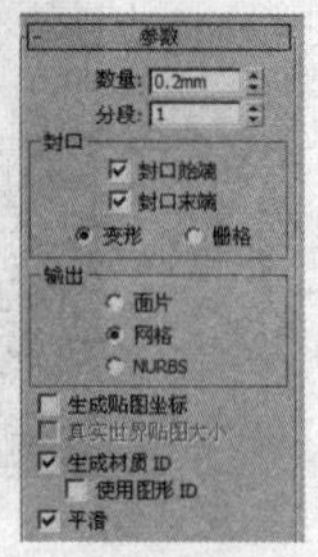

图 12.1.39 设置挤出参数

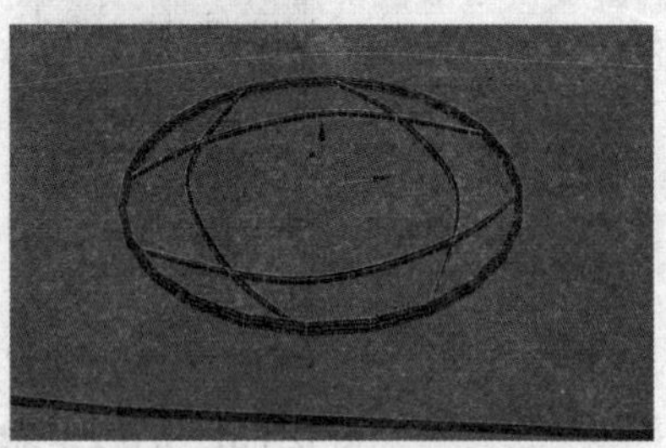
图 12.1.40 挤出效果

（13）制作中间按钮上的标识模型。单击 线 按键，在顶视图中创建一条闭合曲线，命名为“图形 01”，效果如图 12.1.41 所示。在修改命令面板的 修改器列表 下拉列表中选择 挤出 选项，给曲线添加一个挤出修改器，设置挤出参数如图 12.1.42 所示，挤出效果如图 12.1.43 所示。

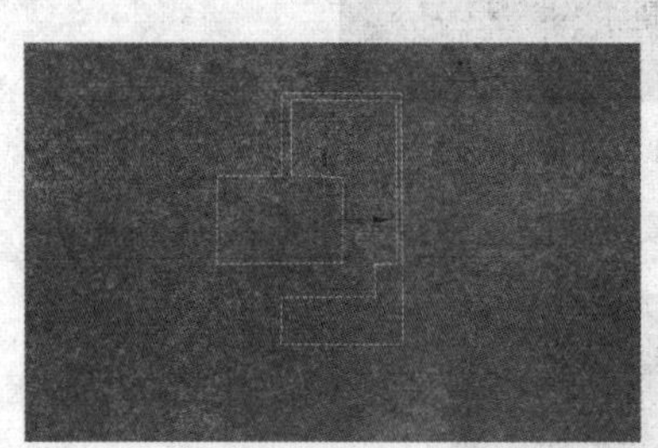
图 12.1.41 创建闭合曲线

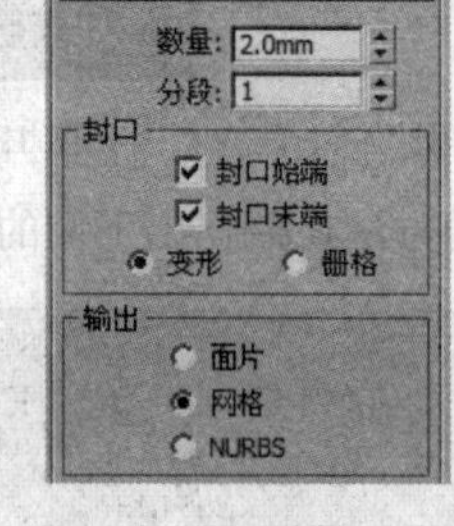

图 12.1.42 设置挤出参数

图 12.1.43 挤出效果

（14）单击 矩形 按钮，在顶视图中创建一个矩形，调节节点到如图 12.1.44 所示的位置；单击 圆 按钮，在顶视图中创建一个圆，单击 附加 按钮，将矩形和圆进行附加，命名为“图形 02”，效果如图 12.1.45 所示。

图 12.1.44 调节节点

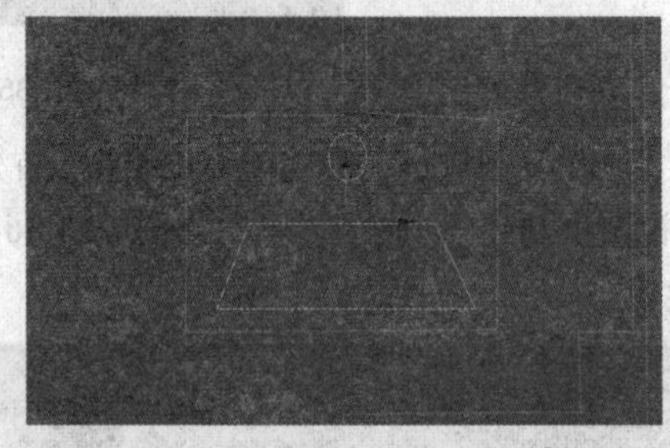
图 12.1.45 附加效果

（15）在修改命令面板的 修改器列表 下拉列表中选择 挤出 选项，给曲线添加一个挤出修改器，设置挤出参数如图 12.1.46 所示，挤出效果如图 12.1.47 所示。

（16）选择图形 01，在创建命令面板的区域，选择 复合对象 类型，单击 ProBoolean 按键，在 拾取布尔对象 卷展栏中单击 开始拾取 按键，在视图中拾取图形 02 模型，效果如图 12.1.48 所示，并将其调节到如图 12.1.49 所示的位置。

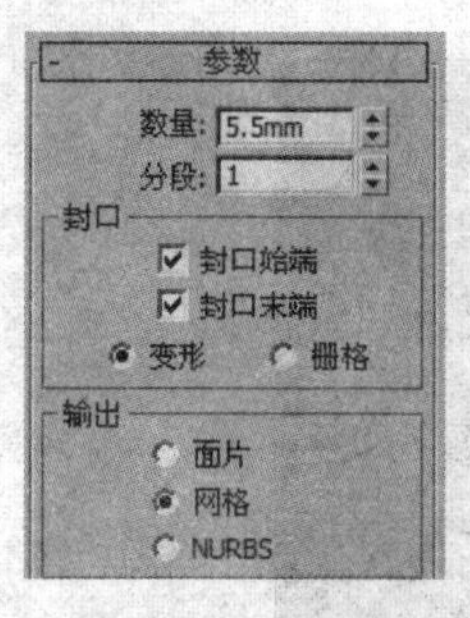


图 12.1.46　设置挤出参数

图 12.1.47　挤出效果

图 12.1.48　超级布尔效果

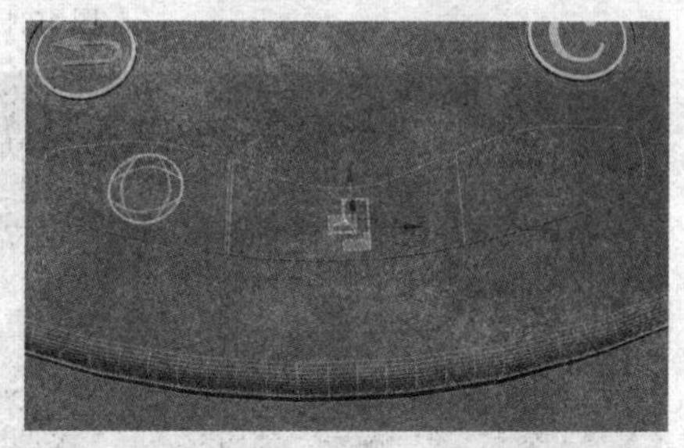

图 12.1.49　调节模型位置

（17）继续使用挤出修改器，制作出右侧的标识模型，效果如图 12.1.50 所示。

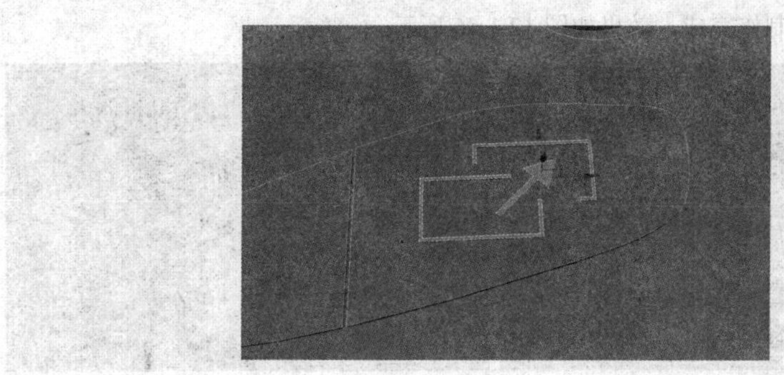

图 12.1.50　右侧标识模型

（18）制作中间的按键模型。单击 圆柱体 按钮，在顶视图中创建一个圆柱体，如图 12.1.51 所示，单击鼠标右键，将圆柱体转换为可编辑多边形。选择如图 12.1.52 所示的面，单击 倒角 按钮，对选择的面进行多次倒角操作，效果如图 12.1.53 所示。

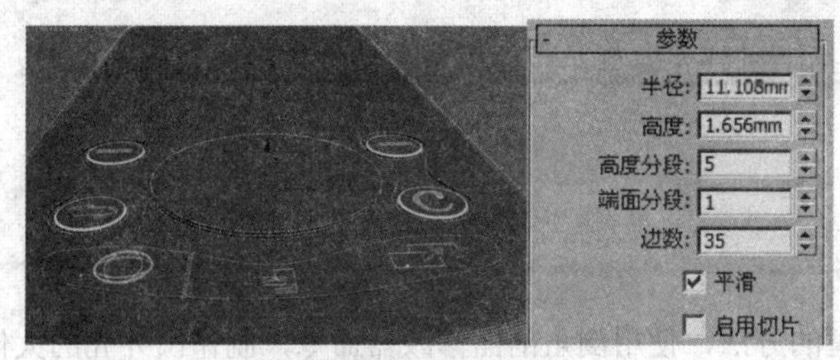


图 12.1.51　创建圆柱体

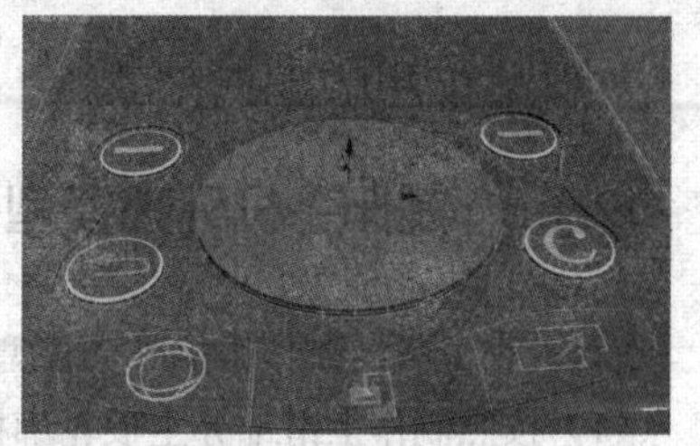

图 12.1.52　选择面

（19）继续使用倒角剖面修改器和挤出修改器，制作出中间部分的其他按键模型，效果如图 12.1.54 所示。使用多边形建模的方法，制作出听筒部分模型，效果如图 12.1.55 所示。

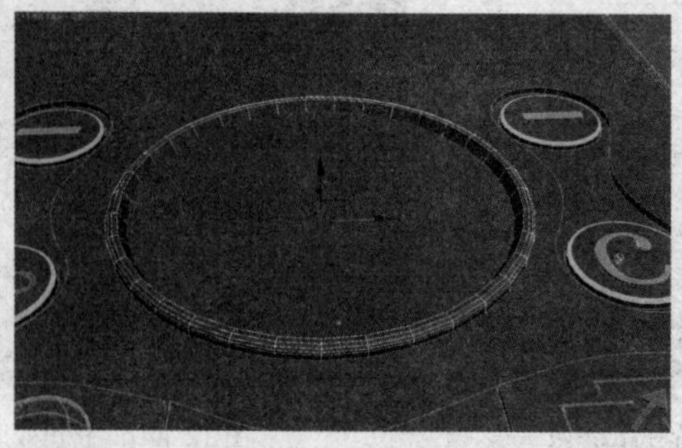

图 12.1.53　倒角效果

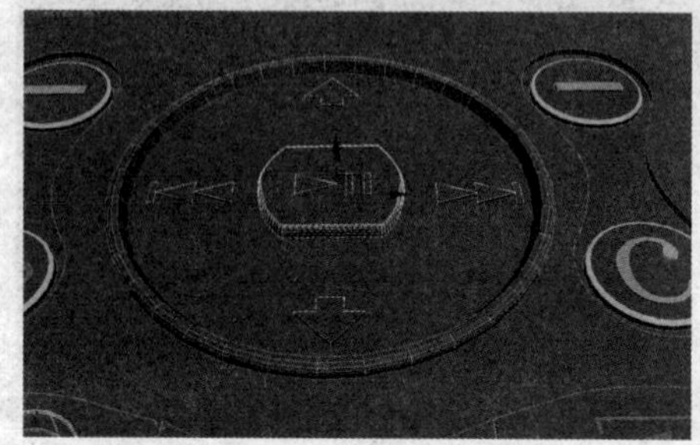

图 12.1.54　中间按键模型

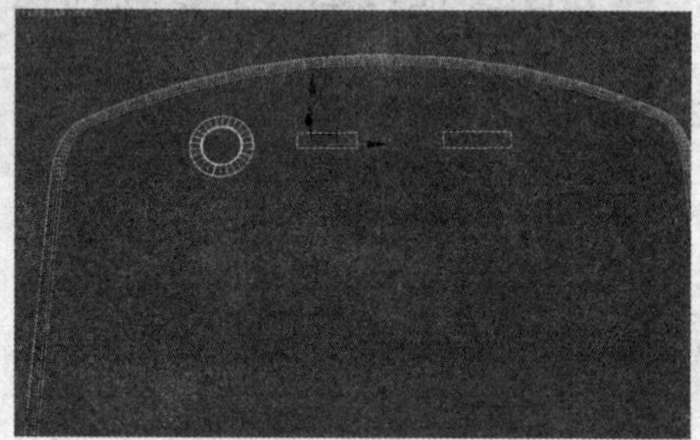

图 12.1.55　听筒部分模型

至此，上滑部分模型制作完成，效果如图 12.1.56 所示。

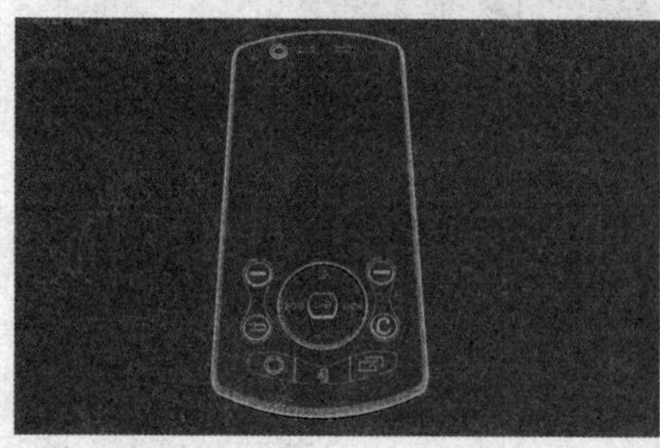

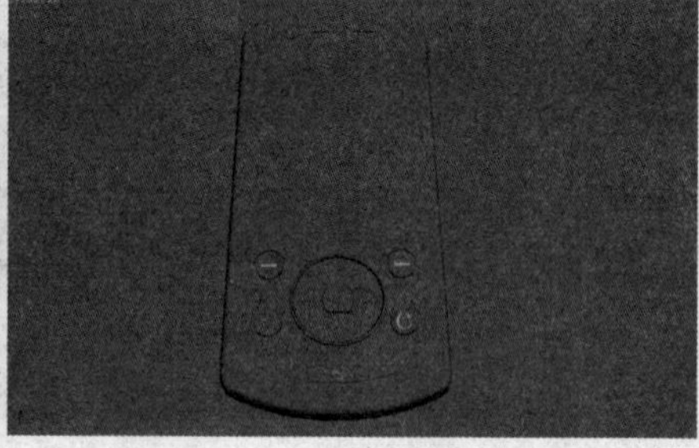

图 12.1.56　上滑部分模型

# 12.2　制作下层模型

在本节中，制作手机的下层模型，包括手机外壳模型、后盖模型、按键模型以及侧键模型。



## 12.2.1　制作手机外壳模型

在这一小节中，制作手机外壳模型。

（1）按照制作上滑部分主板轮廓模型的方法，使用倒角剖面修改器命令，制作出外壳的大体轮廓，效果如图 12.2.1 所示。单击鼠标右键，将模型转换为可编辑多边形。

（2）选择如图 12.2.2 所示的边，单击 连接 按键，添加细分曲线，并调节到如图 12.2.3 所示的位置。切换到点级别，在左视图中调节节点到如图 12.2.4 所示的位置。

图 12.2.1　倒角剖面效果

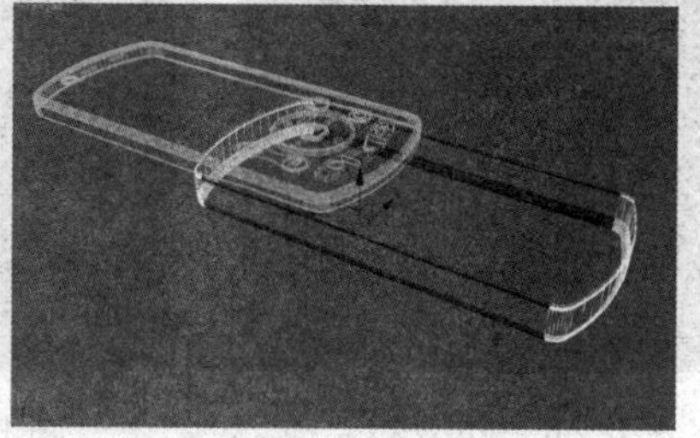

图 12.2.2　选择边

图 12.2.3　添加并调节细分曲线

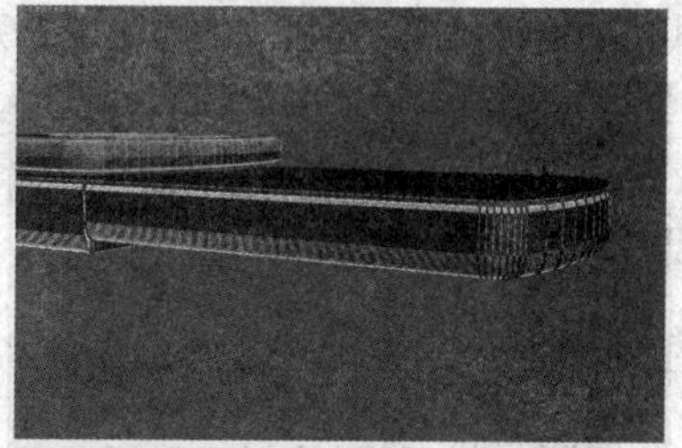

图 12.2.4　调节节点

（3）按 M 键打开材质编辑器，给外壳模型指定一个默认的材质，效果如图 12.2.5 所示。

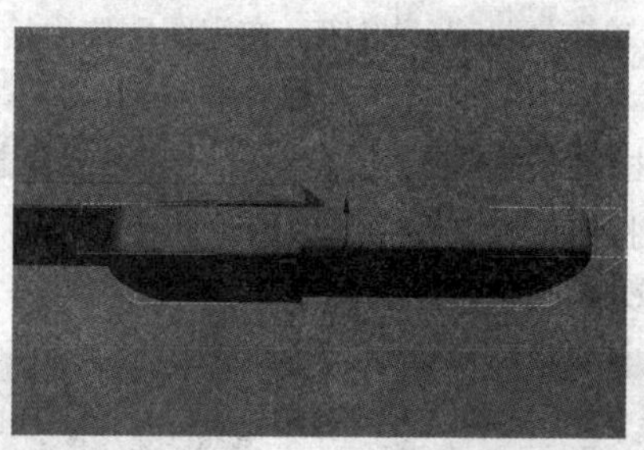

图 12.2.5　指定默认材质

## 12.2.2　制作按键模型

在这一小节中制作按键模型，制作方法同样是布尔运算以及挤出操作。

（1）单击 矩形 按钮，在顶视图中创建一个矩形，如图 12.2.6 所示。在修改命令面板的 修改器列表 下拉列表中选择 挤出 选项，给矩形添加一个挤出修改器，设置挤出参数如图 12.2.7 所示，挤出效果如图 12.2.8 所示。单击鼠标右键，将挤出模型转换为可编辑多边形。选择如图 12.2.9 所示的边，单击 切角 按钮进行切角操作，效果如图 12.2.10 所示。

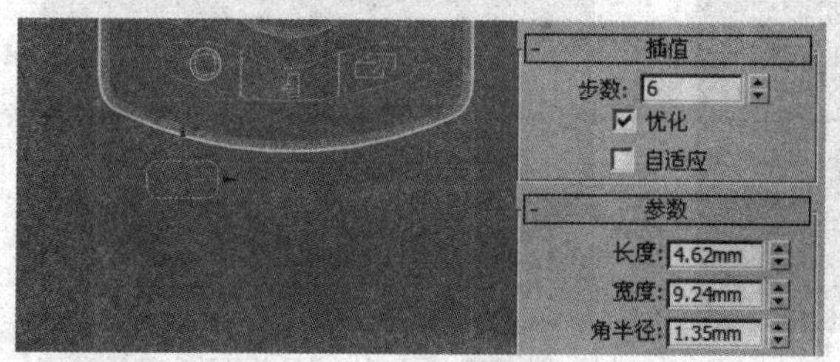



图 12.2.6　创建矩形

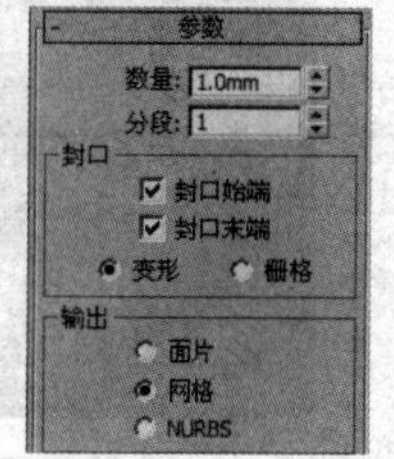



图 12.2.7　设置挤出参数

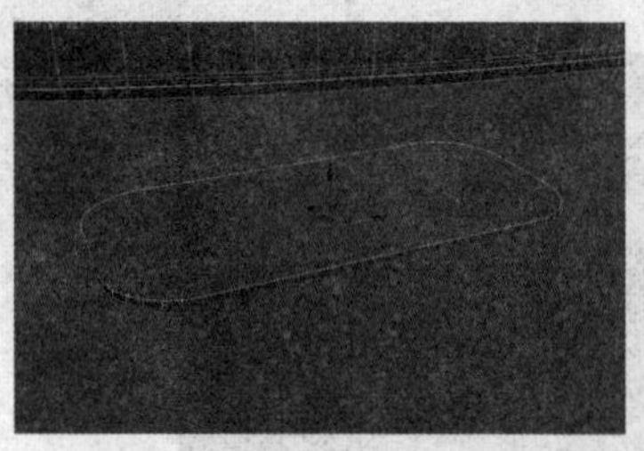

图 12.2.8　挤出效果

图 12.2.9　选择边

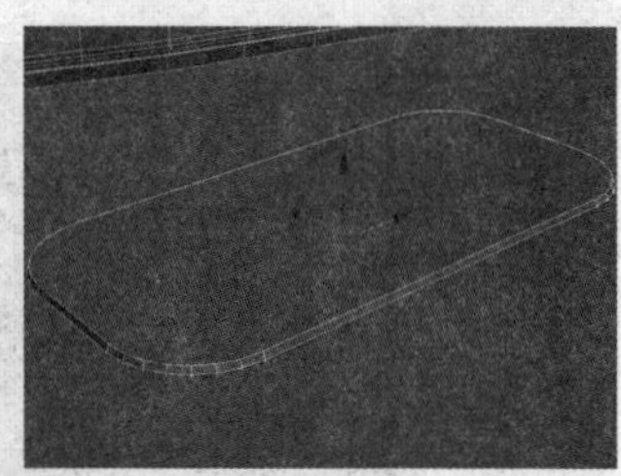

图 12.2.10　切角效果

（2）对制作好的按键模型进行复制，效果如图 12.2.11 所示。继续使用对二维图形进行挤出的方法，制作出其他的按键模型，效果如图 12.2.12 所示。

图 12.2.11　复制按键模型

图 12.2.12　其他按键模型

（3）选择一个按键模型，单击 附加 按钮，在视图中依次拾取其他按键模型，对制作的按键模型进行附加操作，效果如图 12.2.13 所示。选择外壳模型，在创建命令面板的区域，选择 复合对象 类型，单击 ProBoolean 按键，在 拾取布尔对象 卷展栏中激活 复制 复选框，单击 开始拾取 按键，在视图中拾取附加的按键模型，这时，移动按键模型的位置，会发现外壳模型上出现了凹槽效果，如图 12.2.14 所示。

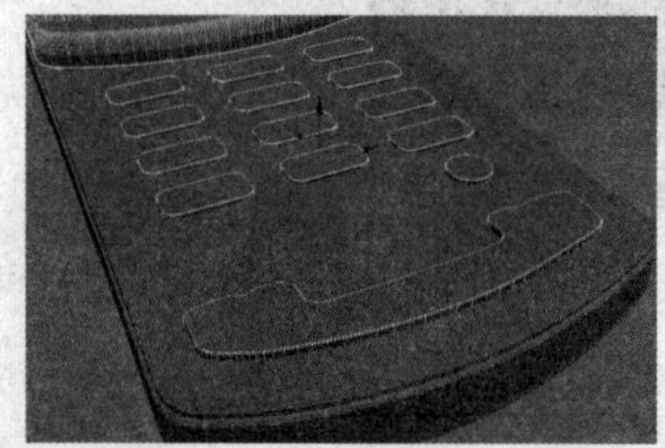

图 12.2.13　附加效果

图 12.2.14　超级布尔效果

（4）将按键模型移动到原来的位置。对按键模型进行缩放操作，使其轮廓小于凹槽的轮廓，效果如图 12.2.15 所示。使用对文本进行挤出的方法，制作出按键上的字母以及数字模型，效果如图 12.2.16 所示。

图 12.2.15　调节按键轮廓

图 12.2.16　制作字母以及数字模型

### 12.2.3　制作后盖模型

在这一小节中，制作手机的后盖模型，在制作中使用到了壳修改器。

（1）选中外壳模型，单击鼠标右键，将模型转换为可编辑多边形。选择如图 12.2.17 所示的面，按住 Shift 键向下拖动，在弹出的克隆部分网格对话框中激活克隆到对象:复选框，如图 12.2.18 所示，克隆效果如图 12.2.19 所示。

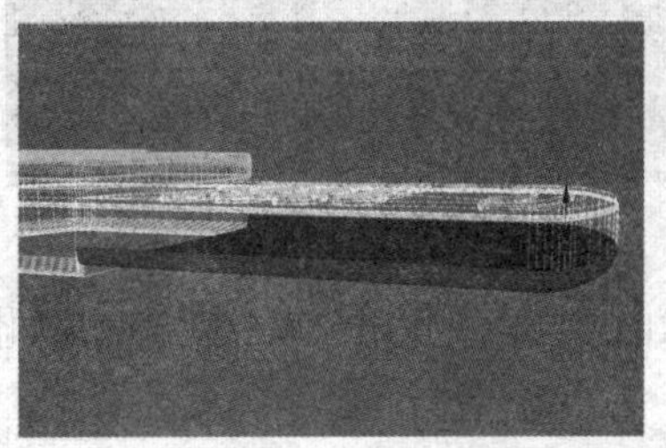

图 12.2.17　选择面

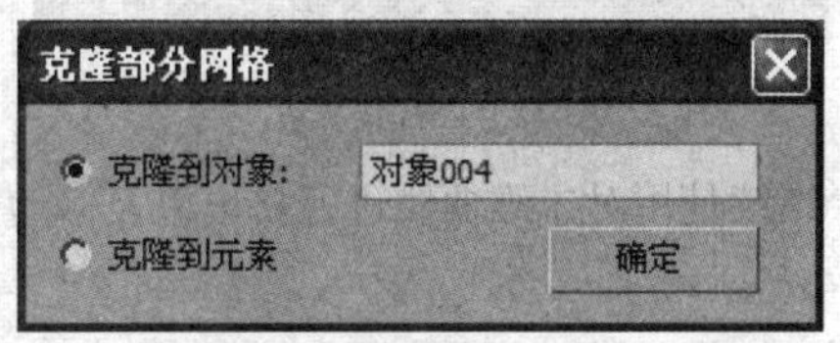


图 12.2.18　“克隆部分网格”对话框

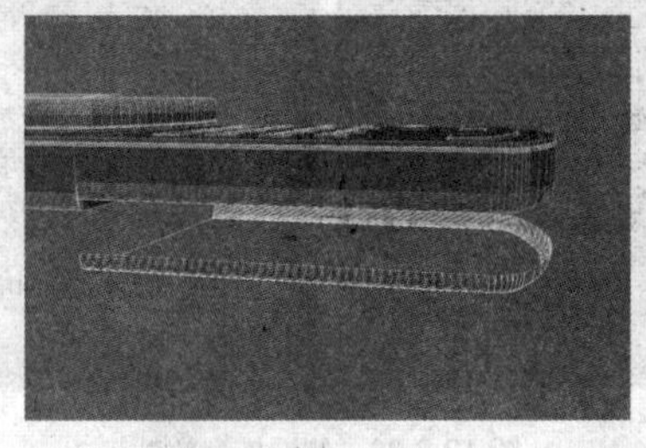

图 12.2.19　克隆效果

（2）在修改命令面板的修改器列表下拉列表中选择壳选项，给克隆的模型添加一个壳修改器，在参数卷展栏中设置参数如图 12.2.20 所示，壳效果如图 12.2.21 所示，将后盖模型调节到如图 12.2.22 所示的位置。

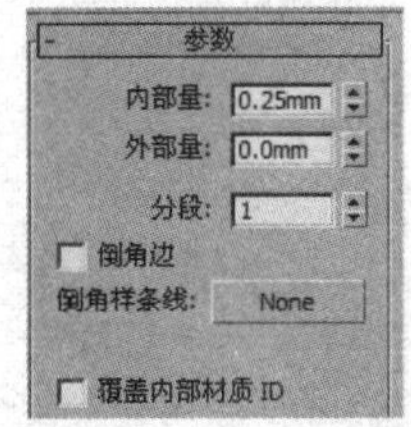


图 12.2.20　设置壳修改器参数

图 12.2.21　壳效果

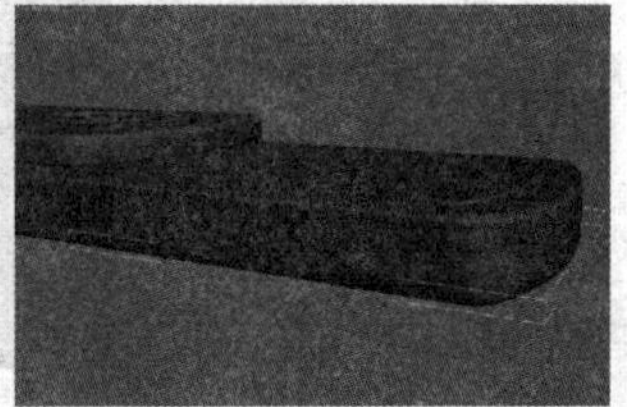

图 12.2.22　调节后盖位置

 Tips

通过添加一组朝向现有面相反方向的额外面，“壳”修改器“凝固”对象或者为对象赋予厚度，无论曲面在原始对象中的任何地方消失，边将连接内部和外部曲面。可以为内部和外部曲面、边的特性、材质 ID 以及边的贴图类型指定偏移距离。同时，由于“壳”修改器没有子对象，所以可以使用“选择”选项指定面选择，该面选择在其他修改器的堆栈上传递。请注意，“壳”修改器并不能识别现有子对象选择，也不能通过这些堆栈上的选择。

（3）单击鼠标右键，将后盖模型转换为可编辑多边形。选择如图 12.2.23 所示的边，单击 切角 按钮进行切角操作，效果如图 12.2.24 所示。

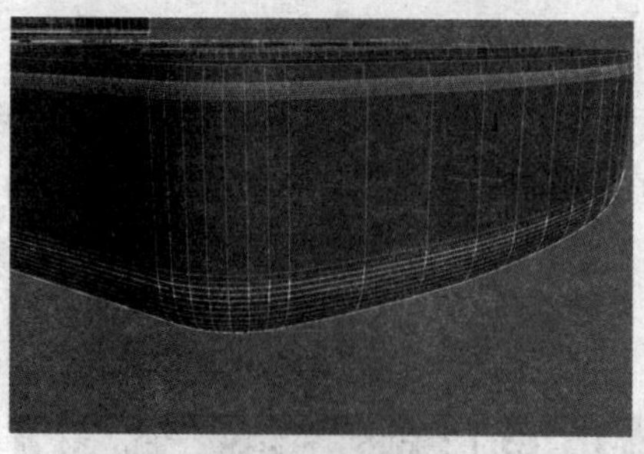

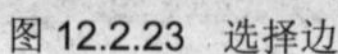

图 12.2.23　选择边

图 12.2.24　切角效果

（4）继续使用对二维曲线进行挤出以及多边形建模的方法，制作出侧键模型，效果如图 12.2.25 所示。

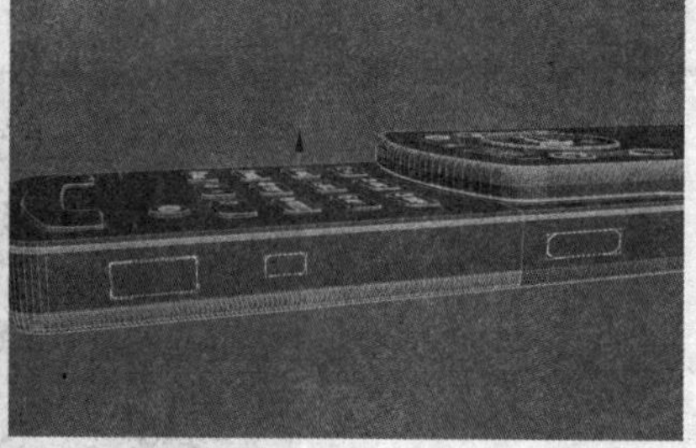

图 12.2.25　侧键模型效果

至此，手机模型制作完成，效果如图 12.2.26 所示。

图 12.2.26　手机模型

## 12.3　设置材质、灯光效果



在本节中，设置手机的材质、灯光效果。

（1）设置白色外壳材质。按 M 键打开材质编辑器，选择一个空白的材质球，设置明暗器类型为 (P)Phong 方式，设置漫反射颜色为白色，设置高光级别为 77，光泽度为 39，参数设置如图 12.3.1 所示。

（2）设置按键字母材质。打开材质编辑器，选择一个空白的材质球，设置漫反射颜色为灰色，设置高光级别为 22，光泽度为 17，参数设置如图 12.3.2 所示。

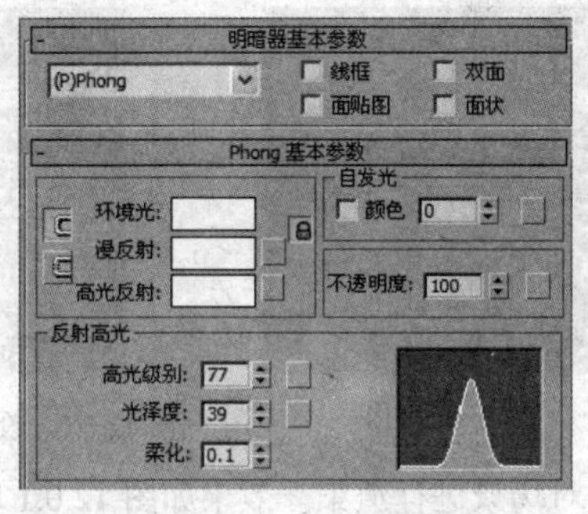


图 12.3.1　设置白色外壳材质

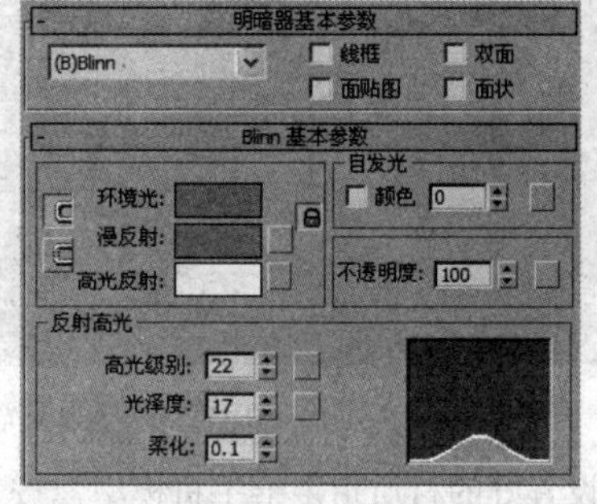


图 12.3.2　设置按键字母材质

（3）设置屏幕材质。打开材质编辑器，选择一个空白的材质球，在漫反射通道中添加一张屏幕贴图，设置自发光颜色数值为 30，参数设置如图 12.3.3 所示。

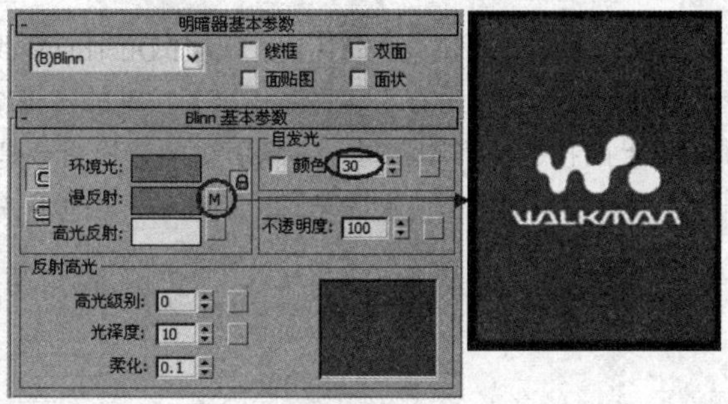


图 12.3.3　设置屏幕材质

（4）设置标志材质。在手机模型上的标志很多，参数设置相同，只是贴图不同，如图 12.3.4 所示。

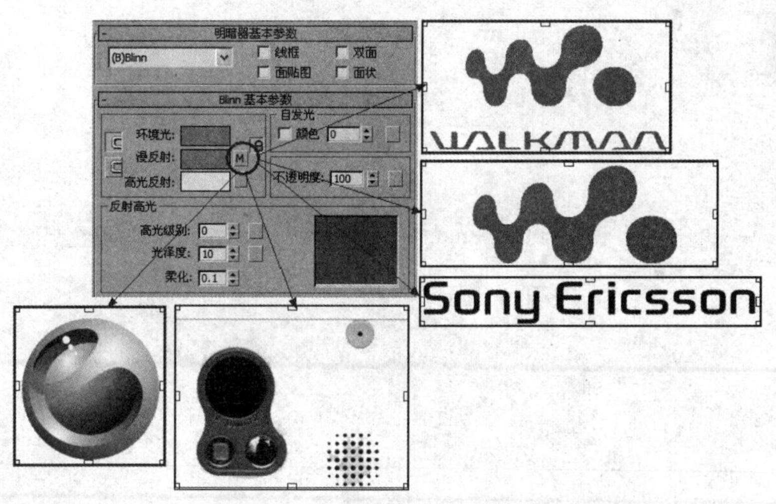


图 12.3.4　设置标志材质

（5）设置灯光效果。在创建命令面板的区域，选择标准类型，单击天光按钮，在顶视图中创建天光，如图 12.3.5 所示。在修改命令面板中设置天光参数，如图 12.3.6 所示。

12

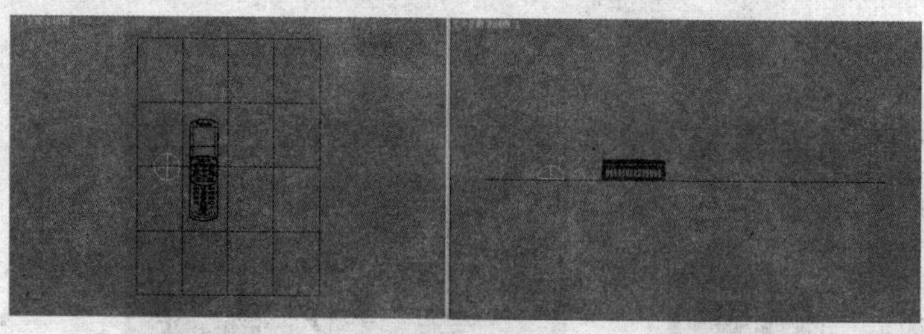

图 12.3.5　创建天光

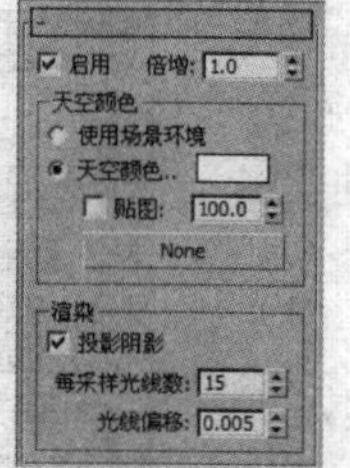


图 12.3.6　设置天光参数

（6）将设置好的材质指定给手机模型，按 F9 键对场景进行渲染，效果如图 12.0.1 所示。

## 本 章 小 结

在本章中，制作了一款上滑式的手机模型。在制作中，使用倒角剖面修改器命令制作了手机的整体轮廓，为制作模型奠定了基础，紧接着使用布尔运算制作出了按键的凹槽结构，同时使用二维曲线以及文本建模命令制作了手机上的按键图形和字母。本章所讲的建模命令是制作模型不可缺少的工具，应该牢牢掌握，这样在建模时，无论多么复杂的结构，只要一步一步地分解去制作，一定会制作出完美的效果。

# 第 13 章　制作手表模型

手表通常是利用皮革、橡胶、尼龙布、不锈钢等材料制成表链，将显示时间的表盘束在手腕上。按手表的种类可分为机械表、石英表、电子表以及光波表等，在本章中，讲解制作一款石英手表。

### 本章知识重点

- 学习使用倒角和挤出工具制作表盘的整体轮廓。
- 使用多边形建模工具对手表进行细致的调节。
- 使用对称修改器加快建模的速度。
- 使用涡轮平滑修改器提高模型的平滑度。
- 学习不锈钢材质的设置方法。

在本章中，制作一款手表模型，其组成部分包括表盘和表链两大部分。最终渲染效果如图 13.0.1 所示。

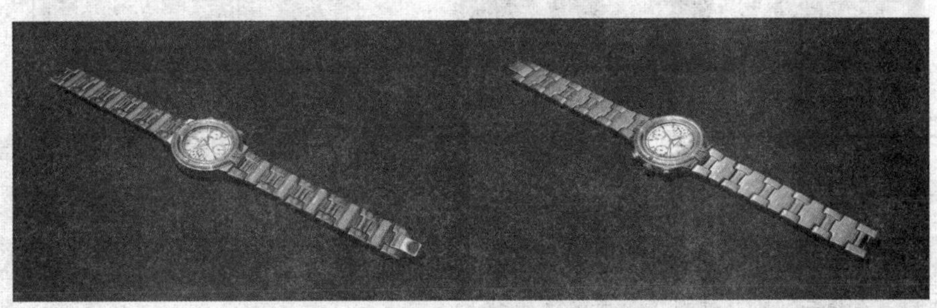

图 13.0.1　手表最终效果

## 13.1　准 备 工 作

在制作模型之前，为了准确地把握模型的尺寸和比例，通常需要根据参考图进行制作。

（1）在创建命令面板的区域，选择标准基本体类型，单击平面按钮，在顶视图中创建一个平面模型，如图 13.1.1 所示。

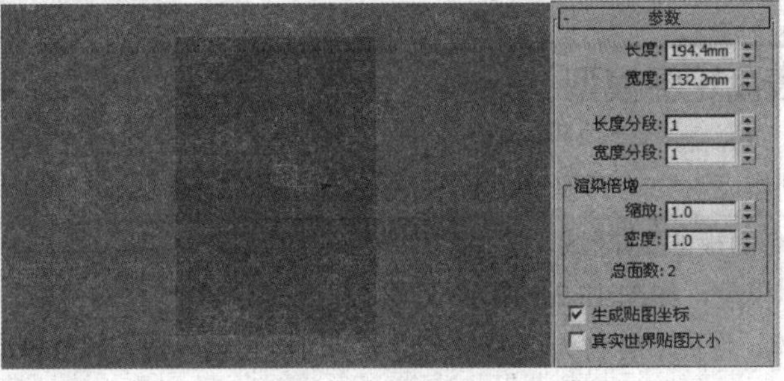


图 13.1.1　创建平面模型

（2）按 M 键打开材质编辑器，选择一个空白的材质球，在漫反射通道中添加一张手表的贴图，将该材质指定给平面模型，效果如图 13.1.2 所示。

（3）选择平面模型，单击鼠标右键，在弹出的快捷菜单中选择对象属性(P)...选项，再在弹出的对象属性对话框中取消以灰色显示冻结对象复选框，如图 13.1.3 所示。单击鼠标右键，在弹出的快捷菜单中选择冻结当前选择选项，冻结平面模型，这样在选择模型时，平面模型就不会被选中，而且图案效果不会发生变化。

图 13.1.2　设置并指定贴图

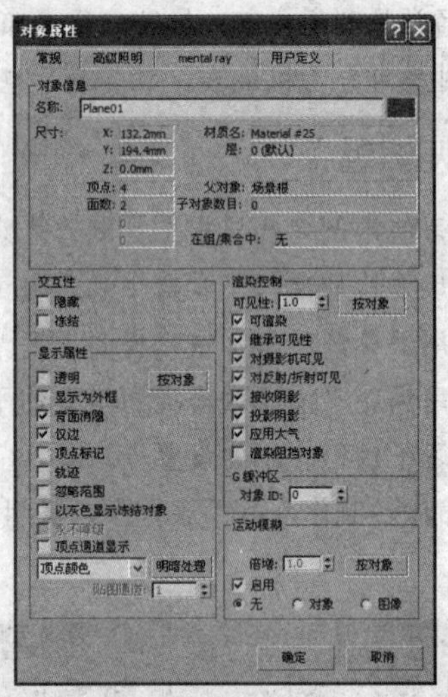


图 13.1.3　“对象属性”对话框

  Tips

可以解冻冻结层上的对象。如果试图解冻冻结层上的对象（“全部解冻”或“按名称解冻”），会提示（默认情况下）要解冻的对象。

下面就可以进行模型的制作了。

# 13.2　制作表盘模型

在本节中，制作表盘模型。在制作中，需要按照手表的参考图，进行精确的模型制作。该部分模型包括表盘轮廓模型、表芯模型以及旋钮模型。

## 13.2.1　制作表盘轮廓模型

在这一小节中，制作表盘的轮廓模型。

（1）在创建命令面板的区域，选择标准基本体类型，单击圆柱体按钮，在顶视图中创建一个圆柱体模型，如图 13.2.1 所示。

（2）单击鼠标右键，将模型转换为可编辑多边形。切换到编辑边，调节模型上的边到如图 13.2.2 所示的位置。

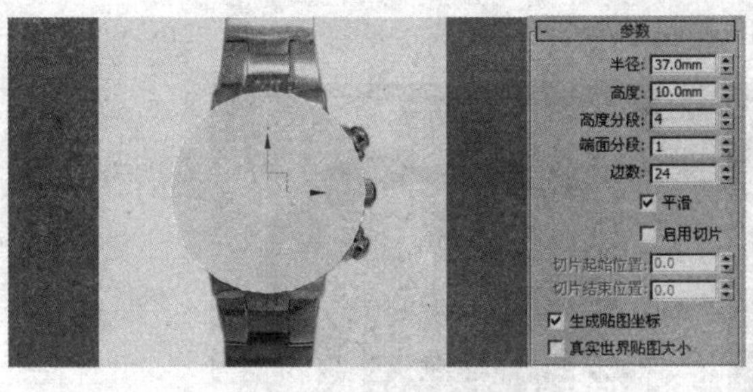


图 13.2.1　创建圆柱体

图 13.2.2　调节边



（3）选择如图 13.2.3 所属的面，使用缩放工具对其进行缩放操作，效果如图 13.2.4 所示。

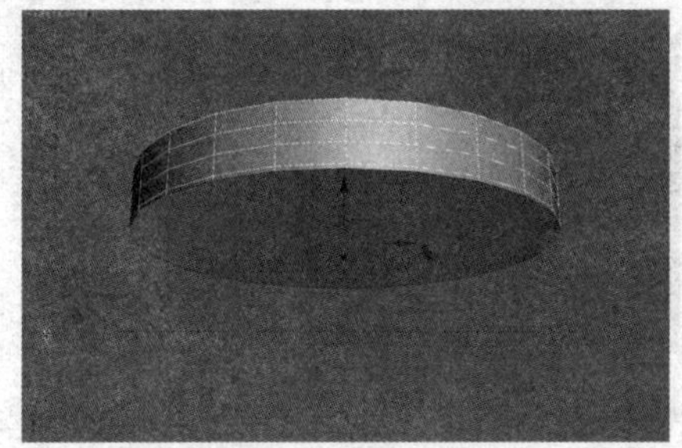

图 13.2.3　选择面

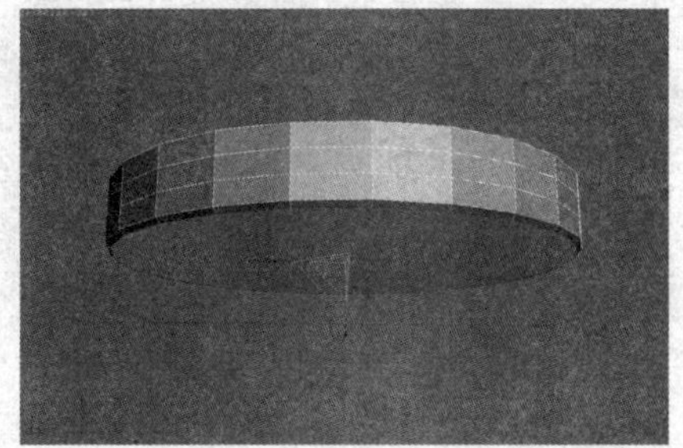

图 13.2.4　缩放面

（4）选择如图 13.2.5 所示的面，单击 倒角 按钮，对选择的面进行多次倒角操作，效果如图 13.2.6 所示。

图 13.2.5　选择面

图 13.2.6　多次倒角效果

（5）选择如图 13.2.7 所示的面，单击 挤出 后面的小按钮，在弹出的 挤出多边形 对话框中设置参数如图 13.2.8 所示，挤出效果如图 13.2.9 所示。

图 13.2.7　选择面

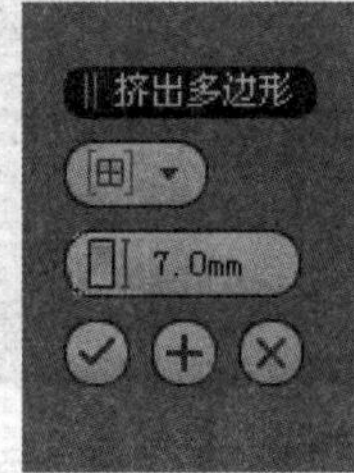


图 13.2.8　设置挤出参数

图 13.2.9　挤出效果

（6）按 M 键打开材质编辑器，给模型指定一个默认的材质。选择如图 13.2.10 所示的面，按 Delete 键删除，如图 13.2.11 所示。在模型上添加细分曲线，并调节节点位置，效果如图 13.2.12 所示。继续在模型上添加细分曲线，效果如图 13.2.13 所示。

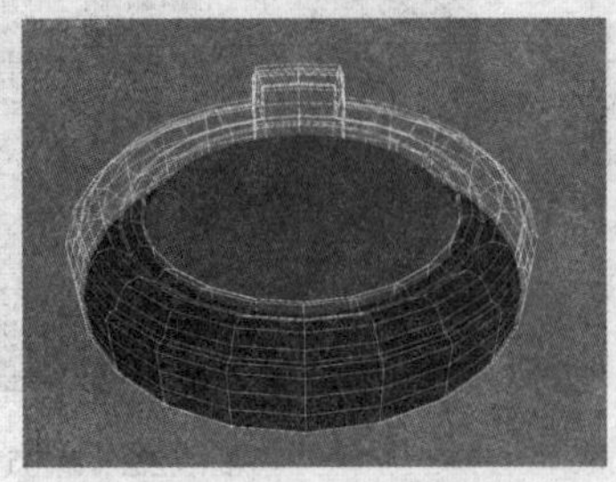

图 13.2.10　选择面

图 13.2.11　删除面

图 13.2.12　添加细分曲线并调节节点

图 13.2.13　添加细分曲线

（7）选择如图 13.2.14 所示的面，单击 挤出 后面的小按钮，在弹出的 挤出多边形 对话框中设置参数如图 13.2.15 所示，挤出效果如图 13.2.16 所示。

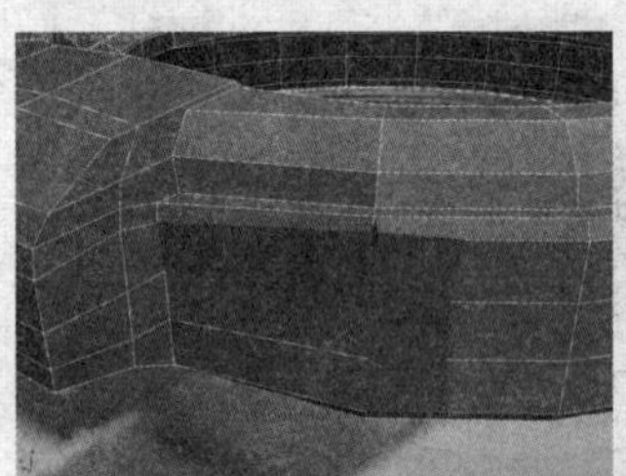

图 13.2.14　选择面

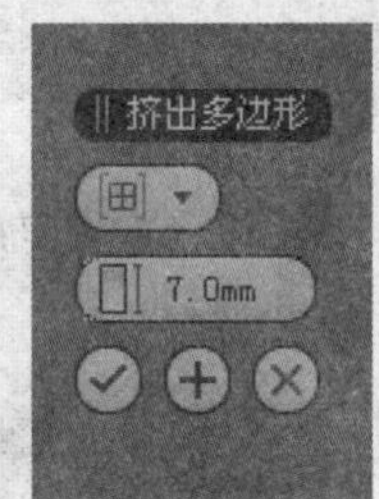


图 13.2.15　设置挤出参数

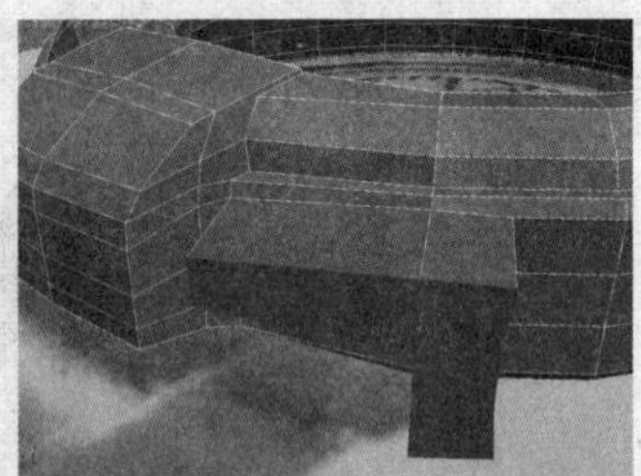

图 13.2.16　挤出效果

（8）选择如图 13.2.17 所示的面，按 Delete 键删除，如图 13.2.18 所示。单击 目标焊接 按钮，焊接模型上的节点，效果如图 13.2.19 所示。

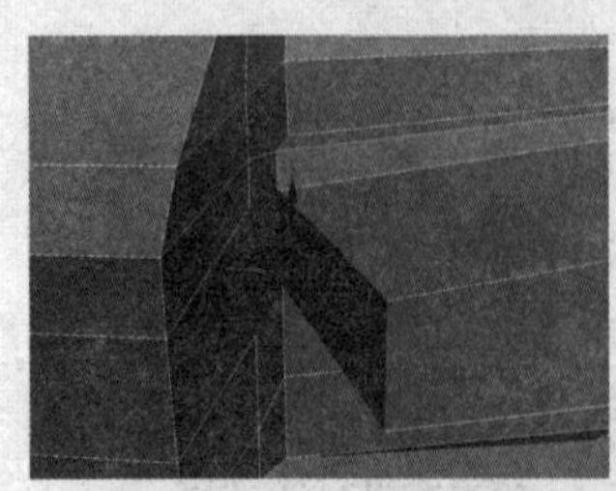

图 13.2.17　选择面

图 13.2.18　删除面

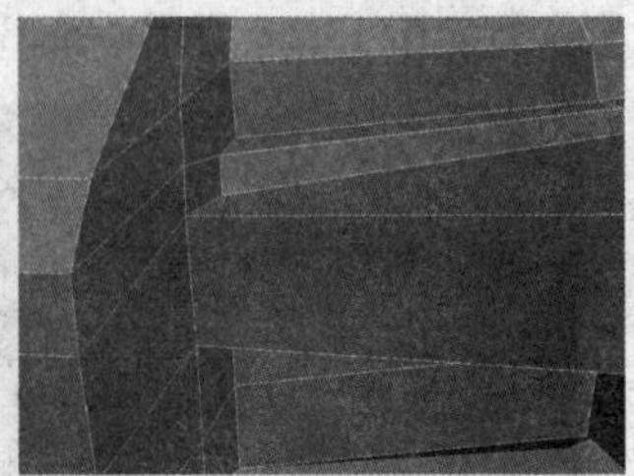

图 13.2.19　焊接节点

（9）选择如图 13.2.20 所示的边，单击 切角 按钮，进行切角操作，效果如图 13.2.21 所示。同时调节模型上的节点到如图 13.2.22 所示的位置。

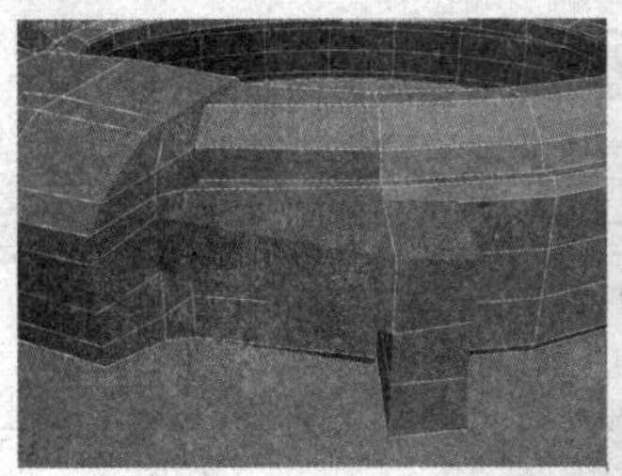
图 13.2.20　选择边

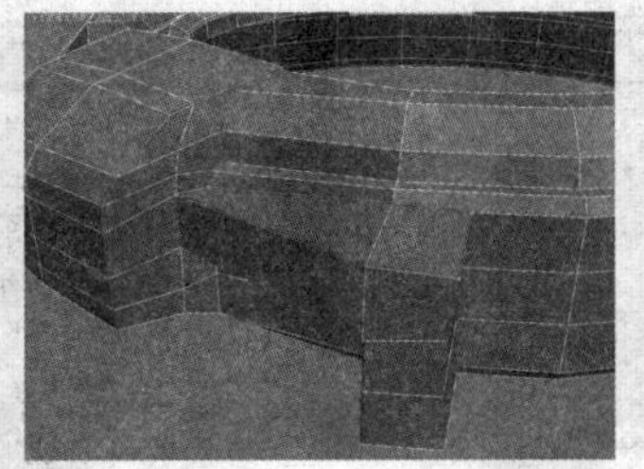
图 13.2.21　切角效果

图 13.2.22　调节节点

（10）选择如图 13.2.23 所示的面，按 Delete 键删除，效果如图 13.2.24 所示。

图 13.2.23　选择面

图 13.2.24　删除面

（11）选择如图 13.2.25 所示的节点，单击 切角 按钮，进行切角操作，效果如图 13.2.26 所示。选择如图 13.2.27 所示的面，单击 倒角 按钮，对选择的面进行多次倒角操作，效果如图 13.2.28 所示。

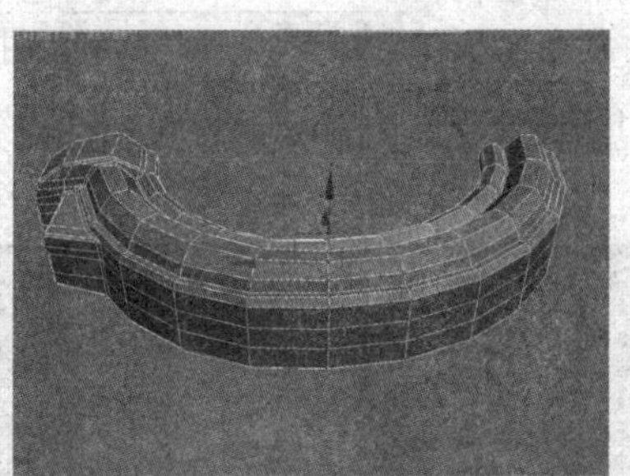
图 13.2.25　选择节点

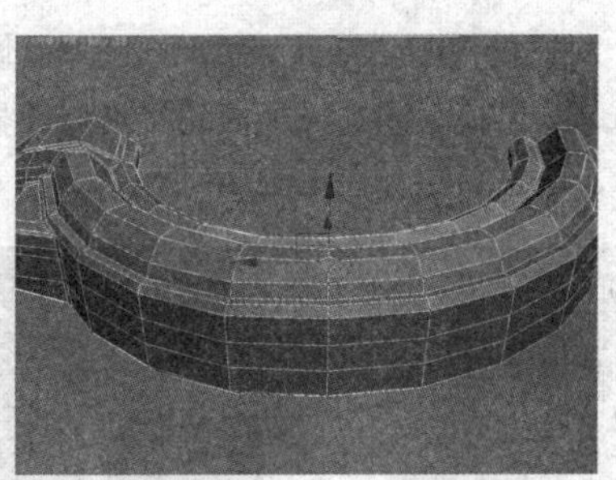
图 13.2.26　切角效果

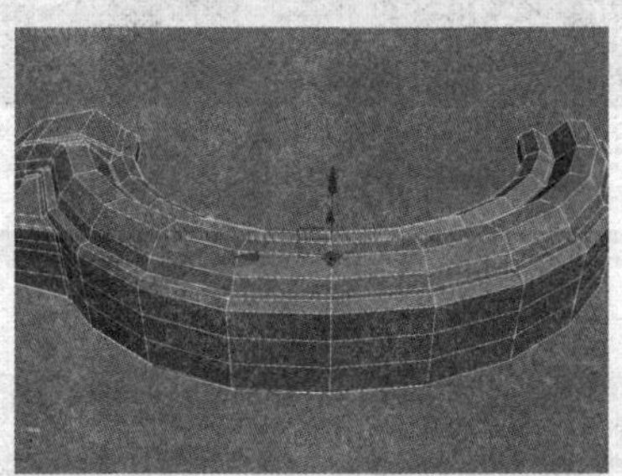
图 13.2.27　选择面

图 13.2.28　多次倒角效果

（12）在修改命令面板的 修改器列表 下拉列表中选择 对称 选项，给模型添加一个对称修改器，在 - 参数 卷展栏中设置参数如图 13.2.29 所示，对称效果如图 13.2.30 所示。

13

参数
镜像轴:
X Y Z
翻转
沿镜像轴切片
焊接缝
阈值: 0.1mm

图 13.2.29　设置对称参数　　　　图 13.2.30　对称效果

（13）继续在修改命令面板的修改器列表下拉列表中选择对称选项，给模型添加一个对称修改器，在参数卷展栏中设置参数如图 13.2.31 所示，对称效果如图 13.2.32 所示。

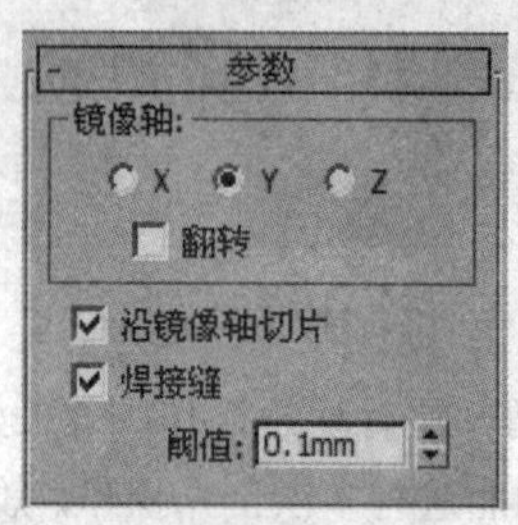


图 13.2.31　设置对称参数

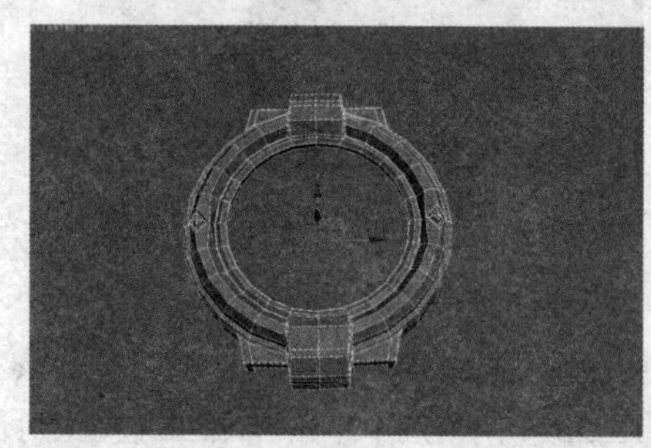

图 13.2.32　对称效果

（14）为了使模型的表面更加平滑，在修改命令面板的修改器列表下拉列表中选择涡轮平滑选项，给模型添加一个涡轮平滑修改器，在涡轮平滑卷展栏中设置参数如图 13.2.33 所示，平滑效果如图 13.2.34 所示。

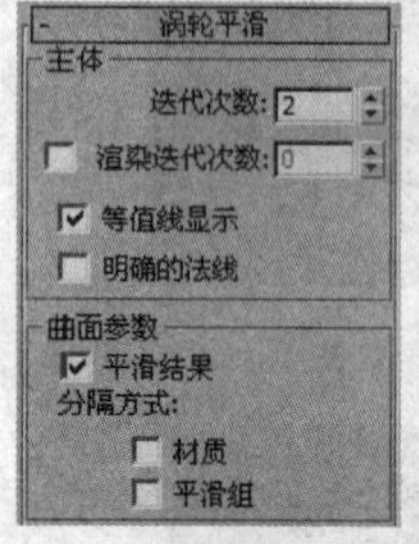


图 13.2.33　设置涡轮平滑参数

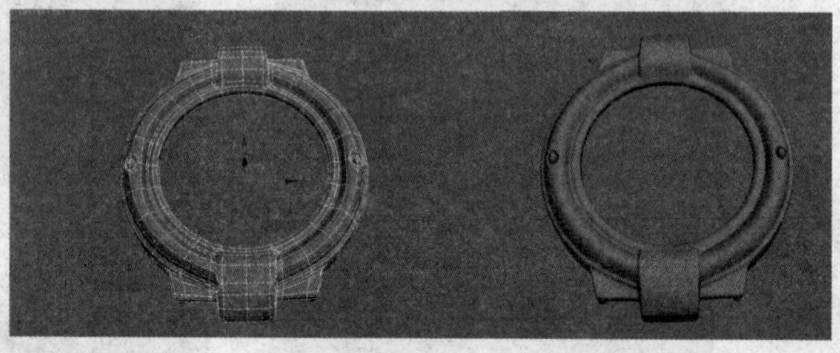

图 13.2.34　平滑效果

  Tips

涡轮平滑和网格平滑的区别在于以下两点：

（1）涡轮平滑被认为比网格平滑更快并更有效率地利用内存。涡轮平滑同时包含一个“明确的法线”选项，它在网格平滑中不可用。

（2）涡轮平滑提供网格平滑功能的限制子集。特别地，涡轮平滑使用单独平滑方法（NURBS），它可以仅应用于整个对象，不包含子对象层级，输出三角网格对象。

## 13.2.2　制作按钮模型

在这一小节中，制作表盘上的按钮模型。

（1）关闭平滑效果。单击鼠标右键，将模型转换为可编辑多边形。选择如图 13.2.35 所示的面，按 Delete 键删除，效果如图 13.2.36 所示。

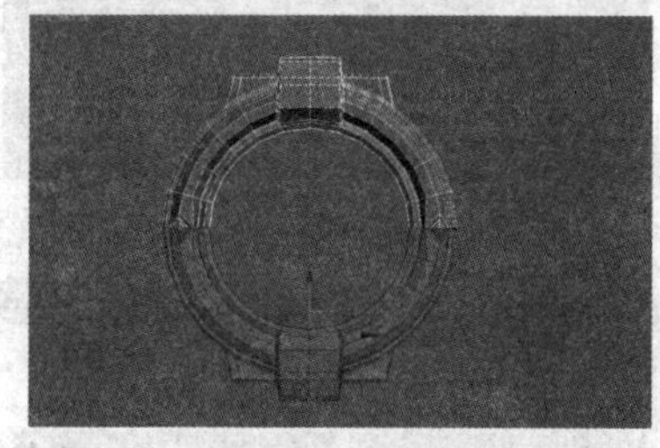

图 13.2.35　选择面

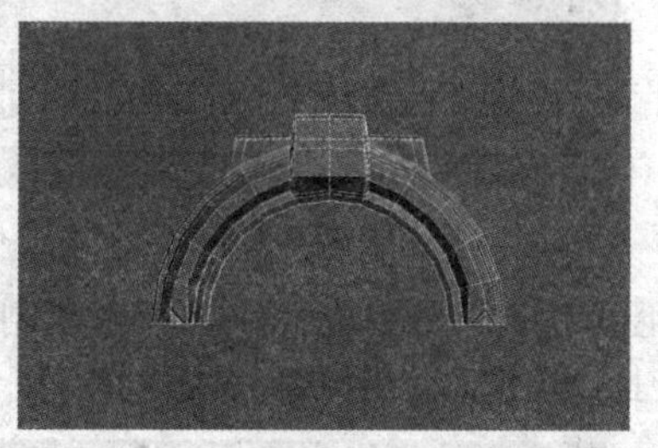

图 13.2.36　删除面

（2）选择如图 13.2.37 所示的边，单击 连接 □ 后面的小按钮，在弹出的 连接边 对话框中设置参数如图 13.2.38 所示，连接边效果如图 13.2.39 所示。

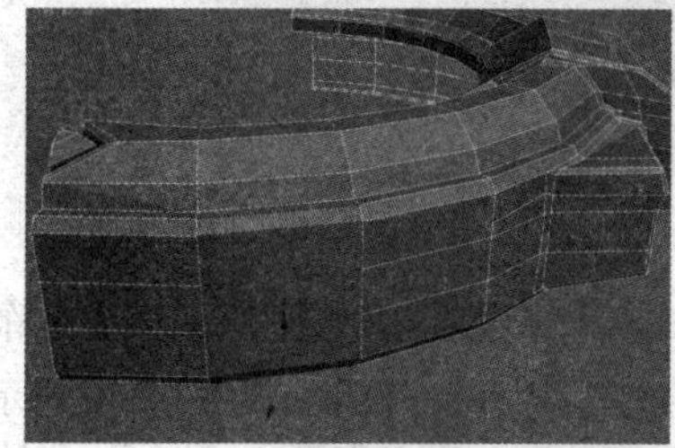

图 13.2.37　选择边

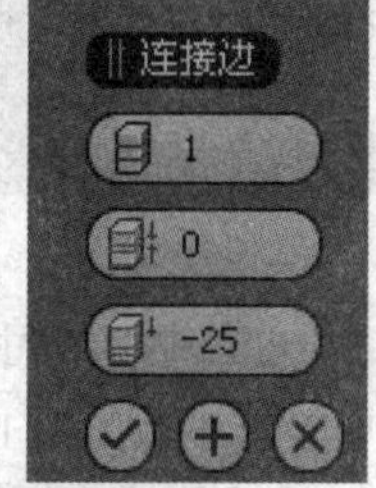


图 13.2.38　设置连接边参数

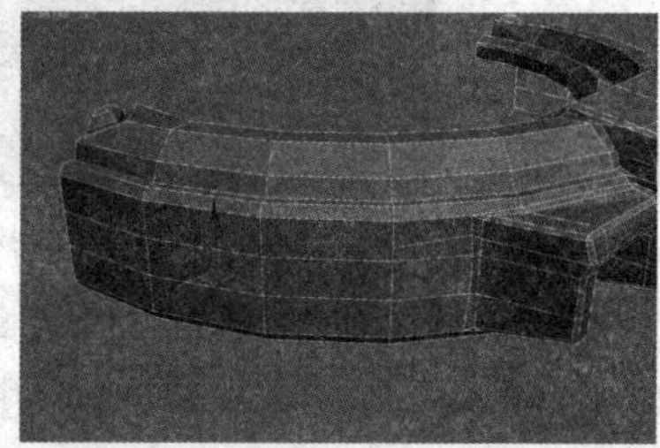

图 13.2.39　连接边效果

（3）在另一侧进行同样的操作，效果如图 13.2.40 所示。调节添加的细分曲线到如图 13.2.41 所示的位置。

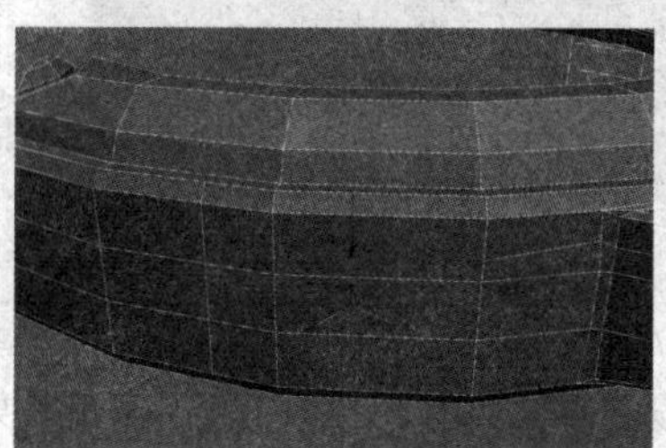

图 13.2.40　连接边效果

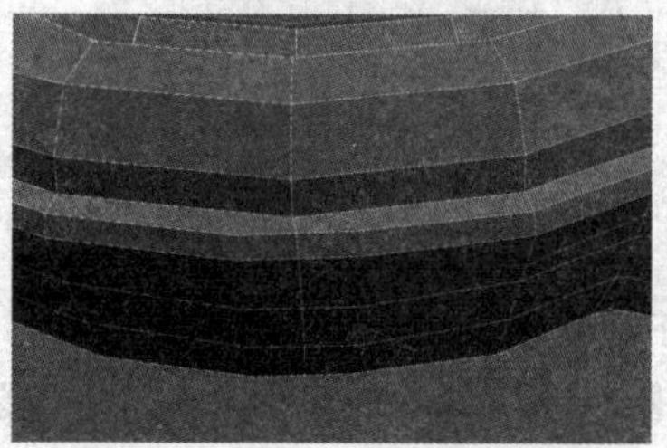

图 13.2.41　调节细分曲线

（4）选择如图 13.2.42 所示的面，按 Delete 键删除，效果如图 13.2.43 所示。调节节点到如图 13.2.44 所示的位置。

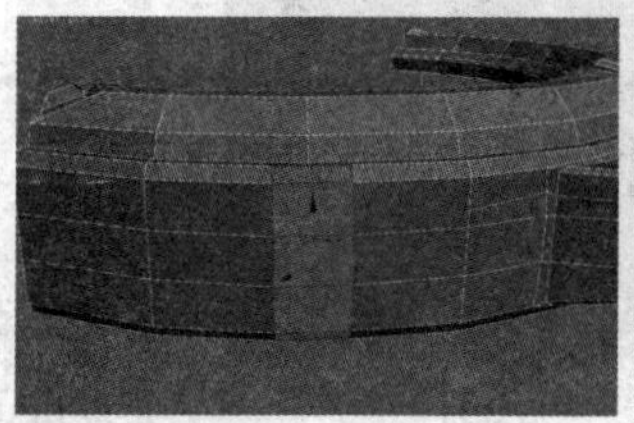

图 13.2.42　选择面

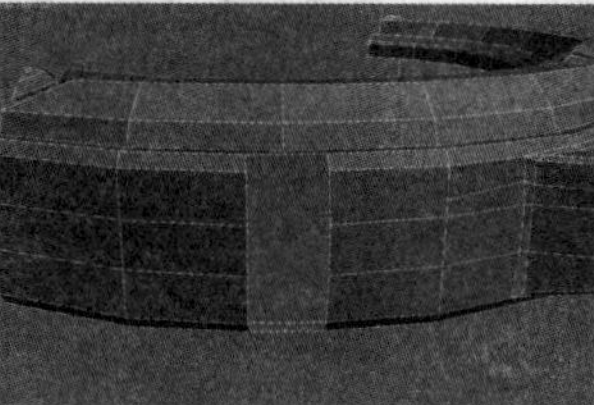

图 13.2.43　删除面

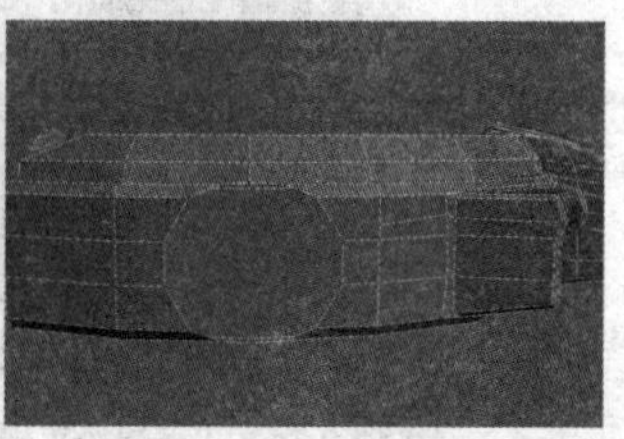

图 13.2.44　调节节点

(5)切换到边界级别，选择如图 13.2.45 所示的边界，按住 Shift 键向外拖动，复制效果如图 13.2.46 所示。

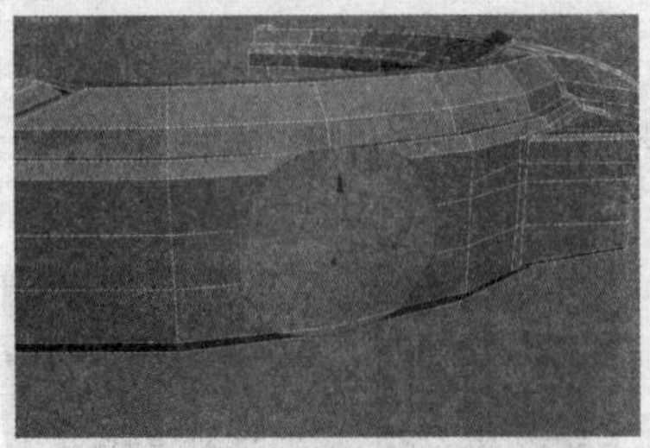

图 13.2.45　选择边界

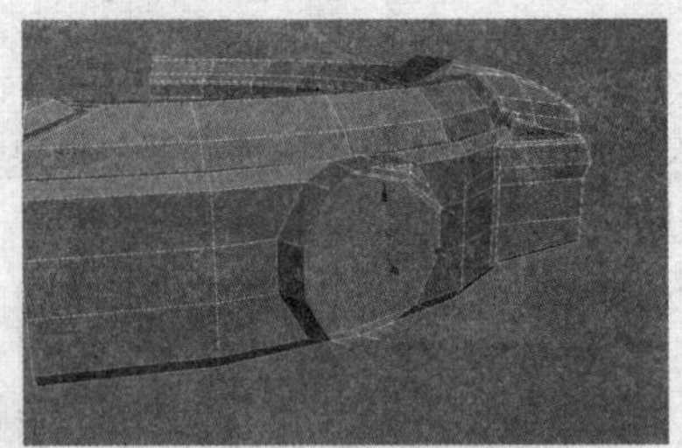

图 13.2.46　拖动复制效果

（6）继续对边界进行拖动复制和缩放复制操作，效果如图 13.2.47 所示；单击 封口 按钮，对边界进行封口操作，效果如图 13.2.48 所示。

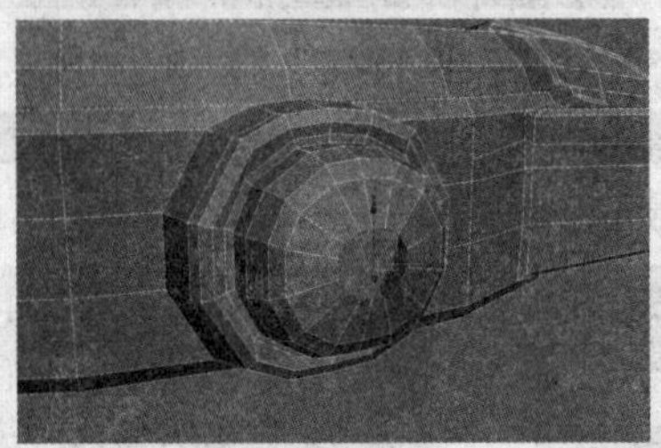

图 13.2.47　复制效果

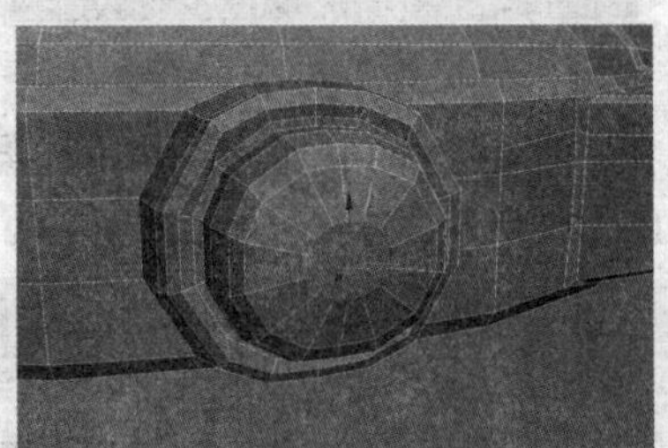

图 13.2.48　封口效果

（7）在修改命令面板的 修改器列表 下拉列表中选择 对称 选项，给模型添加一个对称修改器，在 - 参数 卷展栏中设置参数如图 13.2.49 所示，对称效果如图 13.2.50 所示。

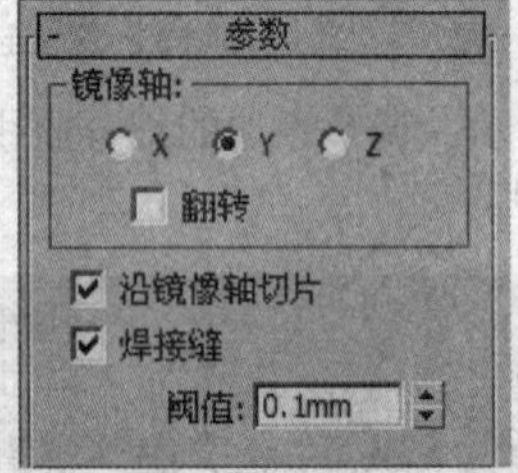


图 13.2.49　设置对称参数

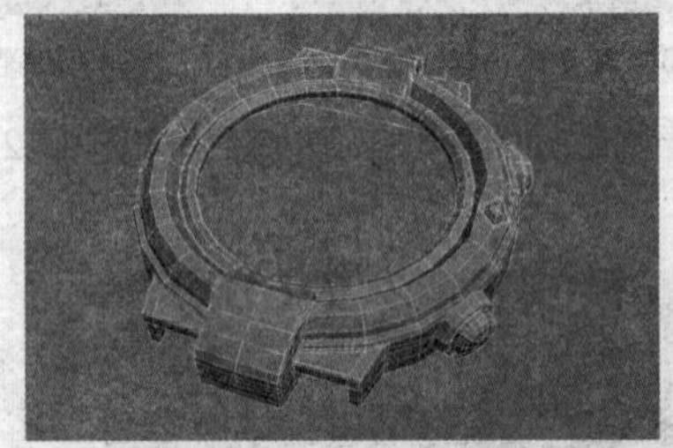

图 13.2.50　对称效果

（8）在修改命令面板的 修改器列表 下拉列表中选择 涡轮平滑 选项，给模型添加一个涡轮平滑修改器，在 - 涡轮平滑 卷展栏中设置参数如图 13.2.51 所示，平滑效果如图 13.2.52 所示。

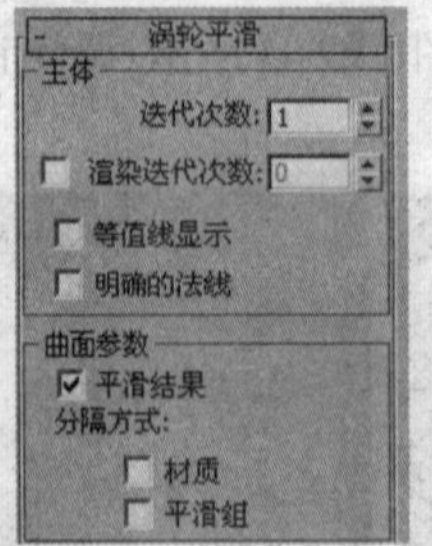


图 13.2.51　设置涡轮平滑参数

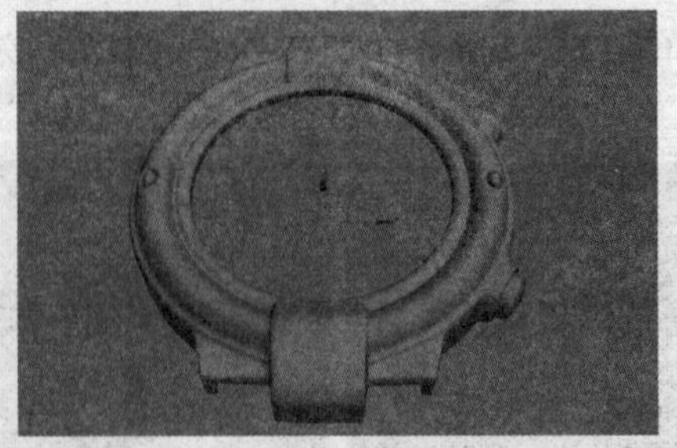

图 13.2.52　平滑效果

## 13.2.3　制作旋钮模型

在这一小节中来制作表盘侧旁中间的旋钮模型。

（1）单击 圆柱体 按钮，在右视图中创建一个圆柱体模型，如图 13.2.53 所示。单击鼠标右键，将圆柱体转换为可编辑多边形。调节圆柱体到如图 13.2.54 所示的位置。

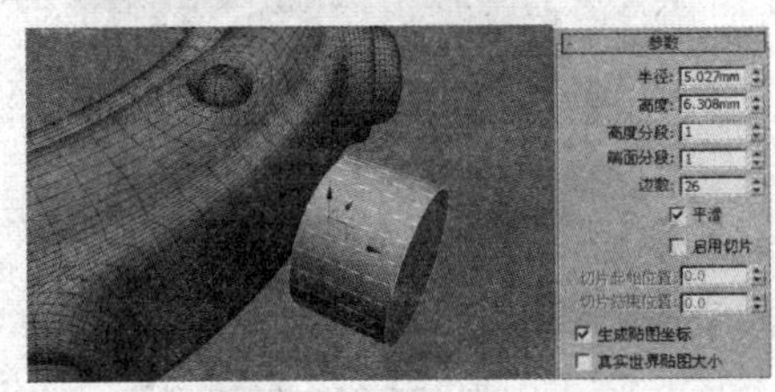


图 13.2.53　创建圆柱体

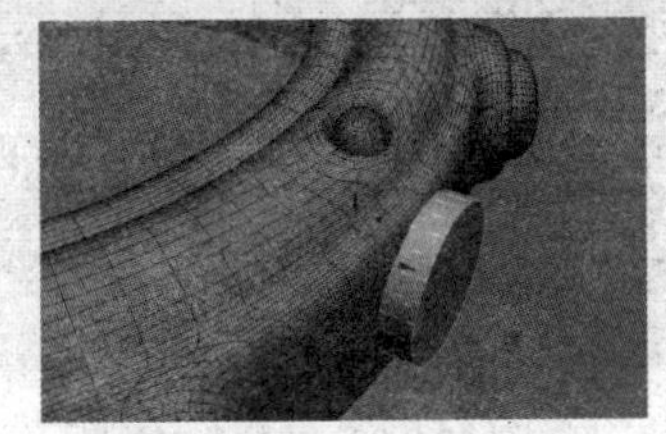

图 13.2.54　调节圆柱体位置

（2）选择圆柱体模型，按“Alt+Q”组合键将圆柱体单独显示，选择如图 13.2.55 所示的面，单击 倒角 按钮，对选择的面进行多次倒角操作，效果如图 13.2.56 所示。选择模型上所有的面，在 - 多边形: 平滑组 卷展栏中单击 自动平滑 按钮，进行自动平滑，效果如图 13.2.57 所示。

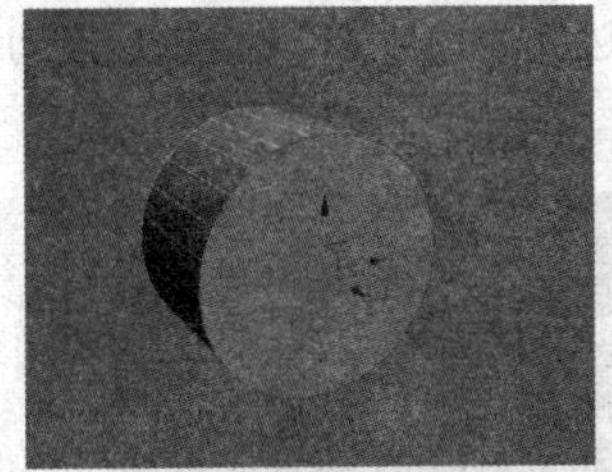

图 13.2.55　选择面

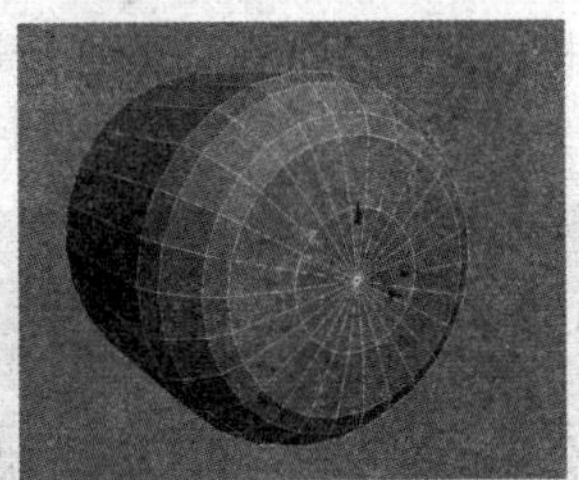

图 13.2.56　多次倒角效果

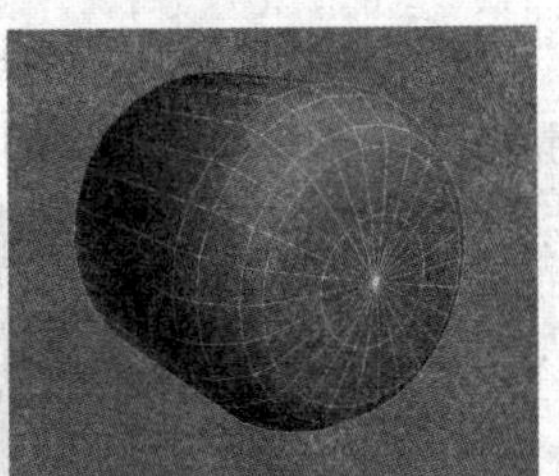

图 13.2.57　自动平滑效果

 Tips

平滑组是为对象的曲面或通道指定的数目。每个面或面片均可以包含任意数量的平滑组，但最多不能超过 32 个。如果两个面或面片共享一条边并且共享同一个平滑组，它们将被渲染为光滑表面。如果它们没有共用相同的平滑组，它们之间的边缘将作为角点进行渲染界。

（3）制作旋钮模型上的锯齿模型。在创建命令面板的区域，选择 扩展基本体 类型，单击 切角长方体 按钮，在顶视图中创建一个切角长方体，如图 13.2.58 所示。单击鼠标右键，将切角长方体转换为可编辑多边形，调节模型上的节点到如图 13.2.59 所示的位置。

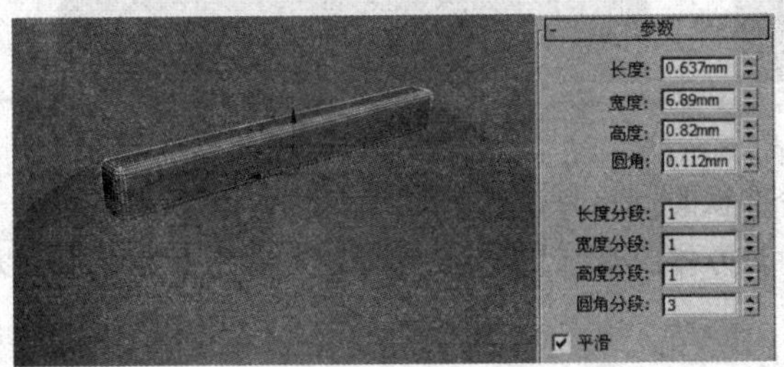


图 13.2.58　创建切角长方体

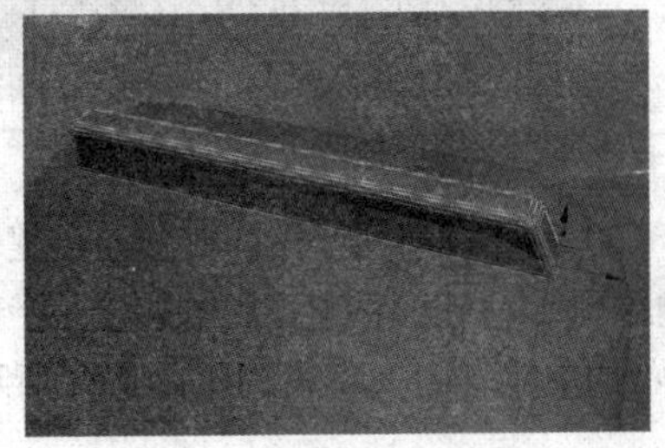

图 13.2.59　调节节点

（4）选择切角长方体，在工具栏中单击按钮，在视图弹出列表中选择拾取选项，在视图中拾取圆柱体模型，在弹出列表中选择选项，对切角长方体进行以圆柱体为轴心的旋转复制，效果如图 13.2.60 所示。单击退出孤立模式按钮，退出孤立模式，模型效果如图 13.2.61 所示。

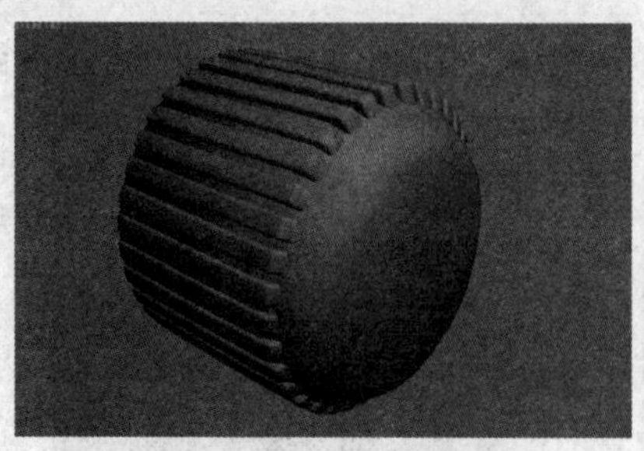
图 13.2.60 旋转复制效果

图 13.2.61 旋钮模型

## 13.2.4 制作表芯模型

在这一小节中，制作表芯模型，包括指针、字母以及时间标记等。

（1）选择表盘模型，退出平滑模式。选择如图 13.2.62 所示的边界，按住 Shift 键进行拖动复制和缩放复制，效果如图 13.2.63 所示。

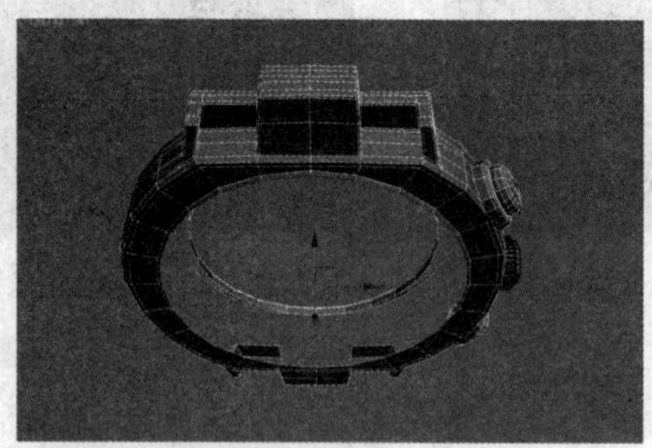
图 13.2.62 选择边界

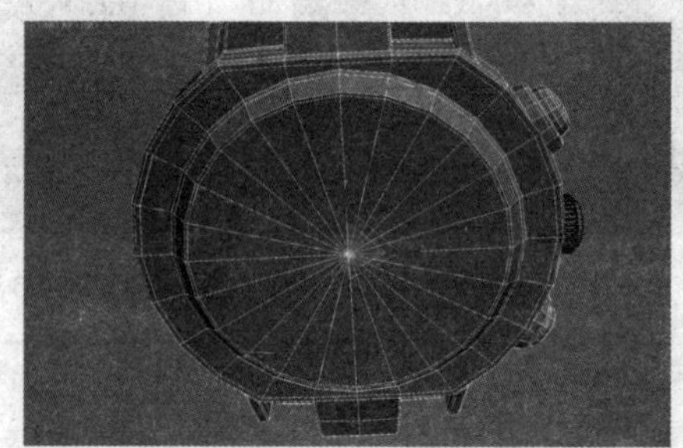
图 13.2.63 复制效果

（2）在表的正面进行同样的复制操作，效果如图 13.2.64 所示。涡轮平滑效果如图 13.2.65 所示。

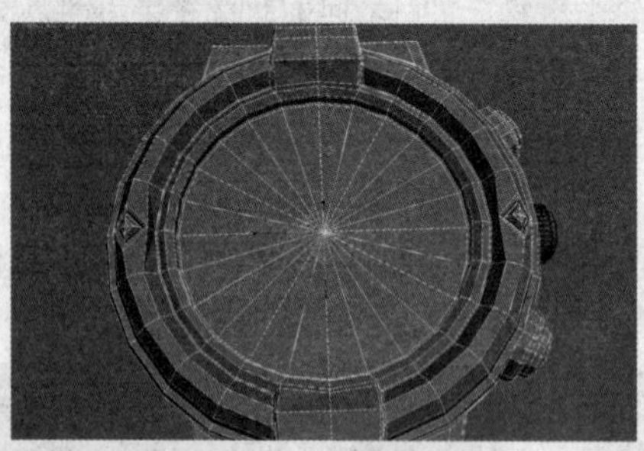
图 13.2.64 复制效果

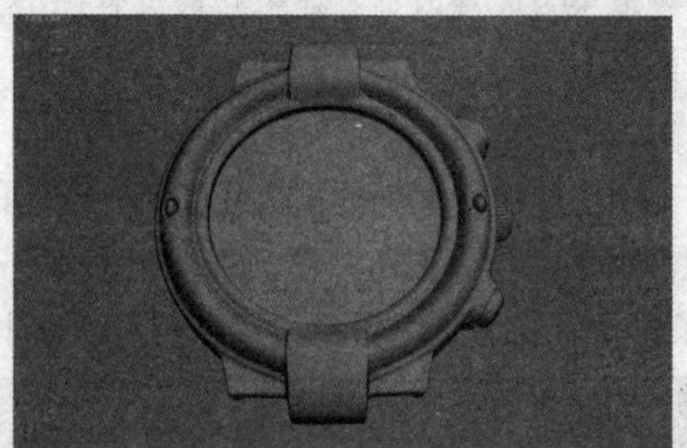
图 13.2.65 涡轮平滑效果

（3）制作时间标记模型。在创建命令面板的区域，选择扩展基本体类型，单击切角长方体按钮，在顶视图中创建一个切角长方体，如图 13.2.66 所示。对切角长方体进行以表盘为轴心的旋转复制，效果如图 13.2.67 所示。

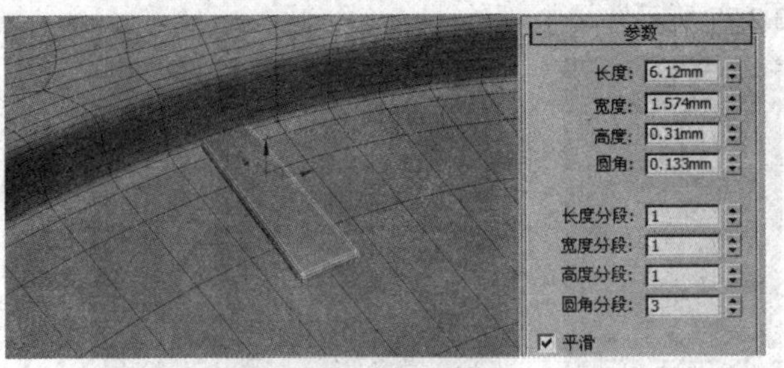


图 13.2.66　创建切角长方体

图 13.2.67　旋转复制效果



（4）单击 管状体 按钮，在顶视图中创建一个管状体，如图 13.2.68 所示。对创建的管状体进行复制，效果如图 13.2.69 所示。

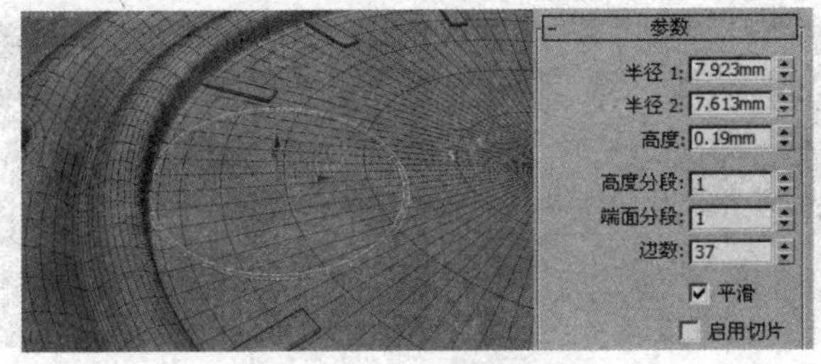


图 13.2.68　创建管状体

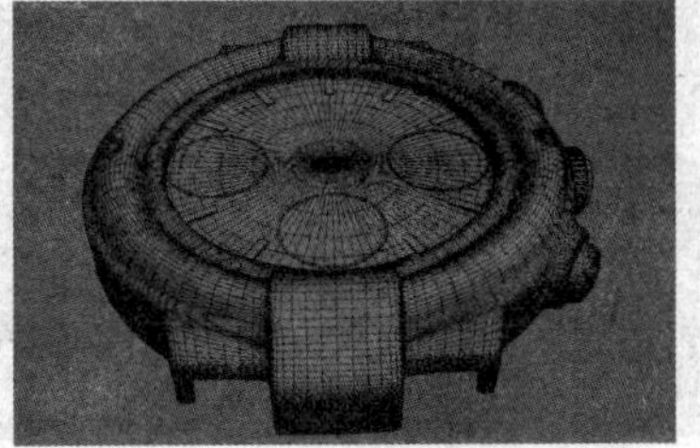

图 13.2.69　复制管状体

（5）制作指针模型。单击 圆柱体 按钮，在顶视图中创建一个圆柱体，如图 13.2.70 所示。单击鼠标右键，将圆柱体转换为可编辑多边形。选择如图 13.2.71 所示的面，单击 倒角 按钮，对选择的面进行多次倒角操作，效果如图 13.2.72 所示。

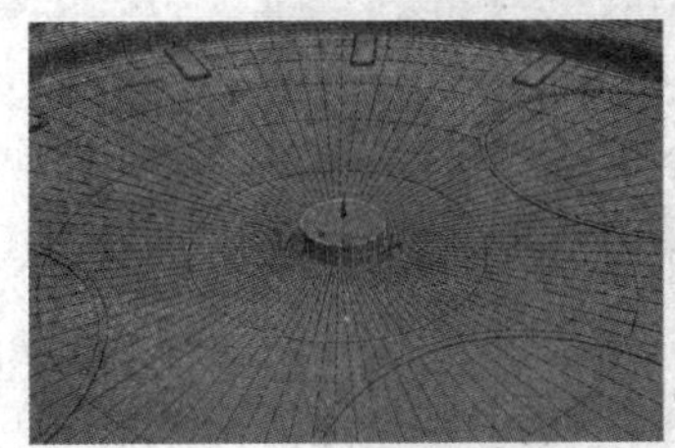

图 13.2.70　创建圆柱体

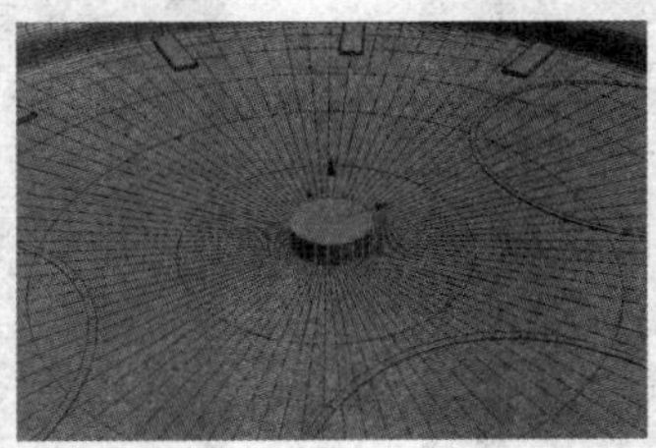

图 13.2.71　选择面

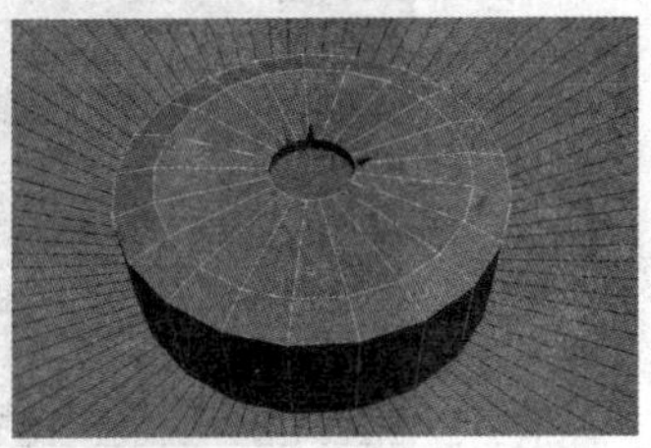

图 13.2.72　多次倒角效果

（6）制作时针模型。单击 长方体 按钮，在顶视图中创建一个长方体，如图 13.2.73 所示，单击鼠标右键，将长方体转换为可编辑多边形。在模型上添加细分曲线，效果如图 13.2.74 所示。

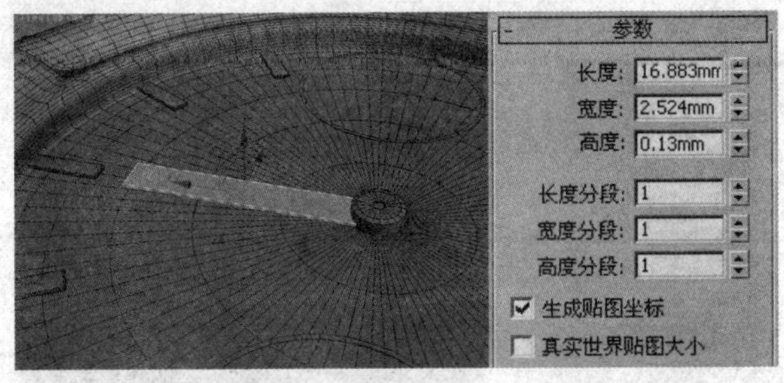


图 13.2.73　创建长方体

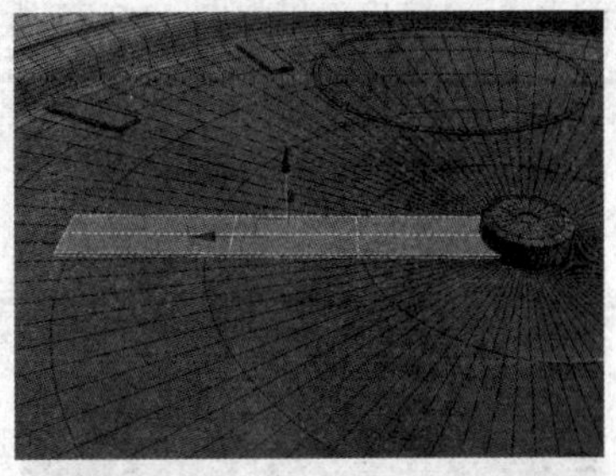

图 13.2.74　添加细分曲线

（7）选择如图 13.2.75 所示的面，单击 倒角 后面的小按钮，在弹出的 倒角 对话框中设

置参数如图 13.2.76 所示，倒角效果如图 13.2.77 所示。

13

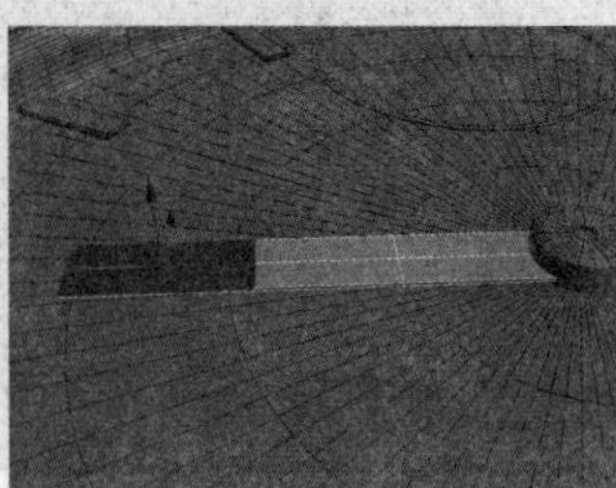

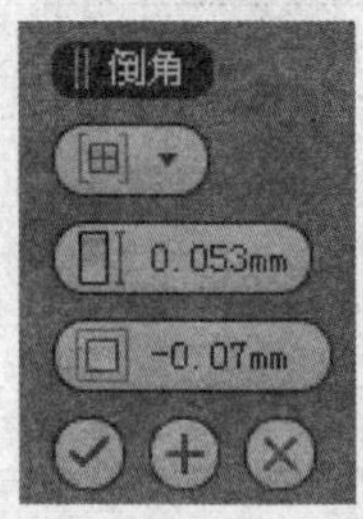

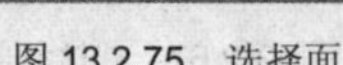

图 13.2.75　选择面　　图 13.2.76　设置倒角参数　　图 13.2.77　倒角效果

（8）调节模型上的节点到如图 13.2.78 所示的位置。选择如图 13.2.79 所示的面，单击 倒角 按钮，对选择的面进行多次倒角操作，效果如图 13.2.80 所示。

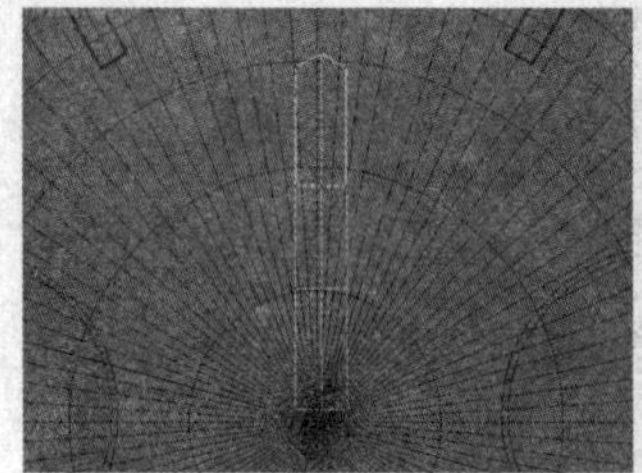

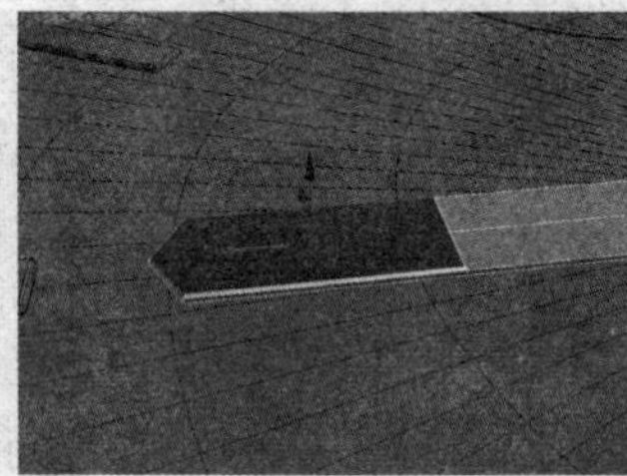

图 13.2.78　调节节点　　图 13.2.79　选择面　　图 13.2.80　倒角效果

（9）调节时针上的节点到如图 13.2.81 所示的位置。使用相同的方法，制作出分针模型和秒针模型，效果如图 13.2.82 所示。

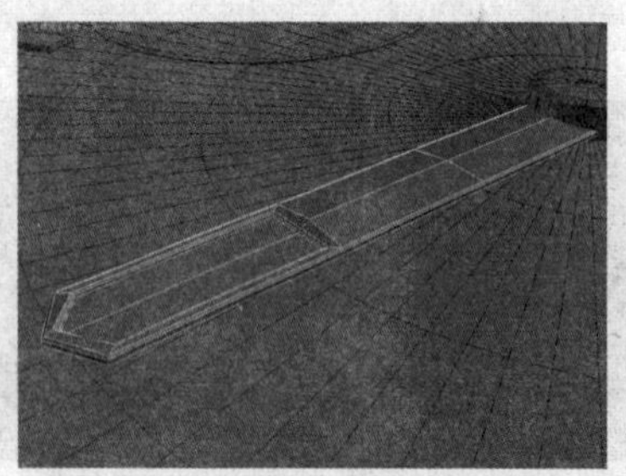

图 13.2.81　调节节点　　图 13.2.82　制作分针和秒针模型

（10）制作字母模型。单击 线 按钮，在顶视图中创建两条闭合曲线，如图 13.2.83 所示。在修改命令面板的下拉列表中选择 挤出 选项，给曲线添加一个挤出修改器，设置挤出参数如图 13.2.84 所示，挤出效果如图 13.2.85 所示。

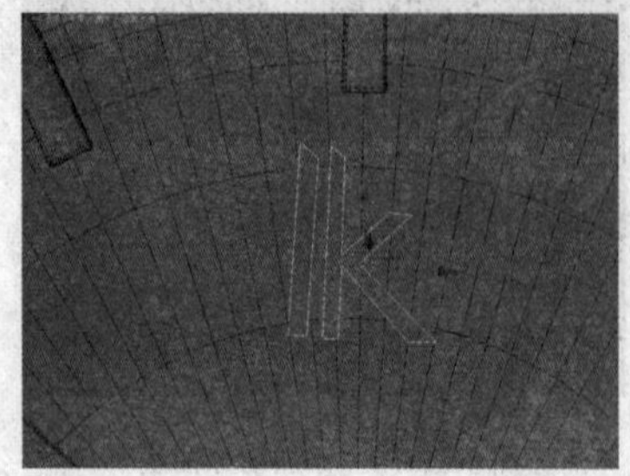

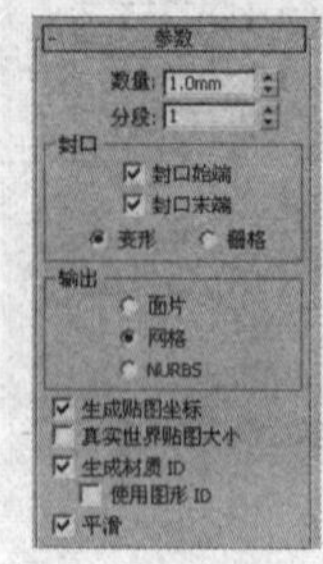

图 13.2.83　创建闭合曲线　　图 13.2.84　设置挤出参数　　图 13.2.85　挤出效果

（11）单击 文本 按钮，在 参数 卷展栏中设置参数如图 13.2.86 所示，在视图中单击鼠标创建文本，效果如图 13.2.87 所示。切换到左视图，将文本调节到如图 13.2.88 所示的位置。

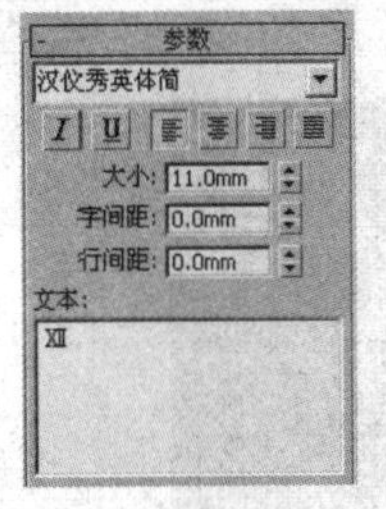


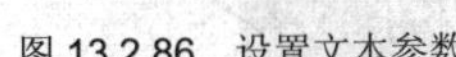

图 13.2.86　设置文本参数

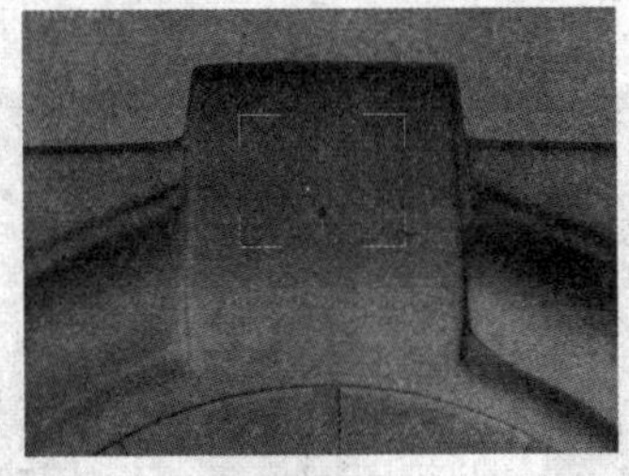

图 13.2.87　文本效果

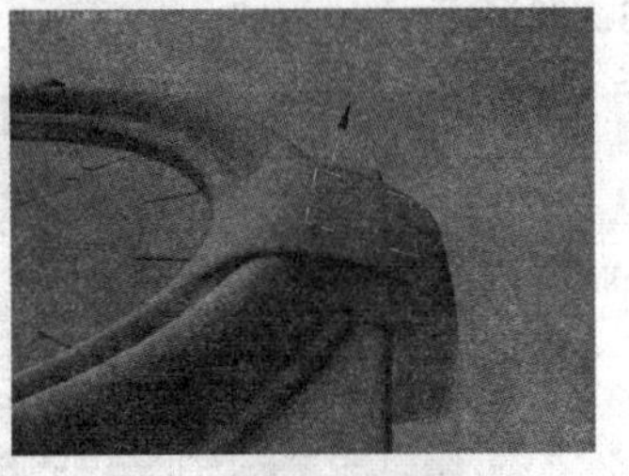

图 13.2.88　调节文本

（12）在表盘的另一侧进行相同的操作，效果如图 13.2.89 所示。单击 附加 按钮，附加两个文本，效果如图 13.2.90 所示。单击鼠标右键，将文本转换为可编辑多边形，如图 13.2.91 所示。

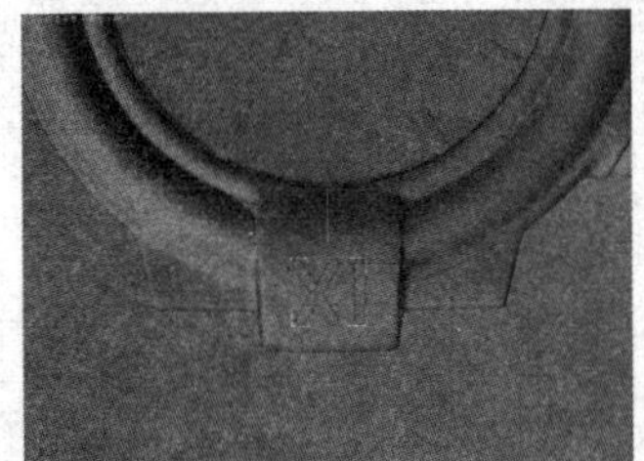

图 13.2.89　创建文本

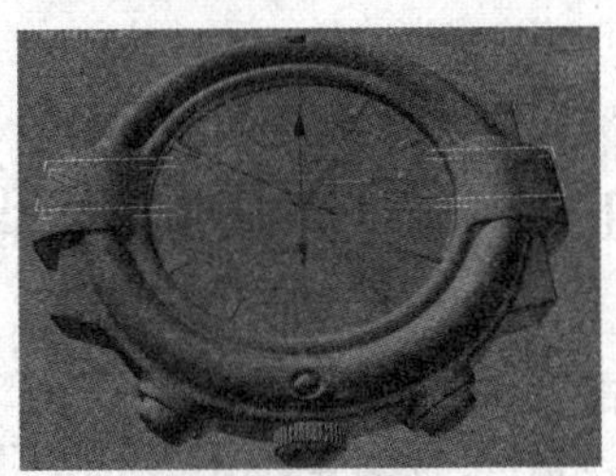

图 13.2.90　附加文本

图 13.2.91　转换为可编辑多边形

（13）选择如图 13.2.92 所示的面，单击 挤出 □ 后面的小按钮，在弹出的 挤出多边形 对话框中设置参数如图 13.2.93 所示，挤出效果如图 13.2.94 所示。

图 13.2.92　选择面

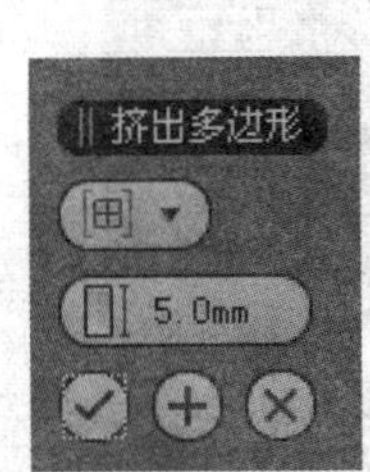


图 13.2.93　设置挤出参数

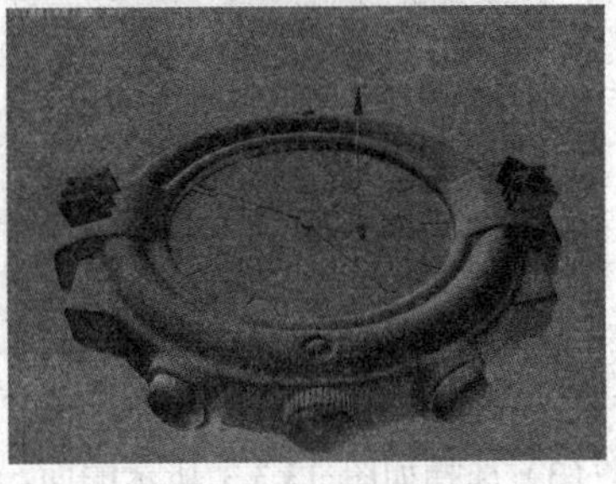

图 13.2.94　挤出效果

（14）选择挤出的模型，按“Alt+Q”组合键将其单独显示。选择如图 13.2.95 所示的边界，单击 封口 按钮进行封口操作，效果如图 13.2.96 所示。

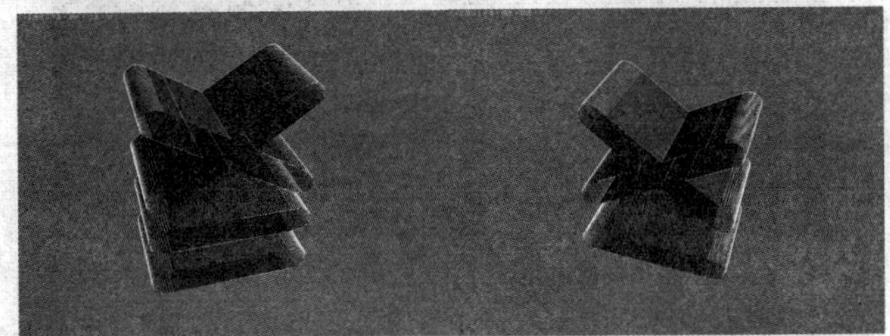

图 13.2.95　选择边界

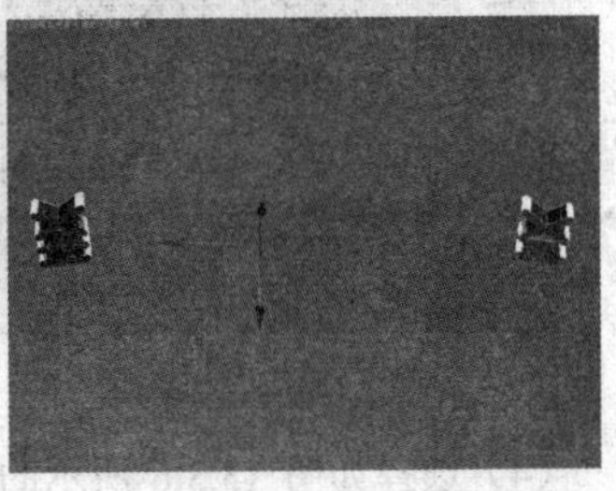

图 13.2.96　封口效果

（15）单击 退出孤立模式 按钮，退出孤立模式。选择如图 13.2.97 所示的表盘模型，在创建命令面板的区域，选择 复合对象 类型，单击 ProBoolean 按钮，在 拾取布尔对象 卷展栏中单击 开始拾取 按钮，在视图中拾取挤出的文本模型，效果如图 13.2.98 所示。

图 13.2.97 选择模型

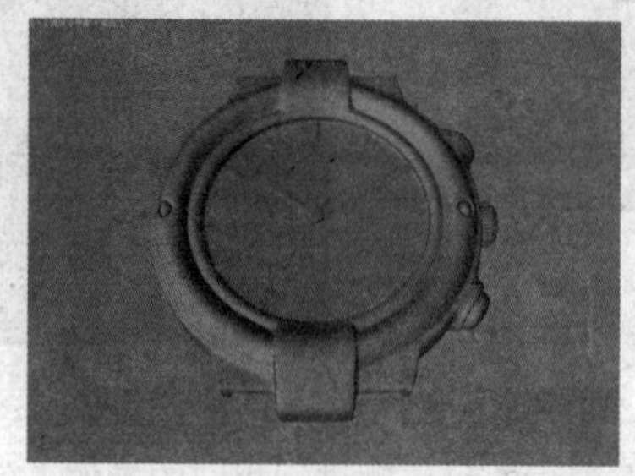

图 13.2.98 超级布尔效果

至此，表盘模型制作完成。

## 13.3 制作表链模型

在本节中，使用复制命令来提高表链模型的制作效率。

（1）在创建命令面板的区域，选择 扩展基本体 类型，单击 切角长方体 按钮，在顶视图中创建一个切角长方体，如图 13.3.1 所示。

（2）单击鼠标右键，将模型转换为可编辑多边形。调节模型上的节点到如图 13.3.2 所示的位置。

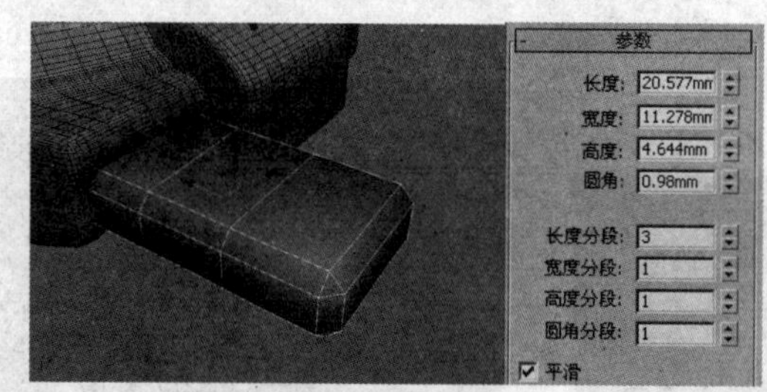


图 13.3.1 创建切角长方体

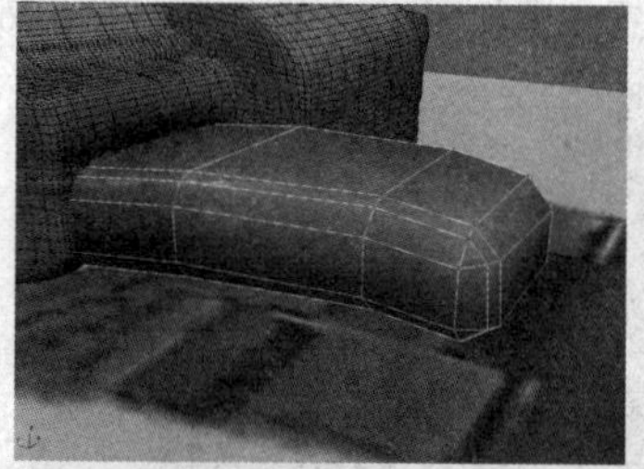

图 13.3.2 调节节点

（3）选择如图 13.3.3 所示的面，单击 挤出 后面的小按钮，在弹出的 挤出多边形 对话框中设置参数如图 13.3.4 所示，挤出效果如图 13.3.5 所示。

图 13.3.3 选择面

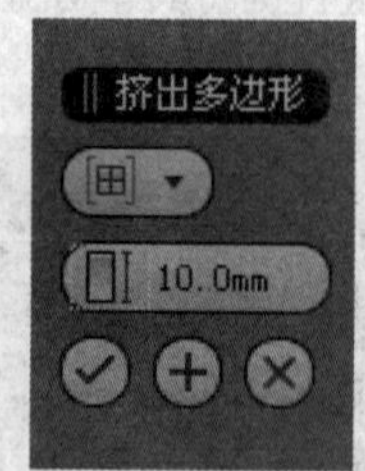


图 13.3.4 设置挤出参数

图 13.3.5 挤出效果

（4）选择如图 13.3.6 所示的边，单击 切角 后面的小按钮，在弹出的 切角 对话框中设置参数如图 13.3.7 所示，切角效果如图 13.3.8 所示。

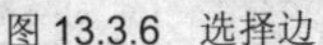
图 13.3.6　选择边

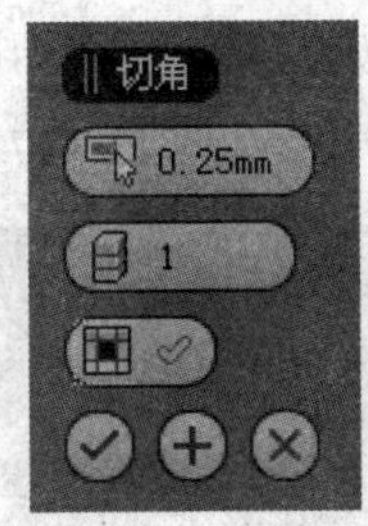

图 13.3.7　设置切角参数

图 13.3.8　切角效果

（5）在修改命令面板的 修改器列表 下拉列表中选择 对称 选项，给模型添加一个对称修改器，在 参数 卷展栏中设置参数如图 13.3.9 所示，对称效果如图 13.3.10 所示。

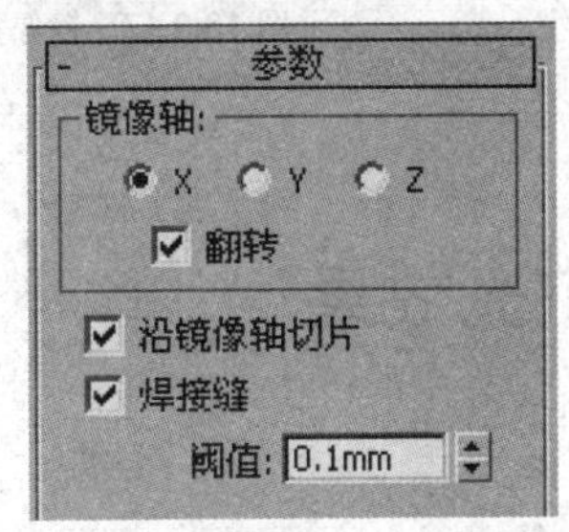

图 13.3.9　设置对称参数

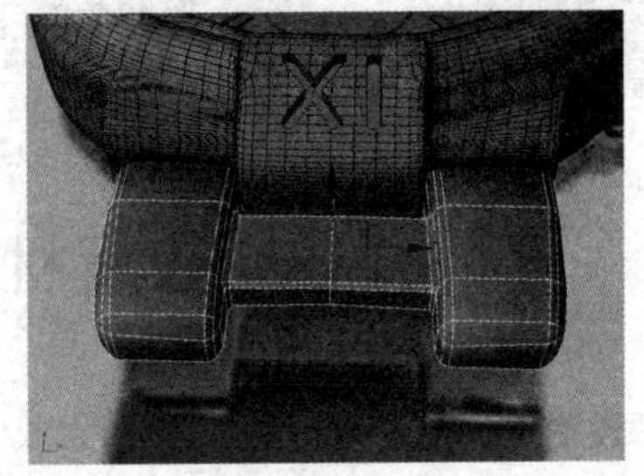
图 13.3.10　对称效果

（6）在修改命令面板的 修改器列表 下拉列表中选择 涡轮平滑 选项，给模型添加一个涡轮平滑修改器，在 涡轮平滑 卷展栏中设置参数如图 13.3.11 所示，平滑效果如图 13.3.12 所示。

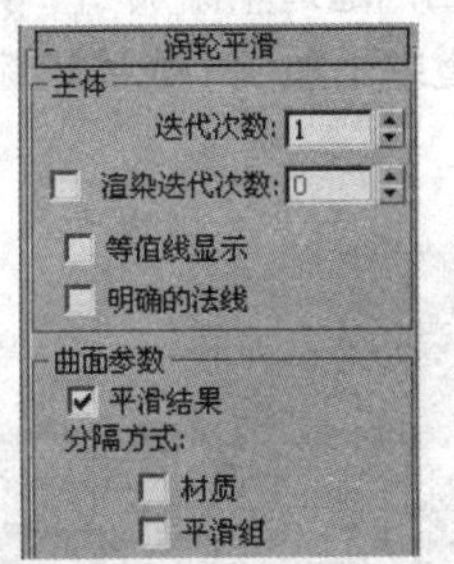

图 13.3.11　设置涡轮平滑参数.

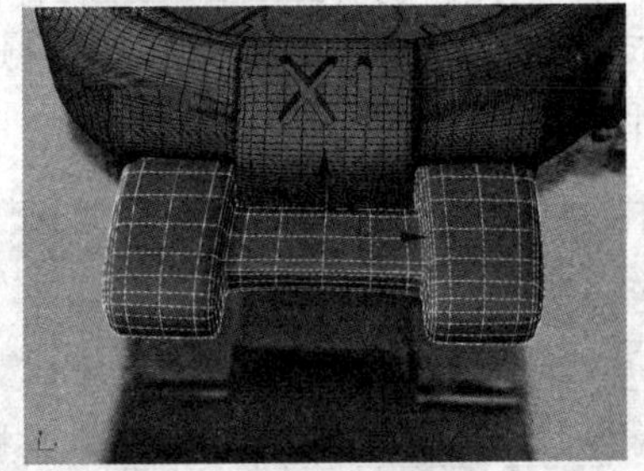
图 13.3.12　平滑效果

（7）继续使用切角长方体建模的方法，制作出表链的另一个构件模型，效果如图 13.3.13 所示，平滑效果如图 13.3.14 所示。

图 13.3.13　表链构件模型

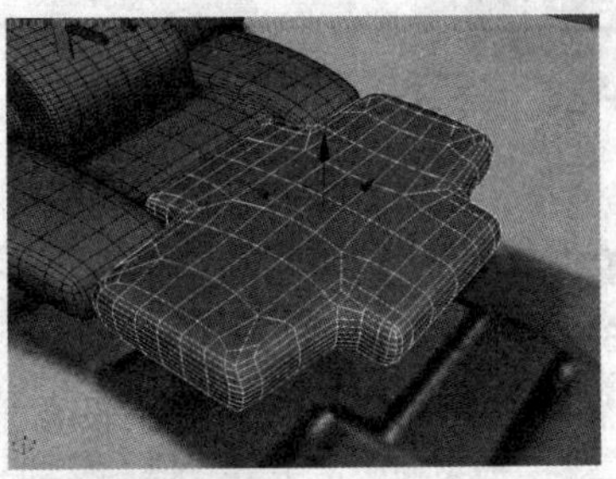
图 13.3.14　平滑效果

（8）对制作的表链构件进行复制，效果如图 13.3.15 所示。选择如图 13.3.16 所示的模型，在工具栏中单击按钮，进行镜像复制操作，效果如图 13.3.17 所示。

图 13.3.15　复制表链构件

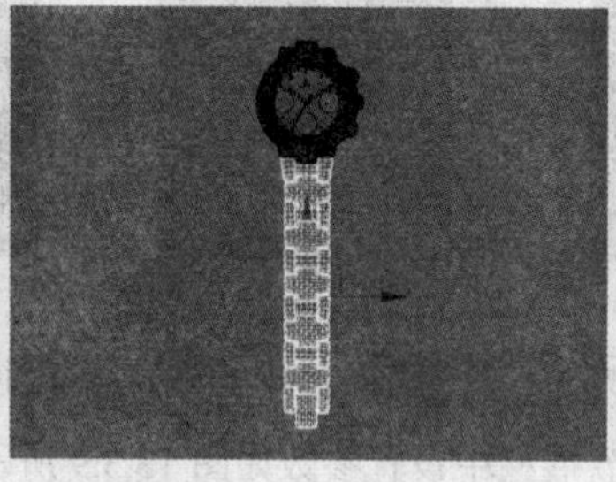

图 13.3.16　选择表链模型

图 13.3.17　镜像复制效果

至此，手表模型制作完成。

## 13.4　设置材质、灯光效果

在本节中，设置手表场景的材质、灯光效果。

（1）设置不锈钢材质。按 M 键打开材质编辑器，选择一个空白的材质球，设置明暗器类型为(ML)多层方式，在漫反射通道中添加一个衰减贴图，设置颜色 1 为浅灰色，设置颜色 2 为深灰色。单击按钮返回上一层，设置第一层高光颜色为白色，第二层高光颜色为蓝色。打开超级采样卷展栏，取消使用全局设置复选框，设置局部超级采样器类型为Hammersley方式。打开贴图卷展栏，在凹凸通道中添加一个噪波贴图，设置贴图数值为 90；在反射通道中添加一个衰减贴图，在颜色 2 通道中添加一个光线跟踪贴图，具体参数设置如图 13.4.1 所示。

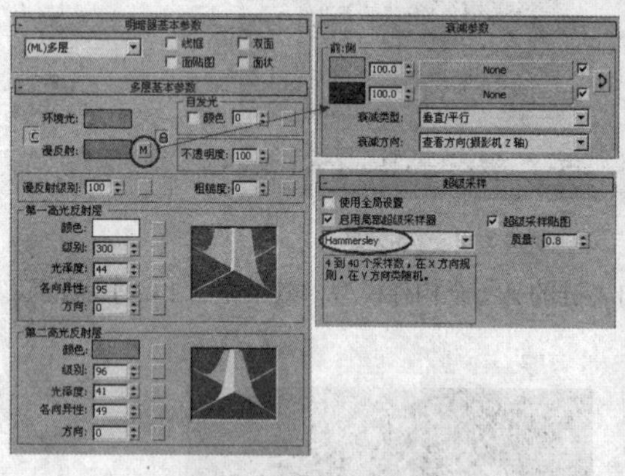

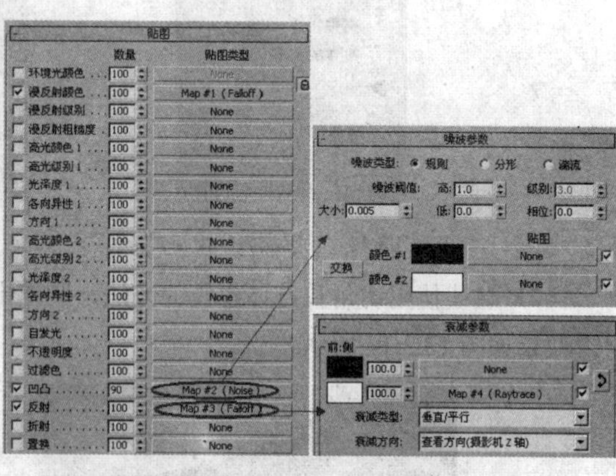

图 13.4.1　设置不锈钢材质

（2）设置表盘材质。打开材质编辑器，选择一个空白的材质球，在漫反射通道中添加一张表盘贴图，如图 13.4.2 所示。

（3）设置场景灯光效果。首先来设置主光源效果，在创建命令面板的区域，选择标准类型，单击泛光灯按钮，在顶视图中创建一盏泛光灯，如图 13.4.3 所示，在修改命令面板中设置泛光灯参数如图 13.4.4 所示。

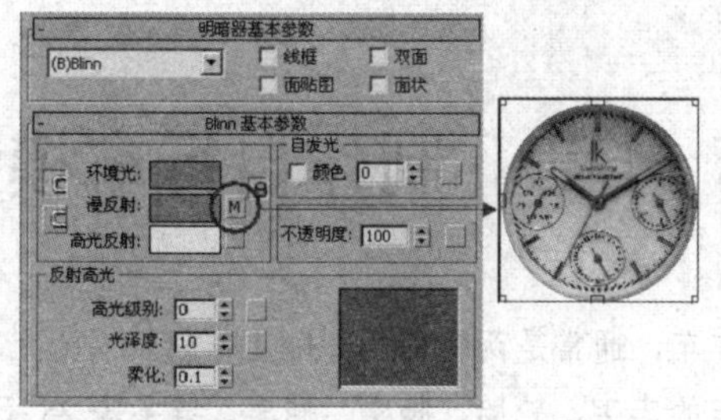


图 13.4.2　设置表盘材质



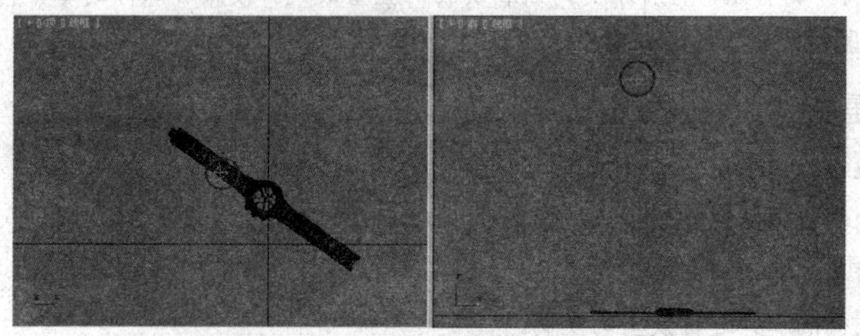

图 13.4.3　创建泛光灯

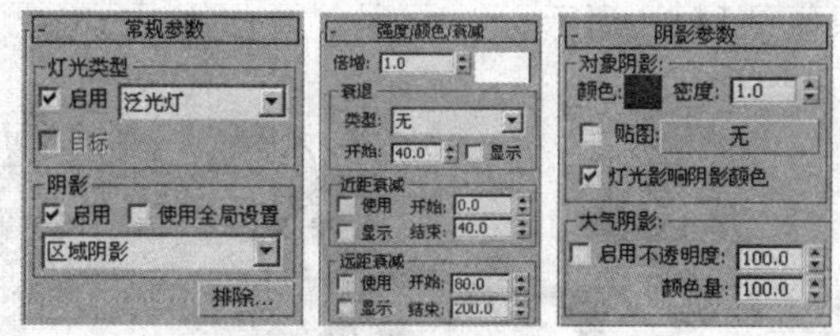


图 13.4.4　设置泛光灯参数

（4）设置场景的补光效果。单击 泛光灯 按钮，在顶视图中创建两盏泛光灯，如图 13.4.5 所示。两盏泛光灯的参数设置相同，如图 13.4.6 所示。

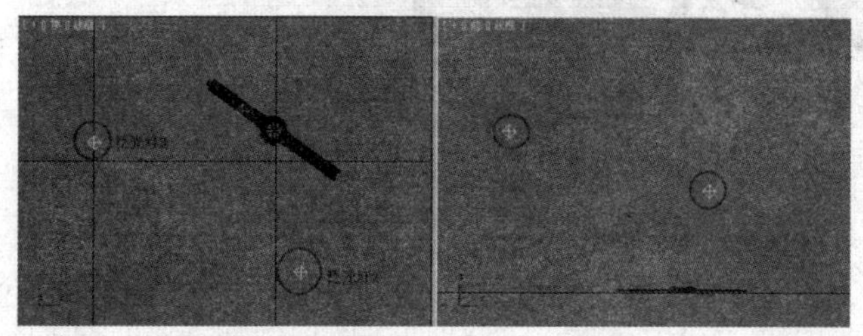

图 13.4.5　创建两盏泛光灯

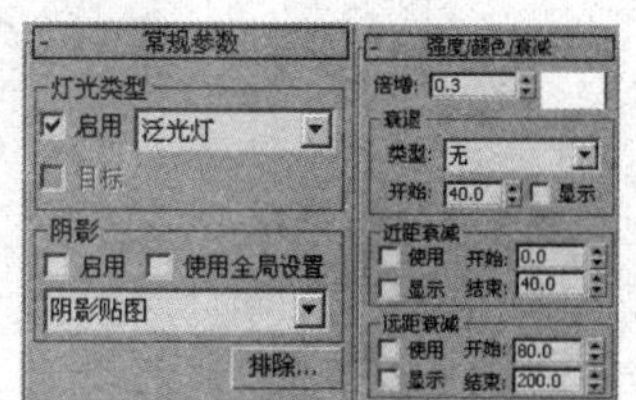


图 13.4.6　设置泛光灯参数

（5）将制作好的材质指定给手表模型，按 F9 键进行渲染，效果如图 13.0.1 所示。

## 本 章 小 结

在本章中，制作了一款手表模型。在制作过程中，用到了多边形建模的一些基本命令，包括挤出、倒角等，这些命令对于塑造手表的结构起到了重要作用。同时用到了对称修改器命令，使得建模的速度大幅度提高。在最后还使用了涡轮平滑修改器，使得模型的表面更加平滑，在视觉上显得更加逼真。

# 第 14 章　制作自行车模型

自行车，又称脚踏车或单车，通常是两轮的小型陆上车辆。人骑上车后，以脚踩踏板为动力，是绿色环保的交通工具。自行车的车架、轮胎、脚踏、刹车、链条等 25 个部件中，基本部件缺一不可。其中，车架是自行车的骨架，它所承受的人和货物的重量最大。按照各部件的工作特点，大致可将其分为导向系统、驱动系统、制动系统。

## 本章知识重点

- 掌握放样命令的使用方法。
- 掌握网格平滑修改器及挤出修改器的使用方法。
- 掌握二维曲线的创建方法。
- 学习使用间隔工具进行模型的复制。

在本章中，制作一辆自行车模型，其组成部分包括车胎和车架两大部分，在每部分钟又包括一些小的构件，其最终渲染效果如图 14.0.1 所示。

图 14.0.1　自行车效果

## 14.1　制作车胎模型

在本节中，制作自行车的轮胎模型，其组成部件包括轮胎、轮圈、轮辐、气嘴以及花鼓模型。

（1）制作轮胎模型。在创建命令面板的区域，选择 标准基本体 类型，单击 圆环 按钮，在前视图中创建一个圆环模型，如图 14.1.1 所示。

（2）使用放样操作来制作轮圈模型。在创建命令面板的区域，选择 样条线 类型，单击 圆 按钮，在前视图中创建一个圆形，如图 14.1.2 所示。单击 线 按钮，在顶视图中创建一条闭合曲线，如图 14.1.3 所示。

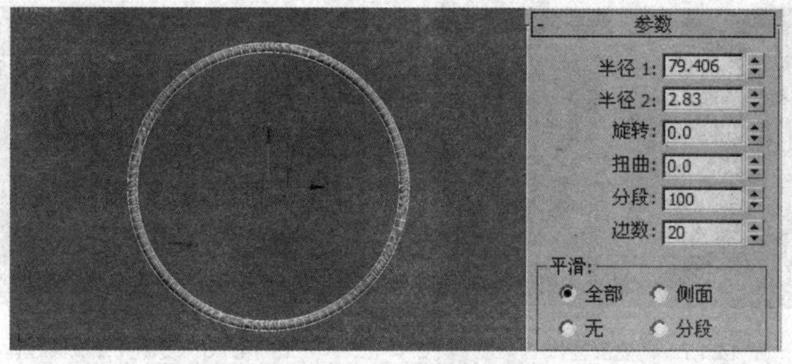


图 14.1.1　创建圆环

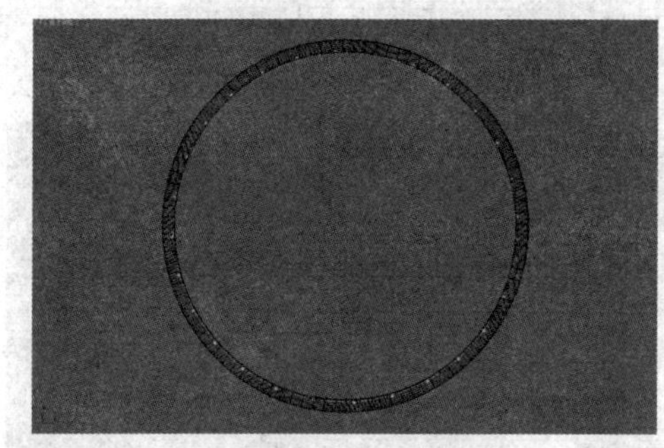

图 14.1.2　创建圆形　　　　图 14.1.3　创建闭合曲线

（3）选择圆形，在创建命令面板的区域，选择复合对象类型，单击放样按钮，在创建方法卷展栏中单击获取图形按钮，在视图中拾取闭合曲线，效果如图 14.1.4 所示。在蒙皮参数卷展栏中设置参数如图 14.1.5 所示，细分效果如图 14.1.6 所示。

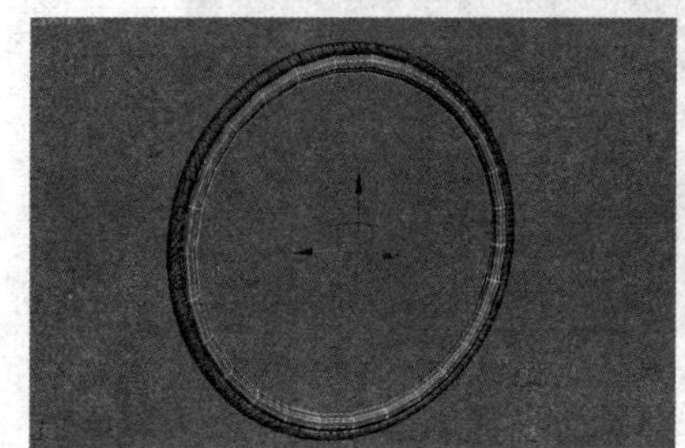

图 14.1.4　放样效果

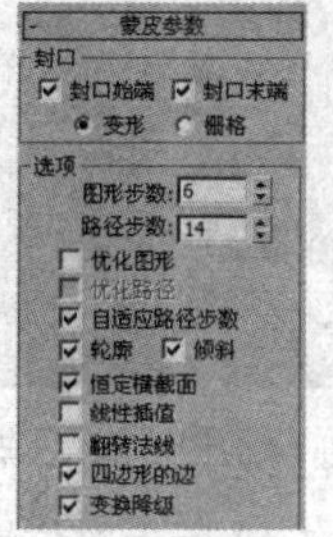


图 14.1.5　设置蒙皮参数

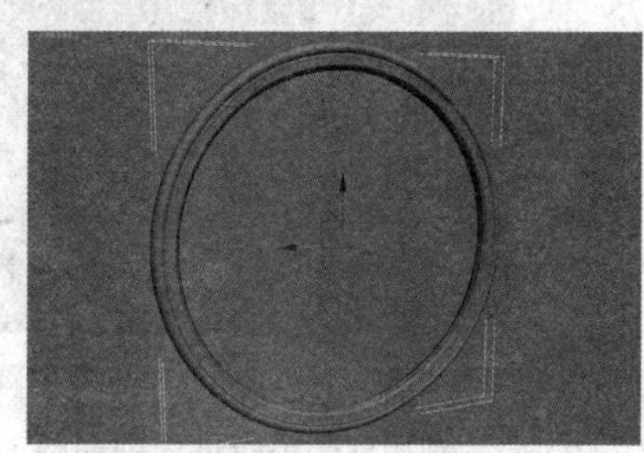

图 14.1.6　细分效果

  Tips

当使用“获取图形”时，可以通过按住 Ctrl 沿着路径翻转图形。例如，如果使用按下 Ctrl 并单击选中小写字母“b”，放样看起来会很像字母“d”。

（4）制作花鼓模型。单击圆柱体按钮，在前视图中创建一个圆柱体，如图 14.1.7 所示，对创建的圆柱体进行复制操作，并对复制的模型进行缩放操作，效果如图 14.1.8 所示。

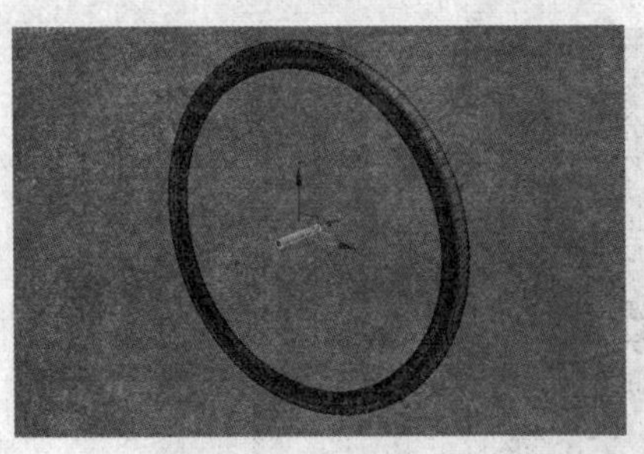

图 14.1.7　创建圆柱体　　　　图 14.1.8　复制并缩放圆柱体

（5）制作轮辐模型。单击 线 按钮，在前视图中创建一条样条线，如图 14.1.9 所示。在修改命令面板的 渲染 卷展栏中激活 在渲染中启用 和 在视口中启用 复选框，设置参数如图 14.1.10 所示，模型效果如图 14.1.11 所示。

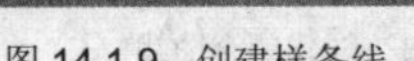

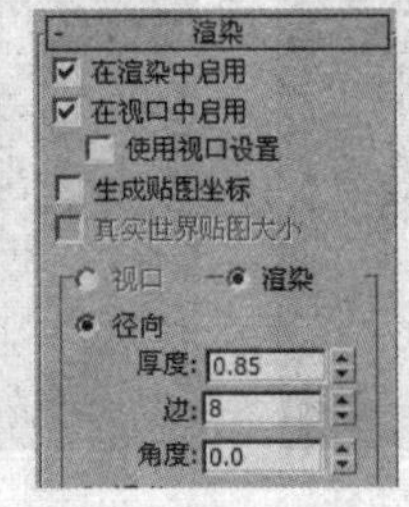

图 14.1.9　创建样条线　　　图 14.1.10　设置渲染参数　　　图 14.1.11　三维模型效果

（6）单击鼠标右键，将圆柱体模型转换为可编辑多边形，调节模型上的节点到如图 14.1.12 所示的位置。

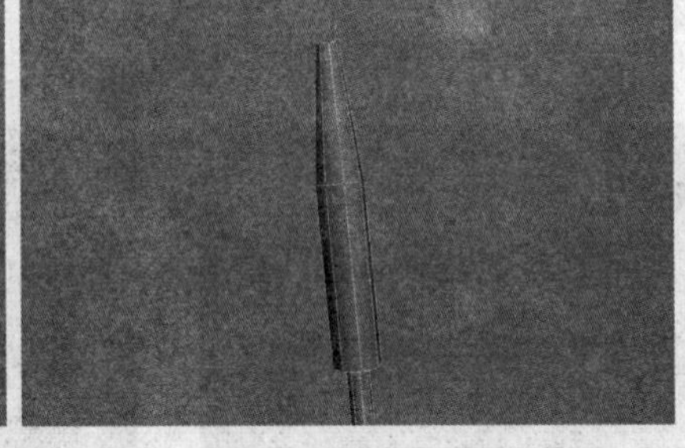

图 14.1.12　调节节点

（7）调节制作好的轮辐模型到如图 14.1.13 所示的位置。对轮辐模型进行以花鼓为轴心的旋转复制，效果如图 14.1.14 所示。

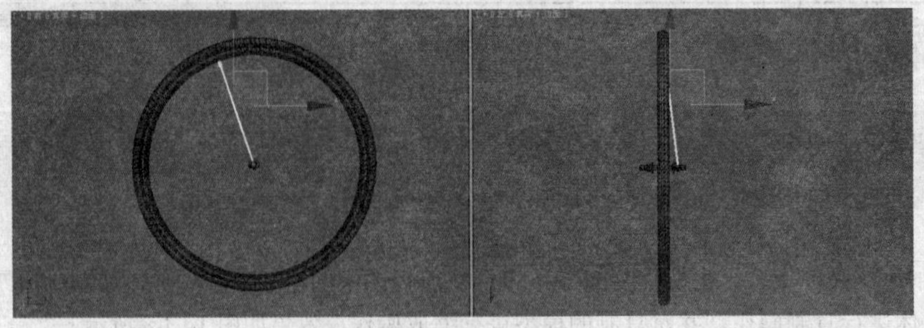

图 14.1.13　调节轮辐位置

图 14.1.14　复制轮辐模型

（8）制作气嘴模型。单击 圆柱体 按钮，在前视图中创建一个圆柱体，如图 14.1.15 所示。对创建的圆柱体进行复制操作，并对复制的模型进行缩放操作，效果如图 14.1.16 所示。

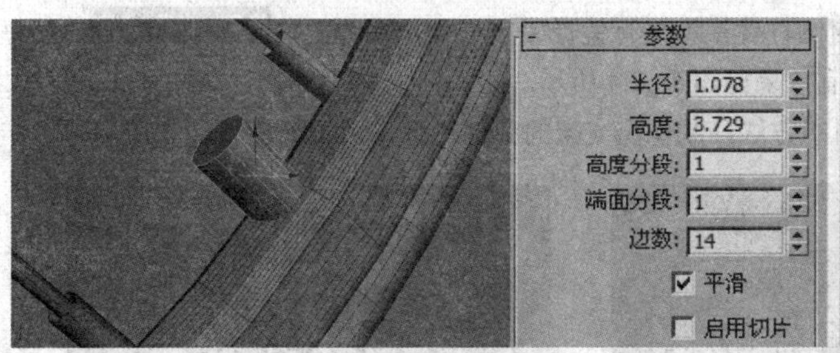


图 14.1.15　创建圆柱体

图 14.1.16　复制并缩放圆柱体

（9）单击 球体 按钮，在视图中创建一个球体模型，效果如图 14.1.17 所示。

至此，车胎模型制作完成。

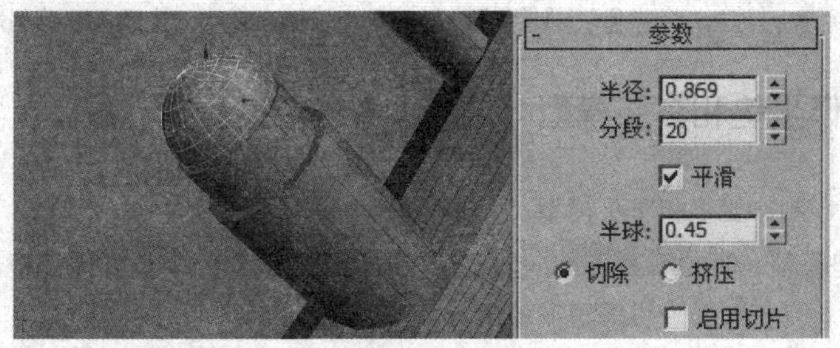


图 14.1.17　创建球体模型

# 14.2　制作车架模型

在本节中，制作自行车的车架模型。车架模型是自行车的主体结构，包括后上下叉管、上杆、坐杆、坐垫、把手以及刹车等模型。

## 14.2.1　制作支架模型

车架支架模型的制作包括后上下叉管、上杆、坐杆以及头管模型的制作。

（1）制作后上叉管模型。单击 圆柱体 按钮，在视图中创建一个圆柱体，并调节到如图 14.2.1 所示的位置。单击鼠标右键，将圆柱体转换为可编辑多边形。调节模型上的节点到如图 14.2.2 所示的位置。

图 14.2.1　创建并调节圆柱体

图 14.2.2　调节节点



（2）在工具栏中单击按钮，对圆柱体模型进行镜像复制操作，在弹出的 镜像：世界 坐标 对话框中设置参数如图 14.2.3 所示，镜像复制效果如图 14.2.4 所示。

（3）继续使用对圆柱体进行编辑的方法，制作出支架的其他模型，效果如图 14.2.5 所示。

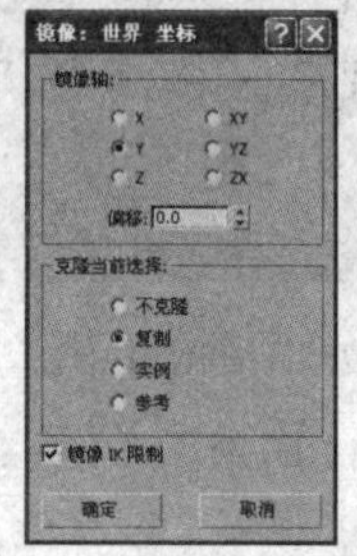


图 14.2.3　设置镜像参数

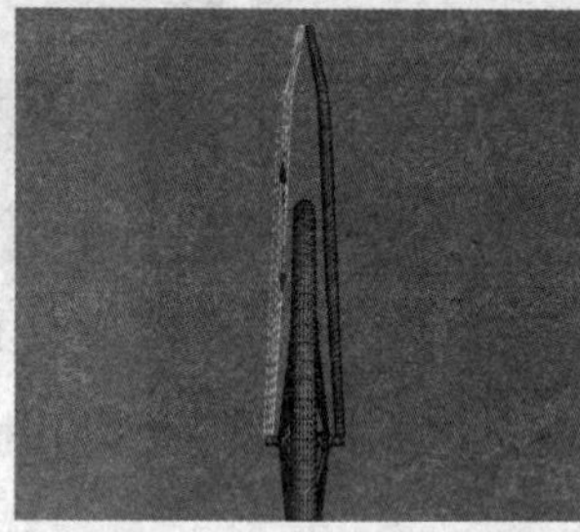

图 14.2.4　镜像复制效果

图 14.2.5　支架模型

## 14.2.2　制作坐垫和车头模型

在这一小节中，制作坐垫和车头模型。

（1）制作坐垫模型。单击 长方体 按钮，在顶视图中创建一个长方体模型，如图 14.2.6 所示。单击鼠标右键，将长方体转换为可编辑多边形。

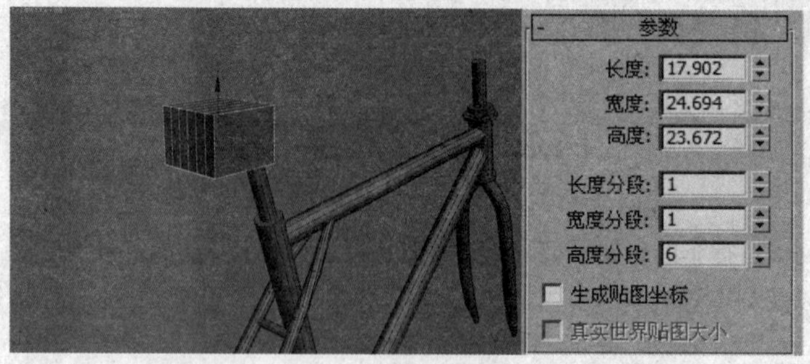


图 14.2.6　创建长方体

（2）选择如图 14.2.7 所示的面，单击 倒角 后面的小按钮，在弹出的 挤出多边形 对话框中设置参数如图 14.2.8 所示，挤出效果如图 14.2.9 所示。

图 14.2.7 选择面

图 14.2.8 设置挤出参数

图 14.2.9 挤出效果

（3）切换到点级别，调节模型上的节点到如图 14.2.10 所示的位置。在修改命令面板的 修改器列表 下拉列表中选择 网格平滑 选项，给模型添加一个网格平滑修改器，在修改命令面板中设置参数如图 14.2.11 所示，平滑效果如图 14.2.12 所示。

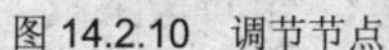

图 14.2.10 调节节点

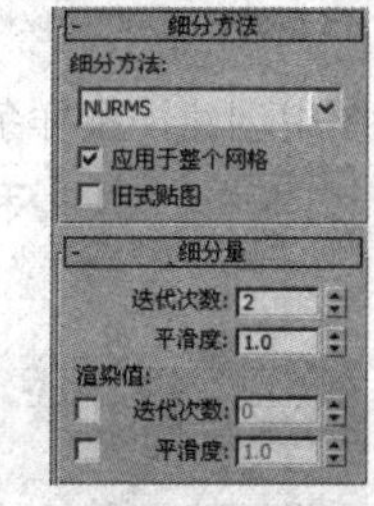


图 14.2.11 设置网格平滑参数

图 14.2.12 平滑效果

（4）制作车头模型。单击 线 按钮，在前视图中创建一条闭合样条线，如图 14.2.13 所示。在修改命令面板的 修改器列表 下拉列表中选择 挤出 选项，给模型添加一个挤出修改器，在修改命令面板中设置参数如图 14.2.14 所示，挤出效果如图 14.2.15 所示。

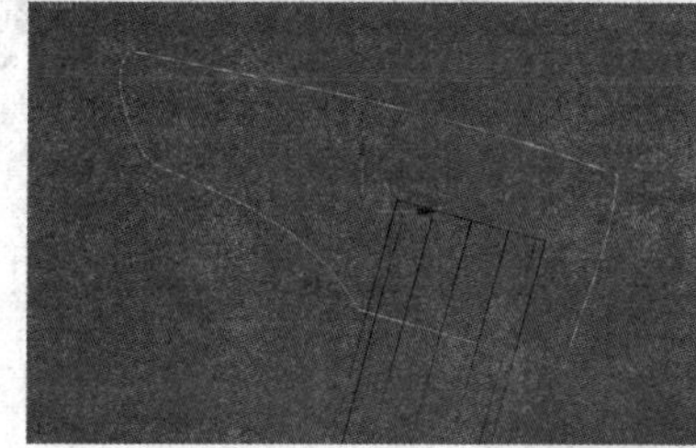

图 14.2.13 创建闭合样条线

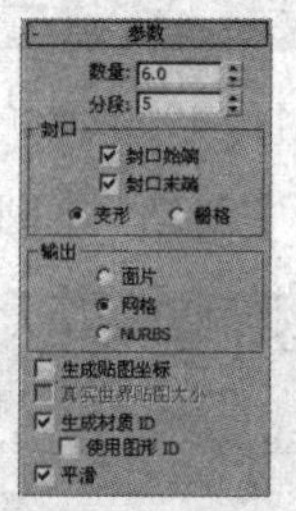


图 14.2.14 设置挤出参数

图 14.2.15 挤出效果

（5）单击鼠标右键，将模型转换为可编辑多边形，调节模型上的节点到如图 14.2.16 所示的位置。

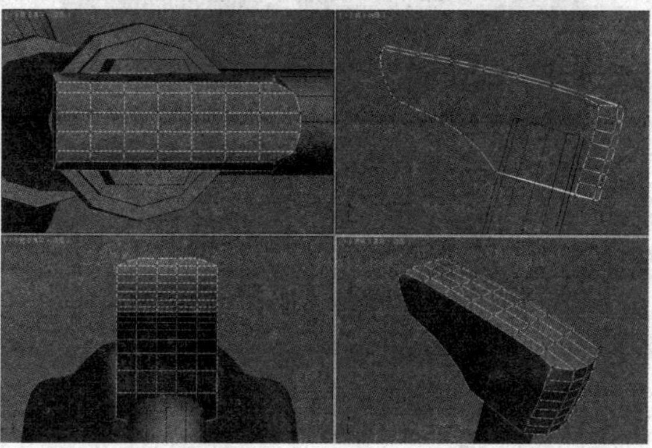

图 14.2.16 调节节点

（6）单击 圆柱体 按钮，在视图中创建一个圆柱体，并将其调节到如图 14.2.17 所示的位置。

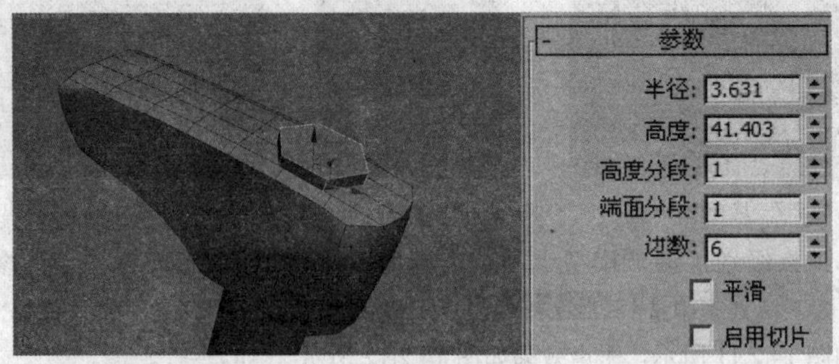


图 14.2.17　创建圆柱体

14

（7）单击 线 按钮，在前视图中创建一条样条线，如图 14.2.18 所示。在修改命令面板的 渲染 卷展栏中激活 在渲染中启用 和 在视口中启用 复选框，设置参数如图 14.2.19 所示，模型效果如图 14.2.20 所示。

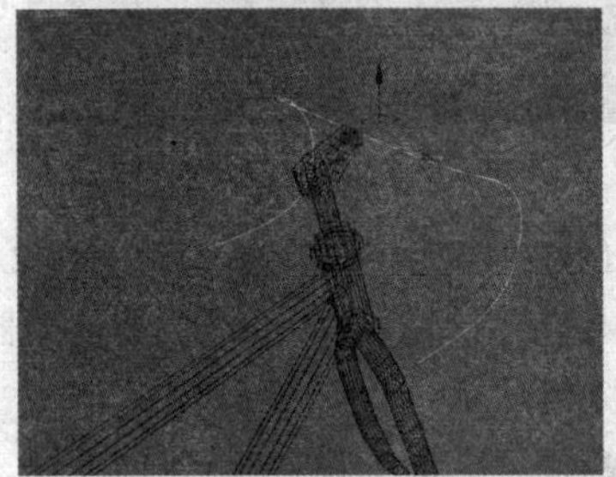

图 14.2.18　创建样条线

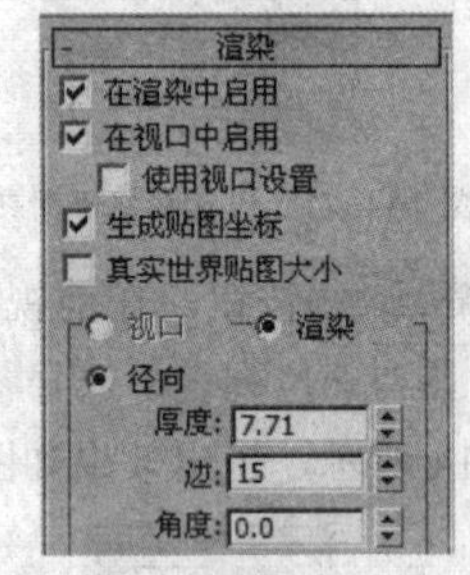


图 14.2.19　设置渲染参数

图 14.2.20　模型效果

（8）单击 圆柱体 按钮，在前视图中创建一个圆柱体，如图 14.2.21 所示。

图 14.2.21　创建圆柱体

## 14.2.3　制作刹车模型

在这一小节中，制作刹车模型，包括前刹车和后刹车模型。

（1）制作后刹车的把手模型。单击 切角长方体 按钮，在顶视图中创建一个切角长方体，如图 14.2.22 所示。

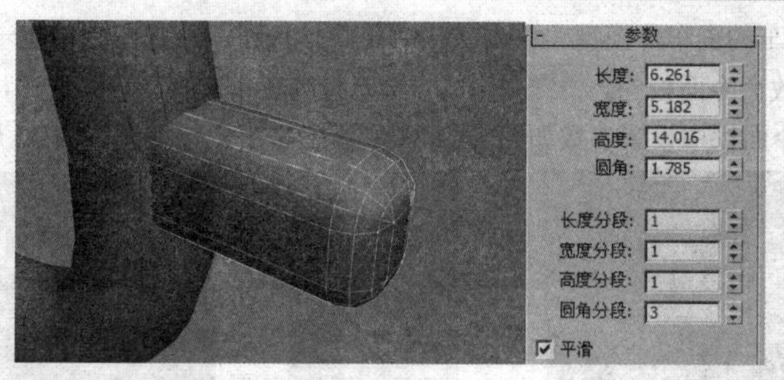


图 14.2.22　创建切角长方体

（2）单击 线 按钮，在前视图中创建一条闭合样条线，如图 14.2.23 所示。在修改命令面板的 修改器列表 下拉列表中选择 挤出 选项，给模型添加一个挤出修改器，在修改命令面板中设置参数如图 14.2.24 所示，挤出效果如图 14.2.25 所示。

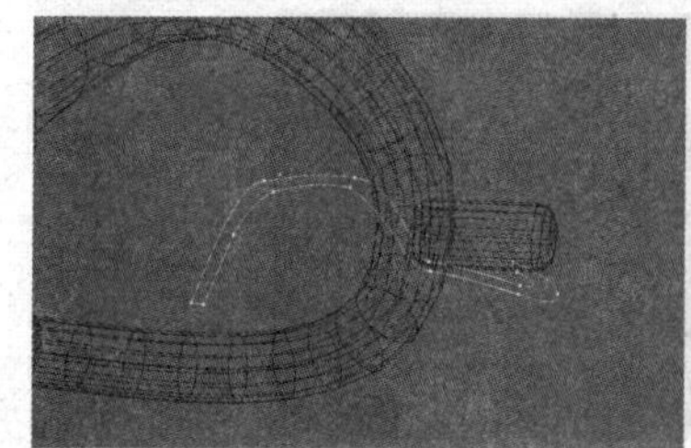

图 14.2.23　创建闭合样条线

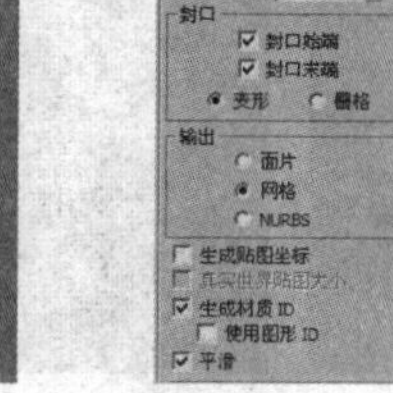


图 14.2.24　设置挤出参数

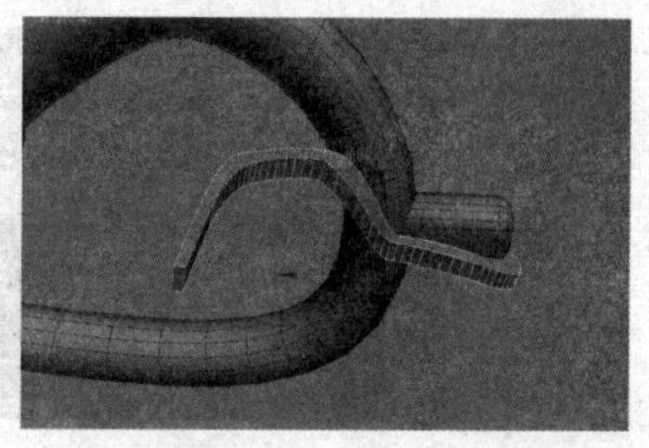

图 14.2.25　挤出效果

（3）为了使模型更加平滑，在修改命令面板的 修改器列表 下拉列表中选择 网格平滑 选项，给模型添加一个网格平滑修改器，在修改命令面板中设置参数如图 14.2.26 所示，平滑效果如图 14.2.27 所示。单击鼠标右键，将模型转换为可编辑多边形，调节模型上的节点到如图 14.2.28 所示的位置。

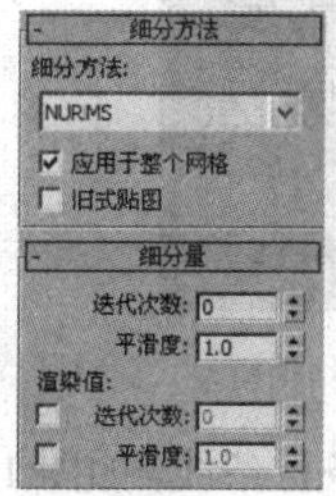


图 14.2.26　设置网格平滑参数

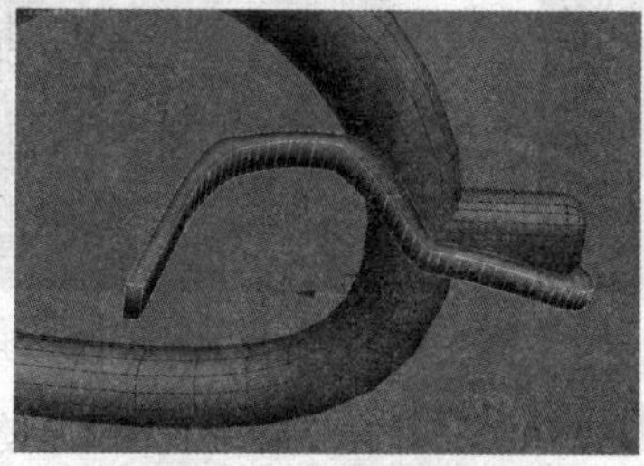

图 14.2.27　平滑效果

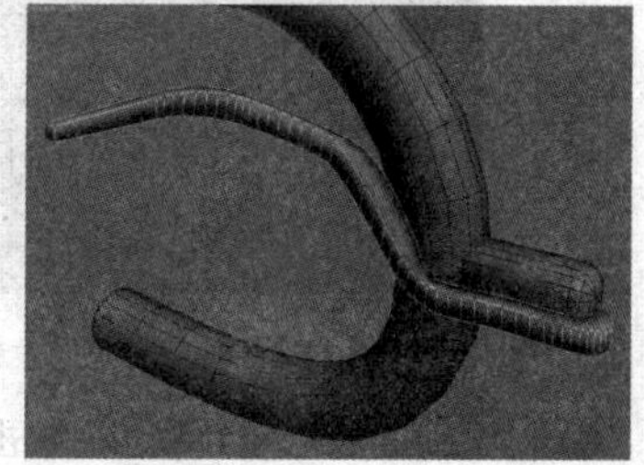

图 14.2.28　调节节点

（4）继续使用多边形建模的方法制作出刹车把手上的其他结构模型，效果如图 14.2.29 所示。

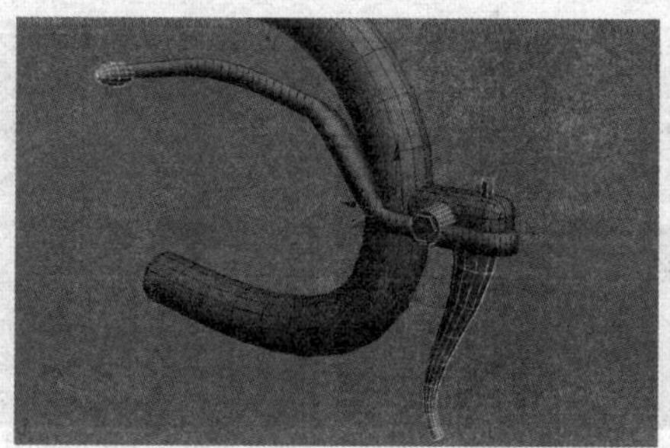

图 14.2.29　制作刹车把手模型

（5）制作后刹车的刹车片模型。单击 线 按钮，在视图中创建一条闭合样条线，如图 14.2.30 所示。在修改命令面板的 修改器列表 下拉列表中选择 挤出 选项，给模型添加一个挤出修改器，在修改命令面板中设置参数如图 14.2.31 所示，挤出效果如图 14.2.32 所示。

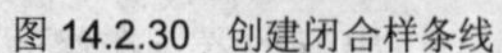
图 14.2.30 创建闭合样条线

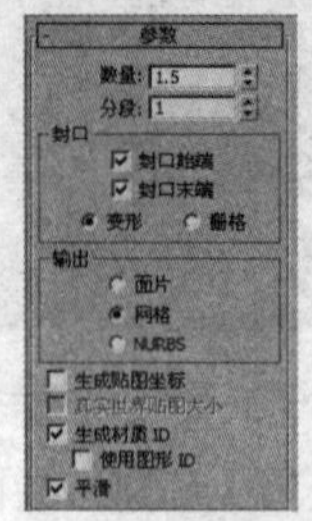

图 14.2.31 设置挤出参数

图 14.2.32 挤出效果

（6）单击鼠标右键，将模型转换为可编辑多边形。调节模型上的节点到如图 14.2.33 所示的位置。

图 14.2.33 调节节点

（7）使用上述方法，制作出另外一个刹车片模型，效果如图 14.2.34 所示。继续使用多边形建模的方法制作出刹车片上的其他结构模型，效果如图 14.2.35 所示。

图 14.2.34 制作刹车片模型

图 14.2.35 制作刹车片其他结构模型

（8）制作刹车的控制线模型。单击 线 按钮，在前视图中创建一条样条线，如图 14.2.36 所示。在修改命令面板的 渲染 卷展栏中激活 在渲染中启用 和 在视口中启用 复选框，设置参数如图 14.2.37 所示，模型效果如图 14.2.38 所示。

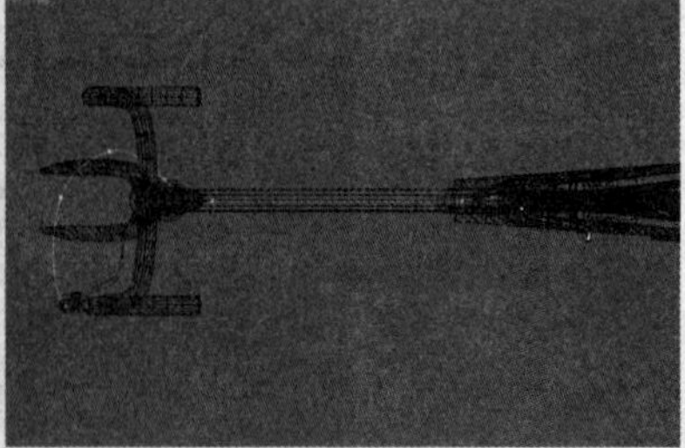
图 14.2.36 创建样条线

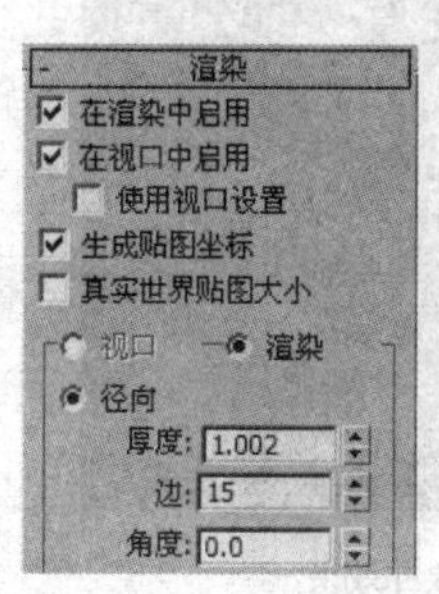


图 14.2.37　设置渲染参数

图 14.2.38　模型效果

（9）使用制作后刹车模型的方法制作出前刹车模型和变速模型，效果如图 14.2.39 和图 14.2.40 所示。

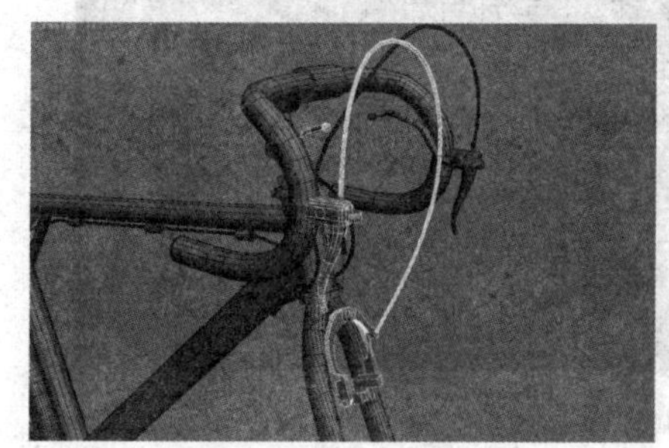

图 14.2.39　前刹车模型

图 14.2.40　变速模型

## 14.3　制作车胎护板模型

在本节中，制作车胎护板模型，在制作过程中使用了放样制作的方法。

（1）单击【线】按钮，在前视图中创建一条样条线，如图 14.3.1 所示。在左视图中，创建一条闭合样条线，如图 14.3.2 所示。

图 14.3.1　创建样条线

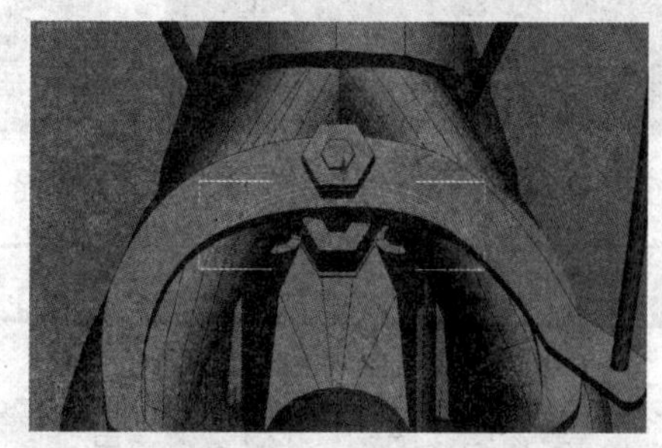

图 14.3.2　创建闭合样条线

（2）选择样条线，在创建命令面板的区域，选择【复合对象】类型，单击【放样】按钮，在【创建方法】卷展栏中单击【获取图形】按钮，在视图中拾取闭合曲线，效果如图 14.3.3 所示。在【蒙皮参数】卷展栏中设置参数如图 14.3.4 所示，细分效果如图 14.3.5 所示。

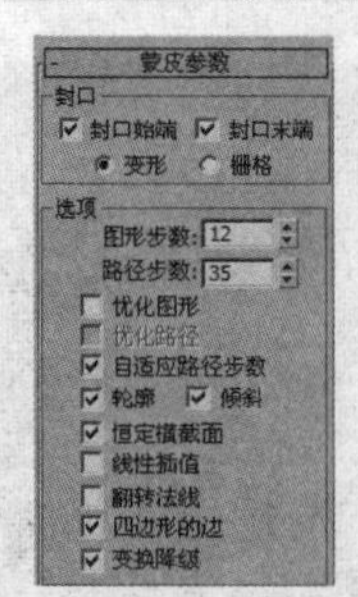

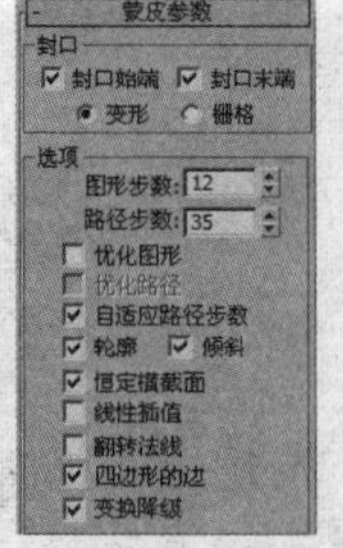

图 14.3.4　设置蒙皮参数

图 14.3.5　放样效果

（3）单击鼠标右键，将放样模型转换为可编辑多边形，调节模型上的节点到如图 14.3.6 所示的位置。

14

图 14.3.6　调节节点

（4）对制作的护板模型进行复制，并调节到后轮的位置，效果如图 14.3.7 所示。在修改命令面板的修改器列表下拉列表中选择弯曲选项，给模型添加一个弯曲修改器，在修改命令面板中设置参数如图 14.3.8 所示，弯曲效果如图 14.3.9 所示。

图 14.3.7　复制效果

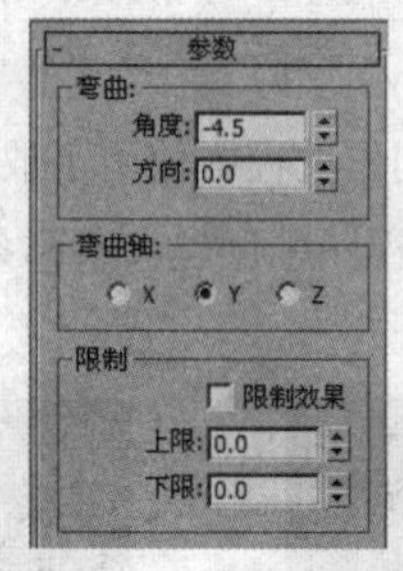


图 14.3.8　设置弯曲参数

图 14.3.9　弯曲效果

  Tips

“弯曲”修改器允许将当前选中对象围绕单独轴弯曲 360°，在对象几何体中产生均匀弯曲。可以在任意三个轴上控制弯曲的角度和方向，也可以对几何体的一段限制弯曲。

## 14.4　制作飞轮模型

在本节中，制作自行车的飞轮和链条模型。

（1）制作飞轮模型。单击 圆柱体 按钮，在前视图中创建一个圆柱体，如图 14.4.1 所示。

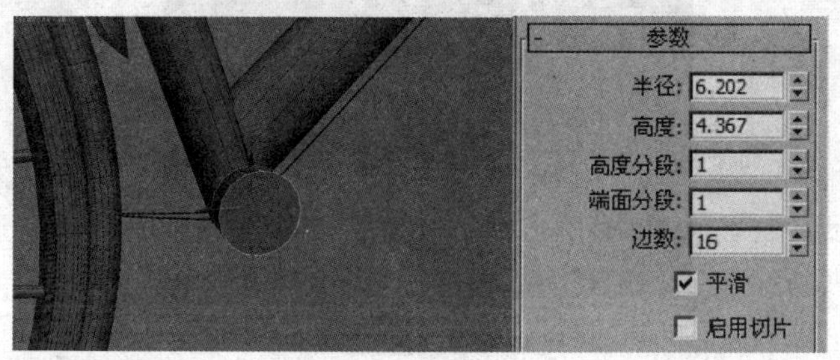


图 14.4.1　创建圆柱体

（2）单击 星形 按钮，在前视图中创建一个星形图形，如图 14.4.2 所示。单击 线 按钮，在前视图中创建一条闭合样条线，如图 14.4.3 所示。

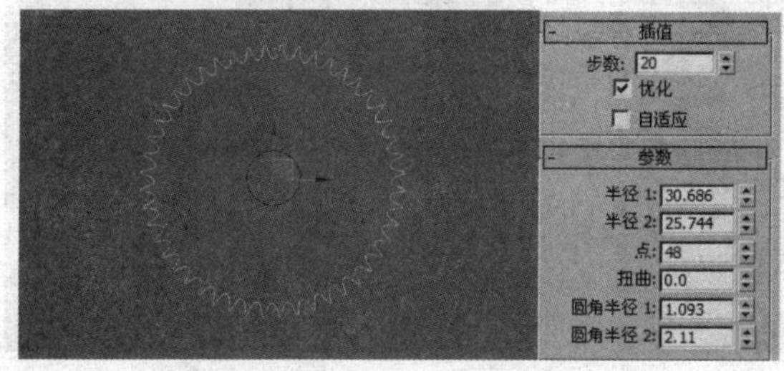


图 14.4.2　创建星形

图 14.4.3　创建闭合样条线

（3）对创建的闭合样条线进行以圆柱体为轴心的旋转复制，效果如图 14.4.4 所示。单击 附加 按钮，将视图中的所有图形进行附加，效果如图 14.4.5 所示。

图 14.4.4　旋转复制效果

图 14.4.5　图形附加效果

（4）在修改命令面板的 修改器列表 下拉列表中选择 挤出 选项，给模型添加一个挤出修改器，在修改命令面板中设置参数如图 14.4.6 所示，挤出效果如图 14.4.7 所示。

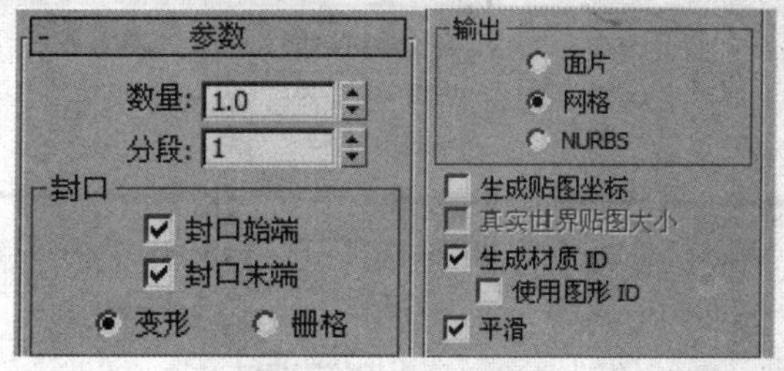


图 14.4.6　设置挤出参数

图 14.4.7　挤出效果

（5）使用上述方法，制作出另外一个飞轮模型，效果如图 14.4.8 所示。

图 14.4.8　飞轮模型效果

（6）单击 线 按钮，在视图中创建一条闭合样条线，如图 14.4.9 所示。在修改命令面板的 修改器列表 下拉列表中选择 挤出 选项，给模型添加一个挤出修改器，在修改命令面板中设置参数如图 14.4.10 所示，挤出效果如图 14.4.11 所示。

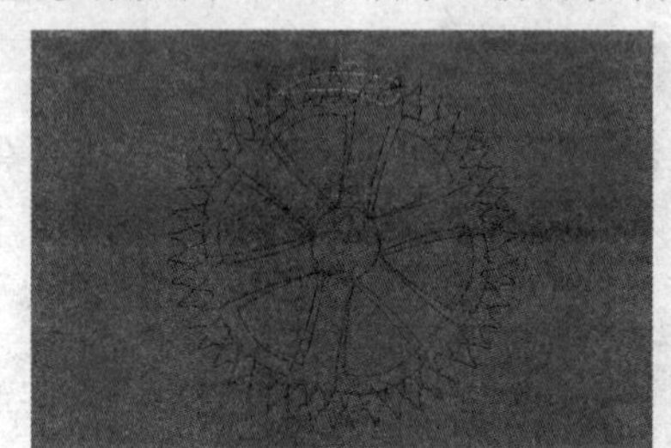

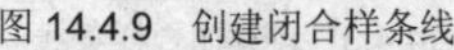

图 14.4.9　创建闭合样条线

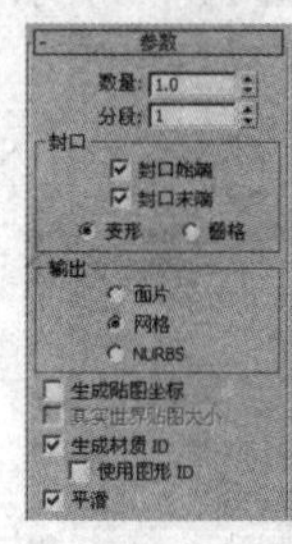


图 14.4.10　设置挤出参数

图 14.4.11　挤出效果

（7）单击 圆柱体 按钮，在前视图中创建一个圆柱体模型，如图 14.4.12 所示。选择如图 14.4.13 所示的模型，对挤出的模型进行以飞轮为轴心的旋转复制，效果如图 14.4.14 所示。

图 14.4.12　创建圆柱体

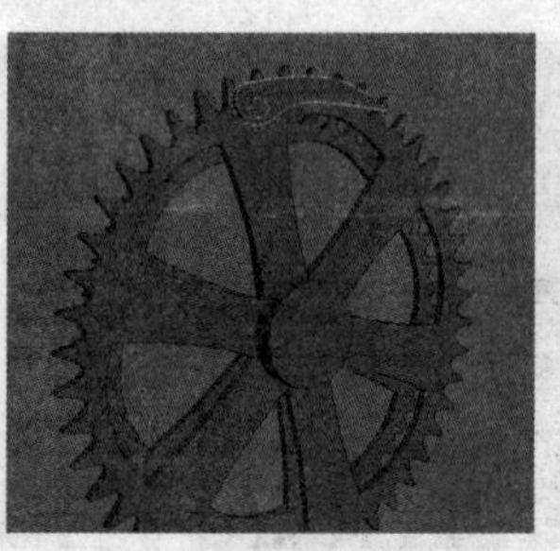

图 14.4.13　选择模型

图 14.4.14　复制效果

（8）单击 管状体 按钮，在前视图中创建一个管状体，如图 14.4.15 所示。

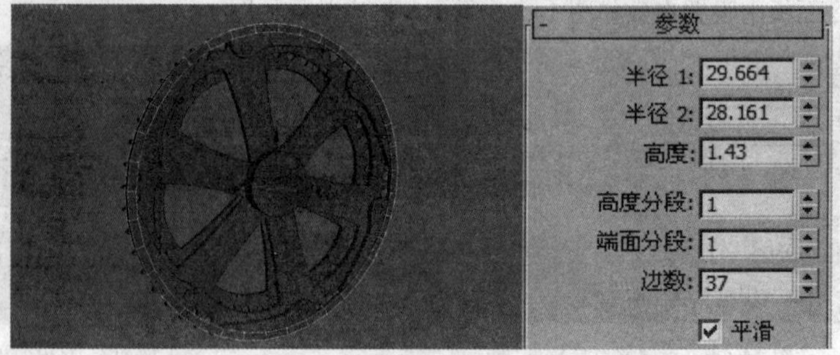


图 14.4.15　创建管状体

（9）继续使用挤出修改器制作出飞轮的其他部件模型，效果如图 14.4.16 所示。

图 14.4.16　飞轮其他部件模型

## 14.5　制作链条模型

在本节中，制作链条模型，在制作过程中使用间隔工具来制作链条的复制效果。

（1）单击 线 按钮，在视图中创建一条闭合样条线，如图 14.5.1 所示。在修改命令面板的 修改器列表 下拉列表中选择 挤出 选项，给模型添加一个挤出修改器，在修改命令面板中设置参数如图 14.5.2 所示，挤出效果如图 14.5.3 所示。

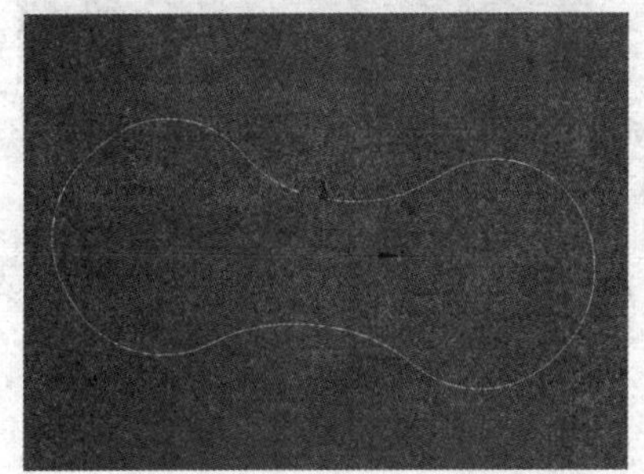

图 14.5.1　创建闭合样条线

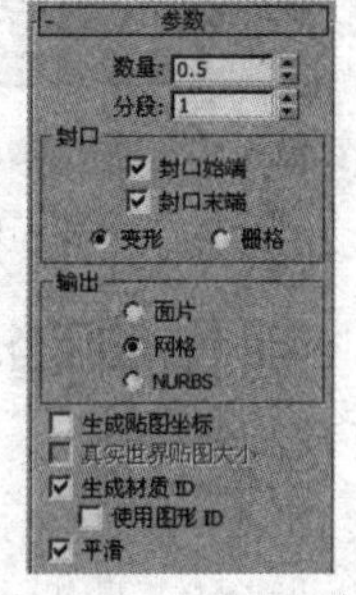


图 14.5.2　设置挤出参数

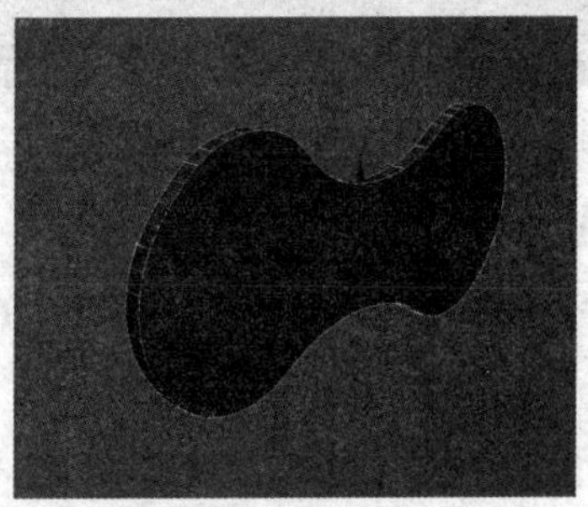

图 14.5.3　挤出效果

（2）单击 圆柱体 按钮，在前视图中创建一个圆柱体模型，如图 14.5.4 所示。对创建的圆柱体进行缩放复制，并调节到如图 14.5.5 所示的位置。

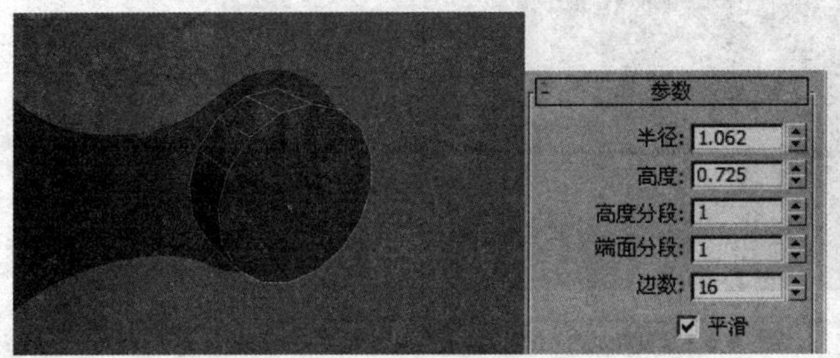


图 14.5.4　创建圆柱体

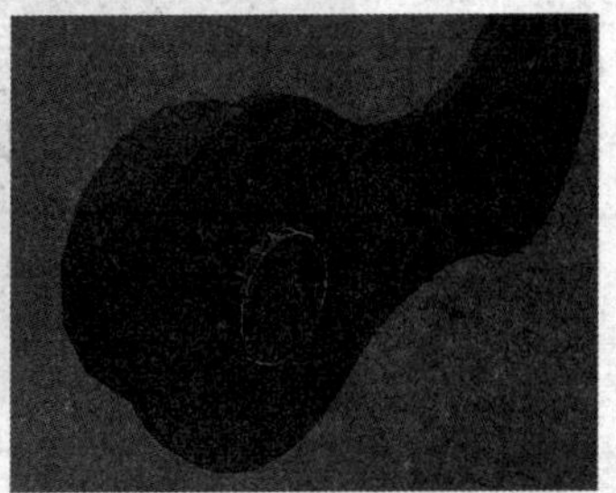

图 14.5.5　缩放复制圆柱体

（3）选择如图 14.5.6 所示的模型，在工具栏中单击按钮，在弹出的 镜像：世界 坐标 对话框中设置参数如图 14.5.7 所示，镜像复制效果如图 14.5.8 所示。

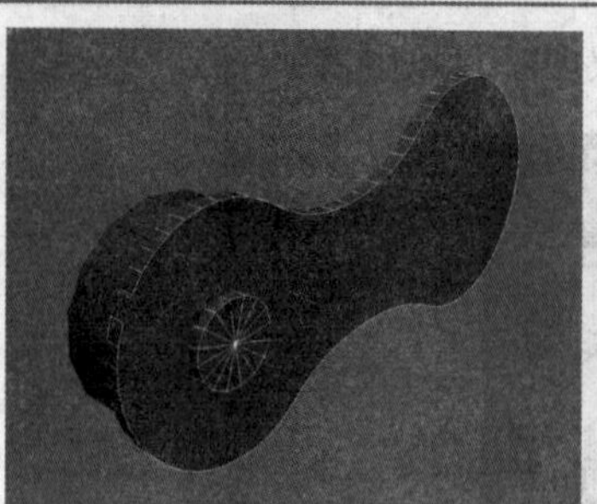

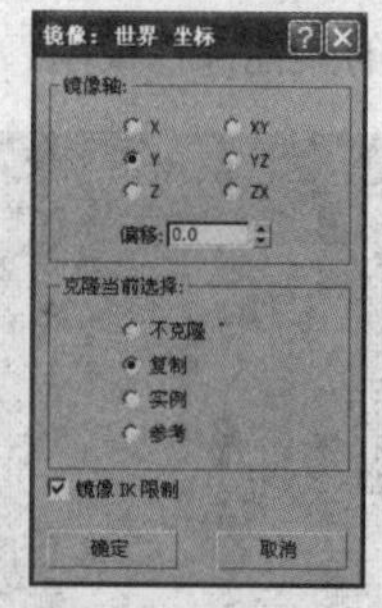


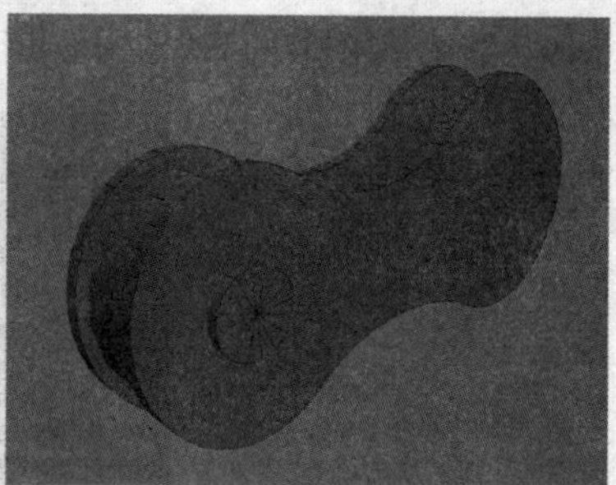

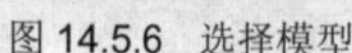

图 14.5.6 选择模型　　图 14.5.7 设置镜像参数　　图 14.5.8 镜像复制效果

（4）单击 线 按钮，在视图中创建一条闭合样条线，如图 14.5.9 所示。选择制作的单个链条模型，在工具栏中选择 工具(T) → 对齐 → 间隔工具(I)... 选项，在弹出的 间隔工具 对话框中单击 拾取路径 按钮，在视图中拾取创建的闭合样条线，同时设置参数如图 14.5.10 所示，复制效果如图 14.5.11 所示。



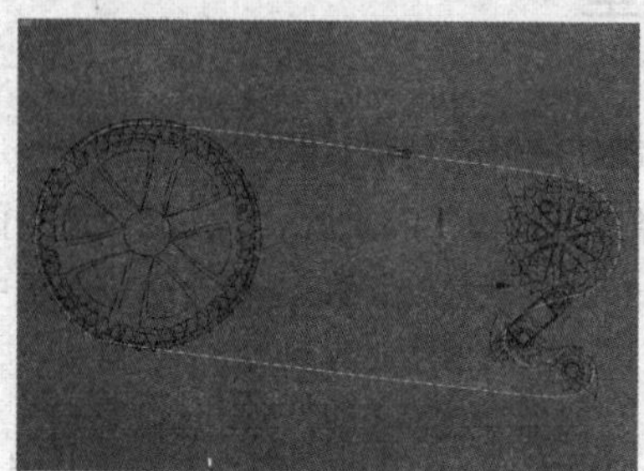

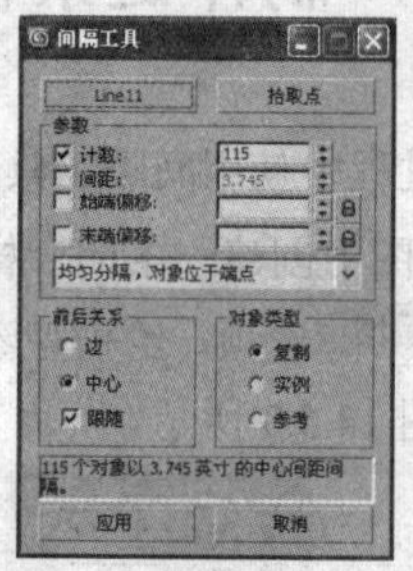

图 14.5.9 创建闭合样条线　　图 14.5.10 设置间隔参数　　图 14.5.11 复制效果

## 14.6 制作脚踏板模型

在本节中，制作脚踏板模型。

（1）单击 圆柱体 按钮，在前视图中创建一个圆柱体模型，如图 14.6.1 所示。

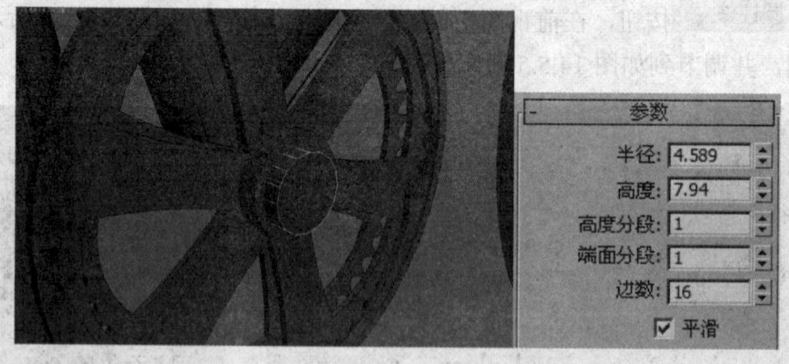


图 14.6.1 创建圆柱体

（2）单击 切角长方体 按钮，在前视图中创建一个切角长方体，将其调节到如图 14.6.2 所示的位置。单击鼠标右键，将切角长方体转换为可编辑多边形。调节模型上的节点到如图 14.6.3 所示的位置。

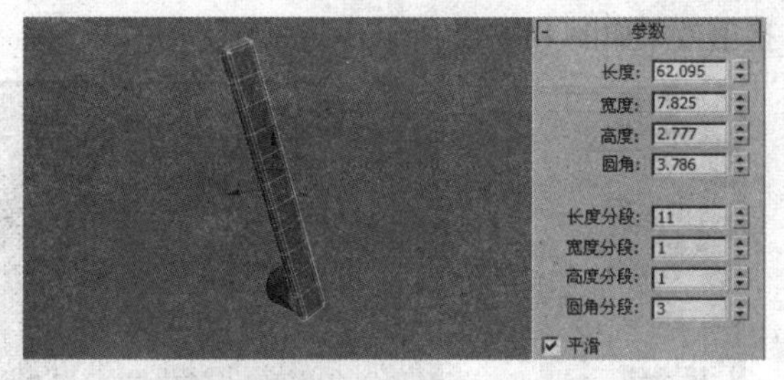


图 14.6.2　创建切角长方体

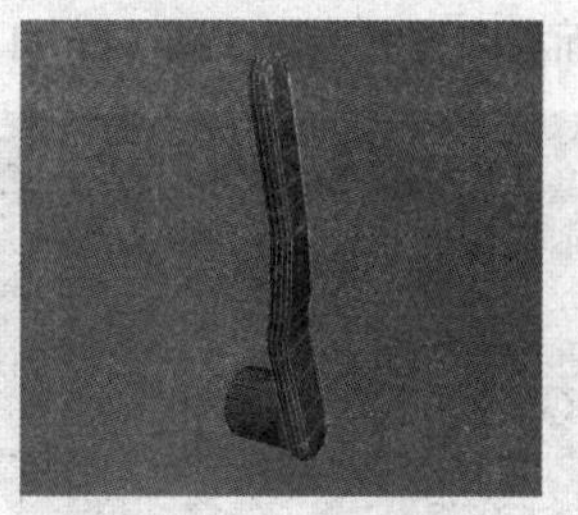

图 14.6.3　调节节点

（3）单击圆柱体按钮，在前视图中创建两个圆柱体模型，如图 14.6.4 所示。

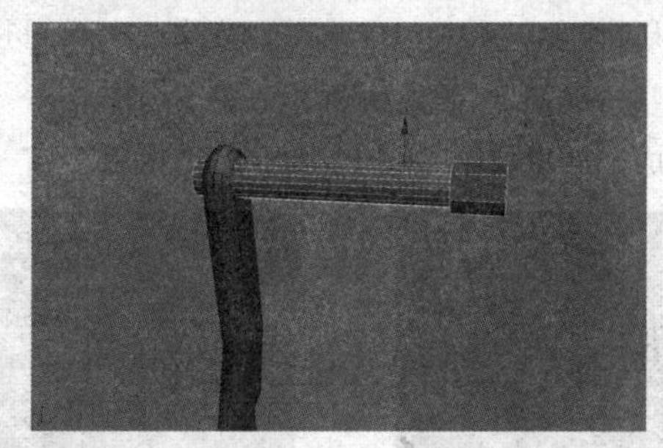

图 14.6.4　创建圆柱体



（4）单击长方体按钮，在前视图中创建一个长方体，并将其调节到如图 14.6.5 所示的位置。单击鼠标右键，将长方体转换为可编辑多边形。选择如图 14.6.6 所示的面，单击倒角后面的小按钮，在弹出的倒角对话框中设置参数如图 14.6.7 所示，倒角效果如图 14.6.8 所示。同时，调节模型上的节点到如图 14.6.9 所示的位置。

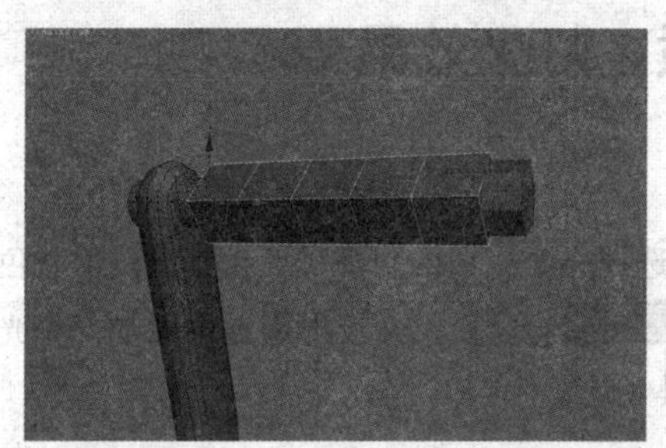

图 14.6.5　创建并调节长方体位置

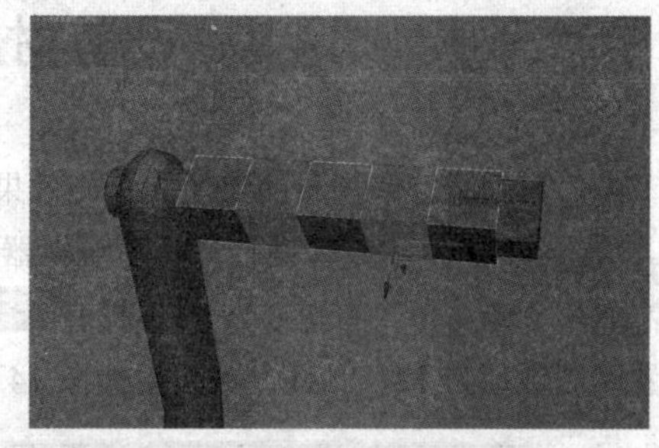

图 14.6.6　选择面

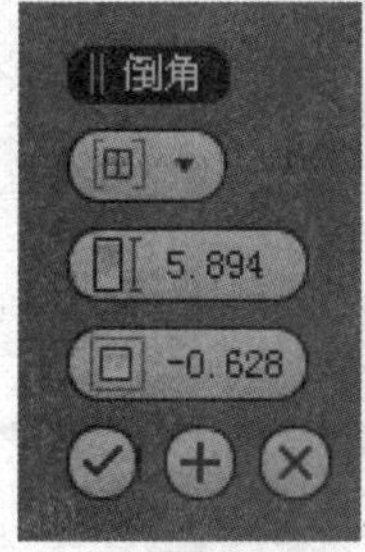


图 14.6.7　设置倒角参数

图 14.6.8　倒角效果

图 14.6.9　调节节点

（5）单击线按钮，在视图中创建一条闭合样条线，并调节到如图 14.6.10 所示的位置。在修改命令面板的修改器列表下拉列表中选择挤出选项，给模型添加一个挤出修改器，在修

改命令面板中设置参数如图 14.6.11 所示，挤出效果如图 14.6.12 所示。

图 14.6.10　创建并调节闭合样条线

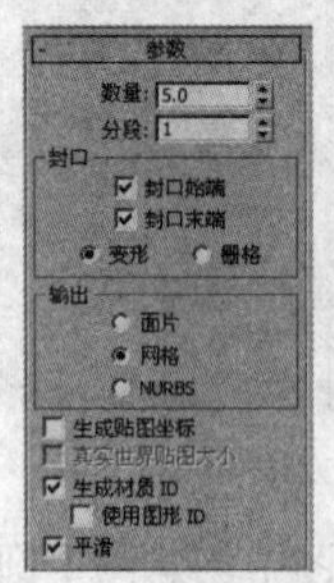


图 14.6.11　设置挤出参数

图 14.6.12　挤出效果

（6）对制作的脚踏板模型进行复制，效果如图 14.6.13 所示。

至此，自行车模型制作完成，效果如图 14.6.14 所示。

图 14.6.13　复制效果

图 14.6.14　自行车模型

## 14.7　设置材质、灯光效果

在本节中，设置自行车场景的材质和灯光效果。

（1）设置车架材质。按 M 键打开材质编辑器，选择一个空白的材质球，设置漫反射颜色为红褐色，设置高光级别为 149，高光度为 31；打开 贴图 卷展栏，在反射通道中添加一个光线跟踪贴图，设置贴图数值为 12，具体参数设置如图 14.7.1 所示。

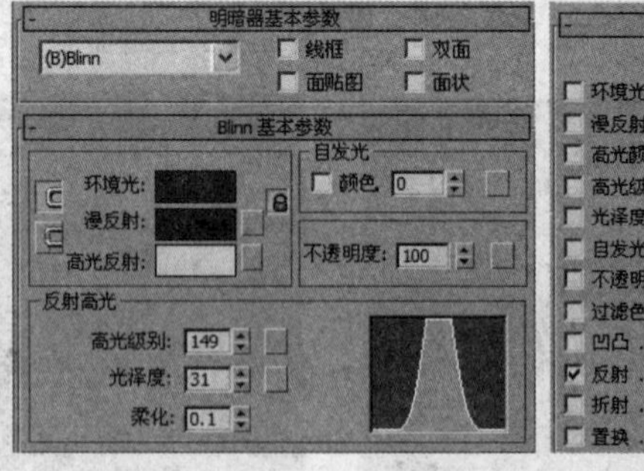


图 14.7.1　设置车架材质

（2）设置黑色橡胶材质。打开材质编辑器，选择一个空白的材质球，设置漫反射颜色为黑色，设置高光级别为 50，光泽度为 13，参数设置如图 14.7.2 所示。

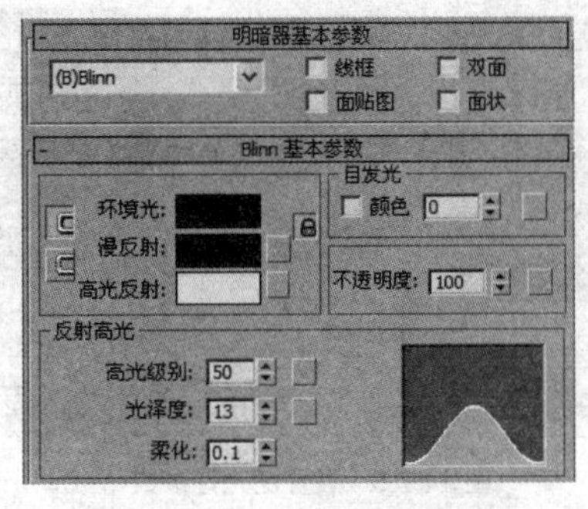


图 14.7.2　设置黑色橡胶材质

（3）设置不锈钢材质。按 M 键打开材质编辑器，选择一个空白的材质球，设置明暗器类型为(ML)多层方式，在漫反射通道中添加一个衰减贴图，设置颜色 1 为浅灰色，设置颜色 2 为深灰色。单击按钮返回上一层，设置第一层高光颜色为白色，第二层高光颜色为蓝色。打开超级采样卷展栏，取消使用全局设置复选框，设置局部超级采样器类型为Hammersley方式。打开贴图卷展栏，在凹凸通道中添加一个噪波贴图，设置贴图数值为 90；在反射通道中添加一个衰减贴图，在颜色 2 通道中添加一个光线跟踪贴图，具体参数设置如图 14.7.3 所示。

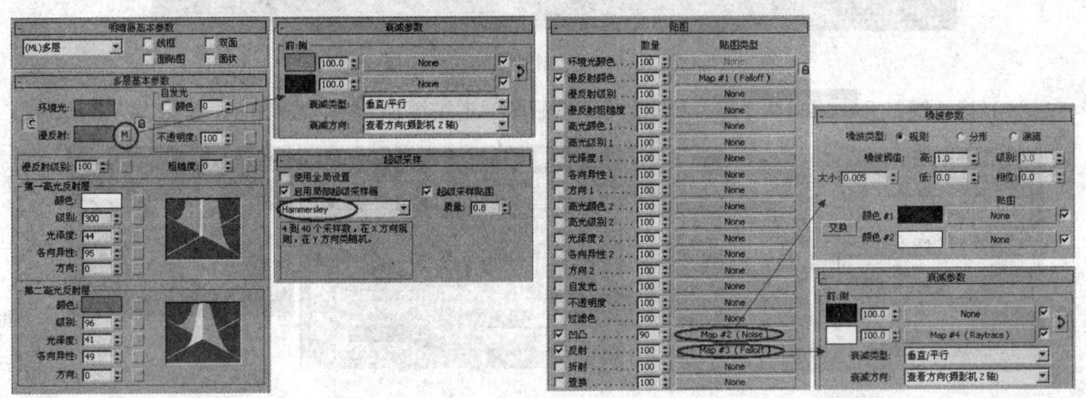

图 14.7.3　设置不锈钢材质

（4）设置场景的光照效果。在创建命令面板的区域，选择标准类型，单击泛光灯按钮，在顶视图中创建一盏泛光灯，如图 14.7.4 所示；在修改命令面板中设置泛光灯参数如图 14.7.5 所示。

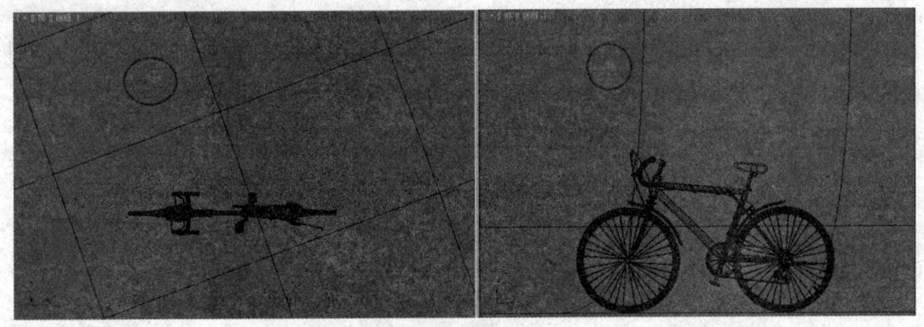

图 14.7.4　创建泛光灯

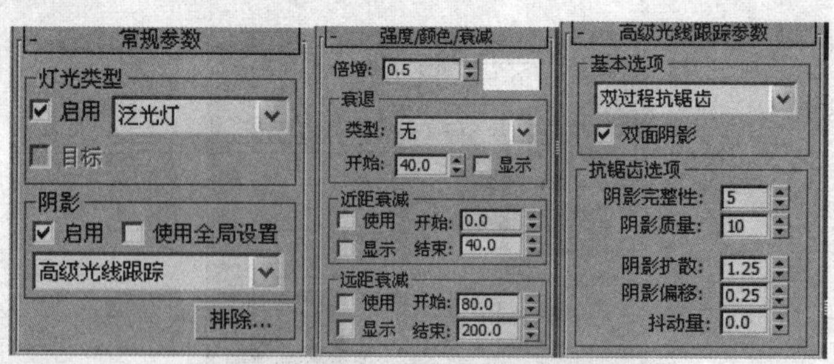


图 14.7.5　设置泛光灯参数

（5）设置场景的补光效果。单击 泛光灯 按钮，在顶视图中创建一盏泛光灯，如图 14.7.6 所示；在修改命令面板中设置泛光灯参数如图 14.7.7 所示。

图 14.7.6　创建泛光灯

（6）按 8 键打开 环境和效果 对话框，在环境贴图通道中添加一张天空贴图，如图 14.7.8 所示。

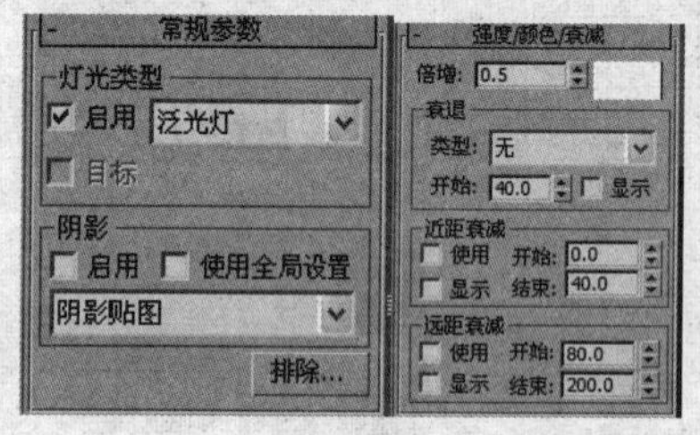


图 14.7.7　设置泛光灯参数

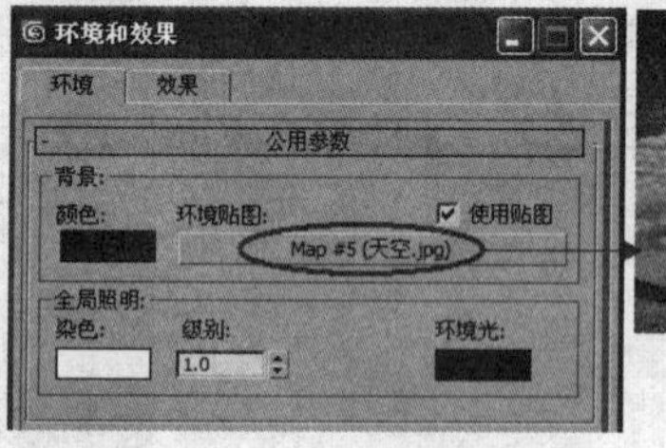

图 14.7.8　添加环境效果

（7）将设置好的材质指定给自行车模型，按 F9 键进行渲染，效果如图 14.0.1 所示。

## 本 章 小 结

在本章中，制作一辆自行车模型。在制作中主要使用了多边形中的基本几何体建模，同时使用二维曲线建模的方法制作了挤出模型，这是修改器命令的典型运用。在制作轮胎模型时，使用了放样的方法，这种方法使得模型的制作更加简洁和快速，在以后的建模中会经常用到。

# 第 15 章　制作挖掘机模型

挖掘机，又称挖掘机械，是用铲斗挖掘高于或低于承机面的物料，并装入运输车辆或卸至堆料场的土方机械。常见的挖掘机结构包括动力装置、工作装置、回转机构、操纵机构、传动机构、行走机构和辅助设施等。从外观上看，挖掘机由工作装置、上部转台、行走机构三部分组成；根据其构造和用途可以区分为：履带式、轮胎式、步履式、全液压、半液压、全回转、非全回转、通用型、专用型、铰接式、伸缩臂式等多种类型。本章中我们就来制作一辆履带式全回转液压挖掘机模型。

### 本章知识重点

- 学习挤出、倒角、连接、切角、切割以及桥接工具的使用方法。
- 掌握挤出修改器、车削修改器、FFD（圆柱体）修改器、对称修改器以及弯曲修改器的使用方法。
- 掌握间隔工具的使用方法。

在本章中，制作一台挖掘机模型，其组成部分包括机箱、驾驶室、车架、履带、动臂以及铲斗模型，其最终渲染效果如图 15.0.1 所示。

15

图 15.0.1　挖掘机效果

## 15.1　制作机箱模型

在本节中制作挖掘机的机箱模型。

### 15.1.1　制作主机箱模型

在这一小节中，制作主机箱模型，该模型的制作是通过对切角长方体进行编辑来完成的。

（1）在创建命令面板的区域，选择扩展基本体类型，单击切角长方体按钮，在顶视图中创建一个切角长方体，如图 15.1.1 所示。

（2）单击鼠标右键，将模型转换为可编辑多边形。切换到点级别，在顶视图中调节模型上的节点到如图 15.1.2 所示的位置。选择如图 15.1.3 所示的边，单击 连接 后面的小按钮，在弹出的 连接边 对话框中设置参数如图 15.1.4 所示，连接边效果如图 15.1.5 所示。

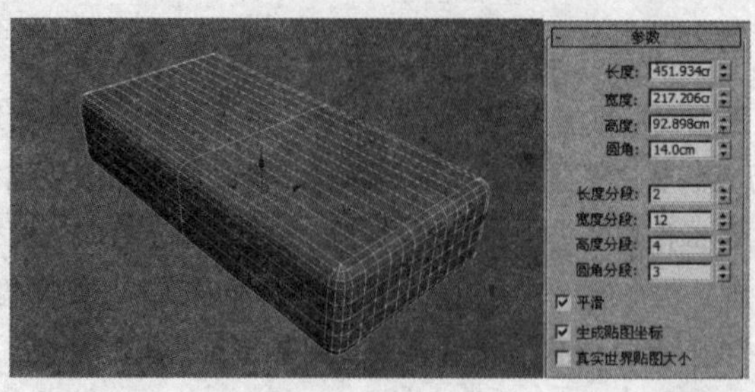


图 15.1.1　创建切角长方体

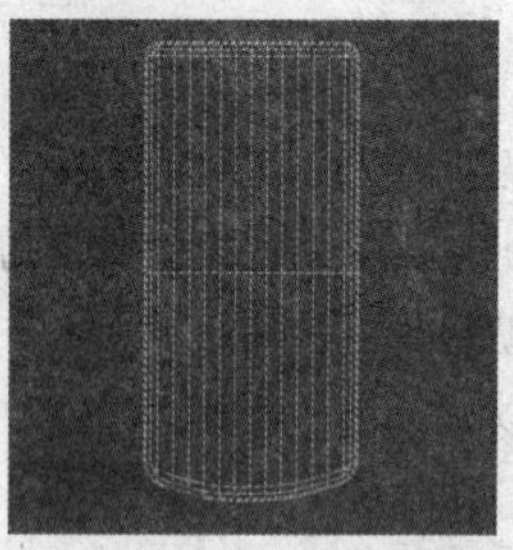

图 15.1.2　调节节点

图 15.1.3　选择边

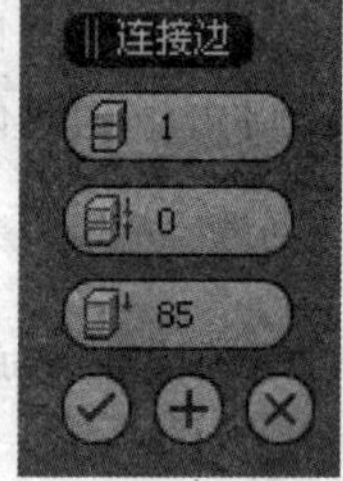


图 15.1.4　设置连接边参数

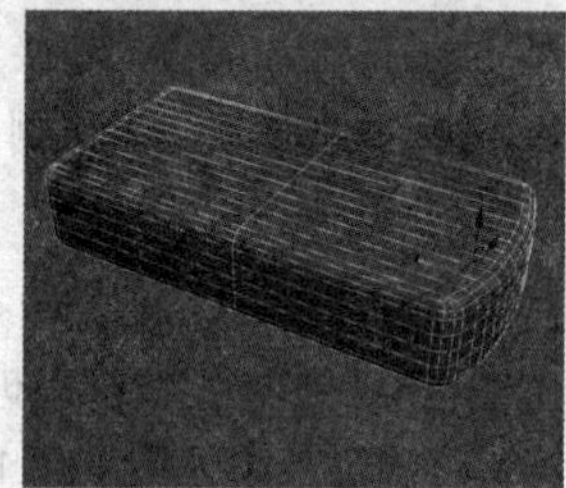

图 15.1.5　连接边效果



（3）继续在模型上添加细分曲线，效果如图 15.1.6 所示。选择如图 15.1.7 所示的面，按 Delete 键删除，效果如图 15.1.8 所示。

图 15.1.6　添加细分曲线

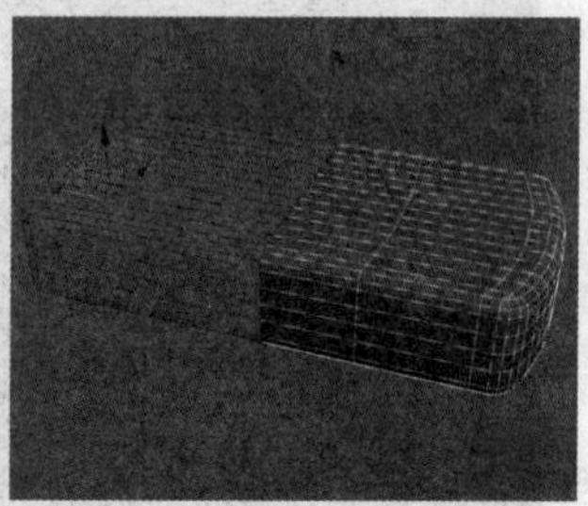

图 15.1.7　选择面

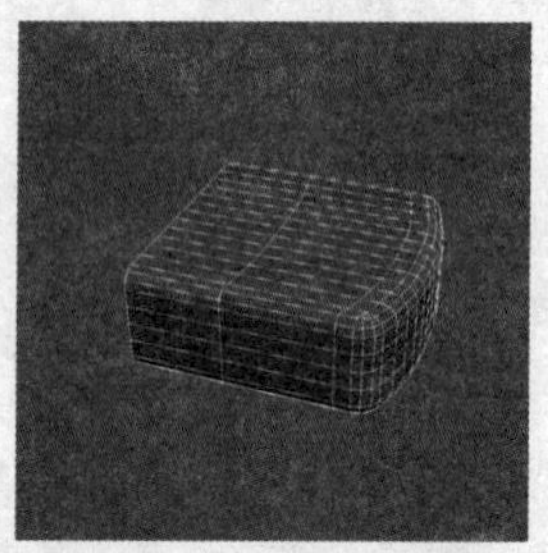

图 15.1.8　删除面

（4）选择如图 15.1.9 所示的边，单击 桥 按钮，进行桥接操作，效果如图 15.1.10 所示。选择如图 15.1.11 所示的边界，单击 封口 按钮，进行封口操作，效果如图 15.1.12 所示。

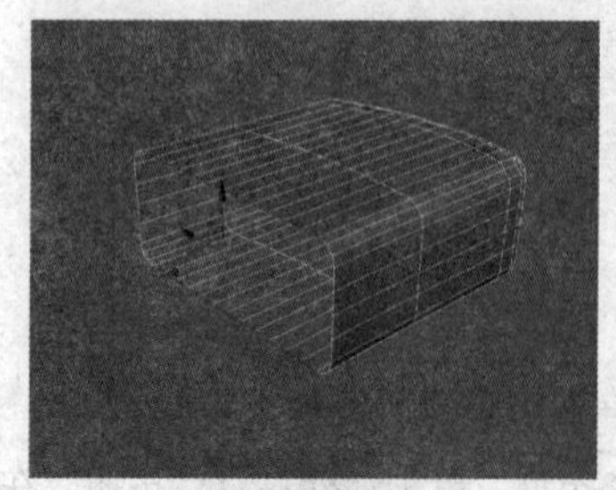

图 15.1.9　选择边

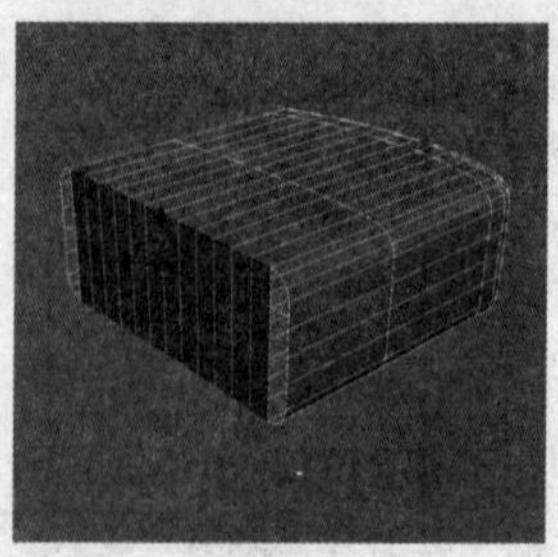

图 15.1.10　桥接效果

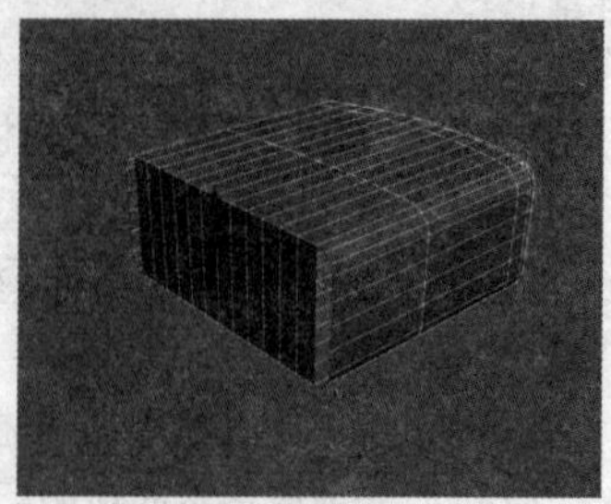

图 15.1.11　选择边界

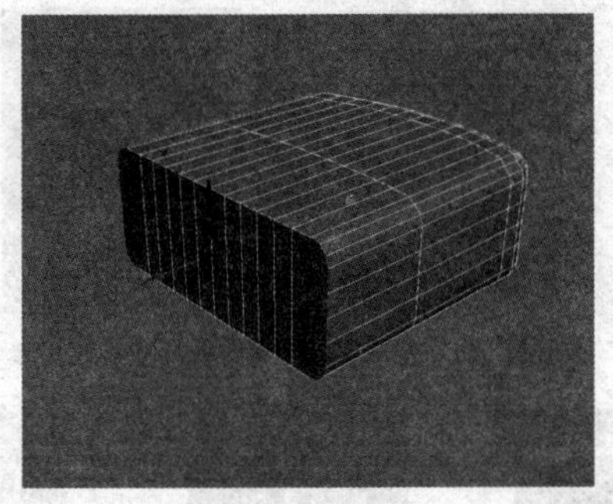

图 15.1.12 封口效果

 Tips

使用多边形的“桥”连接对象的边，桥只连接边界边，也就是只在一侧有多边形的边。创建边循环或剖面时，该工具特别有用。

（5）继续在模型上添加细分曲线，效果如图 15.1.13 所示。切换到点级别，单击 切割 按钮，在模型上切割细分曲线，效果如图 15.1.14 所示。

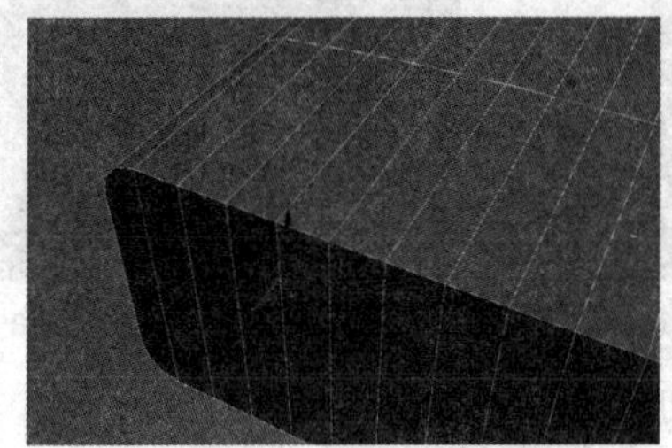

图 15.1.13 添加细分曲线

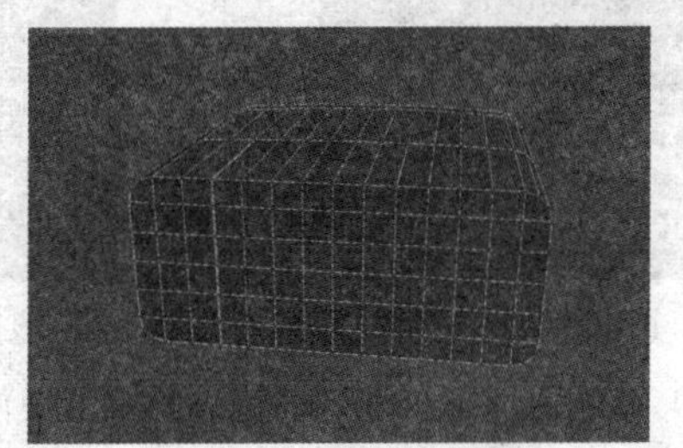

图 15.1.14 切割细分曲线

（6）选择如图 15.1.15 所示的面，单击 挤出 后面的小按钮，在弹出的 挤出多边形 对话框中设置参数如图 15.1.16 所示，挤出效果如图 15.1.17 所示。

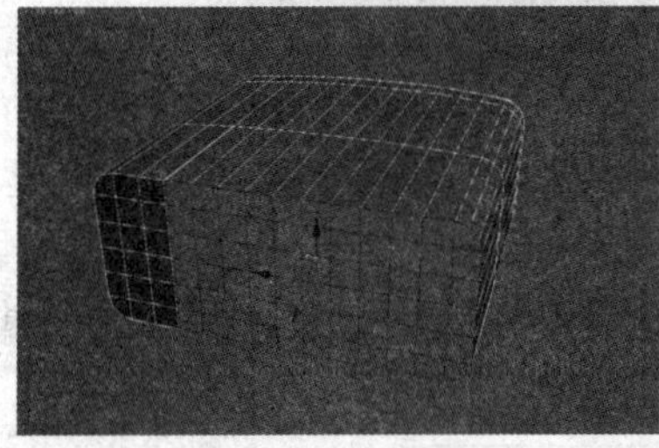

图 15.1.15 选择面

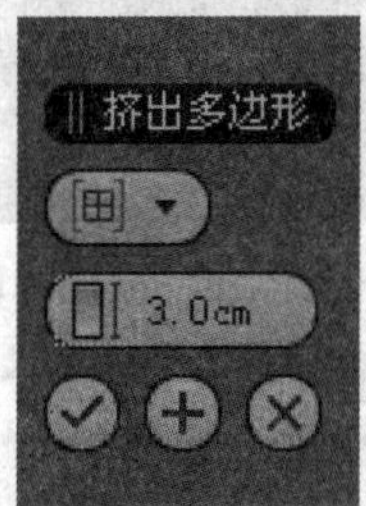


图 15.1.16 设置挤出参数

图 15.1.17 挤出效果

（7）选择如图 15.1.18 所示的面，单击 挤出 后面的小按钮，在弹出的 挤出多边形 对话框中设置参数如图 15.1.19 所示，单击⊕按钮，在 挤出多边形 对话框中继续设置参数如图 15.1.20 所示，最终挤出效果如图 15.1.21 所示。

（8）选择如图 15.1.22 所示的面，单击 挤出 后面的小按钮，在弹出的 挤出多边形 对话框中设置参数如图 15.1.23 所示，挤出效果如图 15.1.24 所示。

图 15.1.18　选择面

图 15.1.19　设置参数

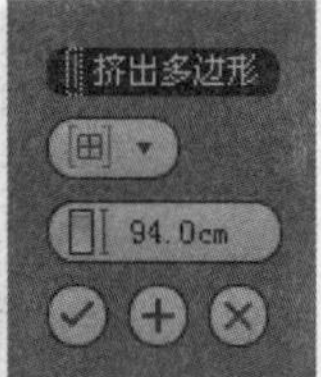

图 15.1.20　设置参数

图 15.1.21　挤出效果

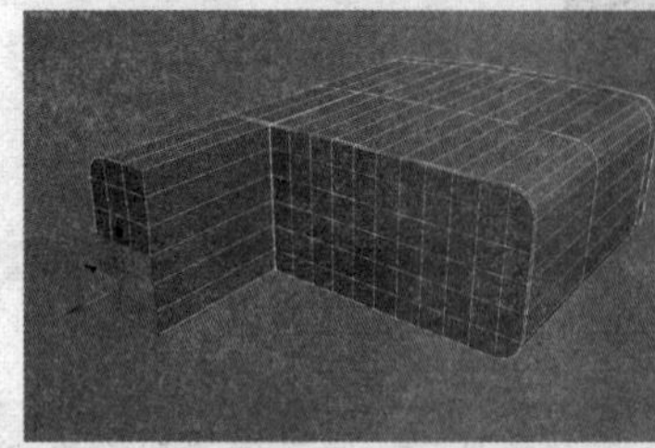
图 15.1.22　选择面

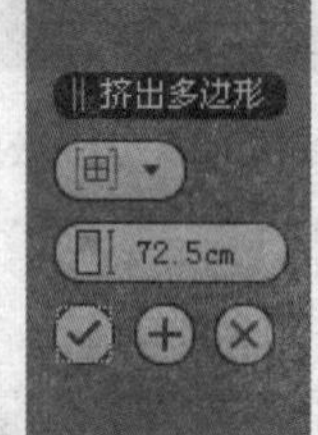

图 15.1.23　设置挤出参数

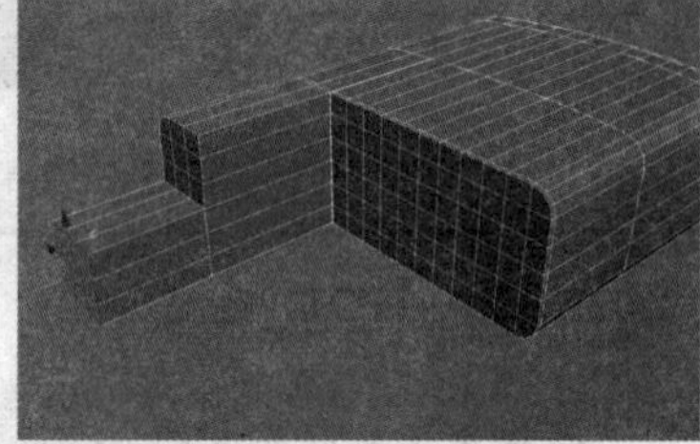
图 15.1.24　挤出效果

（9）选择如图 15.1.25 所示的边，单击 挤出 后面的小按钮，在弹出的 挤出边 对话框中设置参数如图 15.1.26 所示，挤出效果如图 15.1.27 所示。

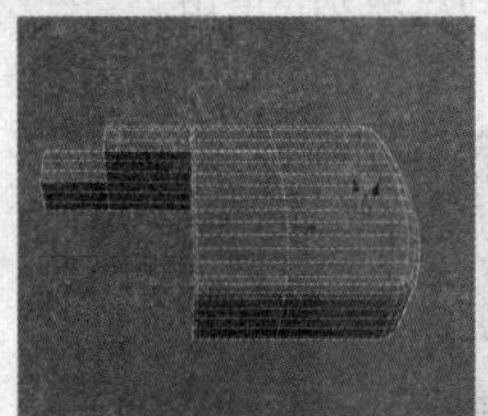
图 15.1.25　选择边

图 15.1.26　设置挤出边参数

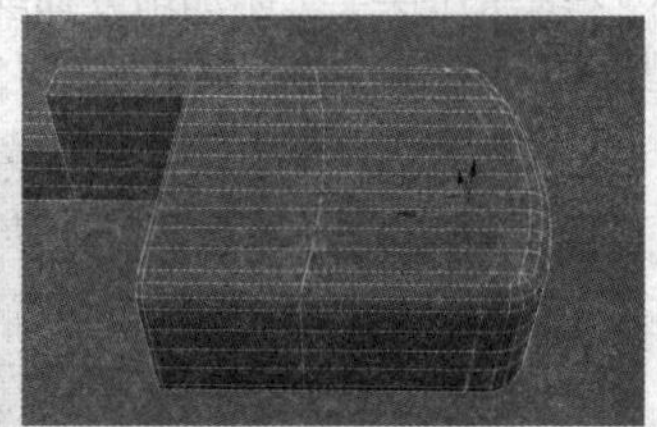
图 15.1.27　挤出边效果

（10）继续对切角长方体进行边的挤出操作和切角操作，效果如图 15.1.28 所示。

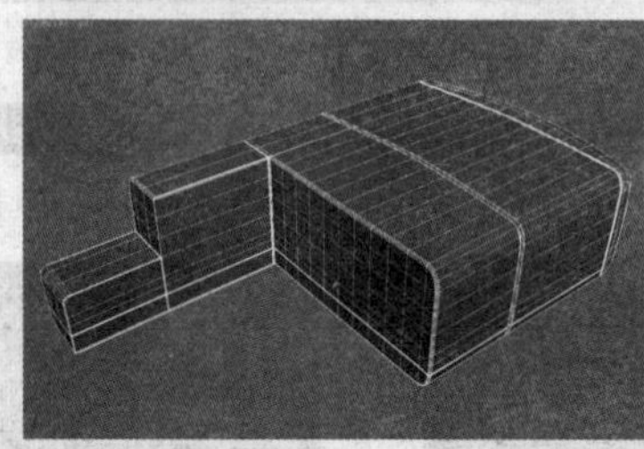
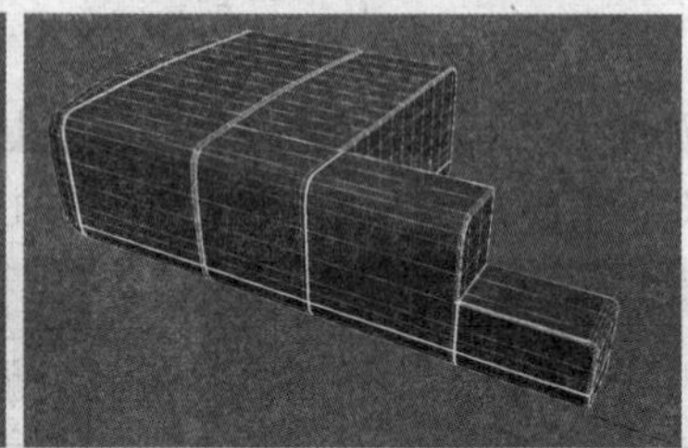
图 15.1.28　挤出边和切角边效果

（11）单击 切角长方体 按钮，在顶视图中创建一个切角长方体，如图 15.1.29 所示。单击鼠标右键，将模型转换为可编辑多边形。

图 15.1.29　创建切角长方体

（12）选择如图 15.1.30 所示的面，按 Delete 键删除，效果如图 15.1.31 所示。

图 15.1.30　选择面

图 15.1.31　删除面

（13）选择如图 15.1.32 所示的边界，单击 封口 按钮进行封口操作，效果如图 15.1.33 所示。调节模型上的节点到如图 15.1.34 所示的位置

图 15.1.32　选择边界

图 15.1.33　封口效果

图 15.1.34　调节节点

15

（14）在模型上添加细分曲线，效果如图 15.1.35 所示。选择如图 15.1.36 所示的节点，单击 切角 按钮进行切角操作，效果如图 15.1.37 所示。

图 15.1.35　添加细分曲线

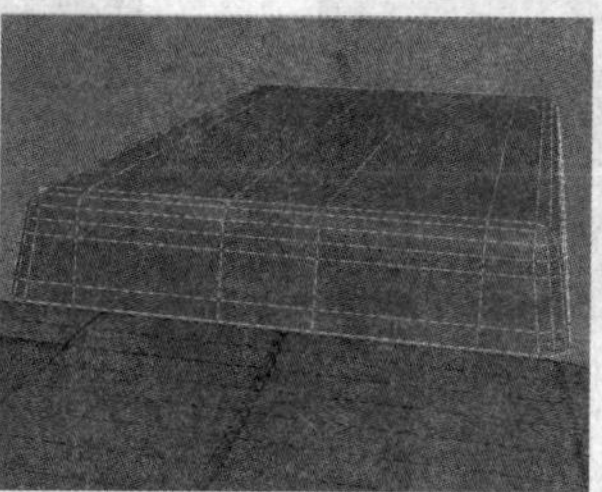
图 15.1.36　选择节点

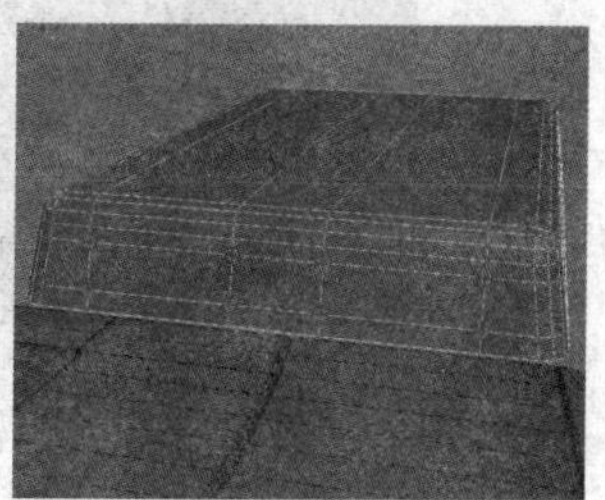
图 15.1.37　切角效果

（15）选择如图 15.1.38 所示的面，按 Delete 键删除，效果如图 15.1.39 所示。选择如图 15.1.40 所示的边，单击 切角 后面的小按钮，在弹出的 切角 对话框中设置参数如图 15.1.41 所示，切角效果如图 15.1.42 所示。

图 15.1.38　选择面

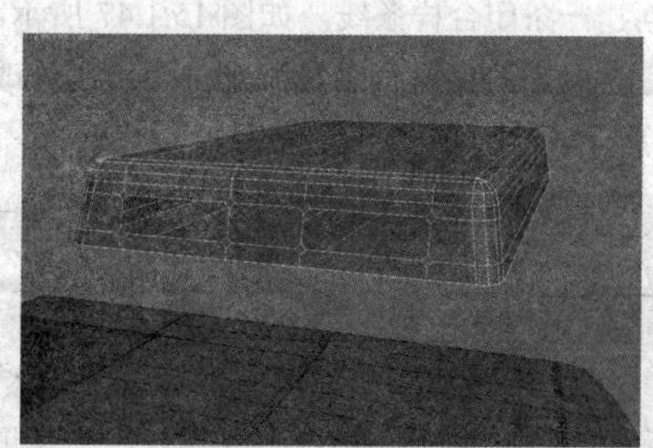
图 15.1.39　删除面

图 15.1.40　选择边

图 15.1.41　设置切角参数

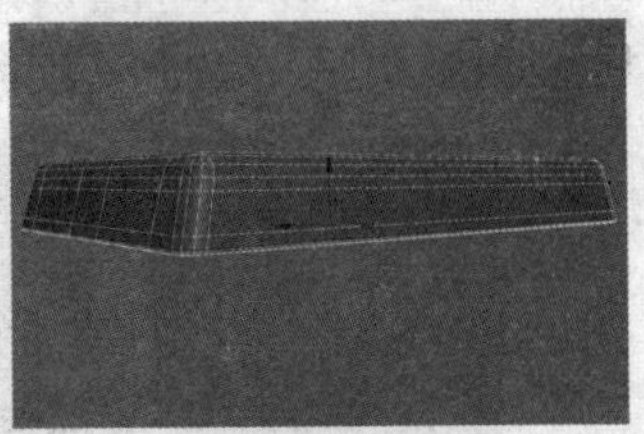

图 15.1.42　切角效果

（16）按 M 键打开材质编辑器，给模型指定默认的材质。选择如图 15.1.43 所示的边界，按住 Shift 键进行拖动复制和缩放复制，效果如图 15.1.44 所示。

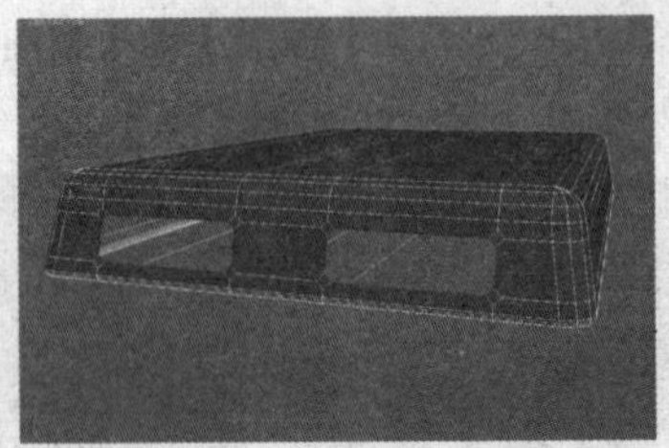

图 15.1.43　选择边界

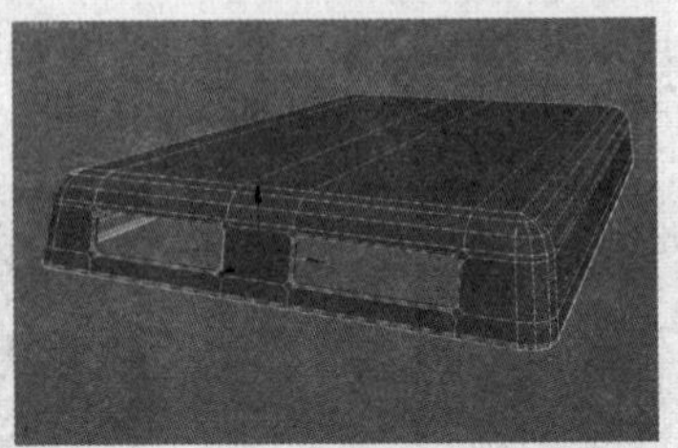

图 15.1.44　复制效果

（17）在另一侧进行相同的操作，并将其调节到如图 15.1.45 所示的位置。在镂空部位创建圆柱体，效果如图 15.1.46 所示。

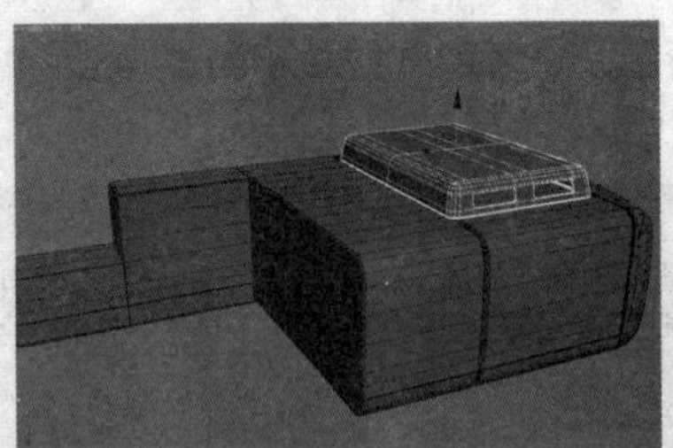

图 15.1.45　调节模型位置

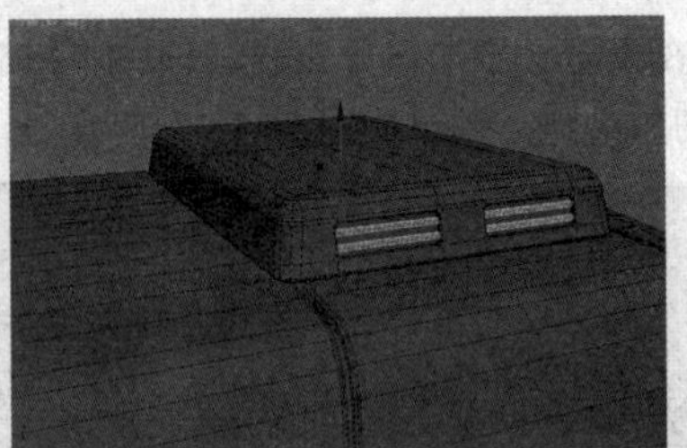

图 15.1.46　创建圆柱体

## 15.1.2　制作踏板模型

在这一小节中，制作机箱的踏板模型。

（1）在创建命令面板的区域，选择样条线类型，单击线按钮，在前视图中创建一条闭合样条线，如图 15.1.47 所示。在修改命令面板的修改器列表下拉列表中选择挤出选项，给闭合样条线添加一个挤出修改器，设置挤出参数如图 15.1.48 所示，挤出效果如图 15.1.49 所示。

图 15.1.47　创建闭合样条线

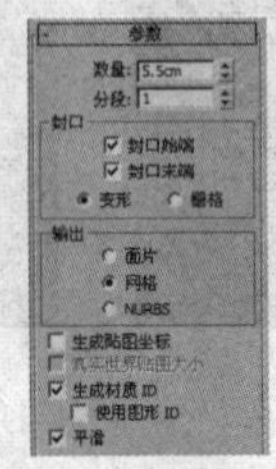


图 15.1.48　设置挤出参数

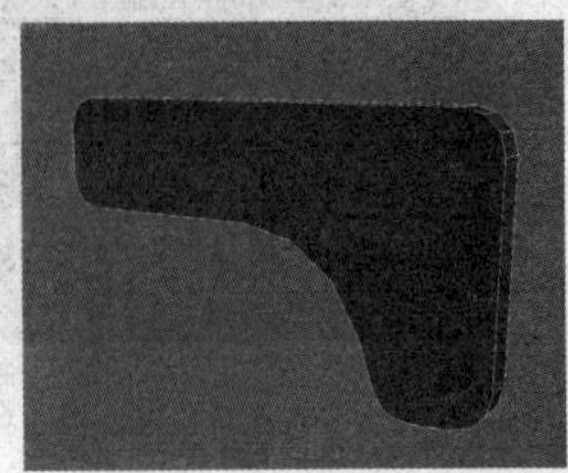

图 15.1.49　挤出效果

（2）选择如图 15.1.50 所示的面，单击 倒角 后面的小按钮，在弹出的 倒角 对话框中设置参数如图 15.1.51 所示，单击⊕按钮，继续设置倒角参数如图 15.1.52 所示，倒角效果如图 15.1.53 所示。

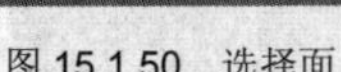
图 15.1.50　选择面

图 15.1.51　设置参数

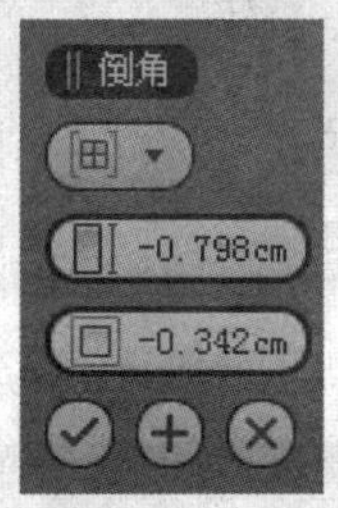

图 15.1.52　设置参数

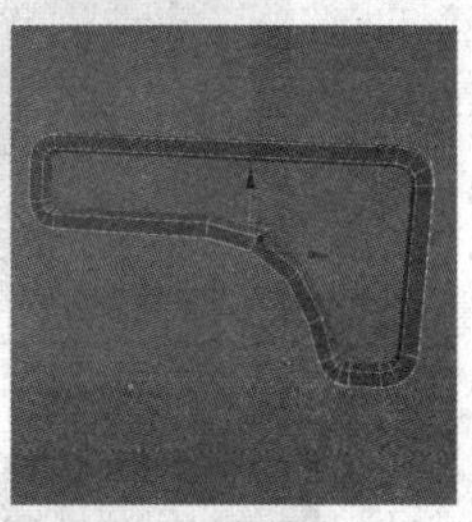
图 15.1.53　倒角效果

（3）对倒角后的模型进行镜像复制，效果如图 15.1.54 所示。单击 切角长方体 按钮，在顶视图中创建五个切角长方体，如图 15.1.55 所示。

图 15.1.54　镜像复制效果

图 15.1.55　创建倒角长方体

（4）对制作好的踏板模型进行镜像复制，效果如图 15.1.56 所示。

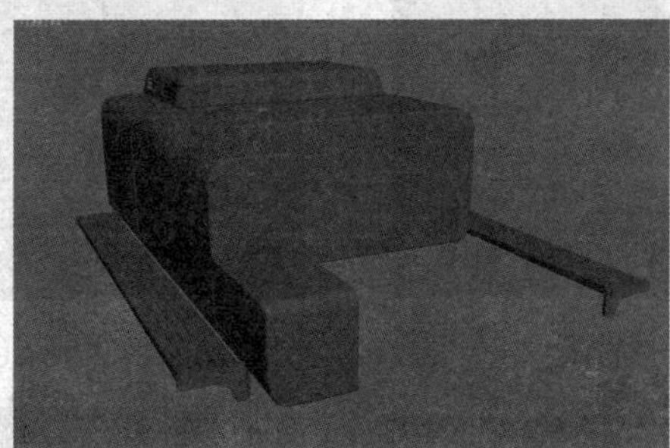
图 15.1.56　镜像复制效果

至此，机箱模型制作完成。

## 15.2　制作驾驶室模型

在本节中，制作挖掘机的驾驶室模型。

（1）单击 切角长方体 按钮，在顶视图中创建一个切角长方体，如图 15.2.1 所示。单击鼠标右键，将模型转换为可编辑多边形。在模型上添加细分曲线，效果如图 15.2.2 所示。

（2）切换到点级别，在左视图中调节模型上的节点到如图 15.2.3 所示的位置。在模型上添加细分曲线，效果如图 15.2.4 所示。

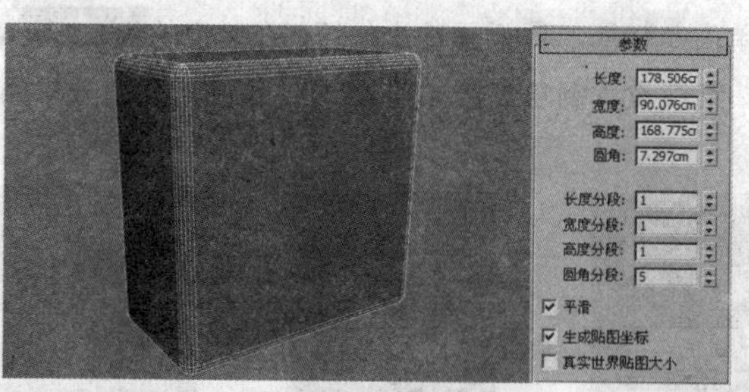


图 15.2.1 创建切角长方体

图 15.2.2 添加细分曲线

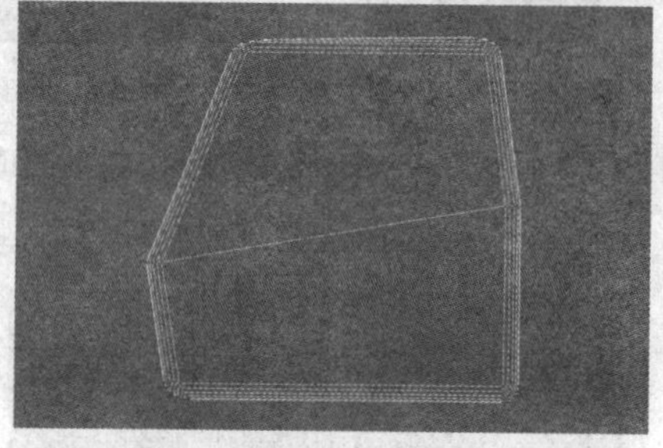

图 15.2.3 调节节点

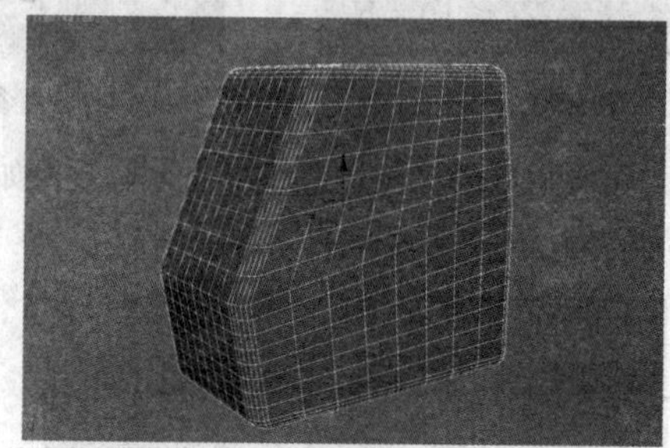

图 15.2.4 添加细分曲线

15

（3）继续在左视图中调节模型上的节点到如图 15.2.5 所示的位置。选择如图 15.2.6 所示的边，单击挤出后面的小按钮，在弹出的挤出边对话框中设置参数如图 15.2.7 所示；单击切角后面的小按钮，在弹出的切角对话框中设置参数如图 15.2.8 所示，模型效果如图 15.2.9 所示。

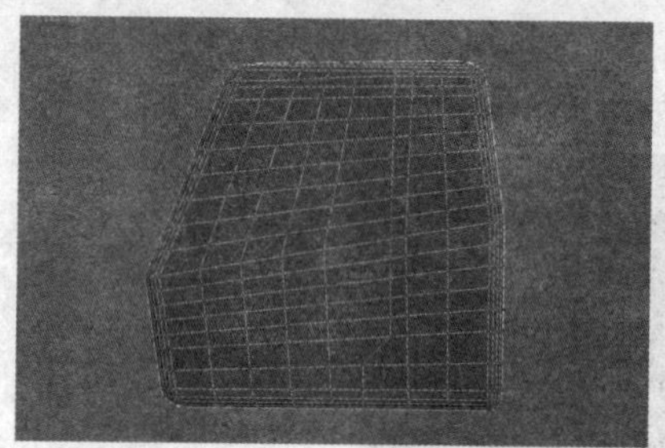

图 15.2.5 调节节点

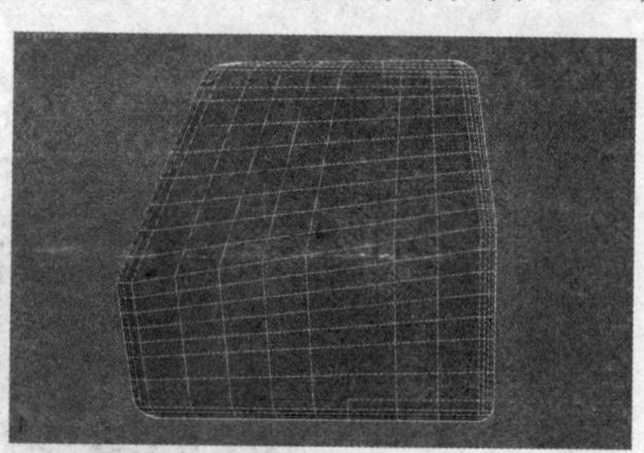

图 15.2.6 选择边

图 15.2.7 设置挤出参数

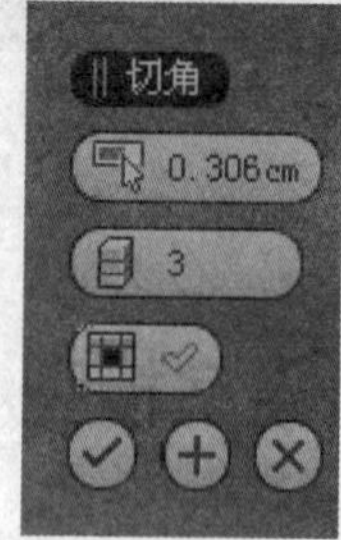


图 15.2.8 设置切角参数

图 15.2.9 模型效果

（4）选择如图 15.2.10 所示的面，单击分离按钮，分离选择的面。选择如图 15.2.11 所示的节点，单击切角后面的小按钮，在弹出的切角对话框中设置参数如图 15.2.12 所示，单击⊕按钮，继续设置切角参数如图 15.2.13 所示，切角效果如图 15.2.14 所示。

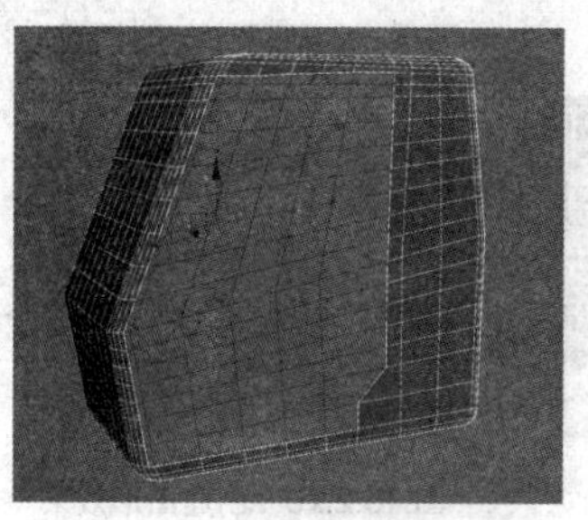

图 15.2.10 选择面

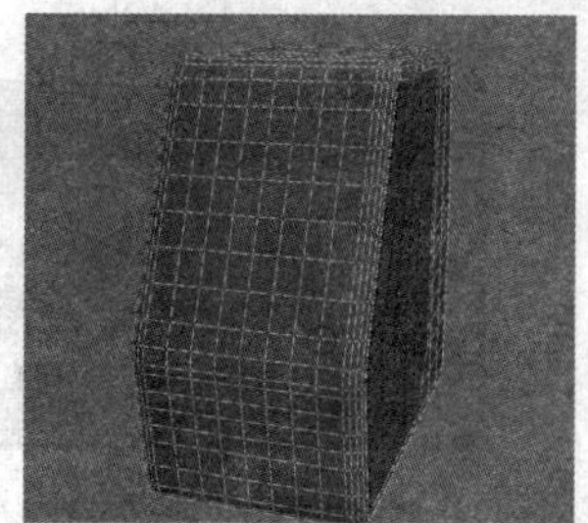

图 15.2.11 选择节点

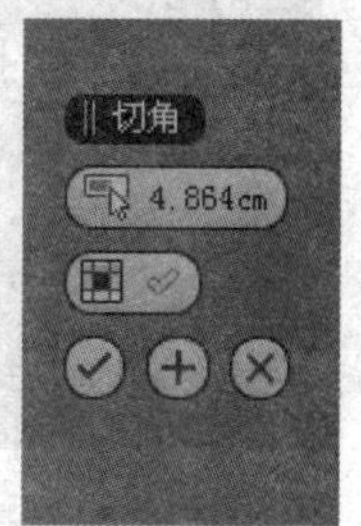


图 15.2.12 设置切角参数

图 15.2.13 设置切角参数

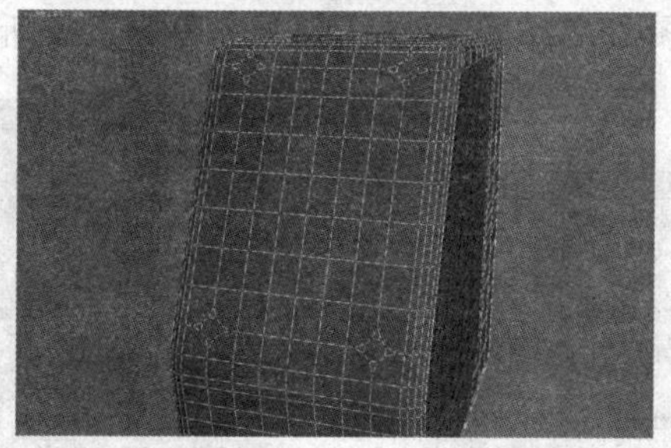

图 15.2.14 切角效果

（5）选择如图 15.2.15 所示的面，单击 分离 按钮分离选择的面，效果如图 15.2.16 所示。

图 15.2.15 选择面

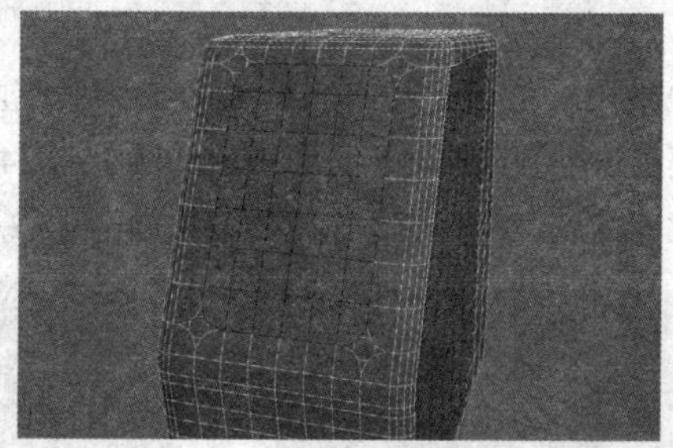

图 15.2.16 分离面

（6）按照上述方法，在其他部位进行面的分离，制作出玻璃窗框的镂空结构，效果如图 15.2.17 所示。

图 15.2.17 镂空结构

（7）现在来制作窗框模型。选择如图 15.2.18 所示的边界，单击 利用所选内容创建图形 后面的小按钮，在弹出的 创建图形 对话框中选择“线性”类型，如图 15.2.19 所示，创建图形效果如图 15.2.20 所示。

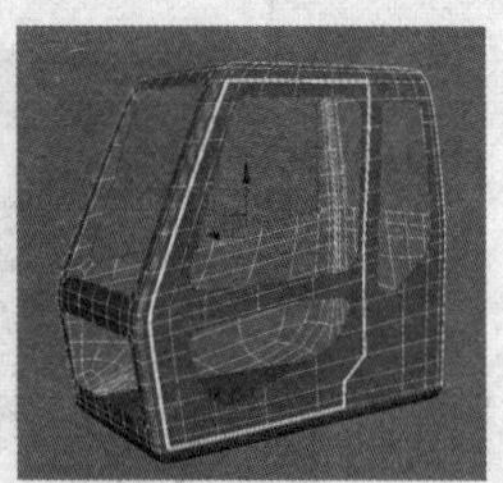

图 15.2.18　选择边界

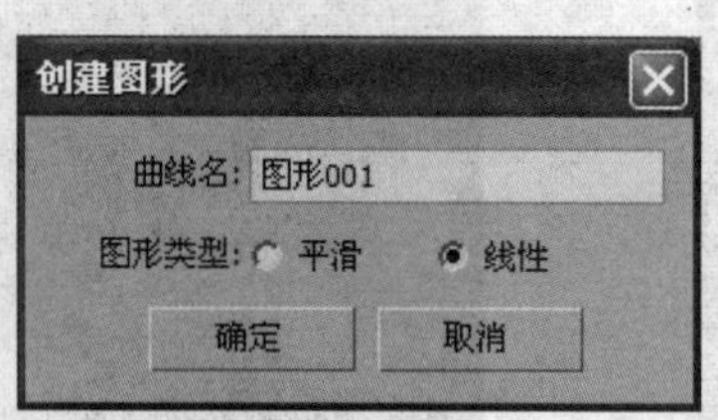

图 15.2.19　“创建图形”对话框

图 15.2.20　创建图形效果

（8）在修改命令面板的渲染卷展栏中激活在渲染中启用和在视口中启用复选框，设置参数如图 15.2.21 所示，模型效果如图 15.2.22 所示。

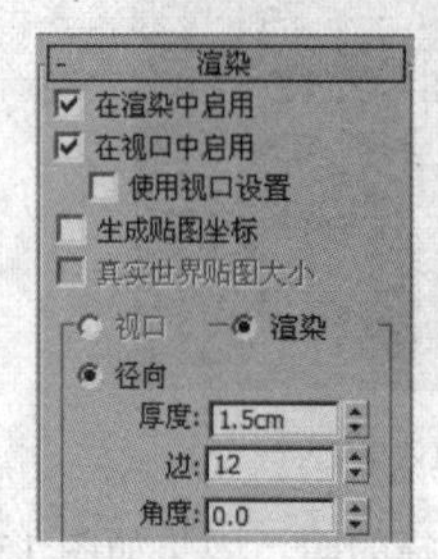

图 15.2.21　设置渲染参数

图 15.2.22　模型效果

（9）使用多边形建模的方法，制作出驾驶室内的座位模型和操作杆模型，效果如图 15.2.23 所示；对座位模型进行细分曲面操作，效果如图 15.2.24 所示。

至此，驾驶室模型制作完成，效果如图 15.2.25 所示。

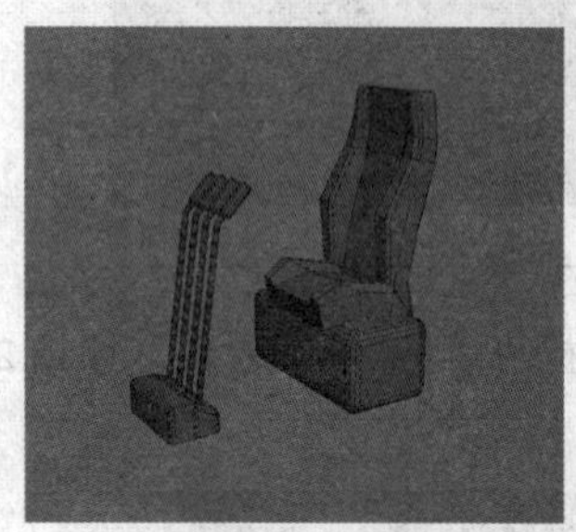
图 15.2.23　座位和操作杆模型

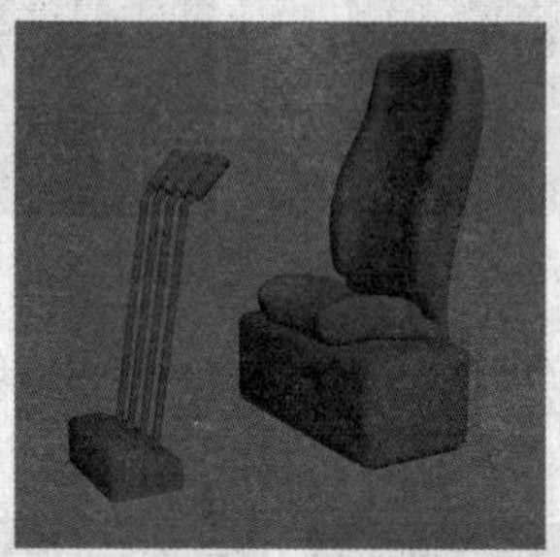
图 15.2.24　细分曲面效果

图 15.2.25　驾驶室模型

## 15.3　制作车架模型

在本节中，制作挖掘机的车架模型。

（1）在创建命令面板的区域，选择样条线类型，单击线按钮，在前视图中创建一条闭合样条线，如图 15.3.1 所示。在修改命令面板的修改器列表下拉列表中选择挤出选项，给闭合样条线添加一个挤出修改器，在参数卷展栏中设置参数如图 15.3.2 所示，挤出效果如图 15.3.3 所示。

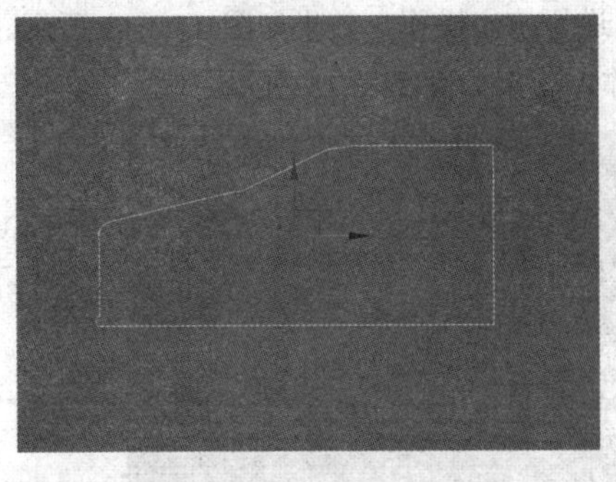

图 15.3.1　创建闭合样条线

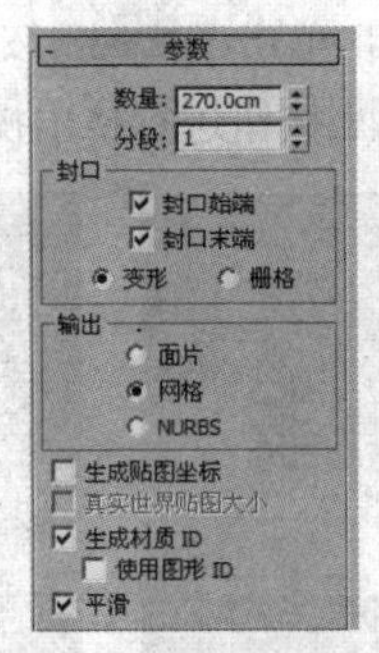


图 15.3.2　设置挤出参数

图 15.3.3　挤出效果

（2）单击鼠标右键，将挤出的模型转换为可编辑多边形。在模型上添加细分曲线，效果如图 15.3.4 所示。选择如图 15.3.5 所示的面，按 Delete 键删除，效果如图 15.3.6 所示。

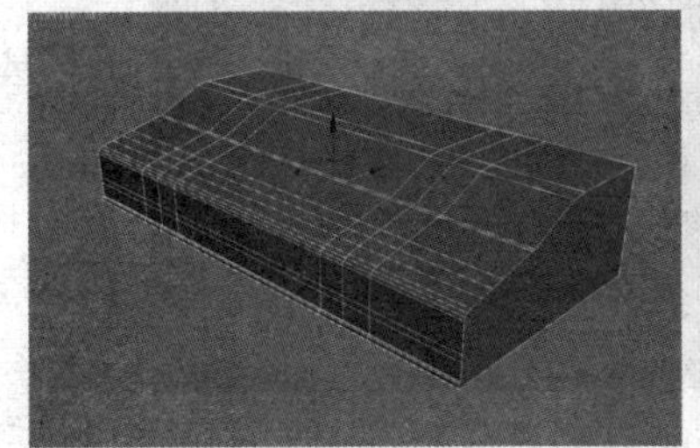

图 15.3.4　添加细分曲线

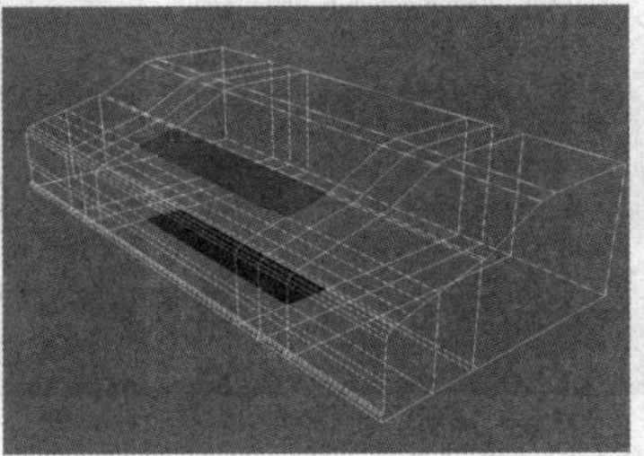

图 15.3.5　选择面

图 15.3.6　删除面



（3）选择如图 15.3.7 所示的边界，单击按钮，进行桥接操作，效果如图 15.3.8 所示。

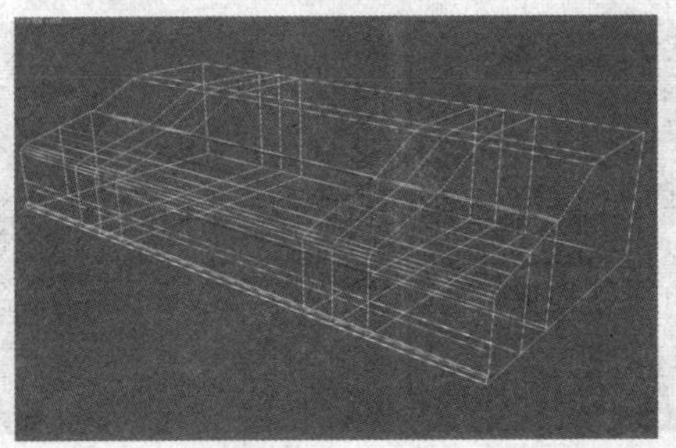

图 15.3.7　选择边界

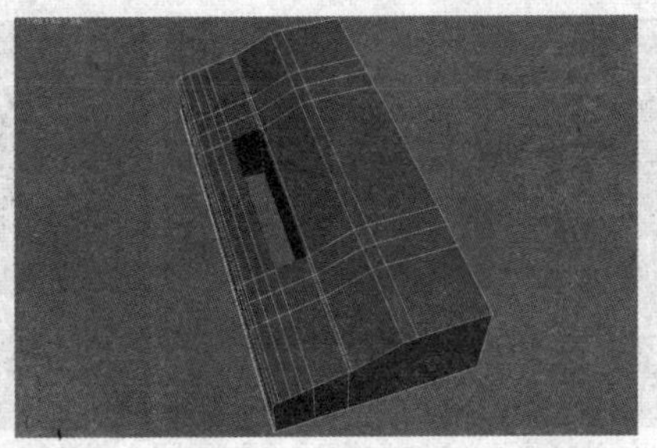

图 15.3.8　桥接效果

（4）选择如图 15.3.9 所示的边，单击 连接 后面的小按钮，在弹出的 连接边 对话框中设置参数如图 15.3.10 所示，连接边效果如图 15.3.11 所示。

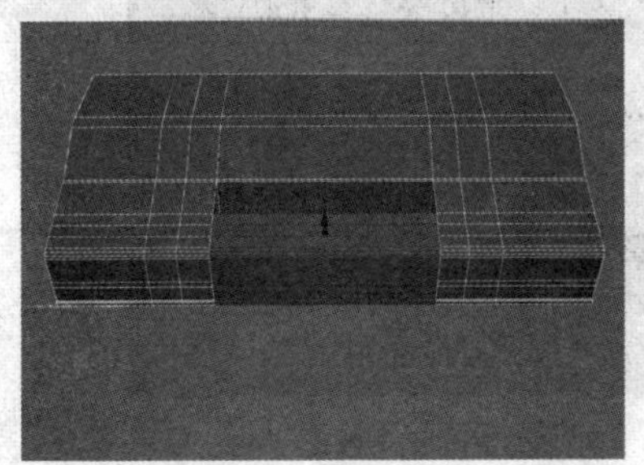

图 15.3.9　选择边

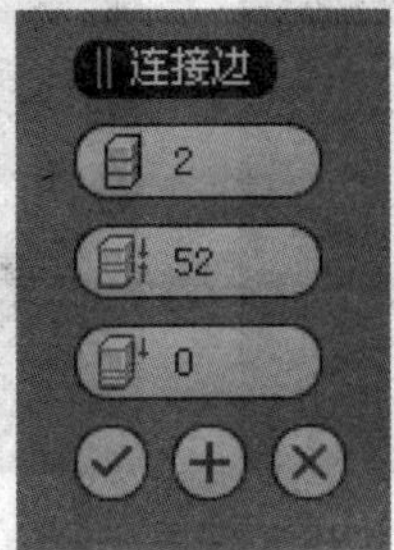


图 15.3.10　设置连接边参数

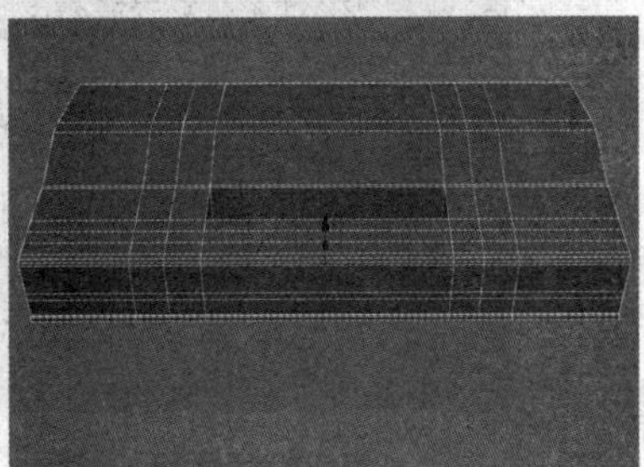

图 15.3.11　连接边效果

（5）选择如图 15.3.12 所示的面，单击 挤出 按钮进行挤出操作，效果如图 15.3.13 所示。选择如图 15.3.14 所示的面，单击 挤出 按钮进行挤出操作，效果如图 15.3.15 所示。

图 15.3.12 选择面

图 15.3.13 挤出效果

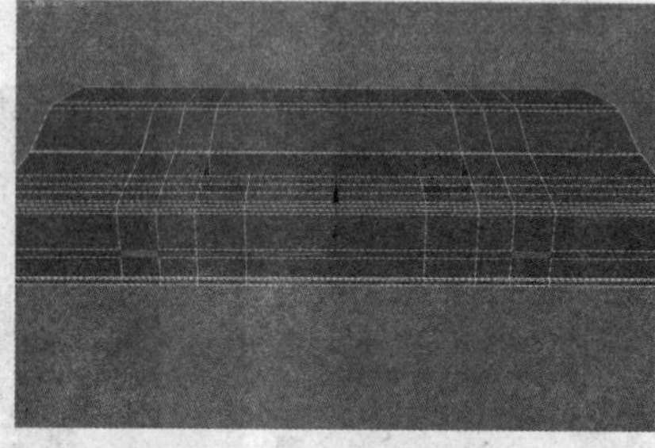
图 15.3.14 选择面

图 15.3.15 挤出效果

15

（6）切换到点级别，单击 切割 按钮，在模型上切割细分曲线，效果如图 15.3.16 所示。选择如图 15.3.17 所示的面，单击 挤出 按钮进行挤出操作，效果如图 15.3.18 所示。

图 15.3.16 切割细分曲线

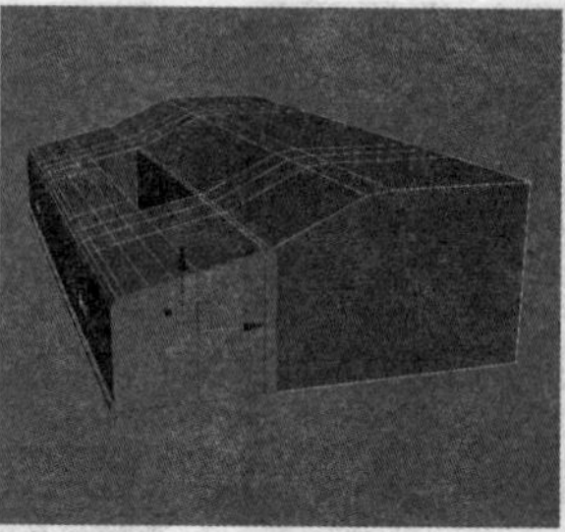
图 15.3.17 选择面

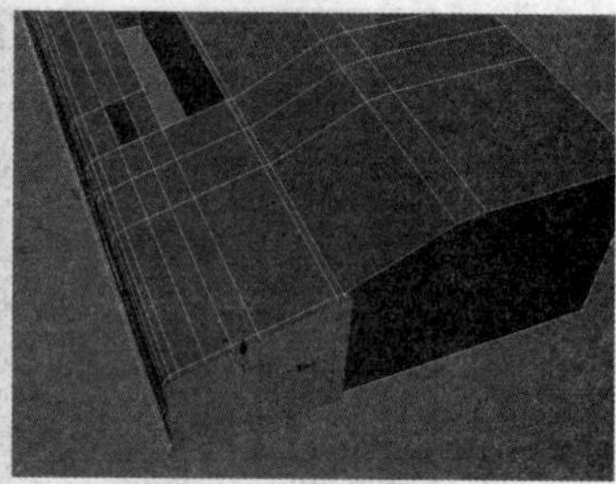
图 15.3.18 挤出效果

（7）选择如图 15.3.19 所示的面，单击 倒角 按钮进行多次倒角操作，效果如图 15.3.20 所示。

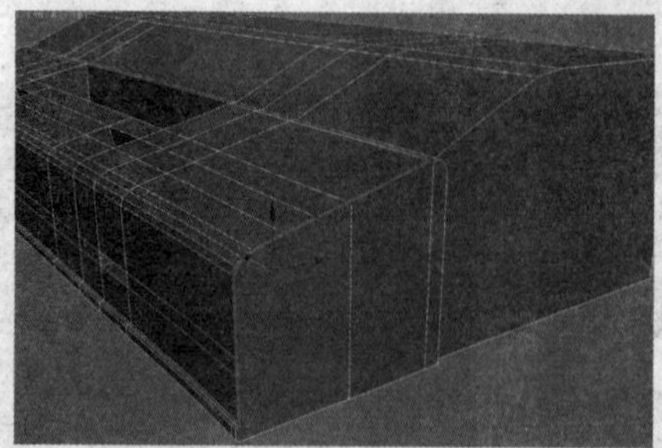
图 15.3.19 选择面

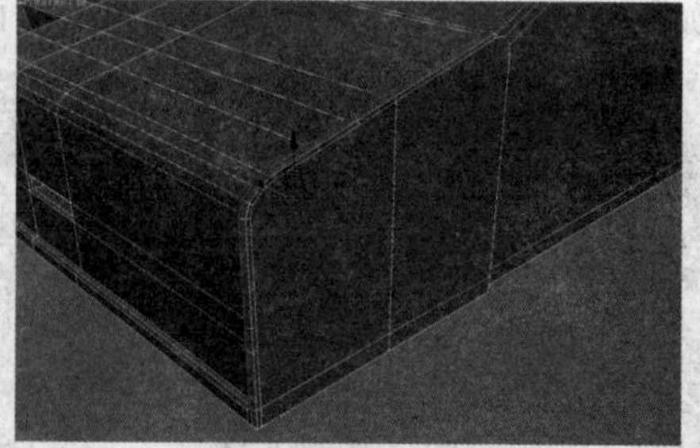
图 15.3.20 倒角效果

（8）在修改命令面板的 修改器列表 下拉列表中选择 对称 选项，给闭合样条线添加一个

对称修改器，在「参数」卷展栏中设置参数如图 15.3.21 所示，对称效果如图 15.3.22 所示。

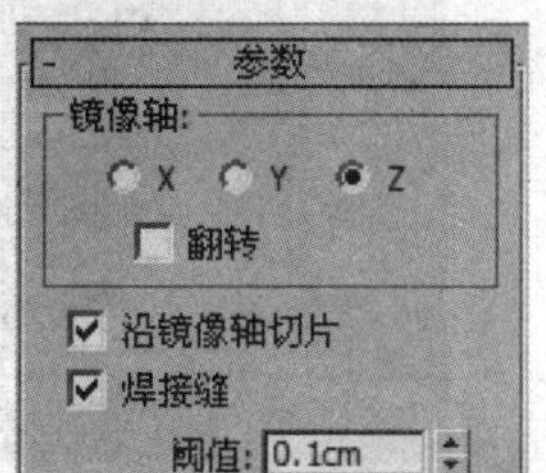


图 15.3.21　设置对称参数

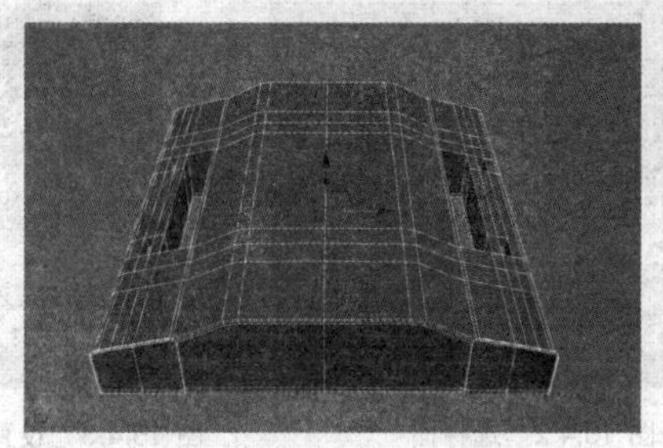

图 15.3.22　对称效果

 Tips

"对称"修改器将面片和 NURBS 对象转换为修改器堆栈中的网格格式，可编辑多边形和可编辑网格对象保持原始格式。

（9）使用多边形建模的方法，制作出车架的其他结构模型，效果如图 15.3.23 所示。

图 15.3.23　车架模型

至此，车架模型制作完成。

## 15.4　制作履带模型

在本节中制作履带模型，在制作过程中主要用到了间隔工具。

（1）单击「长方体」按钮，在顶视图中创建一个长方体，如图 15.4.1 所示。单击鼠标右键，将长方体转换为可编辑多边形。

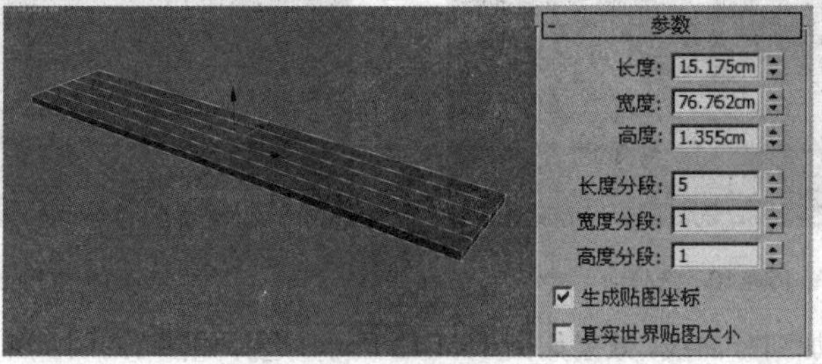


图 15.4.1　创建长方体

（2）选择如图 15.4.2 所示的面，单击 倒角 后面的小按钮，在弹出的 倒角 对话框中设置参数如图 15.4.3 所示，倒角效果如图 15.4.4 所示。

图 15.4.2　选择面

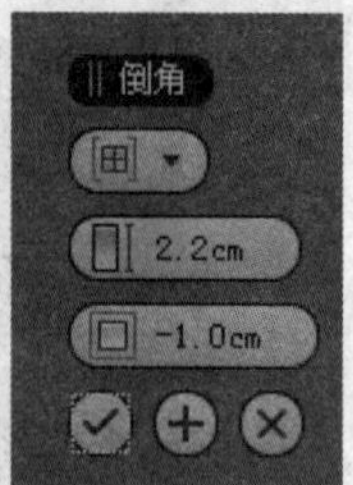


图 15.4.3　设置倒角参数

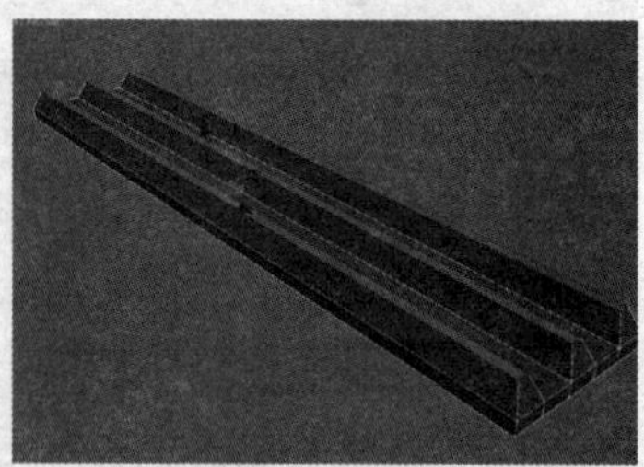

图 15.4.4　倒角效果

（3）选择如图 15.4.5 所示的边，单击 切角 后面的小按钮，在弹出的 切角 对话框中设置参数如图 15.4.6 所示，切角效果如图 15.4.7 所示。

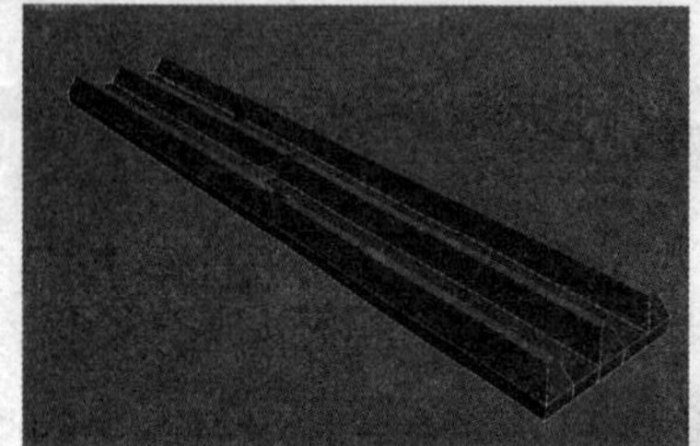

图 15.4.5　选择边

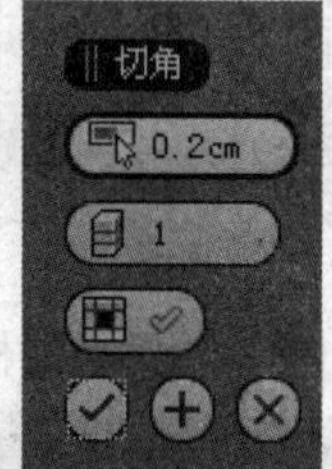


图 15.4.6　设置切角参数

图 15.4.7　切角效果

（4）调节模型上的节点到如图 15.4.8 所示的位置。在模型上添加细分曲线，效果如图 15.4.9 所示。

图 15.4.8　调节节点

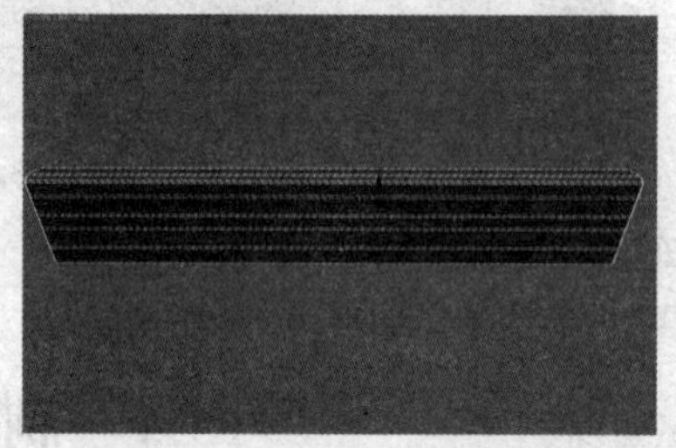

图 15.4.9　添加细分曲线

（5）选择如图 15.4.10 所示的面，单击 挤出 按钮进行挤出操作，效果如图 15.4.11 所示。

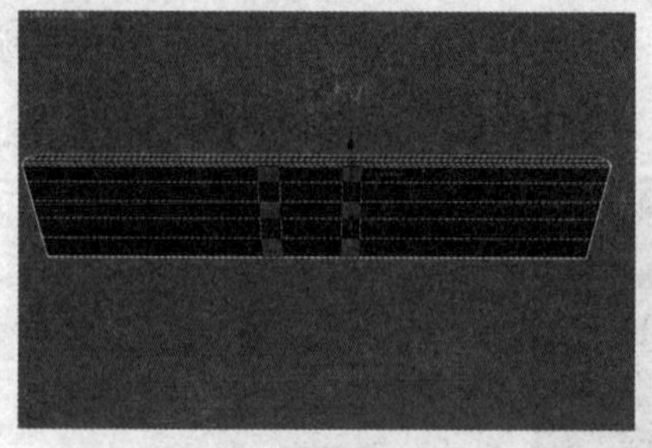

图 15.4.10　选择面

图 15.4.11　挤出效果

（6）在模型上添加细分曲线，效果如图 15.4.12 所示。选择如图 15.4.13 所示的面，单击 桥 按钮，进行桥接操作，效果如图 15.4.14 所示。

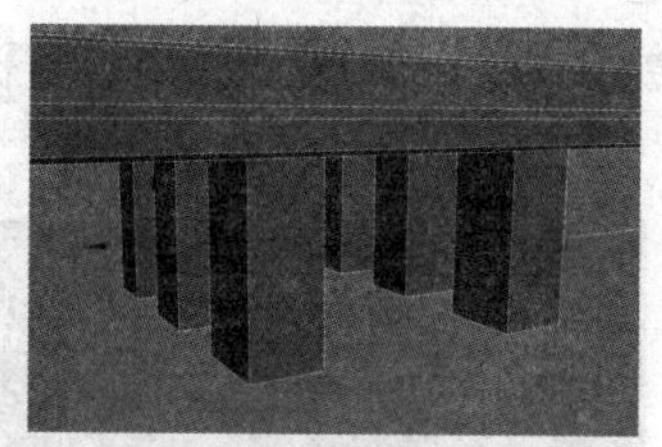

图 15.4.12 添加细分曲线

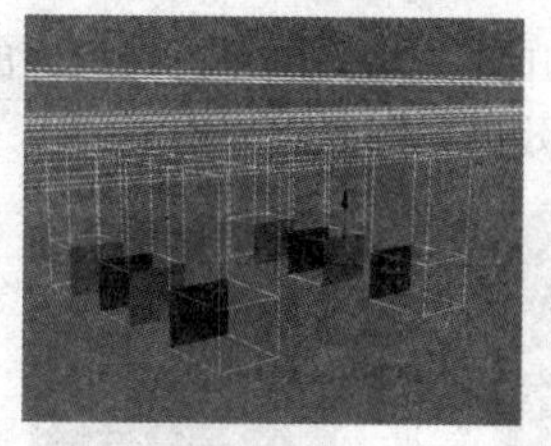

图 15.4.13 选择面

图 15.4.14 桥接效果

（7）单击 线 按钮，在左视图中创建一条闭合样条线，如图 15.4.15 所示。选择制作好的三维模型，选择 工具(T) → 对齐 → 间隔工具(I)... 选项，在弹出的 间隔工具 对话框中设置参数如图 15.4.16 所示，单击 拾取路径 按钮，在视图中拾取闭合样条线，间隔复制效果如图 15.4.17 所示。

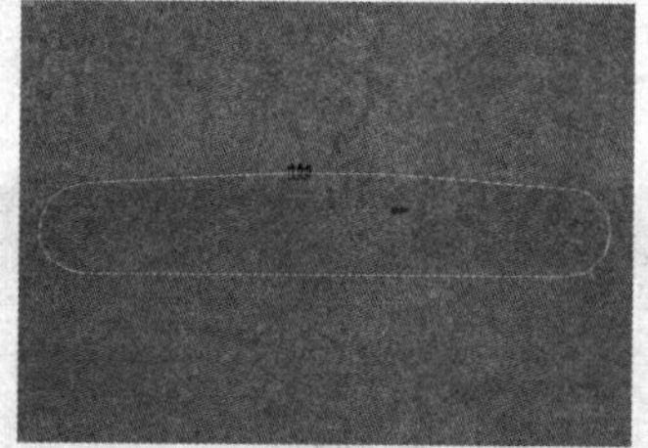

图 15.4.15 创建闭合样条线

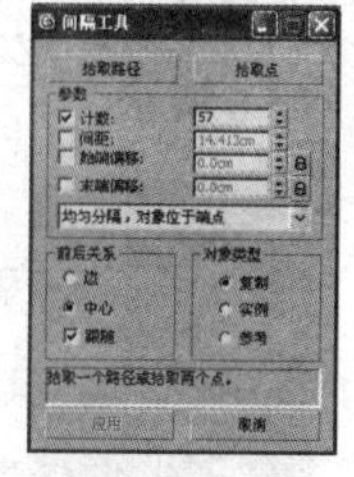

图 15.4.16 “间隔工具”对话框

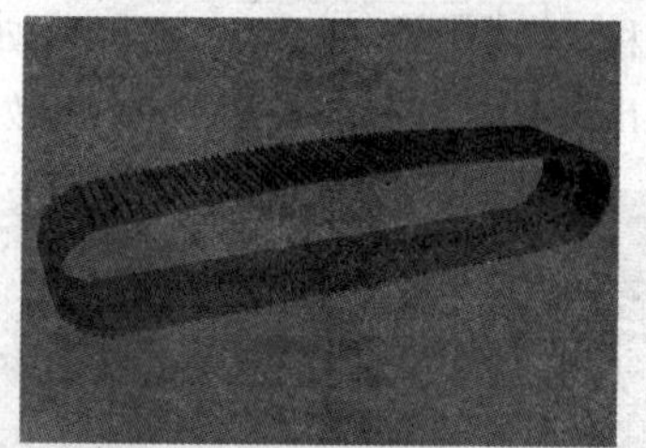

图 15.4.17 间隔复制效果

（8）对制作的履带模型进行镜像复制，效果如图 15.4.18 所示。

图 15.4.18 镜像复制效果

## 15.5 制作回转平台模型

在本节中，制作挖掘机的回转平台模型。

（1）单击 圆柱体 按钮，在顶视图中创建一个圆柱体，如图 15.5.1 所示。单击鼠标右键，将圆柱体转换为可编辑多边形，调节模型上的边到如图 15.5.2 所示的位置。

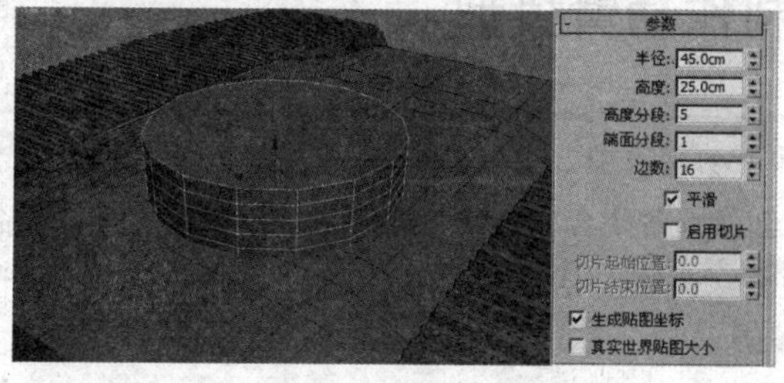


图 15.5.1 创建圆柱体

图 15.5.2 调节边

（2）选择如图 15.5.3 所示的面，单击 挤出 后面的小按钮，在弹出的 挤出多边形 对话框中设置参数如图 15.5.4 所示，挤出效果如图 15.5.5 所示。

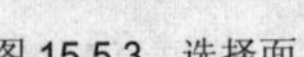

图 15.5.3　选择面

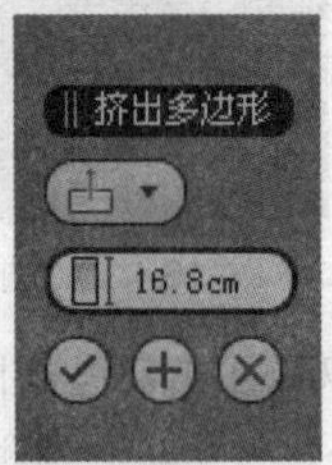



图 15.5.4　设置挤出参数

图 15.5.5　挤出效果

（3）单击 线 按钮，在左视图中创建一条闭合样条线，如图 15.5.6 所示。在修改命令面板的 修改器列表 下拉列表中选择 挤出 选项，给闭合样条线添加一个挤出修改器，设置挤出参数如图 15.5.7 所示，挤出效果如图 15.5.8 所示。

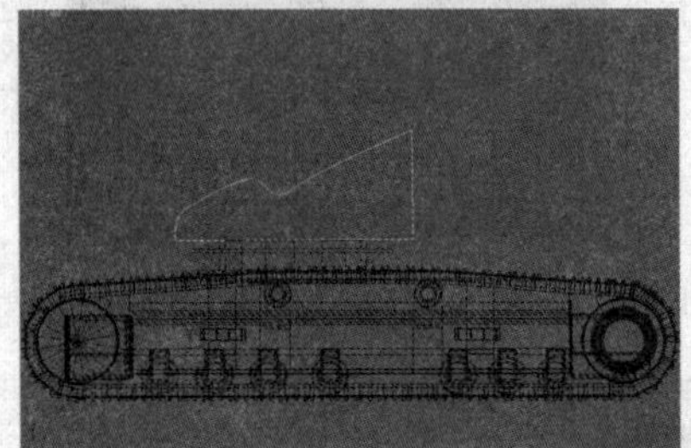

图 15.5.6　创建闭合样条线

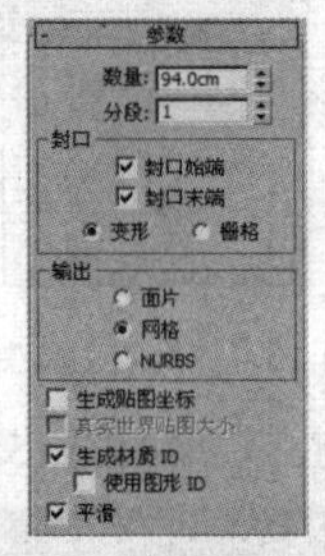



图 15.5.7　设置挤出参数

图 15.5.8　挤出效果

（4）继续使用挤出操作，制作出如图 15.5.9 所示的模型。

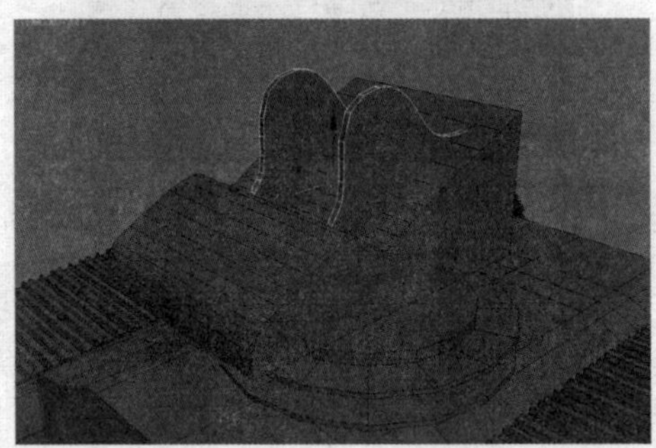

图 15.5.9　挤出效果

## 15.6　制作动臂模型

在本节中，制作动臂模型，包括上动臂和下动臂模型。

（1）单击 线 按钮，在左视图中创建一条闭合样条线，如图 15.6.1 所示。在修改命令面板的 修改器列表 下拉列表中选择 挤出 选项，给闭合样条线添加一个挤出修改器，设置挤出参数如图 15.6.2 所示，挤出效果如图 15.6.3 所示。

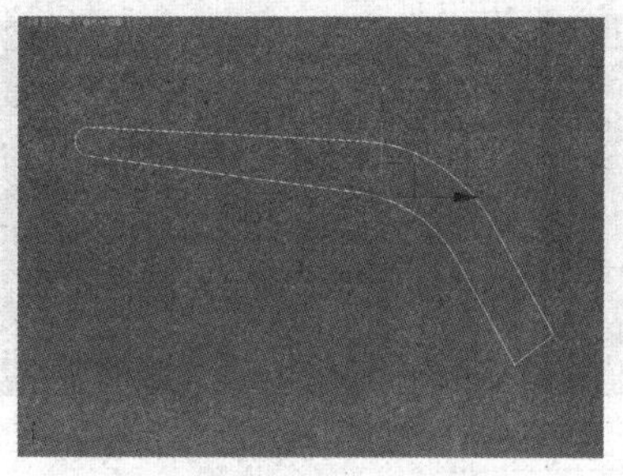

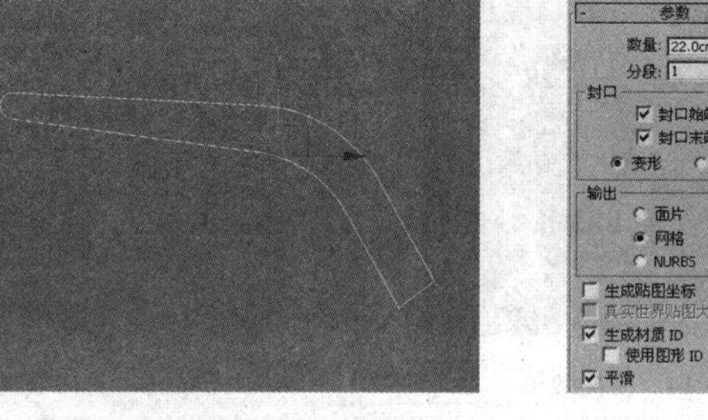


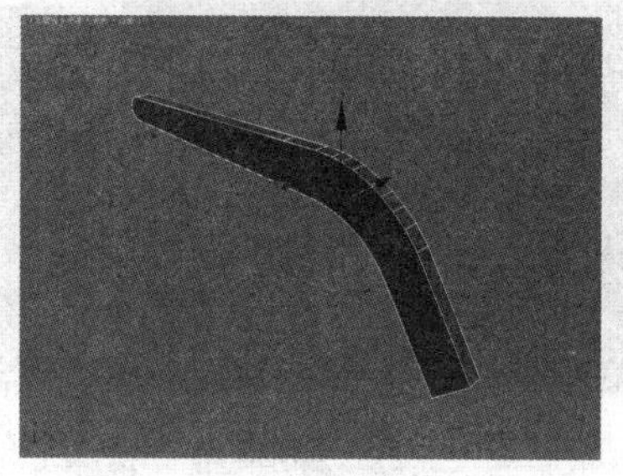

图 15.6.1　创建闭合样条线　　图 15.6.2　设置挤出参数　　图 15.6.3　挤出效果

（2）单击鼠标右键，将挤出模型转换为可编辑多边形。选择如图 15.6.4 所示的面，单击 插入 后面的小按钮进行插入操作，在弹出的 插入 对话框中设置参数如图 15.6.5 所示，插入效果如图 15.6.6 所示。

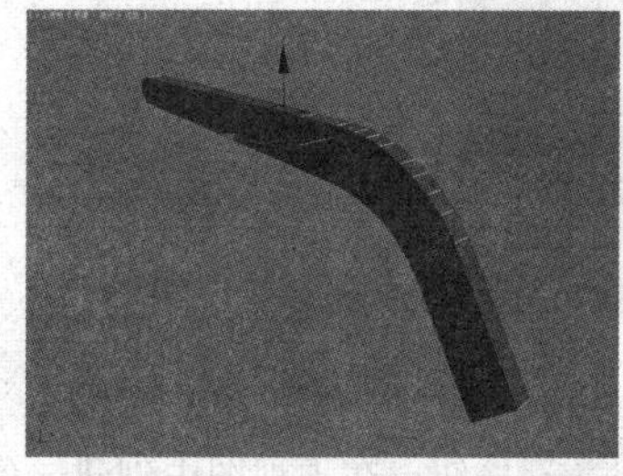

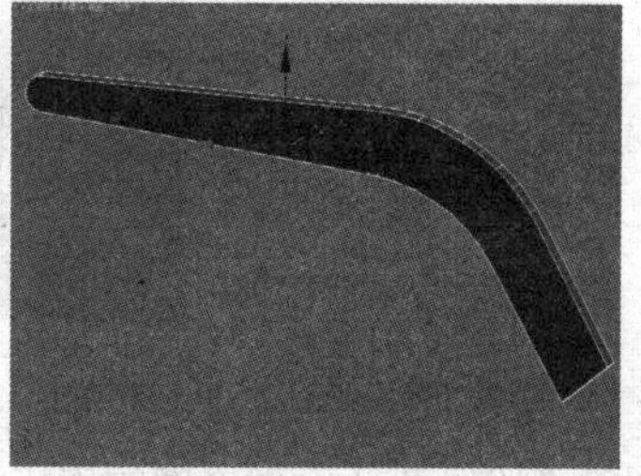

图 15.6.4　选择面　　图 15.6.5　设置插入参数　　图 15.6.6　插入效果



（3）选择如图 15.6.7 所示的面，单击 挤出 后面的小按钮进行挤出操作，在弹出的 插入 对话框中设置参数如图 15.6.8 所示，挤出效果如图 15.6.9 所示。

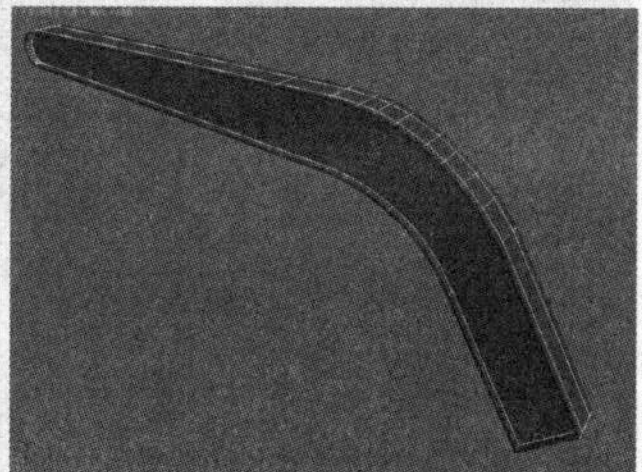

图 15.6.7　选择面　　图 15.6.8　设置挤出参数　　图 15.6.9　挤出效果

（4）在模型上添加细分曲线，效果如图 15.6.10 所示。选择如图 15.6.11 所示的面，按 Delete 键删除，效果如图 15.6.12 所示。选择如图 15.6.13 所示的边，单击 桥 按钮进行桥接操作，效果如图 15.6.14 所示。选择模型上的边界，单击 封口 按钮进行封口操作，效果如图 15.6.15 所示。

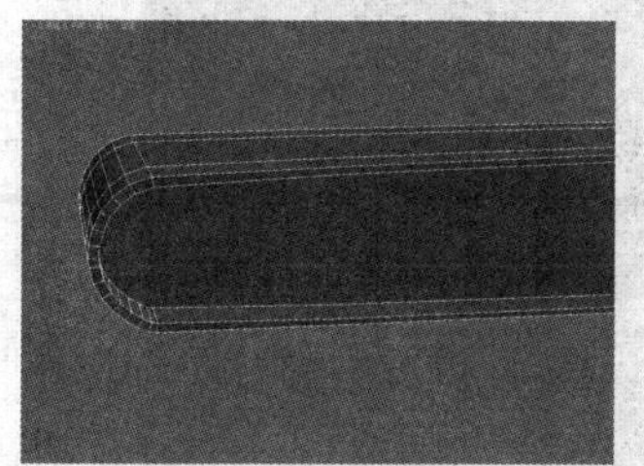

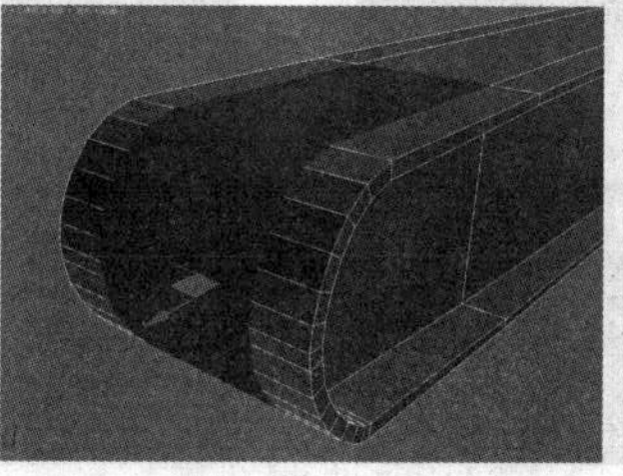

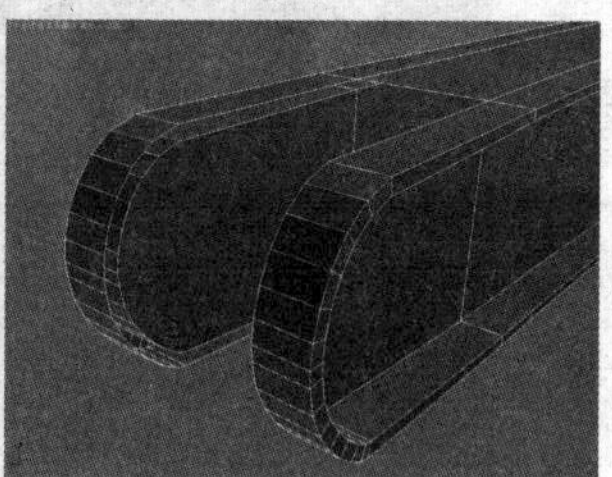

图 15.6.10　添加细分曲线　　图 15.6.11　选择面　　图 15.6.12　删除面

图 15.6.13　选择边

图 15.6.14　桥接效果

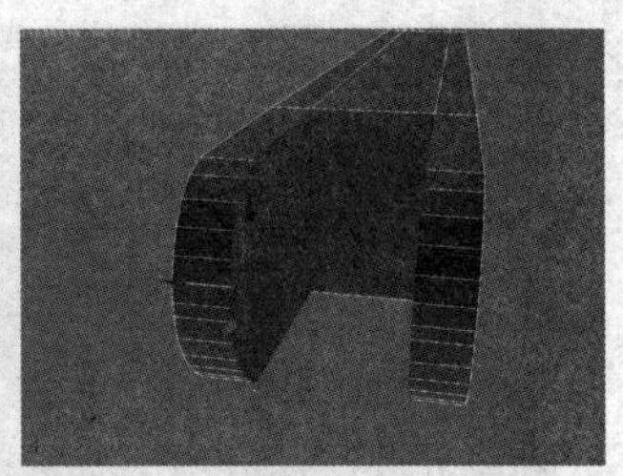

图 15.6.15　封口效果

（5）使用上述方法，制作出下动臂模型，效果如图 15.6.16 所示。

图 15.6.16　下动臂模型

15

（6）制作上、下动臂之间的连接螺丝模型。单击 线 按钮，在顶视图中创建一条样条线，如图 15.6.17 所示。在修改命令面板的 修改器列表 下拉列表中选择 车削 选项，给样条线添加一个车削修改器，效果如图 15.6.18 所示。

图 15.6.17　创建样条线

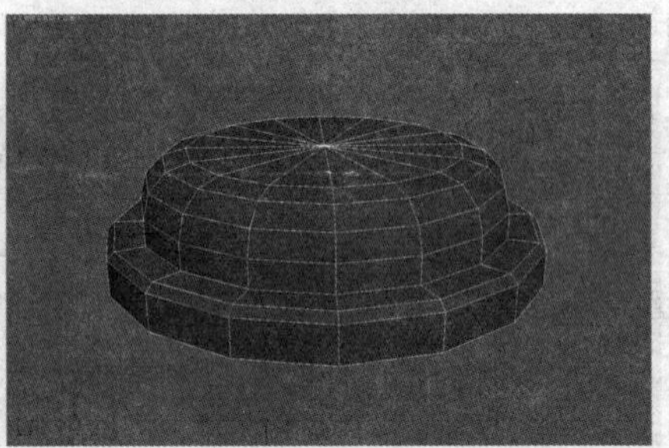

图 15.6.18　车削效果

（7）将制作的螺丝模型调节到如图 15.6.19 所示的位置，对螺丝模型进行镜像复制操作，效果如图 15.6.20 所示。

图 15.6.19　调节模型位置

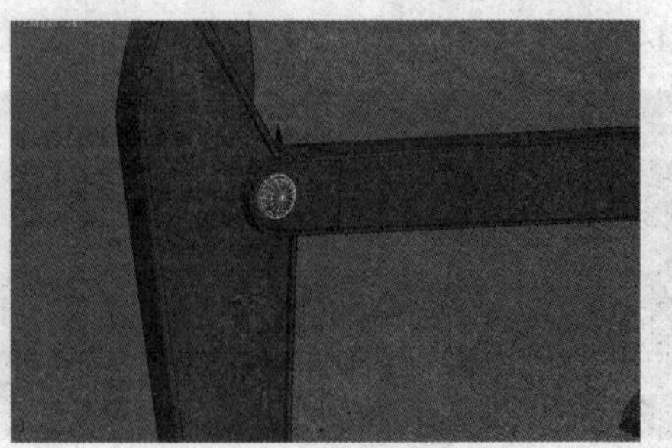

图 15.6.20　镜像复制效果

# 15.7　制作油缸模型

在本节中，制作动臂的油缸模型。

（1）单击 线 按钮，在左视图中创建一条闭合样条线，如图 15.7.1 所示。在修改命令面板的 修改器列表 下拉列表中选择 挤出 选项，给闭合样条线添加一个挤出修改器，设置挤出参数如图 15.7.2 所示，挤出效果如图 15.7.3 所示。

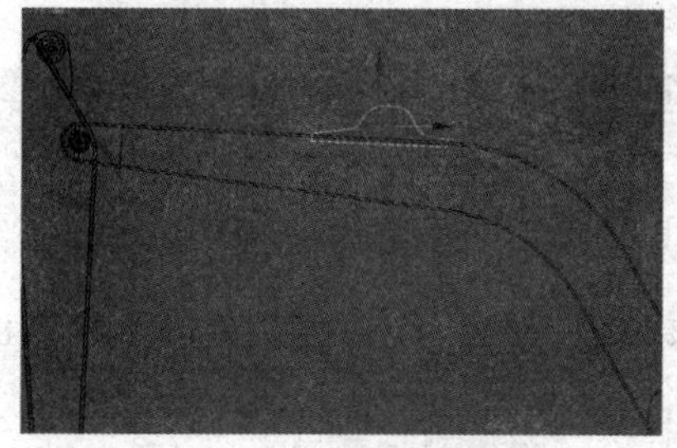

图 15.7.1　创建闭合样条线

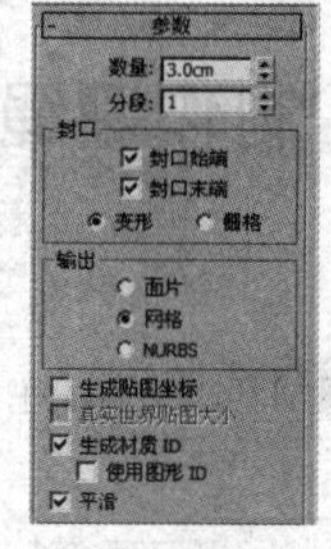


图 15.7.2　设置挤出参数

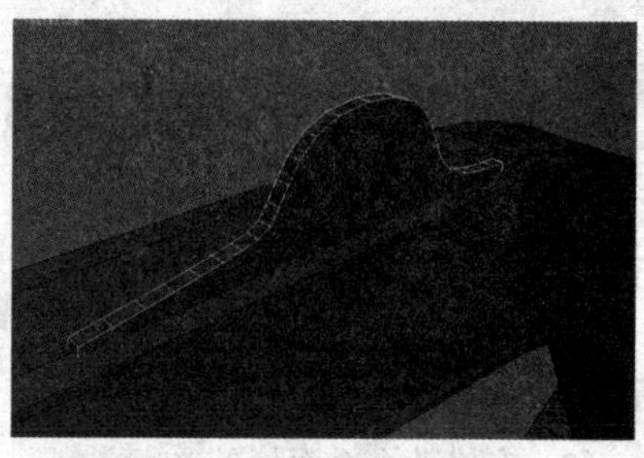

图 15.7.3　挤出效果



（2）单击鼠标右键，将挤出的模型转换为可编辑多边形。选择如图 15.7.4 所示的边，单击 切角 按钮进行切角操作，效果如图 15.7.5 所示。

图 15.7.4　选择边

图 15.7.5　切角效果

（3）对挤出的模型进行复制，效果如图 15.7.6 所示。使用多边形建模的方法制作出油缸的其他结构模型，效果如图 15.7.7 所示。

图 15.7.6　复制效果

图 15.7.7　油缸模型

（4）对制作的油缸模型进行复制操作，并调节复制模型的大小，效果如图 15.7.8 所示。使用多边形建模的方法，制作出油缸与铲斗之间的衔接部分，效果如图 15.7.9 所示。

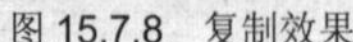
图 15.7.8　复制效果

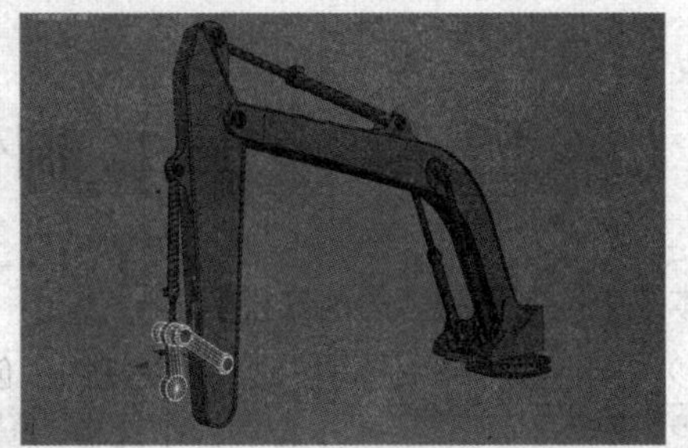
图 15.7.9　油缸与铲斗衔接模型

# 15.8　制作绷绳模型

在本节中，制作绷绳模型。

（1）制作绷绳的挂钩模型。单击 切角圆柱体 按钮，在顶视图中创建一个切角圆柱体，如图 15.8.1 所示。

（2）在修改命令面板的 修改器列表 下拉列表中选择 FFD(圆柱体) 选项，给圆柱体添加一个形变修改器，对圆柱体进行形变操作，效果如图 15.8.2 所示。

15

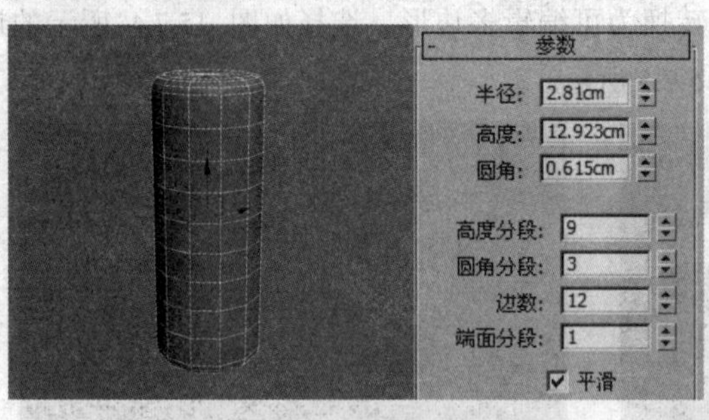

图 15.8.1　创建切角长方体

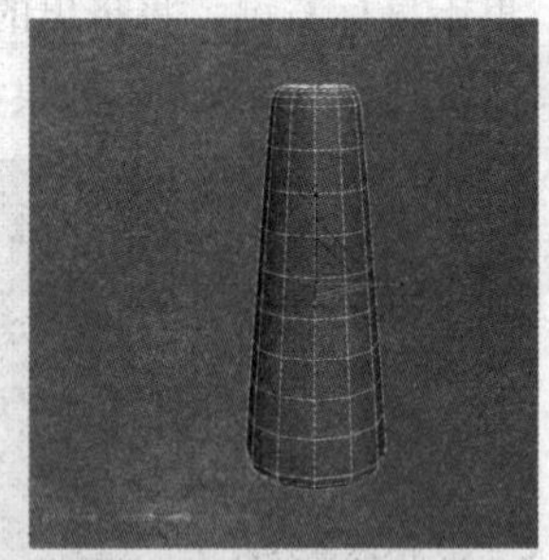
图 15.8.2　形变效果

（3）在修改命令面板的 修改器列表 下拉列表中选择 弯曲 选项，给圆柱体添加一个弯曲修改器，在 参数 卷展栏中设置参数如图 15.8.3 所示，弯曲效果如图 15.8.4 所示。

（4）单击 切角圆柱体 按钮，在左视图中创建一个切角圆柱体，如图 15.8.5 所示。

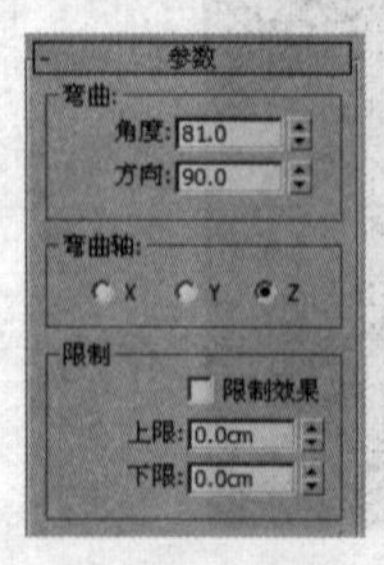

图 15.8.3　设置弯曲参数

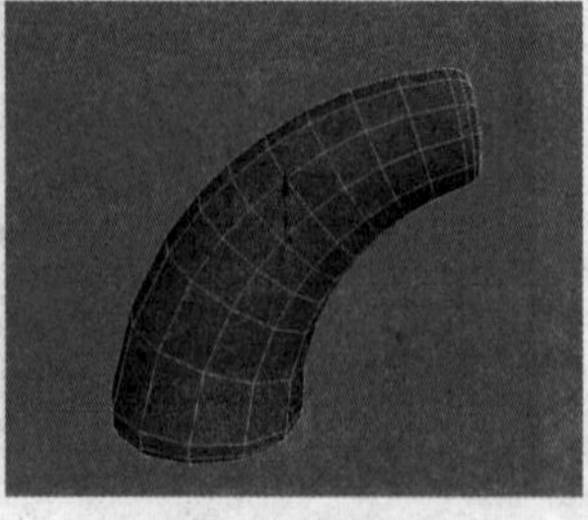
图 15.8.4　弯曲效果

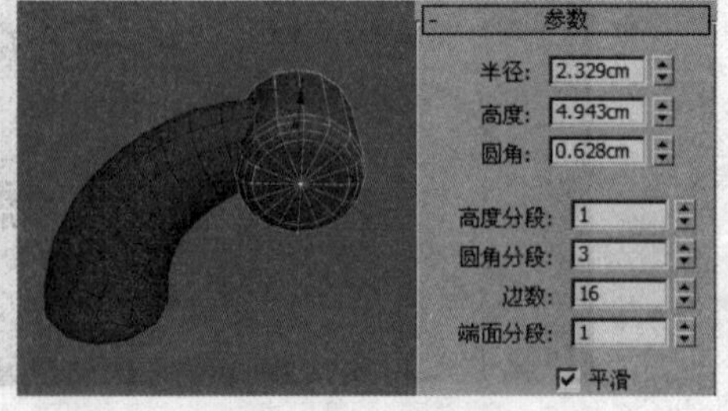

图 15.8.5　创建切角圆柱体

（5）将制作好的挂钩模型调节到如图 15.8.6 所示的位置。对挂钩模型进行复制，效果如图 15.8.7 所示。

图 15.8.6 调节挂钩位置　　图 15.8.7 复制挂钩

（6）制作绷绳模型。单击 线 按钮，在左视图中创建一条样条线，如图 15.8.8 所示。在修改命令面板的 渲染 卷展栏中激活 在渲染中启用 和 在视口中启用 复选框，设置参数如图 15.8.9 所示，三维模型效果如图 15.8.10 所示。

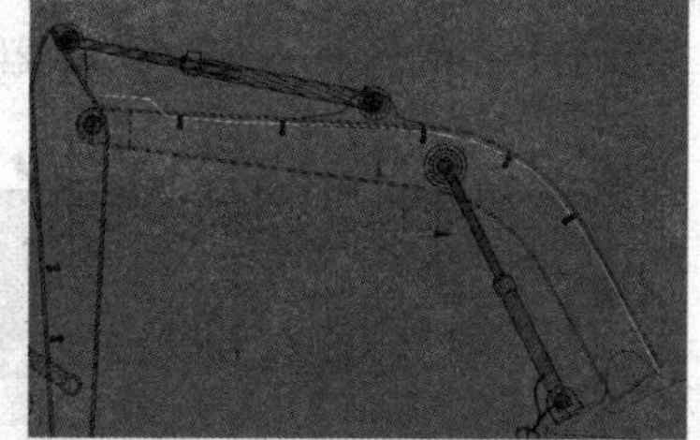

图 15.8.8 创建样条线

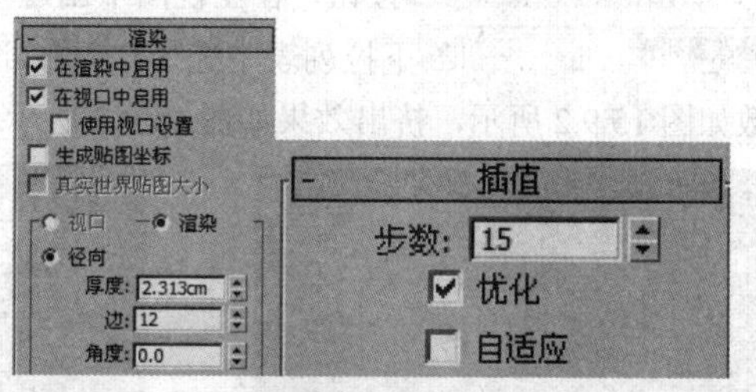


图 15.8.9 设置渲染参数

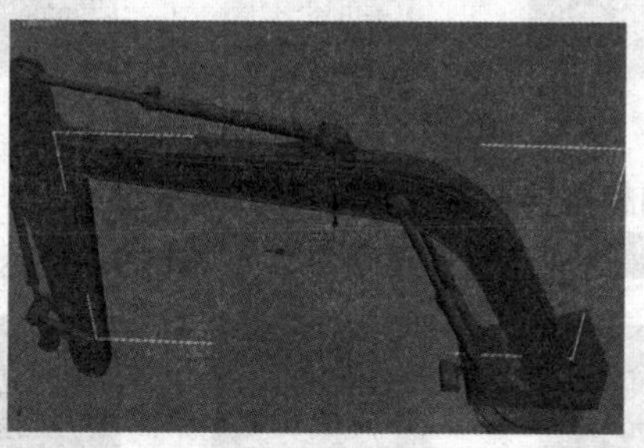

图 15.8.10 模型效果

（7）单击鼠标右键，将三维模型转换为可编辑多边形。选择如图 15.8.11 所示的面，单击 挤出 后面的小按钮，在弹出的 挤出多边形 对话框中设置参数如图 15.8.12 所示，挤出效果如图 15.8.13 所示。

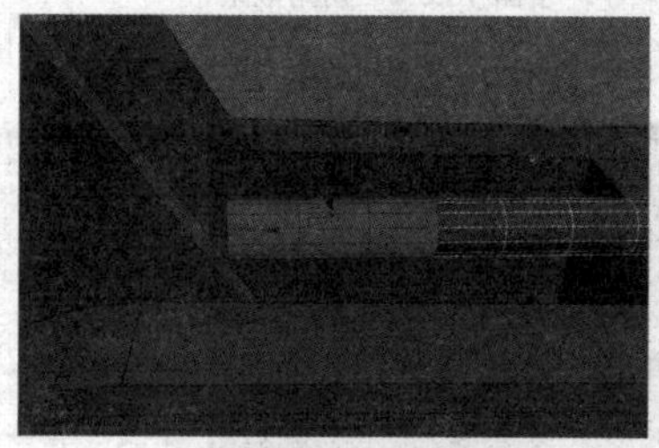

图 15.8.11 选择面

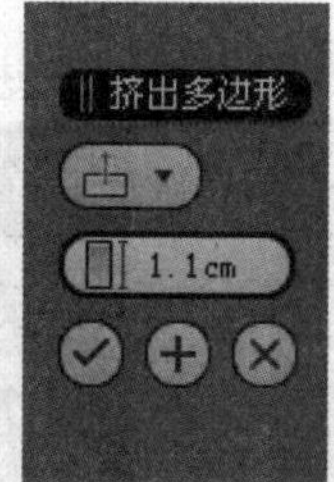


图 15.8.12 设置挤出参数

图 15.8.13 挤出效果

（8）使用上述方法，制作出下半部分绷绳模型，效果如图 15.8.14 所示。使用相同的方法，制作出剩余的绷绳模型，效果如图 15.8.15 所示。



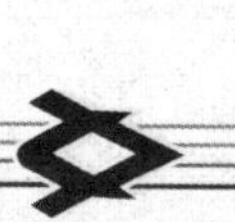

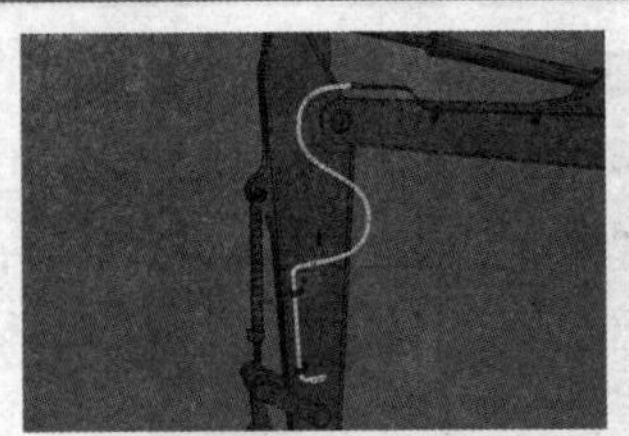

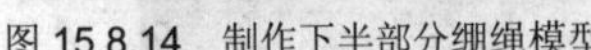

图 15.8.14 制作下半部分绷绳模型

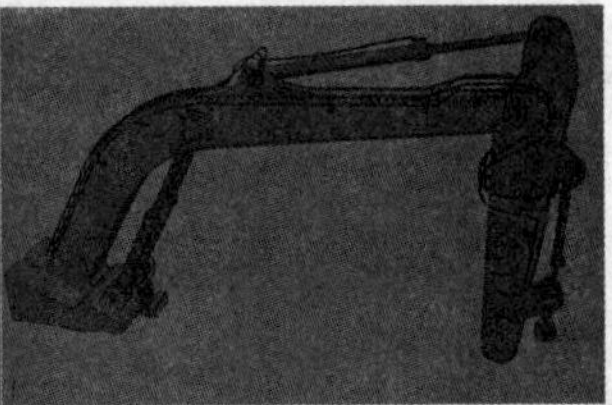

图 15.8.15 其余绷绳模型

## 15.9 制作铲斗模型

在本节中来制作铲斗模型。

（1）单击 线 按钮，在左视图中创建一条闭合样条线，如图 15.9.1 所示。在修改命令面板的 修改器列表 下拉列表中选择 挤出 选项，给闭合样条线添加一个挤出修改器，设置挤出参数如图 15.9.2 所示，挤出效果如图 15.9.3 所示。

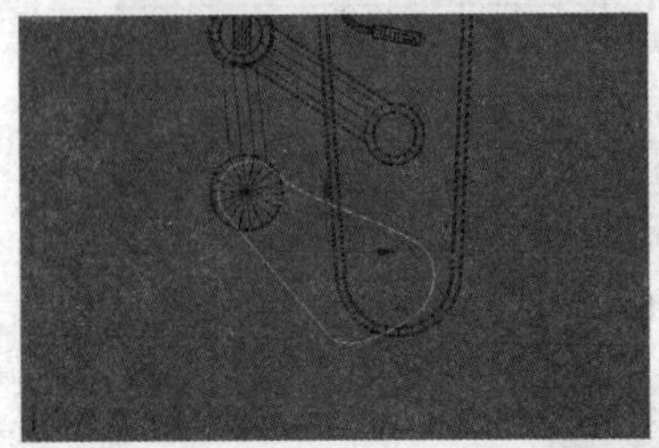

图 15.9.1 创建闭合样条线

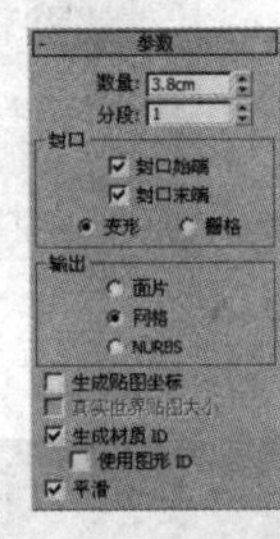


图 15.9.2 设置挤出参数

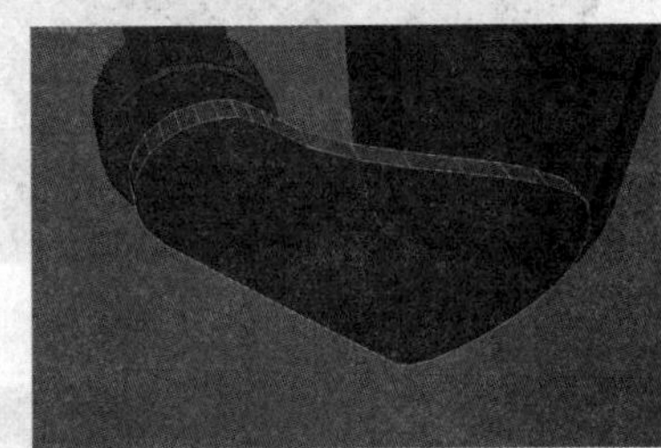

图 15.9.3 挤出效果

（2）单击鼠标右键，将挤出模型转换为可编辑多边形。选择如图 15.9.4 所示的边，单击 切角 后面的小按钮，在弹出的 切角 对话框中设置参数如图 15.9.5 所示，切角效果如图 15.9.6 所示。

图 15.9.4 选择边

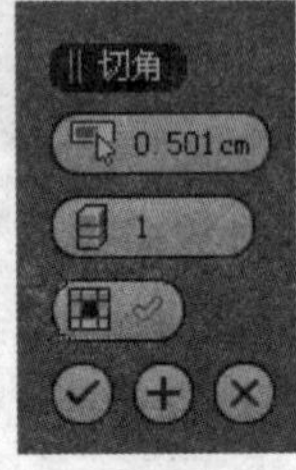


图 15.9.5 设置切角参数

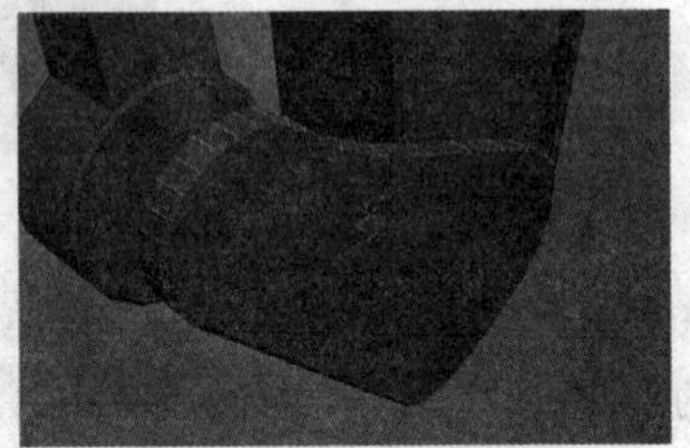

图 15.9.6 切角效果

（3）选择如图 15.9.7 所示的面，单击 挤出 按钮进行挤出操作，效果如图 15.9.8 所示。

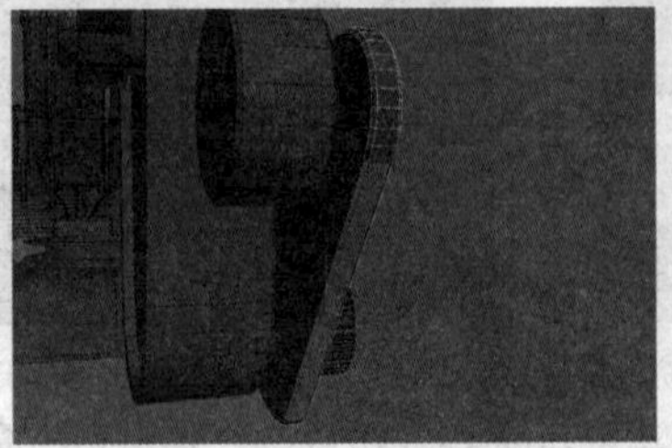

图 15.9.7 选择面

图 15.9.8 挤出效果

（4）在模型上添加细分曲线，效果如图 15.9.9 所示。在工具栏中单击按钮，在弹出的

**镜像：屏幕 坐标**对话框中设置参数如图 15.9.10 所示，镜像复制效果如图 15.9.11 所示。

图 15.9.9　添加细分曲线

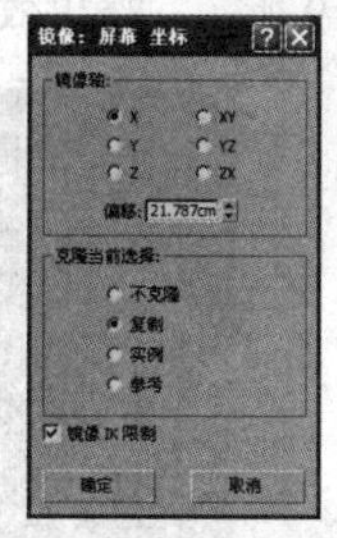

图 15.9.10　设置镜像复制参数

图 15.9.11　镜像复制效果

（5）单击 附加 按钮，将复制的模型附加起来。选择如图 15.9.12 所示的面，单击 桥 按钮进行桥接操作，效果如图 15.9.13 所示。

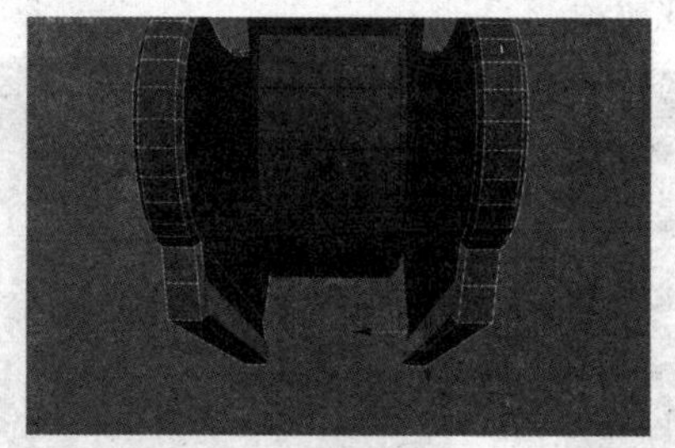

图 15.9.12　选择面

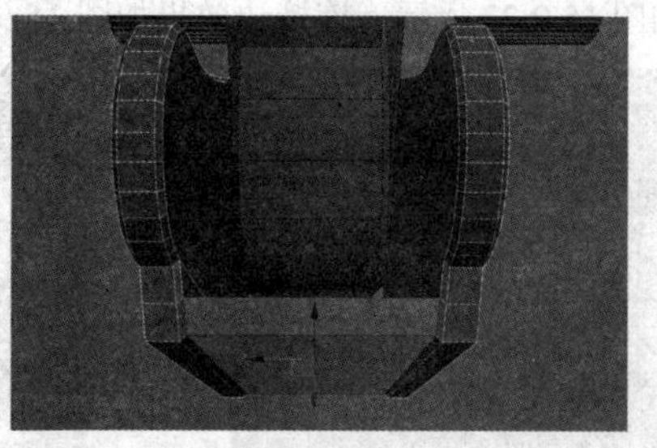

图 15.9.13　桥接效果

（6）调节模型上的节点到如图 15.9.14 所示的位置。继续使用多边形建模的方法，制作出动臂和铲斗之间的连接部件，效果如图 15.9.15 所示。

图 15.9.14　调节节点

图 15.9.15　制作连接部件

（7）单击 线 按钮，在左视图中创建一条闭合样条线，如图 15.9.16 所示。切换到样条线级别，选择如图 15.9.17 所示的样条线，单击 轮廓 按钮进行轮廓操作，效果如图 15.9.18 所示。

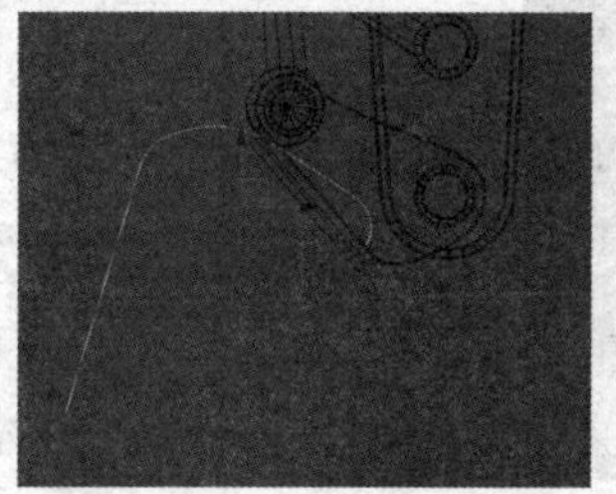

图 15.9.16　创建样条线

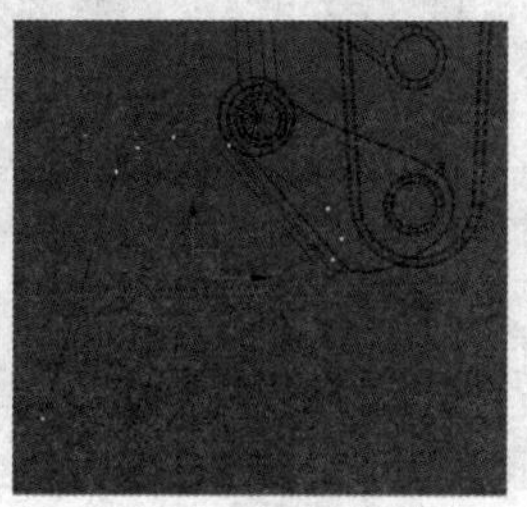

图 15.9.17　选择样条线

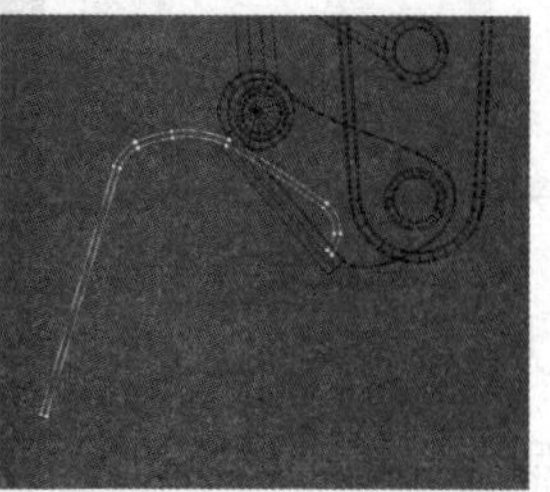

图 15.9.18　轮廓效果

（8）在修改命令面板的修改器列表下拉列表中选择挤出选项，给闭合样条线添加一个挤出修改器，设置挤出参数如图 15.9.19 所示，挤出效果如图 15.9.20 所示。

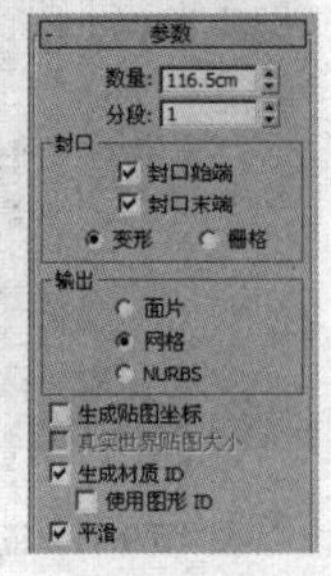


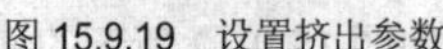

图 15.9.19 设置挤出参数　　　　图 15.9.20 挤出效果

（9）选择如图 15.9.21 所示的边，单击连接后面的小按钮，在弹出的连接边对话框中设置参数如图 15.9.22 所示，连接边效果如图 15.9.23 所示。

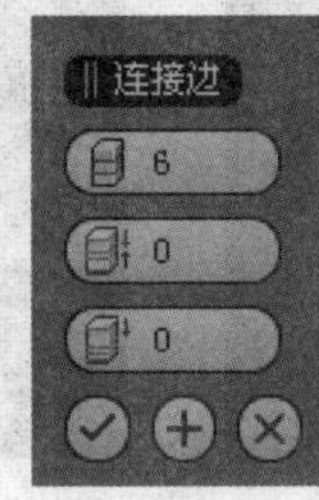

图 15.9.21 选择边　　　　图 15.9.22 设置连接边参数　　　　图 15.9.23 连接边效果

（10）选择如图 15.9.24 所示的面，单击挤出按钮，对选择的面进行多次挤出操作，效果如图 15.9.25 所示。调节模型上的节点到如图 15.9.26 所示的位置。

图 15.9.24 选择面　　　　图 15.9.25 挤出效果　　　　图 15.9.26 调节节点

（11）使用对样条线进行挤出的方法，制作出铲斗的剩余模型，效果如图 15.9.27 所示。

图 15.9.27 铲斗剩余模型

至此，挖掘机模型制作完成，效果如图 15.9.28 所示。单击 平面 按钮，在视图中创建两个平面模型，用来模拟地面和背景模型，如图 15.9.29 所示。

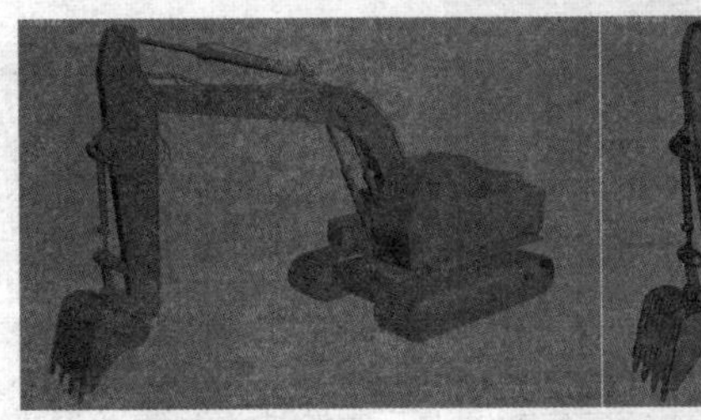
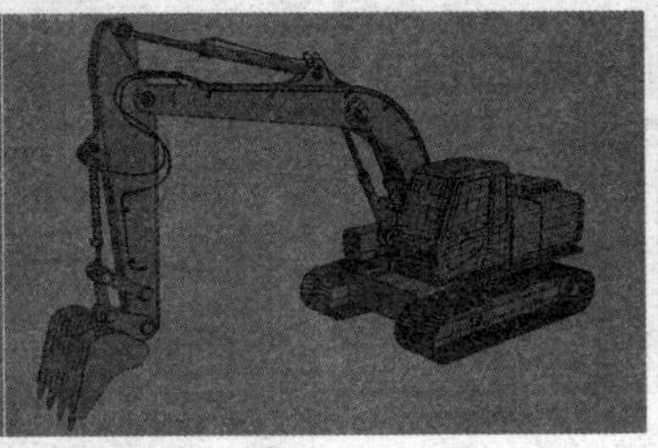

图 15.9.28　挖掘机模型

图 15.9.29　创建两个平面模型

## 15.10　设置材质、灯光效果

在本节中，设置挖掘机场景的材质、灯光效果。

### 15.10.1　设置材质效果

在这一小节中，设置场景的材质效果。

（1）设置黑色油漆材质。按 M 键打开材质编辑器，选择一个空白的材质球，设置漫反射颜色为暗灰色；设置高光级别为 71，光泽度为 21，参数设置如图 15.10.1 所示。

（2）设置黄色油漆材质。打开材质编辑器，选择一个空白的材质球，设置漫反射颜色为黄色，设置高光级别为 64，光泽度为 30，参数设置如图 15.10.2 所示。

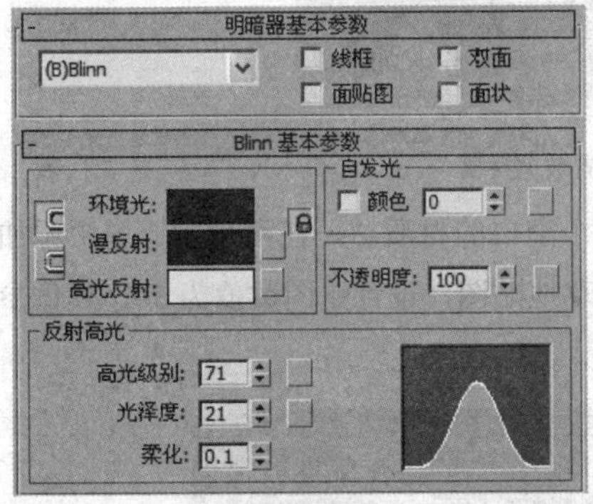

图 15.10.1　设置黑色油漆材质

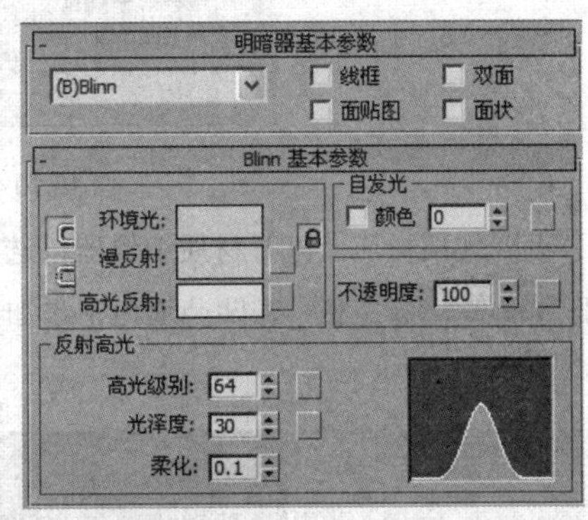


图 15.10.2　设置黄色油漆材质

（3）设置不锈钢材质。按 M 键打开材质编辑器，选择一个空白的材质球，设置明暗器类型为 (ML)多层 方式，在漫反射通道中添加一个衰减贴图，设置颜色 1 为浅灰色，设置颜色 2 为深灰色。单击按钮返回上一层，设置第一层高光颜色为白色，第二层高光颜色为蓝色；打开 超级采样 卷展栏，取消 使用全局设置 复选框，设置局部超级采样器类型为 Hammersley 方式；打开 贴图 卷展栏，在凹凸通道中添加一个噪波贴图，设置贴图数值为 90。在反射通道中添加一个衰减贴图，在颜色 2 通道中添加一个光线跟踪贴图，具体参数设置如图 15.10.3 所示。

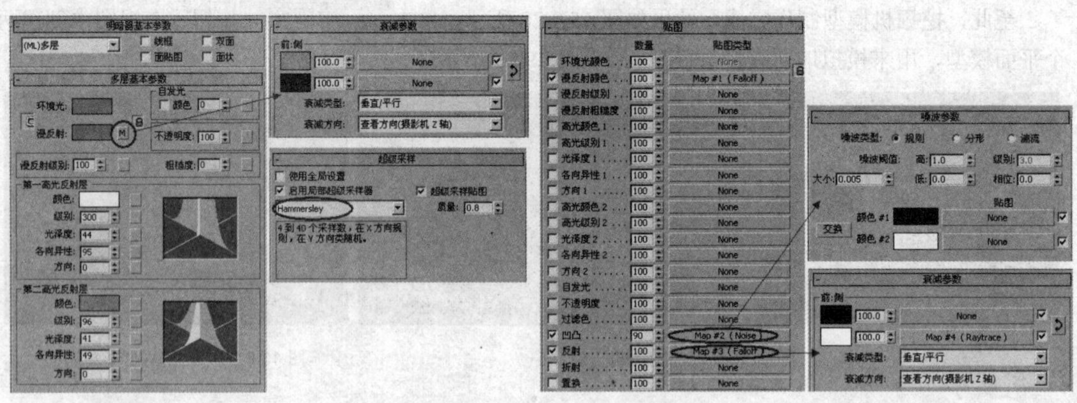

图 15.10.3　设置不锈钢材质

（4）设置玻璃材质。打开材质编辑器，选择一个空白的材质球，设置漫反射颜色为灰色，设置高光级别为55，光泽度为30；为了表现玻璃的透明质感，设置不透明度数值为10，参数设置如图15.10.4所示。

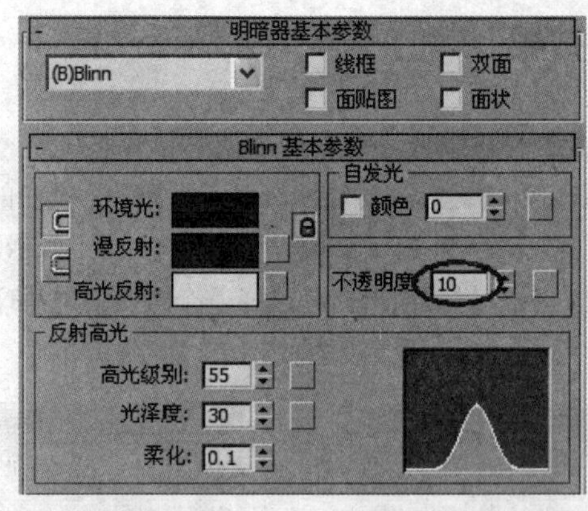


图 15.10.4　设置玻璃材质

（5）设置地面材质。打开材质编辑器，选择一个空白的材质球，在漫反射通道中添加一张草地贴图；打开 贴图 卷展栏，在凹凸通道中添加一张草地贴图，设置贴图数值为30，具体参数设置如图15.10.5所示。

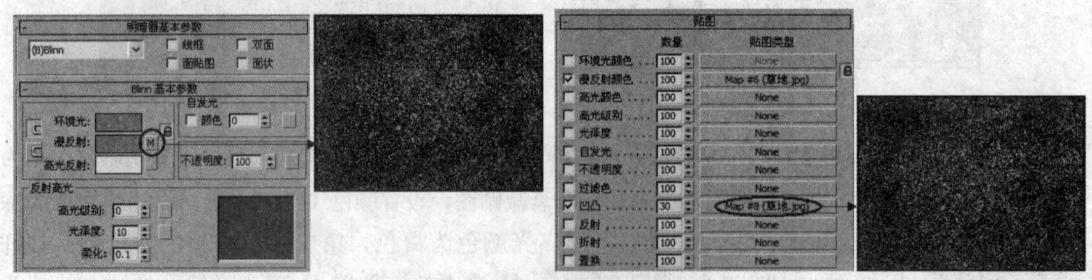

图 15.10.5　设置地面材质

（6）设置背景材质。打开材质编辑器，选择一个空白的材质球，在漫反射通道中添加一张天空贴图，如图15.10.6所示。

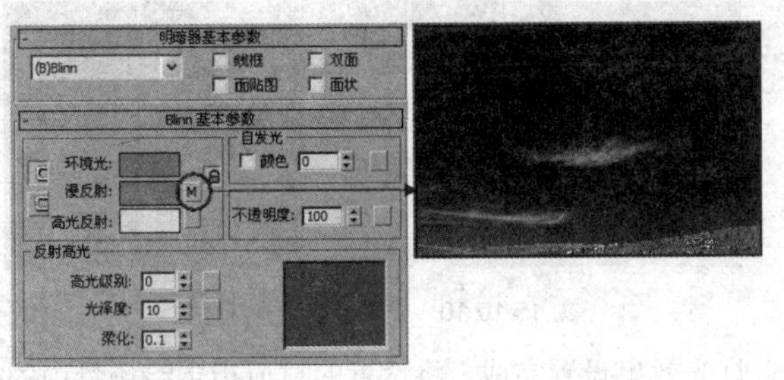


图 15.10.6　设置背景材质

## 15.10.2　设置灯光效果

在这一小节中来设置场景的灯光效果。

（1）设置主光照效果。在创建命令面板的区域，选择 标准 类型，单击 目标聚光灯 按钮，在顶视图中创建一盏目标聚光灯，如图 15.10.7 所示；在修改命令面板中设置目标聚光灯参数如图 15.10.8 所示。

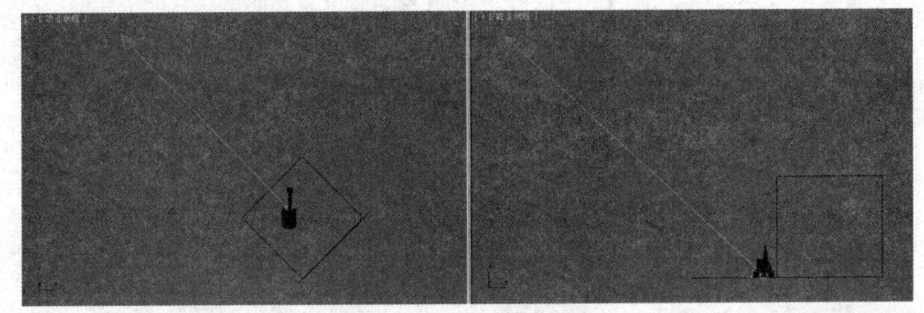

图 15.10.7　创建目标聚光灯

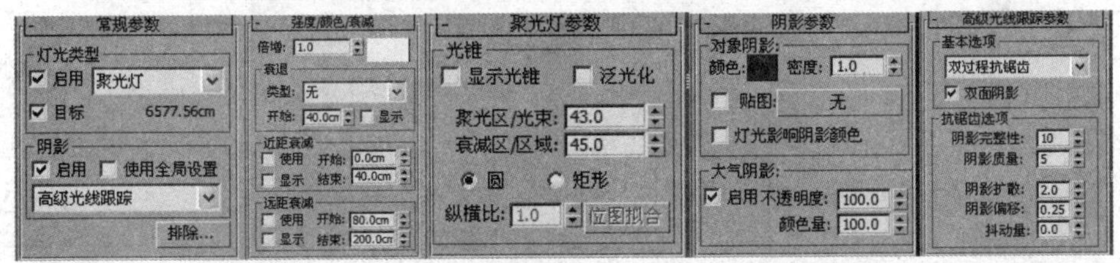


图 15.10.8　设置目标聚光灯参数

（2）设置场景的补光效果。单击 目标聚光灯 按钮，在顶视图中创建一盏目标聚光灯，如图 15.10.9 所示；在修改命令面板中，设置目标聚光灯参数如图 15.10.10 所示。

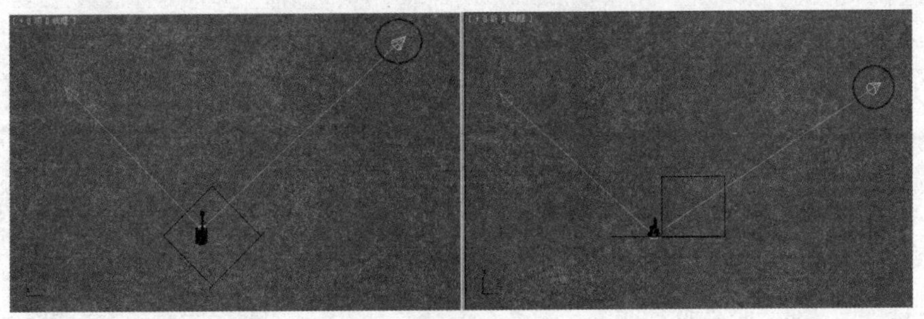

图 15.10.9　创建目标聚光灯

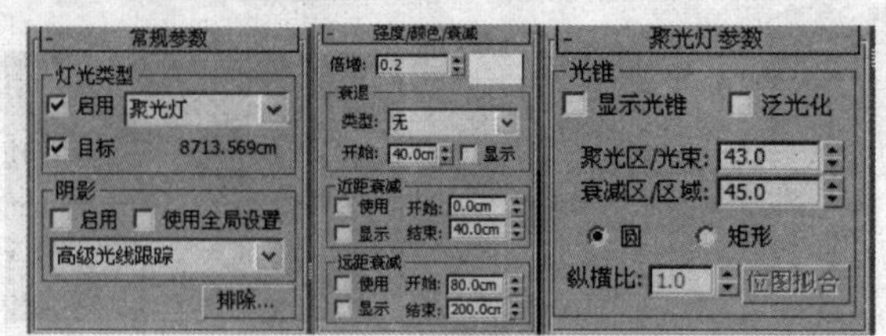


图 15.10.10　设置目标聚光灯参数

至此，场景的材质、灯光效果设置完成，将设置的材质指定给场景中的模型，按 F9 键进行渲染，效果如图 15.0.1 所示。

# 本 章 小 结

在本章中我们制作了一辆挖掘机模型。在制作中，主要使用了挤出修改器、车削修改器以及对称修改器命令来制作模型的轮廓效果，使用倒角、切角、挤出以及桥接命令对模型进行细致的修改。同时，还使用了间隔工具来制作履带模型，这种复制模型的方法大大加快了模型的制作。因此，在以后的建模中还应该多学习各种复制命令，这样才能提高制作模型的效率。